連続体力学の話法

流体力学，材料力学の前に

清水 昭比古 著

森北出版株式会社

序

流体力学と材料力学は，古典力学に立脚する多くの理工系分野の骨格をなしている．例えば，機械工学では熱力学と機械力学を加えて四大力学と称して，その習得は全ての前提である．

従来，両力学の講義は簡単なものから徐々に複雑なものへ対象を拡げてゆく，というやり方で行われてきた．流体力学であれば，初めに静水力学を教えてダムの水門に掛かる力を計算させる．次に運動を教えるが，まずは完全流体に限定して運動量定理から継ぎ手やベンドに加わる力を計算させる．やがて粘性を導入して管路・飛翔体の抵抗を計算し，最後にナヴィエ・ストークスの方程式を教えて纏める．“ものを作る”という工学の目的に即して，このやり方は応分の理があったと言える．

一方，両力学は連続体力学と称する基礎学理の両側面である．本書は，両力学の前に独立した科目として連続体力学の講義を設定することを想定して，そのための教科書ないし参考書として執筆したものであり，流体と弾性体の運動を支配する方程式体系を一切の簡略化を排して厳密に導出している．前述の諸現象の方程式は，その厳密な方程式体系から不要な項を削って容易に得られる．言わば，低い山から始めて足腰を慣らしつつ挑戦する山の高さを上げてゆく，という従来の方針を転換し，学生には少々きつい思いをさせるが，最初に一番高い山に這い登らせてあとは景色を楽しみつつ降りてくる，というやり方である．その背景として次の三点が指摘できる．

第一は，近年の科学技術全般の進展の速さである．物理系の学科目は演繹が命だから，いかに先端が進展しようとも第一原理からそこに至る過程は省略できない．勢い学生の習得すべき内容は年々増加の一途を辿り，負担は年毎に過重になる．最短時間で第一線に立たせるためには方針の転換が必要であろう．

第二は，近年の計算力学の進展である．筆者も学生時代にナヴィエ・ストークスの方程式を教わったが，それは“所詮そのままでは解けないしろもの”として講義の最後に少しだけ教わったのである．今や科学技術のあらゆる分野で，フルセットのナヴィエ・ストークスの方程式や弾性体の方程式がCPUの上を目まぐるしく駆け巡っている．もう“あとからでよい”という状況ではない．

第三はもっとも強調したいところであるが，線形代数学との関係である．理工系の学生は例外なく入学後すぐに線形代数学を学ぶが，これまでの流体・材料両力学の講義ではその成果があまり生かされていない．連続体力学は“応用線形代数学”に他ならないから，線形代数学の“熱の冷めないうちに”両力学の基礎を説けば，理解も深まり線形代数学の講義も生きる．

第１章から第４章までを必要な数学の要約に充てた．本書を教科書としてお使いになる場合は,「読んでおけ」と伝えた上でこの部分は省略してよい．また，筆者が教壇生活の中で折に触れて綴ってきた駄文の幾つかを所々の章末に掲げておいたが,“勉学の束の間の息抜き”以上の意味は無い.

本書は，京都大学工学部吉田英生教授のお勧めによって，筆者が平成21年9月から同23年5月まで日本機械学会誌に執筆した連載講座「学力低下時代の教え方」の内容を下敷きにしている．筆者と吉田教授は，時と場所を異にするが東京工業大学名誉教授越後亮三先生の同門である．過ぐる日の恩師の薫陶と同門生との変わらぬ友誼が無ければ，本書が日の目を見ることは無かった．記して深甚なる謝意を表す.

平成24年7月　　筆者しるす.

目 次

Coffee Break

■数式の表記について

(1) 数式番号はそれぞれの右に記し，既出のものを再掲する場合に限って左に記して区別した．

(2) 等号 "=" の上に小さく記している数式番号は，当該箇所の導出に使う既出の数式のそれである．

(3) 2 ベクトル $\boldsymbol{A}$，$\boldsymbol{B}$ のベクトル積は，$\boldsymbol{A} \times \boldsymbol{B}$ でなく $\boldsymbol{A} \wedge \boldsymbol{B}$ とした．

(4) 三角記号の使い分けについて

Δ（ギリシャ文字デルタの大文字の細文字）：　微小変化記号（初出は **2.6 節**，p.24），または余因子及び余因子行列（初出は **8.5 節**，p.122）．但（ただ）し，面積要素ベクトルの場合には，微小変化記号であっても $\boldsymbol{S}$ と一体視して太文字を用いる（$\boldsymbol{\Delta S}$，初出は **4.1 節**，p.50）．

$\boldsymbol{\nabla}$（太文字の逆三角）：　勾配演算子（初出は **3.5 節**，p.35）．

$\triangle$（細文字の正三角）：　ラプラス演算子（初出は **7.3 節**，p.99）．

·第 1 章·

準備の数学，集合と関数

集合とその元

ものの集まりを**集合**と言う．但し，数学の扱う集合では，その“もの”に**誰が見ても紛れようのない明確な定義**がなければならない．例えば，

(1) 整数の全体，$\{\ldots, -3, -2, -1, 0, 1, 2, 3, \ldots\}$

(2) 1 より大きな実数の全体，$\{x \mid 1 < x \in R\}$ （R は実数全体の集合を表す）

(3) 微分可能な連続関数の全体

(4) 扶桑大学工学部在学生の全員

などは数学の集合として使えるが，“我が国の美人の全員”では，美人とそうでない人の区別が見る者によって違うから，数学の集合としては使えない．

集合に含まれる要素を**元**と言う．集合には元の個数が有限のものと無限のものがある．上の例で (1)，(2)，(3) の元の個数は無限であるが，(4) の元の個数は有限である．

▶**注意**　上の (2) に現れた $\{x \mid \cdots\}$ という表記は，**$\cdots$ という性質を持つ元 x 全体の集合**の意味である．

関　数

集合 X の元 x のそれぞれに，或る規則に従って集合 Y の元 y を一つずつ対応させるとき，この対応規則を**関数**と呼び，

$$f\colon X \ni x \mapsto y = f(x) \in Y$$

と書く（**図 1.1**）．より簡潔にこれを，

$$y = f(x) \in Y \quad ({}^{\forall}x \in X)$$

と書くこともある．

記号 ${}^{\forall}x \in X$ は“集合 X に含まれる汎る x について”，または“集合 X に含まれる任意の x について”の意味であり，A をさかさまにした記号“$\forall$”は英語“Arbitrary（任意の)”に由来する．集合 X の中で自由に変化し得るという意味で x のことを**独立変数**，選

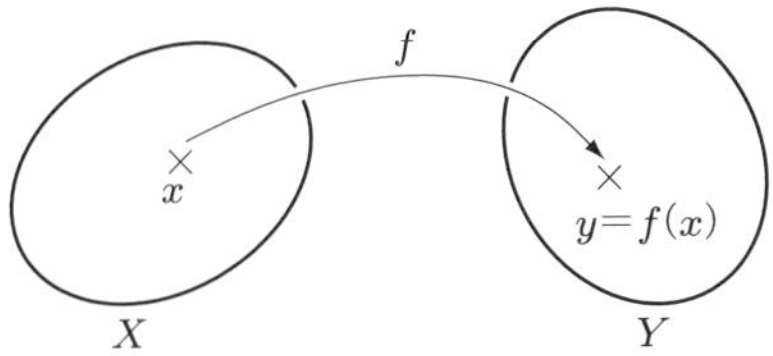

図 1.1

んだ x に従って集合 Y の中で決められるという意味で y のことを**従属変数**と呼ぶことなど，周知であろう．集合 Y はその関数の性質を宣言するもので，例えば Y が実数の集合 R ならその関数は実数値関数と呼ばれ，Y がベクトルの集合ならその関数はベクトル値関数と呼ばれる．関数のことを**写像**（ときに**射像**）とも言い，$y=f(x)$ のことを f による x の**像**と言う．

昔，関数は函数とも書いた．関数でも函数でも数という文字を含んでいる．確かに，数学で扱う集合，つまり**図 1.1** の X や Y は，実数は言うに及ばず，複素数にしても整数にしても，或（ある）いは実数や複素数を成分に持つベクトルにしても，何らかの形で“数”と密接な関係があるが，上で述べた“或る集合の元から別の集合の元への対応規則”という素朴な意味の関数が扱う集合は，必ずしも数の集合とは限らない．これは，数学の特徴である**抽象化**の初歩的な例である．抽象化は，一見すると物事をことさら難しくするように見えるが，その意（こころ）は，森羅万象に通底する規則性を取り出して整理し，物事の見通しをよくすること，つまり規則性を純化し普遍化して，数学の扱う対象を拡げることにある．

定義域と値域

独立変数 x 全体の集合，すなわち，**図 1.1** の X を関数 f の**定義域**と言う．一方，集合，

$$\{y \mid y=f(x)\in Y,\ {}^{\forall}x\in X\}$$

は，定義域 X の全（すべ）ての元 x について相手方の $y=f(x)$ が Y の中で作る集合，すなわち Y の部分集合である．これを関数 f の**値域**と言う（**図 1.2**）．例えば，実数の集合 R を定義域とする実数値関数 $y=\sin x$ (${}^{\forall}x\in R$) の値域は，R の部分集合 $\{y \mid -1\le y\le 1\}$ である．

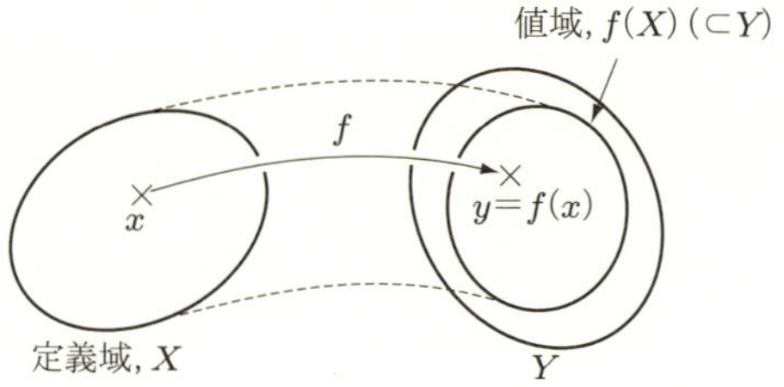

図 1.2

f による集合 X 全体の像という意味で，値域のことを簡単に $f(X)$ と書くこともある．$f(X)$ が集合 Y の部分集合であることは，

$$f(X)\subset Y$$

と書かれる．

■単射関数■

図 1.3 のように，定義域 X 中の異なる元 x_1，x_2 $(x_1 \neq x_2)$ の，f によるそれぞれの像，

$$y_1 = f(x_1),\ y_2 = f(x_2)$$

が Y の中の同じ元であることはあり得る．例えば，$\sin x = \sin(x + 2\pi)$ である．この場合には，値域の中の元 $y_1 = y_2 = y$ については定義域 X の中の**対応するもとの元が一つに決まらない**，つまり出どころが一つに決まらないことになる．そのようなことがない関数，すなわち，

$$f(x_1) = f(x_2) \Rightarrow x_1 = x_2\ ({}^\forall x_1, {}^\forall x_2 \in X)$$

となる関数を**単射関数**と言う（**図 1.4**）．記号 $\mathrm{A} \Rightarrow \mathrm{B}$ は“A ならば必ず B”の意味で，上は“X の中の任意の元 x_1，x_2 について，$f(x_1) = f(x_2)$ ならば必ず $x_1 = x_2$ である”と読む．つまり**行く先が同じなら出どころも同じ**である．ついでに対偶をとれば，

$$x_1 \neq x_2 \Rightarrow f(x_1) \neq f(x_2)\ ({}^\forall x_1, {}^\forall x_2 \in X)$$

である．これは“X の中の任意の元 x_1，x_2 について，$x_1 \neq x_2$ ならば必ず $f(x_1) \neq f(x_2)$ である”と読む．つまり，“もとが違えば行く先も必ず違う”である．命題とその対偶は同値であった．

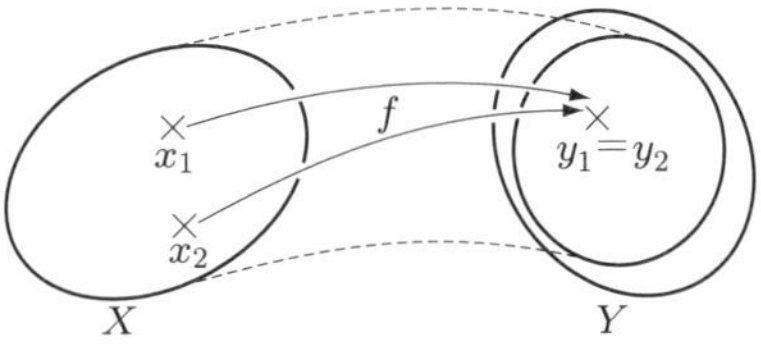

図 1.3

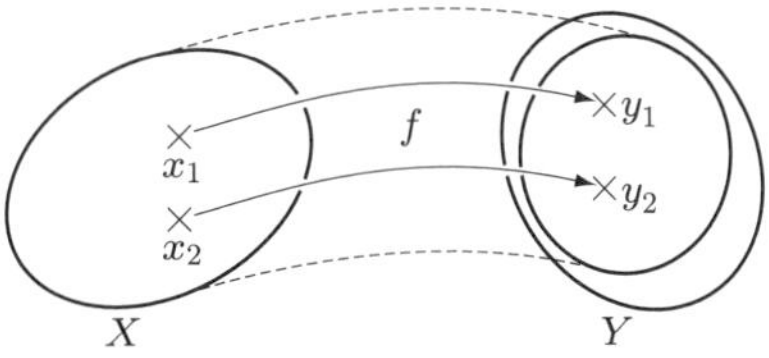

図 1.4

▶**注意**　**図 1.3** と似ているが，**図 1.5** のようなものは関数とは言えない（関数失格！）．つまり，定義域 X 内の各元 x のそれぞれについて，集合 Y の中の元は**必ずどれか一つに決まらなければならない**．どれかに決まってこその関数である．

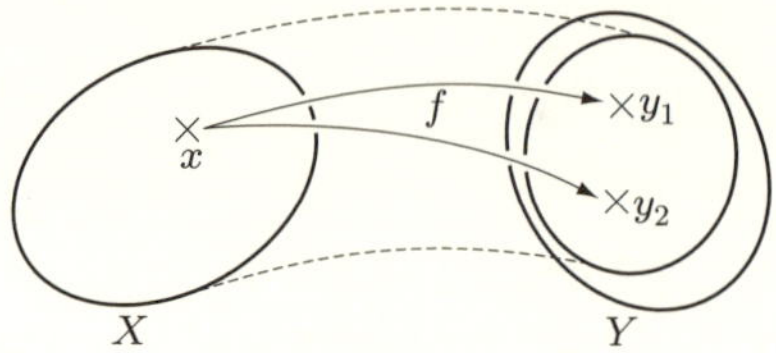

図 1.5

全射関数

今までの説明では，**図 1.6** の y_0 のように，集合 Y の元ではあるが f の値域 $f(X)$ には含まれないものがあることを想定している．当然，定義域 X 内には y_0 に対応する元は存在しない．例えば，$\sin x = 2$ となる x は実数の集合 R の中には存在しない．そこで，**全射関数**とはそのようなことが無い関数，つまり，集合 Y の全ての元 y について，定義域 X 内で $y = f(x)$ となる元 x が必ず見つかるような関数を言う．これは，

$$^{\forall}y \in Y,\ ^{\exists}x \in X:\ y = f(x)$$

と書かれ，"Y の任意の元 y について，$y = f(x)$ となる元 x が X の中に必ず存在する" と読む．E をさかさまにした記号 "∃" は "存在する" の意味の英語 "Exist" に由来する．言い換えれば，全射関数とは集合 Y と関数 f の値域が一致する関数，つまり，

$$Y = f(X)$$

となる関数のことである．但し，f は全射であっても単射であるとは限らないから，$y = f(x)$ となる X 内の元 x が一つに決まるとは限らない（**図 1.7**）．

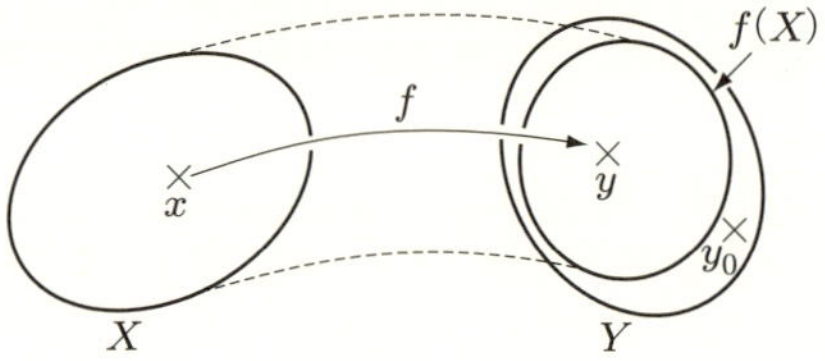

図 1.6

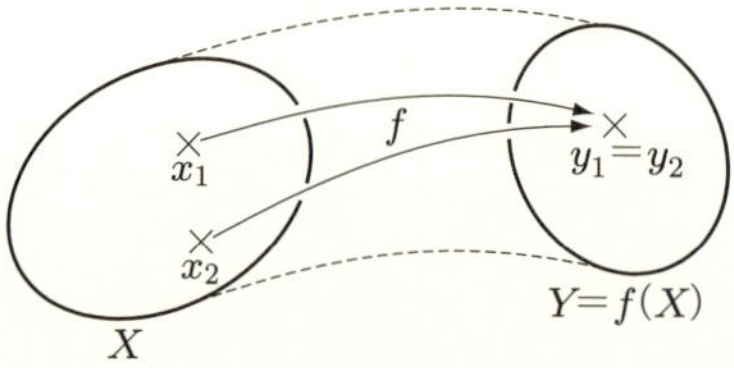

図 1.7

■全単射関数と逆関数■

全射にして単射，つまり集合 Y の任意の元 y について，$y=f(x)$ となるような X の元 x が必ず存在して，しかも一つに決まるとき，関数 $y=f(x)$ は**全単射**であると言い，このことを，

$$^{\forall}y \in Y,\ ^{\exists_1}x \in X:\ y=f(x)$$

と書く．記号“$\exists_1$”は“存在して一つに決まる”の意味で，英語では“uniquely exist”である．

関数 f が全単射なら，二つの集合 X，Y の全ての元の間には f を介して一対一の対応があって，集合 Y の任意の元 y に対して，$y=f(x)$ となるに至ったもとの X の元 x が存在して一つに確定する．この事実を，

$$x=f^{-1}(y) \in X\ (^{\forall}y \in Y)$$

と書き，f^{-1} を関数 f の**逆関数**と言う．このとき，集合 X と集合 Y とは関数 f に関して**同型**である，と言う（**図 1.8**）．

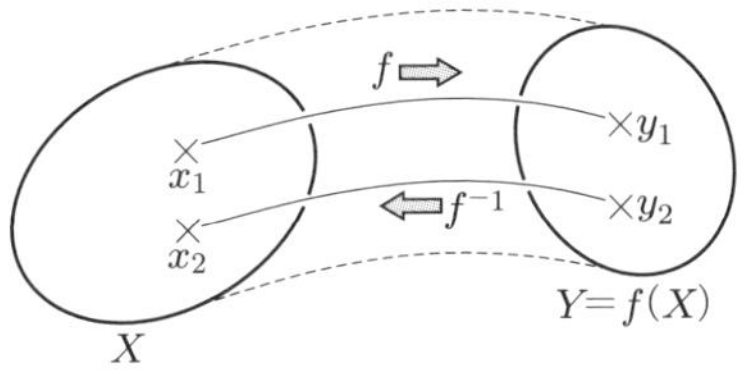

図 1.8

Coffee Break と名付けたコラムには，筆者が学会誌等に発表した随筆を，若干の修正を加えて掲載している．初出誌は各編の題字の下に挙げている．

Coffee Break　学会誌の用字制限

日本機械学会誌，2009 年 10 月号，連載講座「学力低下時代の教え方」，第二回

前号の拙稿中，例えば「時間のせいばかりではない」，「すでに」，「友情がほの見えて」を，最初の提出原稿ではそれぞれ「時間の所為ばかりではない」，「既に」，「友情が仄見えて」としていた．筆者はこのところ鷗外を読み返していて，誰知らぬ者とてないそのリズム・切れ味・凄みに今更ながら感動，というより恍惚としていたので，少しあやかりたくなったのである．言うまでもなく，学会誌の編修ご担当者において，学会執筆要綱中の用字制限に照らして修正なさったものである．

もとより編修ご担当者を追い詰めるのは本意でなく，固執はしなかった．但し，校閲ご担当者には愚意を汲み取って頂いたらしく，格別のご寛容を以て一部の漢字にルビをふることを許諾頂いた．「教師は欣快である」は「教師はきん快である」と書かれることを免れたのである．

用字制限は占領政策の名残である．

現行「常用漢字表」の前身「当用漢字表」は，戦時中，日本政府が南方の占領地住民の皇民化教育のために“当座の用”として作ったものを，戦後，日本の文化的弱体化を狙ったGHQが逆手に取り，「以後，日本人の言語生活はこの範囲で行うべし」と布告したのである（昭和二十一年，吉田内閣告示）．

筆者の名「昭比古」自体，その結果である．命名用紙に「昭彦」と書いて役場の窓口で拒否された父は「そんな馬鹿なことがあるか」と怒ったが，泣く子とマッカーサーには勝てなかった．その後，昭和二十六年に「人名用漢字表」が作られて「彦」は復活したのである．お手許の高校同窓会名簿をご覧になるとよい．昭和二十三〜二十五年生まれに「○比古」はあるが「○彦」は無い．但し「○比古」自体は，万葉風として細く長く使われていた．

「常用」となった時点で漢字表は単なる目安になった筈だが，それは当用漢字表の性格を引き継いで，依然「禁止の体系」または国民の間に刷り込まれた「自縛の体系」であり続けている．

漢字仮名交じり文は世界に誇る表現力を備えている．ある在日の韓国人作家が，「漢字を追放してハングルだけにした韓国語は，思想の深みや人心の機微を表現できなくなってしまった」と嘆いていた．西田幾多郎の『善の研究』が平仮名だけで書かれている事態を想像すれば，その意味は明らかであろう．「○○をきく」は，聞くなら音としてまたは自然に，聴くなら集中してまたは尊敬して，訊くなら問い詰めてそれぞれ「きく」と，その場の空気まで一瞬でわかる．

グリコ森永事件の時，新聞は見出しに，「グリコ社長ら致される」と書いた（何と言う日本語！）．しかし，例の北朝鮮の事件以来連日使うハメになってさすがに気持ちが悪くなったのだろう，今はどこも「拉致」と書いている．

所詮その程度なのである．また，その「気持ちが悪い」という感覚が“まっとう”である．「飛」や「機」は四年生の漢字だといって，三年生の教科書に「ひ行き」とあれば誰しも気持ちが悪かろう．ルビをふれば済む．

日本語の唯一の欠点は書くのに時間がかかることだった．今，それはワープロの出現で完全に克服されており，ルビも簡単にふれる．

今も学会は，「せん断応力」や「微小じょう乱」や「き裂」や「伝ぱ速度」と書くことを強いている．作家が作中でこのように書けば嗤（わら）われよう．作家がすれば嗤われることを，学会がその権柄を以て会員に強いるのはいかがなものであろう．もう慣れてしまったと言うなら，それは，大きな時間スケールで生じている「文化的退嬰現象の一つ」と断じてよい．マッカーサーの思う壺ではないか．

そろそろやめてはどうだろう．

もともと「ファジー性」は日本語の特徴である．すべては，国民の間に流布する「健全な言語感覚」に任せておけばよい．内容空疎な論文を人の読めない奇抜な文字で飾ったとて，本人が嗤われるだけである．度が過ぎる場合に編修段階でルビをふればよい．

若い読者が「少し難しい表現」に出会って日本語の豊穣の世界に分け入る切掛けになるなら，アカデミズムの組織としては悪くない．

最初の原稿は，密かに一石を投ずる積りでわざとそうしたのである．

・第 2 章・ 準備の数学，ベクトル

2.1 ベクトルとスカラー

力学で扱う物理量はスカラーとベクトルに分けることができる．

スカラーは，実数と，従って数直線上の点と一対一で対応させることのできる量である．一方，我々が生活の中で**大きさと方向**を認識して定まる量を**ベクトル**と言う．ベクトルは，一端に矢印を付した線分でその大きさと方向を同時に表す．本書では，ベクトルを識別する名前として $\boldsymbol{A}$，$\boldsymbol{a}$ のような太文字を用いる．後（のち）に，行列またはテンソルの名前にもこのような太文字を使うから，そのときは注意せよ．

ベクトルの大きさは，$|\boldsymbol{A}|$，$|\boldsymbol{a}|$ などと書いてスカラーである．但し，負の値はとらない．ベクトルの大きさは，長さ，絶対値とも言う．長さが 1 であるベクトルを**単位ベクトル**と言う．

■ベクトルの和（足し算）■

視覚的な理解が容易なので，$\boldsymbol{A}$，$\boldsymbol{B}$ を仮に“○○方向に△△だけ進む”という**変位ベクトル**として，それらの和（足し算）を考える．

変位 $\boldsymbol{A}$ を行ったあと，続けて変位 $\boldsymbol{B}$ を行えば，結果は**図 2.1** の変位 $\boldsymbol{C}$ である．この事実を，

$$\boldsymbol{A}+\boldsymbol{B}=\boldsymbol{C}$$

と書いて，$\boldsymbol{C}$ をベクトル $\boldsymbol{A}$，$\boldsymbol{B}$ の**和**と言う．

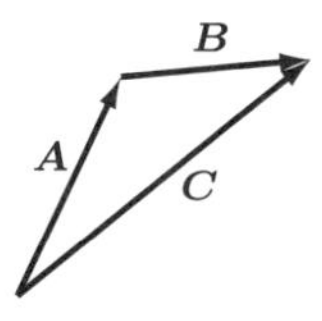

図 2.1

■ベクトル和の交換法則と結合法則■

ベクトルの和に関しては，**図 2.2**(a)によって**交換法則**

$$\boldsymbol{A}+\boldsymbol{B}=\boldsymbol{B}+\boldsymbol{A} \tag{2.1}$$

が，同図(b)によって**結合法則**

$$(\boldsymbol{A}+\boldsymbol{B})+\boldsymbol{C}=\boldsymbol{A}+(\boldsymbol{B}+\boldsymbol{C})$$

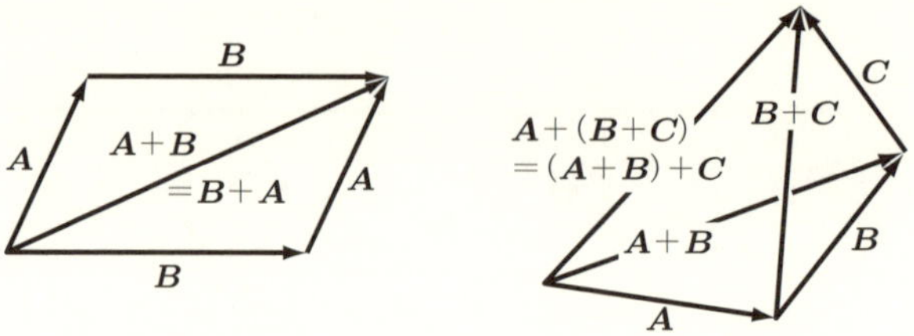

（a）交換法則　　　　（b）結合法則

図 2.2

が成り立つ．

結合法則を示す図(b)では，$\boldsymbol{C}$ が $\boldsymbol{A}$，$\boldsymbol{B}$ の定める平面内にあるとは限らないことに注意せよ．本書で扱うベクトルは，その殆(ほとん)どが所謂(いわゆる) 3 次元ベクトル，すなわち我々が**生活空間で認識する**ベクトルである．

ベクトルは，**大きさと方向が同じならば，それを表す矢印をどこに描こうが同じベクトルである**，という認識はことのほか重要である．例えば**図 2.2**(a)では，二つの $\boldsymbol{A}$，二つの $\boldsymbol{B}$ がそれぞれ同じベクトルであるから式(2.1)の交換法則が成り立つのである．ベクトルに関する種々の概念を考えるときに，複数のベクトルを反射的に同じ始点から描いてしまうのは“悪い習慣(くせ)”である．

但し，**位置ベクトル**は“どこに描こうが…”という訳にいかない．周知のように，これは生活空間の中の点の，或る定点からの相対位置を表し，普通，その定点は空間に設定した座標系の原点にとる．つまり，位置ベクトルは“○○点からの”という認識を欠いては意味をなさない．この事実を，位置ベクトルは**束縛ベクトル**である，と言う．力学で学んだ力のモーメント（トルク）や角運動量のベクトルは，その位置ベクトルを用いて定義されるので同じく束縛ベクトルである．トルクや角運動量は，常に“○○点周りの”という但し書きを伴って認識されなければならない．

束縛ベクトル以外のベクトルは，全て**自由ベクトル**である．その意味は，大きさと方向が同じなら矢印をどこに描いても…ということ．

大きさを同じメートルという単位で測っても，位置ベクトルは束縛ベクトルであり，変位ベクトルは自由ベクトルである．

■ベクトルのスカラー倍，ベクトルの差（引き算）■

スカラー $\alpha > 0$ に対して，方向がベクトル $\boldsymbol{A}$ と同じで大きさが $|\boldsymbol{A}|$ の α 倍であるベクトル $\boldsymbol{B}$ を，$\boldsymbol{A}$ の α 倍と言い，

$$\boldsymbol{B} = \alpha\boldsymbol{A} \quad （または，\boldsymbol{B} = \boldsymbol{A}\alpha）$$

と書く．$\alpha < 0$ のときは，方向が $\boldsymbol{A}$ と反対で大きさが $|\boldsymbol{A}|$ の $|\alpha|$ 倍であるベクトル $\boldsymbol{B}$ を $\boldsymbol{B} = \alpha\boldsymbol{A}$ と決める．$\alpha = 0$ のとき，$\boldsymbol{B} = \alpha\boldsymbol{A}$ は大きさを持たない．これを**ゼロベクトル**

と言い，$\boldsymbol{B}=\boldsymbol{0}$ と書く．三つの場合を含めて，$\boldsymbol{B}=\alpha\boldsymbol{A}$ をベクトル $\boldsymbol{A}$ の**スカラー倍**と言う．

特に $\alpha=-1$ ならば，$\alpha\boldsymbol{B}=(-1)\boldsymbol{B}$ は大きさが $\boldsymbol{B}$ と同じで方向が $\boldsymbol{B}$ と反対のベクトルである．これを $-\boldsymbol{B}$ と書き，$\boldsymbol{A}+(-\boldsymbol{B})$ を単に $\boldsymbol{A}-\boldsymbol{B}$ と書いて $\boldsymbol{A}$ と $\boldsymbol{B}$ の**差**と言う (**図 2.3**)．

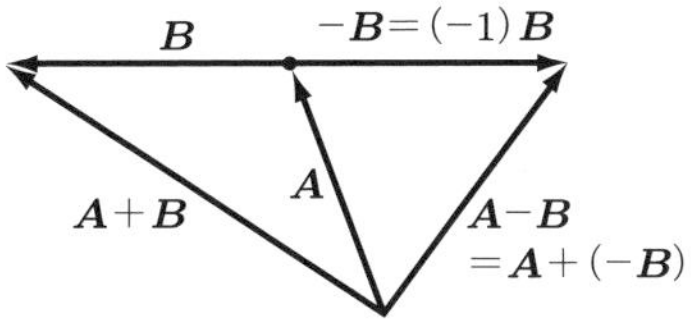

図 2.3

スカラー倍の分配法則

ベクトルのスカラー倍に関しては，**図 2.4** によって，

$$\alpha(\boldsymbol{A}+\boldsymbol{B})=\alpha\boldsymbol{A}+\alpha\boldsymbol{B}$$

が成り立つ．これを**スカラー倍の分配法則**と言う．もう一つのスカラー倍の分配法則

$$(\alpha+\beta)\boldsymbol{A}=\alpha\boldsymbol{A}+\beta\boldsymbol{A}$$

の意味も明らかであろう．

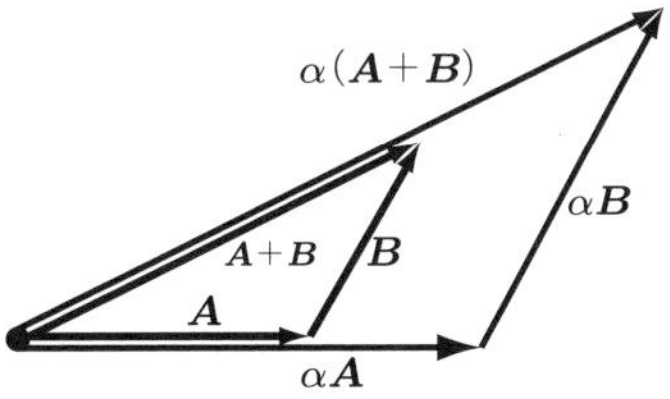

図 2.4

2.2　一次従属と一次独立

数学は，前節のベクトルの概念を拡張して**抽象的なベクトル**を扱う．抽象ベクトルの定義と，その集合としての**ベクトル空間**の厳密な理論展開は本来の数学書に委ねる他はないが，以後の発展のために，本節ではその要点だけを最初に提示する．抽象的なベクトルでも和，差，スカラー倍が定義され，それらに関わる前節の諸法則も同様に成り立つが，“方向”の概念は生活空間で認識されるベクトルに固有のものである．

n 個の“同じ種類の”ベクトルの組み $\{\boldsymbol{a}_1,\ldots,\boldsymbol{a}_n\}$ のそれぞれのスカラー倍の和，

$$\alpha_1\boldsymbol{a}_1+\cdots+\alpha_n\boldsymbol{a}_n$$

を，$\{\boldsymbol{a}_1,\ldots,\boldsymbol{a}_n\}$ の**線形結合**または**一次結合**と言い，スカラーの組み $\{\alpha_1,\ldots,\alpha_n\}$ を線

形結合の**係数**と言う．R を実数の集合として，$\{\boldsymbol{a}_1, \ldots, \boldsymbol{a}_n\}$ の線形結合全体の集合，

$$\{\alpha_1 \boldsymbol{a}_1 + \cdots + \alpha_n \boldsymbol{a}_n \mid {}^\forall\alpha_1, \ldots, {}^\forall\alpha_n \in R\}$$

を，

$$\langle \boldsymbol{a}_1, \ldots, \boldsymbol{a}_n \rangle$$

と書く．

▶**注意**　前述の"同じ種類のベクトルの組み $\{\boldsymbol{a}_1, \ldots, \boldsymbol{a}_n\}$"を厳密に言えば，"それに含まれる任意のベクトルの間に和が定義されて，しかもその和がまたそれに含まれるようなベクトルの集合から選んだ $\{\boldsymbol{a}_1, \ldots, \boldsymbol{a}_n\}$"ということである．数学ではそのような集合を**加群**と呼んでいる．位置ベクトルと速度ベクトルの和は意味が無いから，それらが混在するベクトルの集合は加群でない．

$\{\boldsymbol{a}_1, \ldots, \boldsymbol{a}_n\}$ の線形結合がゼロベクトル，すなわち

$$\alpha_1 \boldsymbol{a}_1 + \cdots + \alpha_n \boldsymbol{a}_n = \boldsymbol{0}$$

ならば係数 $\{\alpha_1, \ldots, \alpha_n\}$ の全てがゼロに限られるとき，ベクトルの集合 $\{\boldsymbol{a}_1, \ldots, \boldsymbol{a}_n\}$ は**一次独立**であると言う．これに対して，少なくとも一つがゼロでない係数の組み $\{\alpha_1, \ldots, \alpha_n\}$ によって $\{\boldsymbol{a}_1, \ldots, \boldsymbol{a}_n\}$ の線形結合をゼロベクトルにできるとき，ベクトルの集合 $\{\boldsymbol{a}_1, \ldots, \boldsymbol{a}_n\}$ は**一次従属**であると言う．或るベクトルの加群から選んだ集合について，一次独立性と一次従属性は互いに排反である．

命題 2.1●　ゼロベクトルでない1個のベクトルの"集合" $\{\boldsymbol{a}\}$ は一次独立である．
証明◆　$\alpha\boldsymbol{a} = \boldsymbol{0}$ とすれば $\alpha = 0$ であるから，$\{\boldsymbol{a}\}$ は一次独立である．■

命題 2.2●　$\{\boldsymbol{a}_1, \ldots, \boldsymbol{a}_n\}$ のうち少なくとも一つが他の線形結合であれば，$\{\boldsymbol{a}_1, \ldots, \boldsymbol{a}_n\}$ は一次従属である．
証明◆　例えば，

$$\boldsymbol{a}_p = \beta_1 \boldsymbol{a}_1 + \cdots + \beta_{p-1} \boldsymbol{a}_{p-1} + \beta_{p+1} \boldsymbol{a}_{p+1} + \cdots + \beta_n \boldsymbol{a}_n \tag{2.2}$$

であれば，

$$\{\alpha_1, \ldots, \alpha_{p-1}, \alpha_p, \alpha_{p+1}, \ldots, \alpha_n\} = \{-\beta_1, \ldots, -\beta_{p-1}, 1, -\beta_{p+1}, \ldots, -\beta_n\} \tag{2.3}$$

として，

$$\begin{aligned}
&\alpha_1 \boldsymbol{a}_1 + \cdots + \alpha_{p-1} \boldsymbol{a}_{p-1} + \alpha_p \boldsymbol{a}_p + \alpha_{p+1} \boldsymbol{a}_{p+1} + \cdots + \alpha_n \boldsymbol{a}_n \\
&\overset{(2.2)}{\underset{(2.3)}{=}} (-\beta_1)\boldsymbol{a}_1 + \cdots + (-\beta_{p-1})\boldsymbol{a}_{p-1} \\
&\qquad + 1\cdot(\beta_1 \boldsymbol{a}_1 + \cdots + \beta_{p-1} \boldsymbol{a}_{p-1} + \beta_{p+1} \boldsymbol{a}_{p+1} + \cdots + \beta_n \boldsymbol{a}_n) \\
&\qquad + (-\beta_{p+1})\boldsymbol{a}_{p+1} + \cdots + (-\beta_n)\boldsymbol{a}_n \\
&= \boldsymbol{0}
\end{aligned}$$

とできるから，$\{\boldsymbol{a}_1, \ldots, \boldsymbol{a}_n\}$ は一次従属である．■

▶**注意**　上式では，演繹に用いる既出の式番号を等号 "=" の上に書いている．以後，そのようにする．

命題 2.3●　$\{\boldsymbol{a}_1, \ldots, \boldsymbol{a}_n\}$ が一次独立であれば，$\{\boldsymbol{a}_1, \ldots, \boldsymbol{a}_n\}$ のどの一つも他の線形結合となることはない．

証明◆　命題 2.2 の対偶である．■

命題 2.4●　$\{\boldsymbol{a}_1, \ldots, \boldsymbol{a}_n\}$ の中に一つでもゼロベクトルがあれば，$\{\boldsymbol{a}_1, \ldots, \boldsymbol{a}_n\}$ は一次従属である．

証明◆　$\boldsymbol{a}_p = \boldsymbol{0}$ であれば，

$$\boldsymbol{a}_p = 0 \cdot \boldsymbol{a}_1 + \cdots + 0 \cdot \boldsymbol{a}_{p-1} + 0 \cdot \boldsymbol{a}_{p+1} + \cdots + 0 \cdot \boldsymbol{a}_n$$

は "他の線形結合" であるから，命題 2.2 によって $\{\boldsymbol{a}_1, \ldots, \boldsymbol{a}_n\}$ は一次従属である．ゼロベクトル一つの "集合" $\{\boldsymbol{0}\}$ も当然一次従属である．■

命題 2.5●　$\{\boldsymbol{a}_1, \ldots, \boldsymbol{a}_n\}$ の中に同じベクトルがあれば，$\{\boldsymbol{a}_1, \ldots, \boldsymbol{a}_n\}$ は一次従属である．

証明◆　$\boldsymbol{a}_p = \boldsymbol{a}_q \ (p \neq q)$ であれば，

$$\boldsymbol{a}_p = 0 \cdot \boldsymbol{a}_1 + \cdots + 0 \cdot \boldsymbol{a}_{p-1} + 0 \cdot \boldsymbol{a}_{p+1} + \cdots + 1 \cdot \boldsymbol{a}_q + \cdots + 0 \cdot \boldsymbol{a}_n$$

は "他の線形結合" であるから，命題 2.2 によって $\{\boldsymbol{a}_1, \ldots, \boldsymbol{a}_n\}$ は一次従属である．■

命題 2.6●　$\{\boldsymbol{a}_1, \ldots, \boldsymbol{a}_n\}$ の部分集合で一次独立となる組み合わせのうち，個数が最大であるものを $\{\boldsymbol{b}_1, \ldots, \boldsymbol{b}_m\}$ とすれば，$\{\boldsymbol{a}_1, \ldots, \boldsymbol{a}_n\}$ の中で $\{\boldsymbol{b}_1, \ldots, \boldsymbol{b}_m\}$ に含まれないものは，全て $\{\boldsymbol{b}_1, \ldots, \boldsymbol{b}_m\}$ の線形結合となる．

証明◆　$\boldsymbol{a}_p \notin \{\boldsymbol{b}_1, \ldots, \boldsymbol{b}_m\}$ とする．$\boldsymbol{a}_p$ と $\{\boldsymbol{b}_1, \ldots, \boldsymbol{b}_m\}$ で作る線形結合がゼロベクトル，すなわち，

$$\alpha_p \boldsymbol{a}_p + \beta_1 \boldsymbol{b}_1 + \cdots + \beta_m \boldsymbol{b}_m = \boldsymbol{0}$$

なら $\alpha_p \neq 0$ である．なぜなら，$\alpha_p = 0$ なら，

$$\beta_1 \boldsymbol{b}_1 + \cdots + \beta_m \boldsymbol{b}_m = \boldsymbol{0}$$

となって，$\{\boldsymbol{b}_1, \ldots, \boldsymbol{b}_m\}$ は一次独立であるから $\{\beta_1, \ldots, \beta_m\}$ は全てゼロ，すなわち $\{\alpha_p, \beta_1, \ldots, \beta_m\}$ は全てゼロとなり，$\{\boldsymbol{a}_1, \ldots, \boldsymbol{a}_n\}$ の一次独立な部分集合のうち個数最大の組み合わせが $\{\boldsymbol{b}_1, \ldots, \boldsymbol{b}_m\}$ だという前提に反する．従って，$\alpha_p \neq 0$ であるから，

$$\boldsymbol{a}_p = \left(-\frac{\beta_1}{\alpha_p}\right) \boldsymbol{b}_1 + \cdots + \left(-\frac{\beta_m}{\alpha_p}\right) \boldsymbol{b}_m$$

すなわち，$\boldsymbol{a}_p$ は $\{\boldsymbol{b}_1, \ldots, \boldsymbol{b}_m\}$ の線形結合となる．■

以上によって，$\{\boldsymbol{a}_1, \ldots, \boldsymbol{a}_n\}$ が一次独立であれば，$\{\boldsymbol{a}_1, \ldots, \boldsymbol{a}_n\}$ 中にゼロベクトルは無く，同じものも無く，どれかが他の線形結合になることも無い．

基底と成分

$\{\boldsymbol{a}_1, \ldots, \boldsymbol{a}_n\}$ の線形結合の集合，

$$(X =)\ \langle \boldsymbol{a}_1, \ldots, \boldsymbol{a}_n \rangle = \left\{ \alpha_1 \boldsymbol{a}_1 + \cdots + \alpha_n \boldsymbol{a}_n \mid {}^\forall\alpha_1, \ldots, {}^\forall\alpha_n \in R \right\}$$

において，$\{\boldsymbol{a}_1, \ldots, \boldsymbol{a}_n\}$ の中の一次独立な組みの最大個数 $m\ (\leq n)$ を X の**次元**と言い，$\dim X = m$ と書く．このとき，$X = \langle \boldsymbol{a}_1, \ldots, \boldsymbol{a}_n \rangle$ に属するベクトルを $\boldsymbol{m}$ **次元ベクトル**と言う．$\{\boldsymbol{a}_1, \ldots, \boldsymbol{a}_n\}$ がそのままで一次独立ならば $\dim X = n$ である．このとき，$\{\boldsymbol{a}_1, \ldots, \boldsymbol{a}_n\}$ を X の**基底**と言い，$\boldsymbol{A} = \alpha_1 \boldsymbol{a}_1 + \cdots + \alpha_n \boldsymbol{a}_n \in X$ における係数の組み $\{\alpha_1, \ldots, \alpha_n\}$ を，ベクトル $\boldsymbol{A}$ の，基底 $\{\boldsymbol{a}_1, \ldots, \boldsymbol{a}_n\}$ に関する**成分**と言う．

命題 2.7●　基底 $\{\boldsymbol{a}_1, \ldots, \boldsymbol{a}_n\}$ に関するベクトルの成分は一意的に決まる．つまり，一つの基底によって同じベクトルが異なる成分の組みを持つことはない．

証明◆　$\boldsymbol{A} \in \langle \boldsymbol{a}_1, \ldots, \boldsymbol{a}_n \rangle$ が，係数の組み $\{\alpha_1, \ldots, \alpha_n\}$，$\{\beta_1, \ldots, \beta_n\}$ によって

$$\boldsymbol{A} = \alpha_1 \boldsymbol{a}_1 + \cdots + \alpha_n \boldsymbol{a}_n = \beta_1 \boldsymbol{a}_1 + \cdots + \beta_n \boldsymbol{a}_n$$

であれば，

$$(\alpha_1 - \beta_1)\boldsymbol{a}_1 + \cdots + (\alpha_n - \beta_n)\boldsymbol{a}_n = \boldsymbol{0}$$

となり，$\{\boldsymbol{a}_1, \ldots, \boldsymbol{a}_n\}$ は一次独立であるから，$\alpha_1 = \beta_1, \ldots, \alpha_n = \beta_n$ である．■

生活空間のベクトル

生活空間で認識されるベクトルの議論に戻って，ベクトル3本の組み $\{\boldsymbol{a}_1, \boldsymbol{a}_2, \boldsymbol{a}_3\}$ とその線形結合の集合 $\langle \boldsymbol{a}_1, \boldsymbol{a}_2, \boldsymbol{a}_3 \rangle$ を考える．

(1) $\dim\langle \boldsymbol{a}_1, \boldsymbol{a}_2, \boldsymbol{a}_3 \rangle = 1$ の場合

$\{\boldsymbol{a}_1, \boldsymbol{a}_2, \boldsymbol{a}_3\}$ のうち一次独立なベクトルの組みの最大個数が1であるから，例えば $\{\boldsymbol{a}_1\}$ だけで一次独立なら，命題 2.6 によって残りの $\{\boldsymbol{a}_2, \boldsymbol{a}_3\}$ はどちらも $\boldsymbol{a}_1$ のスカラー倍となる．そこで，それだけで一次独立であるそのベクトルを改めて $\boldsymbol{b}_1$ とすれば，

$$\langle \boldsymbol{a}_1, \boldsymbol{a}_2, \boldsymbol{a}_3 \rangle = \left\{ \alpha_1 \boldsymbol{a}_1 + \alpha_2 \boldsymbol{a}_2 + \alpha_3 \boldsymbol{a}_3 \mid {}^\forall\alpha_1, {}^\forall\alpha_2, {}^\forall\alpha_3 \in R \right\} = \left\{ \beta_1 \boldsymbol{b}_1 \mid {}^\forall\beta_1 \in R \right\} = \langle \boldsymbol{b}_1 \rangle$$

となって，$\langle \boldsymbol{a}_1, \boldsymbol{a}_2, \boldsymbol{a}_3 \rangle$ は $\boldsymbol{b}_1$ だけのスカラー倍の集合，言い換えれば $\boldsymbol{b}_1$ の定める直線上に（描く必要はないが）描けば描けるベクトルの集合である（**図 2.5**）．"描けば描ける" と

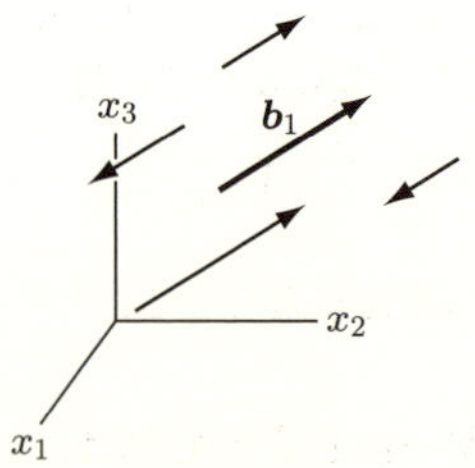

図 2.5

は，ベクトルは大きさと方向が同じならどこに描こうと…，ということ．

(2) $\dim\langle \boldsymbol{a}_1, \boldsymbol{a}_2, \boldsymbol{a}_3\rangle = 2$ の場合

$\{\boldsymbol{a}_1, \boldsymbol{a}_2, \boldsymbol{a}_3\}$ のうち，一次独立なベクトルの組みの最大個数が 2 であるから，例えば，$\{\boldsymbol{a}_1, \boldsymbol{a}_2\}$ だけで一次独立なら，命題 2.6 によって $\boldsymbol{a}_3$ は $\{\boldsymbol{a}_1, \boldsymbol{a}_2\}$ の線形結合となる．そこで，一次独立であるそのベクトルの組みを改めて $\{\boldsymbol{b}_1, \boldsymbol{b}_2\}$ とすれば，

$$\begin{aligned}\langle \boldsymbol{a}_1, \boldsymbol{a}_2, \boldsymbol{a}_3\rangle &= \left\{\alpha_1\boldsymbol{a}_1 + \alpha_2\boldsymbol{a}_2 + \alpha_3\boldsymbol{a}_3 \mid {}^\forall\alpha_1, {}^\forall\alpha_2, {}^\forall\alpha_3 \in R\right\} \\ &= \left\{\beta_1\boldsymbol{b}_1 + \beta_2\boldsymbol{b}_2 \mid {}^\forall\beta_1, {}^\forall\beta_2 \in R\right\} = \langle \boldsymbol{b}_1, \boldsymbol{b}_2\rangle\end{aligned}$$

となる．$\langle \boldsymbol{a}_1, \boldsymbol{a}_2, \boldsymbol{a}_3\rangle$ は $\{\boldsymbol{b}_1, \boldsymbol{b}_2\}$ の線形結合の集合，言い換えれば $\{\boldsymbol{b}_1, \boldsymbol{b}_2\}$ を同じ始点から描いたときに，それらの定める平面上に描けば描けるベクトル全体の集合である (**図 2.6**)．

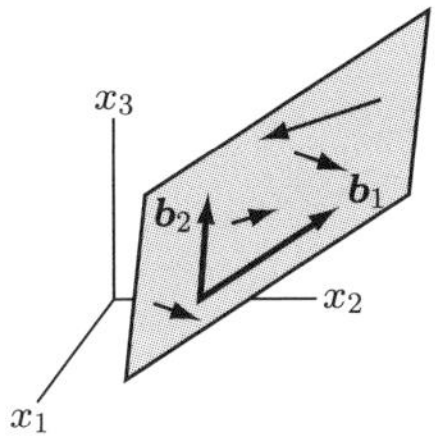

図 2.6

(3) $\dim\langle \boldsymbol{a}_1, \boldsymbol{a}_2, \boldsymbol{a}_3\rangle = 3$ の場合

$\{\boldsymbol{a}_1, \boldsymbol{a}_2, \boldsymbol{a}_3\}$ がそのまま一次独立であるから，

$$\langle \boldsymbol{a}_1, \boldsymbol{a}_2, \boldsymbol{a}_3\rangle = \left\{\alpha_1\boldsymbol{a}_1 + \alpha_2\boldsymbol{a}_2 + \alpha_3\boldsymbol{a}_3 \mid {}^\forall\alpha_1, {}^\forall\alpha_2, {}^\forall\alpha_3 \in R\right\}$$

は，$\{\boldsymbol{a}_1, \boldsymbol{a}_2, \boldsymbol{a}_3\}$ の線形結合の“制限を課さない”全体である．

集合 $\langle \boldsymbol{a}_1, \ldots, \boldsymbol{a}_n\rangle$ を，$\{\boldsymbol{a}_1, \ldots, \boldsymbol{a}_n\}$ の作る（または“張る”）**部分ベクトル空間**または単に**部分空間**と言う．部分空間 $\langle \boldsymbol{a}_1, \boldsymbol{a}_2, \boldsymbol{a}_3\rangle$ は，$\{\boldsymbol{a}_1, \boldsymbol{a}_2, \boldsymbol{a}_3\}$ の線形結合のうち (1) $\dim\langle \boldsymbol{a}_1, \boldsymbol{a}_2, \boldsymbol{a}_3\rangle = 1$ なら 1 本の直線上に描けるものの全体，(2) $\dim\langle \boldsymbol{a}_1, \boldsymbol{a}_2, \boldsymbol{a}_3\rangle = 2$ なら一つの平面上に描けるものの全体，(3) $\dim\langle \boldsymbol{a}_1, \boldsymbol{a}_2, \boldsymbol{a}_3\rangle = 3$ なら制限を課さない全体，である．

本書は，殆（ほとん）どの場合に生活空間の中で認識される所謂（いわゆる）3 次元ベクトルを考えるのであるが，**ベクトルの集合として**，(1) は 1 次元の集合，(2) は 2 次元の集合，(3) は 3 次元の集合だと言い，線形結合全体の部分集合という意味で，それぞれの $\langle \boldsymbol{a}_1, \boldsymbol{a}_2, \boldsymbol{a}_3\rangle$ を部分空間と言うのである．

(1) と (2) の場合の $\{\boldsymbol{a}_1, \boldsymbol{a}_2, \boldsymbol{a}_3\}$ は一次従属である．その $\{\boldsymbol{a}_1, \boldsymbol{a}_2, \boldsymbol{a}_3\}$ は，その中にゼロベクトルや互いに平行なものがある場合を含めて一つの平面上に描ける．このことを $\{\boldsymbol{a}_1, \boldsymbol{a}_2, \boldsymbol{a}_3\}$ は**共面である**と言う．これに対して，(3) の場合の $\{\boldsymbol{a}_1, \boldsymbol{a}_2, \boldsymbol{a}_3\}$ は**共面でな**

い．$\{\boldsymbol{a}_1, \boldsymbol{a}_2, \boldsymbol{a}_3\}$ は一次独立である場合にのみ共面でなく，その場合にのみ，制限を課さないベクトル群を $\langle \boldsymbol{a}_1, \boldsymbol{a}_2, \boldsymbol{a}_3 \rangle$ によって“捕捉”することができる（**図 2.7**）．

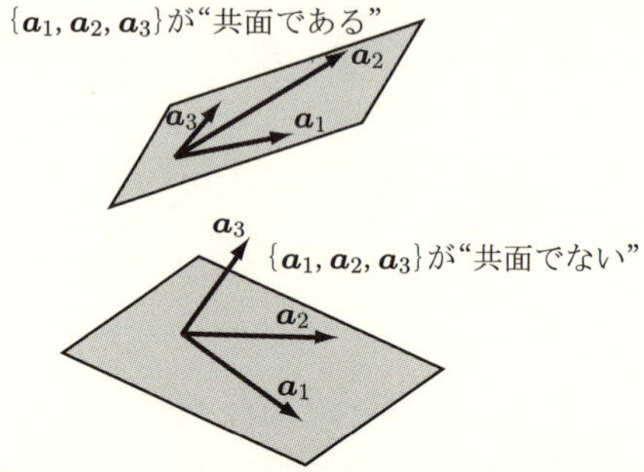

図 2.7

以上によって，$\{\boldsymbol{a}_1, \boldsymbol{a}_2\}$，$\{\boldsymbol{a}_1, \boldsymbol{a}_2, \boldsymbol{a}_3\}$ がそれぞれ一次独立であるとき，$\boldsymbol{A} \in \langle \boldsymbol{a}_1, \boldsymbol{a}_2 \rangle$，$\boldsymbol{A} \in \langle \boldsymbol{a}_1, \boldsymbol{a}_2, \boldsymbol{a}_3 \rangle$ を**図 2.8** のように描ける．

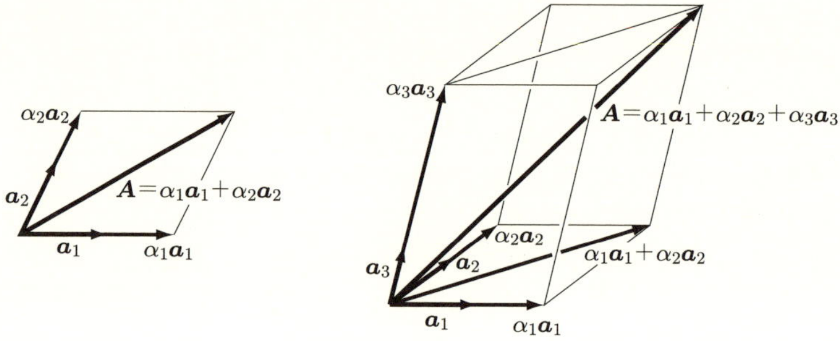

図 2.8

以後，それぞれを単に 2 次元ベクトル，3 次元ベクトルと呼び，平面と生活空間をそれぞれ 2 次元空間，3 次元空間と呼ぶ．

右手系と左手系

図 2.8 左の 2 次元の基底 $\{\boldsymbol{a}_1, \boldsymbol{a}_2\}$ は，“右の掌（てのひら）”を見たときの親指，人差し指の順に並んでいる．このようなベクトルの組みを（2 次元の）**右手系**と言う．左の掌を見て親指，人差し指の順序に並んでいれば 2 次元の左手系である（**図 2.9**(a)）．**図 2.8** 右の 3 次元の基底 $\{\boldsymbol{a}_1, \boldsymbol{a}_2, \boldsymbol{a}_3\}$ は，右手の親指，人差し指，中指の順に並んでいる．これを（3 次元の）右手系と言う．左手の親指，人差し指，中指の順なら 3 次元の左手系である（**図 2.9**(b)）．2 次元でも 3 次元でも左手系の基底は使わない方がよい．

（a）2 次元の左手系と右手系

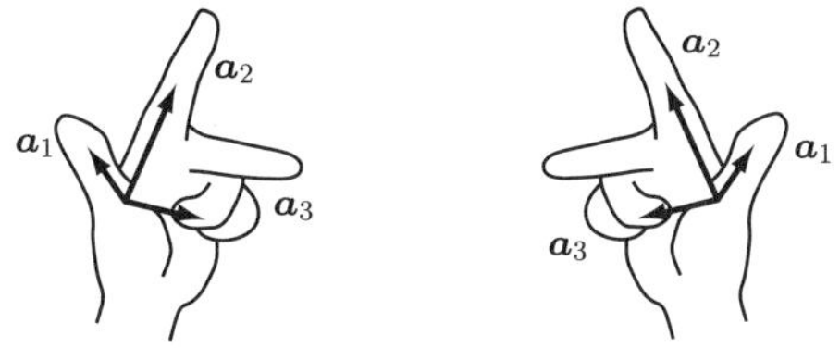

（b）3 次元の左手系と右手系

図 2.9

デカルト基底，デカルト成分

2 次元または 3 次元の空間にデカルト座標系（直交座標系）を設定し，それぞれの座標軸に平行で大きさが 1 であるベクトルの組み $\{\boldsymbol{e}_1, \boldsymbol{e}_2\}$，$\{\boldsymbol{e}_1, \boldsymbol{e}_2, \boldsymbol{e}_3\}$ を用いて，それぞれの空間のベクトル $\boldsymbol{A}$ を，

$$\boldsymbol{A} = a_1\boldsymbol{e}_1 + a_2\boldsymbol{e}_2, \quad \boldsymbol{A} = a_1\boldsymbol{e}_1 + a_2\boldsymbol{e}_2 + a_3\boldsymbol{e}_3$$

とするとき，$\{\boldsymbol{e}_1, \boldsymbol{e}_2\}$，$\{\boldsymbol{e}_1, \boldsymbol{e}_2, \boldsymbol{e}_3\}$ をそれぞれの**デカルト基底**と言い，$\{a_1, a_2\}$，$\{a_1, a_2, a_3\}$ をそれぞれの**デカルト成分**と言う．

▶**注意**　基底とは**その一組み（ひと）でベクトルを測る物差し**である．或るベクトルの組みが基底であるための条件は，それが一次独立であることだけであり，それらは**図 2.8** のように，大きさが 1 であることも互いに直交していることも必要でなく，変化のルールさえ明確ならベクトルを考える場所毎に異なっていてもよい．これに対してデカルト基底は，互いに直交して大きさが 1 であるだけでなく，空間のどこで認識されるベクトルに対しても，いつも同じものを使うという点に特徴がある．

例えば，**図 2.10** のように，空気の流れの中の位置ベクトル $\boldsymbol{x}$ の位置で流速ベクトル $\boldsymbol{v}$ が認識されているとする $(\boldsymbol{v} = \boldsymbol{v}(\boldsymbol{x}))$．机の寸法を物差しで測るとき，物差しを机に当てても机を物差しまで運ぶことは，普通，しない．物差し $\{\boldsymbol{e}_1, \boldsymbol{e}_2, \boldsymbol{e}_3\}$ は，同図の左下のように，設定したデカルト座標系の原点に，座標軸に合わせて準備してあるから，必要に応じて，この物差しを測りたいベクトルまで持ってくればよい．但し，方向も一緒に測るから，回転させずに平行移動だけで持ってくる．

ベクトルの“大きさ”は，様々な次元を持っている．但し，ここで言う次元は，大きさを測る長さ，速さ，強さなどの単位の種類のことであって，ベクトルの集合の次元ではない．一方，デカルト基底のそれぞれの大きさが 1 というときの“1”は，1 本 2 本，1 倍 2 倍と言うときの 1，つまり次元を持たない 1 である．従って，どんなベクトルもこの一組みで測れる．次元は，図の速度ベクトルを $\boldsymbol{v} = v_1\boldsymbol{e}_1 + v_2\boldsymbol{e}_2 + v_3\boldsymbol{e}_3$ としたときの成分 $\{v_1, v_2, v_3\}$ が持っているのである．

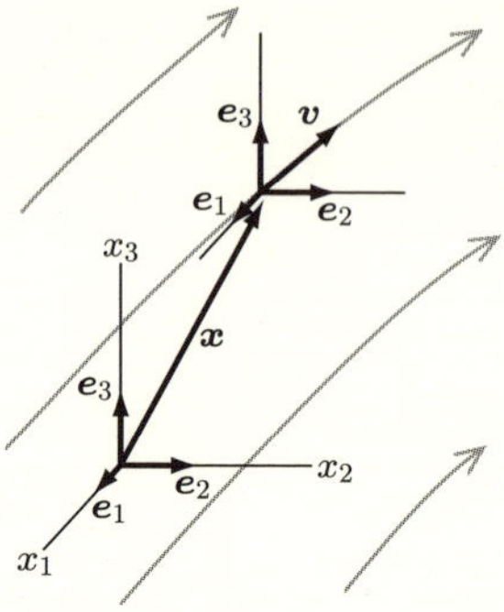

図 2.10

2.3　スカラー積

二つのベクトル $\boldsymbol{A}$，$\boldsymbol{B}$ を同じ始点から描いたときに，それらの成す角を θ として，

$$|\boldsymbol{A}||\boldsymbol{B}|\cos\theta$$

なるスカラーを $\boldsymbol{A}$，$\boldsymbol{B}$ の**スカラー積**または**内積**と言い，$\boldsymbol{A}\cdot\boldsymbol{B}$ と書いて "A ドット B" と読む．$\boldsymbol{B}$ の $\boldsymbol{A}$ 上への射影を B_A と書けば，**図 2.11** によって，

$$\begin{aligned}\boldsymbol{A}\cdot\boldsymbol{B} &= |\boldsymbol{A}|\left(|\boldsymbol{B}|\cos\theta\right) = |\boldsymbol{A}|B_A\\ &= |\boldsymbol{B}|\left(|\boldsymbol{A}|\cos\theta\right) = |\boldsymbol{B}|A_B\end{aligned}$$

である．

$\boldsymbol{A}\cdot\boldsymbol{A}$ $(= |\boldsymbol{A}|^2)$ を $\boldsymbol{A}^2$ と書くことがあるが，3 以上の整数 m に対して $\boldsymbol{A}^m$ は無い．

$\boldsymbol{A}\cdot\boldsymbol{B} = 0$ となるのは，①$\boldsymbol{A} \perp \boldsymbol{B}$（$\boldsymbol{A}$ と $\boldsymbol{B}$ が直交する），②$\boldsymbol{A} = \boldsymbol{0}$，③$\boldsymbol{B} = \boldsymbol{0}$ のいずれかの場合である．**図 2.12** のように，$\boldsymbol{A}$ に垂直な平面内で認識された $\boldsymbol{B}$ は "$\boldsymbol{A}$ と交わっていなくても" $\boldsymbol{A}$ と直交する．ベクトルは大きさと方向が同じなら….

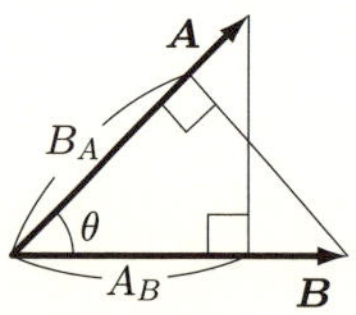

図 2.11

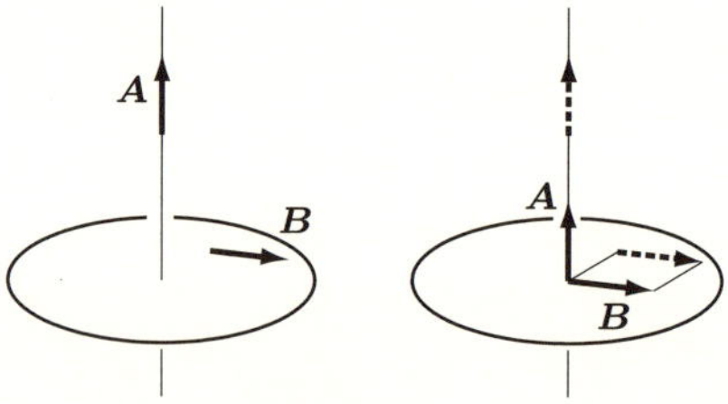

図 2.12

スカラー積に関する法則

スカラー積に関して，以下が成り立つ．

(1) 交換法則: $\boldsymbol{A}\cdot\boldsymbol{B} = \boldsymbol{B}\cdot\boldsymbol{A}$

定義により明白である．

(2) 分配法則:

$$\boldsymbol{A}\cdot(\boldsymbol{B}+\boldsymbol{C}) = \boldsymbol{A}\cdot\boldsymbol{B} + \boldsymbol{A}\cdot\boldsymbol{C} \tag{2.4}$$

証明◆ **図 2.13** において，

$$\begin{aligned}\boldsymbol{A}\cdot(\boldsymbol{B}+\boldsymbol{C}) &= |\boldsymbol{A}||\boldsymbol{B}+\boldsymbol{C}|\cos\theta = |\boldsymbol{A}|\overline{\mathrm{OP}} = |\boldsymbol{A}|(\overline{\mathrm{OQ}}+\overline{\mathrm{QP}})\\ &= |\boldsymbol{A}|\overline{\mathrm{OQ}} + |\boldsymbol{A}|\overline{\mathrm{QP}} = \boldsymbol{A}\cdot\boldsymbol{B} + \boldsymbol{A}\cdot\boldsymbol{C}\end{aligned}$$

図中で，二つの $\boldsymbol{C}$ が同じベクトルであることに注意せよ．ベクトルは大きさと方向が同じなら….

$(\boldsymbol{B}+\boldsymbol{C})\cdot\boldsymbol{A} = \boldsymbol{B}\cdot\boldsymbol{A} + \boldsymbol{C}\cdot\boldsymbol{A}$ も明らかであろう．

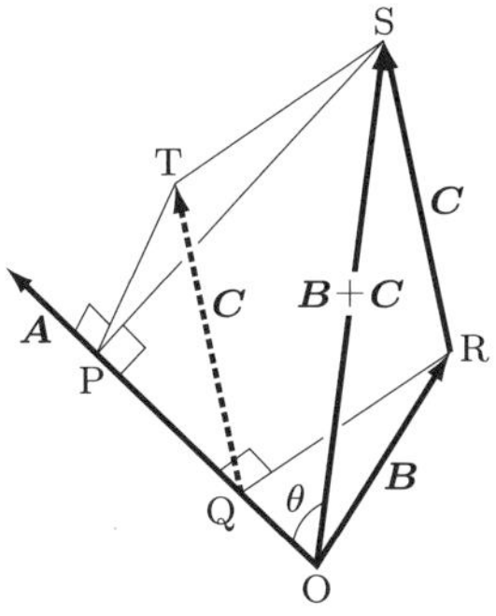

図 2.13 ■

(3) ベクトルのスカラー倍とのスカラー積: スカラー α に対して，

$$(\alpha\boldsymbol{A})\cdot\boldsymbol{B} = \alpha(\boldsymbol{A}\cdot\boldsymbol{B}) = \boldsymbol{A}\cdot(\alpha\boldsymbol{B}) \tag{2.5}$$

証明◆ $\alpha \geq 0$ のとき，$\boldsymbol{A}$，$\boldsymbol{B}$ の成す角 θ に対して，$(\alpha\boldsymbol{A})$ と $\boldsymbol{B}$ の成す角も θ であるから，

$$(\alpha\boldsymbol{A})\cdot\boldsymbol{B} = |\alpha\boldsymbol{A}||\boldsymbol{B}|\cos\theta = \alpha|\boldsymbol{A}||\boldsymbol{B}|\cos\theta = \alpha(\boldsymbol{A}\cdot\boldsymbol{B})$$

$\alpha < 0$ のとき，$(\alpha\boldsymbol{A})$ と $\boldsymbol{B}$ の成す角は $(\pi-\theta)$ であるから，

$$(\alpha\boldsymbol{A})\cdot\boldsymbol{B} = |\alpha\boldsymbol{A}||\boldsymbol{B}|\cos(\pi-\theta) = (-\alpha)|\boldsymbol{A}||\boldsymbol{B}|(-\cos\theta) = \alpha|\boldsymbol{A}||\boldsymbol{B}|\cos\theta = \alpha(\boldsymbol{A}\cdot\boldsymbol{B})$$

よって，

$$(\alpha\boldsymbol{A})\cdot\boldsymbol{B} = \alpha(\boldsymbol{A}\cdot\boldsymbol{B}) \overset{(\text{交換法則})}{=} \alpha(\boldsymbol{B}\cdot\boldsymbol{A}) = (\alpha\boldsymbol{B})\cdot\boldsymbol{A} \overset{(\text{交換法則})}{=} \boldsymbol{A}\cdot(\alpha\boldsymbol{B})$$ ■

デカルト基底によるスカラー積の表現

デカルト基底 $\{\boldsymbol{e}_1, \boldsymbol{e}_2, \boldsymbol{e}_3\}$ は，それぞれの長さが 1 で互いに直交するのであったから，次は明らかである．

$$\left.\begin{array}{l} \boldsymbol{e}_1\cdot\boldsymbol{e}_1=1,\ \boldsymbol{e}_2\cdot\boldsymbol{e}_2=1,\ \boldsymbol{e}_3\cdot\boldsymbol{e}_3=1 \\ \boldsymbol{e}_1\cdot\boldsymbol{e}_2=0,\ \boldsymbol{e}_2\cdot\boldsymbol{e}_3=0,\ \boldsymbol{e}_3\cdot\boldsymbol{e}_1=0 \end{array}\right\} \tag{2.6}$$

$\boldsymbol{A}=a_1\boldsymbol{e}_1+a_2\boldsymbol{e}_2+a_3\boldsymbol{e}_3$ と $\{\boldsymbol{e}_1,\boldsymbol{e}_2,\boldsymbol{e}_3\}$ のそれぞれとのスカラー積を作れば，$\boldsymbol{A}$ と $\boldsymbol{e}_i$ の成す角を θ_i として，

$$\begin{aligned} \boldsymbol{A}\cdot\boldsymbol{e}_1 &= |\boldsymbol{A}|\cos\theta_1=(a_1\boldsymbol{e}_1+a_2\boldsymbol{e}_2+a_3\boldsymbol{e}_3)\cdot\boldsymbol{e}_1 \\ &\overset{(2.4)}{\underset{(2.5)}{=}} a_1(\boldsymbol{e}_1\cdot\boldsymbol{e}_1)+a_2(\boldsymbol{e}_1\cdot\boldsymbol{e}_2)+a_3(\boldsymbol{e}_1\cdot\boldsymbol{e}_3) \overset{(2.6)}{=} a_1 \end{aligned}$$

他も同様で，

$$\boldsymbol{A}\cdot\boldsymbol{e}_2=|\boldsymbol{A}|\cos\theta_2=a_2$$

$$\boldsymbol{A}\cdot\boldsymbol{e}_3=|\boldsymbol{A}|\cos\theta_3=a_3$$

すなわち，デカルト成分は $\boldsymbol{A}$ の，$\{\boldsymbol{e}_1,\boldsymbol{e}_2,\boldsymbol{e}_3\}$ のそれぞれへの射影であり，$\boldsymbol{A}$ は，

$$\boldsymbol{A}=(\boldsymbol{A}\cdot\boldsymbol{e}_1)\boldsymbol{e}_1+(\boldsymbol{A}\cdot\boldsymbol{e}_2)\boldsymbol{e}_2+(\boldsymbol{A}\cdot\boldsymbol{e}_3)\boldsymbol{e}_3 \tag{2.7}$$

と書ける．

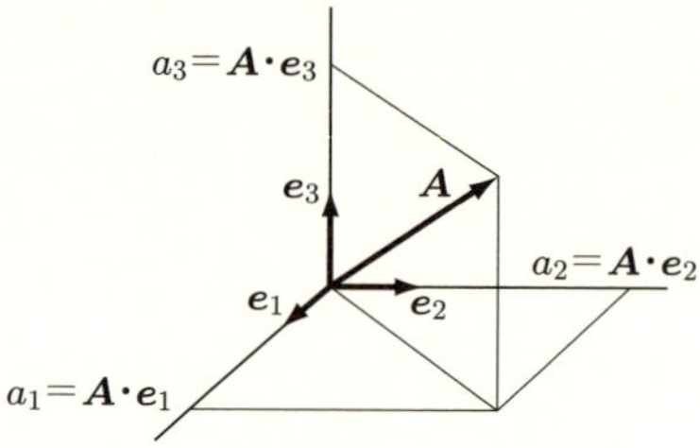

図 2.14

$\boldsymbol{A}=a_1\boldsymbol{e}_1+a_2\boldsymbol{e}_2+a_3\boldsymbol{e}_3$，$\boldsymbol{B}=b_1\boldsymbol{e}_1+b_2\boldsymbol{e}_2+b_3\boldsymbol{e}_3$ に対して，式(2.4)～(2.6)を駆使すれば，デカルト成分によるスカラー積の表現が得られる．

$$\begin{aligned} \boldsymbol{A}\cdot\boldsymbol{B} &= (a_1\boldsymbol{e}_1+a_2\boldsymbol{e}_2+a_3\boldsymbol{e}_3)\cdot(b_1\boldsymbol{e}_1+b_2\boldsymbol{e}_2+b_3\boldsymbol{e}_3) \\ &= a_1b_1(\boldsymbol{e}_1\cdot\boldsymbol{e}_1)+a_1b_2(\boldsymbol{e}_1\cdot\boldsymbol{e}_2)+\cdots \\ &= a_1b_1+a_2b_2+a_3b_3 \end{aligned} \tag{2.8}$$

2.4　ベクトル積

二つのベクトル $\boldsymbol{A}$, $\boldsymbol{B}$ の**ベクトル積**（または**外積**）$\boldsymbol{A}\wedge\boldsymbol{B}$ を次のように定義する（**図 2.15**）.

(1) $\boldsymbol{A}\wedge\boldsymbol{B}$ の大きさは，$\boldsymbol{A}$，$\boldsymbol{B}$ を同じ始点から描いてできる平行四辺形の面積．すなわち，$\boldsymbol{A}$，$\boldsymbol{B}$ の成す角を θ として，

$$|\boldsymbol{A}\wedge\boldsymbol{B}|=|\boldsymbol{A}||\boldsymbol{B}|\sin\theta$$

(2) $\boldsymbol{A}\wedge\boldsymbol{B}$ はこの平行四辺形の面に垂直．

(3) $\boldsymbol{A}\wedge\boldsymbol{B}$ の“向き”は，$\boldsymbol{A}$ から $\boldsymbol{B}$ に向かって右ねじを回したとき，その右ねじの進む

向き．但し，回す角度は π 以下，つまり遠回りしない．

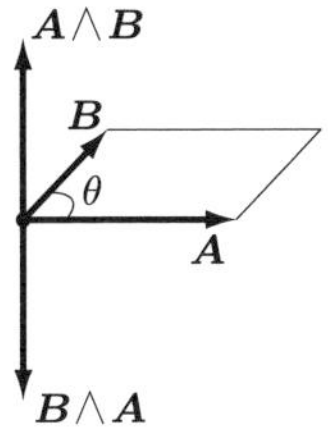

図 2.15

▶**注意**　多くの書物でベクトル積は $\boldsymbol{A} \times \boldsymbol{B}$ と書かれているが，本書では記号“$\wedge$”を使う．$\boldsymbol{A} \wedge \boldsymbol{B}$ または $\boldsymbol{A} \times \boldsymbol{B}$ は“A クロス B”と読む．

■ベクトル積に関する法則■

ベクトル積に関して，以下が成り立つ．

(1) $\boldsymbol{A} = \alpha \boldsymbol{B}$，すなわち $\boldsymbol{A}$ と $\boldsymbol{B}$ が平行なら $\boldsymbol{A} \wedge \boldsymbol{B} = \boldsymbol{0}$．$\boldsymbol{A}$，$\boldsymbol{B}$ のどちらかがゼロベクトルでも $\boldsymbol{A} \wedge \boldsymbol{B} = \boldsymbol{0}$．

(2) $\boldsymbol{A} \wedge \boldsymbol{B} = -(\boldsymbol{B} \wedge \boldsymbol{A})$．すなわち交換法則は成り立たない．

(3) $$\boldsymbol{A} \wedge \boldsymbol{B} = \boldsymbol{A} \wedge (\boldsymbol{B} + \alpha \boldsymbol{A}) \tag{2.9}$$

すなわち，$\boldsymbol{A} \wedge \boldsymbol{B}$ は，$\boldsymbol{A}$ のスカラー倍を $\boldsymbol{B}$ に加えても変わらない．小学校以来の平行四辺形の面積の公式である（**図 2.16**）．

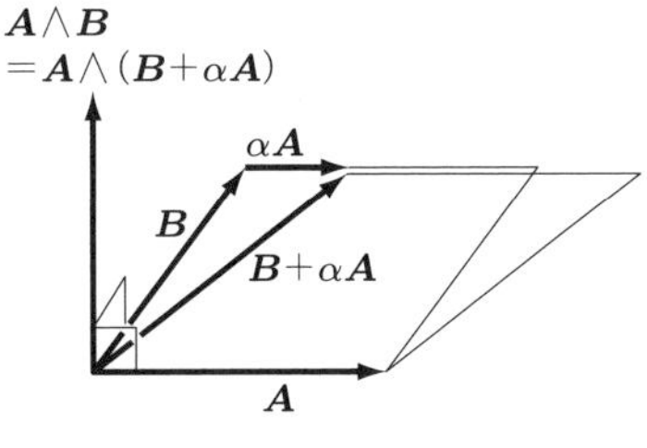

図 2.16

(4) 分配法則：

$$\boldsymbol{A} \wedge (\boldsymbol{B} + \boldsymbol{C}) = \boldsymbol{A} \wedge \boldsymbol{B} + \boldsymbol{A} \wedge \boldsymbol{C} \tag{2.10}$$

$$(\boldsymbol{B} + \boldsymbol{C}) \wedge \boldsymbol{A} = \boldsymbol{B} \wedge \boldsymbol{A} + \boldsymbol{C} \wedge \boldsymbol{A} \tag{2.11}$$

証明◆

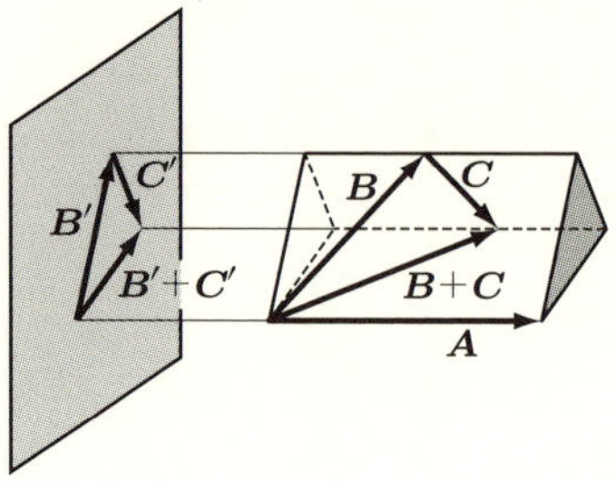

図 2.17

図 2.17 のように，$\boldsymbol{B}$ を $\boldsymbol{A}$ の始点から，$\boldsymbol{C}$ を $\boldsymbol{B}$ の終点から描き，$\boldsymbol{A}$ に垂直な平面上に $\boldsymbol{B}$，$\boldsymbol{C}$ を投影したベクトルを $\boldsymbol{B}'$，$\boldsymbol{C}'$ とすれば，$\boldsymbol{B}+\boldsymbol{C}$ の投影は $\boldsymbol{B}'+\boldsymbol{C}'$ である．このとき，式(2.9)によって，

$$\boldsymbol{A}\wedge(\boldsymbol{B}+\boldsymbol{C})=\boldsymbol{A}\wedge(\boldsymbol{B}'+\boldsymbol{C}')$$
$$\boldsymbol{A}\wedge\boldsymbol{B}=\boldsymbol{A}\wedge\boldsymbol{B}'$$
$$\boldsymbol{A}\wedge\boldsymbol{C}=\boldsymbol{A}\wedge\boldsymbol{C}'$$

であるから，式(2.10)を示すには，

$$\boldsymbol{A}\wedge(\boldsymbol{B}'+\boldsymbol{C}')=\boldsymbol{A}\wedge\boldsymbol{B}'+\boldsymbol{A}\wedge\boldsymbol{C}'$$

を示せばよい．

$\boldsymbol{B}'+\boldsymbol{C}'$，$\boldsymbol{B}'$，$\boldsymbol{C}'$ はいずれも $\boldsymbol{A}$ と直交しているから，次が成立する．

$$\left|\boldsymbol{A}\wedge(\boldsymbol{B}'+\boldsymbol{C}')\right|=|\boldsymbol{A}||\boldsymbol{B}'+\boldsymbol{C}'|$$
$$|\boldsymbol{A}\wedge\boldsymbol{B}'|=|\boldsymbol{A}||\boldsymbol{B}'|$$
$$|\boldsymbol{A}\wedge\boldsymbol{C}'|=|\boldsymbol{A}||\boldsymbol{C}'|$$

すなわち，3ベクトル $\boldsymbol{A}\wedge(\boldsymbol{B}'+\boldsymbol{C}')$，$\boldsymbol{A}\wedge\boldsymbol{B}'$，$\boldsymbol{A}\wedge\boldsymbol{C}'$ の大きさは，それぞれ $|\boldsymbol{B}'+\boldsymbol{C}'|$，$|\boldsymbol{B}'|$，$|\boldsymbol{C}'|$ の $|\boldsymbol{A}|$ 倍である．一方，それらの方向は，それぞれ $\boldsymbol{B}'+\boldsymbol{C}'$，$\boldsymbol{B}'$，$\boldsymbol{C}'$ を図中の平面内で反時計方向に $\pi/2$ だけ回転させた方向である．従って，3ベクトル $\boldsymbol{A}\wedge(\boldsymbol{B}'+\boldsymbol{C}')$，$\boldsymbol{A}\wedge\boldsymbol{B}'$，$\boldsymbol{A}\wedge\boldsymbol{C}'$ は，その平面内で $\boldsymbol{B}'+\boldsymbol{C}'$，$\boldsymbol{B}'$，$\boldsymbol{C}'$ が形成した三角形を丸ごと反時計方向に $\pi/2$ だけ回転させた上で，相似性を保って大きさを $|\boldsymbol{A}|$ 倍した三角形の3辺を構成する（**図 2.18**）．よって，

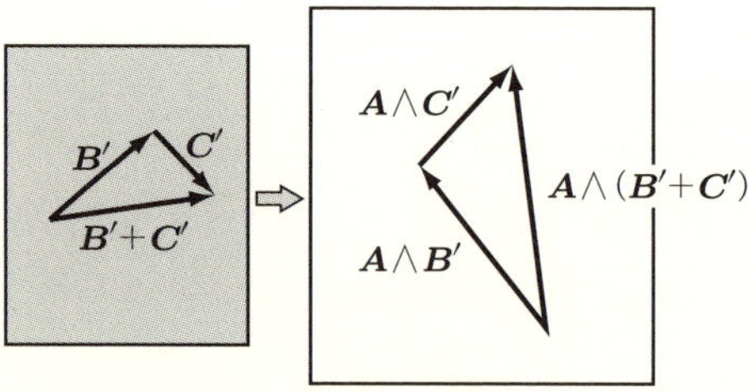

図 2.18

$$\boldsymbol{A} \wedge (\boldsymbol{B}' + \boldsymbol{C}') = \boldsymbol{A} \wedge \boldsymbol{B}' + \boldsymbol{A} \wedge \boldsymbol{C}'$$

が成り立ち，式(2.10)が示された．

式(2.11)は，

$$(\boldsymbol{B} + \boldsymbol{C}) \wedge \boldsymbol{A} = -\boldsymbol{A} \wedge (\boldsymbol{B} + \boldsymbol{C}) \overset{(2.10)}{=} -\boldsymbol{A} \wedge \boldsymbol{B} - \boldsymbol{A} \wedge \boldsymbol{C} = \boldsymbol{B} \wedge \boldsymbol{A} + \boldsymbol{C} \wedge \boldsymbol{A} \quad ■$$

(5) ベクトルのスカラー倍とのベクトル積：

$$(\alpha \boldsymbol{A}) \wedge \boldsymbol{B} = \boldsymbol{A} \wedge (\alpha \boldsymbol{B}) = \alpha(\boldsymbol{A} \wedge \boldsymbol{B}) \tag{2.12}$$

定義により明白である．

■デカルト基底によるベクトル積の表現■

デカルト基底 $\{\boldsymbol{e}_1, \boldsymbol{e}_2, \boldsymbol{e}_3\}$ について，次が成り立つことは明らかであろう．

$$\left.\begin{aligned} \boldsymbol{e}_1 \wedge \boldsymbol{e}_2 &= -\boldsymbol{e}_2 \wedge \boldsymbol{e}_1 = \boldsymbol{e}_3 \\ \boldsymbol{e}_2 \wedge \boldsymbol{e}_3 &= -\boldsymbol{e}_3 \wedge \boldsymbol{e}_2 = \boldsymbol{e}_1 \\ \boldsymbol{e}_3 \wedge \boldsymbol{e}_1 &= -\boldsymbol{e}_1 \wedge \boldsymbol{e}_3 = \boldsymbol{e}_2 \\ \boldsymbol{e}_1 \wedge \boldsymbol{e}_1 &= \boldsymbol{e}_2 \wedge \boldsymbol{e}_2 = \boldsymbol{e}_3 \wedge \boldsymbol{e}_3 = \boldsymbol{0} \end{aligned}\right\} \tag{2.13}$$

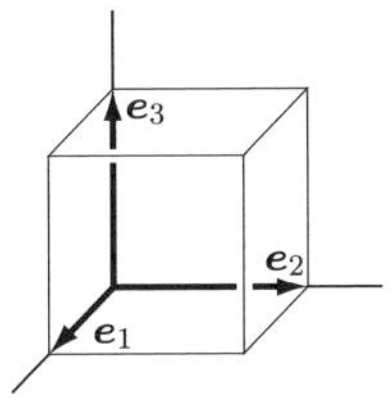

図 2.19

式(2.10)〜(2.13)を駆使すれば，$\boldsymbol{A} = a_1\boldsymbol{e}_1 + a_2\boldsymbol{e}_2 + a_3\boldsymbol{e}_3$ と $\boldsymbol{B} = b_1\boldsymbol{e}_1 + b_2\boldsymbol{e}_2 + b_3\boldsymbol{e}_3$ に対して，

$$\begin{aligned} \boldsymbol{A} \wedge \boldsymbol{B} &= (a_1\boldsymbol{e}_1 + a_2\boldsymbol{e}_2 + a_3\boldsymbol{e}_3) \wedge (b_1\boldsymbol{e}_1 + b_2\boldsymbol{e}_2 + b_3\boldsymbol{e}_3) \\ &= a_1b_1(\boldsymbol{e}_1 \wedge \boldsymbol{e}_1) + a_1b_2(\boldsymbol{e}_1 \wedge \boldsymbol{e}_2) + \cdots \\ &= (a_2b_3 - a_3b_2)\boldsymbol{e}_1 + (a_3b_1 - a_1b_3)\boldsymbol{e}_2 + (a_1b_2 - a_2b_1)\boldsymbol{e}_3 \\ &= \begin{vmatrix} \boldsymbol{e}_1 & \boldsymbol{e}_2 & \boldsymbol{e}_3 \\ a_1 & a_2 & a_3 \\ b_1 & b_2 & b_3 \end{vmatrix} \end{aligned} \tag{2.14}$$

となる．これが，デカルト成分によるベクトル積の表現である．

2.5 スカラー三重積

3個のベクトルの組み $\{\boldsymbol{A},\boldsymbol{B},\boldsymbol{C}\}$ について，$\boldsymbol{A}$ と $\boldsymbol{B}\wedge\boldsymbol{C}$ のスカラー積 $\boldsymbol{A}\cdot\boldsymbol{B}\wedge\boldsymbol{C}$ を $\{\boldsymbol{A},\boldsymbol{B},\boldsymbol{C}\}$ の**スカラー三重積**と言い，

$$\boldsymbol{A}\cdot\boldsymbol{B}\wedge\boldsymbol{C}=[\boldsymbol{ABC}]$$

と書いて，右辺を**グラスマン記号**と言う．

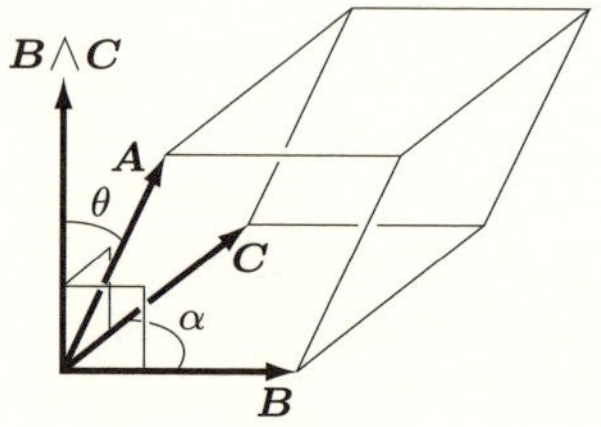

図 2.20

図 2.20 のように，その順序で右手系である3ベクトル $\{\boldsymbol{A},\boldsymbol{B},\boldsymbol{C}\}$ を同じ始点から描き，$\boldsymbol{B}$，$\boldsymbol{C}$ の成す角を α，$\boldsymbol{A}$ と $\boldsymbol{B}\wedge\boldsymbol{C}$ の成す角を θ とすれば，

$$\begin{aligned}[\boldsymbol{ABC}]&=\boldsymbol{A}\cdot\boldsymbol{B}\wedge\boldsymbol{C}=|\boldsymbol{A}||\boldsymbol{B}\wedge\boldsymbol{C}|\cos\theta\\&=|\boldsymbol{A}|(|\boldsymbol{B}||\boldsymbol{C}|\sin\alpha)\cos\theta=(|\boldsymbol{B}||\boldsymbol{C}|\sin\alpha)\times(|\boldsymbol{A}|\cos\theta)\\&=(\text{底面積})\times(\text{高さ})=(\text{体積})\end{aligned}$$

すなわち，$[\boldsymbol{ABC}]$ は $\{\boldsymbol{A},\boldsymbol{B},\boldsymbol{C}\}$ の形成する**平行六面体の体積**である．これによって，

$$[\boldsymbol{ABC}]=[\boldsymbol{BCA}]=[\boldsymbol{CAB}] \tag{2.15}$$

は明らかである．

一方，**図 2.20** で二つのベクトル，例えば，$\boldsymbol{B}$，$\boldsymbol{C}$ の名前を入れ替えれば平行六面体の体積は $[\boldsymbol{ACB}]$ になり，$\{\boldsymbol{A},\boldsymbol{B},\boldsymbol{C}\}$ は左手系になる．このとき，

$$[\boldsymbol{ABC}]=\boldsymbol{A}\cdot\boldsymbol{B}\wedge\boldsymbol{C}=-\boldsymbol{A}\cdot\boldsymbol{C}\wedge\boldsymbol{B}=-[\boldsymbol{ACB}] \tag{2.16}$$

すなわち，スカラー三重積 $[\boldsymbol{ABC}]$ は二つのベクトルを入れ替えれば符号が変わり，左手系の $\{\boldsymbol{A},\boldsymbol{B},\boldsymbol{C}\}$ による $[\boldsymbol{ABC}]$ は "$(-1)\times$ 体積" である．

3本のベクトル，

$$\boldsymbol{A}=a_1\boldsymbol{e}_1+a_2\boldsymbol{e}_2+a_3\boldsymbol{e}_3,\quad \boldsymbol{B}=b_1\boldsymbol{e}_1+b_2\boldsymbol{e}_2+b_3\boldsymbol{e}_3,\quad \boldsymbol{C}=c_1\boldsymbol{e}_1+c_2\boldsymbol{e}_2+c_3\boldsymbol{e}_3$$

に対して，式(2.8)，(2.14)を用いれば，

$$\begin{aligned}[\boldsymbol{ABC}]&=\boldsymbol{A}\cdot\boldsymbol{B}\wedge\boldsymbol{C}\\&=(a_1\boldsymbol{e}_1+a_2\boldsymbol{e}_2+a_3\boldsymbol{e}_3)\cdot\left\{(b_2c_3-b_3c_2)\boldsymbol{e}_1+(b_3c_1-b_1c_3)\boldsymbol{e}_2+(b_1c_2-b_2c_1)\boldsymbol{e}_3\right\}\\&=a_1(b_2c_3-b_3c_2)+a_2(b_3c_1-b_1c_3)+a_3(b_1c_2-b_2c_1)\end{aligned}$$

$$= \begin{vmatrix} a_1 & b_1 & c_1 \\ a_2 & b_2 & c_2 \\ a_3 & b_3 & c_3 \end{vmatrix} \tag{2.17}$$

となる．これが，デカルト成分によるスカラー三重積の表現である．

n 次元ベクトルの成分を縦に並べた $n \times 1$ 行列を“n 次元の縦(たて)ベクトル”と言うことがある．$\{\boldsymbol{A}, \boldsymbol{B}, \boldsymbol{C}\}$ のスカラー三重積は，3 本の 3 次元縦ベクトルを横に並べて作った 3×3 行列の行列式である．

これによって，式(2.15)，(2.16)はそれぞれ，

$$\begin{vmatrix} a_1 & b_1 & c_1 \\ a_2 & b_2 & c_2 \\ a_3 & b_3 & c_3 \end{vmatrix} = \begin{vmatrix} b_1 & c_1 & a_1 \\ b_2 & c_2 & a_2 \\ b_3 & c_3 & a_3 \end{vmatrix} = \begin{vmatrix} c_1 & a_1 & b_1 \\ c_2 & a_2 & b_2 \\ c_3 & a_3 & b_3 \end{vmatrix}$$

$$\begin{vmatrix} a_1 & b_1 & c_1 \\ a_2 & b_2 & c_2 \\ a_3 & b_3 & c_3 \end{vmatrix} = -\begin{vmatrix} a_1 & c_1 & b_1 \\ a_2 & c_2 & b_2 \\ a_3 & c_3 & b_3 \end{vmatrix}$$

となる．これは行列式に関する周知の演算規則である．

図 2.20 の平行六面体の体積は，$\{\boldsymbol{A}, \boldsymbol{B}, \boldsymbol{C}\}$ が共面であれば，すなわち，$\{\boldsymbol{A}, \boldsymbol{B}, \boldsymbol{C}\}$ が一次従属であればゼロとなる．従って，次の 3 命題は同値である．

(1) $\{\boldsymbol{A}, \boldsymbol{B}, \boldsymbol{C}\}$ が一次独立である．

(2) $\{\boldsymbol{A}, \boldsymbol{B}, \boldsymbol{C}\}$ が共面でない．

(3) $[\boldsymbol{ABC}] = \begin{vmatrix} a_1 & b_1 & c_1 \\ a_2 & b_2 & c_2 \\ a_3 & b_3 & c_3 \end{vmatrix} \neq 0$

行列式の値がゼロでない正方行列を**正則行列**と言う．

図 2.21 のように，位置ベクトル $\boldsymbol{x}$ の点 P にある質点に働く力 $\boldsymbol{F}$ が，単位ベクトル $\boldsymbol{n}$ で表される軸の周りに作るモーメントは，トルク $\boldsymbol{M} = \boldsymbol{x} \wedge \boldsymbol{F}$ の $\boldsymbol{n}$ 方向成分，

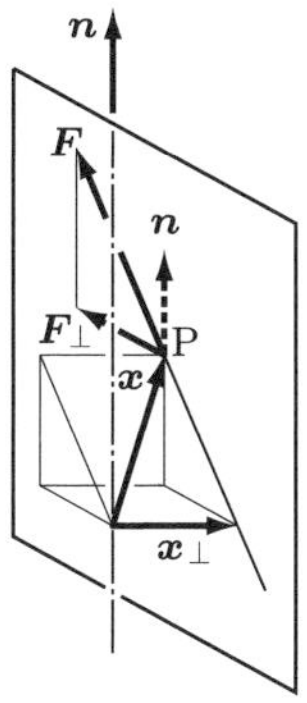

図 2.21

$$M_n = \boldsymbol{n}\cdot\boldsymbol{M} = \boldsymbol{n}\cdot\boldsymbol{x}\wedge\boldsymbol{F} = [\boldsymbol{nxF}]$$

すなわち，スカラー三重積である．

図の平面は，点Pにおいて，$\boldsymbol{F}$ とそこへ平行移動させた $\boldsymbol{n}$ で定める．$\boldsymbol{x}_\perp$ を，$\boldsymbol{x}$ の始点から平面に下ろした垂線のベクトル，$\boldsymbol{F}_\perp$ を，その平面内でとった $\boldsymbol{F}$ の $\boldsymbol{n}$ に垂直な成分のベクトルとすれば，

$$[\boldsymbol{nxF}] = \boldsymbol{n}\cdot\boldsymbol{x}\wedge\boldsymbol{F} \overset{(2.9)}{=} \boldsymbol{n}\cdot\boldsymbol{x}_\perp\wedge\boldsymbol{F} \overset{(2.15)}{=} \boldsymbol{x}_\perp\cdot\boldsymbol{F}\wedge\boldsymbol{n} \overset{(2.9)}{=} \boldsymbol{x}_\perp\cdot\boldsymbol{F}_\perp\wedge\boldsymbol{n} = \pm|\boldsymbol{x}_\perp||\boldsymbol{F}_\perp|$$

となる．最後の複号は $\{\boldsymbol{n},\boldsymbol{x},\boldsymbol{F}\}$ が右手系か左手系かによる（図は右手系で正）．これは，小学校以来のシーソー問題である．

2.6　ベクトルの微分

スカラー t に対して $\boldsymbol{A}(t)$ を t のベクトル値関数，$\varphi(t)$ を t のスカラー関数とする．$\boldsymbol{A}(t)$ と $\varphi(t)$ の微分は，それぞれ，

$$\frac{d\boldsymbol{A}}{dt} = \lim_{\Delta t\to 0}\frac{\Delta\boldsymbol{A}}{\Delta t} = \lim_{\Delta t\to 0}\frac{\boldsymbol{A}(t+\Delta t)-\boldsymbol{A}(t)}{\Delta t}$$
$$\frac{d\varphi}{dt} = \lim_{\Delta t\to 0}\frac{\Delta\varphi}{\Delta t} = \lim_{\Delta t\to 0}\frac{\varphi(t+\Delta t)-\varphi(t)}{\Delta t}$$

である．物理学では，t が時間であることが多い．

ベクトルの微分に関して次が成り立つ．

(1) $$\frac{d(\boldsymbol{A}+\boldsymbol{B})}{dt} = \frac{d\boldsymbol{A}}{dt}+\frac{d\boldsymbol{B}}{dt} \tag{2.18}$$

(2) $$\frac{d(\varphi\boldsymbol{A})}{dt} = \frac{d\varphi}{dt}\boldsymbol{A}+\varphi\frac{d\boldsymbol{A}}{dt} \tag{2.19}$$

(3) $$\frac{d(\boldsymbol{A}\cdot\boldsymbol{B})}{dt} = \frac{d\boldsymbol{A}}{dt}\cdot\boldsymbol{B}+\boldsymbol{A}\cdot\frac{d\boldsymbol{B}}{dt} \tag{2.20}$$

(4) $$\frac{d(\boldsymbol{A}\wedge\boldsymbol{B})}{dt} = \frac{d\boldsymbol{A}}{dt}\wedge\boldsymbol{B}+\boldsymbol{A}\wedge\frac{d\boldsymbol{B}}{dt} \tag{2.21}$$

証明◆

(1) $$\begin{aligned}\frac{d(\boldsymbol{A}+\boldsymbol{B})}{dt} &= \lim_{\Delta t\to 0}\frac{\Delta(\boldsymbol{A}+\boldsymbol{B})}{\Delta t} = \lim_{\Delta t\to 0}\frac{(\boldsymbol{A}+\boldsymbol{B})(t+\Delta t)-(\boldsymbol{A}+\boldsymbol{B})(t)}{\Delta t}\\ &= \lim_{\Delta t\to 0}\frac{\boldsymbol{A}(t+\Delta t)-\boldsymbol{A}(t)}{\Delta t}+\lim_{\Delta t\to 0}\frac{\boldsymbol{B}(t+\Delta t)-\boldsymbol{B}(t)}{\Delta t}\\ &= \frac{d\boldsymbol{A}}{dt}+\frac{d\boldsymbol{B}}{dt}\end{aligned}$$

(2) $$\begin{aligned}\frac{d(\varphi\boldsymbol{A})}{dt} &= \lim_{\Delta t\to 0}\frac{\Delta(\varphi\boldsymbol{A})}{\Delta t} = \lim_{\Delta t\to 0}\frac{(\varphi\boldsymbol{A})(t+\Delta t)-(\varphi\boldsymbol{A})(t)}{\Delta t}\\ &= \lim_{\Delta t\to 0}\frac{\varphi(t+\Delta t)\boldsymbol{A}(t+\Delta t)-\varphi(t)\boldsymbol{A}(t)}{\Delta t}\end{aligned}$$

$$= \lim_{\Delta t \to 0} \frac{\{\varphi(t+\Delta t) - \varphi(t)\}\boldsymbol{A}(t+\Delta t) + \varphi(t)\{\boldsymbol{A}(t+\Delta t) - \boldsymbol{A}(t)\}}{\Delta t}$$

$$= \lim_{\Delta t \to 0} \frac{\varphi(t+\Delta t) - \varphi(t)}{\Delta t} \cdot \lim_{\Delta t \to 0} \boldsymbol{A}(t+\Delta t) + \varphi(t) \cdot \lim_{\Delta t \to 0} \frac{\boldsymbol{A}(t+\Delta t) - \boldsymbol{A}(t)}{\Delta t}$$

$$= \frac{d\varphi}{dt}\boldsymbol{A} + \varphi\frac{d\boldsymbol{A}}{dt}$$

(3) $$\frac{d(\boldsymbol{A}\cdot\boldsymbol{B})}{dt} = \lim_{\Delta t \to 0} \frac{\Delta(\boldsymbol{A}\cdot\boldsymbol{B})}{\Delta t} = \lim_{\Delta t \to 0} \frac{(\boldsymbol{A}\cdot\boldsymbol{B})(t+\Delta t) - (\boldsymbol{A}\cdot\boldsymbol{B})(t)}{\Delta t}$$

$$= \lim_{\Delta t \to 0} \frac{\boldsymbol{A}(t+\Delta t)\cdot\boldsymbol{B}(t+\Delta t) - \boldsymbol{A}(t)\cdot\boldsymbol{B}(t)}{\Delta t}$$

$$= \lim_{\Delta t \to 0} \frac{\{\boldsymbol{A}(t+\Delta t) - \boldsymbol{A}(t)\}\cdot\boldsymbol{B}(t+\Delta t) + \boldsymbol{A}(t)\cdot\{\boldsymbol{B}(t+\Delta t) - \boldsymbol{B}(t)\}}{\Delta t}$$

$$= \lim_{\Delta t \to 0} \frac{\boldsymbol{A}(t+\Delta t) - \boldsymbol{A}(t)}{\Delta t} \cdot \lim_{\Delta t \to 0} \boldsymbol{B}(t+\Delta t) + \boldsymbol{A}(t) \cdot \lim_{\Delta t \to 0} \frac{\boldsymbol{B}(t+\Delta t) - \boldsymbol{B}(t)}{\Delta t}$$

$$= \frac{d\boldsymbol{A}}{dt}\cdot\boldsymbol{B} + \boldsymbol{A}\cdot\frac{d\boldsymbol{B}}{dt}$$

(4) (3) 中のスカラー積の記号 “·”（ドット）を “∧” に替えて同様である. ■

・第 3 章・

準備の数学，多変数関数

3.1 多変数関数

m 次元ベクトル $\boldsymbol{y}$ が n 次元ベクトル $\boldsymbol{x}$ の関数，すなわち，$\boldsymbol{y} = f(\boldsymbol{x})$ であるものとする（**図 3.1**）．従属変数名を関数名にも使って，これを $\boldsymbol{y} = \boldsymbol{y}(\boldsymbol{x})$ とも書く．

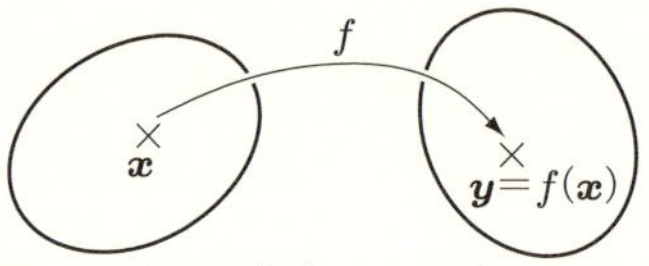

図 3.1

それぞれの基底 $\{\boldsymbol{a}_1, \ldots, \boldsymbol{a}_n\}$，$\{\boldsymbol{b}_1, \ldots, \boldsymbol{b}_m\}$ を用いて，$\boldsymbol{x}$，$\boldsymbol{y}$ を，

$$\boldsymbol{x} = x_1\boldsymbol{a}_1 + \cdots + x_n\boldsymbol{a}_n, \quad \boldsymbol{y} = y_1\boldsymbol{b}_1 + \cdots + y_m\boldsymbol{b}_m$$

と書けば，**第 2 章**の命題 2.7 によって，それぞれのベクトルは**成分の組み** $\{x_1, \ldots, x_n\}$，$\{y_1, \ldots, y_m\}$ と一意的に対応する．つまり，$\boldsymbol{x}$ の関数である $\boldsymbol{y}$ は（従って $\boldsymbol{y}$ の全ての成分は），成分の組み $\{x_1, \ldots, x_n\}$ の関数である．このような関数を**多変数関数**と言う．$\boldsymbol{y}$ は多変数のベクトル値関数であり，成分のそれぞれは多変数のスカラー関数である．

前述の一意的な対応によって，例えばベクトル $\boldsymbol{x}$ を，

$$\boldsymbol{x} = \begin{pmatrix} x_1 \\ \vdots \\ x_n \end{pmatrix} \left(= {}^t(x_1, \ldots, x_n)\right), \quad \boldsymbol{x} = (x_1, \ldots, x_n)$$

などと書くことが多い．転置記号 “${}^t(\cdots)$” はスペースを節約したいときに使う．右辺をそれぞれ**縦ベクトル**，**横ベクトル**と言うが，本当はそれぞれ $n \times 1$ 行列，$1 \times n$ 行列であるから便宜的な呼び方，言わば “方便” である．いつも同じ基底を用いるという暗黙の了解がその場にあるなら，ベクトルと成分の組みの一対一の対応が保証されているから，こう書いてよいのである．

$\boldsymbol{y}$ を縦ベクトルで表せば，上述の関数関係を，

$$\boldsymbol{y} = \boldsymbol{y}(\boldsymbol{x}) = \begin{pmatrix} y_1(\boldsymbol{x}) \\ \vdots \\ y_m(\boldsymbol{x}) \end{pmatrix} = \begin{pmatrix} y_1(x_1, \ldots, x_n) \\ \vdots \\ y_m(x_1, \ldots, x_n) \end{pmatrix}$$

と書くことができる．

3.2 グラフと“関数のグラフ”

グラフ

素っ気無いが，**グラフ**とは n 次元空間の点の集合のことである．

1 次元のグラフは数直線上の点の集合であり，孤立点や，点の“繋(つな)がった集合”としての開区間や閉区間がある（**図 3.2**）．

図 3.2

2 次元のグラフは平面内の点の集合であり，孤立点，点の繋(つな)がった集合としての曲線，領域などがある．繋がった集合には，開集合や閉集合もある（**図 3.3**）．

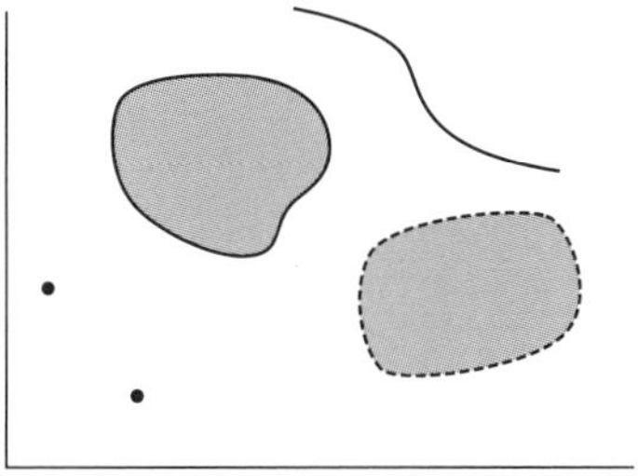

図 3.3

3 次元のグラフは 3 次元空間内の点の集合であり，同じく，孤立点，点の繋(つな)がった集合としての空間曲線，曲面，領域 (body) などがある．それぞれの開集合や閉集合もある（**図 3.4**）．

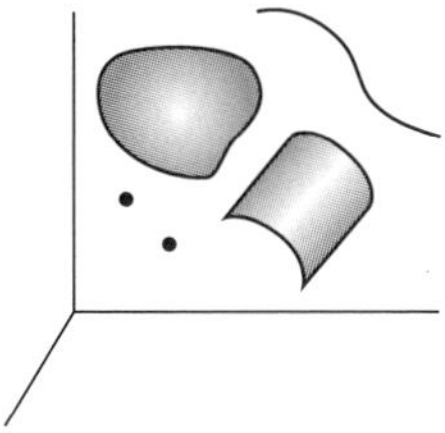

図 3.4

以上は容易であろう．

4 次元以上のグラフは絵に描けない．数学の世界では，絵に描けない場合も含めて，以上の事柄を**多様体論**として統一的に取り扱っている．

関数のグラフ

関数のグラフは意味が限定される．n 次元空間の点の集合を定義域とし，m 次元空間に

値をとる関数 $\boldsymbol{y} = \boldsymbol{y}(\boldsymbol{x})$ について，関数のグラフとは，

> "$(n+m)$ 次元空間の点，${}^t\big(\boldsymbol{x}, \boldsymbol{y}(\boldsymbol{x})\big) = {}^t\big(x_1, \ldots, x_n,\ y_1(\boldsymbol{x}), \ldots, y_m(\boldsymbol{x})\big)$ の集合"

のことである．以下，順に見る．

(1) $(n,m) = (1,1)$：中学校以来の関数 $y = f(x)$ である．そのグラフは，1次元変数 x の数直線と同 y の数直線をそれぞれ横軸と縦軸にとった $(n+m=)$ 2次元平面上に，点 ${}^t(x,y) = {}^t(x, y(x))$ を描いたものであった（**図 3.5**）．

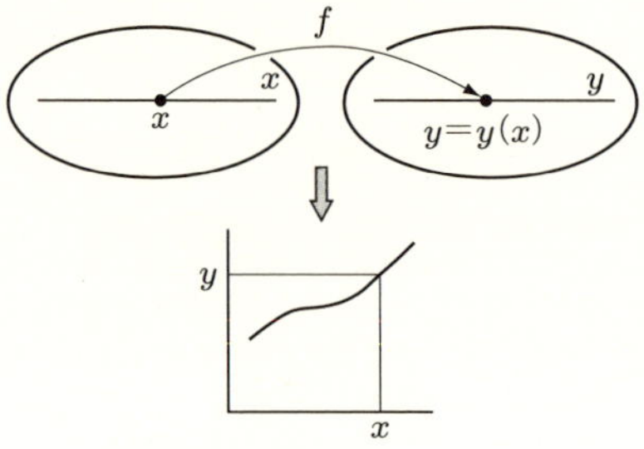

図 3.5

(2) $(n,m) = (2,1)$：地表の各点の海抜 h は，2次元の位置ベクトル $\boldsymbol{x} = {}^t(x_1, x_2)$ の関数，すなわち2変数の数値関数 $h = h(\boldsymbol{x}) = h(x_1, x_2)$ であり，その関数のグラフは $(n+m=)$ 3次元空間の点，

$${}^t(\boldsymbol{x}, h) = {}^t\big(x_1, x_2, h(\boldsymbol{x})\big) = {}^t\big(x_1, x_2, h(x_1, x_2)\big)$$

の集合である．**等高線**（一般に**等値線**）とは，h を定義する x_1x_2 平面の領域内で h が一定，例えば $h(x_1, x_2) = h_0$ となる点の集合（グラフ）のことで，これは，x_1x_2 平面内の曲線である．h_0 を様々(さまざま)に変化させれば x_1x_2 平面内に等高線群が描ける．それが地図であった（**図 3.6**）．

(3) $(n,m) = (3,1)$：生活空間の各点の空気の温度 T は，それが時間とともに変化しなければ3次元の位置ベクトル $\boldsymbol{x}$ の関数，すなわち3変数の数値関数 $T = T(\boldsymbol{x}) = T(x_1, x_2, x_3)$ であり，その関数のグラフは"4次元空間の点"，

$${}^t\big(\boldsymbol{x}, T(\boldsymbol{x})\big) = {}^t\big(x_1, x_2, x_3, T(x_1, x_2, x_3)\big)$$

の集合である．T が一定，例えば $T(x_1, x_2, x_3) = T_0$ を満たす点の集合は，定義域の生活空間の中に**等温面**（一般に**等値面**）を形成し，T_0 を様々に変化させれば生活空間内に等温面群が描ける（**図 3.7**）．

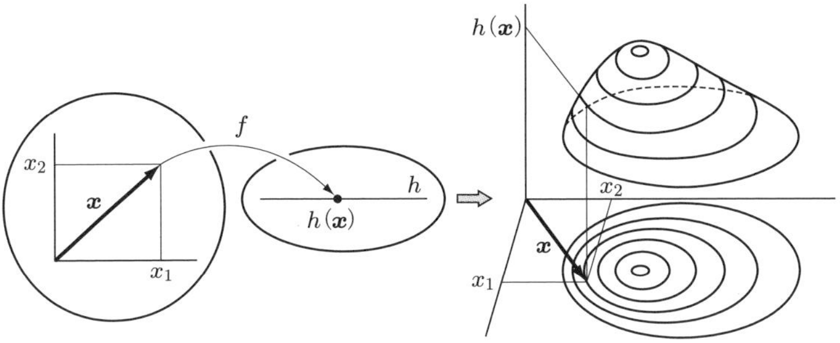

図 3.6

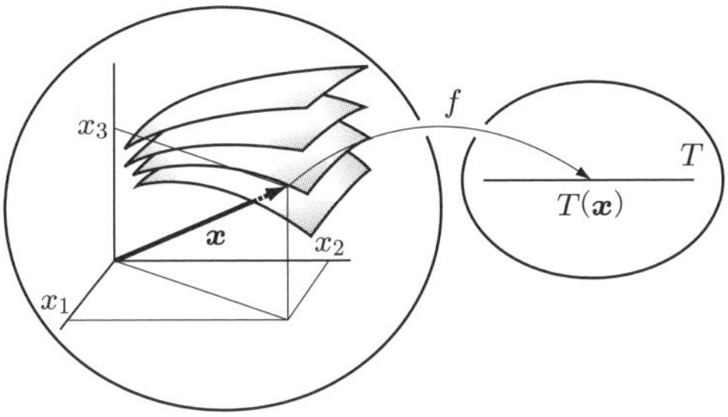

図 3.7

次に注意すべきである．**紙に描けるグラフの次元は 3 まで**であるから，$n+m=4$ である 3 変数の数値関数 $T(\boldsymbol{x})=T(x_1,x_2,x_3)$ については，独立変数 $\boldsymbol{x}$ 側のグラフは描けても関数のグラフは描くことができない．関数のグラフを描くことができるのは，(n,m) が $(1,1)$，$(1,2)$，$(2,1)$ のいずれかである場合に限られる．$(n,m)=(1,2)$ である場合の関数のグラフを考えてみよ．

前述の空気の温度が時間 t とともに変動する，すなわち $T=T(\boldsymbol{x},t)=T(x_1,x_2,x_3,t)$ であれば，独立変数自体が 4 次元のベクトルであるから，独立変数のグラフからして紙に描くことはできない．敢えて描くなら，t をどれかに固定して**図 3.7** を描くしかない．その t を変化させれば，図の等温面群が t とともに動く．

図 3.8(a)のような何の変哲もない 3 次元空間内の曲面が現れたら，文脈の中でそれが，

(1) 3 次元空間内の“ただの点の集合としての曲面”，

(2) 2 変数の関数のグラフ $x_3=x_3(x_1,x_2)$，或いは $x_1=x_1(x_2,x_3)$，或いは $x_2=x_2(x_3,x_1)$，

(3) 3 変数の数値関数 $y=f(\boldsymbol{x})=f(x_1,x_2,x_3)$ の等値面，

のいずれの意味で語られているかを，最初に確認しなければならない．

図(b)の“ただの円”は，関数 $x_2=\pm\sqrt{1-x_1^2}$ または $x_1=\pm\sqrt{1-x_2^2}$ のグラフであり，同時に 2 変数関数 $x_3(x_1,x_2)=x_1^2+x_2^2$ の，$x_3=1$ の等値線である．

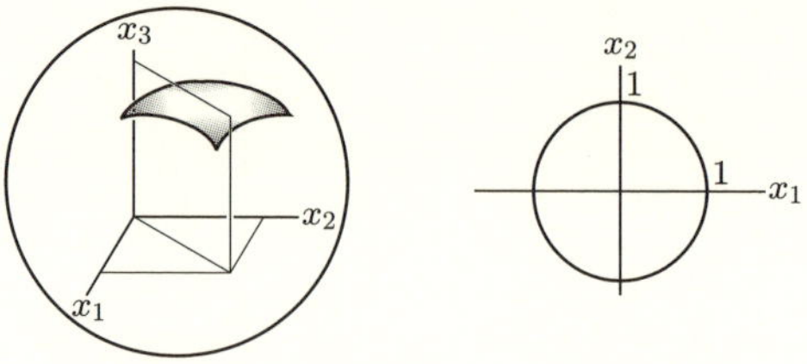

（a）　　　　　（b）

図 3.8

第2章の**図 2.10**，すなわち3次元空間内で認識された速度ベクトルの関数関係は，

$$\boldsymbol{v} = \boldsymbol{v}(\boldsymbol{x}) = \begin{pmatrix} v_1(\boldsymbol{x}) \\ v_2(\boldsymbol{x}) \\ v_3(\boldsymbol{x}) \end{pmatrix} = \begin{pmatrix} v_1(x_1, x_2, x_3) \\ v_2(x_1, x_2, x_3) \\ v_3(x_1, x_2, x_3) \end{pmatrix}$$

である．$\boldsymbol{x}$ と $\boldsymbol{v}$ に同じデカルト基底 $\{\boldsymbol{e}_1, \boldsymbol{e}_2, \boldsymbol{e}_3\}$ を使ったことを想起せよ（**図 3.9**）．

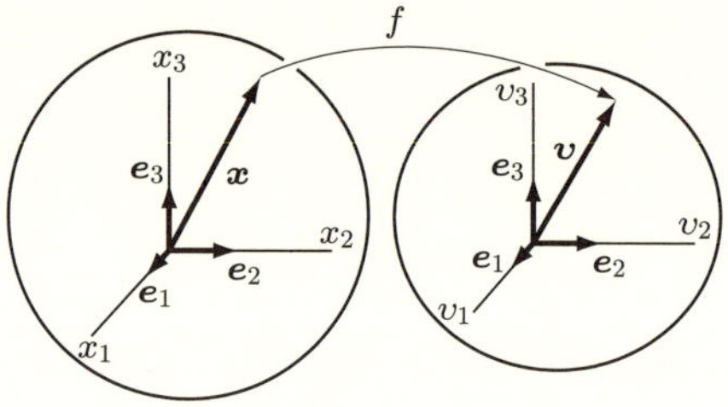

図 3.9

3.3　偏微分

読者は偏微分に精通しているはずであるが，復習しておく．

■偏微分■

2変数のスカラー関数 $y = f(\boldsymbol{x}) = f(x_1, x_2)$ の定義域内の点 $\boldsymbol{x} = {}^t(x_1, x_2)$ において，x_2 を固定して x_1 を Δx_1 だけ微小変化させたときの f の微小変化を次のように書く．

$$(\Delta f)_{\substack{x_1\text{変化}\\ x_2\text{一定}}} = f(x_1 + \Delta x_1, x_2) - f(x_1, x_2)$$

これを Δx_1 で割って $\Delta x_1 \to 0$ の極限をとったもの，すなわち，

$$\lim_{\Delta x_1 \to 0} \frac{(\Delta f)_{\substack{x_1\text{変化}\\ x_2\text{一定}}}}{\Delta x_1} = \lim_{\Delta x_1 \to 0} \frac{f(x_1 + \Delta x_1, x_2) - f(x_1, x_2)}{\Delta x_1}$$

を，x_1 に関する $f(x_1, x_2)$ の**偏微分係数**または単に**偏微分**と言い，

$$\frac{\partial f(x_1, x_2)}{\partial x_1}, \text{ または単に } \frac{\partial f}{\partial x_1}$$

と書く．同様に，x_2 に関する f の偏微分は，

$$\lim_{\Delta x_2 \to 0} \frac{(\Delta f)_{\substack{x_1\, \text{一定} \\ x_2\, \text{変化}}}}{\Delta x_2} = \lim_{\Delta x_2 \to 0} \frac{f(x_1, x_2 + \Delta x_2) - f(x_1, x_2)}{\Delta x_2} = \frac{\partial f}{\partial x_2}$$

である．偏微分は f の定義域の各点で定義されて，偏微分係数 $\partial f/\partial x_1$，$\partial f/\partial x_2$ 自体が位置ベクトル $\boldsymbol{x} = {}^t(x_1, x_2)$ の関数であるから，偏微分係数を**偏導関数**とも言う．

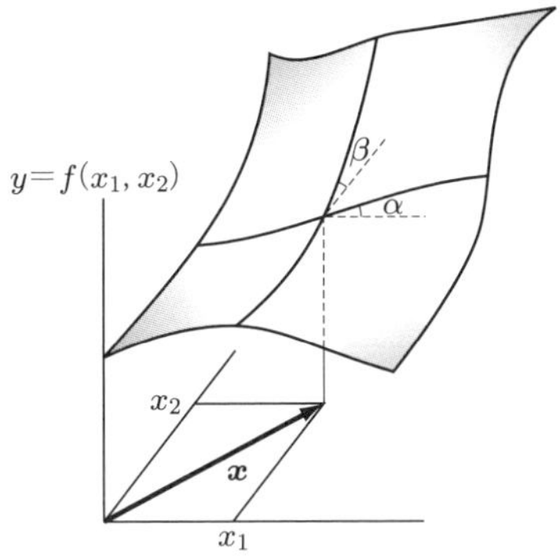

図 3.10

$y = f(\boldsymbol{x}) = f(x_1, x_2)$ は関数のグラフを描くことのできる場合である．偏微分係数 $\partial f/\partial x_1$，$\partial f/\partial x_2$ は，**図 3.10** のように，そのグラフをそれぞれ $x_1 =$ 一定，$x_2 =$ 一定の面で切断して得られる 3 次元空間曲線の，点 ${}^t(x_1, x_2, f(x_1, x_2))$ におけるそれぞれの傾き，すなわち図中の角度 α，β に対して，

$$\frac{\partial f}{\partial x_1} = \tan\alpha, \quad \frac{\partial f}{\partial x_2} = \tan\beta$$

である．

多変数関数 $y = f(\boldsymbol{x}) = f(x_1, \ldots, x_n)$ についても，x_p $(1 \leq p \leq n)$ に関する偏微分が，

$$\frac{\partial f}{\partial x_p} = \lim_{\Delta x_p \to 0} \frac{f(x_1, \ldots, x_p + \Delta x_p, \ldots, x_n) - f(x_1, \ldots, x_p, \ldots, x_n)}{\Delta x_p}$$

で定義される．$n \geq 3$ では関数のグラフが描けないから**図 3.10** のような説明はできない．

連続性，滑らか性

関数 $y = f(\boldsymbol{x}) = f(x_1, \ldots, x_n)$ が連続でないか滑らかでないときは，偏微分は必ずしも存在しない．読者は，1 変数のスカラー関数 $y = f(x)$ について“連続であること”と“滑らかであること”の定義を高校の数学で学んだはずである．多変数関数についてそれらの定義は，特に関数のグラフが描けない場合の定義は本来の数学書に委ねる他はないが，

2変数の関数について“連続でない”とは，**図 3.10** のグラフを紙に見立てたときにその紙が破れていること，“滑らかでない”とはその紙に折り目が付いていることである．

次の **3.4 節**の全微分は，関数が連続で滑らかである領域に限って意味がある．

高次の偏微分

$y = f(\boldsymbol{x}) = f(x_1, x_2)$ の二つの偏導関数 $\partial f/\partial x_1$，$\partial f/\partial x_2$ が，また連続で滑らかならば，それぞれを偏微分して，

$$\frac{\partial}{\partial x_1}\left(\frac{\partial f}{\partial x_1}\right) = \frac{\partial^2 f}{\partial x_1^2}, \quad \frac{\partial}{\partial x_2}\left(\frac{\partial f}{\partial x_1}\right) = \frac{\partial^2 f}{\partial x_2 \partial x_1},$$
$$\frac{\partial}{\partial x_1}\left(\frac{\partial f}{\partial x_2}\right) = \frac{\partial^2 f}{\partial x_1 \partial x_2}, \quad \frac{\partial}{\partial x_2}\left(\frac{\partial f}{\partial x_2}\right) = \frac{\partial^2 f}{\partial x_2^2}$$

などの **2 次偏導関数**が得られる．それらがまた連続で滑らかならば，

$$\frac{\partial}{\partial x_1}\left(\frac{\partial^2 f}{\partial x_1^2}\right) = \frac{\partial^3 f}{\partial x_1^3}, \quad \frac{\partial}{\partial x_2}\left(\frac{\partial^2 f}{\partial x_1^2}\right) = \frac{\partial^3 f}{\partial x_2 \partial x_1^2},$$
$$\frac{\partial}{\partial x_1}\left(\frac{\partial^2 f}{\partial x_2 \partial x_1}\right) = \frac{\partial^3 f}{\partial x_1 \partial x_2 \partial x_1}, \cdots$$

などの **3 次偏導関数**が次々に作れる．一般化すれば，

$$\frac{\partial^p f}{\partial x_{i_1} \cdots \partial x_{i_p}}$$

となり，$\{i_1, \ldots, i_p\}$ のそれぞれは $\{1, 2\}$ のどちらかである．これらを $\boldsymbol{p}$ **次偏導関数（高次偏導関数）**と言う．n 変数の関数 $f(\boldsymbol{x}) = f(x_1, \ldots, x_n)$ では，$\{i_1, \ldots, i_p\}$ のそれぞれが $\{1, \ldots, n\}$ のどれかである．

偏微分の順序の可換性

高次偏導関数の偏微分の順序は自由に変えてよい．すなわち，$\{i_1, \ldots, i_p\}$ の任意の並べ替え $\{j_1, \ldots, j_p\}$ に対して，

$$\frac{\partial^p f}{\partial x_{i_1} \cdots \partial x_{i_p}} = \frac{\partial^p f}{\partial x_{j_1} \cdots \partial x_{j_p}}$$

である．$n = 2$，$p = 2$ の場合についてこれを示そう．

$$\frac{\partial^2 f}{\partial x_1 \partial x_2} = \frac{\partial}{\partial x_1}\left(\frac{\partial f}{\partial x_2}\right) = \lim_{\Delta x_1 \to 0} \frac{(\partial f/\partial x_2)_{x_1+\Delta x_1} - (\partial f/\partial x_2)_{x_1}}{\Delta x_1}$$
$$= \lim_{\Delta x_1 \to 0} \frac{\displaystyle\lim_{\Delta x_2 \to 0} \frac{f(x_1+\Delta x_1, x_2+\Delta x_2) - f(x_1+\Delta x_1, x_2)}{\Delta x_2} - \lim_{\Delta x_2 \to 0} \frac{f(x_1, x_2+\Delta x_2) - f(x_1, x_2)}{\Delta x_2}}{\Delta x_1}$$
$$= \lim_{\Delta x_1 \to 0} \lim_{\Delta x_2 \to 0} \frac{\{f(x_1+\Delta x_1, x_2+\Delta x_2) - f(x_1, x_2+\Delta x_2)\} - \{f(x_1+\Delta x_1, x_2) - f(x_1, x_2)\}}{\Delta x_1 \Delta x_2}$$

$$= \lim_{\Delta x_2 \to 0} \frac{\displaystyle\lim_{\Delta x_1 \to 0} \frac{f(x_1+\Delta x_1, x_2+\Delta x_2) - f(x_1, x_2+\Delta x_2)}{\Delta x_1} - \lim_{\Delta x_1 \to 0} \frac{f(x_1+\Delta x_1, x_2) - f(x_1, x_2)}{\Delta x_1}}{\Delta x_2}$$

$$= \lim_{\Delta x_2 \to 0} \frac{(\partial f/\partial x_1)_{x_2+\Delta x_2} - (\partial f/\partial x_1)_{x_2}}{\Delta x_2} = \frac{\partial}{\partial x_2}\left(\frac{\partial f}{\partial x_1}\right) = \frac{\partial^2 f}{\partial x_2 \partial x_1}$$

途中，引き算の順序を入れ替えている他，二つの微小変化 $\{\Delta x_1, \Delta x_2\}$ をゼロに近づける際にその順序を変えても結果が変わらないと仮定されている．これは厳密には証明を要するが，それは本来の数学書に委ねる．

以上の証明は，二つの異なる変数による偏微分が高次微分のどこに現れても，何回現れても同じように行うことができるから，偏微分の順序は可換である．

3.4　全微分

本書を通じて，微分を表す記号 “d” と微小変化を表す記号 “Δ” を適宜同一視する．関数 $y = f(x)$ の導関数は，

$$f'(x) = \frac{df}{dx} = \lim_{\Delta x \to 0} \frac{\Delta f}{\Delta x}$$

であった．例えば，dx と Δx を同一視するのは “極限とその少し手前” 程度に考えておけばよい．

高校で学んだ関数 $y = f(x)$ の微分 $f'(x)$ は，点 $(x, f(x))$ におけるグラフの傾きであったが，それは，連続で滑らかな関数であれば，それぞれの点の近傍でそのグラフを直線 $\Delta f = f'(x)\Delta x$ で近似できる，という考え方の表れでもある（**図 3.11**）．

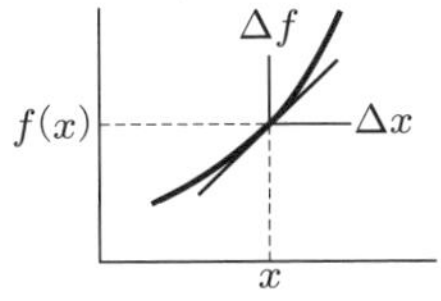

図 3.11

同じように，2 変数の連続で滑らかな関数 $y = f(\boldsymbol{x}) = f(x_1, x_2)$ は，それぞれの点の近傍でそのグラフを 3 次元空間内の**平面で近似できる**（**図 3.12**）．このとき，独立変数のベクトルを $\boldsymbol{x} = {}^t(x_1, x_2)$ から $\boldsymbol{x} + \Delta\boldsymbol{x} = {}^t(x_1 + \Delta x_1, x_2 + \Delta x_2)$ へ微小変化させたときの f の微小変化 Δf は，図のように，x_2 を一定に保って x_1 だけを変化させたときの変化量 $\Delta f_1 = (\partial f/\partial x_1)\Delta x_1$ に，x_1 を一定に保って x_2 だけを変化させたときの変化量 $\Delta f_2 = (\partial f/\partial x_2)\Delta x_2$ を上乗せしたものである．

$$\begin{aligned}\Delta f &= f(\boldsymbol{x} + \Delta\boldsymbol{x}) - f(\boldsymbol{x}) = f(x_1 + \Delta x_1, x_2 + \Delta x_2) - f(x_1, x_2) \\ &= \Delta f_1 + \Delta f_2 = \frac{\partial f}{\partial x_1}\Delta x_1 + \frac{\partial f}{\partial x_2}\Delta x_2 \qquad (3.1)\end{aligned}$$

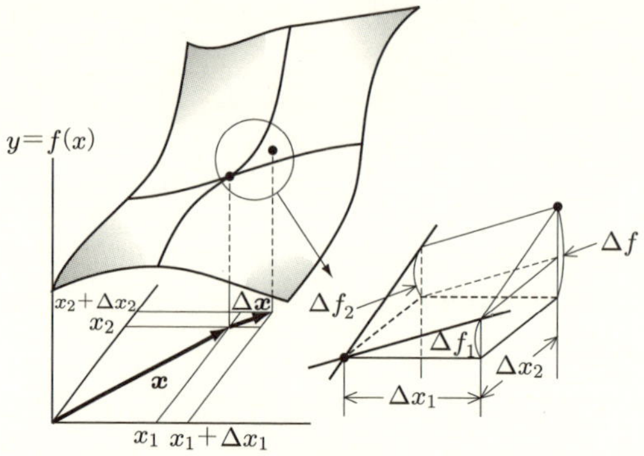

図 3.12

これを，点 $\boldsymbol{x} = {}^t(x_1, x_2)$ における f の**全微分**と言う．

3変数以上の関数 $y = f(x_1, \ldots, x_n)$ では，例によってグラフを紙に描くことはできないが，その全微分は，

$$\Delta f = \frac{\partial f}{\partial x_1}\Delta x_1 + \cdots + \frac{\partial f}{\partial x_n}\Delta x_n = \sum_{p=1}^{n} \frac{\partial f}{\partial x_p}\Delta x_p$$

である．最初の注意によって，全微分は

$$df = \frac{\partial f}{\partial x_1}\,dx_1 + \cdots + \frac{\partial f}{\partial x_n}\,dx_n$$

とも書かれる．独立変数の**全**部を独立に，つまりそれぞれ勝手に微小変化させたときの従属変数の**微**小変化**分**，それが全微分である．

これも本来の数学書に委ねる他はないが，全微分は，n 次元ベクトル $\boldsymbol{x} = {}^t(x_1, \ldots, x_n)$ のスカラー関数 $f = f(\boldsymbol{x}) = f(x_1, \ldots, x_n)$ のテイラー展開，

$$f(\boldsymbol{x} + \Delta\boldsymbol{x}) = \sum_{p=0}^{\infty} \frac{1}{p!}\left\{\left(\Delta x_1 \frac{\partial}{\partial x_1} + \cdots + \Delta x_n \frac{\partial}{\partial x_n}\right)^p f\right\}(\boldsymbol{x})$$

但し，$\Delta\boldsymbol{x} = {}^t(\Delta x_1, \ldots, \Delta x_n)$

を $\Delta\boldsymbol{x} = {}^t(\Delta x_1, \ldots, \Delta x_n)$ の一次の項で打ち切ったもの，すなわち，

$$f(\boldsymbol{x} + \Delta\boldsymbol{x}) \approx f(\boldsymbol{x}) + \frac{\partial f}{\partial x_1}\Delta x_1 + \cdots + \frac{\partial f}{\partial x_n}\Delta x_n$$

または　$\Delta f = f(\boldsymbol{x} + \Delta\boldsymbol{x}) - f(\boldsymbol{x}) = f(x_1 + \Delta x_1, \ldots, x_n + \Delta x_n) - f(x_1, \ldots, x_n)$

$$\approx \frac{\partial f}{\partial x_1}\Delta x_1 + \cdots + \frac{\partial f}{\partial x_n}\Delta x_n$$

である．

物理現象の数学表現においては，物理量の微小変化（全微分）を，それをもたらした他の物理量の微小変化で割って極限をとることが多く，テイラー展開中の二次以上の項はそ

の際に消滅するから考えなくてよいのである．本来，上のように近似記号 “$\approx$” で表されるべき微小変化に平気で等号 “$=$” を使うのは，そのためである．

3.5 勾配ベクトル

ここでも，関数のグラフを描ける $y=f(\boldsymbol{x})=f(x_1,x_2)$ を考える．$\boldsymbol{x}$ はデカルト基底によるものとする（$\boldsymbol{x}=x_1\boldsymbol{e}_1+x_2\boldsymbol{e}_2$）．

$y=f(\boldsymbol{x})$ の定義域の各点 $\boldsymbol{x}={}^t(x_1,x_2)$ において，二つの偏微分 $\partial f/\partial x_1$，$\partial f/\partial x_2$ を成分に持つベクトル，

$$\boldsymbol{\nabla} f=\mathrm{grad}\,f=\frac{\partial f}{\partial x_1}\boldsymbol{e}_1+\frac{\partial f}{\partial x_2}\boldsymbol{e}_2=\begin{pmatrix}\dfrac{\partial f}{\partial x_1}\\[2mm]\dfrac{\partial f}{\partial x_2}\end{pmatrix} \tag{3.2}$$

を，その点における f の**勾配ベクトル** (gradient vector) と言う．上式から f を消去した，

$$\boldsymbol{\nabla}=\frac{\partial}{\partial x_1}\boldsymbol{e}_1+\frac{\partial}{\partial x_2}\boldsymbol{e}_2=\begin{pmatrix}\dfrac{\partial}{\partial x_1}\\[2mm]\dfrac{\partial}{\partial x_2}\end{pmatrix}$$

は，その右側に書かれたスカラー関数に作用して式(3.2)を作る，という “仕事をする” と考えることができる．これを**勾配演算子** (gradient operator) または**ナブラ演算子**と言う．勾配演算子はスカラー関数に作用してベクトル値関数を作るので，太字体としている．

勾配ベクトルを用いれば，式(3.1)の全微分は，

$$\begin{aligned}\Delta f&=\frac{\partial f}{\partial x_1}\Delta x_1+\frac{\partial f}{\partial x_2}\Delta x_2=\left(\frac{\partial f}{\partial x_1}\boldsymbol{e}_1+\frac{\partial f}{\partial x_2}\boldsymbol{e}_2\right)\cdot(\Delta x_1\boldsymbol{e}_1+\Delta x_2\boldsymbol{e}_2)\\&=\boldsymbol{\nabla} f\cdot\Delta\boldsymbol{x}=|\boldsymbol{\nabla} f||\Delta\boldsymbol{x}|\cos\alpha\end{aligned} \tag{3.3}$$

と書ける．すなわち，f の全微分は $\boldsymbol{x}$ 点で考えた微小変位ベクトル $\Delta\boldsymbol{x}$ とその場の $\boldsymbol{\nabla} f$ のスカラー積であり，α は両ベクトルの成す角度である．Δf を $|\Delta\boldsymbol{x}|=\Delta s$ で割ると，式(3.3)の各表現に応じて，

$$\begin{aligned}\frac{\Delta f}{\Delta s}&=\frac{\partial f}{\partial x_1}\frac{\Delta x_1}{\Delta s}+\frac{\partial f}{\partial x_2}\frac{\Delta x_2}{\Delta s}=\left(\frac{\partial f}{\partial x_1}\boldsymbol{e}_1+\frac{\partial f}{\partial x_2}\boldsymbol{e}_2\right)\cdot\left(\frac{\Delta x_1}{\Delta s}\boldsymbol{e}_1+\frac{\Delta x_2}{\Delta s}\boldsymbol{e}_2\right)\\&=\boldsymbol{\nabla} f\cdot\frac{\Delta\boldsymbol{x}}{\Delta s}=\boldsymbol{\nabla} f\cdot\boldsymbol{n}=|\boldsymbol{\nabla} f|\cos\alpha\end{aligned}$$

となる．最左辺は，f の微小変化を，それをもたらした微小ベクトルの長さで割ったもの，すなわち，“$\Delta\boldsymbol{x}$ 方向の f の勾配” に他ならない．一方，$\boldsymbol{n}=\Delta\boldsymbol{x}/\Delta s$ は $\Delta\boldsymbol{x}$ 方向の単位ベクトルである．従って，f の勾配は，勾配を知りたい方向の単位ベクトル $\boldsymbol{n}$ と $\boldsymbol{\nabla} f$ のスカラー積である．そこで，α を変化させて $\Delta\boldsymbol{x}$ を $\boldsymbol{x}$ の周りで回してみると，次のことが言える．

(1) $\alpha = 0$ $(\cos\alpha = 1)$，すなわち $\Delta\boldsymbol{x}$ を $\boldsymbol{\nabla} f$ と同じ方向にとれば f の勾配は最大で，その最大値が $|\boldsymbol{\nabla} f|$.

(2) $\alpha = \pi/2$ $(\cos\alpha = 0)$，すなわち $\Delta\boldsymbol{x}$ を $\boldsymbol{\nabla} f$ と直角方向にとれば f の勾配はゼロである．勾配がゼロとは，$\Delta\boldsymbol{x}$ を等値線に沿ってとったことを意味する．

(3) $\alpha = \pi$ $(\cos\alpha = -1)$，すなわち $\Delta\boldsymbol{x}$ を $\boldsymbol{\nabla} f$ と反対方向にとれば f の勾配は最小で，その最小値が $(-|\boldsymbol{\nabla} f|)$.

以上によって，勾配ベクトル $\boldsymbol{\nabla} f$ の正体が明らかである．$\boldsymbol{\nabla} f$ の方向は，f の定義域の各点に立って見回したとき f の増え方が最も大きな方向，$\boldsymbol{\nabla} f$ の大きさはその方向での f の増加率そのもの，すなわち，**図 3.13** 中の角度 γ を用いて $|\boldsymbol{\nabla} f| = \tan\gamma$ である．$\boldsymbol{\nabla} f$ は f の等値線に垂直で f の増える方を向き，$|\boldsymbol{\nabla} f|$ は等値線の密なところで大きく，疎なところで小さい．

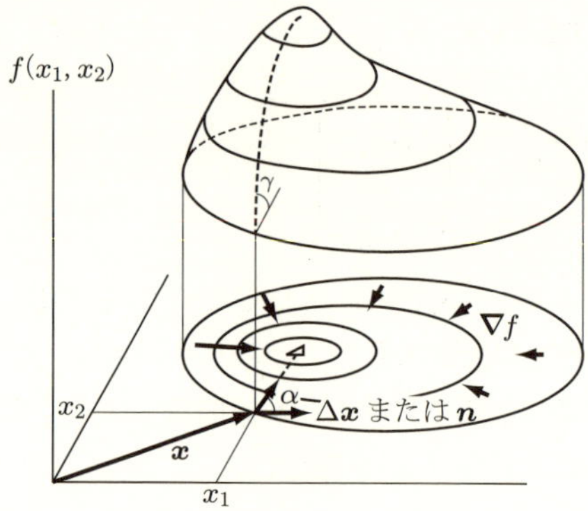

図 3.13

“関数のグラフ”の描けない3変数の関数 $f(\boldsymbol{x}) = f(x_1, x_2, x_3)$ の勾配ベクトル，

$$\boldsymbol{\nabla} f = \frac{\partial f}{\partial x_1}\boldsymbol{e}_1 + \frac{\partial f}{\partial x_2}\boldsymbol{e}_2 + \frac{\partial f}{\partial x_3}\boldsymbol{e}_3$$

は，3次元空間内の f の等値面に垂直で f の増える方向を向き，その方向の f の増加率を

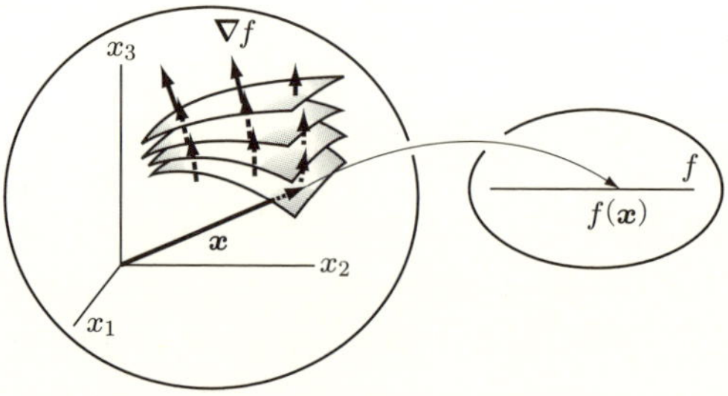

図 3.14

その大きさとするベクトルである．$|\boldsymbol{\nabla} f|$ は，等値面の密なところで大きく，疎なところで小さい（**図 3.14**）．f の全微分は，その $\boldsymbol{\nabla} f$ を用いて，

$$\Delta f = \frac{\partial f}{\partial x_1}\Delta x_1 + \frac{\partial f}{\partial x_2}\Delta x_2 + \frac{\partial f}{\partial x_3}\Delta x_3 = \boldsymbol{\nabla} f \cdot \Delta \boldsymbol{x}$$

である．

3.6 ラグランジの未定係数法

ラグランジの未定係数法（未定乗数法）は，このあとの本書の文脈の中には現れないが，全微分と勾配ベクトルの絶好の実践例である．また，世上行われているその解釈に多少の混乱があるのでこの節で取り上げる．例によって，高校数学の復習から始める．関数が連続で滑らかであることは，本節を通じて前提である．

関数 $y = f(x)$ が極大値または極小値をとる点 x においては，

$$\frac{dy}{dx} = 0 \tag{3.4}$$

が成立するのであった．但し，式(3.4)を満たす点が必ず極大点または極小点であるとは限らない．すなわち，式(3.4)は点 x において $y = f(x)$ が極大ないし極小となるための必要条件であるが，十分条件ではない．その判定には 2 階微分 $f''(x) = d^2y/dx^2$ を要し，その点で $f''(x) > 0$ ならば極小値，$f''(x) < 0$ ならば極大値，$f''(x) = 0$ ならばどちらでもない（変曲点），となるのであった（**図 3.15**）．

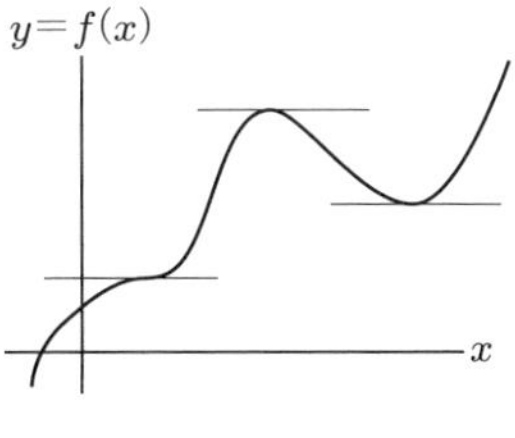

図 3.15

2 変数の数値関数 $y = f(x_1, x_2)$ が点 $\boldsymbol{x} = x_1\boldsymbol{e}_1 + x_2\boldsymbol{e}_2$ で極値をとるとき，明らかにこの点において，

$$\boldsymbol{\nabla} f = \boldsymbol{0} \Leftrightarrow \begin{pmatrix} \dfrac{\partial f(x_1, x_2)}{\partial x_1} \\ \dfrac{\partial f(x_1, x_2)}{\partial x_2} \end{pmatrix} = \begin{pmatrix} 0 \\ 0 \end{pmatrix} \tag{3.5}$$

が成立する（**図 3.16**）．

未定係数法の基本形は次の通りである．

2 変数の数値関数 $z = f(x_1, x_2)$ が，$g(x_1, x_2) = 0$ という**拘束条件のもとで**極大値ないし極小値をとる点 (x_1, x_2) では，λ を定数として，

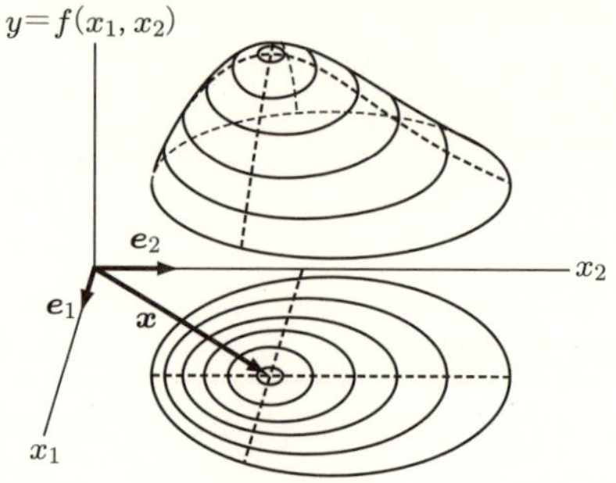

図 3.16

$$\left.\begin{aligned}\frac{\partial f}{\partial x_1}+\lambda\frac{\partial g}{\partial x_1}=0\\ \frac{\partial f}{\partial x_2}+\lambda\frac{\partial g}{\partial x_2}=0\end{aligned}\right\}\tag{3.6}$$

が成立する．これともとの拘束条件，

$$g(x_1,x_2)=0\tag{3.7}$$

とを，未知数の組み (x_1,x_2,λ) に対する連立方程式として解いた結果が $(x_1,x_2,\lambda)=(a_1,a_2,\lambda)$ と得られれば，点 $(x_1,x_2)=(a_1,a_2)$ が f の極値候補点である．但し，式(3.6)，(3.7)は点 (x_1,x_2) で f が極値をとるための必要条件ではあるが十分条件でない．未定係数法は十分条件については何も述べていない．λ を**ラグランジの未定係数（未定乗数）**と呼ぶ．

さて，式(3.6)とよく似た形であるが，

$$\left.\begin{aligned}\frac{\partial f}{\partial x_1}+\lambda\frac{\partial f}{\partial x_2}=0\\ \frac{\partial g}{\partial x_1}+\lambda\frac{\partial g}{\partial x_2}=0\end{aligned}\right\}\tag{3.8}$$

としてこれを式(3.7)と連立させても，不思議なことに正しい $(x_1,x_2)=(a_1,a_2)$ が得られる．但し，式(3.6)中の λ と式(3.8) 中の λ は別物である．式(3.6)と式(3.7)の組みを**正規版**，式(3.8)と式(3.7)の組みを**変則版**と名付けよう．

正規版，変則版の説明は後回しにして，先に例題を見る．

例題 3.1●　**図 3.17** のように，山の斜面が $y=f(x_1,x_2)=4-(x_1^2+x_2^2)$ で与えられ，その斜面に $x_1+x_2=1$ に沿う道がある．この道の最高点を求めよ．山の形状は，

(1) $y=$ 一定 の等高線は，x_1x_2 平面内の同心円群

(2) y 軸を含む如何（いか）なる平面で切っても，グラフの切り口は上に凸の放物線

である．

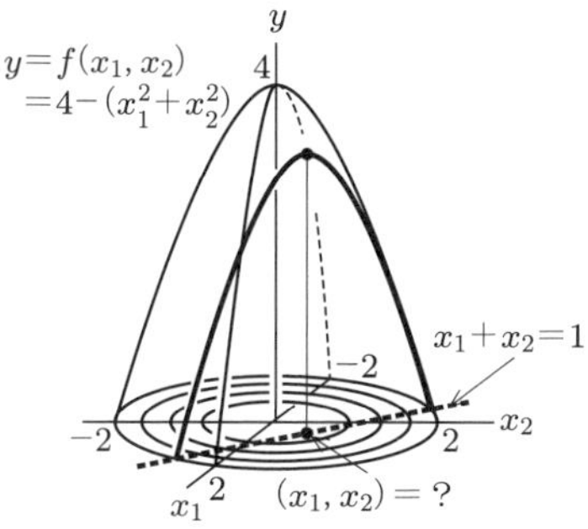

図 3.17

拘束条件が無ければ，

$$\frac{\partial f}{\partial x_1}=-2x_1=0,\quad \frac{\partial f}{\partial x_2}=-2x_2=0$$

として，極値を与える点が $(x_1,x_2)=(0,0)$，極値が $f(0,0)=4$ と容易に求められるが，拘束条件があればどうなるか.

解答，高校のやり方◆ 拘束条件 $g(x_1,x_2)=x_1+x_2-1=0$ から，$x_2=-x_1+1$ を $f(x_1,x_2)$ の x_2 に代入して，

$$y=f(x_1,-x_1+1)=4-\left\{x_1^2+(-x_1+1)^2\right\}=-2x_1^2+2x_1+3$$

$$y'(x_1)=-4x_1+2=0 \text{ より，} x_1=\frac{1}{2},\quad x_2=-\frac{1}{2}+1=\frac{1}{2}$$

$y''(^\forall x_1)=-4<0$ であるから $(x_1,x_2)=(1/2,1/2)$ は極大点で，極大値は次である.

$$f\left(\frac{1}{2},\frac{1}{2}\right)=4-\left(\frac{1}{2^2}+\frac{1}{2^2}\right)=\frac{7}{2}$$

未定係数法，正規版◆

$$\left.\begin{aligned}&\frac{\partial f}{\partial x_1}+\lambda\frac{\partial g}{\partial x_1}=-2x_1+\lambda\cdot 1=0\\&\frac{\partial f}{\partial x_2}+\lambda\frac{\partial g}{\partial x_2}=-2x_2+\lambda\cdot 1=0\\&g(x_1,x_2)=x_1+x_2-1=0\end{aligned}\right\}\quad \begin{aligned}&x_1=x_2\quad\therefore\quad 2x_1-1=0\\&x_1=x_2=\frac{1}{2},\quad\lambda=1\\&\therefore\quad f\left(\frac{1}{2},\frac{1}{2}\right)=4-\left(\frac{1}{2^2}+\frac{1}{2^2}\right)=\frac{7}{2}\end{aligned}$$

未定係数法，変則版◆

$$\left.\begin{aligned}&\frac{\partial f}{\partial x_1}+\lambda\frac{\partial f}{\partial x_2}=-2x_1+\lambda(-2x_2)=0\\&\frac{\partial g}{\partial x_1}+\lambda\frac{\partial g}{\partial x_2}=1+\lambda\cdot 1=0\\&g(x_1,x_2)=x_1+x_2-1=0\end{aligned}\right\}\quad \begin{aligned}&\lambda=-1\quad\therefore\quad -2x_1+2x_2=0\\&x_1=x_2=\frac{1}{2},\quad f\left(\frac{1}{2},\frac{1}{2}\right)=\frac{7}{2}\end{aligned}$$

■

正規版の根拠

拘束条件 $g(x_1, x_2) = 0$ は，被評価関数 $y = f(x_1, x_2)$ の定義域内の曲線であるが，それは**図 3.18** 左のように，同じ領域を定義域とする 2 変数の数値関数 $y = g(x_1, x_2)$ の，$y = 0$ の等高線と看做(みな)すことができる．一方，f，g の共通定義域の任意の点で，ベクトル $\boldsymbol{\nabla} f$，$\boldsymbol{\nabla} g$ はともにその点におけるそれぞれの等高線に直交している．そこで，拘束線 $g(x_1, x_2) = 0$ 上で f が極値をとる点では，図右のように，f のその点での等高線（破線）と $y = g(x_1, x_2) = 0$ の等高線が**共通接線**を持たなければならない．従って，その点では $\boldsymbol{\nabla} f$ と $\boldsymbol{\nabla} g$ が平行，すなわち $\boldsymbol{\nabla} f$ が $\boldsymbol{\nabla} g$ のスカラー倍となる．スカラー倍の係数を $(-\lambda)$ とすれば，

$$\boldsymbol{\nabla} f = (-\lambda)\boldsymbol{\nabla} g \tag{3.9}$$

或いは，

$$\boldsymbol{\nabla} f + \lambda \boldsymbol{\nabla} g = \mathbf{0} \quad \text{または} \quad (3.6) \quad \begin{pmatrix} \dfrac{\partial f}{\partial x_1} + \lambda \dfrac{\partial g}{\partial x_1} \\ \dfrac{\partial f}{\partial x_2} + \lambda \dfrac{\partial g}{\partial x_2} \end{pmatrix} = \begin{pmatrix} 0 \\ 0 \end{pmatrix}$$

となる．これが正規版である．

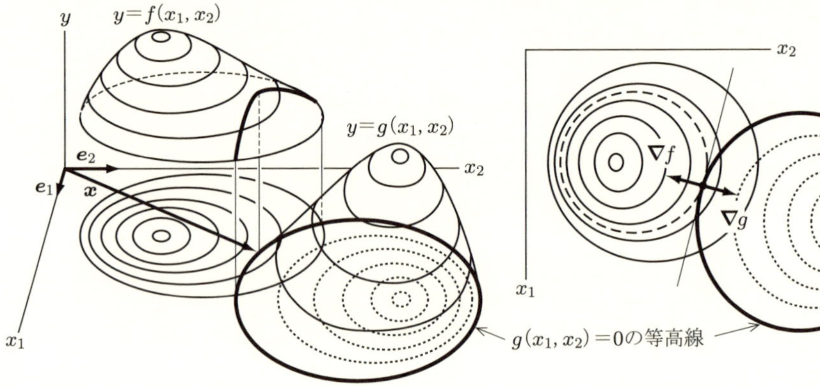

図 3.18

2.2 節の議論によって，式(3.9)は，

$$\boldsymbol{\nabla} f \in \langle \boldsymbol{\nabla} g \rangle$$

と書ける．$\langle \boldsymbol{\nabla} g \rangle$ は 2 次元ベクトル空間内の 1 次元部分空間であり，極値候補点における $\boldsymbol{\nabla} f$ はそのうちの 1 本である（**図 3.19**）．

このように，正規版は単に二つの勾配ベクトルにスカラー倍の違いしかないことだけで説明できて，全微分を持ち出す必要はない．しかも，後(のち)に見るように，そうすることで未定係数法を一気に一般化できる．全微分は次の変則版に用いる．

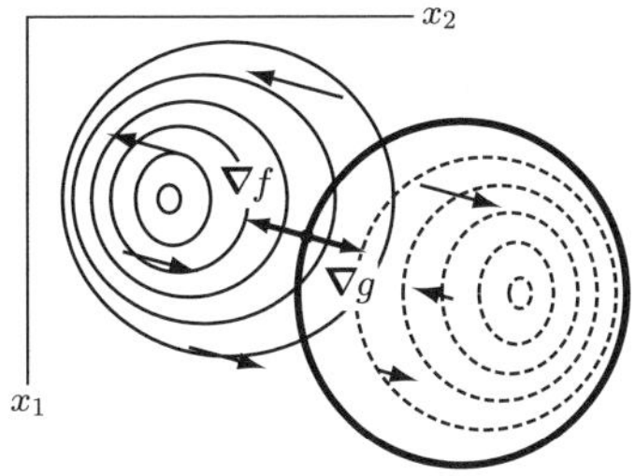

図 3.19

■変則版の根拠■

前述のように，拘束の無い場合の f の極大，極小点では，

$$(3.5)\quad \nabla f = \frac{\partial f}{\partial x_1}\boldsymbol{e}_1 + \frac{\partial f}{\partial x_2}\boldsymbol{e}_2 = \boldsymbol{0} \quad \text{または} \quad \begin{pmatrix} \dfrac{\partial f}{\partial x_1} \\ \dfrac{\partial f}{\partial x_2} \end{pmatrix} = \begin{pmatrix} 0 \\ 0 \end{pmatrix}$$

が成立するから，この点では，その点周りの**任意の微小変位ベクトル** $\Delta\boldsymbol{x} = \Delta x_1\boldsymbol{e}_1 + \Delta x_2\boldsymbol{e}_2$ に対して f の全微分がゼロとなる（**図 3.16** の山の頂（いただき））．

$$\Delta f = \nabla f \cdot \Delta\boldsymbol{x} = \frac{\partial f}{\partial x_1}\Delta x_1 + \frac{\partial f}{\partial x_2}\Delta x_2 = 0 \tag{3.10}$$

登り着いた山頂で弁当を使う場所は，僅（わず）かの距離なら三角点からどちらへ移動しても高さは変わらない．

一方，拘束条件 $g(x_1, x_2) = 0$ のもとで f が極値をとる点では，任意の微小ベクトルに対して f の全微分がゼロになるのではなく**或る特定方向の**，具体的には拘束線 $g(x_1, x_2) = 0$ に沿った微小ベクトル $\overline{\Delta\boldsymbol{x}} = \overline{\Delta x_1}\boldsymbol{e}_1 + \overline{\Delta x_2}\boldsymbol{e}_2$ についてのみ，f の全微分が，

$$\Delta f = \nabla f \cdot \overline{\Delta\boldsymbol{x}} = \frac{\partial f}{\partial x_1}\overline{\Delta x_1} + \frac{\partial f}{\partial x_2}\overline{\Delta x_2} = 0 \tag{3.11}$$

となる．**山の中腹を巡る道の最高点で弁当を使う場所の高さは，道に沿って少々移動しても変わらないが，道を外れて移動すれば変わる**．すなわち，式(3.10)では $\Delta\boldsymbol{x}$ の両成分 $(\Delta x_1, \Delta x_2)$ を独立に選ぶことができたのに対し，式(3.11)の $\overline{\Delta\boldsymbol{x}} = \overline{\Delta x_1}\boldsymbol{e}_1 + \overline{\Delta x_2}\boldsymbol{e}_2$ では，例えば，$\overline{\Delta x_1}$ を独立に選べば，$\overline{\Delta x_2}$ は（$\overline{\Delta\boldsymbol{x}}$ の方向が決まっているので）$\overline{\Delta x_2} = \lambda\overline{\Delta x_1}$ と決まってしまう．従って，式(3.11)は，

$$\Delta f = \frac{\partial f}{\partial x_1}\overline{\Delta x_1} + \frac{\partial f}{\partial x_2}(\lambda\overline{\Delta x_1}) = \left(\frac{\partial f}{\partial x_1} + \lambda\frac{\partial f}{\partial x_2}\right)\overline{\Delta x_1} = 0$$

となり，$\overline{\Delta x_1}$ は独立に選べるので，

$$\frac{\partial f}{\partial x_1} + \lambda\frac{\partial f}{\partial x_2} = 0$$

が成立する．さらに，その $\overline{\Delta \boldsymbol{x}}$ の方向は拘束線であるその場の等値線 $g(x_1, x_2) = 0$ の方向であるから，それに沿った g の全微分もゼロである．すなわち，

$$\Delta g = \boldsymbol{\nabla} g \cdot \overline{\Delta \boldsymbol{x}} = \frac{\partial g}{\partial x_1}\overline{\Delta x_1} + \frac{\partial g}{\partial x_2}(\lambda \overline{\Delta x_1}) = \left(\frac{\partial g}{\partial x_1} + \lambda \frac{\partial g}{\partial x_2}\right)\overline{\Delta x_1} = 0$$

となり，同じく $\overline{\Delta x_1}$ は独立に選べるから，

$$\frac{\partial g}{\partial x_1} + \lambda \frac{\partial g}{\partial x_2} = 0$$

が成立する．

以上が式(3.8)の変則版の根拠である．正規，変則両版中の λ の意味が異なることも明らか．以下，正規版のみを論ずる．

3変数の関数に1個の拘束条件のある場合

3変数の数値関数 $f(\boldsymbol{x}) = f(x_1, x_2, x_3)$ が，1個の拘束条件 $g(\boldsymbol{x}) = g(x_1, x_2, x_3) = 0$ のもとで，極大ないし極小値をとる点 $\boldsymbol{x} = x_1\boldsymbol{e}_1 + x_2\boldsymbol{e}_2 + x_3\boldsymbol{e}_3$ で満たされるべき条件を求める．この場合，関数のグラフは描けないが f，g を定義する3次元 $\boldsymbol{x}$ 空間のグラフは描ける．

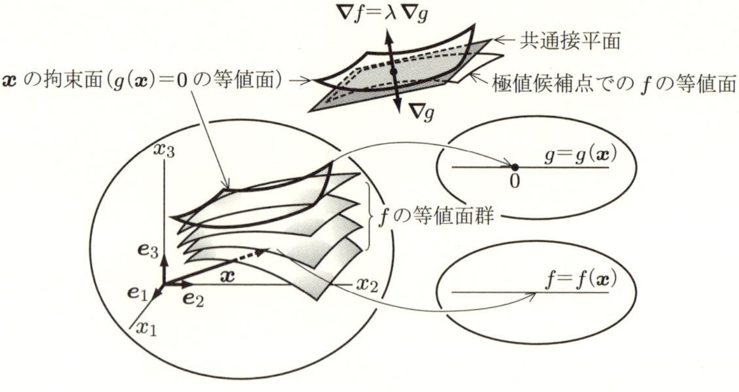

図 3.20

拘束条件 $g(x_1, x_2, x_3) = 0$ は，関数 $f(\boldsymbol{x}) = f(x_1, x_2, x_3)$ を定義する3次元空間内の曲面である．それは，**図 3.20** のように同じ領域を定義域とする3変数数値関数 $g = g(\boldsymbol{x}) = g(x_1, x_2, x_3)$ の，$g = 0$ の**等値面**と看做すことができる．一方，f，g の共通定義域の任意の点で，3次元勾配ベクトル $\boldsymbol{\nabla} f$，$\boldsymbol{\nabla} g$ はともにその点におけるそれぞれの等値面に直交するから，曲面 $g(x_1, x_2, x_3) = 0$ 上で f が極値をとる点では，図の最上部のように，f のその点での等値面と g の等値面 $g(x_1, x_2, x_3) = 0$ が**共通接平面**を持ち，それに直交する $\boldsymbol{\nabla} f$ と $\boldsymbol{\nabla} g$ は平行，すなわち $\boldsymbol{\nabla} f$ が $\boldsymbol{\nabla} g$ のスカラー倍となる．(先には $(-\lambda)$ としたが) スカラー倍の係数を λ とすれば，

$$\nabla f = \lambda \nabla g \quad \text{または} \quad \begin{pmatrix} \dfrac{\partial f}{\partial x_1} \\ \dfrac{\partial f}{\partial x_2} \\ \dfrac{\partial f}{\partial x_3} \end{pmatrix} = \lambda \begin{pmatrix} \dfrac{\partial g}{\partial x_1} \\ \dfrac{\partial g}{\partial x_2} \\ \dfrac{\partial g}{\partial x_3} \end{pmatrix} \tag{3.12}$$

すなわち，

$$\nabla f \in \langle \nabla g \rangle$$

である．$\langle \nabla g \rangle$ は 3 次元ベクトル空間内の 1 次元部分空間であり，極値候補点における ∇f はそのうちの 1 本である．

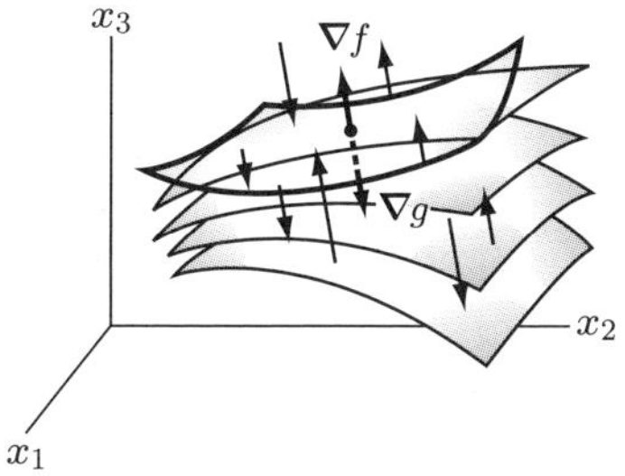

図 3.21

式(3.12) の 3 式をもとの拘束条件式 $g(x_1, x_2, x_3) = 0$ と連立させて，$(x_1, x_2, x_3, \lambda) = (a_1, a_2, a_3, \lambda)$ が得られれば，$\boldsymbol{x} = a_1\boldsymbol{e}_1 + a_2\boldsymbol{e}_2 + a_3\boldsymbol{e}_3$ が f の極値候補点である．

■ 3 変数の関数に 2 個の拘束条件のある場合 ■

前題は，二つの拘束条件がある場合に拡張できる．すなわち，次の問題が設定できる．

3 変数の数値関数 $f = f(\boldsymbol{x}) = f(x_1, x_2, x_3)$ が，拘束条件，

$$\left.\begin{aligned} g_1(\boldsymbol{x}) &= g_1(x_1, x_2, x_3) = 0 \\ g_2(\boldsymbol{x}) &= g_2(x_1, x_2, x_3) = 0 \end{aligned}\right\} \tag{3.13}$$

のもとで，極大ないし極小値をとる点 $\boldsymbol{x} = x_1\boldsymbol{e}_1 + x_2\boldsymbol{e}_2 + x_3\boldsymbol{e}_3$ で満たされるべき条件を求めよ．

▶**注意**　もしも，

$$\left.\begin{aligned} g_1(\boldsymbol{x}) &= g_1(x_1, x_2, x_3) = 0 \\ g_2(\boldsymbol{x}) &= g_2(x_1, x_2, x_3) = 0 \\ g_3(\boldsymbol{x}) &= g_3(x_1, x_2, x_3) = 0 \end{aligned}\right\}$$

の三つの拘束条件が設定されると，これらを連立させて $(x_1, x_2, x_3) = (x_{0,1}, x_{0,2}, x_{0,3})$ が得られて，位置ベクトルは $\boldsymbol{x} = x_{0,1}\boldsymbol{e}_1 + x_{0,2}\boldsymbol{e}_2 + x_{0,3}\boldsymbol{e}_3$ を動けないから，極値問題自体が意味

を成さなくなる．すなわち，独立な拘束条件式の数は，被評価関数 $f(\boldsymbol{x})$ を定義するベクトル $\boldsymbol{x}$ の次元の数より常に小さくなくてはならない．先の2変数の場合なら二つの拘束条件を課すことは意味がない．

式(3.13)の二つの拘束条件は，それぞれが3次元空間内の等値面であるから，両条件を満たす点の集合は両等値面の交線である（**図 3.22** 左）．すなわち，位置ベクトル $\boldsymbol{x}$ がその交線を拘束線として動くときに $f(\boldsymbol{x})$ の極値候補点を求める問題である．

二つの勾配ベクトル $\{\boldsymbol{\nabla} g_1, \boldsymbol{\nabla} g_2\}$ はそれぞれの等値面に垂直であり，交線はどちらの等値面にも含まれるから，$\{\boldsymbol{\nabla} g_1, \boldsymbol{\nabla} g_2\}$ はその拘束線に垂直な平面を定めている．一方，f の極値候補点では拘束線がその位置での f の等値面に接するから，$\boldsymbol{\nabla} f$ は，図右のようにその"拘束線に垂直な平面内"になければならない．従って，λ_1，λ_2 を二つのスカラーとして，

$$\boldsymbol{\nabla} f = \lambda_1 \boldsymbol{\nabla} g_1 + \lambda_2 \boldsymbol{\nabla} g_2 \quad \text{または} \quad \begin{pmatrix} \dfrac{\partial f}{\partial x_1} \\ \dfrac{\partial f}{\partial x_2} \\ \dfrac{\partial f}{\partial x_3} \end{pmatrix} = \lambda_1 \begin{pmatrix} \dfrac{\partial g_1}{\partial x_1} \\ \dfrac{\partial g_1}{\partial x_2} \\ \dfrac{\partial g_1}{\partial x_3} \end{pmatrix} + \lambda_2 \begin{pmatrix} \dfrac{\partial g_2}{\partial x_1} \\ \dfrac{\partial g_2}{\partial x_2} \\ \dfrac{\partial g_2}{\partial x_3} \end{pmatrix} \tag{3.14}$$

すなわち，

$$\boldsymbol{\nabla} f \in \langle \boldsymbol{\nabla} g_1, \boldsymbol{\nabla} g_2 \rangle$$

である．$\langle \boldsymbol{\nabla} g_1, \boldsymbol{\nabla} g_2 \rangle$ は3次元ベクトル空間内の2次元部分空間であり，極値候補点における $\boldsymbol{\nabla} f$ はそのうちの1本である．

式(3.14)の3式と拘束条件式(3.13)の計5式を連立させて，$(x_1, x_2, x_3, \lambda_1, \lambda_2) = (a_1, a_2, a_3, \lambda_1, \lambda_2)$ が得られれば，$\boldsymbol{x} = a_1\boldsymbol{e}_1 + a_2\boldsymbol{e}_2 + a_3\boldsymbol{e}_3$ が f の極値候補点である．

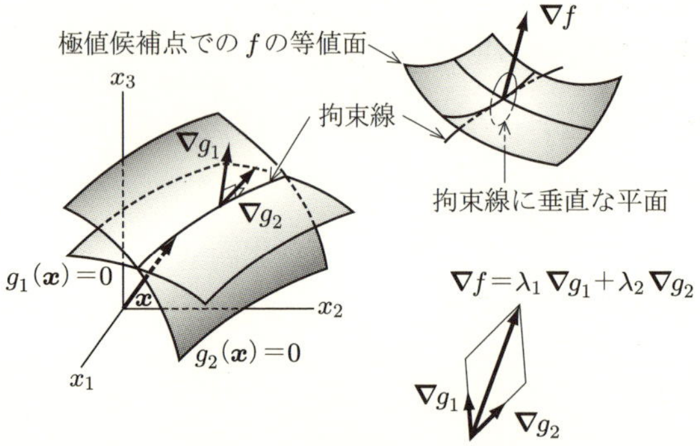

図 3.22

一般化

ここから全く絵が描けない世界に入る．n 次元空間の点 $\boldsymbol{x} = x_1\boldsymbol{e}_1 + \cdots + x_n\boldsymbol{e}_n$ の或る領域 R を定義域とする被評価関数 $y = f(\boldsymbol{x}) = f(x_1, \ldots, x_n)$ が，同じ領域を定義域とす

る m 次元のベクトル値関数,

$$\boldsymbol{g}(\boldsymbol{x}) = \begin{pmatrix} g_1(\boldsymbol{x}) \\ \vdots \\ g_m(\boldsymbol{x}) \end{pmatrix} = \begin{pmatrix} g_1(x_1, \ldots, x_n) \\ \vdots \\ g_m(x_1, \ldots, x_n) \end{pmatrix}, \quad 1 \leq m \leq n-1$$

を用いて記述された m 個のスカラーの拘束条件,

$$\begin{pmatrix} g_1(x_1, \ldots, x_n) \\ \vdots \\ g_m(x_1, \ldots, x_n) \end{pmatrix} = \mathbf{0} = \begin{pmatrix} 0 \\ \vdots \\ 0 \end{pmatrix} \tag{3.15}$$

のもとで, R 内の点 $\boldsymbol{x} = x_1\boldsymbol{e}_1 + \cdots + x_n\boldsymbol{e}_n$ において極値をとるための必要条件は, その点における f の n 次元勾配ベクトル,

$$\boldsymbol{\nabla} f = {}^t\!\left(\frac{\partial f(x_1, \ldots, x_n)}{\partial x_1}, \ldots, \frac{\partial f(x_1, \ldots, x_n)}{\partial x_n}\right)$$

が, その点における m 個の勾配ベクトル $\{\boldsymbol{\nabla} g_1, \ldots, \boldsymbol{\nabla} g_m\}$ の張る m 次元部分空間に含まれること, すなわち $\boldsymbol{\nabla} f \in \langle \boldsymbol{\nabla} g_1, \ldots, \boldsymbol{\nabla} g_m \rangle$, またはスカラーの組み $\{\lambda_1, \ldots, \lambda_m\}$ を用いて,

$$\begin{pmatrix} \dfrac{\partial f}{\partial x_1} \\ \vdots \\ \dfrac{\partial f}{\partial x_n} \end{pmatrix} = \lambda_1 \begin{pmatrix} \dfrac{\partial g_1}{\partial x_1} \\ \vdots \\ \dfrac{\partial g_1}{\partial x_n} \end{pmatrix} + \cdots + \lambda_m \begin{pmatrix} \dfrac{\partial g_m}{\partial x_1} \\ \vdots \\ \dfrac{\partial g_m}{\partial x_n} \end{pmatrix} \tag{3.16}$$

となることである. 式(3.15)と(3.16)の計 $(m+n)$ 個のスカラー式を連立させて,

$$(x_1, \ldots, x_n,\ \lambda_1, \ldots, \lambda_m) = (a_1, \ldots, a_n,\ \lambda_1, \ldots, \lambda_m)$$

が得られれば, $\boldsymbol{x} = a_1\boldsymbol{e}_1 + \cdots + a_n\boldsymbol{e}_n$ が f の極値候補点である.

統計力学に現れるボルツマンの方法に関連した次の例題を提示して, このテーマを閉じることにしよう.

例題 3.2● N, E, $E_1, \ldots, E_p$ を全て定数として, p 個の変数 $\{n_1, \ldots, n_p\}$ が次の2条件を満たすとする.

$$n_1 + \cdots + n_p = N$$

$$E_1 n_1 + \cdots + E_p n_p = E$$

このとき,

$$W(n_1, \ldots, n_p) = N \ln N - (n_1 \ln n_1 + \cdots + n_p \ln n_p)$$

を最大にする $\{n_1, \ldots, n_p\}$ が,

$$n_i = e^{-(1+\alpha)} e^{-\beta E_i}, \quad i = 1 \sim p$$

で与えられることを示せ. 但し, α, β はラグランジの未定係数である. さらに,

$$e^{-(1+\alpha)}=\frac{N}{\sum_{i=1}^{p}e^{-\beta E_i}},\quad \frac{E}{N}=\frac{\sum_{i=1}^{p}E_ie^{-\beta E_i}}{\sum_{i=1}^{p}e^{-\beta E_i}}$$

となることを示せ.

解答◆　二つの拘束条件は,

$$g_1(n_1,\ldots,n_p)=n_1+\cdots+n_p-N=0$$

$$g_2(n_1,\ldots,n_p)=E_1n_1+\cdots+E_pn_p-E=0$$

と書ける. 被評価関数と拘束条件に対して，3個の p 次元勾配ベクトル

$$\boldsymbol{\nabla}W=\begin{pmatrix}\dfrac{\partial W}{\partial n_1}\\ \vdots\\ \dfrac{\partial W}{\partial n_p}\end{pmatrix}=\begin{pmatrix}-\ln n_1-1\\ \vdots\\ -\ln n_p-1\end{pmatrix},$$

$$\boldsymbol{\nabla}g_1=\begin{pmatrix}\dfrac{\partial g_1}{\partial n_1}\\ \vdots\\ \dfrac{\partial g_1}{\partial n_p}\end{pmatrix}=\begin{pmatrix}1\\ \vdots\\ 1\end{pmatrix},\quad \boldsymbol{\nabla}g_2=\begin{pmatrix}\dfrac{\partial g_2}{\partial n_1}\\ \vdots\\ \dfrac{\partial g_2}{\partial n_p}\end{pmatrix}=\begin{pmatrix}E_1\\ \vdots\\ E_p\end{pmatrix}$$

が作れるから，ラグランジの未定係数 α, β を用いて,

$$\boldsymbol{\nabla}W=\alpha\boldsymbol{\nabla}g_1+\beta\boldsymbol{\nabla}g_2$$

または　$$\begin{pmatrix}-\ln n_1-1\\ \vdots\\ -\ln n_p-1\end{pmatrix}=\alpha\begin{pmatrix}1\\ \vdots\\ 1\end{pmatrix}+\beta\begin{pmatrix}E_1\\ \vdots\\ E_p\end{pmatrix}=\begin{pmatrix}\alpha+\beta E_1\\ \vdots\\ \alpha+\beta E_p\end{pmatrix}$$

$$\therefore\quad \begin{pmatrix}\ln n_1\\ \vdots\\ \ln n_p\end{pmatrix}=-\begin{pmatrix}1+\alpha+\beta E_1\\ \vdots\\ 1+\alpha+\beta E_p\end{pmatrix}$$

または　$n_i=e^{-(1+\alpha)}e^{-\beta E_i},\quad i=1\sim p$

よって,

$$N=\sum_{i=1}^{p}n_i=e^{-(1+\alpha)}\sum_{i=1}^{p}e^{-\beta E_i}\quad\therefore\quad e^{-(1+\alpha)}=\frac{N}{\sum_{i=1}^{p}e^{-\beta E_i}}$$

$$\frac{E}{N}=e^{(1+\alpha)}\frac{\sum_{i=1}^{p}E_in_i}{\sum_{i=1}^{p}e^{-\beta E_i}}=e^{(1+\alpha)}\frac{e^{-(1+\alpha)}\sum_{i=1}^{p}E_ie^{-\beta E_i}}{\sum_{i=1}^{p}e^{-\beta E_i}}=\frac{\sum_{i=1}^{p}E_ie^{-\beta E_i}}{\sum_{i=1}^{p}e^{-\beta E_i}}$$ ■

第 4 章
準備の数学，積分

4.1 積分の拡張

高校で学んだ積分を復習する．x の数値関数 $y = f(x)$ の定義域内に，区間 $a \leq x \leq b$ をとり，それを，

$$\{a = x_0 < x_1 < \cdots < x_{i-1} < x_i < \cdots < x_{n-1} < x_n = b\}$$

と分割する．高校の数学では分割を等分割としたが，各小区間の幅 $\{\Delta x_i = x_i - x_{i-1} : i = 1 \sim n\}$ は不揃いであってもよい．各小区間の中から選んだ $\tilde{x}_i$ $(x_{i-1} \leq \tilde{x}_i \leq x_i)$ によって関数値 $\tilde{y}_i = f(\tilde{x}_i)$ を求め，$\big\{$(関数値) $\times$ (区間幅)$\big\}$ を集めた**区分和**，

$$\sum_{i=1}^{n} f(\tilde{x}_i)\,\Delta x_i = \sum_{i=1}^{n} f(\tilde{x}_i)(x_i - x_{i-1})$$

が，分割数を増やして区間幅を細かくしてゆくときに或る極限値に近づくなら，その極限値を f の $a \leq x \leq b$ に亙る**定積分**と言い，

$$\int_a^b f(x)\,dx$$

と書く．これを，例の関数のグラフで描けば x 軸とグラフの間の面積になるのであった．

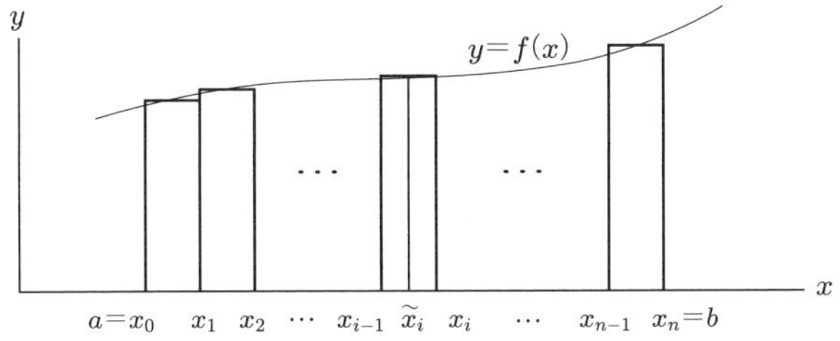

図 4.1

以下，関数の多変数化に応じて積分の概念を順次拡張する．

二重積分

図 4.2 のように，2 変数の数値関数 $y = f(\boldsymbol{x}) = f(x_1, x_2)$ の定義域内に領域（点の，繋がった集合）S をとり，それを多くの微小領域 ΔS_i に分割する．各微小領域 ΔS_i の中で選んだ $\tilde{\boldsymbol{x}}_i = (\tilde{x}_{i,1}, \tilde{x}_{i,2})$ によって関数値 $\tilde{y}_i = f(\tilde{\boldsymbol{x}}_i) = f(\tilde{x}_{i,1}, \tilde{x}_{i,2})$ を求め，$\big\{$(関数値) $\times$ (微小領域の面積)$\big\}$ を集めた区分和，

$$\sum_i f(\tilde{\boldsymbol{x}}_i)\,\Delta S_i = \sum_i f(\tilde{x}_{i,1}, \tilde{x}_{i,2})\,\Delta S_i$$

が，分割数を増やして各微小領域の面積を小さくしてゆくときに或る極限値に近づくなら，その極限値を，f の，領域 S に亘る**二重積分（面積積分）**と言い，

$$\iint_S f(\boldsymbol{x})\,dS = \iint_S f(x_1, x_2)\,dS = \iint_S f(x_1, x_2)\,dx_1\,dx_2$$

などと書く．**図 4.2** では，ΔS_i を各辺が座標軸に平行な矩形のように描いているが，これは必然ではない．“とにかく分割して”区分和を作り，分割の極限をとればよい．

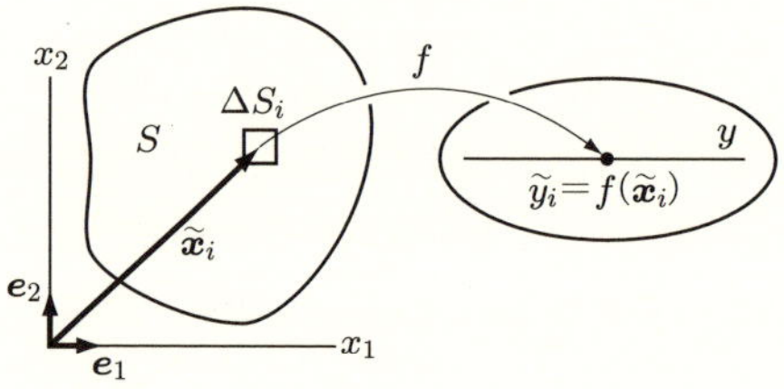

図 4.2

領域 S が**図 4.3** のように $a \leq x_1 \leq b$，$c \leq x_2 \leq d$ の長方形ならば，二重積分は，

$$\int_a^b \int_c^d f(x_1, x_2)\,dx_1\,dx_2, \quad \int_a^b dx_1 \int_c^d dx_2\, f(x_1, x_2)$$

などと書かれる．

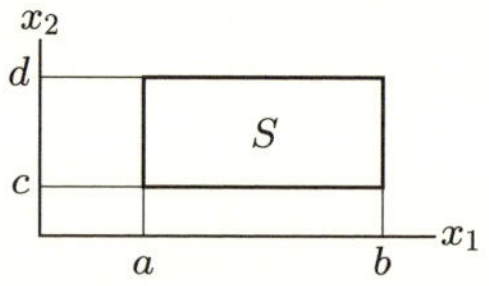

図 4.3

二重積分の意味は明らかである．これは関数のグラフの描ける場合であって，その値は f のグラフと $x_1 x_2$ 平面内の領域 S で形作られる 3 次元領域の体積である（**図 4.4**）．

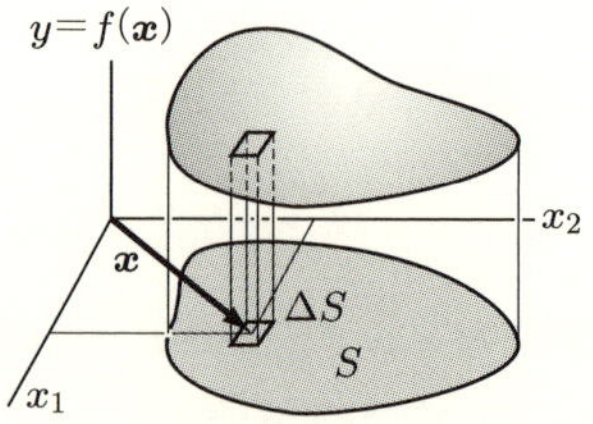

図 4.4

三重積分

図 4.5 のように，3 変数の数値関数 $y = f(\boldsymbol{x}) = f(x_1, x_2, x_3)$ の定義域内に 3 次元領域 V をとり，それを多くの微小領域 ΔV_i に分割する．各微小領域 ΔV_i の中で選んだ $\tilde{\boldsymbol{x}}_i = (\tilde{x}_{i,1}, \tilde{x}_{i,2}, \tilde{x}_{i,3})$ によって関数値 $\tilde{y}_i = f(\tilde{\boldsymbol{x}}_i) = f(\tilde{x}_{i,1}, \tilde{x}_{i,2}, \tilde{x}_{i,3})$ を求め，$\{$(関数値) $\times$ (微小領域の体積)$\}$ を集めた区分和，

$$\sum_i f(\tilde{\boldsymbol{x}}_i)\,\Delta V_i = \sum_i f(\tilde{x}_{i,1}, \tilde{x}_{i,2}, \tilde{x}_{i,3})\,\Delta V_i$$

が，分割数を増やして各微小領域の体積を小さくしてゆくときに或る極限値に近づくなら，その極限値を，f の，領域 V に亘る**三重積分（体積積分）**と言い，

$$\iiint_V f(\boldsymbol{x})\,dV = \iiint_V f(x_1, x_2, x_3)\,dV = \iiint_V f(x_1, x_2, x_3)\,dx_1\,dx_2\,dx_3$$

などと書く．**図 4.5** でも，ΔV_i を各辺が座標軸に平行な立方体のように描いているが，これも必然ではない．“とにかく分割して”区分和を作り，分割の極限をとればよい．

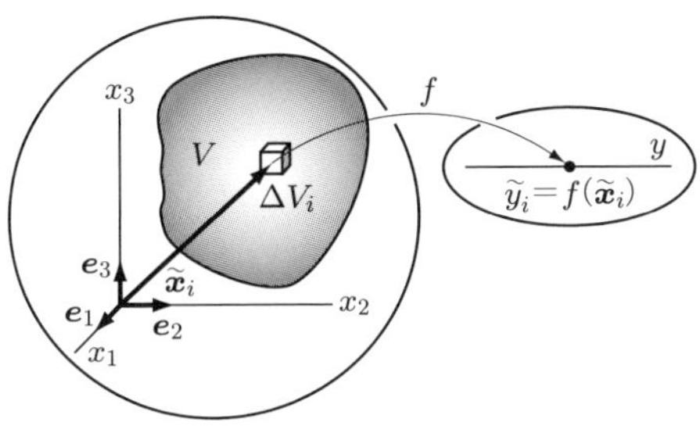

図 4.5

領域 V が $a \leq x_1 \leq b$，$c \leq x_2 \leq d$，$e \leq x_3 \leq f$ の直方体ならば，三重積分は，

$$\int_a^b \int_c^d \int_e^f f(x_1, x_2, x_3)\,dx_1\,dx_2\,dx_3, \qquad \int_a^b dx_1 \int_c^d dx_2 \int_e^f dx_3\, f(x_1, x_2, x_3)$$

などと書かれる．

関数のグラフは描けないが，三重積分の意味は明らかである．例えば，$\rho = \rho(\boldsymbol{x})$ が場所毎に変わる密度なら，

$$\iiint_V \rho(\boldsymbol{x})\,dV$$

は V 内の全質量である．

線積分と面積分

以上のそれぞれの積分における区分和は，関数 f を定義するそれぞれの次元の空間において，“点の繋がった集合”としての領域を多くの微小領域に分割した上で，次の形をしている．

$$\sum(\text{微小領域内での } f \text{ の代表値}) \times (\text{微小領域の大きさ})$$

領域は，高校の数学なら数直線上の区間，二重積分なら x_1x_2 平面内の S，三重積分なら3次元空間内の V である．f もスカラー関数で微小領域の大きさもスカラーであるから，掛け算 "×" は普通の掛け算で，区分和とその分割の極限値としての積分値もスカラーである．

さて，**図 4.6** 左のように，3次元 $\boldsymbol{x}$ 空間中で，P，Q をそれぞれ始点，終点とする連続で滑らかな曲線 C と，同じく連続で滑らかな曲面 S が認識されているものとする．これらも点の繋がった集合としての領域であるから，それぞれの中で微小線分と微小面という微小領域を考えることができる．しかもその微小領域は，曲線上ならそれに沿った方向，曲面上なら微小面の法線方向というそれぞれの方向を備えているから，これらの微小領域は実は**微小ベクトル**でもある．曲線 C 上のそれは，始点 P から曲線に沿って測った長さ s の微小変化を Δs，その点での単位接線ベクトルを $\boldsymbol{t}$ として，

$$\Delta \boldsymbol{x} = \Delta s\, \boldsymbol{t}$$

である．これを**線要素ベクトル**と言う．曲面 S 上では，$\boldsymbol{n}$ を曲面上の単位法線ベクトルとして，

$$\boldsymbol{\Delta S} = \Delta S\, \boldsymbol{n}$$

である．　これを**面積要素ベクトル**と言う．

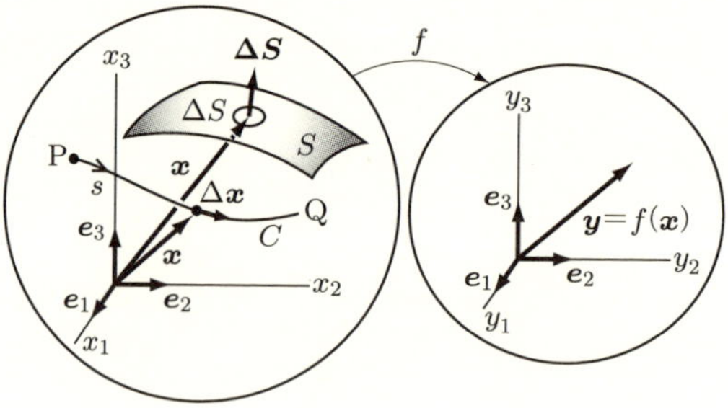

図 4.6

そこで，図右のように $\boldsymbol{x}$ の関数 $\boldsymbol{y}$ がベクトル値，すなわち $\boldsymbol{y} = f(\boldsymbol{x})$ であるとき，掛け算 "×" をスカラー積 "·"，ベクトル積 "∧" に替えたそれぞれの区分和を考えることができる．それらは曲線 C 上では，

$$\sum_C(\text{微小線分上での } \boldsymbol{y} = f(\boldsymbol{x}) \text{ の代表値})\cdot(\Delta \boldsymbol{x})$$

$$\sum_C(\text{微小線分上での } \boldsymbol{y} = f(\boldsymbol{x}) \text{ の代表値}) \wedge (\Delta \boldsymbol{x})$$

であり，曲面 S 上では，

$$\sum_S (\text{微小面上での}\ \boldsymbol{y} = f(\boldsymbol{x})\ \text{の代表値}) \cdot (\boldsymbol{\Delta S})$$

$$\sum_S (\text{微小面上での}\ \boldsymbol{y} = f(\boldsymbol{x})\ \text{の代表値}) \wedge (\boldsymbol{\Delta S})$$

である．それぞれについて，領域の分割を細かくしてゆくときの極限値をそれぞれ，

$$\int_C \boldsymbol{y} \cdot d\boldsymbol{x}, \quad \int_C \boldsymbol{y} \wedge d\boldsymbol{x}, \quad \iint_S \boldsymbol{y} \cdot \boldsymbol{dS}, \quad \iint_S \boldsymbol{y} \wedge \boldsymbol{dS}$$

などと書き，これらをベクトル値関数 $\boldsymbol{y} = f(\boldsymbol{x})$ の**線積分**，**面積分**と言う．スカラー積による積分値はスカラー，ベクトル積による積分値はベクトルである．それぞれは，$\Delta \boldsymbol{x} = \Delta s\, \boldsymbol{t}$，$\boldsymbol{\Delta S} = \Delta S\, \boldsymbol{n}$ を反映して，

$$\int_C \boldsymbol{y} \cdot \boldsymbol{t}\, ds, \quad \int_C \boldsymbol{y} \wedge \boldsymbol{t}\, ds, \quad \iint_S \boldsymbol{y} \cdot \boldsymbol{n}\, dS, \quad \iint_S \boldsymbol{y} \wedge \boldsymbol{n}\, dS$$

とも書かれる．明らかに，C や S 以外の位置での $\boldsymbol{y}$ の値はそれぞれの積分とは無関係であるから，初めから $\boldsymbol{y} = f(\boldsymbol{x})$ が C や S 上だけで定義されていてもよい．

線積分は，始点と終点を明らかにして，

$$\int_{\mathrm{P} \to \mathrm{Q}} \boldsymbol{y} \cdot d\boldsymbol{x} = \int_{\mathrm{P} \to \mathrm{Q}} \boldsymbol{y} \cdot \boldsymbol{t}\, ds, \quad \int_{\mathrm{P} \to \mathrm{Q}} \boldsymbol{y} \wedge d\boldsymbol{x} = \int_{\mathrm{P} \to \mathrm{Q}} \boldsymbol{y} \wedge \boldsymbol{t}\, ds$$

のようにも書かれる．また，**図 4.7** のように始点 P と終点 Q が一致するとき，C は空間内に閉じた曲線を形成する．このときの線積分を**周回積分**と呼び，

$$\oint_C \boldsymbol{y} \cdot d\boldsymbol{x} = \oint_C \boldsymbol{y} \cdot \boldsymbol{t}\, ds, \quad \oint_C \boldsymbol{y} \wedge d\boldsymbol{x} = \oint_C \boldsymbol{y} \wedge \boldsymbol{t}\, ds$$

などと書く．

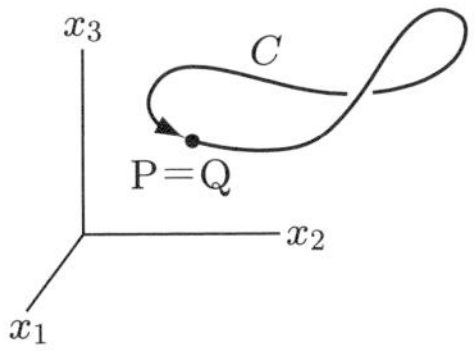

図 4.7

線積分，面積分の定義に使った曲線 C，曲面 S は，3 次元空間内の点の集合ではあっても，集合としては（曲がってはいるが）何らかの意味で 1 次元，2 次元の空間であることは理解できよう．つまり，それぞれの形が決まっているなら，それぞれパラメータ 1 個，2 個でその上の“所（ところ）番地”を指定できる．それぞれの積分で積分記号“$\int$”が一つ，二つであるのはそのことの反映である．このようなグラフをそれぞれ，**3 次元空間内の 1 次元多様体**，**2 次元多様体**と言う．

それぞれの領域のスカラーとしての大きさだけに注目した，

$$\int_C \boldsymbol{y}\,ds,\quad \iint_S \boldsymbol{y}\,dS$$

の意味も明らかであろう．但し，あまり使わない．

曲線 C や曲面 S が連続でも滑らかでもない場合は，それぞれを，その中に限れば連続で滑らかな複数の小領域に分割し，各小領域での積分の和を領域全体に亘る積分と看做して，これまでの全ての積分は同じように定義される．

4.2　積分の平均値の定理

高校で学んだ積分の平均値の定理を復習する．区間 $a \leq x \leq b$ に亘る関数 $y = f(x)$ の定積分は，区間中の或る値 $a \leq \bar{x} \leq b$ を用いて，

$$\int_a^b f(x)\,dx = f(\overline{x})(b-a)$$

とすることができる．すなわち，積分値は (f の平均値) × (区間幅) である．その意味は**図 4.8** によって明らかである．

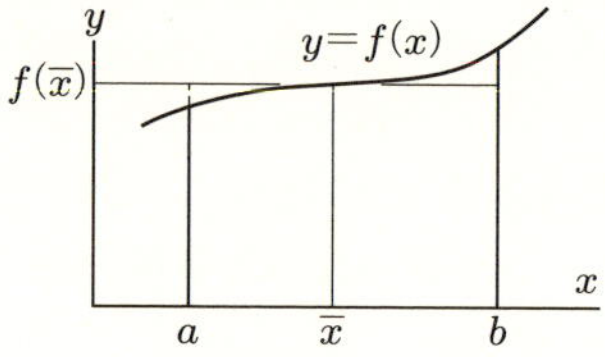

図 4.8

図 4.2 による二重積分，**図 4.5** による三重積分の場合にも，それぞれの領域内の或る点における平均値 $f(\overline{\boldsymbol{x}}) = f(\overline{x}_1, \overline{x}_2)$，$f(\overline{\boldsymbol{x}}) = f(\overline{x}_1, \overline{x}_2, \overline{x}_3)$ を用いて，

$$\iint_S f(\boldsymbol{x})\,dS = f(\overline{\boldsymbol{x}})S$$

$$\iiint_V f(\boldsymbol{x})\,dV = f(\overline{\boldsymbol{x}})V$$

とすることができる．

ところで，これらの積分を定義しているそれぞれの領域それ自体が微小，すなわちそれぞれ ΔS，ΔV である場合には，上式がそれぞれ，

$$\iint_{\Delta S} f(\boldsymbol{x})\,d(\Delta S) = f(\overline{\boldsymbol{x}})\Delta S$$

$$\iiint_{\Delta V} f(\boldsymbol{x})\,d(\Delta V) = f(\overline{\boldsymbol{x}})\Delta V$$

となって，それぞれの $\overline{\boldsymbol{x}}$ は微小領域 ΔS，ΔV の中のどこかの位置ベクトルである．しかし，ΔS，ΔV は微小であるから，どこかの位置ベクトル $\overline{\boldsymbol{x}}$ は，それぞれ "ΔS，ΔV を見

ている その点の位置ベクトル $\boldsymbol{x}$” と考えてよい．従って，上式はそれぞれ，

$$\iint_{\Delta S} f(\boldsymbol{x})\,d(\Delta S) = f(\boldsymbol{x})\Delta S \quad \text{または} \quad f(\boldsymbol{x}) = \frac{\iint_{\Delta S} f(\boldsymbol{x})\,d(\Delta S)}{\Delta S}$$

$$\iiint_{\Delta V} f(\boldsymbol{x})\,d(\Delta V) = f(\boldsymbol{x})\Delta V \quad \text{または} \quad f(\boldsymbol{x}) = \frac{\iiint_{\Delta V} f(\boldsymbol{x})\,d(\Delta V)}{\Delta V}$$

と書いてよい．

以上を総称して，**積分の平均値の定理**と言う．

4.3 力とポテンシャル

力学の復習である．

■道筋に沿った仕事■

質点が力 $\boldsymbol{f} = \boldsymbol{f}(\boldsymbol{x})$ を受けて運動するとき，質点の微小変位 $\Delta\boldsymbol{x}$ の際に $\boldsymbol{f}$ のする微小仕事 ΔW は，

$$\Delta W = \boldsymbol{f}(\boldsymbol{x})\cdot\Delta\boldsymbol{x} = |\boldsymbol{f}||\Delta\boldsymbol{x}|\cos\theta$$

であった．$\boldsymbol{f}$ の $\Delta\boldsymbol{x}$ 方向成分が $|\boldsymbol{f}|\cos\theta$ である．

図 4.9 のように，経路 C に沿って点 P から点 Q まで質点が運動するとき，$\boldsymbol{f}$ のする仕事 W は微小仕事 ΔW の和，すなわち次の線積分である．

$$W = \int dW = \int_{\mathrm{P}\to C\to \mathrm{Q}} \boldsymbol{f}\cdot d\boldsymbol{x} \tag{4.1}$$

▶**注意**　**図 4.9** で力 $\boldsymbol{f}$ の方向と微小変位 $\Delta\boldsymbol{x}$ の方向が全く異なっているのを奇異に感ずるかもしれない．一般に，質点はそれに働く全ての力の合力 $\boldsymbol{F}$ の結果として，運動方程式 $\boldsymbol{F} = m\,d^2\boldsymbol{x}/dt^2$ に従って運動しているのであり，この節の議論はその中の一つの力 $\boldsymbol{f}$ についてのものである．

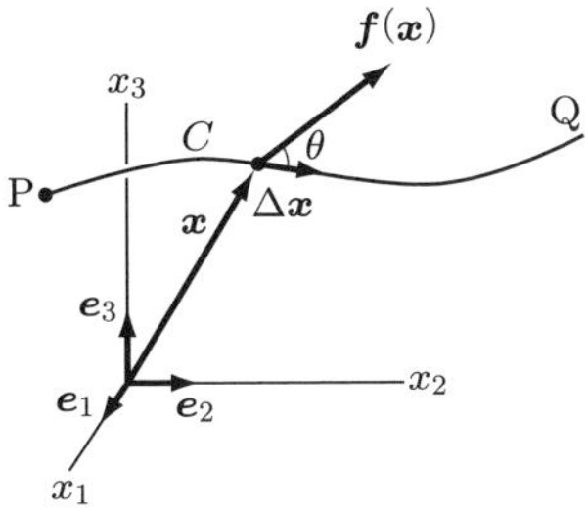

図 4.9

保存力

式(4.1)の仕事が2点P，Qの位置だけで決まり，両点を結ぶ道筋によらないとき，力 $\boldsymbol{f}$ は**保存力**であると言う．また，その力が場の関数，すなわち $\boldsymbol{f} = \boldsymbol{f}(\boldsymbol{x})$ であることを強調するときは，その空間を**保存力の場**と言う．

ポテンシャル

$\boldsymbol{f} = \boldsymbol{f}(\boldsymbol{x})$ が保存力であるとき, 位置ベクトル $\boldsymbol{x}$ の点の**ポテンシャル** $V(\boldsymbol{x}) = V(x_1, x_2, x_3)$ とは,

定義 I　その力の場で，その点 $\boldsymbol{x}$ から或る基準点 $\boldsymbol{x}_0$ まで質点が移動するときに“その力のする”仕事，すなわち，

$$V(\boldsymbol{x}) = V(x_1, x_2, x_3) = \int_{\boldsymbol{x}}^{\boldsymbol{x}_0} \boldsymbol{f}(\boldsymbol{x}) \cdot d\boldsymbol{x}$$

または,

定義 II　その力の場で，基準点 $\boldsymbol{x}_0$ からその点 $\boldsymbol{x}$ まで，“その力に逆らって”質点を移動させるに要する仕事，すなわち，

$$V(\boldsymbol{x}) = V(x_1, x_2, x_3) = \int_{\boldsymbol{x}_0}^{\boldsymbol{x}} \{-\boldsymbol{f}(\boldsymbol{x})\} \cdot d\boldsymbol{x}$$

であり，作用反作用の法則によって両定義は等価である．基準点 $\boldsymbol{x}_0$ を固定して $\boldsymbol{x}$ を変化させれば，積分は道筋によらないから，V は $\boldsymbol{x} = {}^t(x_1, x_2, x_3)$ のスカラー関数である．

上とは逆に，ポテンシャル $V = V(\boldsymbol{x})$ が与えられているとき，そのポテンシャルによる保存力 $\boldsymbol{f}(\boldsymbol{x}) = f_1(\boldsymbol{x})\boldsymbol{e}_1 + f_2(\boldsymbol{x})\boldsymbol{e}_2 + f_3(\boldsymbol{x})\boldsymbol{e}_3$ が次のように求められる．

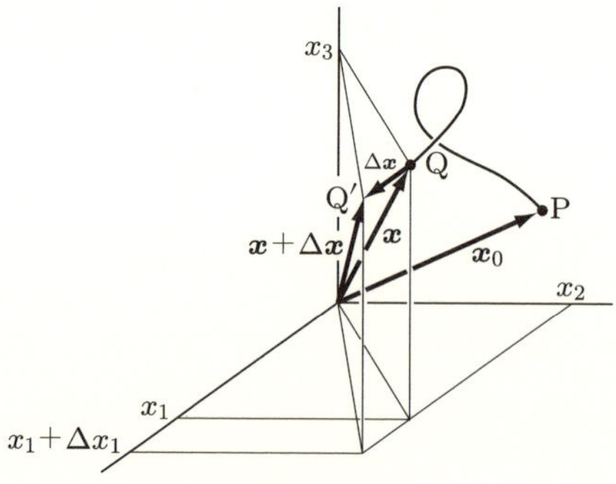

図 4.10

基準点Pの位置ベクトルを$\boldsymbol{x}_0$，空間の任意の点Qの位置ベクトルを$\boldsymbol{x}=x_1\boldsymbol{e}_1+x_2\boldsymbol{e}_2+x_3\boldsymbol{e}_3$とすれば，点Qのポテンシャルは先の定義IIを用いて，

$$V(\mathrm{Q})=V(x_1,x_2,x_3)=\int_{\boldsymbol{x}_0}^{\boldsymbol{x}}\{-\boldsymbol{f}(\boldsymbol{x})\}\cdot d\boldsymbol{x}$$

である（**図 4.10**）．点Qからさらにx_1軸に平行に微小距離Δx_1だけ進んだ隣接点をQ$'$とすれば，その位置ベクトルは，

$$\boldsymbol{x}'=(x_1+\Delta x_1)\boldsymbol{e}_1+x_2\boldsymbol{e}_2+x_3\boldsymbol{e}_3$$

となる．すなわち，$\mathrm{Q}\to\mathrm{Q}'$の微小変位ベクトルが，

$$\Delta\boldsymbol{x}=\boldsymbol{x}'-\boldsymbol{x}=\Delta x_1\boldsymbol{e}_1+0\cdot\boldsymbol{e}_2+0\cdot\boldsymbol{e}_3={}^t(\Delta x_1,0,0)$$

である．ポテンシャルは道筋によらず位置のみの関数であったから，点Q$'$のポテンシャルは，

$$V(\mathrm{Q}')=V(x_1+\Delta x_1,x_2,x_3)$$

であるが，$\mathrm{Q}\to\mathrm{Q}'$の変位は微小であるから，$V(\mathrm{Q}')$は，その微小変位の間に力$\boldsymbol{f}(\boldsymbol{x})$に逆らってしなければならない微小仕事$\Delta W=\{-\boldsymbol{f}(\boldsymbol{x})\}\cdot\Delta\boldsymbol{x}$を，$V(\mathrm{Q})$に加えればよい．

$$\begin{aligned}V(\mathrm{Q}')&=V(x_1+\Delta x_1,x_2,x_3)=\{-\boldsymbol{f}(\boldsymbol{x})\}\cdot\Delta\boldsymbol{x}+V(\mathrm{Q})\\&=-\begin{pmatrix}f_1\\f_2\\f_3\end{pmatrix}\cdot\begin{pmatrix}\Delta x_1\\0\\0\end{pmatrix}+V(x_1,x_2,x_3)=-f_1\Delta x_1+V(x_1,x_2,x_3)\end{aligned}$$

$$\text{または}\quad f_1=-\frac{V(x_1+\Delta x_1,x_2,x_3)-V(x_1,x_2,x_3)}{\Delta x_1}$$

$\Delta x_1\to 0$の極限をとれば，

$$f_1=-\frac{\partial V(x_1,x_2,x_3)}{\partial x_1}$$

他の方向にもそれぞれの軸に平行な微小変位をとって同様のことを行えば，

$$f_2=-\frac{\partial V(x_1,x_2,x_3)}{\partial x_2},\quad f_3=-\frac{\partial V(x_1,x_2,x_3)}{\partial x_3}$$

纏（まと）めれば，

$$\boldsymbol{f}(\boldsymbol{x})=f_1\boldsymbol{e}_1+f_2\boldsymbol{e}_2+f_3\boldsymbol{e}_3=-\left(\frac{\partial V}{\partial x_1}\boldsymbol{e}_1+\frac{\partial V}{\partial x_2}\boldsymbol{e}_2+\frac{\partial V}{\partial x_3}\boldsymbol{e}_3\right)=-\boldsymbol{\nabla}V$$

すなわち，それぞれの位置でポテンシャルの勾配ベクトルを作って負号を付せば，それが，そのポテンシャルによるその位置での保存力$\boldsymbol{f}$である．勾配ベクトルはその点での等値面に垂直であった．従って，$\boldsymbol{f}$は等ポテンシャル面に垂直で，ポテンシャルの減少する方向を向いている．

ポテンシャルの値そのものは基準点Pのとり方に依存するが，$\boldsymbol{f}$の3成分はその偏微分で与えられるから基準点のとり方によらない．すなわち，基準点のとり方は任意である．

但し，一旦決めたあとは気儘に変えてはならない．

力学の理論を展開する際，多くの場合，力 $\boldsymbol{f}(\boldsymbol{x})$ の替わりにそのポテンシャル $V(\boldsymbol{x})$ を用いる．力はベクトルだから3成分を扱わなければならないが，ポテンシャルはスカラーだから扱いが簡単になる．例えば，保存力 $\boldsymbol{f}$ に逆らって，点Pから点Qまで，道筋 C に沿って質点を動かすために為すべき仕事 W は，

$$W = \int_{\mathrm{P}\to C\to \mathrm{Q}} \{-\boldsymbol{f}(\boldsymbol{x})\}\cdot d\boldsymbol{x} = \int_{\mathrm{P}\to C\to \mathrm{Q}} \boldsymbol{\nabla} V\cdot d\boldsymbol{x}$$
$$= \int_{\mathrm{P}}^{\mathrm{Q}} \left(\frac{\partial V}{\partial x_1}dx_1 + \frac{\partial V}{\partial x_2}dx_2 + \frac{\partial V}{\partial x_3}dx_3\right) = \int_{\mathrm{P}}^{\mathrm{Q}} dV = V(\mathrm{Q}) - V(\mathrm{P})$$

となって2点のポテンシャルの差に等しく，当然，2点の位置だけで決まって途中の経路によらない．式中，

$$dV = \boldsymbol{\nabla} V\cdot d\boldsymbol{x} = \frac{\partial V}{\partial x_1}dx_1 + \frac{\partial V}{\partial x_2}dx_2 + \frac{\partial V}{\partial x_3}dx_3$$

が，ポテンシャル $V(\boldsymbol{x})$ の全微分である．積分は足し算であった．W は，経路に沿って微小変化 $d\boldsymbol{x}$ を行ったときの全微分（微小変化）dV を集めたもので，結局，$V(\mathrm{Q}) - V(\mathrm{P})$ となって途中の道筋によらないのである．

P，Qが同一点なら積分は周回積分となり，$V(\mathrm{Q}) = V(\mathrm{P})$ であるから $W = 0$ となる．すなわち，任意の閉曲線を辿って始めの点に戻るまでに保存力に逆らって為すべき（従って保存力のする）仕事の総量はゼロである．つまり，仕事をした分だけされる．

但し，以上は全て $\boldsymbol{f}$ が保存力である場合に限る．重力やクーロン力は保存力だが摩擦力は保存力でない．摩擦力に抗してした仕事は熱になってしまって返して貰えない．

Coffee Break　$\varepsilon - \delta$ 証明

日本機械学会誌，2009年11月号，連載講座「学力低下時代の教え方」，第三回

本稿は低学年の教え方を念頭に置いているので，基本的に高次元ベクトル空間や抽象ベクトル空間の教え方には入らない．だからと言って筆者は，“見えない空間”はほどほどでよいと言いたいのではなく，その逆である．全微分・勾配ベクトルの教え方を論ずるに当たって“関数のグラフが描ける，描けない”の認識をことさら強調しているのはそのためである．日頃学生には，描ける世界で存分に足腰を鍛えることを促しつつ，「あの先がその世界だ」と意識させるように努めている．

ところで，描ける世界から描けない世界への“通行手形”が諸定理の $\varepsilon - \delta$ 証明である．本稿でも触れた“連続・滑らか性”など，描ける世界なら，

「見ての通り繋がって滑らかじゃないか．文句があるか」

で済むのだが，描けない世界ではそうはいかない．

$\varepsilon - \delta$ 証明は，現在大学理工系の基礎カリキュラムでは殆ど放逐されていて，数学科でさえ

そうらしい．もともとこれに関しては，熱烈称賛・陶酔派と完全毛嫌い派に二極分化していたのだが，現在は毛嫌い派が席巻していて，称賛・陶酔派は数学教育コミュニティーのごく一部にひっそりと生息しているばかりだ．

工学コミュニティーは圧倒的に毛嫌い派である．先生方は，
「何の役に立つのだ．あんなものを教える暇があったら，計算の訓練をゴリゴリやれ」
と罵倒なさる．

斯く申す筆者，実は若いころ陶酔した．しかし，工学者のはしくれとして元々乏しいキャリアしか持たぬせいもあろうが，筆者自身，“本業との関わりで” $\varepsilon - \delta$ 証明と格闘したのは，乱流モデルへの適用を考えた関数形の広義多重積分の一様収束性を考えていたときのただ一度であった．それもうまくいかなかったし，確かに「何の役に立つのだ」はその通りである．

しかし，論理思考の訓練としてあれほど良いものはない．${}^\forall\varepsilon$ に対して ${}^\exists\delta$ と宣言するその δ の形を苦しみ抜いた末に発見して，最後に
「$\cdots$．従って $|\cdots\cdots| < \varepsilon$ となる」
と結び得た時の快感は忘れ難い．

罵倒なさる先生の言葉は，よく聞いて翻訳してみると，
「若い頃全くわからなかった俺だが，今こうして大教授を“張っとる”．而(しか)してあれは要らんものである」
と仰っている．

何やら寂しい．

第 5 章

質点系の力学から連続体の力学へ

連続体力学の基礎は質点系の力学である．特に，質点系の運動量方程式と角運動量方程式を正確に理解していることが極めて大切である．本章は，前半で質点系の力学を復習し，後半で両力学を繋（つな）ぐ基本的な“思想”を学ぶ．

5.1 質点系の力学

n 個の質点からなる質点系において，i 番質点の質量，位置ベクトル，速度ベクトルをそれぞれ m_i，$\boldsymbol{x}_i$，$\boldsymbol{v}_i$ $(= d\boldsymbol{x}_i/dt)$ とする（**図 5.1**）．

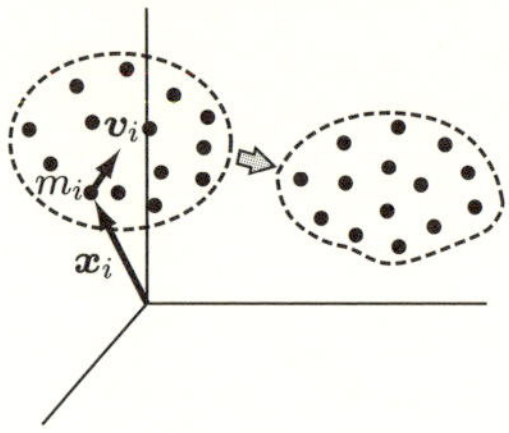

図 5.1

運動量方程式

i 番質点が系外から受ける力を $\boldsymbol{F}_i$，仲間の j 番質点から受ける力を $\boldsymbol{F}_{ij}$ とすれば，i 番質点の運動方程式は，

$$m_i \frac{d^2 \boldsymbol{x}_i}{dt^2} = \boldsymbol{F}_i + \sum_{\substack{j=1 \\ j \neq i}}^{n} \boldsymbol{F}_{ij} \tag{5.1}$$

である．これを $i = 1 \sim n$ について加えた，

$$\sum_{i=1}^{n} m_i \frac{d^2 \boldsymbol{x}_i}{dt^2} = \sum_{i=1}^{n} \boldsymbol{F}_i + \sum_{i=1}^{n} \sum_{\substack{j=1 \\ j \neq i}}^{n} \boldsymbol{F}_{ij} \tag{5.2}$$

において，右辺第一項，

$$\sum_{i=1}^{n} \boldsymbol{F}_i = \boldsymbol{F}$$

は系に働く外力の総和であり，同第二項は**作用反作用の法則**，

$$\boldsymbol{F}_{ij} = -\boldsymbol{F}_{ji} \tag{5.3}$$

によって消える．一方，左辺は，

$$\sum_{i=1}^{n} m_i \frac{d^2\boldsymbol{x}_i}{dt^2} = \sum_{i=1}^{n} m_i \frac{d\boldsymbol{v}_i}{dt} = \sum_{i=1}^{n} \frac{d(m_i\boldsymbol{v}_i)}{dt} = \sum_{i=1}^{n} \frac{d\boldsymbol{P}_i}{dt} = \frac{d}{dt}\sum_{i=1}^{n} \boldsymbol{P}_i = \frac{d\boldsymbol{P}}{dt}$$

となる．$\boldsymbol{P}_i = m_i\boldsymbol{v}_i = m_i(d\boldsymbol{x}_i/dt)$ は i 番質点の運動量であり，$\boldsymbol{P} = \sum \boldsymbol{P}_i$ はその総和，すなわち質点系の**全運動量**である．

以上によって，式(5.2)は次式となる．

$$\frac{d\boldsymbol{P}}{dt} = \boldsymbol{F} \left(= \sum_{i=1}^{n} \boldsymbol{F}_i \right) \tag{5.4}$$

これを，質点系の**運動量方程式**と言う．質点系の全運動量の時間変化率は，外力の総和のみに依存して内力によらない．全運動量の時間変化を追う限り，外力は総和のみが問題であって，それぞれの外力がどの質点に働いているかは忘れてよい．

重心を用いた表現

質量中心，所謂（いわゆる） **重心**の位置ベクトル $\boldsymbol{x}_\mathrm{C}$ は，

$$\sum_{i=1}^{n} m_i = M \quad (\text{全質量})$$

によって，

$$\boldsymbol{x}_\mathrm{C} = \frac{\sum_{i=1}^{n} m_i\boldsymbol{x}_i}{M} = \frac{\sum_{i=1}^{n} m_i\boldsymbol{x}_i}{\sum_{i=1}^{n} m_i} \tag{5.5}$$

である．**図 5.2** のように，重心に対する各質点の相対位置ベクトルを $\boldsymbol{x}_{\mathrm{C}i}$ とすれば，$\boldsymbol{x}_i = \boldsymbol{x}_\mathrm{C} + \boldsymbol{x}_{\mathrm{C}i}$ によって，

$$\sum_{i=1}^{n} m_i\boldsymbol{x}_{\mathrm{C}i} = \sum_{i=1}^{n} m_i(\boldsymbol{x}_i - \boldsymbol{x}_\mathrm{C}) \overset{(5.5)}{=} M\boldsymbol{x}_\mathrm{C} - M\boldsymbol{x}_\mathrm{C} = \boldsymbol{0} \tag{5.6}$$

である．

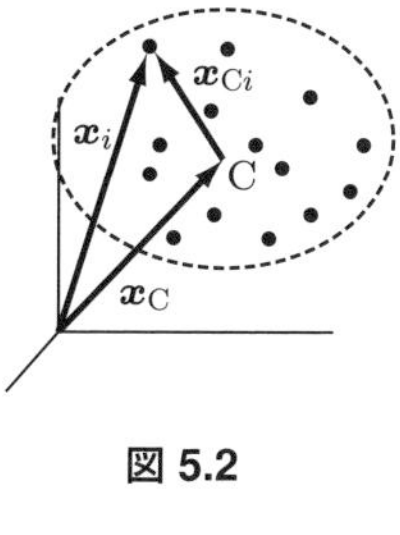

図 5.2

前掲の全運動量は,

$$\boldsymbol{P} = \sum m_i \frac{d\boldsymbol{x}_i}{dt} = \frac{d}{dt}\sum m_i \boldsymbol{x}_i \overset{(5.5)}{=} \frac{d}{dt}(M\boldsymbol{x}_\mathrm{C}) = M\frac{d\boldsymbol{x}_\mathrm{C}}{dt} = M\boldsymbol{v}_\mathrm{C} = \boldsymbol{P}_\mathrm{C}$$

となり, $\boldsymbol{v}_\mathrm{C} = d\boldsymbol{x}_\mathrm{C}/dt$ は重心の速度である．すなわち，全運動量 $\boldsymbol{P}$ は全質量を担うと仮想した重心の運動量 $\boldsymbol{P}_\mathrm{C}$ に等しく，式(5.4)は,

$$\frac{d\boldsymbol{P}_\mathrm{C}}{dt} = \boldsymbol{F} \quad \text{または} \quad M\frac{d^2\boldsymbol{x}_\mathrm{C}}{dt^2} = \boldsymbol{F} \tag{5.7}$$

となる．重心は，全質量を担って全外力がそれに掛かる単一質点のように運動する．

■エネルギー保存■

質点系の**全運動エネルギー**は，各質点の位置ベクトル $\boldsymbol{x}_i = {}^t(x_{i,1}, x_{i,2}, x_{i,3})$ によって次式である．

$$K = \sum_i \frac{m_i}{2}\left(\frac{d\boldsymbol{x}_i}{dt}\cdot\frac{d\boldsymbol{x}_i}{dt}\right) = \sum_i \frac{m_i}{2}\left\{\left(\frac{dx_{i,1}}{dt}\right)^2 + \left(\frac{dx_{i,2}}{dt}\right)^2 + \left(\frac{dx_{i,3}}{dt}\right)^2\right\} \tag{5.8}$$

まず，式(5.1)と $d\boldsymbol{x}_i/dt$ のスカラー積を作る．

$$\left(\frac{d\boldsymbol{x}_i}{dt}\cdot\left(m_i\frac{d^2\boldsymbol{x}_i}{dt^2}\right) \overset{*}{=}\right) \quad \frac{m_i}{2}\frac{d}{dt}\left(\frac{d\boldsymbol{x}_i}{dt}\cdot\frac{d\boldsymbol{x}_i}{dt}\right) = \boldsymbol{F}_i\cdot\frac{d\boldsymbol{x}_i}{dt} + \sum_{j\neq i}\boldsymbol{F}_{ij}\cdot\frac{d\boldsymbol{x}_i}{dt}$$

式中 $*$ は，式(2.20)で $\boldsymbol{A} = \boldsymbol{B} = d\boldsymbol{x}_i/dt$ とすればよい．この式を $i = 1 \sim n$ について加えて時間 $t_1 \to t_2$ で積分すると，左辺は,

$$\begin{aligned}\int_{t_1}^{t_2}\sum_i \frac{m_i}{2}\frac{d}{dt}\left(\frac{d\boldsymbol{x}_i}{dt}\cdot\frac{d\boldsymbol{x}_i}{dt}\right)dt &= \int_{t_1}^{t_2}\frac{d}{dt}\sum_i\frac{m_i}{2}\left(\frac{d\boldsymbol{x}_i}{dt}\cdot\frac{d\boldsymbol{x}_i}{dt}\right)dt \\ &\overset{(5.8)}{=} \int_{t_1}^{t_2}\frac{dK}{dt}\,dt = K_2 - K_1\end{aligned}$$

となるから，次式が得られる．

$$K_2 - K_1 = \int_1^2 \sum_i \boldsymbol{F}_i\cdot d\boldsymbol{x}_i + \int_1^2 \sum_i\sum_{j\neq i}\boldsymbol{F}_{ij}\cdot d\boldsymbol{x}_i \tag{5.9}$$

すなわち，系の全運動エネルギーの増加は外力と内力の為(な)す仕事の総和に等しい．

まず，外力の為す仕事について．

外力 $\boldsymbol{F}_i$ が保存力で，質点毎の**個別ポテンシャル** $V_i(\boldsymbol{x}_i) = V_i(x_{i,1}, x_{i,2}, x_{i,3})$ から,

$$\boldsymbol{F}_i = -\boldsymbol{\nabla}_i V_i \tag{5.10}$$

すなわち

$$\boldsymbol{F}_i = -{}^t\!\left(\frac{\partial V_i(x_{i,1}, x_{i,2}, x_{i,3})}{\partial x_{i,1}},\ \frac{\partial V_i(x_{i,1}, x_{i,2}, x_{i,3})}{\partial x_{i,2}},\ \frac{\partial V_i(x_{i,1}, x_{i,2}, x_{i,3})}{\partial x_{i,3}}\right)$$

で与えられるとして，外力による質点系の全ポテンシャル V を V_i の単純和とする．

$$V = \sum_i V_i(x_{i,1}, x_{i,2}, x_{i,3}) \\ = V_1(x_{1,1}, x_{1,2}, x_{1,3}) + \cdots + V_n(x_{n,1}, x_{n,2}, x_{n,3}) \tag{5.11}$$

全微分を作れば，

$$dV = \frac{\partial V_1}{\partial x_{1,1}} dx_{1,1} + \frac{\partial V_1}{\partial x_{1,2}} dx_{1,2} + \frac{\partial V_1}{\partial x_{1,3}} dx_{1,3} + \cdots \\ + \frac{\partial V_n}{\partial x_{n,1}} dx_{n,1} + \frac{\partial V_n}{\partial x_{n,2}} dx_{n,2} + \frac{\partial V_n}{\partial x_{n,3}} dx_{n,3} \\ = \sum_{i=1}^{n} \boldsymbol{\nabla}_i V_i \cdot d\boldsymbol{x}_i \overset{(5.10)}{=} -\sum_{i=1}^{n} \boldsymbol{F}_i \cdot d\boldsymbol{x}_i$$

従って，式(5.9)右辺第一項は次式となる．

$$\int_1^2 \sum_i \boldsymbol{F}_i \cdot d\boldsymbol{x}_i = \int_1^2 (-dV) = V_1 - V_2 \tag{5.12}$$

▶**参考**　全質点のデカルト座標を並べた“$3n$ 次元ベクトル”

$$\boldsymbol{x} = {}^t(\boldsymbol{x}_1, \ldots, \boldsymbol{x}_n) = {}^t(x_{1,1}, x_{1,2}, x_{1,3}, \ldots, x_{n,1}, x_{n,2}, x_{n,3}) \\ = {}^t(x_1, x_2, x_3, \ldots, x_{3n-2}, x_{3n-1}, x_{3n})$$

をその系の**状態ベクトル**または**配置ベクトル**と言う．同じく，各質点に働く外力 $\boldsymbol{F}_i$ の成分を並べて，

$$\boldsymbol{F} = {}^t(\boldsymbol{F}_1, \ldots, \boldsymbol{F}_n) = {}^t(F_{1,1}, F_{1,2}, F_{1,3}, \ldots, F_{n,1}, F_{n,2}, F_{n,3}) \\ = {}^t(F_1, F_2, F_3, \ldots, F_{3n-2}, F_{3n-1}, F_{3n})$$

という $3n$ 次元の**外力ベクトル**が作れる．これらを用いれば，質点系のポテンシャル V は必ずしも式(5.11)のような個別ポテンシャル V_i の和で作る必要はなく，$3n$ 次元ベクトル $\boldsymbol{x}$ の関数としての何らかの“単一連成ポテンシャル” $V = V(\boldsymbol{x})$ であればよい．つまり，

$$V = V(\boldsymbol{x}) = V(x_1, x_2, x_3, \ldots, x_{3n-2}, x_{3n-1}, x_{3n})$$

と $3n$ 次元外力ベクトル $\boldsymbol{F}$ に対して，

$$F_j = -\frac{\partial V}{\partial x_j} \ (j = 1 \sim 3n) \quad \text{または} \quad \boldsymbol{F} = -\boldsymbol{\nabla} V \tag{5.13}$$

とできるなら，式(5.9)右辺第一項は，

$$\int_1^2 \sum_{j=1}^{3n} F_j \, dx_j = \int_1^2 \boldsymbol{F} \cdot d\boldsymbol{x} \overset{(5.13)}{=} \int_1^2 (-\boldsymbol{\nabla} V) \cdot d\boldsymbol{x} = \int_1^2 (-dV) = V_1 - V_2$$

となって，結果は式(5.12)と同じである．この場合の $\boldsymbol{\nabla} V$ は，$3n$ 次元勾配ベクトルである．

式(5.9)に戻って，右辺第二項の内力の為す仕事について．

内力も保存力で，$\boldsymbol{F}_{ij}$（j が i に及ぼす力）と $\boldsymbol{F}_{ji}$（i が j に及ぼす力）が，(i, j) の組み毎のポテンシャル U_{ij} からそれぞれ，

$$\left.\begin{aligned} \boldsymbol{F}_{ij} &= -\boldsymbol{\nabla}_i U_{ij} = -{}^t\!\left(\frac{\partial U_{ij}}{\partial x_{i,1}}, \frac{\partial U_{ij}}{\partial x_{i,2}}, \frac{\partial U_{ij}}{\partial x_{i,3}}\right) \\ \boldsymbol{F}_{ji} &= -\boldsymbol{\nabla}_j U_{ij} = -{}^t\!\left(\frac{\partial U_{ij}}{\partial x_{j,1}}, \frac{\partial U_{ij}}{\partial x_{j,2}}, \frac{\partial U_{ij}}{\partial x_{j,3}}\right) \end{aligned}\right\}$$

で与えられるとする．U_{ij} は，i 番質点と j 番質点の座標を並べた 6 変数のスカラー関数，

$$U_{ij} = U_{ij}(\boldsymbol{x}_i, \boldsymbol{x}_j) = U_{ij}(x_{i,1}, x_{i,2}, x_{i,3},\ x_{j,1}, x_{j,2}, x_{j,3})$$

である．そこで，式(5.9)右辺第二項における i 番，j 番両質点の寄与の組みは，

$$\begin{aligned} &\boldsymbol{F}_{ij}\cdot d\boldsymbol{x}_i + \boldsymbol{F}_{ji}\cdot d\boldsymbol{x}_j \\ &= -\left(\frac{\partial U_{ij}}{\partial x_{i,1}}\,dx_{i,1} + \frac{\partial U_{ij}}{\partial x_{i,2}}\,dx_{i,2} + \frac{\partial U_{ij}}{\partial x_{i,3}}\,dx_{i,3}\right. \\ &\qquad \left. + \frac{\partial U_{ij}}{\partial x_{j,1}}\,dx_{j,1} + \frac{\partial U_{ij}}{\partial x_{j,2}}\,dx_{j,2} + \frac{\partial U_{ij}}{\partial x_{j,3}}\,dx_{j,3}\right) = -dU_{ij} \end{aligned}$$

であるから，当該項中の総和は，

$$\sum_i \sum_j \boldsymbol{F}_{ij}\cdot d\boldsymbol{x}_i = -\frac{1}{2}\sum_i \sum_j dU_{ij}$$

となる．$\boldsymbol{F}_{ij}\cdot d\boldsymbol{x}_i + \boldsymbol{F}_{ji}\cdot d\boldsymbol{x}_j = -dU_{ij}$ は i 番質点と j 番質点の寄与をともに含むから，単なる $\sum_i \sum_j dU_{ij}$ ではそれぞれの寄与を二度ずつ勘定してしまうので，半分にするのである．

そこで，内力による質点系の全ポテンシャル U を，

$$\frac{1}{2}\sum_i \sum_j U_{ij} = U$$

とすれば，式(5.9)右辺第二項は，

$$\int_{t_1}^{t_2} \sum_i \sum_j \boldsymbol{F}_{ij}\cdot d\boldsymbol{x}_i = -\int_1^2 dU = U_1 - U_2 \tag{5.14}$$

となる．式(5.9)に式(5.12)，(5.14)を代入すれば，

$$K_2 - K_1 = (V_1 - V_2) + (U_1 - U_2) \quad \text{または} \quad K_1 + V_1 + U_1 = K_2 + V_2 + U_2$$

すなわち，

$$\begin{aligned} &K(\text{運動エネルギー}) + V(\text{外力のポテンシャル}) + U(\text{内力のポテンシャル}) \\ &= \text{一定} \end{aligned} \tag{5.15}$$

が得られる．これが質点系の**全エネルギー保存則**である．

重心を用いた表現，内部エネルギーの考え方

全運動エネルギー K を，**図 5.2** 中の $\boldsymbol{x}_i = \boldsymbol{x}_{\mathrm{C}} + \boldsymbol{x}_{\mathrm{C}i}$ によって分解する．

$$\left.\begin{aligned}K &= \sum_i \frac{m_i}{2}\left(\frac{d\boldsymbol{x}_i}{dt}\right)^2 = \sum_i \frac{m_i}{2}\left\{\frac{d}{dt}(\boldsymbol{x}_\mathrm{C} + \boldsymbol{x}_{\mathrm{C}i})\right\}^2 \\ &= \sum_i \frac{m_i}{2}\left\{\left(\frac{d\boldsymbol{x}_\mathrm{C}}{dt}\right)^2 + 2\frac{d\boldsymbol{x}_\mathrm{C}}{dt}\cdot\frac{d\boldsymbol{x}_{\mathrm{C}i}}{dt} + \left(\frac{d\boldsymbol{x}_{\mathrm{C}i}}{dt}\right)^2\right\} \\ &= \frac{M}{2}\left(\frac{d\boldsymbol{x}_\mathrm{C}}{dt}\right)^2 + \frac{d\boldsymbol{x}_\mathrm{C}}{dt}\cdot\frac{d}{dt}\sum_i m_i\boldsymbol{x}_{\mathrm{C}i} + \sum_i \frac{m_i}{2}\left(\frac{d\boldsymbol{x}_{\mathrm{C}i}}{dt}\right)^2 \\ &\overset{(5.6)}{=} \underbrace{\frac{M}{2}\left(\frac{d\boldsymbol{x}_\mathrm{C}}{dt}\right)^2}_{K_\mathrm{C}} + \underbrace{\sum_i \frac{m_i}{2}\left(\frac{d\boldsymbol{x}_{\mathrm{C}i}}{dt}\right)^2}_{K_\mathrm{M}} = K_\mathrm{C} + K_\mathrm{M}\end{aligned}\right\} \tag{5.16}$$

K_C は，全質量を担うと仮想した重心の運動エネルギー，K_M は重心周りの運動エネルギーの総和である．質点系が分子の集団なら，K_C はその巨視的な運動のエネルギー，すなわち，各分子の個別性を忘れて全体が“揃（そろ）って運動している”と仮想したときの運動エネルギー，K_M はその中の分子群の蠢（うごめ）き運動のエネルギー，すなわち，**熱運動のエネルギー**である．

式(5.15)，(5.16)を併せて，内外力ともに保存力である場合の質点系で保存されるべき全エネルギーは，

$$\begin{aligned}(\text{全エネルギー}) = &\left\{K_\mathrm{C}(\text{重心の運動エネルギー}) + V(\text{外力のポテンシャル})\right\} \\ &+ \left\{K_\mathrm{M}(\text{重心周りの運動エネルギー}) + U(\text{内力のポテンシャル})\right\}\end{aligned} \tag{5.17}$$

である．右辺の 1 行目は**巨視的に認知されるエネルギー**，すなわち気体や液体の流れの運動エネルギーと例えばそれに働く重力のポテンシャル，2 行目は巨視的には見ることのできないエネルギー，すなわち**内部エネルギー**である．

質点の集合を対象としたこれまでの展開では，内部エネルギーとして重心周りの運動エネルギーと質点間に働く力のポテンシャルしか考慮していないが，質点が例えば何らかの内部構造を持つ分子で，その中に回転や振動が存在するなら，それらの自由度に関わる運動エネルギーとポテンシャルが全て内部エネルギーとして勘定されなければならない．その認識が，内部自由度と比熱の関係という熱力学の重要概念に発展する．

上の揃った運動のエネルギー K_C が，周囲から邪魔されて 2 行目の蠢（うごめ）き運動のエネルギー K_M と内力のポテンシャル U に“落ちぶれてゆく”現象が摩擦による消散過程，すなわち，熱力学で学ぶ**エントロピーの増大**である．

■角運動量方程式■

各質点の位置ベクトル $\boldsymbol{x}_i$ と式(5.1)とのベクトル積を作り，全ての質点について加える．

$$\sum_i \boldsymbol{x}_i \wedge \left(m_i\frac{d^2\boldsymbol{x}_i}{dt^2}\right) = \sum_i \boldsymbol{x}_i \wedge \boldsymbol{F}_i + \sum_i\sum_j \boldsymbol{x}_i \wedge \boldsymbol{F}_{ij} \tag{5.18}$$

まず左辺について.

式(2.21)によって，一般にベクトル $\boldsymbol{A}(t)$ に対して，

$$\frac{d}{dt}\left(\boldsymbol{A}\wedge\frac{d\boldsymbol{A}}{dt}\right)=\frac{d\boldsymbol{A}}{dt}\wedge\frac{d\boldsymbol{A}}{dt}+\boldsymbol{A}\wedge\frac{d^2\boldsymbol{A}}{dt^2}=\boldsymbol{A}\wedge\frac{d^2\boldsymbol{A}}{dt^2} \tag{5.19}$$

が成り立つから，式(5.18)左辺は，

$$\begin{aligned}\sum_i m_i\boldsymbol{x}_i\wedge\frac{d^2\boldsymbol{x}_i}{dt^2}&=\sum_i m_i\frac{d}{dt}\left(\boldsymbol{x}_i\wedge\frac{d\boldsymbol{x}_i}{dt}\right)=\frac{d}{dt}\sum_i\boldsymbol{x}_i\wedge(m_i\boldsymbol{v}_i)\\&=\frac{d}{dt}\sum_i\boldsymbol{x}_i\wedge\boldsymbol{P}_i=\frac{d}{dt}\sum_i\boldsymbol{H}_i=\frac{d\boldsymbol{H}}{dt}\end{aligned} \tag{5.20}$$

となる．$\boldsymbol{H}_i=\boldsymbol{x}_i\wedge\boldsymbol{P}_i=\boldsymbol{x}_i\wedge(m_i\boldsymbol{v}_i)$ は原点周りの i 番質点の角運動量であり，$\boldsymbol{H}=\sum\boldsymbol{H}_i$ はその総和，すなわち質点系の**全角運動量**である.

一方，式(5.18)右辺第一項を，

$$\sum_i\boldsymbol{x}_i\wedge\boldsymbol{F}_i=\sum_i\boldsymbol{M}_i=\boldsymbol{M} \tag{5.21}$$

とすれば，$\boldsymbol{M}_i=\boldsymbol{x}_i\wedge\boldsymbol{F}_i$ は i 番質点に働く外力のモーメント，$\boldsymbol{M}=\sum\boldsymbol{M}_i$ はその総和である．力のモーメントは**トルク**と呼ばれる.

さて，i 番質点が j 番質点から受ける力 $\boldsymbol{F}_{ij}$ と，j 番質点が i 番質点から受ける力 $\boldsymbol{F}_{ji}$ の間には，式(5.3)の作用反作用の法則が成り立つが，それに加えて，重力やクーロン力などのようにそれらが両質点を結ぶ線分の方向に作用する，すなわち，

$$\boldsymbol{F}_{ij}=-\boldsymbol{F}_{ji}=\alpha(\boldsymbol{x}_i-\boldsymbol{x}_j) \tag{5.22}$$

であるとき，そのような力を**中心力**と言い，上式を**作用反作用の強法則**と言う（**図 5.3**).

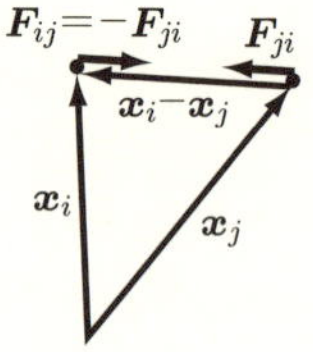

図 5.3

このとき，式(5.18)右辺第二項の総和のうち，i 番質点，j 番質点の寄与の組みは，

$$\begin{aligned}\boldsymbol{x}_i\wedge\boldsymbol{F}_{ij}+\boldsymbol{x}_j\wedge\boldsymbol{F}_{ji}&=\boldsymbol{x}_i\wedge\boldsymbol{F}_{ij}+\boldsymbol{x}_j\wedge(-\boldsymbol{F}_{ij})\\&=(\boldsymbol{x}_i-\boldsymbol{x}_j)\wedge\boldsymbol{F}_{ij}\overset{(5.22)}{=}(\boldsymbol{x}_i-\boldsymbol{x}_j)\wedge\{\alpha(\boldsymbol{x}_i-\boldsymbol{x}_j)\}=\boldsymbol{0}\end{aligned}$$

となるから，式(5.18)右辺第二項は，

$$\sum_i\sum_j\boldsymbol{x}_i\wedge\boldsymbol{F}_{ij}=\boldsymbol{0} \tag{5.23}$$

である.

式(5.20)，(5.21)，(5.23)によって，式(5.18)は，

$$\frac{d\boldsymbol{H}}{dt} = \boldsymbol{M} \tag{5.24}$$

となる．これを質点系の**角運動量方程式**と言う．全角運動量の時間変化率は，系に働く外力の作る全トルクに等しい．但し，角運動量とトルクはともに“原点の周りの…”である．

質点間の力が中心力だと仮定したことを忘れてはならない．

重心を用いた表現

図 5.2 の $\boldsymbol{x}_i = \boldsymbol{x}_{\mathrm{C}} + \boldsymbol{x}_{\mathrm{C}i}$ によって，全角運動量 $\boldsymbol{H}$ を分解する．

$$\begin{aligned}
\boldsymbol{H} &= \sum_i \boldsymbol{x}_i \wedge \boldsymbol{P}_i = \sum_i \boldsymbol{x}_i \wedge \left(m_i \frac{d\boldsymbol{x}_i}{dt}\right) \\
&= \sum_i m_i \left\{(\boldsymbol{x}_{\mathrm{C}} + \boldsymbol{x}_{\mathrm{C}i}) \wedge \frac{d}{dt}(\boldsymbol{x}_{\mathrm{C}} + \boldsymbol{x}_{\mathrm{C}i})\right\} \\
&= \sum_i m_i \left(\boldsymbol{x}_{\mathrm{C}} \wedge \frac{d\boldsymbol{x}_{\mathrm{C}}}{dt} + \boldsymbol{x}_{\mathrm{C}} \wedge \frac{d\boldsymbol{x}_{\mathrm{C}i}}{dt} + \boldsymbol{x}_{\mathrm{C}i} \wedge \frac{d\boldsymbol{x}_{\mathrm{C}}}{dt} + \boldsymbol{x}_{\mathrm{C}i} \wedge \frac{d\boldsymbol{x}_{\mathrm{C}i}}{dt}\right) \\
&= M\left(\boldsymbol{x}_{\mathrm{C}} \wedge \frac{d\boldsymbol{x}_{\mathrm{C}}}{dt}\right) + \boldsymbol{x}_{\mathrm{C}} \wedge \frac{d}{dt}\sum_i m_i \boldsymbol{x}_{\mathrm{C}i} + \sum_i m_i \boldsymbol{x}_{\mathrm{C}i} \wedge \frac{d\boldsymbol{x}_{\mathrm{C}}}{dt} \\
&\qquad + \sum_i m_i \boldsymbol{x}_{\mathrm{C}i} \wedge \frac{d\boldsymbol{x}_{\mathrm{C}i}}{dt} \\
&\overset{(5.6)}{=} M\left(\boldsymbol{x}_{\mathrm{C}} \wedge \frac{d\boldsymbol{x}_{\mathrm{C}}}{dt}\right) + \sum_i \boldsymbol{x}_{\mathrm{C}i} \wedge \left(m_i \frac{d\boldsymbol{x}_{\mathrm{C}i}}{dt}\right) \\
&= \boldsymbol{x}_{\mathrm{C}} \wedge (M\boldsymbol{v}_{\mathrm{C}}) + \sum_i \boldsymbol{x}_{\mathrm{C}i} \wedge (m_i \boldsymbol{v}_{\mathrm{C}i}) \\
&= \underbrace{\boldsymbol{x}_{\mathrm{C}} \wedge \boldsymbol{P}_{\mathrm{C}}}_{\boldsymbol{H}_0} + \underbrace{\sum_i \boldsymbol{x}_{\mathrm{C}i} \wedge \boldsymbol{P}_{\mathrm{C}i}}_{\boldsymbol{H}_{\mathrm{C}}} = \boldsymbol{H}_0 + \boldsymbol{H}_{\mathrm{C}}
\end{aligned} \tag{5.25}$$

ここで，

$$\boldsymbol{H}_0 = \boldsymbol{x}_{\mathrm{C}} \wedge \boldsymbol{P}_{\mathrm{C}} = \boldsymbol{x}_{\mathrm{C}} \wedge (M\boldsymbol{v}_{\mathrm{C}}) \tag{5.26}$$

は全質量 M を担うと仮想した重心の原点周りの角運動量であり，

$$\boldsymbol{H}_{\mathrm{C}} = \sum_i \boldsymbol{x}_{\mathrm{C}i} \wedge \boldsymbol{P}_{\mathrm{C}i} = \sum_i \boldsymbol{x}_{\mathrm{C}i} \wedge (m_i \boldsymbol{v}_{\mathrm{C}i}) \tag{5.27}$$

は重心周りの角運動量の総和である．すなわち，式(5.25)は質点系について次を主張している．

$$(\text{原点周りの全角運動量}) = \begin{pmatrix}\text{全質量を担うと仮想した重心の}\\ \text{原点周りの角運動量}\end{pmatrix} + \begin{pmatrix}\text{重心周りの}\\ \text{全角運動量}\end{pmatrix}$$

式(5.25)を時間微分すれば，式(5.24)左辺は，

$$\frac{d\boldsymbol{H}}{dt} = \frac{d\boldsymbol{H}_0}{dt} + \frac{d\boldsymbol{H}_{\mathrm{C}}}{dt}$$

$$\overset{(5.26)}{=} \frac{d\boldsymbol{x}_{\mathrm{C}}}{dt} \wedge \boldsymbol{P}_{\mathrm{C}} + \boldsymbol{x}_{\mathrm{C}} \wedge \frac{d\boldsymbol{P}_{\mathrm{C}}}{dt} + \frac{d\boldsymbol{H}_{\mathrm{C}}}{dt} = \boldsymbol{v}_{\mathrm{C}} \wedge (M\boldsymbol{v}_{\mathrm{C}}) + \boldsymbol{x}_{\mathrm{C}} \wedge \frac{d\boldsymbol{P}_{\mathrm{C}}}{dt} + \frac{d\boldsymbol{H}_{\mathrm{C}}}{dt}$$

$$= \boldsymbol{x}_{\mathrm{C}} \wedge \frac{d\boldsymbol{P}_{\mathrm{C}}}{dt} + \frac{d\boldsymbol{H}_{\mathrm{C}}}{dt} \tag{5.28}$$

となる．式(5.24)右辺の $\boldsymbol{M}$（全トルク）も分解すると，

$$\boldsymbol{M} = \sum_i \boldsymbol{x}_i \wedge \boldsymbol{F}_i = \sum_i (\boldsymbol{x}_{\mathrm{C}} + \boldsymbol{x}_{\mathrm{C}i}) \wedge \boldsymbol{F}_i = \boldsymbol{x}_{\mathrm{C}} \wedge \sum_i \boldsymbol{F}_i + \sum_i \boldsymbol{x}_{\mathrm{C}i} \wedge \boldsymbol{F}_i$$

$$= \boldsymbol{x}_{\mathrm{C}} \wedge \boldsymbol{F} + \boldsymbol{M}_{\mathrm{C}} \tag{5.29}$$

となる．ここで，

$$\boldsymbol{M}_{\mathrm{C}} = \sum_i \boldsymbol{x}_{\mathrm{C}i} \wedge \boldsymbol{F}_i$$

は，外力が重心周りに作るトルクの総和である．一方，$\boldsymbol{x}_{\mathrm{C}}$ と式(5.7)のベクトル積を作れば，

$$\boldsymbol{x}_{\mathrm{C}} \wedge \frac{d\boldsymbol{P}_{\mathrm{C}}}{dt} = \boldsymbol{x}_{\mathrm{C}} \wedge \boldsymbol{F}$$

となるが，両辺はそれぞれ式(5.28)と式(5.29)の最後の表現の第一項である．従って，式(5.24)により両式の第二項同士が等しい．

$$\frac{d\boldsymbol{H}_{\mathrm{C}}}{dt} = \boldsymbol{M}_{\mathrm{C}} \quad \text{または} \quad \frac{d}{dt}\sum_i \boldsymbol{x}_{\mathrm{C}i} \wedge \left(m_i \frac{d\boldsymbol{x}_{\mathrm{C}i}}{dt}\right) = \sum_i \boldsymbol{x}_{\mathrm{C}i} \wedge \boldsymbol{F}_i \tag{5.30}$$

これは，質点系の**重心周りの角運動量方程式**である．重心周りの全角運動量の時間変化率は，各質点に働く外力が重心周りに作るトルクの総和に等しい．

式(5.19)によって左辺を書き換えれば，式(5.30)は，

$$\sum_i \boldsymbol{x}_{\mathrm{C}i} \wedge \left(m_i \frac{d^2\boldsymbol{x}_{\mathrm{C}i}}{dt^2}\right) = \sum_i \boldsymbol{x}_{\mathrm{C}i} \wedge \boldsymbol{F}_i \tag{5.31}$$

とも書ける．**第13章**で，この式を用いて応力テンソルの対称性を論ずる．

以上によって質点系の問題は，式(5.7)による重心の運動と，式(5.30)または式(5.31)による重心周りの運動を独立に考えることができる．

5.2　連続体，粒（つぶ），点

我々が生活の中で普通に見る気体や液体や固体は文字通り連続的に空間を占めているので，その視点で物質を見たときにこれらを**連続体**と呼び，その運動・変形と力の関係を明らかにしようとするのが連続体力学である．

一方，近代物理学は我々に次のことを教えている．すなわち，巨視的に見て連続的に空間を占めている如何なる物質も，真の姿は**粒状**（つぶ）である．空気は酸素分子，窒素分子という粒からなり，酸素分子は酸素原子という粒が二つ結合したものである．その酸素原子では，酸素の原子核という粒の周りを複数個の電子という粒が回っており，その原子核は複数個の陽子と中性子という粒で構成されている．光ですら光子という粒と看做せる．

さて，やや唐突であるが**数学の概念としての点**は如何なる意味でも大きさを定義できない．3次元的なものの塊（かたまり）には体積，2次元的な面には面積，線には長さ，というそれぞれの大きさが備わっているが，点には大きさが無い．「減税問題は国会の大きな焦点」などというニュース解説を耳にするが，そんな大きなものはもはや点ではない．焦点なら相当ぼやけているはずだ．「あの追加点が大きなポイントでしたねえ」などという野球解説を耳にした理系は，プライドにかけて気分が悪くならなければならない（追加点はよい）．

数直線はそのような点が切れ目無く並んだものである．大きさの無い点は虫眼鏡や顕微鏡で拡大してもやはり点だから，点の集合としての数直線を拡大しても（目盛りは拡大されるが），見えるのは相変わらず線である．

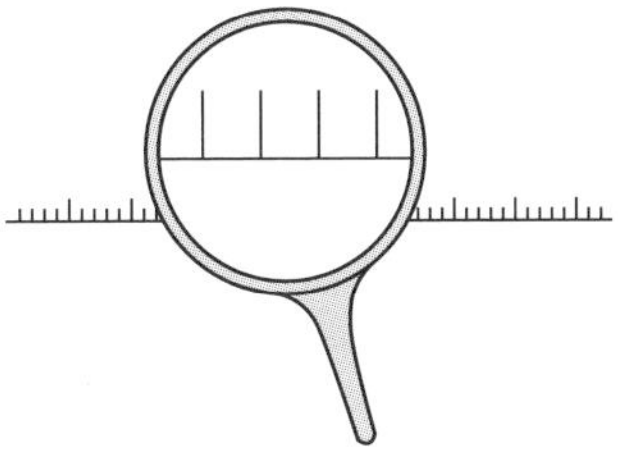

図 5.4

つまり，空気や金属を一旦連続体と看做したら，この数直線のように，そのあといくら顕微鏡で拡大しても滑らかな空気や金属面がいつまでも見えると仮定する．実際に拡大すると次第に例の“粒”が見えるようになるのだが，連続体力学の観点からは，どこまで拡大しても“滑らかに繋がった実体”しか無く，またそれが常にあるとしてその密度や速度を論じるのである．

質点系としての“点”

もう少し理屈っぽく言ってみよう．位置ベクトル $\boldsymbol{x}$ の“点”の気体の密度 $\rho(\boldsymbol{x})$ は次式である．

$$\rho(\boldsymbol{x}) = \lim_{\Delta V \to 0} \frac{\Delta M}{\Delta V} = \lim_{\Delta V \to 0} \frac{m\,\Delta n}{\Delta V} \tag{5.32}$$

記号は次の通り．

ΔV：点 $\boldsymbol{x}$ の周りの微小体積，　ΔM：ΔV 中の気体の質量

Δn：ΔV 中の気体分子の数，　m：気体分子1個の質量

どこまで拡大しても滑らかに繋がっている，という上の理想化のもとなら式(5.32)の最初の定義でおしまいだが，気体は本当は粒だからと言って2番目の定義で考えると次の問題が起こる．

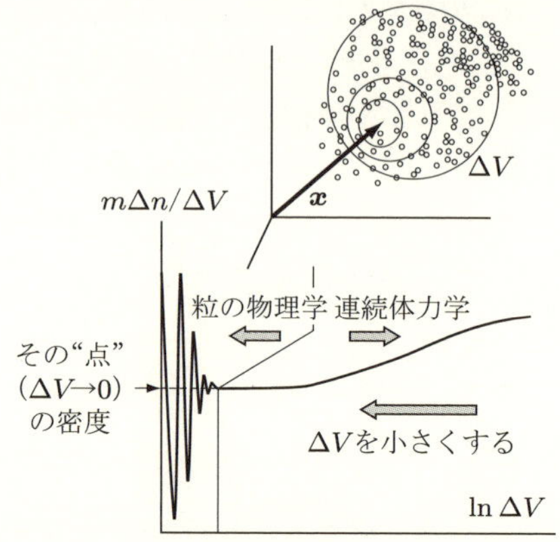

図 5.5

図 5.5 は，ΔV を小さくするときの $m\,\Delta n/\Delta V$ の変化を模式的に示したものである．まず，ΔV が十分に大きいところの緩やかな変化は普通に見る濃淡，所謂（いわゆる）“巨視的なむら”による．それから ΔV を小さくしてゆくと，多分，$m\,\Delta n/\Delta V$ は次第に一定値に近づこうとする．この値が普通に言うその“点”の密度であるが，点と言うからには ΔV は厳密にゼロでなければならない，としてさらに ΔV を小さくすると，中に分子が沢山入っているうちはよいが，一つ一つの分子が見えてきてその数を我々が数えられる程度にまで小さくすると，Δn 従って ΔM は，個々の分子の出入りのたびに変動し始め，最後には，空気分子が小球だとして，ΔV 中には空気分子が，あるか，無いか，のどちらかになる．そのとき，式(5.32)の $m\,\Delta n/\Delta V$ はゼロと無限大の間で暴力的に変動する．

つまり“点 $\boldsymbol{x}$ の密度”と言うからには確かに ΔV は小さくなくてはいけないが，実際の気体が他ならぬ粒状であるからには，本当のゼロの前の微妙なところでそれ以上 ΔV を小さくするのを止（や）めなければならない．**位置ベクトル $\boldsymbol{x}$ の滑らかな関数**としての密度とは，そのような体積の平均で定められる値である．言い換えれば，そのような ΔV の寸法が分解能の限界であり，それ以下のスケールの現象は連続体力学の守備範囲ではない．

但し，本当は ΔV 中の分子数だけが問題なのではなくて，“それらが互いに頻繁に衝突している”ことが重要である．個々の分子が無限に小さくて衝突が起こらなければ，各分子はいつまでもそれぞれの“個別性”を保って運動するから，その取り扱いは粒の物理学による．つまり，数だけではなく分子の大きさが問題である．

例えば，よく削って尖らせた鉛筆の芯の先が直径 100 ミクロンの球面だとして，その大きさの気体の流れを考える（**図 5.6**）．数学的には直径 100 ミクロンの球はまかり間違っても点ではないが，日常の感覚だと鉛筆の芯の先は点であろう．そこで，連続体力学は次の立場をとる．

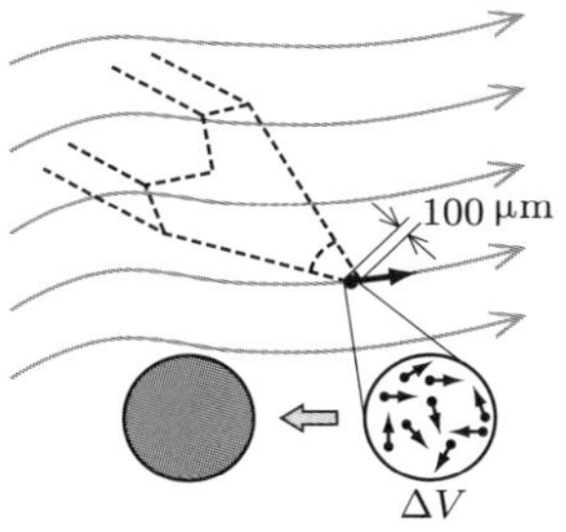

図 5.6

> **数学的厳密さに目を瞑(つぶ)って点にちょっとした大きさがあると考え，中の粒群は総称して粒子と呼ぶ．**

後(のち)に解説する物質座標（ラグランジ座標）とは，このような粒子に付ける名前（名札）である．その名前を持つ“粒子”の実態は，**微小だが小さ過ぎない**体積 ΔV 中の粒(つぶ)群，すなわち質点系そのものであり，その力学は前節で展開した質点系の力学の正確な応用である．この粒子は，点のくせに先の**図 5.1** のような“変形”までする．

閉じた系としての“点”

空気の状態が 0°C，1 気圧だとして，**図 5.6** の直径 100 ミクロンの球内にいったい何個の空気分子が入っているかというと，これがおよそ 1.41×10^{13} 個である．その場合の平均自由行程は，気体分子運動論の教えるところによって約 0.06 ミクロンである．つまり，直径 100 ミクロンなどという我々から見たら点としか言いようのない小さな球の中にも，14 兆個もの空気分子が入っていて，球内は，それぞれの分子がものの 0.06 ミクロンも走ればすぐ他とぶつかるほど混み合っている．

そこで，居心地の悪さを覚えている或る“異分子”がこの微小体積を抜け出そうとして“Excuse me!” を連呼して掻(か)き分けて行っても，途中で何度も周囲とぶつかってなかなか出られない．そうするうちにも巨視的な流れは進むだろう．

つまり，“点の中”の空気分子の一団を外と区別したら，その一団はかなりの時間その点の中に居続けていてくれるから，普通の力学現象の時間スケールの範囲内では，このような微小体積中の分子群は，熱力学で言う外界との物質の出入りの無い**閉じた系**と看做せて，閉じた系に対する熱力学の諸法則が全てそれに適用できる．

“Excuse me!” を連呼する異分子もいずれは微小体積を出るだろうが，それには長時間を要するのでそれは独立な事象として扱える．それが**拡散** (diffusion) である．

第 6 章 ベクトル・行列の添え字演算

連続体力学は，テンソルというベクトルより一段高次の概念で記述される．そのテンソル理論を縦横に展開するためには，ベクトル・行列の添え字演算を会得している方がよい．“している方がよい”と言うのは，使わなくてもやれないことはないが，使わずにやると総和記号 $\sum$（シグマ）が山ほど現れて，初学者は大抵草臥（くたび）れてしまうのである．かく申す筆者も，その昔散々に草臥れた．

この章ではテンソルを“添え字を持つ何ものか”とだけしておく．

6.1 添え字付きテンソル表示

ここまで，位置ベクトル $\boldsymbol{x} = x_1\boldsymbol{e}_1 + x_2\boldsymbol{e}_2 + x_3\boldsymbol{e}_3$ を，

$$\boldsymbol{x} = \begin{pmatrix} x_1 \\ x_2 \\ x_3 \end{pmatrix} \quad \left(= {}^t(x_1, x_2, x_3)\right) \tag{6.1}$$

と書いて縦ベクトルと呼んだ．但（ただ）し，**3.1 節**で指摘したように右辺は 3×1 行列である．本来，ベクトルと行列は別の概念であるから，式(6.1)の表記は“方便”である．

さて，これから“x_i”という表記で，大胆にもベクトル $\boldsymbol{x}$ そのものを表すことにする．x_i は確かに“成分のどれか”という意味だが，一歩進んで，

“i が 1，2，3 と変化する余地を残した何ものか”，

を表すと考えるのである．すなわち，これだけで式(6.1)のベクトル $\boldsymbol{x}$ を表すと約束する．その上でこの対応を“$\boldsymbol{x} \Leftrightarrow x_i$”と書くことにしよう．但し，次第に慣れてきて“$x_i$”とあればすぐベクトル $\boldsymbol{x}$ がイメージできるようになったら，このような両矢印（$\Leftrightarrow$）を用いた対応表記はやめてよい．例えば，速度ベクトル $\boldsymbol{v} = v_1\boldsymbol{e}_1 + v_2\boldsymbol{e}_2 + v_3\boldsymbol{e}_3$ も単に“v_i”と書く（$\boldsymbol{v} \Leftrightarrow v_i$）．

さらに，三次の正方行列，

$$\boldsymbol{A} = (a_{ij})_3^3 = \begin{pmatrix} a_{11} & a_{12} & a_{13} \\ a_{21} & a_{22} & a_{23} \\ a_{31} & a_{32} & a_{33} \end{pmatrix}$$

もこれからは単に a_{ij} と書くことにする．a_{12} と書けば行列 $\boldsymbol{A}$ の 1 行 2 列という特定の成分だが，a_{ij} は，

“i，j ともに 1，2，3 と変化する余地を残した何ものか”，

と考え，これだけで三次の正方行列 $\boldsymbol{A}$ を表すと解釈する（$\boldsymbol{A} \Leftrightarrow a_{ij}$）．この場合 a_{ii} とは書かない．これは，次の **6.2 節**で解説する．

i や j を**添え字** (index) と言い，x_i，v_i，a_{ij} などを，ベクトルや行列の**添え字付きテンソル表示** (indexical tensor notation) と呼ぶ．

さて，聊(いささ)か唐突だが，添え字付き表示を一気に拡張する．

> **異なる n 個の添え字を持つ何ものかを n 階のテンソルと呼ぶ．**

このことに対する修正，すなわちテンソルという概念の本来の定義については，添え字付き表示に慣れた後(あと)に**第 8 章**で改めてやるとして，この章では演算のやり方だけを先に習得する．

添え字 i や j は，当面 1〜3 までの間だけで変化するものとする．すなわち，我々が生活空間の中で認識する 3 次元ベクトルとそれに係るテンソルだけを考える．拡張するのは容易である．

■ 0 階のテンソル，1 階のテンソル ■

0 階のテンソルとは所謂**スカラー**である．**1 階のテンソル**とは所謂**ベクトル**である．

■ 勾配演算子 ■

勾配演算子は，$\boldsymbol{x}$ のスカラー関数 $f(\boldsymbol{x}) = f(x_1, x_2, x_3)$ に作用して，ベクトル

$$\boldsymbol{\nabla} f \ (= \mathrm{grad}\, f) = \frac{\partial f}{\partial x_1}\boldsymbol{e}_1 + \frac{\partial f}{\partial x_2}\boldsymbol{e}_2 + \frac{\partial f}{\partial x_3}\boldsymbol{e}_3 = \begin{pmatrix} \dfrac{\partial f}{\partial x_1} \\ \dfrac{\partial f}{\partial x_2} \\ \dfrac{\partial f}{\partial x_3} \end{pmatrix}$$

を作るのであった（**3.5 節**）．添え字の考え方から，このベクトルを単に $\partial f/\partial x_i$ と書いてよい．すなわち，$\boldsymbol{\nabla} f \Leftrightarrow \partial f/\partial x_i$ と対応させてよい．演算子だけを見れば $\boldsymbol{\nabla} \Leftrightarrow \partial/\partial x_i$ である．

■ 2 階のテンソル ■

2 階のテンソルとは取り敢(あ)えず前述の正方行列のことである．例えば，**第 13 章**で解説される応力テンソル，

$$\boldsymbol{\Sigma} = \begin{pmatrix} \sigma_{11} & \sigma_{12} & \sigma_{13} \\ \sigma_{21} & \sigma_{22} & \sigma_{23} \\ \sigma_{31} & \sigma_{32} & \sigma_{33} \end{pmatrix}$$

は単に σ_{ij} と書かれる（$\boldsymbol{\Sigma} \Leftrightarrow \sigma_{ij}$）.

対応の矢印について

矢印 "$\Leftrightarrow$" の使い方は，実はあまり厳密なものではない．例えば，1 階の場合の $\boldsymbol{x} \Leftrightarrow x_i$ なら，一つの捉え方は "ベクトルとそのデカルト成分の対応" であるが，前述の方便によって，"ベクトルと 3×1 行列の対応" でもある．2 階の場合の $\boldsymbol{A} \Leftrightarrow a_{ij}$ は取り敢えず正方行列とその成分の対応としたが，行列には必ず或る線形写像が対応しているので，$\boldsymbol{A} \Leftrightarrow a_{ij}$ は "線形写像とその行列の対応" でもある．このあたりの事情はおいおい明らかになってゆくので，あまり神経質にならなくてよい．

転置行列と対称行列

行列，

$$\boldsymbol{A} = (a_{ij})_3^3 = \begin{pmatrix} a_{11} & a_{12} & a_{13} \\ a_{21} & a_{22} & a_{23} \\ a_{31} & a_{32} & a_{33} \end{pmatrix}$$

に a_{ij} が対応するなら，$\boldsymbol{A}$ の行と列を入れ替えた行列，すなわち**転置行列**，

$$^t\boldsymbol{A} = \begin{pmatrix} a_{11} & a_{21} & a_{31} \\ a_{12} & a_{22} & a_{32} \\ a_{13} & a_{23} & a_{33} \end{pmatrix}$$

には a_{ji} が対応すると考えてよかろう．$\boldsymbol{A} = {}^t\boldsymbol{A}$ なる正方行列を**対称行列**と呼ぶのであった．$\boldsymbol{A}$ が対称行列であることを添え字表現すれば，

$$a_{ij} = a_{ji} \Leftrightarrow \boldsymbol{A} = {}^t\boldsymbol{A}$$

となる．詳細は**第 13 章**で解説するが，先の応力テンソルは一般には対称である．

$$\sigma_{ij} = \sigma_{ji} \Leftrightarrow \boldsymbol{\Sigma} = {}^t\boldsymbol{\Sigma}$$

当座は，対称テンソルとはその行列が対称なもの，と単純に考えてよい．これも後（のち）に定義し直す．

クロネッカーのデルタ

クロネッカーのデルタと呼ばれる記号の定義は次である．

$$\delta_{ij} = \begin{cases} 1, & i = j \\ 0, & i \neq j \end{cases}$$

これも，$i, j = 1, 2, 3$ と変化させる余地がある何ものか，と考えれば 2 階のテンソルである．実際に変化させて並べれば，

$$\begin{pmatrix} \delta_{11} & \delta_{12} & \delta_{13} \\ \delta_{21} & \delta_{22} & \delta_{23} \\ \delta_{31} & \delta_{32} & \delta_{33} \end{pmatrix} = \begin{pmatrix} 1 & 0 & 0 \\ 0 & 1 & 0 \\ 0 & 0 & 1 \end{pmatrix} = (\delta_{ij})_3^3 = \boldsymbol{I}$$

すなわち，クロネッカーのデルタ δ_{ij} は**三次の単位行列** $\boldsymbol{I}$ の添え字付きテンソル表示（$\boldsymbol{I} \Leftrightarrow \delta_{ij}$）である．$\delta_{ij}$ が対称，すなわち，$\delta_{ij} = \delta_{ji}$ であることは明らかであろう．

デカルト基底 $\{\boldsymbol{e}_1, \boldsymbol{e}_2, \boldsymbol{e}_3\}$ の中から 2 本を選んで，そのスカラー積を作る．デカルト座標の i 軸と j 軸のなす角を θ_{ij} とすれば，$i = j$ のとき $\theta_{ij} = 0$，$i \neq j$ のとき $\theta_{ij} = \pi/2$ であるから，

$$\boldsymbol{e}_i \cdot \boldsymbol{e}_j = |\boldsymbol{e}_i||\boldsymbol{e}_j| \cos\theta_{ij} = \cos\theta_{ij} = \delta_{ij} \tag{6.2}$$

これは，式(2.6)である．或いは，i 番基底 $\boldsymbol{e}_i$ の第 j 成分を $(\boldsymbol{e}_i)_j$ と書けば，$\boldsymbol{e}_1 = {}^t(1,0,0)$，$\boldsymbol{e}_2 = {}^t(0,1,0)$，$\boldsymbol{e}_3 = {}^t(0,0,1)$ によって，

$$(\boldsymbol{e}_i)_j = \delta_{ij} \tag{6.3}$$

6.2 総和規則と縮約

これから，種々の物理現象を添え字で表現することになるが，その際に次のように決める．

> **一つの“項”の中に同じ添え字が二つ現れたら，その添え字を 1〜3 で変化させたものの総和を表すものと決める．**

これを，**アインシュタインの総和規則** (Einstein's summation law) と言う．**総和慣習** (summation convention) とも言う．例えば，$v_i w_i$ は，

$$v_i w_i = v_1 w_1 + v_2 w_2 + v_3 w_3$$

である．すなわち，総和記号 $\sum$（シグマ）が無くとも $v_i w_i$ は $\sum v_i w_i$ を表すと決めるのである．$\sum v_i w_i$ は，デカルト成分で表した二つのベクトル $\boldsymbol{v} \Leftrightarrow v_i$，$\boldsymbol{w} \Leftrightarrow w_i$ のスカラー積であった（式(2.8)）．

例えば，先の位置ベクトルと速度ベクトルも，それぞれ次のように書ける．

$$\boldsymbol{x} = x_i \boldsymbol{e}_i \ (= x_1\boldsymbol{e}_1 + x_2\boldsymbol{e}_2 + x_3\boldsymbol{e}_3), \quad \boldsymbol{v} = v_i \boldsymbol{e}_i \ (= v_1\boldsymbol{e}_1 + v_2\boldsymbol{e}_2 + v_3\boldsymbol{e}_3)$$

■正方行列のトレース■

正方行列 $\boldsymbol{A} \Leftrightarrow a_{ij}$ について，

$$a_{ii} \left(= \sum_{i=1}^{3} a_{ii} \right) = a_{11} + a_{22} + a_{33}$$

は $\boldsymbol{A}$ の対角成分の和，すなわち行列の**トレース**（trace，跡（せき））である．これを $\mathrm{tr}\,\boldsymbol{A}$ と書く．

■クロネッカーのデルタでは■

$\delta_{ii}=3$ である．クロネッカーのデルタの二つの添え字が同じだから $\delta_{ii}=1$，と考えてはいけない．一つの項の中に同じ添え字が二つあるから，$\delta_{ij} \Leftrightarrow \boldsymbol{I}$ に対して次のように考える．

$$\delta_{ii}\left(=\sum_{i=1}^{3}\delta_{ii}\right)=\delta_{11}+\delta_{22}+\delta_{33}=1+1+1=3=\mathrm{tr}\,\boldsymbol{I}$$

■縮　約■

上の2例でわかるように，a_{ij} や δ_{ij} は，i も j も 1～3 で変化する余地を残したもの，という意味で2階のテンソルであるが，a_{ii} や δ_{ii} は，i，j を 1～3 で変化させたあと，その 1～3 について和をとってできたスカラー，すなわち0階のテンソルである．一般に，n 階のテンソルの n 個の添え字のうちの二つを等しくして総和をとれば，1～3 で変化し得る余地を残した添え字は残りの $(n-2)$ 個であるから，結果として $(n-2)$ 階のテンソルができる．この操作を**縮約** (contraction) と言う．例えば，3階のテンソル a_{ijk} の一つの縮約は，

$$\underset{\text{3階のテンソル}}{a_{ijk}} \xrightarrow{(k=j\text{と縮約})} \underset{\text{1階のテンソル}}{a_{ijj}}$$

である．縮約される前の3階のテンソル a_{ijk} では，三つの添え字 $\{i,j,k\}$ の全部が 1～3 で変化し得るので，成分の総数は $3^3=27$ 個である．一方，a_{ijj} は，

$$a_{ijj}=\sum_{j=1}^{3}a_{ijj}=a_{i11}+a_{i22}+a_{i33}$$

のことであり，添え字 i はまだ 1～3 と変化し得る余地を残しているが，二つある添え字 j は，既に変化させてそれらについて和をとってしまったその痕跡である．この場合の i を**自由指標** (free index) または**生きた添え字**，j を**固定指標** (fixed index) または**死んだ添え字**と言う．a_{ijk} では $\{i,j,k\}$ の全てが自由指標であり，その数（3）がテンソルの階数であるが，a_{ijj} では i だけが自由指標だから，これは1階のテンソル，すなわち次のベクトルである．

$$a_{ijj}\left(=\sum_{j=1}^{3}a_{ijj}\right)=a_{i11}+a_{i22}+a_{i33} \Leftrightarrow \begin{pmatrix} a_{111}+a_{122}+a_{133} \\ a_{211}+a_{222}+a_{233} \\ a_{311}+a_{322}+a_{333} \end{pmatrix}$$

次は明らかであろう．

$$\sum_{j=1}^{3}a_{ijj}=\sum_{p=1}^{3}a_{ipp}=\sum_{q=1}^{3}a_{iqq}=\cdots=a_{i11}+a_{i22}+a_{i33}$$

縮約の約束に従えば，総和記号 $\sum$ は取り除いてよく，

$$a_{ijj} = a_{ipp} = a_{iqq} = \cdots = a_{i11} + a_{i22} + a_{i33}$$

となる．すなわち，

> **死んだ添え字としては，生きた添え字（この場合 i）以外のものなら何を使ってもよい．**

また，死んだ添え字には必ず生きた添え字とは別の文字を使わなければならない．三つの添え字の縮約というものは無いから，a_{iii} では縮約された添え字の組みがわからない．a_{ijk} には a_{ijj}，a_{kjk}，a_{iik} という 3 通りの縮約があって，それぞれ i，j，k が生きた添え字である．

例えば，$a_{ijj} + b_{ijj} = c_i$ という添え字式があるとき，a_{ijj} の j と b_{ijj} の j は何の関係もないから，間違いを少なくするためには，$a_{ijj} + b_{ikk} = c_i$ のように別の項にある縮約には別の文字を使う方が少し利口である．死んだ添え字に使う文字を状況に応じてうまく選ぶと，演算がうまくゆくことがよくある．

当然ながら，一つの項の中に複数の縮約があるときは，それぞれの縮約を表す死んだ添え字には必ず異なる文字を用いて，縮約の組み合わせを区別しなければならない．例えば，$a_{ij}b_{ji}$ は，

$$\sum_{i=1}^{3}\sum_{j=1}^{3} a_{ij}b_{ji}$$

のことである．

6.3 添え字演算の実際

添え字保存の原則

（ベクトル）=（スカラー），（ベクトル）+（スカラー）などの式はあり得ないから，次のことが言える．

> **テンソルの階数，つまり生きた添え字の数は等号の前後でも別の項の間でも共通でなくてはならない．**

ベクトル $\boldsymbol{v} \Leftrightarrow v_i$，$\boldsymbol{w} \Leftrightarrow w_i$ について，$\boldsymbol{v} = \boldsymbol{w}$ ならば，3 成分の全てが $v_i = w_i$ である．また，行列 $\boldsymbol{A} \Leftrightarrow a_{ij}$，$\boldsymbol{B} \Leftrightarrow b_{ij}$ について $\boldsymbol{A} = \boldsymbol{B}$ ならば，9 成分の全てが $a_{ij} = b_{ij}$ である．従って，物理現象の添え字付きテンソル表示においては，

等号の前後であれ複数の項の間であれ，生きた添え字には一貫して共通の文字が使われていなければならない．

要するに等号（=），プラス（+），マイナス（−）などで互いに結ばれた式や項の全てに亘って，そこに現れる生きた添え字の数とそれに使われている文字は厳密に共通でなければならず，$v_i = w_j$ や $a_i = b_{ik}$ などの書き方は絶対にしてはならない．これを**添え字保存の原則** (principle of index conservation) と言う．

この点に関しては決してズボラをしてはいけない．しかし，これさえ守れば添え字表現はまことに便利な道具であり，読者はベクトルやテンソルとすぐ仲良しになれる．添え字式を書いたら，何はともあれ最初に添え字保存を確認することが大切である．

■ダイアディック■

ベクトル $\boldsymbol{v} \Leftrightarrow v_i$ とベクトル $\boldsymbol{w} \Leftrightarrow w_i$ のスカラー積を作る，という作業は次のようにも考えられる．

$$\left.\begin{array}{r}\boldsymbol{v} \Leftrightarrow v_i \\ \boldsymbol{w} \Leftrightarrow w_j\end{array}\right\} \xrightarrow{\text{（掛けて）}} a_{ij} = v_i w_j \xrightarrow{\text{（}i=j\text{ と縮約して）}} a_{ii} = v_i w_i = \boldsymbol{v}\cdot\boldsymbol{w}$$

（二つの1階テンソル）　（2階テンソル）　（0階テンソル）

中間に現れた2階のテンソルは，

$$\boldsymbol{A} = \begin{pmatrix} v_1 w_1 & v_1 w_2 & v_1 w_3 \\ v_2 w_1 & v_2 w_2 & v_2 w_3 \\ v_3 w_1 & v_3 w_2 & v_3 w_3 \end{pmatrix} \Leftrightarrow a_{ij} = v_i w_j \tag{6.4}$$

という形をしている．この，二つのベクトルの成分同士を，全ての組み合わせで順に掛けて得られる $3 \times 3 = 9$ 個の成分を持つ行列を，**ダイアディック**または**ディアド積** (dyadic product) と呼ぶ．それがどんな意味を持つのかについて，今は思い悩まなくてよい．とにかく，こうして作られる何ものかをダイアディックと呼ぶ．$\boldsymbol{v}\cdot\boldsymbol{w}$ は，そのダイアディックのトレースである．

■ベクトルの大きさ■

ベクトル $\boldsymbol{v} \Leftrightarrow v_i$ に対して $|\boldsymbol{v}|^2 = v_i v_i$ である．特に，位置ベクトル $\boldsymbol{x} \Leftrightarrow x_i$ とその長さ $|\boldsymbol{x}| = r$ に対して，

$$r^2 = |\boldsymbol{x}|^2 = x_i x_i$$

である．

■行列×ベクトル■

正方行列 $\boldsymbol{A} \Leftrightarrow a_{ij}$，二つのベクトル $\boldsymbol{x} \Leftrightarrow x_i$，$\boldsymbol{y} \Leftrightarrow y_i$ に対して，

$$\boldsymbol{y} = \boldsymbol{A}\boldsymbol{x} \quad \text{すなわち，} \quad \begin{pmatrix} y_1 \\ y_2 \\ y_3 \end{pmatrix} = \begin{pmatrix} a_{11} & a_{12} & a_{13} \\ a_{21} & a_{22} & a_{23} \\ a_{31} & a_{32} & a_{33} \end{pmatrix} \begin{pmatrix} x_1 \\ x_2 \\ x_3 \end{pmatrix} \tag{6.5}$$

の関係があるとき，これを添え字付きテンソル表示すれば，

$$y_i = a_{ij} x_j \tag*{(6.5)$'$}$$

である．添え字 i が生きていて，添え字 j が死んでいる．

■行列×行列■

三つの正方行列 $\boldsymbol{\Lambda} \Leftrightarrow \lambda_{ij}$，$\boldsymbol{\Sigma} \Leftrightarrow \sigma_{ij}$，$\boldsymbol{\Gamma} \Leftrightarrow \gamma_{ij}$ の間に，

$$\boldsymbol{\Lambda} = \boldsymbol{\Sigma}\boldsymbol{\Gamma} \quad \text{すなわち，}$$

$$\begin{pmatrix} \lambda_{11} & \lambda_{12} & \lambda_{13} \\ \lambda_{21} & \lambda_{22} & \lambda_{23} \\ \lambda_{31} & \lambda_{32} & \lambda_{33} \end{pmatrix} = \begin{pmatrix} \sigma_{11} & \sigma_{12} & \sigma_{13} \\ \sigma_{21} & \sigma_{22} & \sigma_{23} \\ \sigma_{31} & \sigma_{32} & \sigma_{33} \end{pmatrix} \begin{pmatrix} \gamma_{11} & \gamma_{12} & \upsilon_{13} \\ \gamma_{21} & \gamma_{22} & \gamma_{23} \\ \gamma_{31} & \gamma_{32} & \gamma_{33} \end{pmatrix} \tag{6.6}$$

の関係があるとき，これを添え字付きテンソル表示すれば，

$$\lambda_{ij} = \sigma_{ik} \gamma_{kj} \tag*{(6.6)$'$}$$

である．添え字 (i, j) が生きていて，添え字 k が死んでいる．

■掛け算の要素の順序■

式(6.5)$'$ や式(6.6)$'$ 中の右辺の掛け算の要素の順序に着目する．縮約は単に和をとること（総和記号 $\sum$ の替わり）であるから，これらをそれぞれ，

$$y_i = x_j a_{ij} \tag*{(6.5)$''$}$$

$$\lambda_{ij} = \gamma_{kj} \sigma_{ik} \tag*{(6.6)$''$}$$

のように，右辺の掛け算の順序を並べ替えても構わない．例えば，

$$a_{ij} x_j = a_{i1} x_1 + a_{i2} x_2 + a_{i3} x_3 = x_1 a_{i1} + x_2 a_{i2} + x_3 a_{i3} = x_j a_{ij}$$

であるから，式(6.5)$'$ と式(6.5)$''$ とは同じものである．或いは，式(6.5)$''$ は式(6.5)の両辺の転置，

$${}^t\boldsymbol{y} = {}^t(\boldsymbol{A}\boldsymbol{x}) = {}^t\boldsymbol{x}\,{}^t\boldsymbol{A}$$

すなわち，

$$(y_1, y_2, y_3) = (x_1, x_2, x_3) \begin{pmatrix} a_{11} & a_{21} & a_{31} \\ a_{12} & a_{22} & a_{32} \\ a_{13} & a_{23} & a_{33} \end{pmatrix}$$

の添え字表現と見ることもできる．従って，式(6.5)$'$ のように書くか式(6.5)$''$ のように書くかは，$\boldsymbol{x}$ や $\boldsymbol{y}$ のベクトルを縦で書くか横で書くかの違いに過ぎないから，$y_i = a_{ij} x_j = x_j a_{ij}$

と掛け算の順序を並べ替えてよいのである．同様に，

$$(6.6)' \quad \lambda_{ij} = \sigma_{ik}\gamma_{kj} \Leftrightarrow \boldsymbol{\Lambda} = \boldsymbol{\Sigma\Gamma}$$

に対して，

$$(6.6)'' \quad \lambda_{ij} = \gamma_{kj}\sigma_{ik} \Leftrightarrow {}^t\boldsymbol{\Lambda} = {}^t\boldsymbol{\Gamma}\,{}^t\boldsymbol{\Sigma}$$

である．${}^t\boldsymbol{\Lambda} = {}^t(\boldsymbol{\Sigma\Gamma}) = {}^t\boldsymbol{\Gamma}\,{}^t\boldsymbol{\Sigma}$ であった．

このように，添え字表現されたテンソル同士の掛け算では，使われている添え字さえいじらなければ，掛け算の要素の順番は自由に書き換えてよく，これは縮約が有っても無くても同じである．これに対して，行列そのものの掛け算では一般に交換法則は成り立たないのであった（$\boldsymbol{Ax} \neq \boldsymbol{xA}$，$\boldsymbol{\Sigma\Gamma} \neq \boldsymbol{\Gamma\Sigma}$）．$\boldsymbol{x}$ が縦ベクトルなら，抑々（そもそも） $\boldsymbol{xA}$ なる掛け算は無い．

但し，掛け算に限らず一つの要素の中の添え字の順序は勝手に入れ替えてはいけない．例えば，$a_{ij} = a_{ji}$ と書いてよいのは，前述のように $\boldsymbol{A} \Leftrightarrow a_{ij}$ が対称行列である場合に限る．

■添え字表現の掛け算から行列・ベクトルの掛け算へ■

逆に，添え字で書かれた掛け算の式をもとの行列やベクトルの掛け算に直すには次のようにする．

まず，(行列) = (行列) × (行列) の場合は，式(6.6)$'$ の $\lambda_{ij} = \sigma_{ik}\gamma_{kj}$ のように，

① 等号の左右で，生きた添え字の現れる順序が同じである（i が先，j が後），

② 縮約された添え字（死んだ添え字）同士が隣りに位置している (k)，

という二つの条件が満たされていれば，添え字表現 $\lambda_{ij} = \sigma_{ik}\gamma_{kj}$ の順序のまま，対応する行列表現を $\boldsymbol{\Lambda} = \boldsymbol{\Sigma\Gamma}$ と書いてよい．

次に，これらの条件が満たされていないときは，まず①を満たすように掛け算の順序を書き換え，その上で②が満たされていなければ，“この添え字さえ逆なら②も満たされるのだが…”という要素を捜し，その要素に転置記号を付けて行列の積を書けばよい．

例えば，$\boldsymbol{A} \Leftrightarrow a_{ij}$，$\boldsymbol{B} \Leftrightarrow b_{ij}$，$\boldsymbol{C} \Leftrightarrow c_{ij}$ について，

$$c_{ij} = b_{jk}a_{ik}$$

という添え字式があるとしよう．左辺の c の生きた添え字は“i が先，j が後（あと）”の順に現れているから，まず右辺の掛け算の順序を書き換えて，

$$c_{ij} = a_{ik}b_{jk}$$

とすれば，右辺でも“i が先，j が後”となって①の条件は満たされたが，縮約の添え字 k は隣り合う位置にない．しかし，“もし b の添え字 (jk) が (kj) のように逆なら”条件②も満たされる．従って，もとの添え字式に対応する行列イメージの式は，b に対応する $\boldsymbol{B}$ に転置記号を付けて，

$$\boldsymbol{C} = \boldsymbol{A}\,{}^t\boldsymbol{B}$$

である．

行列とベクトルの積の場合には，先に見たように，式(6.5)$'$ と式(6.5)$''$ は同じものであるが，ベクトルは縦で書くことを原則としてできるだけ転置記号は使わないように，と考えて，縮約の添え字が隣りに来る式(6.5)$'$ の方を使えば，自然に行列・ベクトルイメージの式 $\boldsymbol{y} = \boldsymbol{A}\boldsymbol{x}$ が得られる．なお，二つのベクトル $\boldsymbol{v} \Leftrightarrow v_i$，$\boldsymbol{w} \Leftrightarrow w_i$ のスカラー積は，行列イメージで，

$$(\boldsymbol{v}\cdot\boldsymbol{w} = v_i w_i =) \quad {}^t\boldsymbol{v}\boldsymbol{w} = (v_1, v_2, v_3)\begin{pmatrix} w_1 \\ w_2 \\ w_3 \end{pmatrix}$$

となることを指摘しておく．

課題 6.1●　$\boldsymbol{x} \Leftrightarrow x_i$，$\boldsymbol{y} \Leftrightarrow y_i$ を 3 次元ベクトルまたは 3×1 行列，$\boldsymbol{A} \Leftrightarrow a_{ij}$ を 3×3 行列とする．次の添え字表現のうち，正しいものをベクトル・行列イメージに直せ．正しくないものはその理由を述べよ．

(1) $y_i = a_{ii}x_i$　(2) $y_j = a_{jj}x_i$　(3) $y_j = a_{ji}x_i$　(4) $y_i = x_i a_{jj}$
(5) $y_i = a_{ij}x_i$　(6) $y_j = a_{ij}x_i$　(7) $y_j = x_i a_{ij}$　(8) $y_i = a_{jj}x_i$
(9) $y_j = a_{ii}x_i$　(10) $y_i = a_{ji}x_i$　(11) $y_j = x_i a_{ji}$

直交行列

$\boldsymbol{L}\,{}^t\boldsymbol{L} = \boldsymbol{I}$ または ${}^t\boldsymbol{L}\boldsymbol{L} = \boldsymbol{I}$（従って $\boldsymbol{L}^{-1} = {}^t\boldsymbol{L}$）を満たす行列を，**直交行列**と言う．添え字表示すれば，

$$l_{ik}l_{jk} = \delta_{ij} \quad (\Leftrightarrow \boldsymbol{L}\,{}^t\boldsymbol{L} = \boldsymbol{I}) \quad \text{及び} \quad l_{ki}l_{kj} = \delta_{ij} \quad (\Leftrightarrow {}^t\boldsymbol{L}\boldsymbol{L} = \boldsymbol{I})$$

となる．$\boldsymbol{L}\,{}^t\boldsymbol{L} = \boldsymbol{I}$ または ${}^t\boldsymbol{L}\boldsymbol{L} = \boldsymbol{I}$ の両辺の行列式をとると，行列の積の行列式はそれぞれの行列の行列式の積に等しいこと，及び，転置行列の行列式はもとの行列の行列式に等しいことを用いて，

$$|\boldsymbol{L}\,{}^t\boldsymbol{L}| = |\boldsymbol{L}||{}^t\boldsymbol{L}| = |\boldsymbol{L}|^2 = |\boldsymbol{I}| = 1 \quad \therefore \quad |\boldsymbol{L}| = \pm 1$$

となる．行列式の値が $+1$ である直交行列を**正の直交行列**，-1 である直交行列を**負の直交行列**と呼ぶ．直交行列の意味は**第 8 章**で詳しく解説する．ここでは添え字演算の練習として提示した．

双一次形式と二次形式

二つのベクトル $\boldsymbol{x} \Leftrightarrow x_i$，$\boldsymbol{y} \Leftrightarrow y_i$ の“組み”のスカラー関数 z が，或る正方行列 $\boldsymbol{A} \Leftrightarrow a_{ij}$ の成分を使って次のように定義されているものとする．

$$\begin{aligned} z = z_{\boldsymbol{A}}(\boldsymbol{x}, \boldsymbol{y}) &= \sum_{i=1}^{3}\sum_{j=1}^{3} a_{ij}x_i y_j \\ &= a_{11}x_1y_1 + a_{12}x_1y_2 + a_{13}x_1y_3 + a_{21}x_2y_1 + a_{22}x_2y_2 + a_{23}x_2y_3 \\ &\quad + a_{31}x_3y_1 + a_{32}x_3y_2 + a_{33}x_3y_3 \end{aligned}$$

$$= (x_1, x_2, x_3) \begin{pmatrix} a_{11} & a_{12} & a_{13} \\ a_{21} & a_{22} & a_{23} \\ a_{31} & a_{32} & a_{33} \end{pmatrix} \begin{pmatrix} y_1 \\ y_2 \\ y_3 \end{pmatrix} = {}^t\boldsymbol{x}\boldsymbol{A}\boldsymbol{y}$$

これを，正方行列 $\boldsymbol{A}$ の定める**双一次形式**または**二重一次形式**と言う．添え字表示すれば，

$$z = x_i a_{ij} y_j = x_i y_j a_{ij} = a_{ij} x_i y_j \quad (\Leftrightarrow z = {}^t\boldsymbol{x}\boldsymbol{A}\boldsymbol{y})$$

である．添え字表現の方の掛け算の書き順は勝手次第であった．双一次形式はスカラーであるから，上式で縮約されない添え字（生きた添え字）は残っていない．

双一次形式 $z = z_{\boldsymbol{A}}(\boldsymbol{x}, \boldsymbol{y})$ において $\boldsymbol{x} = \boldsymbol{y}$ であるとき，z は単一のベクトル $\boldsymbol{x}$ のスカラー関数である．これを，正方行列 $\boldsymbol{A}$ の定める**二次形式**と言う．

$$\begin{aligned} z &= z_{\boldsymbol{A}}(\boldsymbol{x}, \boldsymbol{x}) = z'_{\boldsymbol{A}}(\boldsymbol{x}) \\ &= a_{11}x_1x_1 + a_{12}x_1x_2 + a_{13}x_1x_3 + a_{21}x_2x_1 + a_{22}x_2x_2 + a_{23}x_2x_3 \\ &\quad + a_{31}x_3x_1 + a_{32}x_3x_2 + a_{33}x_3x_3 \\ &= (x_1, x_2, x_3) \begin{pmatrix} a_{11} & a_{12} & a_{13} \\ a_{21} & a_{22} & a_{23} \\ a_{31} & a_{32} & a_{33} \end{pmatrix} \begin{pmatrix} x_1 \\ x_2 \\ x_3 \end{pmatrix} = {}^t\boldsymbol{x}\boldsymbol{A}\boldsymbol{x} \end{aligned}$$

添え字表示すると，

$$z = x_i a_{ij} x_j = x_i x_j a_{ij} = a_{ij} x_i x_j \quad (\Leftrightarrow z = {}^t\boldsymbol{x}\boldsymbol{A}\boldsymbol{x})$$

$\boldsymbol{A}$ が対称（$\boldsymbol{A} = {}^t\boldsymbol{A} \Leftrightarrow a_{ij} = a_{ji}$）ならば，

$$\begin{aligned} z &= z_{\boldsymbol{A}}(\boldsymbol{x}, \boldsymbol{x}) = z'_{\boldsymbol{A}}(\boldsymbol{x}) \\ &= a_{11}x_1^2 + a_{22}x_2^2 + a_{33}x_3^2 \\ &\quad + (a_{23} + a_{32})x_2x_3 + (a_{31} + a_{13})x_3x_1 + (a_{12} + a_{21})x_1x_2 \\ &= a_{11}x_1^2 + a_{22}x_2^2 + a_{33}x_3^2 + 2a_{23}x_2x_3 + 2a_{31}x_3x_1 + 2a_{12}x_1x_2 \end{aligned}$$

となる．

課題 6.2● 次の二次形式を，対称行列 $\boldsymbol{A}$ とベクトル $\boldsymbol{x}$ を用いて行列表示せよ．

(1) $3x_1^2 - 6x_1x_2 + 2x_2^2$

(2) $x_1^2 + 2x_2^2 - 3x_3^2 + 2x_1x_2 - 4x_2x_3 + 4x_3x_1$

(3) $2x_1^2 - 5x_2^2 + 2x_1x_2 + 6x_2x_3 - 2x_3x_1$

(4) $3x_1^2 - x_2^2 + x_3^2 - 2x_4^2 + 2x_1x_2 - 6x_1x_3 + 4x_2x_3 - 2x_3x_4$

(5) $x_1x_2 + x_1x_3 + x_1x_4 + x_2x_3 + x_2x_4 + x_3x_4$

■発　散■

ベクトル値関数 $\boldsymbol{v}(\boldsymbol{x}) \Leftrightarrow v_i(\boldsymbol{x}) = v_i(x_1, x_2, x_3)$ のデカルト成分のそれぞれを，各デカルト座標で偏微分して加えた，

$$\operatorname{div}\boldsymbol{v} = \frac{\partial v_1}{\partial x_1} + \frac{\partial v_2}{\partial x_2} + \frac{\partial v_3}{\partial x_3}$$

を $\boldsymbol{v}$ の**発散** (divergence) と言う．その意味は**第7章**で解説する．発散は，ベクトル値関数から作られるスカラー関数である．縮約を用いれば，これを，

$$\operatorname{div}\boldsymbol{v} = \frac{\partial v_i}{\partial x_i} = \frac{\partial v_j}{\partial x_j} = \cdots$$

と書くことができる．死んだ添え字には何を使ってもよいのであった．"縮約は総和" と約束してあるから，ここは $\operatorname{div}\boldsymbol{v} = \partial v_i/\partial x_i$ と等号で書くべきであり，$\operatorname{div}\boldsymbol{v} \Leftrightarrow \partial v_i/\partial x_i$ のように対応の矢印で書いてはならない．$\operatorname{div}\boldsymbol{v}$ は $\boldsymbol{\nabla}\cdot\boldsymbol{v}$ とも書かれる（**7.3節**）．

課題 6.3 ● a，b を定数，$f(\boldsymbol{x})$，$g(\boldsymbol{x})$ をスカラー関数，$\boldsymbol{v}(\boldsymbol{x})$ をベクトル値関数とするとき，"添え字演算だけで" 次式を証明せよ．等号（=）と対応記号（⇔）の使い方をきちんと区別せよ．

(1) $\boldsymbol{\nabla}(af + bg) = a\boldsymbol{\nabla}f + b\boldsymbol{\nabla}g$　　(2) $\boldsymbol{\nabla}(fg) = f\boldsymbol{\nabla}g + g\boldsymbol{\nabla}f$

(3) $\operatorname{div}(f\boldsymbol{v}) = f\operatorname{div}\boldsymbol{v} + \boldsymbol{\nabla}f\cdot\boldsymbol{v}$

クロネッカーのデルタとの縮約

クロネッカーのデルタ δ_{ij} と任意階数のテンソルとの縮約があれば，縮約の相手方の添え字を，縮約でない方の δ_{ij} の添え字で置き換えた上で δ_{ij} を消せばよい．

例えば，相手が1階のテンソル，すなわちベクトル $\boldsymbol{v} \Leftrightarrow v_i$ なら，

$$\delta_{ij}v_j = \delta_{i1}v_1 + \delta_{i2}v_2 + \delta_{i3}v_3 = v_i$$

である．これは，

$$\begin{pmatrix} 1 & 0 & 0 \\ 0 & 1 & 0 \\ 0 & 0 & 1 \end{pmatrix}\begin{pmatrix} v_1 \\ v_2 \\ v_3 \end{pmatrix} = \begin{pmatrix} v_1 \\ v_2 \\ v_3 \end{pmatrix} \Leftrightarrow \boldsymbol{I}\boldsymbol{v} = \boldsymbol{v}$$

の添え字表現である．2階テンソル（行列 $\boldsymbol{A} \Leftrightarrow a_{ij}$）が相手なら，

$$\delta_{ik}a_{kj} = \delta_{i1}a_{1j} + \delta_{i2}a_{2j} + \delta_{i3}a_{3j} = a_{ij} \Leftrightarrow \boldsymbol{I}\boldsymbol{A} = \boldsymbol{A}$$

或る行列に単位行列を掛けた結果はもとの行列に等しい（当然！）．さらに，$\boldsymbol{A}$ 自体が単位行列（$\boldsymbol{A} = \boldsymbol{I}$）なら，

$$\delta_{ik}\delta_{kj} = \delta_{i1}\delta_{1j} + \delta_{i2}\delta_{2j} + \delta_{i3}\delta_{3j} = \delta_{ij} \Leftrightarrow \boldsymbol{I}\boldsymbol{I} = \boldsymbol{I}$$

単位行列と単位行列の積は単位行列．これも当然．

二つのベクトルのスカラー積は，単位行列 $\boldsymbol{I}$ の定める一つの双一次形式である．例えば，ベクトル $\boldsymbol{v} \Leftrightarrow v_i$，$\boldsymbol{w} \Leftrightarrow w_i$ に対して，

$$\boldsymbol{v}\cdot\boldsymbol{w} = (v_i\boldsymbol{e}_i)\cdot(w_j\boldsymbol{e}_j) = v_iw_j(\boldsymbol{e}_i\cdot\boldsymbol{e}_j) \overset{(6.2)}{=} v_iw_j\delta_{ij} = v_iw_i \;(= v_jw_j)$$

課題 6.4 ●　位置ベクトル $\boldsymbol{x} = x_1\boldsymbol{e}_1 + x_2\boldsymbol{e}_2 + x_3\boldsymbol{e}_3 = x_i\boldsymbol{e}_i$ の大きさ $|\boldsymbol{x}| = r = \sqrt{x_1^2 + x_2^2 + x_3^2}$ に対して,

$$\frac{\partial r}{\partial x_1} = \frac{2x_1}{2\sqrt{x_1^2 + x_2^2 + x_3^2}} = \frac{x_1}{r} \quad \text{他も同様で,} \quad \frac{\partial r}{\partial x_j} = \frac{x_j}{r} \tag{6.7}$$

である. $r^2 = x_i x_i$ から“添え字演算だけで”これを導け. また, 式(6.7)を幾何学的に解釈せよ.

▶**ヒント**

$$\frac{\partial x_i}{\partial x_j} = \delta_{ij} \tag{6.8}$$

課題 6.5 ●　行列・ベクトル表示は添え字表示に, 添え字表示は行列・ベクトル表示に直せ. $\boldsymbol{A}$, $\boldsymbol{B}$, $\boldsymbol{C}$, $\boldsymbol{D}$ は 3×3 行列, $\boldsymbol{x}$, $\boldsymbol{y}$ はベクトルまたは 3×1 行列, z, λ, Φ はスカラーである.

(1) ${}^t\boldsymbol{A}\boldsymbol{B} = \boldsymbol{C}$　(2) $z = {}^t\boldsymbol{x}\,{}^t\boldsymbol{B}\boldsymbol{D}\boldsymbol{y}$　(3) $z = \mathrm{tr}\,\boldsymbol{D} = \mathrm{tr}(\boldsymbol{A}\,{}^t\boldsymbol{B}\,{}^t\boldsymbol{C})$

(4) $a_{ip}b_{jp} = c_{qq}d_{ji}$　(5) $x_j f_{ij} = \lambda x_i = \lambda\delta_{ij}x_j$（固有値, 固有ベクトル）

(6) $\Phi = \dfrac{1}{2}(a_{ii}a_{jj} - a_{ij}a_{ji})$（第二回転不変量, **第14章**）

課題 6.6 ●　f を, $r = |\boldsymbol{x}|$ のみの関数とする $(f = f(r))$. “添え字演算だけで”

$$\boldsymbol{\nabla} f = \left(\frac{1}{r}\frac{df}{dr}\right)\boldsymbol{x}$$

を示せ. また, これを幾何学的に解釈せよ.

課題 6.7 ●　真空中の点 O に電荷 q があるとき, O から距離 $r\ (\neq 0)$ だけ離れた点 P の電場ベクトルは,

$$\boldsymbol{E} = \frac{q}{4\pi\varepsilon_0 r^2}\left(\frac{\boldsymbol{r}}{r}\right) \quad (\boldsymbol{r} = \overrightarrow{\mathrm{OP}},\ \varepsilon_0 \text{ は真空誘電率})$$

である. “添え字演算だけで” $\mathrm{div}\,\boldsymbol{E} = 0$ を示せ.

▶**注意**　クロネッカーのデルタについては, 以後, 以下の関係を自在にあやつる.

$$(6.2)\quad \boldsymbol{e}_i \cdot \boldsymbol{e}_j = \delta_{ij}, \quad (6.3)\quad (\boldsymbol{e}_i)_j = \delta_{ij}, \quad (6.8)\quad \frac{\partial x_i}{\partial x_j} = \delta_{ij}$$

6.4 Eddington のイプシロンとベクトル積

添え字演算は, ベクトル積や行列式が現れる場合に特に威力を発揮する. まずは線形代数学の復習から始めよう.

置換，互換，置換の符号

順に並んだ1から n までの整数 $(1,\ldots,p,\ldots,n)$ を或る順序 $(i_1,\ldots,i_p,\ldots,i_n)$ に並べ替える操作を n 次の**置換**と呼び，これを $\pi=(i_1,\ldots,i_p,\ldots,i_n)$ と書く．或いは $\pi(p)=i_p$ とも書く．後の表記は，並べ替えの結果，もとの p の位置に i_p が来る，の意である．n 次の置換全体の集合 S_n を n 次の**対称群**と呼ぶ．n 個の異なる整数を並べる場合の数は $n!$ 通りであるから，n 次の対称群は $n!$ 個の置換からなる．

n 次の対称群の中の或る置換 $\pi=(i_1,\ldots,i_p,\ldots,i_n)$ について，**置換の符号**"$\mathrm{sgn}\,\pi$"の定義は次であった（sgn は"シグナム"と読む）．

> π を**互換の積**に分解するとき，それに必要な互換の回数が
> 　**偶数**であれば $\mathrm{sgn}\,\pi=+1$，
> 　**奇数**であれば $\mathrm{sgn}\,\pi=-1$

簡単に言えば，n 個の数字の中の二つを取り出して入れ替えるという操作（互換）を何回行えば，最初の $(1,\ldots,p,\ldots,n)$ の並びから最終の $(i_1,\ldots,i_p,\ldots,i_n)$ の並びに至るか，と考え，それが偶数回なら $\mathrm{sgn}\,\pi=+1$，奇数回なら $\mathrm{sgn}\,\pi=-1$ である．$\mathrm{sgn}\,\pi=+1$ である π を**偶置換**，$\mathrm{sgn}\,\pi=-1$ である π を**奇置換**と言う．

例●　$n=2$ のとき π は，

(1) $\pi=(1,2)$，或いは，$\pi(1)=1$，$\pi(2)=2$

(2) $\pi=(2,1)$，或いは，$\pi(1)=2$，$\pi(2)=1$

の $2!=2$ 通りである．(1) では，$(1,2)$ が0回，2回，4回，... の互換で $(1,2)$ の並びになるので，$\mathrm{sgn}\,\pi=+1$ であり，(2) では $(1,2)$ が1回，3回，5回，... の互換で $(2,1)$ の並びになるので，$\mathrm{sgn}\,\pi=-1$ である．

$n=3$ のとき，π は，

$$\begin{array}{rcllllll} \pi &=& (1,2,3), & (1,3,2), & (2,3,1), & (2,1,3), & (3,1,2), & (3,2,1) \\ \mathrm{sgn}\,\pi &=& +1, & -1, & +1, & -1, & +1, & -1 \end{array}$$

の $3!=6$ 通りである．下段の $\mathrm{sgn}\,\pi$ を確かめよ．

Eddington のイプシロン

ε_{ijk} なる記号を導入する．これを3階の**単位交替積**または **Eddington のイプシロン**と言う．添え字を三つ持つから，取り敢えずこれは3階のテンソルであり，その定義は次のようなものである．

① 添え字 (i,j,k) のそれぞれが $(1,2,3)$ のどれかであって重複していない場合には，
　$\varepsilon_{ijk}=\mathrm{sgn}\,\pi$，但し，$\pi=(i,j,k)$

② 添え字 (i,j,k) の中に同じものがある場合には（三つとも同じ場合も含めて），$\varepsilon_{ijk}=0$

(i, j, k) のそれぞれに数字 $(1, 2, 3)$ を可能な全ての組み合わせで入れると，ε_{ijk} の総数は $3^3 = 27$ 個である．しかし，上の例の $n = 3$ によって，

$$\varepsilon_{123} = \varepsilon_{231} = \varepsilon_{312} = +1, \quad \varepsilon_{132} = \varepsilon_{213} = \varepsilon_{321} = -1$$

の $3! = 6$ 個を除けば，残りの 21 個（$\varepsilon_{111}, \varepsilon_{222}, \varepsilon_{112}, \ldots$ など）は，上記②によって全てゼロである．

添え字の中に同じものがあれば $\varepsilon_{ijk} = 0$ とするのは，置換の本来の意味に対応する．すなわち，置換 $\pi = (i, j, k)$ は $(1, 2, 3)$ の並べ替えであるから，ε_{112} $(= \mathrm{sgn}\,\pi$，但し $\pi = (1, 1, 2))$ のようなものは初めから排除しておく．

互換を 2 回行えば置換の符号は変わらないから，$\varepsilon_{ijk} = \varepsilon_{kij} = \varepsilon_{jki}$ は明白であろう．さらに，(i, j, k) を (j, i, k) と並べ替えることは，初めの並び $(1, 2, 3)$ からの互換を 1 回増やすことであるから，$\varepsilon_{jik} = -\varepsilon_{ijk}$ などが成立する．

次のように覚えよ．

三つの添え字のうち，端をつまんで反対側の端に移しても符号は変わらない．

$$\varepsilon_{ijk} = \varepsilon_{jki} \qquad \varepsilon_{ijk} = \varepsilon_{kij}$$

端をつまんで残り二つの間に割り込ませれば符号が変わる．

$$\varepsilon_{ijk} = -\varepsilon_{jik} \qquad \varepsilon_{ijk} = -\varepsilon_{ikj}$$

■■ベクトル積の添え字表現■■

2.4 節で，デカルト基底 $\{\boldsymbol{e}_1, \boldsymbol{e}_2, \boldsymbol{e}_3\}$ 間のベクトル積について次を指摘した．

$$\text{(2.13)} \quad \left.\begin{aligned} \boldsymbol{e}_1 \wedge \boldsymbol{e}_2 &= -\boldsymbol{e}_2 \wedge \boldsymbol{e}_1 = \boldsymbol{e}_3 \\ \boldsymbol{e}_2 \wedge \boldsymbol{e}_3 &= -\boldsymbol{e}_3 \wedge \boldsymbol{e}_2 = \boldsymbol{e}_1 \\ \boldsymbol{e}_3 \wedge \boldsymbol{e}_1 &= -\boldsymbol{e}_1 \wedge \boldsymbol{e}_3 = \boldsymbol{e}_2 \\ \boldsymbol{e}_1 \wedge \boldsymbol{e}_1 &= \boldsymbol{e}_2 \wedge \boldsymbol{e}_2 = \boldsymbol{e}_3 \wedge \boldsymbol{e}_3 = \boldsymbol{0} \end{aligned}\right\}$$

これらの全てが，Eddington のイプシロンと縮約を用いて，次のように 1 行で書ける．

$$\boldsymbol{e}_i \wedge \boldsymbol{e}_j = \varepsilon_{kij} \boldsymbol{e}_k \quad (= \varepsilon_{ijk} \boldsymbol{e}_k = \varepsilon_{jki} \boldsymbol{e}_k) \tag{6.9}$$

これは，添え字 (i, j) が生きていて k が死んでいる．例えば，$(i, j) = (1, 2)$ 及び $(i, j) = (2, 1)$ のとき，

$$\boldsymbol{e}_1 \wedge \boldsymbol{e}_2 = \varepsilon_{k12} \boldsymbol{e}_k = \varepsilon_{112} \boldsymbol{e}_1 + \varepsilon_{212} \boldsymbol{e}_2 + \varepsilon_{312} \boldsymbol{e}_3 = \varepsilon_{312} \boldsymbol{e}_3 = \boldsymbol{e}_3$$

$$\boldsymbol{e}_2 \wedge \boldsymbol{e}_1 = \varepsilon_{k21} \boldsymbol{e}_k = -\varepsilon_{k12} \boldsymbol{e}_k = -\varepsilon_{312} \boldsymbol{e}_3 = -\boldsymbol{e}_3$$

となって上の 1 行目が得られる．2，3 行目も同様．また，$i = j$ のとき $\varepsilon_{kij} = 0$ であるから 4 行目も得られる．

さて，3 ベクトル $\boldsymbol{A} \Leftrightarrow a_i$，$\boldsymbol{B} \Leftrightarrow b_i$，$\boldsymbol{C} \Leftrightarrow c_i$ の間に $\boldsymbol{C} = \boldsymbol{A} \wedge \boldsymbol{B}$ の関係があるとする．

$$\boldsymbol{C} = \underset{①}{c_i \boldsymbol{e}_i} = \boldsymbol{A} \wedge \boldsymbol{B} = (a_j \boldsymbol{e}_j) \wedge (b_k \boldsymbol{e}_k) = a_j b_k (\boldsymbol{e}_j \wedge \boldsymbol{e}_k)$$

$$\overset{(6.9)}{=} a_j b_k \varepsilon_{ijk} \boldsymbol{e}_i = \varepsilon_{ijk} \underset{②}{a_j} b_k \boldsymbol{e}_i$$

式の中ほどで $\boldsymbol{A} \wedge \boldsymbol{B} = (a_j \boldsymbol{e}_j) \wedge (b_j \boldsymbol{e}_j)$ とは，“死んでも”書いてはいけない．一つの項の中の別の縮約には，必ず別の文字を使わなければならないのであった．

上式の①と②の $\boldsymbol{e}_i$ の係数を比較すれば（或いは $\{\boldsymbol{e}_1, \boldsymbol{e}_2, \boldsymbol{e}_3\}$ が一次独立であるから），

$$c_i = \varepsilon_{ijk} a_j b_k \Leftrightarrow \boldsymbol{C} = \boldsymbol{A} \wedge \boldsymbol{B} \tag{6.10}$$

となる．これが**ベクトル積の添え字表現**である．生きた添え字 i を変化させれば，

$$\boldsymbol{C} \Leftrightarrow \begin{pmatrix} c_1 \\ c_2 \\ c_3 \end{pmatrix} = \begin{pmatrix} \varepsilon_{1jk} a_j b_k \\ \varepsilon_{2jk} a_j b_k \\ \varepsilon_{3jk} a_j b_k \end{pmatrix} = \begin{pmatrix} \varepsilon_{123} a_2 b_3 + \varepsilon_{132} a_3 b_2 \\ \varepsilon_{231} a_3 b_1 + \varepsilon_{213} a_1 b_3 \\ \varepsilon_{312} a_1 b_2 + \varepsilon_{321} a_2 b_1 \end{pmatrix}$$

$$= \begin{pmatrix} a_2 b_3 - a_3 b_2 \\ a_3 b_1 - a_1 b_3 \\ a_1 b_2 - a_2 b_1 \end{pmatrix}$$

となる．これは式(2.14)である．

6.5 スカラー三重積と行列式

3 本のベクトル $\boldsymbol{A} \Leftrightarrow a_i, \boldsymbol{B} \Leftrightarrow b_i, \boldsymbol{C} \Leftrightarrow c_i$ について，スカラー三重積 $[\boldsymbol{ABC}] = \boldsymbol{A} \cdot \boldsymbol{B} \wedge \boldsymbol{C}$ は，3 本を同じ始点から描いてできる平行六面体の体積であり，それぞれをデカルト成分で，$\boldsymbol{A} = {}^t(a_1, a_2, a_3)$，$\boldsymbol{B} = {}^t(b_1, b_2, b_3)$，$\boldsymbol{C} = {}^t(c_1, c_2, c_3)$ とすれば，

$$(2.17) \quad [\boldsymbol{ABC}] = \boldsymbol{A} \cdot \boldsymbol{B} \wedge \boldsymbol{C} = \begin{vmatrix} a_1 & b_1 & c_1 \\ a_2 & b_2 & c_2 \\ a_3 & b_3 & c_3 \end{vmatrix}$$

となるのであった．式(6.10)を用いれば，これは次のように書ける．

$$\big([\boldsymbol{ABC}] =\big) \quad \begin{vmatrix} a_1 & b_1 & c_1 \\ a_2 & b_2 & c_2 \\ a_3 & b_3 & c_3 \end{vmatrix} = \boldsymbol{A} \cdot \boldsymbol{B} \wedge \boldsymbol{C} = (\boldsymbol{A})_i (\boldsymbol{B} \wedge \boldsymbol{C})_i$$

$$\overset{(6.10)}{=} a_i (\varepsilon_{ijk} b_j c_k) = \varepsilon_{ijk} a_i b_j c_k \tag{6.11}$$

これが**スカラー三重積**，すなわち **3×3 行列式の添え字表現**である．

■行列式の演算規則を添え字で■

以下は行列式に関する周知の演算規則である．

(1) $[\boldsymbol{ABC}] = [\boldsymbol{BCA}] = [\boldsymbol{CAB}]$

$$\Leftrightarrow \begin{vmatrix} a_1 & b_1 & c_1 \\ a_2 & b_2 & c_2 \\ a_3 & b_3 & c_3 \end{vmatrix} = \begin{vmatrix} b_1 & c_1 & a_1 \\ b_2 & c_2 & a_2 \\ b_3 & c_3 & a_3 \end{vmatrix} = \begin{vmatrix} c_1 & a_1 & b_1 \\ c_2 & a_2 & b_2 \\ c_3 & a_3 & b_3 \end{vmatrix}$$

(2)　$[\boldsymbol{ABC}] = -[\boldsymbol{BAC}] \Leftrightarrow \begin{vmatrix} a_1 & b_1 & c_1 \\ a_2 & b_2 & c_2 \\ a_3 & b_3 & c_3 \end{vmatrix} = -\begin{vmatrix} b_1 & a_1 & c_1 \\ b_2 & a_2 & c_2 \\ b_3 & a_3 & c_3 \end{vmatrix}$　など

(3)　$[\boldsymbol{AAC}] = 0 \Leftrightarrow \begin{vmatrix} a_1 & a_1 & c_1 \\ a_2 & a_2 & c_2 \\ a_3 & a_3 & c_3 \end{vmatrix} = 0$　など

(4)　$\big[(\alpha\boldsymbol{A})\boldsymbol{BC}\big] = \alpha[\boldsymbol{ABC}] \Leftrightarrow \begin{vmatrix} \alpha a_1 & b_1 & c_1 \\ \alpha a_2 & b_2 & c_2 \\ \alpha a_3 & b_3 & c_3 \end{vmatrix} = \alpha \begin{vmatrix} a_1 & b_1 & c_1 \\ a_2 & b_2 & c_2 \\ a_3 & b_3 & c_3 \end{vmatrix}$　など

(5)　$\big[(\boldsymbol{A} + \beta\boldsymbol{B} + \gamma\boldsymbol{C})\boldsymbol{BC}\big] = [\boldsymbol{ABC}]$

$$\Leftrightarrow \begin{vmatrix} a_1 + \beta b_1 + \gamma c_1 & b_1 & c_1 \\ a_2 + \beta b_2 + \gamma c_2 & b_2 & c_2 \\ a_3 + \beta b_3 + \gamma c_3 & b_3 & c_3 \end{vmatrix} = \begin{vmatrix} a_1 & b_1 & c_1 \\ a_2 & b_2 & c_2 \\ a_3 & b_3 & c_3 \end{vmatrix} \quad \text{など}$$

これらは全て添え字演算によって示すことができる．以下の演算中，①は $\varepsilon_{ijk} = \varepsilon_{jki} = \varepsilon_{kij}$，②は $\varepsilon_{ijk} = -\varepsilon_{jik}$，③は半分ずつに分けただけ，④は死んだ添え字 (jik) の (ijk) への入れ替えである．

(1)　$[\boldsymbol{ABC}] = \varepsilon_{ijk} a_i b_j c_k \overset{①}{=} \varepsilon_{jki} b_j c_k a_i = [\boldsymbol{BCA}] \overset{①}{=} \varepsilon_{kij} c_k a_i b_j = [\boldsymbol{CAB}]$

(2)　$[\boldsymbol{ABC}] = \varepsilon_{ijk} a_i b_j c_k \overset{②}{=} -\varepsilon_{jik} b_j a_i c_k = -[\boldsymbol{BAC}]$　など

(3)　$[\boldsymbol{AAC}] = \varepsilon_{ijk} a_i a_j c_k \overset{③}{=} \dfrac{1}{2}(\varepsilon_{ijk} a_i a_j c_k + \varepsilon_{ijk} a_i a_j c_k)$

$$\overset{②}{=} \frac{1}{2}(\varepsilon_{ijk} a_i a_j c_k - \varepsilon_{jik} a_j a_i c_k) \overset{④}{=} \frac{1}{2}(\varepsilon_{ijk} a_i a_j c_k - \varepsilon_{ijk} a_i a_j c_k)$$

$= 0$　など

(4)　$\big[(\alpha\boldsymbol{A})\boldsymbol{BC}\big] = \varepsilon_{ijk}(\alpha a_i) b_j c_k = \alpha(\varepsilon_{ijk} a_i b_j c_k) = \alpha[\boldsymbol{ABC}]$　など

(5)　
$$\begin{aligned} \big[(\boldsymbol{A} + \beta\boldsymbol{B} + \gamma\boldsymbol{C})\boldsymbol{BC}\big] &= \varepsilon_{ijk}(a_i + \beta b_i + \gamma c_i) b_j c_k \\ &= \varepsilon_{ijk} a_i b_j c_k + \beta \varepsilon_{ijk} b_i b_j c_k + \gamma \varepsilon_{ijk} c_i b_j c_k \\ &= [\boldsymbol{ABC}] + \beta[\boldsymbol{BBC}] + \gamma[\boldsymbol{CBC}] \\ &= [\boldsymbol{ABC}] \quad \text{など} \end{aligned}$$

幾何学的には**図 6.1** に明らか．

式(6.11)に戻って，3 本の縦ベクトルを識別する名前として $\{\boldsymbol{A}, \boldsymbol{B}, \boldsymbol{C}\}$ の替わりに $\{\boldsymbol{A}_1, \boldsymbol{A}_2, \boldsymbol{A}_3\}$ を用い，それぞれを $\boldsymbol{A}_1 = {}^t(a_{11}, a_{21}, a_{31})$，$\boldsymbol{A}_2 = {}^t(a_{12}, a_{22}, a_{32})$，$\boldsymbol{A}_3 =$

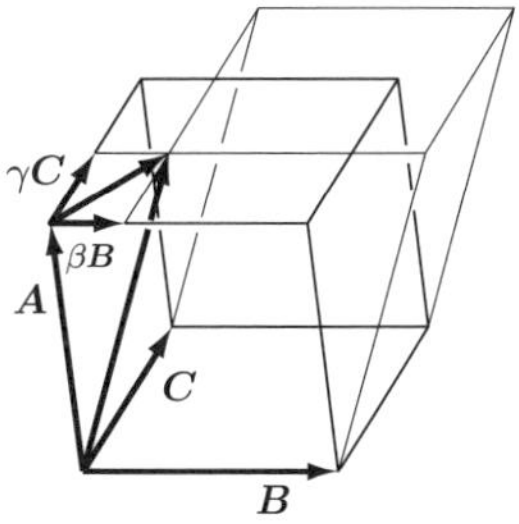

図 6.1

${}^t(a_{13}, a_{23}, a_{33})$ と表示すれば，次のようになる．

$$\big([\boldsymbol{A}_1\boldsymbol{A}_2\boldsymbol{A}_3] =\big) \quad \begin{vmatrix} a_{11} & a_{12} & a_{13} \\ a_{21} & a_{22} & a_{23} \\ a_{31} & a_{32} & a_{33} \end{vmatrix} = \det \boldsymbol{A} = \varepsilon_{ijk}a_{i1}a_{j2}a_{k3} \tag{6.12}$$

$$\text{但し，}\quad \boldsymbol{A} = (\boldsymbol{A}_1, \boldsymbol{A}_2, \boldsymbol{A}_3) = \begin{pmatrix} a_{11} & a_{12} & a_{13} \\ a_{21} & a_{22} & a_{23} \\ a_{31} & a_{32} & a_{33} \end{pmatrix} \Leftrightarrow a_{ij}$$

行列 $\boldsymbol{A} \Leftrightarrow a_{ij}$ における二つの添え字は，列添え字（後の添え字）j がもとの縦ベクトルの“名前の区別”に，行添え字（前の添え字）i が各縦ベクトルの“成分の区別”に，それぞれ使われている．

行列式は，行で作っても列で作っても同じ値となるのであった．すなわち，転置行列の行列式はもとの行列の行列式に等しいから，式(6.12)は，

$$[\boldsymbol{A}_1\boldsymbol{A}_2\boldsymbol{A}_3] = \det \boldsymbol{A} = \det {}^t\boldsymbol{A} = \begin{vmatrix} a_{11} & a_{21} & a_{31} \\ a_{12} & a_{22} & a_{32} \\ a_{13} & a_{23} & a_{33} \end{vmatrix} = \varepsilon_{ijk}a_{1i}a_{2j}a_{3k} \tag{6.13}$$

とも書ける．

▶注意　式(6.12)の行列式の添え字表示は，実は，より一般的に，

$$\det \boldsymbol{A} = |\boldsymbol{A}| = \frac{1}{6}\varepsilon_{pqr}\varepsilon_{ijk}a_{pi}a_{qj}a_{rk} \tag{6.14}$$

と書ける．死んだ添え字が六つもあるが，覚え易い形である．添え字表現では掛け算の要素の順番は入れ替えてもよいのであったから，まずこれを，

$$\det \boldsymbol{A} = \frac{1}{6}\varepsilon_{ijk}\varepsilon_{pqr}a_{pi}a_{qj}a_{rk}$$

と書き直した上で，添え字は全て死んでいるから (ijk) と (pqr) をそっくり入れ替えて，上式は，

$$\det \boldsymbol{A} = \frac{1}{6}\varepsilon_{pqr}\varepsilon_{ijk}a_{ip}a_{jq}a_{kr}$$

となる．これを最初の式(6.14)と較べれば，行列式は行列を転置させて作っても同じ値となることがわかる．

読者は，線形代数学で行列式の値が転置行列でも変わらないことを逆置換を用いた証明で学んだはずだが，このようにそれは添え字表現のまま証明できる．但し，肝心の式(6.14)は，後にテンソル概念の発展の中で改めて示すことにする．

課題 6.8●　$\boldsymbol{m}$，$\boldsymbol{n}$ を単位ベクトル，s，t をスカラーのパラメータとする．位置ベクトル $\boldsymbol{x}(s)$，$\boldsymbol{y}(t)$ で表される空間の 2 直線 $\boldsymbol{x}(s) = \boldsymbol{a} + s\boldsymbol{m}$，$\boldsymbol{y}(t) = \boldsymbol{b} + t\boldsymbol{n}$ が交わるための条件は，$[\boldsymbol{amn}] = [\boldsymbol{bmn}]$ であることを示せ．また，交差点の位置ベクトルを $\{\boldsymbol{a}, \boldsymbol{b}, \boldsymbol{m}, \boldsymbol{n}\}$ で表せ．

改めて，n 次の正方行列，

$$\boldsymbol{A} = \begin{pmatrix} a_{11} & a_{12} & \cdots & a_{1n} \\ a_{21} & a_{22} & \cdots & a_{2n} \\ \vdots & \vdots & \ddots & \vdots \\ a_{n1} & a_{n2} & \cdots & a_{nn} \end{pmatrix}$$

に対して，線形代数学で学んだその行列式 $\det \boldsymbol{A} = |\boldsymbol{A}|$ の定義は次であった．

$$\det \boldsymbol{A} = \begin{vmatrix} a_{11} & a_{12} & \cdots & a_{1n} \\ a_{21} & a_{22} & \cdots & a_{2n} \\ \vdots & \vdots & \ddots & \vdots \\ a_{n1} & a_{n2} & \cdots & a_{nn} \end{vmatrix} = \sum_{\pi \in S_n} \operatorname{sgn} \pi \, a_{\pi(1)1} a_{\pi(2)2} \cdots a_{\pi(n)n} \qquad (6.15)$$

総和 $\sum_{\pi \in S_n} \cdots$ は，$\pi = (i_1, \ldots, i_p, \ldots, i_n)$ の $\{i_1, \ldots, i_p, \ldots, i_n\}$ に，$\{1, \ldots, p, \ldots, n\}$ の数字を可能な $n!$ 通りの全ての組み合わせで当て嵌（は）めた結果の総和である．$n = 3$ では，

$$\pi = (i, j, k) \quad \text{または} \quad \pi(1) = i,\ \pi(2) = j,\ \pi(3) = k, \quad \operatorname{sgn} \pi = \varepsilon_{ijk}$$

であるから，

$$(6.12) \quad \det \boldsymbol{A} = \begin{vmatrix} a_{11} & a_{12} & a_{13} \\ a_{21} & a_{22} & a_{23} \\ a_{31} & a_{32} & a_{33} \end{vmatrix} = \sum_{\pi \in S_3} \operatorname{sgn} \pi \, a_{\pi(1)1} a_{\pi(2)2} a_{\pi(3)3}$$
$$= \varepsilon_{ijk} a_{i1} a_{j2} a_{k3}$$

となるのである．

行列式(6.15)は，**n 次元空間の n 本のベクトルが作る“超”平行多面体の体積**である．“超”とは，4 次元以上では絵が描けない，という意味．

課題 6.9●　$[\boldsymbol{e}_i \boldsymbol{e}_j \boldsymbol{e}_k] = \varepsilon_{ijk}$ を示せ．ちょっと考えれば当たり前だが，“添え字だけでやる”ことに拘（こだわ）れ．

課題 6.10 ● 次を示せ.

$$\begin{vmatrix} u_{1i} & u_{1j} & u_{1k} \\ u_{2i} & u_{2j} & u_{2k} \\ u_{3i} & u_{3j} & u_{3k} \end{vmatrix} = \varepsilon_{ijk} \begin{vmatrix} u_{11} & u_{12} & u_{13} \\ u_{21} & u_{22} & u_{23} \\ u_{31} & u_{32} & u_{33} \end{vmatrix}$$

すなわち，行列式を構成する列を置換する（並べ替える）と，その置換の符号が行列式の外に現れる．行についても同様.

課題 6.11 ● 平面の二つのベクトル $\boldsymbol{u} = {}^t(u_1, u_2)$，$\boldsymbol{v} = {}^t(v_1, v_2)$ から作られる行列 $\boldsymbol{A} = \begin{pmatrix} u_1 & v_1 \\ u_2 & v_2 \end{pmatrix}$ の行列式 $\det \boldsymbol{A} = \begin{vmatrix} u_1 & v_1 \\ u_2 & v_2 \end{vmatrix}$ は，$\{\boldsymbol{u}, \boldsymbol{v}\}$ の作る平行四辺形の面積であることを，次の二通りの方法で示せ．$\{\boldsymbol{u}, \boldsymbol{v}\}$ は右手系とする（**図 6.2**）.

(1) 3 次元問題，すなわち $\boldsymbol{u} = {}^t(u_1, u_2, 0)$，$\boldsymbol{v} = {}^t(v_1, v_2, 0)$ と見て.

(2) 純粋な 2 次元問題として.

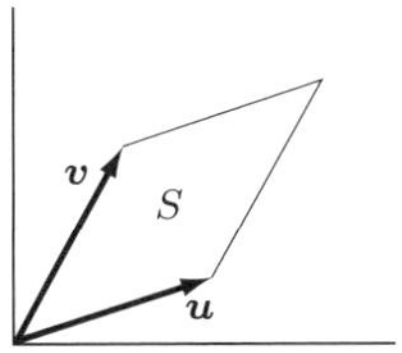

図 6.2

6.6 Eddington のイプシロンの性質

次の行列式を考える.

$$\begin{vmatrix} \delta_{il} & \delta_{im} & \delta_{in} \\ \delta_{jl} & \delta_{jm} & \delta_{jn} \\ \delta_{kl} & \delta_{km} & \delta_{kn} \end{vmatrix} \tag{6.16}$$

課題 6.10 で示したように，行列式の行または列を並べ替えると，その並べ替え（置換）の符号が外に出るから，まず式(6.16)の行 (i, j, k) を $(1, 2, 3)$ に並べ替え，次に列 (l, m, n) を $(1, 2, 3)$ に並べ替えれば,

$$\begin{aligned} \begin{vmatrix} \delta_{il} & \delta_{im} & \delta_{in} \\ \delta_{jl} & \delta_{jm} & \delta_{jn} \\ \delta_{kl} & \delta_{km} & \delta_{kn} \end{vmatrix} &= \varepsilon_{ijk} \begin{vmatrix} \delta_{1l} & \delta_{1m} & \delta_{1n} \\ \delta_{2l} & \delta_{2m} & \delta_{2n} \\ \delta_{3l} & \delta_{3m} & \delta_{3n} \end{vmatrix} \\ &= \varepsilon_{ijk}\varepsilon_{lmn} \begin{vmatrix} \delta_{11} & \delta_{12} & \delta_{13} \\ \delta_{21} & \delta_{22} & \delta_{23} \\ \delta_{31} & \delta_{32} & \delta_{33} \end{vmatrix} = \varepsilon_{ijk}\varepsilon_{lmn} \begin{vmatrix} 1 & 0 & 0 \\ 0 & 1 & 0 \\ 0 & 0 & 1 \end{vmatrix} \end{aligned}$$

$$= \varepsilon_{ijk}\varepsilon_{lmn} \tag{6.17}$$

左辺の行列式を展開すれば，

$$\begin{aligned}\varepsilon_{ijk}\varepsilon_{lmn} &= \delta_{il}\delta_{jm}\delta_{kn} + \delta_{im}\delta_{jn}\delta_{kl} + \delta_{in}\delta_{jl}\delta_{km} \\ &\qquad - \delta_{in}\delta_{jm}\delta_{kl} - \delta_{im}\delta_{jl}\delta_{kn} - \delta_{il}\delta_{jn}\delta_{km}\end{aligned}$$

となる．これは，添え字 (i, j, k, l, m, n) が全て生きているから，6階のテンソル式である．

この式で $n = k$ と縮約すれば，

$$\begin{aligned}\varepsilon_{ijk}\varepsilon_{lmk} &= \delta_{il}\delta_{jm}\delta_{kk} + \delta_{im}\delta_{jk}\delta_{kl} + \delta_{ik}\delta_{jl}\delta_{km} \\ &\qquad - \delta_{ik}\delta_{jm}\delta_{kl} - \delta_{im}\delta_{jl}\delta_{kk} - \delta_{il}\delta_{jk}\delta_{km} \\ &= 3\delta_{il}\delta_{jm} + \delta_{im}\delta_{jl} + \delta_{im}\delta_{jl} - \delta_{il}\delta_{jm} - 3\delta_{im}\delta_{jl} - \delta_{il}\delta_{jm} \\ &= \delta_{il}\delta_{jm} - \delta_{im}\delta_{jl}\end{aligned}$$

クロネッカーのデルタの縮約に関する規則が自在に使われていることに注意．結局，次式を得る．

$$\varepsilon_{ijk}\varepsilon_{lmk} = \delta_{il}\delta_{jm} - \delta_{im}\delta_{jl} \tag{6.18}$$

これは4階テンソルの式である．この式でさらに $m = j$ と縮約すると，

$$\varepsilon_{ijk}\varepsilon_{ljk} = \delta_{il}\delta_{jj} - \delta_{ij}\delta_{jl} = 3\delta_{il} - \delta_{il} = 2\delta_{il} \tag{6.19}$$

これは2階のテンソル式である．最後に，$l = i$ と縮約すると，

$$\varepsilon_{ijk}\varepsilon_{ijk} = 2\delta_{ii} = 6 \quad (= 3!) \tag{6.20}$$

これは0階のテンソル式，すなわちスカラー式である．

6.7 ベクトルの回転

ベクトル $\boldsymbol{v}$ の**回転** (rotation) を $\operatorname{rot}\boldsymbol{v}$，$\operatorname{curl}\boldsymbol{v}$，$\boldsymbol{\nabla}\wedge\boldsymbol{v}$，$\boldsymbol{\nabla}\times\boldsymbol{v}$ などと書き，

$$\begin{aligned}\boldsymbol{\omega} = \operatorname{rot}\boldsymbol{v} &= \begin{vmatrix} \boldsymbol{e}_1 & \boldsymbol{e}_2 & \boldsymbol{e}_3 \\ \dfrac{\partial}{\partial x_1} & \dfrac{\partial}{\partial x_2} & \dfrac{\partial}{\partial x_3} \\ v_1 & v_2 & v_3 \end{vmatrix} \\ &= \left(\frac{\partial v_3}{\partial x_2} - \frac{\partial v_2}{\partial x_3}\right)\boldsymbol{e}_1 + \left(\frac{\partial v_1}{\partial x_3} - \frac{\partial v_3}{\partial x_1}\right)\boldsymbol{e}_2 + \left(\frac{\partial v_2}{\partial x_1} - \frac{\partial v_1}{\partial x_2}\right)\boldsymbol{e}_3\end{aligned} \tag{6.21}$$

である．$\boldsymbol{\omega} \Leftrightarrow \omega_i$ を添え字表示すれば，

$$\boldsymbol{\omega} = \operatorname{rot}\boldsymbol{v} \Leftrightarrow \omega_i = \varepsilon_{ijk}\frac{\partial v_k}{\partial x_j} \tag{6.22}$$

である．死んだ添え字 (jk) の位置に注意（j が分母に，k が分子にある）．添え字を変化させて，添え字表現が式(6.21)に対応し得ていることを確かめよ．

▶**注意** ベクトル解析の概念の殆どは直感的・視覚的に理解できるものばかりだが，回転だけは少々わかりにくい．その意味は**第11章**で存分に解説されるから，ここでは形だけを先に覚えればよい．

例題 6.1● 次式を示せ．

$$(\boldsymbol{v}\cdot\boldsymbol{\nabla})\boldsymbol{v} = \boldsymbol{\nabla}\left(\frac{|\boldsymbol{v}|^2}{2}\right) - \boldsymbol{v}\wedge \mathrm{rot}\,\boldsymbol{v}$$

▶**注意** 左辺中 $(\boldsymbol{v}\cdot\boldsymbol{\nabla})$ は，

$$\boldsymbol{v}\cdot\boldsymbol{\nabla} = v_j\frac{\partial}{\partial x_j} = v_1\frac{\partial}{\partial x_1} + v_2\frac{\partial}{\partial x_2} + v_3\frac{\partial}{\partial x_3}$$

という演算子であり，$(\boldsymbol{v}\cdot\boldsymbol{\nabla})\boldsymbol{v}$ は，

$$v_j\frac{\partial v_i}{\partial x_j} \Leftrightarrow \begin{pmatrix} v_1\dfrac{\partial v_1}{\partial x_1} + v_2\dfrac{\partial v_1}{\partial x_2} + v_3\dfrac{\partial v_1}{\partial x_3} \\ v_1\dfrac{\partial v_2}{\partial x_1} + v_2\dfrac{\partial v_2}{\partial x_2} + v_3\dfrac{\partial v_2}{\partial x_3} \\ v_1\dfrac{\partial v_3}{\partial x_1} + v_2\dfrac{\partial v_3}{\partial x_2} + v_3\dfrac{\partial v_3}{\partial x_3} \end{pmatrix}$$

というベクトルである．

解答◆ $\boldsymbol{\omega} = \mathrm{rot}\,\boldsymbol{v} \Leftrightarrow \omega_k = \varepsilon_{klm}\dfrac{\partial v_m}{\partial x_l}$，$\boldsymbol{u} = \boldsymbol{v}\wedge\mathrm{rot}\,\boldsymbol{v} = \boldsymbol{v}\wedge\boldsymbol{\omega}$ とすると，

$$\begin{aligned} u_i &= \varepsilon_{ijk}v_j\omega_k = \varepsilon_{ijk}v_j\varepsilon_{klm}\frac{\partial v_m}{\partial x_l} = \varepsilon_{ijk}\varepsilon_{lmk}v_j\frac{\partial v_m}{\partial x_l} \\ &\overset{(6.18)}{=} (\delta_{il}\delta_{jm} - \delta_{im}\delta_{jl})v_j\frac{\partial v_m}{\partial x_l} \\ &= v_m\frac{\partial v_m}{\partial x_i} - v_l\frac{\partial v_i}{\partial x_l} = \frac{\partial}{\partial x_i}\left(\frac{v_m v_m}{2}\right) - v_l\frac{\partial v_i}{\partial x_l} \end{aligned}$$

よって，

$$\boldsymbol{u} = \boldsymbol{v}\wedge\mathrm{rot}\,\boldsymbol{v} = \boldsymbol{\nabla}\left(\frac{|\boldsymbol{v}|^2}{2}\right) - (\boldsymbol{v}\cdot\boldsymbol{\nabla})\boldsymbol{v} \quad \therefore \quad (\boldsymbol{v}\cdot\boldsymbol{\nabla})\boldsymbol{v} = \boldsymbol{\nabla}\left(\frac{|\boldsymbol{v}|^2}{2}\right) - \boldsymbol{v}\wedge\mathrm{rot}\,\boldsymbol{v}$$

上記演算中の添え字保存を確認せよ．生きた添え字は i である． ■

▶**参考** この例題の結果は，流体力学で大活躍する（ナヴィエ・ストークスの式，オイラーの式，ベルヌーイの式，渦度輸送方程式など）．$\boldsymbol{v}\wedge\mathrm{rot}\,\boldsymbol{v}$ という項は“変化球の起源”である．

課題 6.12● $\boldsymbol{e}_i = \dfrac{1}{2}\varepsilon_{ijk}\boldsymbol{e}_j\wedge\boldsymbol{e}_k$ を示せ．

課題 6.13● 以下の公式を“添え字演算だけで”証明せよ．$\boldsymbol{A}$，$\boldsymbol{B}$，$\boldsymbol{C}$，$\boldsymbol{D}$ はベクトル，f はスカラーである．

(1) $(\boldsymbol{A} \wedge \boldsymbol{B}) \cdot (\boldsymbol{C} \wedge \boldsymbol{D}) = (\boldsymbol{A} \cdot \boldsymbol{C})(\boldsymbol{B} \cdot \boldsymbol{D}) - (\boldsymbol{B} \cdot \boldsymbol{C})(\boldsymbol{A} \cdot \boldsymbol{D})$

(2) $(\boldsymbol{A} \wedge \boldsymbol{B}) \cdot (\boldsymbol{A} \wedge \boldsymbol{B}) + (\boldsymbol{A} \cdot \boldsymbol{B})^2 = |\boldsymbol{A}|^2 |\boldsymbol{B}|^2$

(3) $\boldsymbol{A} \wedge (\boldsymbol{B} \wedge \boldsymbol{C}) = (\boldsymbol{A} \cdot \boldsymbol{C})\boldsymbol{B} - (\boldsymbol{A} \cdot \boldsymbol{B})\boldsymbol{C}$　（ベクトル三重積の公式）

この公式で $\boldsymbol{A} \to \boldsymbol{e}$，$\boldsymbol{C} \to \boldsymbol{e}$（$\boldsymbol{e}$ は単位ベクトル）と転ずれば，

$$\boldsymbol{B} = (\boldsymbol{e} \cdot \boldsymbol{B})\boldsymbol{e} + \boldsymbol{e} \wedge (\boldsymbol{B} \wedge \boldsymbol{e})$$

となる．この結果を解釈せよ．

(4) $(\boldsymbol{A} \wedge \boldsymbol{B}) \wedge (\boldsymbol{C} \wedge \boldsymbol{D}) = [\boldsymbol{CDA}]\boldsymbol{B} - [\boldsymbol{CDB}]\boldsymbol{A} = [\boldsymbol{ABD}]\boldsymbol{C} - [\boldsymbol{ABC}]\boldsymbol{D}$

この結果から，3元連立一次方程式の解に関するクラーメルの公式を導け．$[\boldsymbol{ABC}] \neq 0$ とする．

(5) $\mathrm{rot}\,\mathrm{grad}\, f = \boldsymbol{0}$（ベクトルとしてのゼロ）

(6) $\mathrm{div}\,\mathrm{rot}\, \boldsymbol{A} = 0$（スカラーとしてのゼロ）

(7) $\mathrm{rot}(f\boldsymbol{A}) = f\,\mathrm{rot}\, \boldsymbol{A} - \boldsymbol{A} \wedge (\mathrm{grad}\, f)$

(8) $\mathrm{div}(\boldsymbol{A} \wedge \boldsymbol{B}) = \boldsymbol{B} \cdot \mathrm{rot}\, \boldsymbol{A} - \boldsymbol{A} \cdot \mathrm{rot}\, \boldsymbol{B}$

(9) $\mathrm{rot}(\boldsymbol{A} \wedge \boldsymbol{B}) = (\boldsymbol{\nabla} \cdot \boldsymbol{B})\boldsymbol{A} - (\boldsymbol{\nabla} \cdot \boldsymbol{A})\boldsymbol{B} + (\boldsymbol{B} \cdot \boldsymbol{\nabla})\boldsymbol{A} - (\boldsymbol{A} \cdot \boldsymbol{\nabla})\boldsymbol{B}$

課題 6.14 ●　$r = |\boldsymbol{x}|$ に対して，次を計算せよ．

(1) $\boldsymbol{\nabla} \cdot (r^n \boldsymbol{x})$　　(2) $\boldsymbol{\nabla} \wedge (r^n \boldsymbol{x})$

第 7 章

発散とグリーンの定理

この章の前半では，**6.3 節**で添え字演算の例として少しだけ現れた発散の意味を掘り下げる．発散は英語の “divergence” の訳語であるが，筆者は必ずしも適切な訳語と思わない．もっとよい訳語があればよいのだが，そう言い慣わされているので仕方がない．前半で展開するその意味を読者は存分に会得されたい．

前半の最後で名高いガウスの定理を示し，後半ではそのガウスの定理がグリーンの定理の特別な場合であることを示す．

7.1 発散とガウスの定理

改めて，ベクトル値関数 $\boldsymbol{v} = \boldsymbol{v}(\boldsymbol{x}) = \boldsymbol{v}(x_1, x_2, x_3)$ について，

$$\operatorname{div} \boldsymbol{v} = \frac{\partial v_1}{\partial x_1} + \frac{\partial v_2}{\partial x_2} + \frac{\partial v_3}{\partial x_3} \quad \left(= \frac{\partial v_j}{\partial x_j} \right) \tag{7.1}$$

を発散と呼ぶ．まず，この発散の形は独立変数 $\boldsymbol{x}$ と従属変数 $\boldsymbol{v}$ がともにデカルト基底 $\{\boldsymbol{e}_1, \boldsymbol{e}_2, \boldsymbol{e}_3\}$ を用いて成分表示されている場合に限ったものであることを注意しておこう．デカルト基底は大層便利なものだが，それ自体は選択御免の基底の一つに過ぎない．発散は，デカルト基底を一旦忘れて，大きさと方向を備えた量という 3 次元ベクトルの本来の意味に立脚して理解することが大切である．

視覚的に捉え易いので，取り敢(あ)えず $\boldsymbol{v}$ を流体運動の中で認識される**速度ベクトル**とする．但(ただ)し，最初に少し工夫をしておく．

■体積流束としての流速ベクトル■

速度ベクトル $\boldsymbol{v}$ の大きさ $|\boldsymbol{v}|$ の次元（単位）は無論 [m/s] であるが，これを $[(\mathrm{m}^3/\mathrm{s})/\mathrm{m}^2]$ と読み替えておく．すなわち，“単位時間当たりの方向付き変位” としての速度ベクトルは，“変位方向に垂直な単位面積当たりの体積流量” を大きさとする**体積流束ベクトル**でもある（**図 7.1**）．

例えば，熱の理論ではしばしば**熱流束ベクトル** $\boldsymbol{q}$ が用いられる．$\boldsymbol{q}$ の方向は熱の流れる方向，その大きさはその方向に垂直な単位面積を単位時間に通過する熱量である．すなわち，$|\boldsymbol{q}|$ の次元（単位）は $[(\mathrm{J/s})/\mathrm{m}^2] = [\mathrm{W/m}^2]$ である（詳細は **16.3 節**で）．また，電磁気学では，その場に置かれた単位正電荷が受ける力の方向と大きさをそのままその方向と大きさとする**電場ベクトル**（または電界ベクトル）$\boldsymbol{E}$ が用いられる．詳しくはその方面の

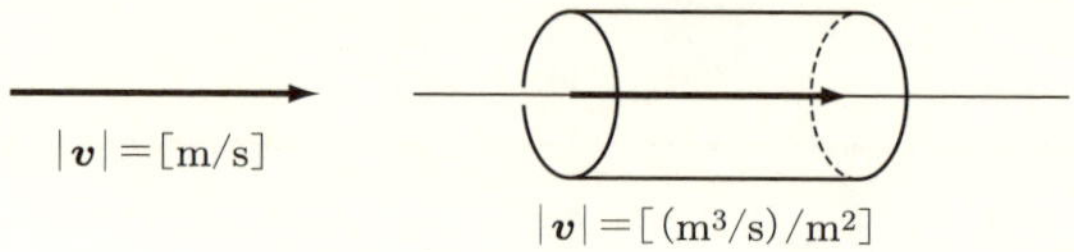

図 7.1

書物に任せるが，$\boldsymbol{E}$ の大きさは，力の方向に垂直な単位面積を貫通する電気力線の本数に等しい．すなわち，$|\boldsymbol{E}|$ は [(貫通電気力線の本数)/m^2] で測る．

このように，“単位面積当たりの…”という共通の見方でベクトルを捉えるときに，いつも発散が現れる．

発　散

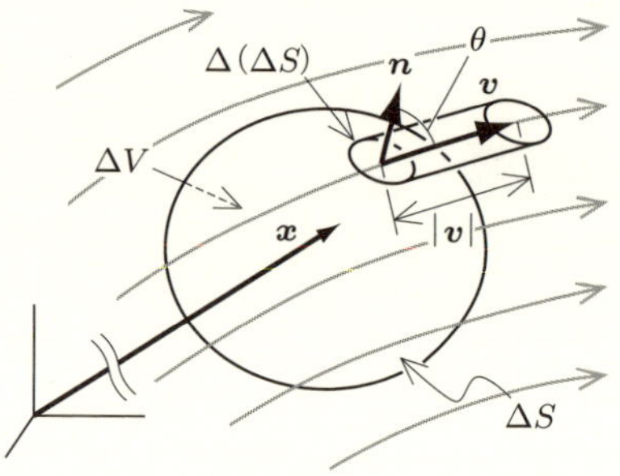

図 7.2

図 7.2 のように，流れ場中の点 $\boldsymbol{x}$ の周りに微小体積 ΔV をとり，その表面を ΔS とする．図の ΔV は説明のために随分大きく描いてあるが，微小体積である．

微小表面 ΔS をさらに微小な多くの面積要素 $\Delta(\Delta S)$ に分割し，各“微々小面” $\Delta(\Delta S)$ における ΔV の外向き単位法線ベクトルを $\boldsymbol{n}$ とする．或(あ)る瞬間に $\Delta(\Delta S)$ を形成した流体粒子群は，図のように単位時間内に $\boldsymbol{v}$ 方向に距離 $|\boldsymbol{v}|$ だけ進む．従って，単位時間内に ΔS の全体から流出する流体の体積を ΔQ とし，その ΔQ に対する $\Delta(\Delta S)$ からの寄与分を $\Delta(\Delta Q)$ とすれば，

$$\Delta(\Delta Q) = (\text{底面積}) \times (\text{高さ}) = \big\{\Delta(\Delta S)\big\} \times \big(|\boldsymbol{v}|\cos\theta\big) = \boldsymbol{v}\cdot\boldsymbol{n}\Delta(\Delta S)$$

θ は $\boldsymbol{v}$ と $\boldsymbol{n}$ の成す角度である．

ΔQ は，ΔS の全体に亘(わた)る $\Delta(\Delta Q)$ の足し算である．

$$\Delta Q = \sum_{\Delta S} \Delta(\Delta Q) = \sum_{\Delta S} \boldsymbol{v}\cdot\boldsymbol{n}\Delta(\Delta S)$$

または，表面の分割を細かくして，

$$\Delta Q = \iint_{\Delta S} \boldsymbol{v} \cdot \boldsymbol{n} \, d(\Delta S) \tag{7.2}$$

$\theta > \pi/2$ の位置では $\cos\theta < 0$ であるから，流れの実態は“流入”であり，ΔQ は，単位時間当たりの“正味の”流出体積である．

式(7.2)の ΔQ を ΔV で割り，$\Delta V \to 0$ の極限をとって微小体積を点 $\boldsymbol{x}$ に収縮させたものを，$\boldsymbol{x}$ におけるベクトル $\boldsymbol{v}$ の**発散**または**ダイバージェンス** (divergence) と呼び，$\mathrm{div}\,\boldsymbol{v}$ と書く．すなわち，

$$\mathrm{div}\,\boldsymbol{v} = \lim_{\Delta V \to 0} \frac{\Delta Q}{\Delta V} = \lim_{\Delta V \to 0} \frac{\iint_{\Delta S} \boldsymbol{v} \cdot \boldsymbol{n} \, d(\Delta S)}{\Delta V} \tag{7.3}$$

ΔQ は ΔV からの単位時間当たり正味流出体積であるから，$\mathrm{div}\,\boldsymbol{v}$ はその位置での単位体積・単位時間当たりの体積発生率（負なら消滅率）である．質量の発生は無いから，流体の密度が一定なら場の全体に亘って，

$$\mathrm{div}\,\boldsymbol{v} = 0$$

でなければならない．これを，密度一定の流体の**連続の式**と言う．速度ベクトル $\boldsymbol{v} \Leftrightarrow v_i$ は成分である三つのスカラー関数からなるが，$\mathrm{div}\,\boldsymbol{v} = 0$ というスカラー式 1 個の“縛りを掛けた”速度場だけが実際に現れる．

同様に，微小体積 ΔV 中に発熱源がなければ，熱流束ベクトル $\boldsymbol{q}$ について $\mathrm{div}\,\boldsymbol{q} = 0$ が，また，ΔV 中に電気力線の発生源たる電荷がなければ，電場ベクトル $\boldsymbol{E}$ について $\mathrm{div}\,\boldsymbol{E} = 0$ が，それぞれ成立する．

■ガウスの定理■

連続体の考え方を説明した **5.2 節**の**図 5.6** によれば，連続体の“粒子”とは**微小だが小さ過ぎない**体積 ΔV 中の“粒群（つぶ）”であった．その考え方に従って $\Delta V \to 0$ の極限をゼロの少し手前でやめれば，定義式(7.3)中の極限記号は除去してよく，これを，

$$\mathrm{div}\,\boldsymbol{v} = \frac{\Delta Q}{\Delta V} = \frac{\iint_{\Delta S} \boldsymbol{v} \cdot \boldsymbol{n} \, d(\Delta S)}{\Delta V}$$

$$\text{または} \quad \mathrm{div}\,\boldsymbol{v} \cdot \Delta V = \Delta Q = \iint_{\Delta S} \boldsymbol{v} \cdot \boldsymbol{n} \, d(\Delta S) \tag{7.4}$$

と書いてよい．

次に，ベクトル場の中に“微小でない”体積 V をとり，その表面を S とする（**図 7.3**）．V を多くの ΔV に分割した上で，各 ΔV に対する式(7.4)の総和，すなわち，

$$\sum_V \mathrm{div}\,\boldsymbol{v} \cdot \Delta V = \sum_V \iint_{\Delta S} \boldsymbol{v} \cdot \boldsymbol{n} \, d(\Delta S)$$

を作る．右辺の $\boldsymbol{v} \cdot \boldsymbol{n} \, d(\Delta S)$ において，隣接する ΔV の接触面で $\boldsymbol{v}$ は共通だが，両側からの外向き単位法線ベクトル $\boldsymbol{n}$ は方向が反対で互いに打ち消し合い，隣接相手を持たない V

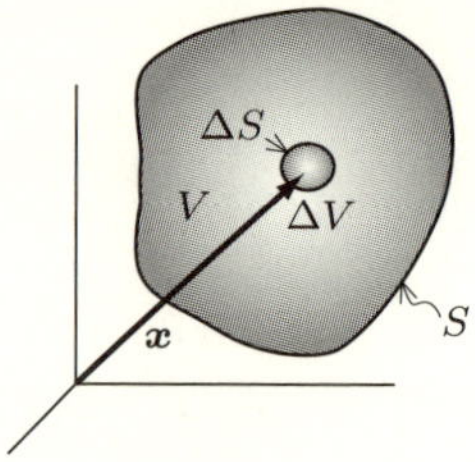

図 7.3

の表面 S の寄与だけが残る．従って，右辺は分割の極限で，

$$\iint_S \boldsymbol{v}\cdot\boldsymbol{n}\,dS$$

となる．一方，左辺の総和は分割の極限で体積積分，

$$\iiint_V \mathrm{div}\,\boldsymbol{v}\,dV$$

になるから，次式が成立する．

$$\iiint_V \mathrm{div}\,\boldsymbol{v}\,dV = \iint_S \boldsymbol{v}\cdot\boldsymbol{n}\,dS \tag{7.5}$$

結局，$\mathrm{div}\,\boldsymbol{v}$ に関しては微小体積 ΔV とその表面 ΔS について式(7.4)が，微小でない体積 V とその表面 S について式(7.5)が成立する．これらが**ガウスの定理**（発散定理）である．

7.2　オイラーの見方とラグランジの見方

以上の発散の定義に際しては，流れ場に固定した微小体積 ΔV に着目して，そこからの正味の流出に着目した．そこで，局所的な流出の様子を表す**図 7.2** で，全ての $\Delta(\Delta S)$ からの流出または流入を描いて繋（つな）ぐと**図 7.4** になる．

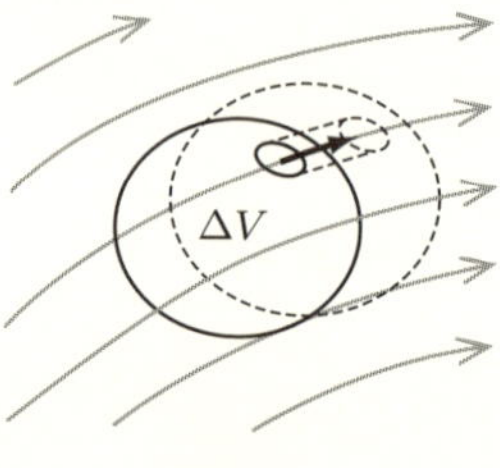

図 7.4

これは，**5.2 節**で“粒子”と呼んだ微小体積 ΔV 中の粒（つぶ）群の全体が単位時間内に破線の位置に変位したことを表し，実線と破線とは同じ粒群である．これによって，式(7.2)で“空間に固定した微小体積 ΔV からの単位時間当たりの正味流出体積”として導入した ΔQ

は，“或る瞬間に或る粒子（= 粒群）が形成した体積 ΔV の単位時間当たりの変化”，すなわち ΔV の時間変化率と捉えることもできる．粒子の帯びる何らかの量 φ の，同じ粒子に関する時間変化率を $D\varphi/Dt$ と書くと，式(7.4)は，

$$\operatorname{div}\boldsymbol{v}\cdot\Delta V = \Delta Q = \iint_{\Delta S}\boldsymbol{v}\cdot\boldsymbol{n}\,d(\Delta S) = \frac{D\,(\Delta V)}{Dt} \tag{7.6}$$

と書ける．或いは，

$$\operatorname{div}\boldsymbol{v} = \frac{1}{\Delta V}\cdot\frac{D(\Delta V)}{Dt} = \frac{D(\Delta V)/\Delta V}{Dt} = \frac{(\text{体積の微小変化})/(\text{もとの体積})}{(\text{微小時間幅})} \tag{7.6$'$}$$

である．

このように，発散には 2 通りの見方が可能である．一般に，連続体の諸現象を空間に固定した領域で考えるとき，これを**オイラーの見方**と呼び，それぞれの粒子に着目して論ずるときはこれを**ラグランジの見方**と呼ぶ．これについては**第 10 章**で詳しく論じられる．発散の 2 通りの見方はそれぞれに対応しているのである．

熱力学では，p，v，T をそれぞれ圧力，比体積，温度として，

$$\text{等圧膨張率：}\ \alpha = \frac{1}{v}\left(\frac{\partial v}{\partial T}\right)_p,\quad \text{等容圧縮率：}\ \beta = \frac{1}{p}\left(\frac{\partial p}{\partial T}\right)_v,$$

$$\text{等温膨張率：}\ \gamma = -\frac{1}{v}\left(\frac{\partial v}{\partial p}\right)_T$$

などが論じられて，これらは式(7.6)$'$ と同じ形をしている．また，温度 T による棒の長さ L の相対変化率，すなわち，温度による線膨張率，

$$\alpha = \lim_{\Delta T\to 0}\frac{\Delta L/L}{\Delta T} = \frac{(\text{長さの微小変化})/(\text{もとの長さ})}{(\text{微小温度変化})}$$

も同じ形である．発散は工学を通底する記述法の一つであると言ってよい．

選択した基底に依拠するベクトル $\boldsymbol{v}$ の成分は，ここまでの説明に一切現れていない．

7.3 デカルト系での表現

デカルト成分による発散の表現を求めよう．

図 7.5 のように，速度場の中に 3 辺がそれぞれ座標軸と平行で長さが Δx_1，Δx_2，Δx_3 である微小領域 ΔV をとり，まず，x_1 軸に垂直な矩形面 ABCD を単位時間内に左から右に通過する流体の体積を $\Delta Q_1(x_1, x_2, x_3)$ とする．いずれ ΔV は収縮させるから，当面 (x_1, x_2, x_3) は ABCD の中心座標と考えてよい．ABCD の面積は $\Delta S_1 = \Delta x_2\Delta x_3$，その単位法線ベクトルは $\boldsymbol{e}_1$ であるから，先と同様にして ΔQ_1 は，

$$\Delta Q_1 = (\boldsymbol{v}\cdot\boldsymbol{e}_1)\Delta S_1 = \begin{pmatrix} v_1 \\ v_2 \\ v_3 \end{pmatrix}\cdot\begin{pmatrix} 1 \\ 0 \\ 0 \end{pmatrix}\Delta x_2\Delta x_3 = v_1\Delta x_2\Delta x_3 \tag{7.7}$$

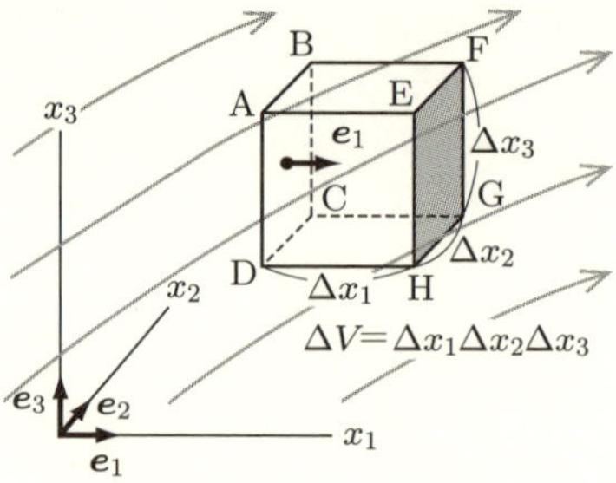

図 7.5

となる．次に，ABCD を x_1 方向に Δx_1 だけ平行移動させた位置にある対向面 EFGH を同じく単位時間内に左から右に通過する体積を $\Delta Q_1(x_1 + \Delta x_1, x_2, x_3)$ とし，これを，

$$\Delta Q_1(x_1 + \Delta x_1, x_2, x_3) = \Delta Q_1(x_1, x_2, x_3) + \Delta(\Delta Q_1)$$

と書けば，ΔQ_1 の増加分である $\Delta(\Delta Q_1)$ は，ΔV からの正味の流出量に対するこれら二つの面の対(つい)からの寄与分である．ABCD と EFGH の位置関係は，x_2，x_3 は変わらず x_1 のみ Δx_1 だけ変化しているので，$\Delta(\Delta Q_1)$ は，3 変数の関数 $\Delta Q_1(x_1, x_2, x_3)$ の全微分，

$$\Delta(\Delta Q_1) = \frac{\partial(\Delta Q_1)}{\partial x_1}\Delta x_1 + \frac{\partial(\Delta Q_1)}{\partial x_2}\Delta x_2 + \frac{\partial(\Delta Q_1)}{\partial x_3}\Delta x_3$$

において，$\Delta x_2 = \Delta x_3 = 0$ としたもの，すなわち，

$$\Delta(\Delta Q_1) = \Delta Q_1(x_1 + \Delta x_1, x_2, x_3) - \Delta Q_1(x_1, x_2, x_3) = \frac{\partial(\Delta Q_1)}{\partial x_1}\Delta x_1 \tag{7.8}$$

である．式(7.7)，(7.8)から次式が得られる．

$$\Delta(\Delta Q_1) = \frac{\partial(\Delta Q_1)}{\partial x_1}\Delta x_1 = \left\{\frac{\partial}{\partial x_1}(v_1 \Delta x_2 \Delta x_3)\right\}\Delta x_1 = \frac{\partial v_1}{\partial x_1}\Delta x_1 \Delta x_2 \Delta x_3 = \frac{\partial v_1}{\partial x_1}\Delta V$$

それぞれ，x_2 軸，x_3 軸に垂直な面の対(つい)に対しても同様に行えば，正味の流出量に対するそれぞれの対からの寄与分が，

$$\Delta(\Delta Q_2) = \frac{\partial v_2}{\partial x_2}\Delta V, \quad \Delta(\Delta Q_3) = \frac{\partial v_3}{\partial x_3}\Delta V$$

と表され，ΔV の全表面からの正味流出量 ΔQ は三組みの面の対からの寄与の和であるから，

$$\begin{aligned}\Delta Q &= \Delta(\Delta Q_1) + \Delta(\Delta Q_2) + \Delta(\Delta Q_3) \\ &= \frac{\partial v_1}{\partial x_1}\Delta V + \frac{\partial v_2}{\partial x_2}\Delta V + \frac{\partial v_3}{\partial x_3}\Delta V = \left(\frac{\partial v_1}{\partial x_1} + \frac{\partial v_2}{\partial x_2} + \frac{\partial v_3}{\partial x_3}\right)\Delta V\end{aligned}$$

従って，発散は，

$$\operatorname{div} \boldsymbol{v} = \lim_{\Delta V \to 0}\frac{\Delta Q}{\Delta V} = \frac{\partial v_1}{\partial x_1} + \frac{\partial v_2}{\partial x_2} + \frac{\partial v_3}{\partial x_3} = \frac{\partial v_j}{\partial x_j}$$

となる．これは，勾配演算子（ナブラ演算子），

$$\boldsymbol{\nabla} = \frac{\partial}{\partial x_1}\boldsymbol{e}_1 + \frac{\partial}{\partial x_2}\boldsymbol{e}_2 + \frac{\partial}{\partial x_3}\boldsymbol{e}_3 \Leftrightarrow \frac{\partial}{\partial x_j}$$

と，速度ベクトル，

$$\boldsymbol{v} = v_1\boldsymbol{e}_1 + v_2\boldsymbol{e}_2 + v_3\boldsymbol{e}_3 \Leftrightarrow v_j$$

の**形式的な内積**になっているので，発散は，

$$\mathrm{div}\,\boldsymbol{v} = \frac{\partial v_1}{\partial x_1} + \frac{\partial v_2}{\partial x_2} + \frac{\partial v_3}{\partial x_3} = \boldsymbol{\nabla}\cdot\boldsymbol{v}\left(= \frac{\partial v_j}{\partial x_j}\right)$$

と書かれることが多い．但し，この表記は既に前章で用いている．

■調和関数■

スカラー関数 $f = f(\boldsymbol{x}) = f(x_1, x_2, x_3)$ の勾配（というベクトル値関数）の発散（というスカラー関数）を，f の**調和関数**または**ラプラシアン**と言う．

$$\triangle f = \boldsymbol{\nabla}\cdot(\boldsymbol{\nabla} f) = \boldsymbol{\nabla}\cdot\left(\frac{\partial f}{\partial x_1}\boldsymbol{e}_1 + \frac{\partial f}{\partial x_2}\boldsymbol{e}_1 + \frac{\partial f}{\partial x_3}\boldsymbol{e}_1\right)$$

$$= \frac{\partial}{\partial x_1}\left(\frac{\partial f}{\partial x_1}\right) + \frac{\partial}{\partial x_2}\left(\frac{\partial f}{\partial x_2}\right) + \frac{\partial}{\partial x_3}\left(\frac{\partial f}{\partial x_3}\right) = \frac{\partial^2 f}{\partial x_1^2} + \frac{\partial^2 f}{\partial x_2^2} + \frac{\partial^2 f}{\partial x_3^2} = \frac{\partial^2 f}{\partial x_i \partial x_i}$$

この仕事をする記号 “$\triangle$” を**ラプラス演算子**と言う．

$$\triangle = \frac{\partial^2}{\partial x_i \partial x_i} = \boldsymbol{\nabla}\cdot\boldsymbol{\nabla}$$

ラプラス演算子は “形式的に” 勾配演算子の長さの 2 乗である．

課題 7.1 ● “添え字演算だけで” 次を示せ．

(1) f を，$r = |\boldsymbol{x}|$ のみのスカラー関数 $(f = f(r))$ として，

$$\triangle f = \frac{d^2 f}{dr^2} + \frac{2}{r}\frac{df}{dr} \quad \left(= \frac{1}{r^2}\frac{d}{dr}\left(r^2\frac{df}{dr}\right)\right)$$

(2) $\mathrm{rot}\,\mathrm{rot}\,\boldsymbol{A} = \mathrm{grad}\,\mathrm{div}\,\boldsymbol{A} - (\boldsymbol{\nabla}\cdot\boldsymbol{\nabla})\boldsymbol{A}\ (= \boldsymbol{\nabla}(\boldsymbol{\nabla}\cdot\boldsymbol{A}) - \triangle\boldsymbol{A})$

▶**注意** $\triangle\boldsymbol{A} = (\boldsymbol{\nabla}\cdot\boldsymbol{\nabla})\boldsymbol{A}$ は，

$$\frac{\partial^2 a_i}{\partial x_j \partial x_j} \Leftrightarrow \begin{pmatrix} \dfrac{\partial^2 a_1}{\partial x_1\partial x_1} + \dfrac{\partial^2 a_1}{\partial x_2\partial x_2} + \dfrac{\partial^2 a_1}{\partial x_3\partial x_3} \\ \dfrac{\partial^2 a_2}{\partial x_1\partial x_1} + \dfrac{\partial^2 a_2}{\partial x_2\partial x_2} + \dfrac{\partial^2 a_2}{\partial x_3\partial x_3} \\ \dfrac{\partial^2 a_3}{\partial x_1\partial x_1} + \dfrac{\partial^2 a_3}{\partial x_2\partial x_2} + \dfrac{\partial^2 a_3}{\partial x_3\partial x_3} \end{pmatrix}$$

というベクトルである．

7.4 グリーンの定理

式(7.5)のガウスの定理は添え字表現で，

$$\iiint_V \frac{\partial v_i}{\partial x_i}\,dV = \iint_S v_i n_i\,dS$$

となるが，この式の意味を，

$$\iiint_V \frac{\partial\, \boldsymbol{v_i}}{\partial x_i}\,dV = \iint_S \boldsymbol{v_i}\, n_i\,dS$$

のように，アミを掛けた部分がそれ以外の部分の操作を受ける一般的な式だと考えて，改めて v_i を F と書けば，

$$\iiint_V \frac{\partial F}{\partial x_i}\,dV = \iint_S F n_i\,dS$$

が得られる．これはガウスの定理の拡張，すなわち面積分と体積分の間で一般的に成立する**グリーンの定理**である．といっても，この説明はかなり胡散(うさん)臭いので以下できちんと証明する．グリーンの定理も後(のち)に活躍する．

■グリーンの定理■

$\boldsymbol{x} \Leftrightarrow x_i$ を 3 次元空間のデカルト座標，$F(\boldsymbol{x}) = F(x_1, x_2, x_3)$ を少なくとも領域 V 内及びその表面 S 上で定義された一回以上微分可能な連続関数とする．このとき，“どんな F に対しても”，

$$\iiint_V \frac{\partial F}{\partial x_i}\,dV = \iint_S F n_i\,dS \tag{7.9}$$

が成立する．$\boldsymbol{n} \Leftrightarrow n_i$ は S における外向き単位法線ベクトルである．

証明◆　まず $i = 3$ の場合，すなわち，

$$\iiint_V \frac{\partial F}{\partial x_3}\,dV = \iint_S F n_3\,dS$$

を示そう．

V の x_1x_2 平面上への投影を R とする．V は**図 7.6** のような単純な形をしていて，R 中の点 (x_1, x_2) を通って x_3 軸に平行な直線は，図のように表面 S と上下 2 点のみで交わるものとし，その 2 点の x_3 座標をそれぞれ x_3^+，x_3^- とする．これらは，V の形が決まっているので (x_1, x_2) の関数である．

$$x_3^+ = x_3^+(x_1, x_2), \quad x_3^- = x_3^-(x_1, x_2)$$

S を，図のように上半 S^+ と下半 S^- とに分ける．R 内の点 (x_1, x_2) の周りに微小面積 $dR = dx_1\,dx_2$ をとってこれを上に延長すれば，S^+ 上には微小面積 dS^+ が，S^- 上には同 dS^- が描けるから，それぞれにおける外向き単位法線ベクトルを $\boldsymbol{n}^+$，$\boldsymbol{n}^-$ とする．このとき，

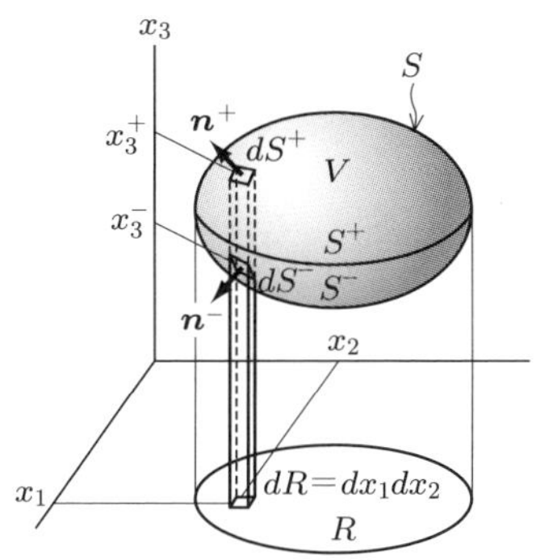

図 **7.6**

$$\iiint_V \frac{\partial F}{\partial x_3}\, dV = \iiint_V \frac{\partial F}{\partial x_3}\, dx_1\, dx_2\, dx_3 = \iint_R \left(\int_{x_3^-}^{x_3^+} \frac{\partial F}{\partial x_3}\, dx_3 \right) dx_1\, dx_2$$
$$= \iint_R G(x_1, x_2)\, dx_1\, dx_2 \qquad (7.10)$$

となる．式(7.10)中，

$$G(x_1, x_2) = \int_{x_3^-}^{x_3^+} \frac{\partial F}{\partial x_3}\, dx_3 = F(x_1, x_2, x_3^+) - F(x_1, x_2, x_3^-)$$

である．一方，dS^+，dS^- の $x_1 x_2$ 平面上への投影がともに $dR = dx_1\, dx_2$ であるから，

$$dx_1\, dx_2 = n_3^+\, dS^+ = -n_3^-\, dS^-$$

従って，式(7.10)より，

$$\iiint_V \frac{\partial F}{\partial x_3}\, dV = \iint_R \left\{ F(x_1, x_2, x_3^+) - F(x_1, x_2, x_3^-) \right\} dx_1\, dx_2$$
$$= \iint_{S^+} F(x_1, x_2, x_3^+) n_3^+\, dS^+ + \iint_{S^-} F(x_1, x_2, x_3^-) n_3^-\, dS^-$$
$$= \iint_S F n_3\, dS$$

$i = 1$，$i = 2$ の場合も同じことが行えるから，式(7.9)が成立する．

V の形が単純でない場合には，V を適当に切断してそれぞれが図のような単純形状となるようにし，それぞれに式(7.9)を適用した後に再び加えれば，切断面において，F は共通だが両側からの外向き単位法線ベクトル $\boldsymbol{n}$ は方向が反対で互いに打ち消し合い，切断面以外の面 S の寄与だけが残って定理は同じように適用される． ■

以上は“微小でない V と S”に関するグリーンの定理である．微小領域 ΔV とその微小表面 ΔS については，式(7.9)で V を ΔV に，S を ΔS に置き換えて，

$$\iiint_{\Delta V} \frac{\partial F}{\partial x_i}\, d(\Delta V) = \iint_{\Delta S} F n_i\, d(\Delta S)$$

となるが，ΔV が微小であるから左辺に積分の平均値の定理（**4.2 節**）を適用して，これを，

$$\frac{\partial F}{\partial x_i}\Delta V = \iint_{\Delta S} F n_i \, d(\Delta S) \tag{7.11}$$

と書いてよい．結局，微小でない領域とその表面について式(7.9)が，微小領域とその表面について式(7.11)がそれぞれ成立する．

$F(\boldsymbol{x})$としてベクトル場$\boldsymbol{v}(\boldsymbol{x})$の第$i$成分$v_i$をとれば，微小領域$\Delta V$とその表面$\Delta S$について式(7.11)より，

$$\text{(7.4)}\quad \frac{\partial v_i}{\partial x_i}\Delta V = \iint_{\Delta S} v_i n_i \, d(\Delta S) \Leftrightarrow \operatorname{div}\boldsymbol{v}\cdot\Delta V = \iint_{\Delta S} \boldsymbol{v}\cdot\boldsymbol{n}\, d(\Delta S)$$

が，微小でない領域Vとその表面Sについて式(7.9)より，

$$\text{(7.5)}\quad \iiint_V \frac{\partial v_i}{\partial x_i}\, dV = \iint_S v_i n_i \, dS \Leftrightarrow \iiint_V \operatorname{div}\boldsymbol{v}\, dV = \iint_S \boldsymbol{v}\cdot\boldsymbol{n}\, dS$$

が得られる．かくて，ガウスの定理はグリーンの定理の特別な場合である．

グリーンの定理を用いて，小学校以来の知識2題を確認しよう．

例題 7.1●　式(7.9)で$F = x_i$ならどうなるか．結果を解釈せよ．

解答◆　式(7.9)で$F \to x_i$と転ずれば，

$$\iiint_V \frac{\partial x_i}{\partial x_i}\, dV = \iint_S x_i n_i \, dS$$

であるが，$\partial x_i/\partial x_i = \delta_{ii} = 3$であるから，

$$\iiint_V 3\, dV = 3V = \iint_S \boldsymbol{x}\cdot\boldsymbol{n}\, dS \quad \text{または} \quad V\left(= \int dV\right) = \iint_S \frac{1}{3}\boldsymbol{x}\cdot\boldsymbol{n}\, dS$$

ここで，

$$dV = \frac{1}{3}\boldsymbol{x}\cdot\boldsymbol{n}\, dS = \frac{1}{3}|\boldsymbol{x}|\cos\theta\, dS$$

において，θは，位置ベクトル$\boldsymbol{x}$と，微小表面dSにおける外向き単位法線ベクトル$\boldsymbol{n}$の成す角である．従って上式は，**図 7.7**(a)のような微小底面を持つ微小（円）錐について，

$$\text{微小（円）錐の体積} = \frac{1}{3} \times (\text{高さ}) \times (\text{微小底面積})$$

という周知の形になっており，体積Vは，その微小体積dVの足し算の極限（積分）である．

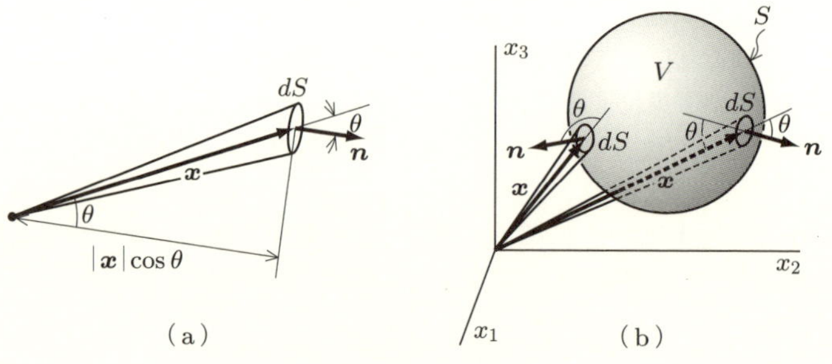

図 7.7

図 7.7(b)のように，位置ベクトル $\boldsymbol{x}$ の原点が体積 V の外にあれば，微小（円）錐体積は V 以外の部分を含む．しかし，面積分は S 全体で行われるから，dS が裏側に入って $\theta > \pi/2$ $(\cos\theta < 0)$ となったときに，余分な体積は自動的に切り取られる．■

例題 7.2● アルキメデスの原理，すなわち，"静止した流体中におかれた物体は，物体自身が排除した流体の重さに等しい浮力を受ける"，を証明せよ．

解答◆ **図 7.8** のように，深さ H の水槽に密度 ρ の水が満たされていて，中に体積 V の物体が浸かっている．大気圧を p_a とすれば，水槽中の点 $\boldsymbol{x} = {}^t(x_1, x_2, x_3)$ における水圧は，重力加速度を g として，

$$p = p(\boldsymbol{x}) = p(x_1, x_2, x_3) = p_a + \rho g(H - x_3) \tag{7.12}$$

である．単位法線ベクトルが $\boldsymbol{n}$ である微小表面 dS を介して物体が水から受ける力 $d\boldsymbol{f}$ は，その大きさが（圧力）×（面積），その方向が $(-\boldsymbol{n})$ であるから，その面の位置ベクトルを $\boldsymbol{x}$ として，

$$d\boldsymbol{f} = -\{p(\boldsymbol{x})\,dS\}\boldsymbol{n}$$

である．$d\boldsymbol{f}$ の上向き方向成分（x_3 方向成分）df_3 を集めたものが浮力である．

$$df_3 = d\boldsymbol{f}\cdot\boldsymbol{e}_3 = -p(\boldsymbol{x})\,dS(\boldsymbol{n}\cdot\boldsymbol{e}_3) = -p(\boldsymbol{x})n_3\,dS$$

であるから，

$$\begin{aligned} f_3 &= \int df_3 = -\iint_S p(\boldsymbol{x})n_3\,dS \overset{(7.9)}{=} -\iiint_V \frac{\partial p(\boldsymbol{x})}{\partial x_3}\,dV \\ &\overset{(7.12)}{=} -\iiint_V \frac{\partial}{\partial x_3}\{p_a + \rho g(H - x_3)\}\,dV = -\iiint_V (-\rho g)\,dV = \rho g V \end{aligned}$$

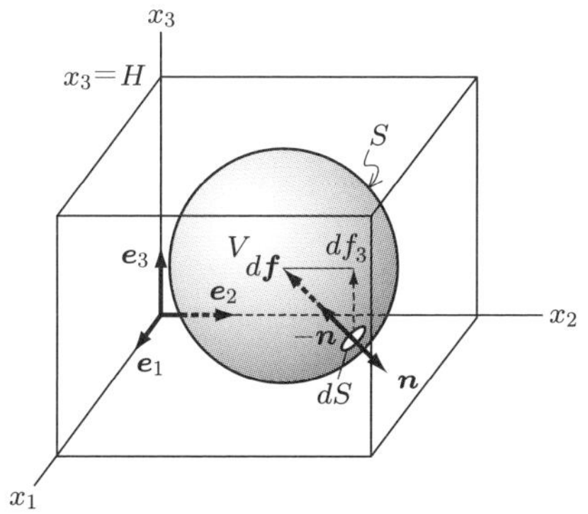

図 7.8 ■

課題 7.2● ベクトル場 $\boldsymbol{a}(\boldsymbol{x})$ について，次式を示せ．

$$\iiint_V \mathrm{rot}\,\boldsymbol{a}\,dV = \iint_S \boldsymbol{n} \wedge \boldsymbol{a}\,dS$$

課題 7.3● C を x_1x_2 平面内の単純閉曲線とするとき，C の囲む面積 S は次式で与えられることを示せ．高校で学んだやり方とベクトル解析のやり方をともに行え．

$$S = \oint_C x_1 t_2 \, ds = -\oint_C x_2 t_1 \, ds = \frac{1}{2}\oint_C (x_1 t_2 - x_2 t_1)\, ds$$

但し，周回積分は C を反時計回りに 1 周するようにとり，s は C に沿って測った長さ，$\boldsymbol{t} = {}^t(t_1, t_2)$ は C 上の単位接線ベクトルである．すなわち，C に沿った線要素ベクトルが $d\boldsymbol{x} = \boldsymbol{t}\, ds$ である．

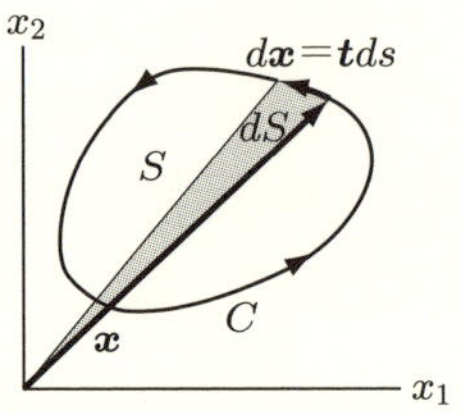

図 7.9

課題 7.4● C を "3 次元空間内の" 任意の単純閉曲線，$\boldsymbol{t} = {}^t(t_1, t_2, t_3)$ をその単位接線ベクトルとする．さらに，C の x_1x_2 平面上への投影を C_3 として C_3 も単純閉曲線とする．x_1x_2 平面内で C_3 の囲む領域の面積 S_3 は前課題と同形，すなわち，

$$S_3 = \frac{1}{2}\oint_C (x_1 t_2 - x_2 t_1)\, ds$$

となることを示せ．

課題 7.5● C を x_1x_2 平面内の単純閉曲線，S を C の囲む面積，$\boldsymbol{a}(\boldsymbol{x}) = {}^t(a_1(x_1, x_2), a_2(x_1, x_2), 0)$ を平面ベクトル場とするとき，

$$\iint_S \left(\frac{\partial a_1}{\partial x_1} + \frac{\partial a_2}{\partial x_2}\right) dS = \oint_C (a_1 t_2 - a_2 t_1)\, ds$$

を示せ．記号類は課題 7.3 と同じである．さらに，$\boldsymbol{a}(\boldsymbol{x}) = {}^t(x_1, x_2, 0)$ とすれば，課題 7.3 と同じ結果が得られることを確かめよ．

課題 7.6● 課題 7.5 のベクトル場 $\boldsymbol{a}(\boldsymbol{x})$ に対して，

$$\oint_C (a_1 t_1 + a_2 t_2)\, ds = \iint_S \left(\frac{\partial a_2}{\partial x_1} - \frac{\partial a_1}{\partial x_2}\right) dS$$

を示せ．但し，この結果はよく知られたストークスの定理によっても簡単に得られる．

課題 7.7● f を $r = |\boldsymbol{x}|$ のみのスカラー関数，V を原点を中心とする半径 a の球とするとき，

$$\iiint_V \frac{\partial^2 f}{\partial x_i \partial x_i}\, dV$$

を求めよ．

Coffee Break　ある教育者の思い出

日本機械学会誌，2010 年 2 月号，連載講座「学力低下時代の教え方」，第六回

以下は，一昨年熊本県南阿蘇に遊んだ時，予約した宿に書き送った拙文である．天下の公器たる学会誌の紙面をかかる私信で汚すことに一縷の逡巡を覚えるが，読者諸兄がなにごとかを感じて頂くことを願ってご寛容を乞う．

栃木(とちのき)温泉，小山旅館様

夫婦でご厄介になる福岡市在住の清水と申します．数十年来「栃木温泉小山旅館」の名はずっと気になっていて，今回初めて宿泊することになったその訳はこうです．

私の祖父は名を清水猛雄と申しました．

私の記憶に残る祖父は，牛を追って田を鍬(す)いた手を休めた畦(あぜ)で，煙管(きせる)をくゆらせながら幼い私に虫や草花の名前を沢山教えてくれる優しい百姓爺さんでありました．

その私が後年通った福岡市内の小学校で，或る日，私は校長室に呼ばれました．校長先生は貝原種夫と仰って，福岡藩の大儒貝原益軒のご子孫にあたる方，ということでありました．

貝原先生は開口一番，

「君は清水猛雄先生のお孫さんじゃったとね」

と仰り，訝(いぶか)る私に続けて，

「君のお爺ちゃんは立派な方じゃった」

と仰ったのであります．

それを契機に叔父や叔母から聴いた話は次のようなものでした．

祖父は明治二十年の生まれであります．福岡師範学校を卒業して実直に教員生活を勤め，昭和八年には，四十六歳にして既に福岡県尋常小学校校長会長という，言わば現場の教員としては考えられる最高の地位にまで昇りつめておりました．

時移って昭和十四年，祖父は校長会長の地位を維持したまま，福岡市立千代尋常小学校校長の職にありましたが，その千代小学校の六年生の秋の修学旅行先で事件は起こりました．全員揃(そろ)った夕食の席を（多分先に食べ終えた）一人の児童が抜け出して旅館の裏の谷川に遊びに出て，恐らくは暗がりに足をとられて転落し，溺(おぼ)れて亡くなったのであります．

「その後」は容易に想像出来ます．泣き叫ぶ父兄，押し寄せる新聞記者，監督官庁からの譴(けん)責(せき)，「こともあろうに校長会長の膝元で」との非難⋯．

祖父は，責任者として粘り強く総(すべ)てに対応して汎(あらゆ)る事後処理を終えた翌昭和十五年春三月，

一切の公職を辞してふるさとの村に帰り，戦争を挟む二十七年の残りの人生を一介の農夫として終えたのであります．

私の見たのはその百姓爺さんとしての姿，校長室に私を呼んだ貝原先生は，当時千代小学校の平(ひら)教員でいらして，部下として祖父の対応の一切を眼近(まぢか)にご覧になっていた，という訳です．

今，私は大学に奉職しております．小学校と大学と場こそ違え，同じ教壇に立つ者として身内のこの話は，話それ自体が私にとって何物にも替え難い宝物であります．

言う迄も無く教育は，人間という不完全・不安定・不確実たるを免れぬ存在と対峙(たいじ)する営みであり，そこには何らかの危険がなにがしかの確率で常に存在します．

例えば子供が池に落ちて水死するという不幸な事態に処するに，お役人なら水辺という水辺に柵を設けて，

「かくて危険をゼロにした」

と胸張って満点ですが，教育者がそれをやれば零点です．

言う迄もなく子供達は，或る程度の危険，摩擦，困難に接してそれらへの対処を学び，同時にそれらを克服する充実感，達成感を覚えつつ成長するもので，危険ゼロという環境は子供達の成長にとって実は最悪なのです．それは，子供たちを籠(かご)の鳥の境遇に置くことに他なりません．

さすれば教育者には

「その不確実性を引き受ける」，

具体的には，無論そんな事態は無い方がよいが，

「万が一あればいつでも責任をとる」

という“覚悟”が日頃から必要となりましょう．祖父にはその賽(さい)の目が“実現”と出た訳です．

貝原先生の，

「君のお爺ちゃんは立派な方じゃった」

というお言葉から私は，祖父がまさにその覚悟を堅持していた人であった，と確信することができました．また，人間の精神に，

「辞めて見せる，武士なら腹を切って見せる」

ことでしか伝承されない或る“かたち”のあることも学びました．

それらの諸々が好々爺然とした祖父の姿の記憶と重なって，私は，限りない懐かしさを覚えているのであります．

それが，

「確か，栃木温泉の小山旅館というやどだった」

と叔母が申しました．叔母か私に記憶違いがあるかもしれませんが，それはそれで構わぬこと．

・第 8 章・
テンソル

テンソル (tensor) は，テンション (tension) という語が“張力”を表すことからわかるように，もともと材料力学から生じた概念であるが，それは線形代数学の“ちょっとした拡張”である．従って，本章の内容はあくまで線形代数学に立脚して，それに少々の見方を付け加えるのみ．要は“考え方”である．

8.1 改めてベクトル，関数，線形写像

ベクトル演算は必ず成分の操作を伴うから，我々はよく，“ベクトルとは，成分と呼ばれる数字を並べたものである”という錯覚に陥る．次の例で 3 次元ベクトルの本質を再確認しよう．

例● 我々は，西や東という言葉の意味について認識を共有しているとする．この認識の下で，東京から北へ 100 キロ行って宇都宮に至るとする．この行為，すなわち“北へ 100 キロ行って”という大きさと方向を持つ変位に，認識票としてベクトルの名を与える．

この場合，東京からでなく熊本から北へ 100 キロ行って福岡に至ったとする．着いたところが宇都宮と福岡では，両者は同じ行為とは言い難いが，“北へ 100 キロ行って”は共通であると認識できよう．この共通部分がベクトルである．

3 次元ベクトルに関しては，この**大きさと方向を持つ量**という定義だけが本質であって，設定する座標系，または基底に依存する成分は本質ではない．例えば，東向きに x_1 軸を，北向きに x_2 軸を，天に向かって x_3 軸をそれぞれとるデカルト系なら，“北へ 100 キロ行って”という変位に ${}^t(0, 100, 0)$ と言う成分が与えられるが，3 軸をそれぞれ東，天，南向きにとるデカルト系なら同じ変位が ${}^t(0, 0, -100)$ と言う別の成分を持つ．すなわち，

大きさと方向を持つ量としてのベクトルは座標系を“超越して”存在するが，その成分は選んだ座標系次第，

である．言わばベクトルは不易，成分は流行である．

これは一見何でもないことだが，テンソル理解の出発点である．話を進める．

関数と“箱”

或(あ)る規則に従って，集合 X の元 x のそれぞれに集合 Y の元 y を対応させるとき，この対応規則を関数と呼び，

$$y = F(x) \in Y \ (^{\forall}x \in X)$$

と書くのであった（**図 8.1**）．

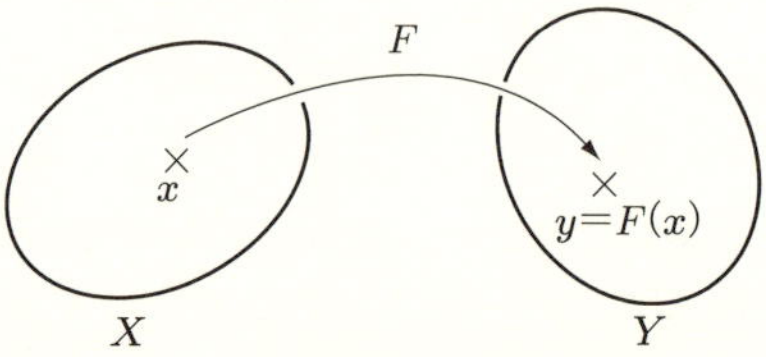

図 8.1

昔，関数は函数とも書いたから，“函”の字に敬意を表して関数のことを“x を入れて y を出す箱”と呼ぶことにしよう．たばこの自動販売機にコインを入れてマイルドセブンが出てくるように，関数を，何かを入れて何かを出す機能を備えた箱と見るのである．ついでながら，関数の英語は “function” であった．日本語でこれは通常“機能”と訳されていて，そこに数の文字は含まれていない（**図 8.2**）．

以下，粉を入れてパンを出すように，x を材料，y を製品と言うこともある．数学では，製品 y を“F による x の像”と言うのであった．

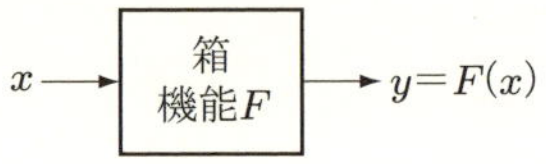

図 8.2

さて，数学が扱う集合，すなわち**図 8.1** の集合 X や Y は，含まれる元（要素）の性質を紛れることなく定義できるなら抽象概念も含めて“何でもよい”のであったが，我々は当座の用としてスカラーの集合とベクトルの集合だけを考える．そのベクトルも，我々が生活空間で認識する 3 次元ベクトルに限ることにする．そうすると，箱の種類としては，

(1) スカラーを入れてスカラーを出す箱，

(2) 3 次元ベクトルを入れてスカラーを出す箱，

(3) 3 次元ベクトルを入れて 3 次元ベクトルを出す箱，

を考えれば十分である．スカラー x から 3 次元ベクトルを作る箱もあるが，それは，製品ベクトル $\boldsymbol{y}$ をデカルト基底 $\{\boldsymbol{e}_1, \boldsymbol{e}_2, \boldsymbol{e}_3\}$ に関して，

$$\boldsymbol{y}(x) = y_1(x)\boldsymbol{e}_1 + y_2(x)\boldsymbol{e}_2 + y_3(x)\boldsymbol{e}_3$$

と書けば，成分 $\{y_1, y_2, y_3\}$ のそれぞれが上の (1) である．従って，テンソルの本質を理解するためには，当面，上の (1)〜(3) を考えて足りる．

▶**参考**　以上の制限を取り除いたテンソル理論は抽象世界へと広がり，それはやがてリーマン幾何学を経てアインシュタインの一般相対性理論に繋(つな)がる．以下は，その期待を胸に秘めて学ぶべきである．

ここで冒頭の錯覚の話に戻る．3 次元ベクトルは座標系を超越した大きさと方向を持つ量であって成分ではなかった．従って，それらを出し入れする箱の機能それ自体が座標系を超越していると言ってよい．但(ただ)し，実際にベクトルを表現するには何らかの座標系または基底に頼らざるを得ないから，箱の機能を表現するのも何らかの座標系の，具体的には材料ベクトルや製品ベクトルの表現に用いた座標系のご厄介になる他はない．すなわち，

箱の機能は座標系を超越するが，機能の“表現”は選んだ座標系次第，

となる．

■線形性■

箱の機能に**線形性**という大切な制約を置く．線形性とは，箱に x_1 を入れて y_1 が，x_2 を入れて y_2 がそれぞれ出てくるなら，$x_1 + x_2$ を入れて $y_1 + y_2$ が出てくること，さらに，x_1 を入れて y_1 が出てくるなら，αx_1 を入れて αy_1 が出てくることである（**図 8.3**）．周知のように，機能 $y = F(x)$ に対して，これは，

$$F(\alpha x_1 + \beta x_2) = \alpha F(x_1) + \beta F(x_2), \quad {}^{\forall}x_1,\ {}^{\forall}x_2 \in X \tag{8.1}$$

と書かれる．今のところ，式中の x_1 や x_2 がスカラーかベクトルかについては何も言っていないが，α，β はスカラーに限る．式(8.1)は，線形の箱ではスカラー倍を表す係数を関数記号の外に出してよい，と言っている．

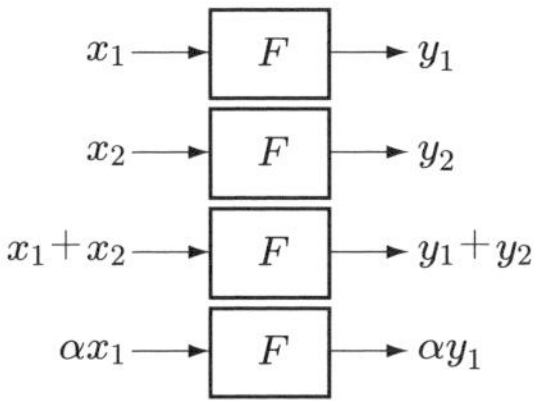

図 8.3

8.2　順に，テンソルの定義

■スカラーからスカラーを作る線形の箱，0 階のテンソル■

聊(いささ)か大仰(おおぎょう)であるが，スカラーからスカラーを作る箱が線形ならどうなるか（**図 8.4**）．材料のスカラー x は $x = x\cdot 1$ と書けて，x も 1 もスカラーである．x を外に出して製品 y

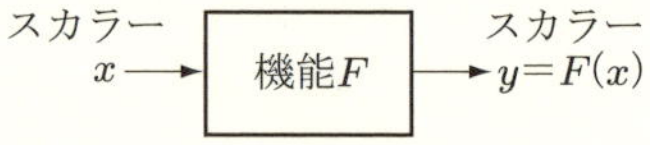

図 8.4

は,

$$y = F(x) = F(x \cdot 1) = xF(1) \tag{8.2}$$

となる．1を外に出して $F(x) = F(x \cdot 1) = 1 \cdot F(x) = F(x)$ としても面白くない！

$F(1) = f$ とすれば，式(8.2)は中学校以来の直線の式,

$$y = fx$$

である．無論，線形という語は直線に由来する．

f に注目する．式(8.2)によれば，この箱の機能を指定するには，材料として“1”を入れたときの製品 $f = F(1)$ を準備しておけばよく，任意のスカラー x を入れたときの製品 y は，単にこの f に x を掛ければよい．つまり，$f = F(1)$ によって**この箱の機能を指定できる**．$f = F(1)$ は言わば“基準製品”である（**図 8.5**）．

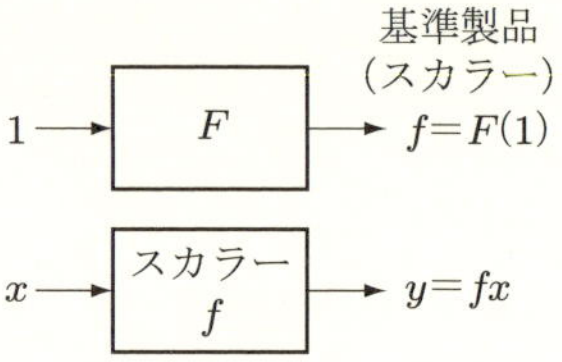

図 8.5

0階のテンソルとは，この**スカラーからスカラーを作る線形の箱（機能）**のことである．その機能はスカラーの基準製品 $f = F(1)$ で指定されるので，これを**0階のテンソルの成分**と呼ぶ．

材料 x や製品 y もスカラーだが，f の意味は異なる．**第6章**の冒頭で，0階のテンソルとはスカラーのことだと言い切ったのは，やや言い過ぎであった．正しくは，スカラーからスカラーを作るこの線形の箱（関数，或いは機能）が0階のテンソルであって，スカラー f がその機能を代表するので，それを0階のテンソルと呼んだのである．つまり，0階のテンソルとは機能としてスカラーを見たときの表現である．無論，任意のスカラー f が，0階のテンソル $y = F(x) = fx$ を作るのに使える．

■ベクトルからスカラーを作る線形の箱，1階のテンソル■

ベクトル $\boldsymbol{x}$ を入れてスカラー y を出す箱について線形性を考える（**図 8.6**）．

ベクトルは大きさと方向であって成分は二義的なものだったが，それでは何も進まないので，デカルト基底 $\{\boldsymbol{e}_1, \boldsymbol{e}_2, \boldsymbol{e}_3\}$ を用いて材料ベクトル $\boldsymbol{x}$ を,

図 8.6

$$\boldsymbol{x} = \begin{pmatrix} x_1 \\ x_2 \\ x_3 \end{pmatrix} = x_i \boldsymbol{e}_i = x_1 \boldsymbol{e}_1 + x_2 \boldsymbol{e}_2 + x_3 \boldsymbol{e}_3 \Leftrightarrow x_i$$

と成分表示する．最初と 2 番目の等号 "=" が本当は方便であることは以前に触れた(**6.1 節**).

線形性より，

$$y = F(\boldsymbol{x}) = F(x_i \boldsymbol{e}_i) = x_i F(\boldsymbol{e}_i) = x_i f_i \quad 但し，f_i = F(\boldsymbol{e}_i) \tag{8.3}$$

である．従ってこの場合は，**図 8.7** のように基底 $\{\boldsymbol{e}_1, \boldsymbol{e}_2, \boldsymbol{e}_3\}$ のそれぞれを一つずつ順に箱に入れたときの 3 個のスカラーの製品 $\{f_1, f_2, f_3\} = \{F(\boldsymbol{e}_1), F(\boldsymbol{e}_2), F(\boldsymbol{e}_3)\}$ を予め準備しておけば，任意のベクトル $\boldsymbol{x}$ を入れたときのスカラーの製品 y は，式(8.3)の線形結合でいつでも計算できる．言い換えれば，数値の組み $\{f_1, f_2, f_3\}$ がこの箱の機能を指定する基準製品である．

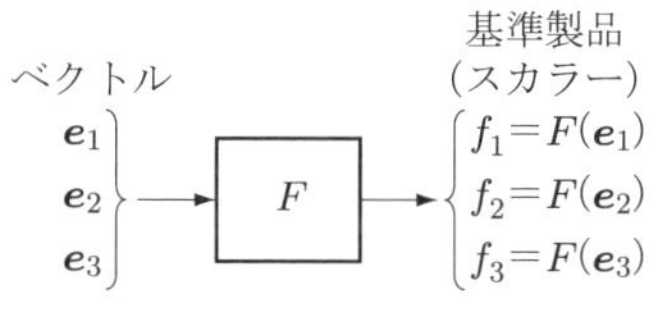

図 8.7

この場合も，テンソルとはこの線形の箱または機能のことであり，この例のように，それが**ベクトルを入れてスカラーを作る**とき，これを **1 階のテンソル**と呼ぶ．1 階のテンソルを**一次形式**（強いて言えば単一次形式）とも呼ぶ．用語の意味は後に明らかとなる．

さて，$\{f_1, f_2, f_3\}$ をデカルト系の 3 成分に持つベクトルを $\boldsymbol{F}$ とすれば，式(8.3)は，

$$y = F(\boldsymbol{x}) = x_i f_i = \boldsymbol{x} \cdot \boldsymbol{F} \quad 但し，\boldsymbol{F} = f_i \boldsymbol{e}_i \ (= f_1 \boldsymbol{e}_1 + f_2 \boldsymbol{e}_2 + f_3 \boldsymbol{e}_3) \tag{8.4}$$

である．つまり，ベクトル 1 個からスカラー 1 個を作る線形の箱 $y = F(\boldsymbol{x})$ には，必ず或るベクトル $\boldsymbol{F}$ が対応していて（付随していて，或いは待ち構えていて），製品のスカラー y はこの $\boldsymbol{F}$ と材料 $\boldsymbol{x}$ のスカラー積として作るのである（**図 8.8**）．ちょっと考えても，ベクトル 1 個から線形的に作れるスカラーは他の固定ベクトルとのスカラー積以外には思いつかない．ベクトルの大きさはスカラーだが，これは線形でない．つまり，2 ベクトルの和の大きさはそれぞれの大きさの和ではない．

さて，$\boldsymbol{F}$ も材料の $\boldsymbol{x}$ もともにベクトルだが，$\boldsymbol{F}$ の意味は異なる．前に，1 階のテンソルとはベクトルのことだと言い切ったのも言い過ぎであった．正しくは，ベクトルからスカラーを作るこの線形の箱（関数，或いは機能）が 1 階のテンソルなのだが，ベクトル $\boldsymbol{F}$ が

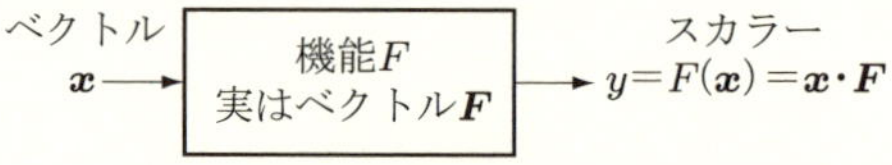

図 8.8

その機能を代表するので，それを 1 階のテンソルと呼び，その成分 $\{f_1, f_2, f_3\}$ を **1 階のテンソルの成分**と呼ぶのである．つまり，1 階のテンソルとは，機能としてベクトルを見たときの表現である．無論，任意のベクトル $\boldsymbol{F}$ が 1 階のテンソル $y = F(\boldsymbol{x}) = \boldsymbol{x}\cdot\boldsymbol{F}$ を作るのに使える．

テンソル不変の原則

スカラー積の本来の定義は $\boldsymbol{x}\cdot\boldsymbol{F} = |\boldsymbol{x}||\boldsymbol{F}|\cos\theta$（$\theta$ は $\boldsymbol{x}$ と $\boldsymbol{F}$ の成す角）であって，この定義は成分とは無縁であるから，$y = F(\boldsymbol{x}) = \boldsymbol{x}\cdot\boldsymbol{F}$ という式(8.4)中の 1 階テンソルの定義は座標系を超越している．これに対して，同式中の $y = F(\boldsymbol{x}) = x_i f_i$ という表現は選択したデカルト系固有の表現である．文字通り，機能は座標系を超越するがその表現は選んだ座標系次第，となっている．

次にも注意しよう．要するに 1 階のテンソルとは 1 個のベクトル $\boldsymbol{F}$ のことだが，$\boldsymbol{F} = f_i\boldsymbol{e}_i$ からわかるように，式(8.4)の $\{f_1, f_2, f_3\}$ という成分自体，材料のベクトル $\boldsymbol{x}$ を表現するのに使ったものと同じデカルト基底 $\{\boldsymbol{e}_1, \boldsymbol{e}_2, \boldsymbol{e}_3\}$ に関する $\boldsymbol{F}$ の成分である．すなわち，材料としてのベクトル $\boldsymbol{x}$ と 1 階テンソルとしてのベクトル $\boldsymbol{F}$ に同じ物差しを使っている．別の基底を採用すれば，いずれの成分も同じルールに従って変化するはずである．

座標系を超越した機能，というテンソルに関する認識はこれからしばしば出てくる．テンソルが，ベクトルの出し入れに関して，基底が変わっても同じ機能を表すという事実を，**テンソル不変の原則** (principle of tensor invariance) と言う．

ベクトルからベクトルを作る線形の箱，2 階のテンソル

次は，材料・製品ともにベクトルの場合である（**図 8.9**）．

図 8.9

製品がベクトルであるから，関数記号 $\boldsymbol{F}(\boldsymbol{x})$ の $\boldsymbol{F}$ も太文字にしてある．

材料 $\boldsymbol{x}$ を $\boldsymbol{x} = x_j\boldsymbol{e}_j$ とデカルト基底で成分表示すれば，製品 $\boldsymbol{y}$ は，線形性から，

$$
\begin{aligned}
\boldsymbol{y} &= \boldsymbol{F}(\boldsymbol{x}) = \boldsymbol{F}(x_j\boldsymbol{e}_j) = x_j\boldsymbol{F}(\boldsymbol{e}_j) \\
&= x_j\boldsymbol{F}_j \ (= x_1\boldsymbol{F}_1 + x_2\boldsymbol{F}_2 + x_3\boldsymbol{F}_3) \qquad (8.5)
\end{aligned}
$$

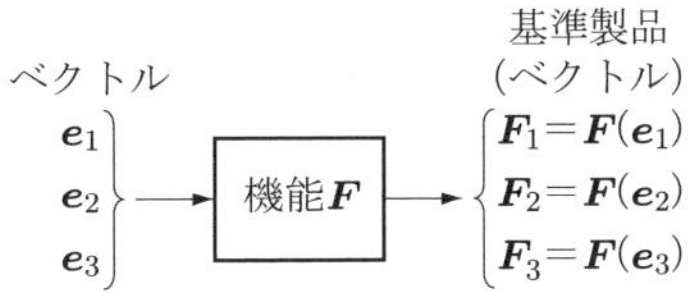

図 8.10

となる．$\boldsymbol{F}(\boldsymbol{e}_j) = \boldsymbol{F}_j \ (j = 1, 2, 3)$ の組みは，基底 $\{\boldsymbol{e}_1, \boldsymbol{e}_2, \boldsymbol{e}_3\}$ のそれぞれを順に箱に入れたときの製品ベクトル，すなわち基準製品である（**図 8.10**）．$\boldsymbol{y}$ は，材料 $\boldsymbol{x}$ の成分 $\{x_1, x_2, x_3\}$ を係数とするそれらの線形結合である．

$\boldsymbol{y}$ と $\boldsymbol{F}_j = \boldsymbol{F}(\boldsymbol{e}_j)$ を同じデカルト基底 $\{\boldsymbol{e}_1, \boldsymbol{e}_2, \boldsymbol{e}_3\}$ を用いて，

$$\boldsymbol{y} = y_i \boldsymbol{e}_i \Leftrightarrow \begin{pmatrix} y_1 \\ y_2 \\ y_3 \end{pmatrix}, \quad \boldsymbol{F}_j = f_{ij} \boldsymbol{e}_i \Leftrightarrow \begin{pmatrix} f_{1j} \\ f_{2j} \\ f_{3j} \end{pmatrix} \quad j = 1, 2, 3 \tag{8.6}$$

と成分表示して式(8.5)を書けば，次のようになる．

$$\begin{aligned} \boldsymbol{y} &= x_j \boldsymbol{F}_j = x_1 \boldsymbol{F}_1 + x_2 \boldsymbol{F}_2 + x_3 \boldsymbol{F}_3 \\ \Leftrightarrow \begin{pmatrix} y_1 \\ y_2 \\ y_3 \end{pmatrix} &= x_1 \begin{pmatrix} f_{11} \\ f_{21} \\ f_{31} \end{pmatrix} + x_2 \begin{pmatrix} f_{12} \\ f_{22} \\ f_{32} \end{pmatrix} + x_3 \begin{pmatrix} f_{13} \\ f_{23} \\ f_{33} \end{pmatrix} \\ &= \begin{pmatrix} f_{11}x_1 + f_{12}x_2 + f_{13}x_3 \\ f_{21}x_1 + f_{22}x_2 + f_{23}x_3 \\ f_{31}x_1 + f_{32}x_2 + f_{33}x_3 \end{pmatrix} = \begin{pmatrix} f_{11} & f_{12} & f_{13} \\ f_{21} & f_{22} & f_{23} \\ f_{31} & f_{32} & f_{33} \end{pmatrix} \begin{pmatrix} x_1 \\ x_2 \\ x_3 \end{pmatrix} \end{aligned}$$

結局，$\boldsymbol{y} \Leftrightarrow y_i$，$\boldsymbol{x} \Leftrightarrow x_i$，$\boldsymbol{F} \Leftrightarrow f_{ij}$ に対して，

$$\boldsymbol{y} = \boldsymbol{F}\boldsymbol{x} \Leftrightarrow y_i = f_{ij} x_j$$

となり，この式の $\boldsymbol{F} \Leftrightarrow f_{ij}$ は正方行列である．

▶**注意**　これまで同じ記号 $\boldsymbol{F}$ をベクトル，機能（関数），行列などを表すのに奔放（ほんぽう）に使って，敢えて別の記号で区別していない．その都度，それらが表象する概念に細心の注意を払え．**図 8.11** なら，$\boldsymbol{y} = \boldsymbol{F}(\boldsymbol{x})$ は座標系を超越した機能の表現だが，$\boldsymbol{y} = \boldsymbol{F}\boldsymbol{x}$ は特定の基底に依拠する行列の表現である．

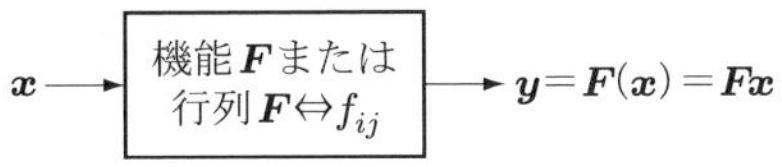

図 8.11

この，**ベクトルからベクトルを線形的に作る箱**，または**機能**が，**2 階のテンソル**である．その機能は正方行列 $\boldsymbol{F} \Leftrightarrow f_{ij}$ で指定されるので，この正方行列を替わりに 2 階のテンソルと呼び，その成分 f_{ij} を **2 階テンソルの成分**と呼ぶのである．

$\boldsymbol{F} \Leftrightarrow f_{ij}$ の作り方を見過ごしてはならない．$\boldsymbol{F}$ は，基底 $\{\boldsymbol{e}_1, \boldsymbol{e}_2, \boldsymbol{e}_3\}$ のそれぞれを順に箱に入れたときの 3 個の基準製品 $\{\boldsymbol{F}_1, \boldsymbol{F}_2, \boldsymbol{F}_3\} = \{\boldsymbol{F}(\boldsymbol{e}_1), \boldsymbol{F}(\boldsymbol{e}_2), \boldsymbol{F}(\boldsymbol{e}_3)\}$ を，式(8.6)のように“同じ基底を用いて”成分表示し，それらを縦ベクトルで書いた上で 3 本横に並べて作られている．

$$\boldsymbol{F} = (f_{ij})_3^3 = \begin{pmatrix} f_{11} & f_{12} & f_{13} \\ f_{21} & f_{22} & f_{23} \\ f_{31} & f_{32} & f_{33} \end{pmatrix} = (\boldsymbol{F}_1, \boldsymbol{F}_2, \boldsymbol{F}_3)$$
$$= \big(\boldsymbol{F}(\boldsymbol{e}_1), \boldsymbol{F}(\boldsymbol{e}_2), \boldsymbol{F}(\boldsymbol{e}_3)\big)$$

行列の成分 f_{ij} では，後の添え字“j”がその 3 本の縦ベクトルの区別に，前の添え字“i”が各縦ベクトルの成分の区別に使われており，各縦ベクトルは，その行列が代表する“箱 = 機能”による基底 $\{\boldsymbol{e}_1, \boldsymbol{e}_2, \boldsymbol{e}_3\}$ それぞれの写像先である．このように，行列は並んだ数字を縦に読むのが基本である．このような見方は，これから種々の物理現象を 2 階テンソルで表現するとき，常に理解の鍵となる．

結局，1 階テンソル（= ベクトル）の場合と同じく，次が言える．

2 階テンソルとは，素っ気無く言えば正方行列 $\boldsymbol{F} \Leftrightarrow f_{ij}$ に過ぎないが，その成分 f_{ij} は，材料 $\boldsymbol{x}$ を表現するのに使った基底 $\{\boldsymbol{e}_1, \boldsymbol{e}_2, \boldsymbol{e}_3\}$ に関するものであり，別の基底を採用すれば（機能は同じでも）成分は変わる．纏（まと）めよう．

テンソルは座標系を超越した線形の機能である．その機能を表すベクトル（1 階）や行列（2 階）の成分は，材料や製品のベクトルを表現するのに使う基底に従って変化する．

例題 8.1●　2 階テンソル $\boldsymbol{I} \Leftrightarrow \delta_{ij}$ は機能として如何なるものか．また，行列 $\boldsymbol{A} \Leftrightarrow a_{ij}$ で表される 2 階テンソルに対して，逆行列 $\boldsymbol{A}^{-1}$ は如何なる機能であるか．

解答◆　$\boldsymbol{y} \Leftrightarrow y_i$，$\boldsymbol{x} \Leftrightarrow x_i$，$\boldsymbol{I} \Leftrightarrow \delta_{ij}$ に対し，

$$\boldsymbol{y} = \boldsymbol{I}\boldsymbol{x} = \boldsymbol{x} \Leftrightarrow y_i = \delta_{ij}x_j = x_i$$

であるから，$\boldsymbol{I} \Leftrightarrow \delta_{ij}$ は，入れたベクトルと同じベクトルを作る機能である（**図 8.12**）．

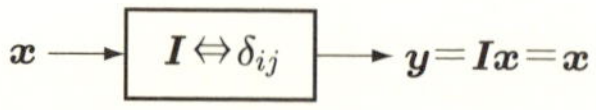

図 8.12

次に，$\boldsymbol{y} = \boldsymbol{A}\boldsymbol{x} \Leftrightarrow y_i = a_{ij}x_j$ のとき，

$$\boldsymbol{x} = \boldsymbol{A}^{-1}\boldsymbol{y} \Leftrightarrow x_i = (\boldsymbol{A}^{-1})_{ij}y_j$$

であるから，$\boldsymbol{A}$ が $\boldsymbol{x}$ から $\boldsymbol{y}$ を作るとき，$\boldsymbol{A}^{-1}$ はその $\boldsymbol{y}$ からもとの $\boldsymbol{x}$ を作る．$\boldsymbol{A}$ と $\boldsymbol{A}^{-1}$ を直列

に繋いで新たな箱を作れば，その箱は入れたベクトルと同じベクトルを作る（$\boldsymbol{A}^{-1}\boldsymbol{A}=\boldsymbol{I}$）.

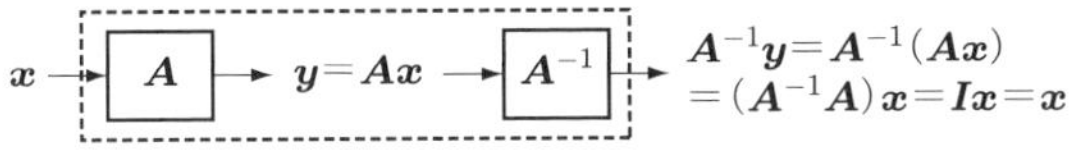

図 8.13 ■

以上で2階までは明らかとなった．一方，添え字を n 個持つものを n 階のテンソルと最初に言ったのであるから，n が3以上ではどうなるか，という疑問が生じて当然である．高階のテンソルへの拡張は攻め方を変える．そのために，今提示したばかりの2階テンソルの別の見方を述べる．つまり，2階のテンソルがベクトルからベクトルを作る箱であることを一旦忘れて，これを定義し直す．

▶**注意**　実は，2階テンソルの本来の定義は，これから提示するその第二の見方のほうである．その構造はすぐに明らかとなる．

8.3 2階テンソルの第二の定義

先の1階テンソル（**図 8.6**〜**図 8.8**）は，ベクトルを1個入れてスカラー1個を出す箱，つまりベクトルの投入口が一つでスカラーの取り出し口が一つの箱であった．2階のテンソルの第二の定義とは，**ベクトル2個の“組み”からスカラー1個を作る箱**，すなわち，ベクトルの投入口が二つで製品の取り出し口が一つ，しかも製品はスカラーである（**図 8.14**）．関数の表記法では，

$$z=F(\boldsymbol{x},\boldsymbol{y}) \tag{8.7}$$

である．

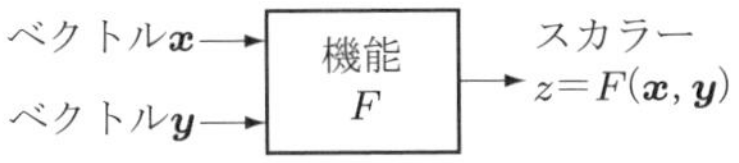

図 8.14

■双一次性，双一次形式■

式(8.7)のスカラー z は二つのベクトルの関数であるから，先の線形性を次の**双一次性**で置き換える．双一次性（或いは二重一次性）とは，$F(\boldsymbol{x},\boldsymbol{y})$ の $(\boldsymbol{x},\boldsymbol{y})$ のうち，一方を固定すればもう一方について線形性が成り立つことを言う．すなわち，

$$F(\alpha\boldsymbol{x}_1+\beta\boldsymbol{x}_2,\boldsymbol{y})=\alpha F(\boldsymbol{x}_1,\boldsymbol{y})+\beta F(\boldsymbol{x}_2,\boldsymbol{y})$$

$$F(\boldsymbol{x},\alpha\boldsymbol{y}_1+\beta\boldsymbol{y}_2)=\alpha F(\boldsymbol{x},\boldsymbol{y}_1)+\beta F(\boldsymbol{x},\boldsymbol{y}_2)$$

である．

双一次性を2回使えば，式(8.7)は，

$$\begin{aligned} z &= F(\boldsymbol{x}, \boldsymbol{y}) = F(x_i \boldsymbol{e}_i, y_j \boldsymbol{e}_j) \\ &= x_i F(\boldsymbol{e}_i, y_j \boldsymbol{e}_j) = x_i y_j F(\boldsymbol{e}_i, \boldsymbol{e}_j) = x_i y_j f_{ij} \ (= x_i f_{ij} y_j) \end{aligned} \tag{8.8}$$

但し，$f_{ij} = F(\boldsymbol{e}_i, \boldsymbol{e}_j)$

となる．行列表記なら，

$$z = x_i f_{ij} y_j = (x_1, x_2, x_3) \begin{pmatrix} f_{11} & f_{12} & f_{13} \\ f_{21} & f_{22} & f_{23} \\ f_{31} & f_{32} & f_{33} \end{pmatrix} \begin{pmatrix} y_1 \\ y_2 \\ y_3 \end{pmatrix} = {}^t\boldsymbol{x}\boldsymbol{F}\boldsymbol{y} \quad \text{但し，} \boldsymbol{F} \Leftrightarrow f_{ij}$$

である．これは**双一次形式**に他ならない（**6.3節**）．1階のテンソルを一次形式，或いは単一次形式と呼んだことを思い出そう（**図8.15**）．

図8.15

箱の機能 $z = F(\boldsymbol{x}, \boldsymbol{y})$ は行列 $\boldsymbol{F} \Leftrightarrow f_{ij}$ で指定され，その成分 f_{ij} は箱の二つの投入口に，基底 $\{\boldsymbol{e}_1, \boldsymbol{e}_2, \boldsymbol{e}_3\}$ から $\boldsymbol{e}_i$，$\boldsymbol{e}_j$ $(i, j = 1, 2, 3)$ を可能な9通りの組み合わせで入れて得られる9個のスカラー $f_{ij} = F(\boldsymbol{e}_i, \boldsymbol{e}_j)$ である．これらが基準製品，すなわち2階テンソルの成分である（**図8.16**）．

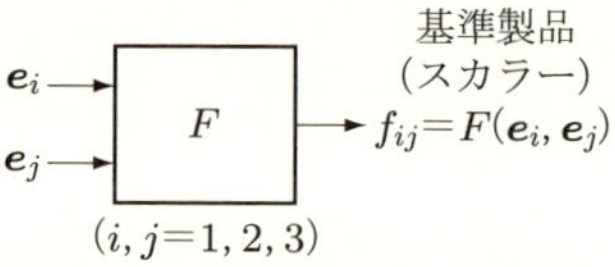

図8.16

ところで，箱を開けて二つのベクトルから一つのスカラーを作る作り方を見学すると，次のようになっている（**図8.17**）．

(1) 一方の材料ベクトル $\boldsymbol{y}$ を使って，先のやり方で中間製品ベクトル $\boldsymbol{w} = \boldsymbol{F}\boldsymbol{y} \Leftrightarrow w_i = f_{ij} y_j$ を作る．

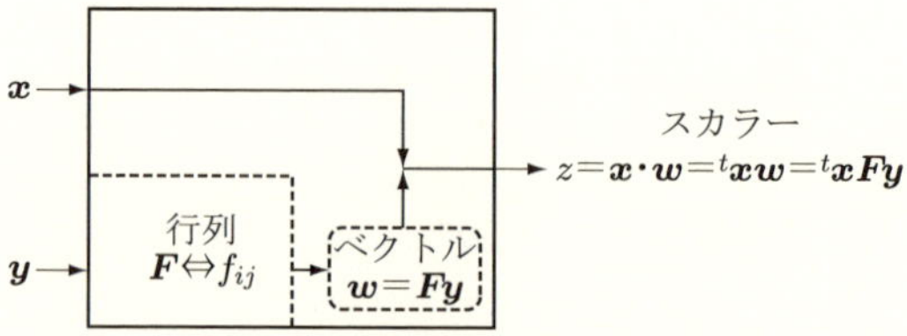

図8.17

(2) その後，もう一つの材料ベクトル $\boldsymbol{x}$ と中間製品 $\boldsymbol{w}$ のスカラー積を作って最終製品のスカラーとする．すなわち，

$$z = \boldsymbol{x}\cdot\boldsymbol{w} = {}^t\boldsymbol{x}\boldsymbol{w} = {}^t\boldsymbol{x}\boldsymbol{F}\boldsymbol{y} \Leftrightarrow z = x_i w_i = x_i(f_{ij}y_j) = x_i y_j f_{ij}$$

である．

従って，先に述べたベクトル 1 個からベクトル 1 個を作るという 2 階テンソルと，ここで言う 2 個のベクトルから 1 個のスカラーを作る箱の間には一対一の対応がある．平たく言えば同じものである．つまり，1 個の行列を二様に使っている．**図 8.17** の見方も，2 階テンソルによって物理を理解する上で重要である．

上の例で $\boldsymbol{x} = \boldsymbol{y}$，すなわち $z = F(\boldsymbol{x}, \boldsymbol{x}) = {}^t\boldsymbol{x}\boldsymbol{F}\boldsymbol{x}$ のとき，これを**二次形式**と呼ぶのであった．

▶**注意** **図 8.17** によって，単なる線形写像と 2 階テンソルの違いが明らかである．$\boldsymbol{F} \Leftrightarrow f_{ij}$ が正方行列でなければ，中間製品 $\boldsymbol{w}$ の次元が $\boldsymbol{y}$ のそれと，従って $\boldsymbol{x}$ のそれと異なっていて，スカラー積 $\boldsymbol{x}\cdot\boldsymbol{w}$ の演算ができない．つまり，正方でない行列の持つ機能は，線形写像ではあるが 2 階テンソルではない．

例題 8.2● 2 階テンソル $\boldsymbol{I} \Leftrightarrow \delta_{ij}$ が二つの材料ベクトルから作る製品スカラーは如何(いか)なるものか．

解答◆ **図 8.17** で $\boldsymbol{F} = \boldsymbol{I}$ なら，

$$z = F(\boldsymbol{x}, \boldsymbol{y}) = {}^t\boldsymbol{x}\boldsymbol{I}\boldsymbol{y} = {}^t\boldsymbol{x}\boldsymbol{y} \Leftrightarrow z = x_i\delta_{ij}y_j = x_i y_i = \boldsymbol{x}\cdot\boldsymbol{y}$$

であるから，$\boldsymbol{I} \Leftrightarrow \delta_{ij}$ が二つのベクトルから作るスカラーは両ベクトルのスカラー積である． ■

8.4 高階のテンソル

前節で述べた 2 階テンソルの第二の定義を拡張する．高階のテンソルとは，ベクトルの投入口が複数個ある箱であり，その製品は 1 個のスカラーである．すなわち，n **階のテンソル**（n 重一次形式）とは，n 個のベクトルの組みのスカラー関数，

$$z = F(\boldsymbol{x}_1, \ldots, \boldsymbol{x}_p, \ldots, \boldsymbol{x}_n) \tag{8.9}$$

であり，それぞれの材料ベクトルに対して他を固定して線形性が成り立つ，すなわち n **重一次性**，

$$F(\boldsymbol{x}_1, \ldots, \alpha\boldsymbol{x}_p + \beta\tilde{\boldsymbol{x}}_p, \ldots, \boldsymbol{x}_n)$$
$$= \alpha F(\boldsymbol{x}_1, \ldots, \boldsymbol{x}_p, \ldots, \boldsymbol{x}_n) + \beta F(\boldsymbol{x}_1, \ldots, \tilde{\boldsymbol{x}}_p, \ldots, \boldsymbol{x}_n), \quad p = 1, \ldots, n$$

が成り立つものである（**図 8.18**）．

j_p を p 番材料ベクトル用の縮約添え字として，各材料ベクトル $\boldsymbol{x}_p$ を，

$$\boldsymbol{x}_p = x_{j_p p}\boldsymbol{e}_{j_p} \ (= x_{1p}\boldsymbol{e}_1 + x_{2p}\boldsymbol{e}_2 + x_{3p}\boldsymbol{e}_3), \quad p = 1, \ldots, n$$

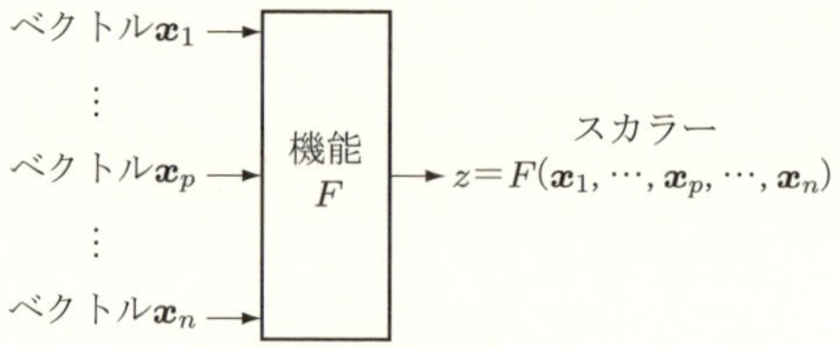

図 8.18

と表す．ここでも，$\boldsymbol{x}_p \Leftrightarrow x_{j_p p}$ の後の添え字 “p” が材料ベクトルの名前の区別に，前の添え字 “j_p” がその成分の区別に使われている．

n 重一次性を次々に利用すれば，

$$
\begin{aligned}
z &= F(\boldsymbol{x}_1, \ldots, \boldsymbol{x}_p, \ldots, \boldsymbol{x}_n) = F(x_{j_1 1}\boldsymbol{e}_{j_1}, \ldots, x_{j_p p}\boldsymbol{e}_{j_p}, \ldots, x_{j_n n}\boldsymbol{e}_{j_n}) \\
&= x_{j_1 1} \cdots x_{j_p p} \cdots x_{j_n n} F(\boldsymbol{e}_{j_1}, \ldots, \boldsymbol{e}_{j_p}, \ldots, \boldsymbol{e}_{j_n}) \qquad (8.10) \\
&= x_{j_1 1} \cdots x_{j_p p} \cdots x_{j_n n} f_{j_1 \cdots j_p \cdots j_n}
\end{aligned}
$$

但し，

$$
f_{j_1 \cdots j_p \cdots j_n} = F(\boldsymbol{e}_{j_1}, \ldots, \boldsymbol{e}_{j_p}, \ldots, \boldsymbol{e}_{j_n}) \qquad (8.11)
$$

となる．添え字 $\{j_1, \ldots, j_p, \cdots j_n\}$ の全てが 1〜3 で変化するから，n 階のテンソルを指定するには，式(8.11)の 3^n 個の数値を準備しておけばよい．すなわち，式(8.11)の 3^n 個のスカラーが基準製品，すなわち n 階テンソルの成分である．これらが材料ベクトルの表示に使用する基底に従って変化することも，前と同様である．

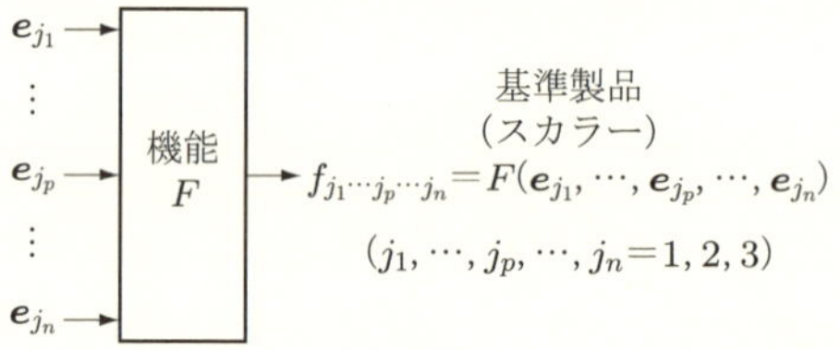

図 8.19

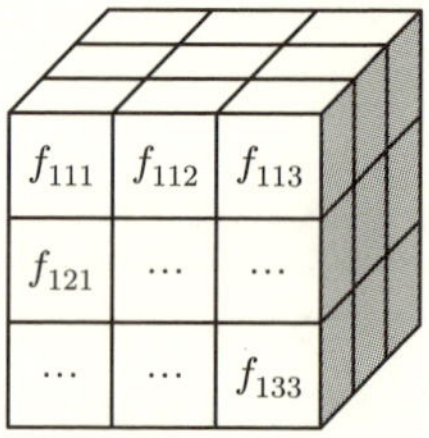

図 8.20

$n = 1$ の場合が先の 1 階のテンソルでこれはベクトルの 3 成分，$n = 2$ の場合が 2 階のテンソルでこれは正方行列の 9 成分である．$n = 3$，すなわち 3 階のテンソルの成分は $3^3 = 27$ 個あり，これらはベクトルや行列のように平面表示はできず，ルービックキューブのように書くしかない（**図 8.20**）．4 階以上になるとお手上げ！

▶**注意**　2 階テンソルは，(1) 2 個のベクトルから 1 個のスカラーを作る，(2) 1 個のベクトルから 1 個のベクトルを作る，という二重の見方ができて，先の**図 8.17** がそれらの関係を示すのであった．実は，3 階のテンソルも，

(1) 3 個のベクトルから 1 個のスカラーを作る，

(2) 2 個のベクトルから 1 個のベクトルを作る，

という二重の見方ができて，それらの関係は**図 8.21** である．

但し，2 階についてのみ機能の二重性を意識していれば，殆どの用は足せる．

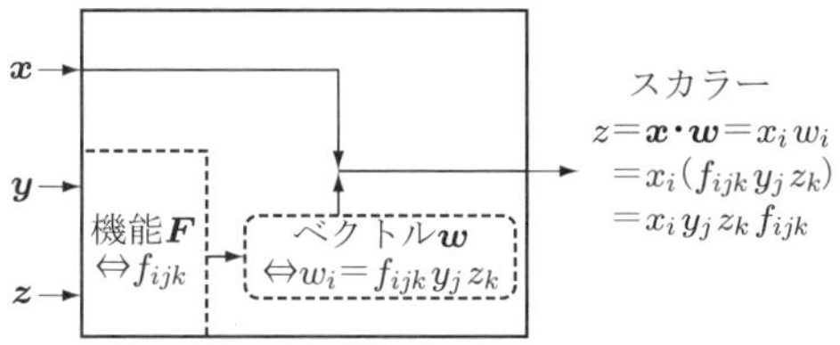

図 8.21

例題 8.3●　3 階のテンソル ε_{ijk} が 3 個のベクトルから作る製品は如何なるスカラーであるか．

解答◆　3 個の材料ベクトル $\{\boldsymbol{x}, \boldsymbol{y}, \boldsymbol{z}\}$ と 3 階テンソル ε_{ijk} に対して，

$$F(\boldsymbol{x}, \boldsymbol{y}, \boldsymbol{z}) = \varepsilon_{ijk} x_i y_j z_k \ (= x_i y_j z_k \varepsilon_{ijk}) = [\boldsymbol{xyz}] = \boldsymbol{x} \cdot \boldsymbol{y} \wedge \boldsymbol{z}$$

であるから，ε_{ijk} が $\{\boldsymbol{x}, \boldsymbol{y}, \boldsymbol{z}\}$ から作るスカラーは，“$\{\boldsymbol{x}, \boldsymbol{y}, \boldsymbol{z}\}$ が右手系であるとき”それらを同一始点から描いてできる平行六面体の体積である．$\{\boldsymbol{x}, \boldsymbol{y}, \boldsymbol{z}\}$ が左手系なら，$(-1) \times$ 体積である．この例題は，**図 8.21** の中間製品がベクトル積 $\boldsymbol{w} = \boldsymbol{y} \wedge \boldsymbol{z}$ である場合に当たる．■

8.5　対称テンソルと交替テンソル

■ 2 階の対称テンソル ■

6.1 節で，取り敢えずその行列が対称であるものとした 2 階の対称テンソルを，“箱”の考え方を用いて定義し直す．それには 2 階テンソルの第二の定義，すなわち 2 個のベクトルから 1 個のスカラーを作る機能という見方を使う．まずは，ベクトルを入れる 2 箇所の投入口を投入口 A，投入口 B と区別しよう．

2 階の対称テンソル (second order symmetric tensor) とは，投入口 A，B に 2 個の材料ベクトル $(\boldsymbol{x}, \boldsymbol{y})$ を逆に入れても同じスカラーができる箱である．すなわち，

$$F(\boldsymbol{x}, \boldsymbol{y}) = F(\boldsymbol{y}, \boldsymbol{x}) \tag{8.12}$$

である（**図 8.22**）．対応する行列 $\boldsymbol{F} \Leftrightarrow f_{ij}$ を用いれば，式(8.8)によって，

$$z = x_i y_j f_{ij} = y_i x_j f_{ij} \overset{①}{=} y_j x_i f_{ji} \overset{②}{=} x_i y_j f_{ji}$$

$$\therefore \quad f_{ij} = f_{ji} \Leftrightarrow \boldsymbol{F} = {}^t\boldsymbol{F} \tag{8.13}$$

式中①は死んだ添え字 (i, j) の (j, i) への入れ替え，②は掛け算の順序の並べ替えである．

これによって，対称テンソルではその機能を代表する行列が対称である，と言ってよい訳である．一般には2階テンソルの独立な成分は $3 \times 3 = 9$ 個だが，対称なら6個である．

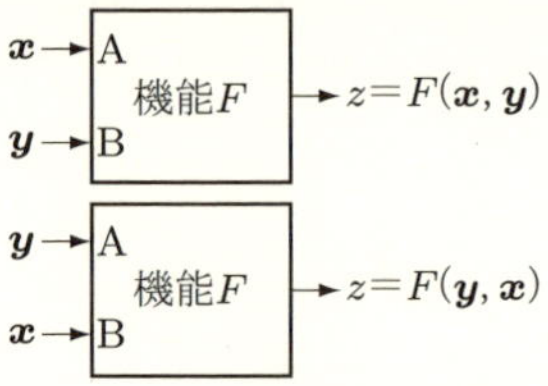

図 8.22

2階の交替テンソル

2階の交替テンソル (second order alternative tensor) とは，投入口A，Bに $(\boldsymbol{x}, \boldsymbol{y})$ を逆に入れると製品のスカラーの符号が変わるものである．従って式(8.12)に対応して，

$$F(\boldsymbol{x}, \boldsymbol{y}) = -F(\boldsymbol{y}, \boldsymbol{x}) \tag{8.14}$$

式(8.13)に対応して，行列の成分では，

$$f_{ij} = -f_{ji} \Leftrightarrow \boldsymbol{F} = -{}^t\boldsymbol{F} \tag{8.15}$$

となる．

これによって，交替テンソルの行列の対角成分は全てゼロである．例えば，式(8.15)で $(i, j) = (1, 1)$ なら，

$$f_{11} = -f_{11} \quad \therefore \quad f_{11} = 0$$

他も同様である．また，$f_{32} = -f_{23}$ ($= \Omega_1$ とする)，$f_{13} = -f_{31}$ ($= \Omega_2$)，$f_{21} = -f_{12}$ ($= \Omega_3$) によって，2階交替テンソルの行列 $\boldsymbol{F} \Leftrightarrow f_{ij}$ は，

$$\boldsymbol{F} = (f_{ij})_3^3 = \begin{pmatrix} f_{11} & f_{12} & f_{13} \\ f_{21} & f_{22} & f_{23} \\ f_{31} & f_{32} & f_{33} \end{pmatrix} = \begin{pmatrix} 0 & -\Omega_3 & \Omega_2 \\ \Omega_3 & 0 & -\Omega_1 \\ -\Omega_2 & \Omega_1 & 0 \end{pmatrix} \tag{8.16}$$

となる．すなわち，2階交替テンソルの行列では独立な成分は3個しかない．このことは，2階交替テンソルが，或(あ)るベクトルに対応することを示唆する．これを次に見る．

2階交替テンソルに付随するベクトル

以上の交替テンソルの説明は，2個のベクトルから1個のスカラーを作るという2階テンソルの第二の機能によった．同じ交替テンソルを，1個の材料ベクトルから1個の製品ベクトルを作るという第一の機能で使ってみよう．材料，製品の両ベクトルを $\boldsymbol{x}$，$\boldsymbol{y}$ とする．

$$\boldsymbol{y} = y_i \boldsymbol{e}_i = \begin{pmatrix} y_1 \\ y_2 \\ y_3 \end{pmatrix} = \boldsymbol{F}(\boldsymbol{x}) = \boldsymbol{F}\boldsymbol{x} = \begin{pmatrix} f_{11} & f_{12} & f_{13} \\ f_{21} & f_{22} & f_{23} \\ f_{31} & f_{32} & f_{33} \end{pmatrix} \begin{pmatrix} x_1 \\ x_2 \\ x_3 \end{pmatrix} = (f_{ik} x_k) \boldsymbol{e}_i$$

$$\overset{(8.16)}{=} \begin{pmatrix} 0 & -\Omega_3 & \Omega_2 \\ \Omega_3 & 0 & -\Omega_1 \\ -\Omega_2 & \Omega_1 & 0 \end{pmatrix} \begin{pmatrix} x_1 \\ x_2 \\ x_3 \end{pmatrix} = \begin{pmatrix} \Omega_2 x_3 - \Omega_3 x_2 \\ \Omega_3 x_1 - \Omega_1 x_3 \\ \Omega_1 x_2 - \Omega_2 x_1 \end{pmatrix}$$

$$= \boldsymbol{\Omega} \wedge \boldsymbol{x} = (\varepsilon_{ijk}\Omega_j x_k)\boldsymbol{e}_i \tag{8.17}$$

但し，$\boldsymbol{\Omega} = {}^t(\Omega_1, \Omega_2, \Omega_3)$

式(8.17)の1行目は，2階テンソル $\boldsymbol{F}$ がベクトルからベクトルを作る普通のやり方であって新しいことは含まれないが，2行目に至って $\boldsymbol{F}$ が交替という式(8.16)の事実が使われている．これによれば，2階交替テンソルには**或るベクトル $\boldsymbol{\Omega} \Leftrightarrow \Omega_i$ が付随していて**(対応していて，或(ある)いは待ち構えていて)，材料 $\boldsymbol{x}$ による製品 $\boldsymbol{y}$ は，この $\boldsymbol{\Omega}$ と $\boldsymbol{x}$ のベクトル積（外積）として作るのである．

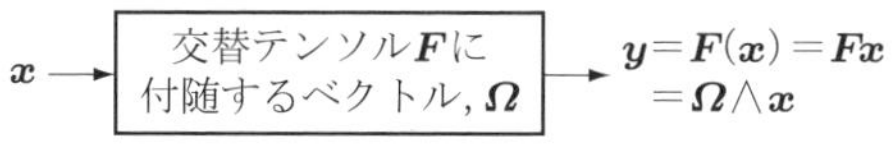

図 8.23

ここでも，ベクトル積は座標系を超越した演算であることに注意しよう．材料ベクトルと固定ベクトルとのスカラー積という先の1階テンソルの説明に際しても，スカラー積が座標系を超越した演算であることを強調した．

交替テンソルの行列 $\boldsymbol{F} \Leftrightarrow f_{ij}$ $(f_{ij} = -f_{ji})$ と，それに付随するベクトル $\boldsymbol{\Omega} \Leftrightarrow \Omega_i$ の関係は，次のようにして一方から他方を求めることができる．式(8.17)の $\boldsymbol{e}_i$ の係数を比較して，

$$y_i = f_{ik}x_k = \varepsilon_{ijk}\Omega_j x_k \quad \therefore \quad f_{ik} = \varepsilon_{ijk}\Omega_j = -\varepsilon_{ikj}\Omega_j$$

添え字を整頓して，

$$f_{ij} = -\varepsilon_{ijk}\Omega_k \tag{8.18}$$

これは，交替テンソルに付随するベクトル $\boldsymbol{\Omega}$ から，もとの交替テンソルの行列 $\boldsymbol{F}$ を求める式である．両辺に ε_{ijm} を掛けると，

$$\varepsilon_{ijm}f_{ij} = -\varepsilon_{ijm}\varepsilon_{ijk}\Omega_k \overset{(6.19)}{=} -2\delta_{mk}\Omega_k = -2\Omega_m \quad \therefore \quad \Omega_m = -\frac{1}{2}\varepsilon_{mij}f_{ij} \tag{8.19}$$

これは，交替テンソルの行列 $\boldsymbol{F}$ から，付随するベクトル $\boldsymbol{\Omega}$ を求める式である．交替テンソルは，**反対称テンソル** (anti-symmetric tensor) とも呼ばれる．

■高階の対称，交替テンソル■

高階の対称・交替テンソルは，式(8.9)の高階テンソルに対して次のように定義される．n 個の材料ベクトルの任意の並べ替えを，置換の記号で $\pi = (i_1, \ldots, i_p, \ldots, i_n)$ として，

$$F(\boldsymbol{x}_{i_1}, \ldots, \boldsymbol{x}_{i_p}, \ldots, \boldsymbol{x}_{i_n}) = F(\boldsymbol{x}_1, \ldots, \boldsymbol{x}_p, \ldots, \boldsymbol{x}_n),$$

すなわち，材料をどう並べ替えても同じ値をとるものが n 階の対称テンソルである．$n=2$ の場合が式(8.12)である．また，同じ置換 π に対して，

$$F(\boldsymbol{x}_{i_1},\ldots,\boldsymbol{x}_{i_p},\ldots,\boldsymbol{x}_{i_n})=\operatorname{sgn}\pi\cdot F(\boldsymbol{x}_1,\ldots,\boldsymbol{x}_p,\ldots,\boldsymbol{x}_n)$$

となるものが n 階の交替テンソルである．$n=2$ の場合が式(8.14)である．

$n=3$ では，$\pi=(i,j,k)$ として，

$$\begin{aligned}F(\boldsymbol{x}_i,\boldsymbol{x}_j,\boldsymbol{x}_k)&\overset{(8.10)}{=}\underset{①}{x_{pi}x_{qj}x_{rk}f_{pqr}}=\operatorname{sgn}\pi\cdot F(\boldsymbol{x}_1,\boldsymbol{x}_2,\boldsymbol{x}_3)\\&=\varepsilon_{ijk}F(\boldsymbol{x}_1,\boldsymbol{x}_2,\boldsymbol{x}_3)\overset{(8.10)}{=}\underset{②}{\varepsilon_{ijk}x_{u1}x_{v2}x_{w3}f_{uvw}}\end{aligned}$$

となる．式中 f_{pqr}，f_{uvw} は，

$$f_{pqr}\overset{(8.11)}{=}F(\boldsymbol{e}_p,\boldsymbol{e}_q,\boldsymbol{e}_r)=\varepsilon_{pqr}F(\boldsymbol{e}_1,\boldsymbol{e}_2,\boldsymbol{e}_3),\quad f_{uvw}=\cdots=\varepsilon_{uvw}F(\boldsymbol{e}_1,\boldsymbol{e}_2,\boldsymbol{e}_3)$$

であるから，①，②より

$$x_{pi}x_{qj}x_{rk}\varepsilon_{pqr}F(\boldsymbol{e}_1,\boldsymbol{e}_2,\boldsymbol{e}_3)=\varepsilon_{ijk}x_{u1}x_{v2}x_{w3}\varepsilon_{uvw}F(\boldsymbol{e}_1,\boldsymbol{e}_2,\boldsymbol{e}_3)$$

となるが，$F(\boldsymbol{e}_1,\boldsymbol{e}_2,\boldsymbol{e}_3)$ は任意であるから，

$$\varepsilon_{pqr}x_{pi}x_{qj}x_{rk}=\varepsilon_{ijk}(\varepsilon_{uvw}x_{u1}x_{v2}x_{w3})\overset{(6.12)}{=}\varepsilon_{ijk}\det\boldsymbol{X}\tag{8.20}$$

が得られる．但し（ただ），$\boldsymbol{X}\Leftrightarrow x_{ij}$ である．

上式は，

$$\begin{vmatrix}x_{1i}&x_{1j}&x_{1k}\\x_{2i}&x_{2j}&x_{2k}\\x_{3i}&x_{3j}&x_{3k}\end{vmatrix}=\varepsilon_{ijk}\begin{vmatrix}x_{11}&x_{12}&x_{13}\\x_{21}&x_{22}&x_{23}\\x_{31}&x_{32}&x_{33}\end{vmatrix}$$

のこと．つまり，これは課題 6.10 の解答である．

ついでに，式(8.20)にさらに ε_{ijk} を掛けると，

$$\varepsilon_{ijk}\varepsilon_{pqr}x_{pi}x_{qj}x_{rk}=\varepsilon_{ijk}\varepsilon_{ijk}\det\boldsymbol{X}\overset{(6.20)}{=}6\det\boldsymbol{X}$$

すなわち，行列式 $\det\boldsymbol{X}=|\boldsymbol{X}|$ は，

$$\det\boldsymbol{X}=\frac{1}{6}\varepsilon_{pqr}\varepsilon_{ijk}x_{pi}x_{qj}x_{rk}\tag{8.21}$$

とも書ける．これが **6.5 節**の式(6.14)である．行列式は，もとの行列で作ってもその転置行列で作っても同じ値になることが，これによって一目瞭然である．

例題 8.4●　$\boldsymbol{X}\Leftrightarrow x_{ij}$ の逆行列 $\boldsymbol{X}^{-1}$，$\boldsymbol{X}$ の (i,j) 余因子 Δ_{ij} の添え字表現を求めよ．

解答◆　式(8.20) $\times\,\varepsilon_{ijl}$ を作る．

$$\varepsilon_{ijl}\varepsilon_{pqr}x_{pi}x_{qj}x_{rk}=\varepsilon_{ijl}\varepsilon_{ijk}\det\boldsymbol{X}\overset{(6.19)}{=}2\delta_{lk}\det\boldsymbol{X}$$

$$\therefore\quad\delta_{lk}=\frac{1}{2\det\boldsymbol{X}}\varepsilon_{ijl}\varepsilon_{pqr}x_{pi}x_{qj}x_{rk}=\left(\frac{1}{2\det\boldsymbol{X}}\varepsilon_{ijl}\varepsilon_{pqr}x_{pi}x_{qj}\right)x_{rk}=y_{lr}x_{rk}$$

ここでは，括弧内の生きた添え字が l と r だから，これを y_{lr} $(\Leftrightarrow \boldsymbol{Y})$ としてある．上式は，

$$\delta_{lk} = y_{lr}x_{rk} \Leftrightarrow \boldsymbol{I} = \boldsymbol{Y}\boldsymbol{X},$$

すなわち，$\boldsymbol{Y} = \boldsymbol{X}^{-1}$ であるから，

$$y_{lr} = \frac{1}{2\det \boldsymbol{X}}\varepsilon_{ijl}\varepsilon_{pqr}x_{pi}x_{qj} \tag{8.22}$$

が $\boldsymbol{X}$ の逆行列の添え字表現である．

一方，線形代数学の教えるところによれば，$\boldsymbol{X}$ の逆行列の作り方は，

(1) $\boldsymbol{X}$ の (i,j) 余因子 Δ_{ij} を全て求めて，余因子行列 $\Delta = (\Delta_{ij})_3^3$ を作り，

(2) 転置させ，

(3) $\det \boldsymbol{X}$ で割る，

であった．つまり，(1) → (2) → (3) の結果が式(8.22)であるから，逆に辿（たど）って $\boldsymbol{X}$ の (r,l) 余因子 Δ_{rl} が，

$$\Delta_{rl} = (\det \boldsymbol{X})y_{lr} = \frac{1}{2}\varepsilon_{ijl}\varepsilon_{pqr}x_{pi}x_{qj}$$

であることがわかる．添え字を整頓すると，

$$\Delta_{ij} = \frac{1}{2}\varepsilon_{pqi}\varepsilon_{mnj}x_{pm}x_{qn}$$ ■

8.6 組み合わせテンソル

■テンソルの和，差，スカラー倍■

例えば，行列 $\boldsymbol{F} \Leftrightarrow f_{ij}$，$\boldsymbol{G} \Leftrightarrow g_{ij}$ で表される二つの 2 階テンソル F，G があり，F は材料ベクトルの組み $(\boldsymbol{x}, \boldsymbol{y})$ からスカラー f を作り，G は同じ $(\boldsymbol{x}, \boldsymbol{y})$ からスカラー g を作るものとする．

$$F(\boldsymbol{x}, \boldsymbol{y}) = x_i y_j f_{ij} = f, \quad G(\boldsymbol{x}, \boldsymbol{y}) = x_i y_j g_{ij} = g$$

これら二つのテンソルを用いて，同じ $(\boldsymbol{x}, \boldsymbol{y})$ から $f+g$ または $f-g$ を作る新しいテンソル $H \Leftrightarrow h_{ij}$ を作れる．このテンソルを**テンソル F と G の和または差**と呼び，$H = F \pm G$ と書く．H の成分は F と G の成分を用いてどのように表されるだろうか．H で作られるスカラーを h とする．

$$\begin{aligned} h &= H(\boldsymbol{x}, \boldsymbol{y}) \quad (= x_i y_j h_{ij}) \\ &= f \pm g = F(\boldsymbol{x}, \boldsymbol{y}) \pm G(\boldsymbol{x}, \boldsymbol{y}) = x_i y_j f_{ij} \pm x_i y_j g_{ij} \\ &= x_i y_j (f_{ij} \pm g_{ij}) \\ \therefore \ \ h_{ij} &= f_{ij} \pm g_{ij} \Leftrightarrow \boldsymbol{H} = \boldsymbol{F} \pm \boldsymbol{G} \end{aligned}$$

すなわち，テンソルの和または差（というテンソル）に対応する行列は，それぞれのテンソルに対応する行列の和または差である．図示すれば**図 8.24** となる．

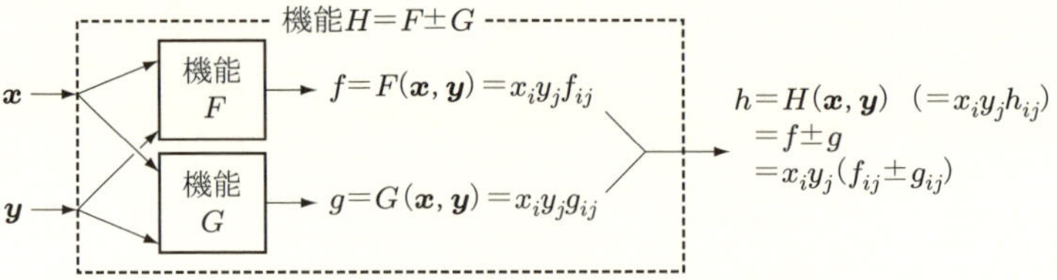

図 8.24

テンソルの**スカラー倍**の定義も容易である．或るテンソルのスカラー倍（というテンソル）とは，もとのテンソルの結果のスカラー倍を作るテンソルである．その行列が，もとのテンソルの行列のスカラー倍になることは明らかであろう．

■テンソル積■

ベクトル $\boldsymbol{F} \Leftrightarrow f_i$，$\boldsymbol{G} \Leftrightarrow g_i$ で表される二つの1階テンソル F，G があって，それぞれ材料ベクトル $\boldsymbol{x}$，$\boldsymbol{y}$ からスカラー f，g を作るものとする．

$$f = F(\boldsymbol{x}) = \boldsymbol{x}\cdot\boldsymbol{F} = x_i f_i, \quad g = G(\boldsymbol{y}) = \boldsymbol{y}\cdot\boldsymbol{G} = y_j g_j$$

これら二つの1階テンソルから，$(\boldsymbol{x},\boldsymbol{y})$ を材料として入れると $f \times g = k$ を製品として作る新しい2階のテンソル K $(\Leftrightarrow k_{ij})$ を作れる．

$$\begin{aligned} k &= K(\boldsymbol{x},\boldsymbol{y}) \quad (= x_i y_j k_{ij}) \\ &= f \times g = (x_i f_i)(y_j g_j) = x_i y_j (f_i g_j) \quad \therefore \quad k_{ij} = f_i g_j \end{aligned}$$

こうして作られる新しいテンソル K を，二つのテンソル F，G の**テンソル積**と呼び，$K = FG$ と書く．図示すれば**図 8.25** となる．

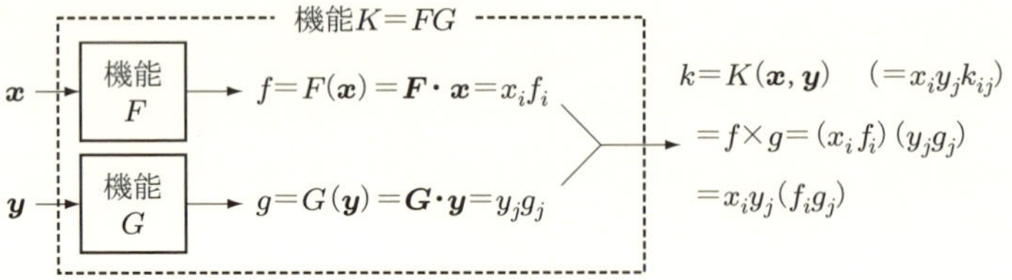

図 8.25

成分を全て書けば，

$$K = FG \Leftrightarrow (k_{ij})_3^3 = (f_i g_j)_3^3 = \begin{pmatrix} f_1g_1 & f_1g_2 & f_1g_3 \\ f_2g_1 & f_2g_2 & f_2g_3 \\ f_3g_1 & f_3g_2 & f_3g_3 \end{pmatrix}$$

となる．これは，式(6.4)の**ダイアディック**に他ならない．

以上を一般化すれば，同じ階数の複数のテンソルからそれらの和，差を自由に作れること，任意階数のテンソルのスカラー倍を自由に作れること，さらに，階数の低い複数のテンソルのテンソル積として，より高階のテンソルを自由に作れることがわかる．

逆に，こうして作った高階のテンソルから逐次縮約を行っていけば，階数が二つずつ低いテンソルが次々に作れる．

課題 8.1●　2 階のテンソル $F \Leftrightarrow f_{ij}$ と 1 階のテンソル $G \Leftrightarrow g_k$ から，テンソル積 $H = FG \Leftrightarrow h_{ijk} = f_{ij}g_k$ を作れる．**図 8.25** に倣（なら）ってこれを解釈せよ．

8.7　2 階テンソルの対称部と交替部への分解

任意の 2 階テンソル $\boldsymbol{B} \Leftrightarrow b_{ij}$ は，対称テンソルと交替テンソルの和で表せる．

$$b_{ij} = \left\{\frac{1}{2}(b_{ij} + b_{ji})\right\} + \left\{\frac{1}{2}(b_{ij} - b_{ji})\right\} = s_{ij} + a_{ij}$$

$$\Leftrightarrow \boldsymbol{B} = \frac{1}{2}(\boldsymbol{B} + {}^t\boldsymbol{B}) + \frac{1}{2}(\boldsymbol{B} - {}^t\boldsymbol{B}) = \boldsymbol{S} + \boldsymbol{A}$$

二つのテンソル $\boldsymbol{S} \Leftrightarrow s_{ij} = (1/2)(b_{ij} + b_{ji})$，$\boldsymbol{A} \Leftrightarrow a_{ij} = (1/2)(b_{ij} - b_{ji})$ がそれぞれ対称，交替であることは明らかであろう．それぞれを **2 階テンソルの対称部**，**交替部**と呼ぶ．前述のように，交替部 $\boldsymbol{A} \Leftrightarrow a_{ij}$ には或るベクトル $\boldsymbol{\varOmega} \Leftrightarrow \varOmega_i$ が付随している．式(8.19)により，その成分は，

$$\begin{aligned} \varOmega_m &= \underset{①}{-\frac{1}{2}\varepsilon_{mij}a_{ij}} = -\frac{1}{2}\varepsilon_{mij}\left\{\frac{1}{2}(b_{ij} - b_{ji})\right\} = \frac{1}{4}(-\varepsilon_{mij}b_{ij} + \varepsilon_{mij}b_{ji}) \\ &= \frac{1}{4}(-\varepsilon_{mij}b_{ij} - \varepsilon_{mji}b_{ji}) = -\frac{1}{4}(\varepsilon_{mij}b_{ij} + \varepsilon_{mij}b_{ij}) = \underset{②}{-\frac{1}{2}\varepsilon_{mij}b_{ij}} \end{aligned} \tag{8.23}$$

この式の①と②は同じ形である．①は式(8.19)の f を a と転じただけだから，次が言える．

① 交替テンソル $\boldsymbol{A} \Leftrightarrow a_{ij}$ に付随するベクトル $\boldsymbol{\varOmega} \Leftrightarrow \varOmega_i$ を，その交替テンソルの成分 a_{ij} で表した形，

と，

② (交替とは限らない) 任意のテンソル $\boldsymbol{B} \Leftrightarrow b_{ij}$ の交替部分 $\boldsymbol{A} \Leftrightarrow a_{ij} = (1/2)(b_{ij} - b_{ji})$ に付随するベクトル $\boldsymbol{\varOmega} \Leftrightarrow \varOmega_i$ を，もとの b_{ij} で表した形，

とは同じである．つまり，間違えても許して下さる！

課題 8.2●　式(8.23)の $\boldsymbol{\varOmega} \Leftrightarrow \varOmega_m$ を式(8.18)に代入すれば，もとの定義，

$$a_{ij} = \frac{1}{2}(b_{ij} - b_{ji})$$

に還ることができる．試みよ．

8.8 ベクトル，テンソルの成分変換規則

次の課題に移る．テンソルとは，機能は同じだが基底または座標系の選び方によってその成分が変化する線形（一般に n 重一次性）の箱，と定義した．では，成分はどのように変化するのであろうか．まず，材料・製品ベクトルの成分変換規則を示し，その後，それらを出し入れする一般のテンソルの成分変換規則を示す．

座標系を選ぶ

座標系を選ぶということを考えてみよう．

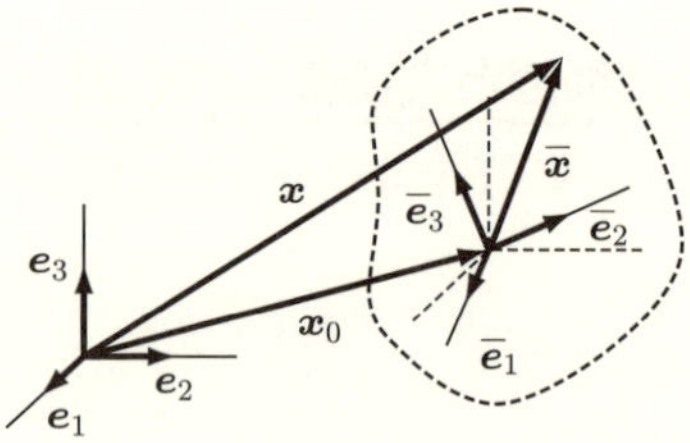

図 8.26

生活空間に設定する二つのデカルト系の関係は，**図 8.26** に示すように，まず姿勢を保ったまま座標軸をなにほどか平行移動（併進）させ，そのあと新しい原点の周りでなにほどか回転させる，という2段階に分解できる．力学で学んだ剛体運動なら，最初のものが生活空間に固定したデカルト系であり，併進・回転後のものがその中を飛翔する剛体の“埋め込みデカルト系”である．

一方，**図 8.27** は**図 2.10** の再掲である．流れ場のイメージを捉え易くするために位置ベクトル $\boldsymbol{x}$ と速度ベクトル $\boldsymbol{v}$ を一つの図に描いてあるが，数学的には $\boldsymbol{x}$ と $\boldsymbol{v}$ は別のベクトル空間に属し，単に $\boldsymbol{v}$ を表現するのに生活空間のデカルト基底 $\{\boldsymbol{e}_1, \boldsymbol{e}_2, \boldsymbol{e}_3\}$ を借用してい

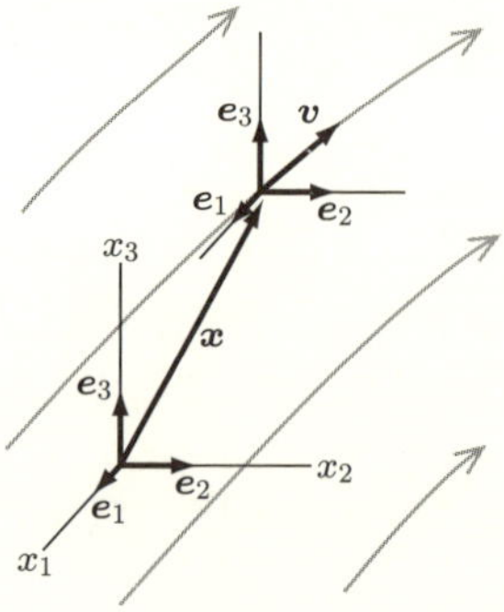

図 8.27

るだけである（$\boldsymbol{x}$ と $\boldsymbol{v}$ の長さを図中で比較しても意味がない！）.

つまり，**図 8.27** に描かれた二つデカルト系は**図 8.26** の意味の平行移動関係ではない．従って，一つのベクトル $\boldsymbol{v}$ を表現するデカルト系を選ぶには，原点を共有する二つのデカルト系の間の回転関係を考えれば十分である.

■直交行列■

そこで，互いに回転関係にある二組みの右手系デカルト座標のそれぞれの基底ベクトルの組みを，

$$\{\boldsymbol{e}_1, \boldsymbol{e}_2, \boldsymbol{e}_3\} \quad 及び \quad \{\overline{\boldsymbol{e}}_1, \overline{\boldsymbol{e}}_2, \overline{\boldsymbol{e}}_3\}$$

とする（**図 8.28**）．それぞれを**バー無し系**，**バー付き系**と呼ぶことにしよう.

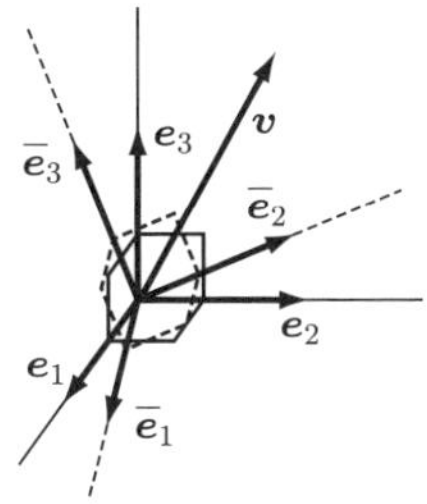

図 8.28

これら二組みの基底を用いて“同じベクトル $\boldsymbol{v}$”を，

$$\boldsymbol{v} = v_1\boldsymbol{e}_1 + v_2\boldsymbol{e}_2 + v_3\boldsymbol{e}_3 = v_i\boldsymbol{e}_i \tag{8.24}$$

$$\boldsymbol{v} = \overline{v}_1\overline{\boldsymbol{e}}_1 + \overline{v}_2\overline{\boldsymbol{e}}_2 + \overline{v}_3\overline{\boldsymbol{e}}_3 = \overline{v}_j\overline{\boldsymbol{e}}_j \tag{8.25}$$

と成分表示する．目的は，成分の組み $\{v_1, v_2, v_3\}$，$\{\overline{v}_1, \overline{v}_2, \overline{v}_3\}$ の間の関係を知ることである.

バー無し $\boldsymbol{e}_i$ とバー付き $\overline{\boldsymbol{e}}_j$ の内積を作って l_{ij} と名前を付ければ，これは両者の間の角度の余弦である．$i, j = 1, 2, 3$ と変化させて並べれば一つの行列ができる.

$$\begin{aligned} l_{ij} &= (\boldsymbol{e}_i \cdot \overline{\boldsymbol{e}}_j) = 1 \cdot 1 \cdot \cos\theta_{ij} = \cos(\boldsymbol{e}_i, \overline{\boldsymbol{e}}_j) \\ \Leftrightarrow \boldsymbol{L} = (l_{ij})_3^3 &= \begin{pmatrix} l_{11} & l_{12} & l_{13} \\ l_{21} & l_{22} & l_{23} \\ l_{31} & l_{32} & l_{33} \end{pmatrix} = \begin{pmatrix} \cos(\boldsymbol{e}_1, \overline{\boldsymbol{e}}_1) & \cos(\boldsymbol{e}_1, \overline{\boldsymbol{e}}_2) & \cos(\boldsymbol{e}_1, \overline{\boldsymbol{e}}_3) \\ \cos(\boldsymbol{e}_2, \overline{\boldsymbol{e}}_1) & \cos(\boldsymbol{e}_2, \overline{\boldsymbol{e}}_2) & \cos(\boldsymbol{e}_2, \overline{\boldsymbol{e}}_3) \\ \cos(\boldsymbol{e}_3, \overline{\boldsymbol{e}}_1) & \cos(\boldsymbol{e}_3, \overline{\boldsymbol{e}}_2) & \cos(\boldsymbol{e}_3, \overline{\boldsymbol{e}}_3) \end{pmatrix} \end{aligned} \tag{8.26}$$

$\boldsymbol{e}_i$ と $\overline{\boldsymbol{e}}_j$ の成す角を θ_{ij} とし，その余弦を $\cos(\boldsymbol{e}_i, \overline{\boldsymbol{e}}_j)$ と書いてある.

まず，バー付き $\overline{\boldsymbol{e}}_j$ をバー無し $\{\boldsymbol{e}_1, \boldsymbol{e}_2, \boldsymbol{e}_3\}$ の線形結合で表す.

$$(2.7) \quad \boldsymbol{A} = (\boldsymbol{A} \cdot \boldsymbol{e}_1)\boldsymbol{e}_1 + (\boldsymbol{A} \cdot \boldsymbol{e}_2)\boldsymbol{e}_2 + (\boldsymbol{A} \cdot \boldsymbol{e}_3)\boldsymbol{e}_3 \quad (= (\boldsymbol{A} \cdot \boldsymbol{e}_i)\boldsymbol{e}_i)$$

において，$\boldsymbol{A} \to \overline{\boldsymbol{e}}_j$ と転ずれば，

$$\overline{\boldsymbol{e}}_j = (\overline{\boldsymbol{e}}_j \cdot \boldsymbol{e}_i)\boldsymbol{e}_i \overset{(8.26)}{=} l_{ij}\boldsymbol{e}_i$$

$$\Leftrightarrow \begin{pmatrix} \overline{\boldsymbol{e}}_1 \\ \overline{\boldsymbol{e}}_2 \\ \overline{\boldsymbol{e}}_3 \end{pmatrix} = \begin{pmatrix} l_{11} & l_{21} & l_{31} \\ l_{12} & l_{22} & l_{32} \\ l_{13} & l_{23} & l_{33} \end{pmatrix} \begin{pmatrix} \boldsymbol{e}_1 \\ \boldsymbol{e}_2 \\ \boldsymbol{e}_3 \end{pmatrix} \quad \text{または} \quad \underset{(3\times1)}{\overline{\boldsymbol{E}}} = \underset{(3\times3)}{{}^t\boldsymbol{L}}\underset{(3\times1)}{\boldsymbol{E}} \tag{8.27}$$

$\boldsymbol{E} \Leftrightarrow \boldsymbol{e}_i$，$\overline{\boldsymbol{E}} \Leftrightarrow \overline{\boldsymbol{e}}_j$ は，それぞれのデカルト基底を縦に並べた 3×1 行列である．逆に，バー無し $\boldsymbol{e}_i$ をバー付き $\{\overline{\boldsymbol{e}}_1, \overline{\boldsymbol{e}}_2, \overline{\boldsymbol{e}}_3\}$ の線形結合で表すと，

$$\boldsymbol{e}_i = (\boldsymbol{e}_i \cdot \overline{\boldsymbol{e}}_j)\overline{\boldsymbol{e}}_j \overset{(8.26)}{=} l_{ij}\overline{\boldsymbol{e}}_j$$

$$\Leftrightarrow \begin{pmatrix} \boldsymbol{e}_1 \\ \boldsymbol{e}_2 \\ \boldsymbol{e}_3 \end{pmatrix} = \begin{pmatrix} l_{11} & l_{12} & l_{13} \\ l_{21} & l_{22} & l_{23} \\ l_{31} & l_{32} & l_{33} \end{pmatrix} \begin{pmatrix} \overline{\boldsymbol{e}}_1 \\ \overline{\boldsymbol{e}}_2 \\ \overline{\boldsymbol{e}}_3 \end{pmatrix} \quad \text{または} \quad \underset{(3\times1)}{\boldsymbol{E}} = \underset{(3\times3)}{\boldsymbol{L}}\underset{(3\times1)}{\overline{\boldsymbol{E}}} \tag{8.28}$$

従って，

$$\overline{\boldsymbol{E}} \overset{(8.27)}{=} {}^t\boldsymbol{L}\boldsymbol{E} \overset{(8.28)}{=} {}^t\boldsymbol{L}(\boldsymbol{L}\overline{\boldsymbol{E}}) = ({}^t\boldsymbol{L}\boldsymbol{L})\overline{\boldsymbol{E}} \quad \therefore \quad \boldsymbol{I} = {}^t\boldsymbol{L}\boldsymbol{L} \Leftrightarrow \delta_{ij} = l_{ki}l_{kj} \tag{8.29}$$

$\boldsymbol{I} \Leftrightarrow \delta_{ij}$ は単位行列である．或いは，

$$\boldsymbol{E} \overset{(8.28)}{=} \boldsymbol{L}\overline{\boldsymbol{E}} \overset{(8.27)}{=} \boldsymbol{L}({}^t\boldsymbol{L}\boldsymbol{E}) = (\boldsymbol{L}\,{}^t\boldsymbol{L})\boldsymbol{E} \quad \therefore \quad \boldsymbol{I} = \boldsymbol{L}\,{}^t\boldsymbol{L} \Leftrightarrow \delta_{ij} = l_{ik}l_{jk} \tag{8.30}$$

無論，両式は同値であり，いずれによっても ${}^t\boldsymbol{L} = \boldsymbol{L}^{-1}$ を得る．すなわち，$\boldsymbol{L}$ の逆行列は単にその転置である．$\boldsymbol{L} \Leftrightarrow l_{ij}$ を**直交行列**と言い，式(8.29)または(8.30)を**直交関係式**と言う．

$\boldsymbol{L}$ は，二組みのデカルト基底（正規直交基底）の間の回転姿勢を定めており，その成分は両系の座標軸間の角度の余弦である．従って，式(8.26)の $\boldsymbol{L}$ を構成する3本の縦ベクトルは，バー付き $\{\overline{\boldsymbol{e}}_1, \overline{\boldsymbol{e}}_2, \overline{\boldsymbol{e}}_3\}$ のそれぞれの，バー無し $\{\boldsymbol{e}_1, \boldsymbol{e}_2, \boldsymbol{e}_3\}$ に関する成分であり，3本の横ベクトルはその逆，すなわちバー無し $\{\boldsymbol{e}_1, \boldsymbol{e}_2, \boldsymbol{e}_3\}$ のそれぞれの，バー付き $\{\overline{\boldsymbol{e}}_1, \overline{\boldsymbol{e}}_2, \overline{\boldsymbol{e}}_3\}$ に関する成分である．

式(8.29)または(8.30)は (i, j) を入れ替えても同じ，すなわち直交関係式自体が対称であるから，それは $\boldsymbol{L}$ の9成分に対する6個の制約条件を与えている．従って，$\boldsymbol{L}$ を決める独立な数値は $9 - 6 = 3$ 個である．

課題 8.3●　$\boldsymbol{L}$ を決める独立な数値が3個であることは，バー無し系に対するバー付き系の姿勢を決める，という行為が3個の角度パラメータを要することに対応する．有名な**オイラーの角**がこれに相当する．オイラーの角のとり方，つまり，その周りで回転させる3軸の順番の選択は，分野毎に習慣が異なる．剛体の力学の復習かたがた，選択したオイラーの角に対応する直交行列 $\boldsymbol{L}$ を求めよ．

右手系と左手系

図 8.28 のバー無し系とバー付き系はどちらも右手系だが，例えば，$\bar{e}_1$ 軸と $\bar{e}_2$ 軸を入れ替えるとバー付き系が左手系になる（**図 8.29**）.

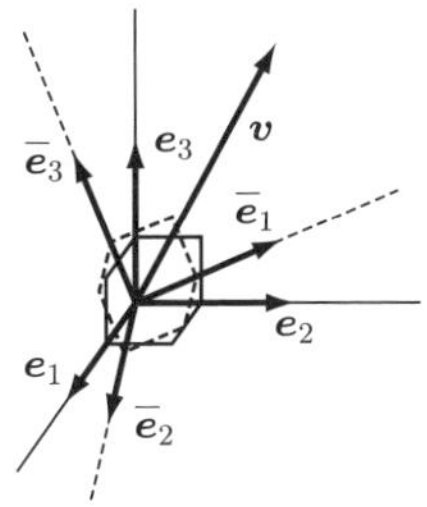

図 8.29

この場合，式(8.26)の 1 列と 2 列が入れ替わるから行列式の符号が変わる．式(8.30)より，

$$\det(\boldsymbol{L}\,{}^t\boldsymbol{L}) = \det \boldsymbol{L} \cdot \det {}^t\boldsymbol{L} = (\det \boldsymbol{L})^2 = 1 \quad \therefore \quad \det \boldsymbol{L} = \pm 1$$

である．$\det \boldsymbol{L}$ は，右手系 ⇔ 右手系，左手系 ⇔ 左手系の単純回転なら 1，右手系 ⇔ 左手系の交替が生ずれば (-1) である．

平面問題なら，二つのデカルト系の関係は**図 8.30** である．

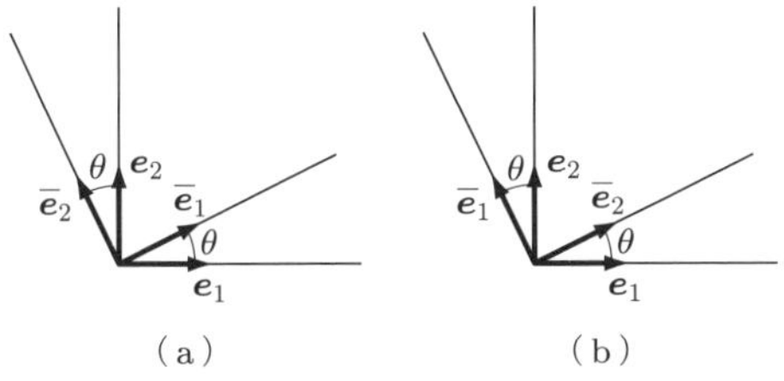

図 8.30

図(a)は右手系 ⇔ 右手系の単純回転であるが，図(b)では右手系 ⇔ 左手系の交替が生じている．2 次元直交行列 $\boldsymbol{L}$ の成分は 4 個，式(8.29)または(8.30)に相当するそれ自体対称な 2 次元直交関係式の定める制約条件は 3 個，従って $\boldsymbol{L}$ を決める独立な角度パラメータは $4-3=1$ 個である．図中の角度 θ がこれに当たる．式(8.26)の行列の 2×2 部分を切り取って図(a)，(b)それぞれに対する直交行列 $\boldsymbol{L}$ を作れば，

$$\text{(a)} \quad \boldsymbol{L} = \begin{pmatrix} \cos\theta & -\sin\theta \\ \sin\theta & \cos\theta \end{pmatrix}, \quad \det \boldsymbol{L} = +1,$$

$$\text{(b)} \quad \boldsymbol{L} = \begin{pmatrix} -\sin\theta & \cos\theta \\ \cos\theta & \sin\theta \end{pmatrix}, \quad \det \boldsymbol{L} = -1$$

となる．これはお馴染みであろう．

▶**注意**　本書はデカルト系以外の世界には入らないが，**2.2節**で述べたように，基底とは，或る次元の空間のベクトルを捕捉するに足る最小個数のベクトルの組みであって，一般にはそれらが互いに直交していることも長さが1であることも必要でなく，変わり方のルールさえ明確なら場所毎に変わってもよい．必要なことはその組みが**一次独立**であることだけである．2次元であれ3次元であれ，或る基底から出発して，**一次独立性を保ちつつ**それぞれの長さや互いの角度を徐々に変えて別の基底に移ることを**連続的変形**と言うが，右手系と左手系の間では，必ず一次独立性が損なわれる瞬間（2次元なら2本が平行になる，3次元なら3本が共面になる）を経なければ一方から他方へ移ることができない．その瞬間はそのベクトル空間の基底としての機能が失われるのである．工学計算の実践の場で右手系と左手系を混在させることは思わぬ間違いのもとである．左手系の使用は“一生涯”避けよ．

■■ベクトルの成分変換規則■■

以上の準備のもとで，まずは材料・製品ベクトルの成分変換規則を求める．式(8.24)，(8.25)を等置して式(8.28)を使う．

$$\boldsymbol{v} \overset{(8.25)}{=} \overline{v}_j \overline{\boldsymbol{e}}_j \overset{(8.24)}{=} v_i \boldsymbol{e}_i \overset{(8.28)}{=} v_i l_{ij} \overline{\boldsymbol{e}}_j = l_{ij} v_i \overline{\boldsymbol{e}}_j$$

$$\therefore\quad \overline{v}_j = l_{ij} v_i \Leftrightarrow \begin{pmatrix} \overline{v}_1 \\ \overline{v}_2 \\ \overline{v}_3 \end{pmatrix} = \begin{pmatrix} l_{11} & l_{21} & l_{31} \\ l_{12} & l_{22} & l_{32} \\ l_{13} & l_{23} & l_{33} \end{pmatrix} \begin{pmatrix} v_1 \\ v_2 \\ v_3 \end{pmatrix}$$

$$\Leftrightarrow \overline{\boldsymbol{v}} = {}^t\boldsymbol{L}\boldsymbol{v}\ (= \boldsymbol{L}^{-1}\boldsymbol{v}) \tag{8.31}$$

$\boldsymbol{v}$，$\overline{\boldsymbol{v}}$ はそれぞれ“同じベクトル $\boldsymbol{v}$”を両系で成分表示して並べた 3×1 行列である．式(8.31)は，任意のベクトルについてバー無し成分からバー付き成分を求めている．逆は簡単で，式(8.31)最後の両辺に左から $\boldsymbol{L}$ を掛ければ，

$$\boldsymbol{L}\overline{\boldsymbol{v}} = \boldsymbol{L}\boldsymbol{L}^{-1}\boldsymbol{v} = \boldsymbol{I}\boldsymbol{v} = \boldsymbol{v}$$

すなわち，

$$\boldsymbol{v} = \boldsymbol{L}\overline{\boldsymbol{v}} \Leftrightarrow \begin{pmatrix} v_1 \\ v_2 \\ v_3 \end{pmatrix} = \begin{pmatrix} l_{11} & l_{12} & l_{13} \\ l_{21} & l_{22} & l_{23} \\ l_{31} & l_{32} & l_{33} \end{pmatrix} \begin{pmatrix} \overline{v}_1 \\ \overline{v}_2 \\ \overline{v}_3 \end{pmatrix} \Leftrightarrow v_i = l_{ij}\overline{v}_j \tag{8.32}$$

添え字でやるなら，式(8.31)の添え字表現 $\overline{v}_j = l_{ij} v_i$ の両辺に l_{kj} を掛けて，

$$l_{kj}\overline{v}_j = l_{kj} l_{ij} v_i \overset{(8.30)}{=} \delta_{ki} v_i = v_k.$$

添え字を整頓すれば，

$$v_i = l_{ij}\overline{v}_j \Leftrightarrow \boldsymbol{v} = \boldsymbol{L}\overline{\boldsymbol{v}}$$

となって同じ結果である．式(8.31)または式(8.32)が，異なるデカルト系における同じベクトル $\boldsymbol{v}$ の成分変換規則である．

いよいよ次は“テンソル成分の”変換規則である．

0 階テンソルの成分変換規則

0 階のテンソルとは，所謂スカラーであった．スカラーは座標系の変換の影響を受けないから，その“成分”，すなわち，式(8.2)の $f = F(1)$ に対して，

$$f = \overline{f}$$

である．温度や圧力が座標系の回転に伴って変化しては，天下の一大事！

座標系の回転の影響を受けない量は**回転不変量**と呼ばれる．0 階のテンソルは，それ自体が回転不変量である．

1 階テンソルの成分変換規則

1 階のテンソルは“機能としての”ベクトルであり，その成分は材料や製品ベクトルと同じ基底を用いて表すのであったから，その変換規則も式(8.31)，(8.32)である．すなわち，式(8.3)の 1 階テンソル $\boldsymbol{F} \Leftrightarrow f_i = F(\boldsymbol{e}_i)$ に対して，その成分変換規則は，

$$\overline{f}_i = l_{ji} f_j \Leftrightarrow \overline{\boldsymbol{F}} = {}^t\boldsymbol{L}\boldsymbol{F}$$

であり，逆は，

$$f_i = l_{ij}\overline{f}_j \Leftrightarrow \boldsymbol{F} = \boldsymbol{L}\overline{\boldsymbol{F}}$$

である．

2 階テンソルの成分変換規則

2 階テンソル $\boldsymbol{F} \Leftrightarrow f_{ij}$ の成分変換規則は，第一，第二いずれの機能を使っても簡単に求めることができる．ここでは第二の，すなわち 2 個のベクトルから 1 個のスカラーを作る双一次性の箱という機能を使おう．2 個のベクトル $(\boldsymbol{x}, \boldsymbol{y})$ を $\boldsymbol{F} \Leftrightarrow f_{ij}$ に入れたときのスカラー製品 z は，

$$(8.8)\quad z = {}^t\boldsymbol{x}\boldsymbol{F}\boldsymbol{y} \Leftrightarrow z = x_i y_j f_{ij}$$

であった．バー付き系でも同じで，

$$\overline{z} = {}^t\overline{\boldsymbol{x}}\,\overline{\boldsymbol{F}}\,\overline{\boldsymbol{y}} \Leftrightarrow \overline{z} = \overline{x}_m \overline{y}_n \overline{f}_{mn}$$

となる．ここでは，以下の演算のために死んだ添え字に別のものを使っている．

製品はスカラーで座標系によらないから，両者は同じもの $(z = \overline{z})$ でなければならない．

$${}^t\boldsymbol{x}\boldsymbol{F}\boldsymbol{y} = {}^t\overline{\boldsymbol{x}}\,\overline{\boldsymbol{F}}\,\overline{\boldsymbol{y}} \Leftrightarrow x_i y_j f_{ij} = \overline{x}_m \overline{y}_n \overline{f}_{mn} \tag{8.33}$$

一方，両座標系における材料ベクトルの成分間には，$\boldsymbol{x}$，$\boldsymbol{y}$ ともに式(8.32)の関係がある．

$$\boldsymbol{x} = \boldsymbol{L}\overline{\boldsymbol{x}} \Leftrightarrow x_i = l_{im}\overline{x}_m, \quad \boldsymbol{y} = \boldsymbol{L}\overline{\boldsymbol{y}} \Leftrightarrow y_j = l_{jn}\overline{y}_n$$

これらを式(8.33)に代入する．ベクトル・行列イメージの方で代入すれば，

$${}^t(\boldsymbol{L}\overline{\boldsymbol{x}})\boldsymbol{F}(\boldsymbol{L}\overline{\boldsymbol{y}}) = ({}^t\overline{\boldsymbol{x}}\,{}^t\boldsymbol{L})\boldsymbol{F}(\boldsymbol{L}\overline{\boldsymbol{y}}) = {}^t\overline{\boldsymbol{x}}({}^t\boldsymbol{L}\boldsymbol{F}\boldsymbol{L})\overline{\boldsymbol{y}} = {}^t\overline{\boldsymbol{x}}\,\overline{\boldsymbol{F}}\,\overline{\boldsymbol{y}}$$

$$\therefore\quad \overline{\boldsymbol{F}} = {}^t\boldsymbol{L}\boldsymbol{F}\boldsymbol{L} = \boldsymbol{L}^{-1}\boldsymbol{F}\boldsymbol{L}$$

となる．添え字表現の方で代入すれば，

$$(l_{im}\overline{x}_m)(l_{jn}\overline{y}_n)f_{ij} = \overline{x}_m\overline{y}_n(l_{im}l_{jn}f_{ij}) = \overline{x}_m\overline{y}_n\overline{f}_{mn}$$

$$\therefore\quad \overline{f}_{mn} = l_{im}l_{jn}f_{ij} = l_{im}f_{ij}l_{jn} \Leftrightarrow \overline{\boldsymbol{F}} = {}^t\boldsymbol{LFL}\ (= \boldsymbol{L}^{-1}\boldsymbol{FL}) \qquad (8.34)$$

となって，当然ながら同じ結論に至る．全部書けば，

$$\overline{\boldsymbol{F}} = {}^t\boldsymbol{LFL} \Leftrightarrow \begin{pmatrix} \overline{f}_{11}\overline{f}_{12}\overline{f}_{13} \\ \overline{f}_{21}\overline{f}_{22}\overline{f}_{23} \\ \overline{f}_{31}\overline{f}_{32}\overline{f}_{33} \end{pmatrix} = \begin{pmatrix} l_{11}l_{21}l_{31} \\ l_{12}l_{22}l_{32} \\ l_{13}l_{23}l_{33} \end{pmatrix}\begin{pmatrix} f_{11}f_{12}f_{13} \\ f_{21}f_{22}f_{23} \\ f_{31}f_{32}f_{33} \end{pmatrix}\begin{pmatrix} l_{11}l_{12}l_{13} \\ l_{21}l_{22}l_{23} \\ l_{31}l_{32}l_{33} \end{pmatrix}$$

となる．

以上はバー無し系からバー付き系を導く式であるが，逆は簡単である．式(8.34)の両辺に，左から $\boldsymbol{L}$ を，右から $\boldsymbol{L}^{-1} = {}^t\boldsymbol{L}$ を掛ければ，

$$\boldsymbol{L}\overline{\boldsymbol{F}}\boldsymbol{L}^{-1} = \boldsymbol{L}(\boldsymbol{L}^{-1}\boldsymbol{FL})\boldsymbol{L}^{-1} = (\boldsymbol{LL}^{-1})\boldsymbol{F}(\boldsymbol{LL}^{-1}) = \boldsymbol{IFI} = \boldsymbol{F}$$

すなわち，

$$\boldsymbol{F} = \boldsymbol{L}\overline{\boldsymbol{F}}\boldsymbol{L}^{-1}\ (= \boldsymbol{L}\overline{\boldsymbol{F}}\,{}^t\boldsymbol{L}) \qquad (8.35)$$

である．添え字なら，式(8.34)の添え字表現に $l_{pm}l_{qn}$ を掛けて，

$$l_{pm}l_{qn}\overline{f}_{mn} = l_{pm}l_{qn}l_{im}l_{jn}f_{ij} = (l_{pm}l_{im})(l_{qn}l_{jn})f_{ij} \overset{(8.30)}{=} \delta_{pi}\delta_{qj}f_{ij} = f_{pq}$$

すなわち，

$$f_{pq} = l_{pm}l_{qn}\overline{f}_{mn}\ (= l_{pm}\overline{f}_{mn}l_{qn}) \Leftrightarrow \boldsymbol{F} = \boldsymbol{L}\overline{\boldsymbol{F}}\,{}^t\boldsymbol{L}\ (= \boldsymbol{L}\overline{\boldsymbol{F}}\boldsymbol{L}^{-1})$$

となって同じ結果である．

2階テンソルに対応する行列の成分変換式(8.34)，(8.35)は**相似変換**と呼ばれる．

例題 8.5●　**図 8.24** に示したテンソルの和または差（というテンソル）はその名の通り確かに2階のテンソルであることを，成分変換規則を示して証明せよ．

解答◆　機能 $H = F \pm G$ をバー無し系で，

$$h_{pq} = f_{pq} \pm g_{pq}$$

と定義するなら，バー付き系では，

$$\overline{h}_{ij} = \overline{f}_{ij} \pm \overline{g}_{ij}$$

である．一方，F，G はともに2階のテンソルであるから，バー無し，バー付き成分の間にそれぞれの変換規則である式(8.34)が成り立つ．

$$\overline{f}_{ij} = l_{pi}l_{qj}f_{pq},\quad \overline{g}_{ij} = l_{pi}l_{qj}g_{pq}$$

このとき，

$$\underset{①}{\overline{h}_{ij}} = \overline{f}_{ij} \pm \overline{g}_{ij} = l_{pi}l_{qj}f_{pq} \pm l_{pi}l_{qj}g_{pq} = l_{pi}l_{qj}(f_{pq} \pm g_{pq}) = \underset{②}{l_{pi}l_{qj}h_{pq}}$$

となる．①，②を較べると，機能 $H = F \pm G$ の両系での成分は2階テンソルの成分変換規則を満たしている．従って，機能 $H = F \pm G$ は確かに2階のテンソルである．■

課題 8.4● 2階テンソルの第一の定義，すなわちベクトルからベクトルを作る線形の箱という考えを使って，式(8.34)，(8.35)の成分変換規則を導け．

課題 8.5● **図 8.25** に示したテンソル積は，その名の通り確かに2階のテンソルであることを，成分変換規則を示して証明せよ．

課題 8.6● 3階テンソルの成分変換規則を導け（結果は下）．3階以上はベクトル・行列表現を使えないから添え字表現によらなければならない．

成分変換規則を纏める．製品のスカラーは全て z と書く．

- 0階　スカラー1個からスカラー1個を作る．

  $z = F(x) = fx \ (= xf)$

  成分は，スカラー $f = F(1)$

  成分変換規則：$\overline{f} = f$

- 1階　ベクトル1個からスカラー1個を作る．

  $z = F(\boldsymbol{x}) = \boldsymbol{F}\cdot\boldsymbol{x} = f_i x_i \ (= x_i f_i)$

  成分は，ベクトル $\boldsymbol{F} \Leftrightarrow f_i = F(\boldsymbol{e}_i)$

  成分変換規則：$\overline{f}_i = l_{ji} f_j \Leftrightarrow \overline{\boldsymbol{F}} = {}^t\boldsymbol{L}\boldsymbol{F}$，（逆）$f_i = l_{ij}\overline{f}_j \Leftrightarrow \boldsymbol{F} = \boldsymbol{L}\overline{\boldsymbol{F}}$

- 2階　ベクトル2個からスカラー1個を作る．

  $z = F(\boldsymbol{x}, \boldsymbol{y}) = {}^t\boldsymbol{x}\boldsymbol{F}\boldsymbol{y} = f_{ij} x_i y_j \ (= x_i y_j f_{ij} = x_i f_{ij} y_j = \cdots)$

  または，ベクトル1個からベクトル1個を作る．

  $\boldsymbol{y} = \boldsymbol{F}(\boldsymbol{x}) = \boldsymbol{F}\boldsymbol{x} \Leftrightarrow y_i = f_{ij} x_j$

  成分は，行列 $\boldsymbol{F} \Leftrightarrow f_{ij} = F(\boldsymbol{e}_i, \boldsymbol{e}_j)$

  成分変換規則（相似変換）：$\overline{f}_{ij} = l_{pi} l_{qj} f_{pq} \Leftrightarrow \overline{\boldsymbol{F}} = {}^t\boldsymbol{L}\boldsymbol{F}\boldsymbol{L}$,

  （逆）$f_{ij} = l_{ip} l_{jq} \overline{f}_{pq} \Leftrightarrow \boldsymbol{F} = \boldsymbol{L}\overline{\boldsymbol{F}}\,{}^t\boldsymbol{L}$

（ここまではベクトル・行列表示可能，以下は不可）

- 3階　ベクトル3個からスカラー1個を作る．

  $z = F(\boldsymbol{x}_1, \boldsymbol{x}_2, \boldsymbol{x}_3) = x_{i1} x_{j2} x_{k3} f_{ijk}$

  成分は，$f_{ijk} = F(\boldsymbol{e}_i, \boldsymbol{e}_j, \boldsymbol{e}_k)$

  成分変換規則：$\overline{f}_{ijk} = l_{pi} l_{qj} l_{rk} f_{pqr}$，（逆）$f_{ijk} = l_{ip} l_{jq} l_{kr} \overline{f}_{pqr}$

- 4階　ベクトル4個からスカラー1個を作る．

  $z = F(\boldsymbol{x}_1, \boldsymbol{x}_2, \boldsymbol{x}_3, \boldsymbol{x}_4) = x_{i1} x_{j2} x_{k3} x_{l4} f_{ijkl}$

成分は，$f_{ijkl} = F(\boldsymbol{e}_i, \boldsymbol{e}_j, \boldsymbol{e}_k, \boldsymbol{e}_l)$

成分変換規則：$\overline{f}_{ijkl} = l_{pi}l_{qj}l_{rk}l_{sl}f_{pqrs}$，（逆）$f_{ijkl} = l_{ip}l_{jq}l_{kr}l_{ls}\overline{f}_{pqrs}$

$$\vdots$$

- n 階　ベクトル n 個からスカラー 1 個を作る．

  $z = F(\boldsymbol{x}_1, \ldots, \boldsymbol{x}_n) = x_{i_1 1} \cdots x_{i_n n} f_{i_1 \cdots i_n}$

  成分は，$f_{i_1 \cdots i_n} = F(\boldsymbol{e}_{i_1}, \ldots, \boldsymbol{e}_{i_n})$

  成分変換規則：$\overline{f}_{i_1 \cdots i_n} = l_{j_1 i_1} \cdots l_{j_n i_n} f_{j_1 \cdots j_n}$，（逆）$f_{i_1 \cdots i_n} = l_{i_1 j_1} \cdots l_{i_n j_n} \overline{f}_{j_1 \cdots j_n}$

$$\vdots$$

バー付き，バー無しの一方から他方を求めるには，1 階，2 階のところで示したように，添え字表示した直交行列を必要回数掛けて順次縮約をとり，直交関係式を次々に使えばよい．

結論である．

互いに回転関係にある二つのデカルト座標系のそれぞれに，成分と呼ばれる 3^n 個の数値の組みが対応しており，それら成分の間に，座標系の回転を規定する直交行列の成分を用いて上のような関係があれば，それらの成分の組みが表す実体は，n 個のベクトルから 1 個のスカラーを n 重一次性に基づいて作る，という，座標系を超越した機能を持つことが保証されている．すなわち，テンソル不変の原則が保証されている．従って，逆に成分が上の変換規則に従うものを n 階のテンソルと定義してよい．

要するに，添え字を持つ成分がただ並んだもの，というだけではテンソルではない．これでテンソルの定義は完全となった．

課題 8.7 ●　(1) 低い階数の複数のテンソルから作られる，高階のテンソル積，(2) 高階テンソルの縮約で作られる，より低い階数のテンソル，などは，その名の通り確かにテンソルであることを，適当な例を選び，上の成分変換規則を示して確かめよ．

課題 8.8 ●　バー付き系での δ_{ij}，ε_{ijk} を，それぞれ，

$$\overline{\delta}_{ij} = \frac{\partial \overline{x}_i}{\partial \overline{x}_j}, \quad \overline{\varepsilon}_{ijk} = [\overline{\boldsymbol{e}}_i \overline{\boldsymbol{e}}_j \overline{\boldsymbol{e}}_k] \quad \text{（スカラー三重積）}$$

とする．すなわち，添え字 (i, j) または (i, j, k) の各組みに対する成分の作り方はバー無し系と変わらないが，“バー付き系の中でその作業を行った”と考えてできたものを $\overline{\delta}_{ij}$，$\overline{\varepsilon}_{ijk}$ とする．δ_{ij}，ε_{ijk} がそれぞれ 2 階，3 階のテンソルであることを示せ．

課題 8.9●　実線をバー無し系，破線をバー付き系とする．それぞれの回転関係について，直交行列 $\boldsymbol{L}$ と $\det \boldsymbol{L}$ を求めよ．

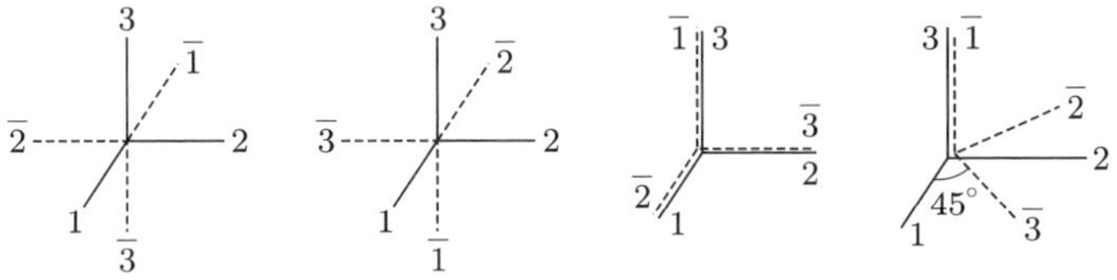

(a)　(b)　(c)　(d)

・第 9 章・

歪みと歪み速度，付，微分の連鎖律

材料力学と流体力学は，古典力学に立脚する多くの理工系分野の骨格を成していて，それぞれが独立な科目として教えられている．両科目の重さを考えればそれは当然なのであるが，双方は同じ連続体力学の両側面であり，その基本原理は共通，すなわちそれは**第 5 章**で論じた質点系の力学である．

新時代の技術者には両学理を共通の視点で見通す力量が必要，と筆者は信ずる．実際，流力振動，粘弾性を典型とするレオロジー論などの多くの問題が，材料力学，流体力学を跨いで広がりを見せている．

本章は，両科目を共通の視点で見通すための準備に充てよう．熱力学は全てを下支えする．

9.1 1 次元物質座標による変形の記述法，時間を含まない場合

物質座標は連続体に特有のもので，質点の力学には要らない．まずは 1 次元の物質座標を導入して，連続体の変形の基本的な記述法を学ぶが，その際，時間要因を考えるか否かでその後の展開が異なってくる．それは次の事情による．

ばねを手で引っ張るとき，手に掛かる力はばねの伸びそのものには依存するが，その伸びが速く生じつつあるか緩やかに生じつつあるかには無関係である．一方，水に突っ込んだ手は，速く動かすと抵抗があるがゆっくり動かすと抵抗はない．抵抗は手の周りの流体の何らかの変形に起因するから，流体では，変形そのものではなく**変形の速さ**が問題であると予想される．ざっくり言って，前者の性質が**弾性** (elasticity) であり主として材料力学・弾性力学の守備範囲，後者の性質が**粘性** (viscosity) であって主として流体力学の守備範囲である．

図 9.1 のように，ξ という名前の目盛りが書き込まれた長さ L の伸び縮みする棒があって，最初，その左端が外部空間に設定された 1 次元座標 x の原点と一致するように置いてある．目盛り ξ はいつまでも棒のその位置で消えないものとする．物差しがゴムでできていると思えばよい．目盛り ξ と外部座標 x は一方がメートル法，他方が尺貫法のように違っていてもよいが，同じにするのが自然である．そうすると，最初，ξ と x は棒の全体に亘って一致している．棒の右端の目盛りが $\xi_0 = L$ である．ξ は，棒という連続体の各“粒子”を識別する名前の役目を果たしているから，これを **1 次元物質座標** (one-dimensional material coordinate) と言う．材料力学方面では**埋め込み座標**とも言う．

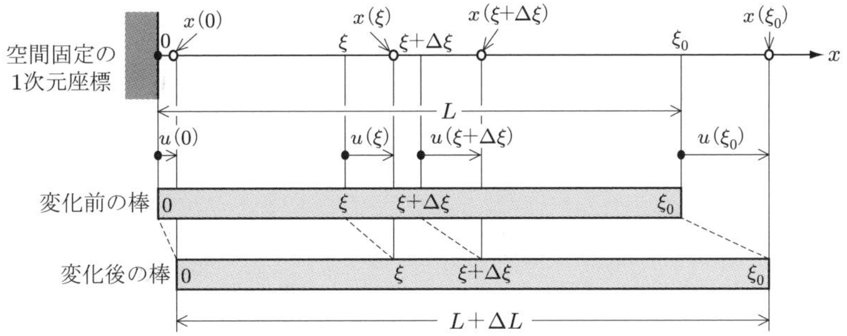

図 9.1

この棒が，何らかの原因で自身の長さ方向に僅(わず)かに移動し，同時に僅かに伸び縮みしてその ξ 点が新たな位置 $x(\xi)$ に来るものとする．ξ 点が行った**変位**を $u(\xi)$ とすれば，変化の前，ξ と x は一致していたから，

$$u(\xi) = x(\xi) - \xi \tag{9.1}$$

である．

歪　み

棒の長さの変化に対して，

$$\varepsilon = \frac{(\text{長さの変化})}{(\text{もとの長さ})} = \frac{(\text{新しい長さ}) - (\text{もとの長さ})}{(\text{もとの長さ})} = \frac{(\text{新しい長さ})}{(\text{もとの長さ})} - 1 \tag{9.2}$$

なる無次元量を**歪(ひず)み** (strain) と言う．以下，種々の歪みの形式が現れるが，全てこの基本形による．

大域的な歪み

棒全体に亘る歪みは言わば**大域的な歪み**である．もとの長さ $\xi_0 = L$ に対して，変化後の長さは $x(\xi_0) - x(0)$ であるから，(長さの変化) = (新しい長さ) − (もとの長さ)は，

$$\Delta L = \bigl\{x(\xi_0) - x(0)\bigr\} - \xi_0 \tag{9.3}$$

である．引き算の組み合わせを替えると，

$$\Delta L = \bigl\{x(\xi_0) - \xi_0\bigr\} - \bigl\{x(0) - 0\bigr\} \overset{(9.1)}{=} u(\xi_0) - u(0) \tag{9.3$'$}$$

である．すなわち，長さの変化 ΔL は両端が行った変位の差である（当然！）．

ΔL の両表現に応じて，大域的な歪みは次のようになる．

$$\varepsilon = \frac{\Delta L}{L} \overset{(9.3)}{=} \frac{x(\xi_0) - x(0)}{\xi_0} - 1 \overset{(9.3)'}{=} \frac{u(\xi_0) - u(0)}{\xi_0} \tag{9.4}$$

一様な棒に両端から力が加わるような単純な問題ならこの大域的な歪みだけでよいが，局所的に力が加わったり棒の太さや材質が ξ とともに微妙に変化する場合には，次の局所

的な歪みを考えなければならない．

局所的な歪み

棒中で僅かに離れた2点ξ，$\xi+\Delta\xi$間の伸び縮みを考える．変化後の両点はそれぞれ$x(\xi)$，$x(\xi+\Delta\xi)$に居るから，新しい長さは$x(\xi+\Delta\xi)-x(\xi)$である．もとの長さは$\Delta\xi$であるから，長さの変化を$\Delta(\Delta\xi)$と書けば，

$$\begin{aligned}\Delta(\Delta\xi) &= \{x(\xi+\Delta\xi)-x(\xi)\}-\Delta\xi \\ &= \{x(\xi+\Delta\xi)-(\xi+\Delta\xi)\}-\{x(\xi)-\xi\} \\ &\overset{(9.1)}{=} u(\xi+\Delta\xi)-u(\xi)\end{aligned} \tag{9.5}$$

である．当然ながら，この場合も長さの変化は両点の変位の差である．

局所的な歪み$\varepsilon(\xi)$は，局所的な（長さの変化）/（もとの長さ）の，$\Delta\xi\to0$の極限である．上式の1行目によれば，

$$\varepsilon(\xi)=\lim_{\Delta\xi\to0}\frac{\Delta(\Delta\xi)}{\Delta\xi}=\lim_{\Delta\xi\to0}\frac{x(\xi+\Delta\xi)-x(\xi)}{\Delta\xi}-1=\frac{dx(\xi)}{d\xi}-1 \tag{9.6}$$

同3行目によれば，

$$\varepsilon(\xi)=\lim_{\Delta\xi\to0}\frac{\Delta(\Delta\xi)}{\Delta\xi}=\lim_{\Delta\xi\to0}\frac{u(\xi+\Delta\xi)-u(\xi)}{\Delta\xi}=\frac{du(\xi)}{d\xi} \tag{9.7}$$

$\varepsilon(\xi)$の両表現は，独立変数ξに対して従属変数を変位後の位置xとするか，式(9.1)によって変位uとするかによる．以後，できるだけ両表現を併記して注意を喚起することにする．

変位$u(\xi)$が至る所一定なら，

$$\varepsilon(\xi)=\frac{du(\xi)}{d\xi}=0$$

である．みんなで仲良く一緒に動けば歪みはない（当然！）．ついでに，局所的な歪みを積分してもとの全体の長さで割れば大域的な歪みになる．

$$\frac{\int_0^{\xi_0}\varepsilon(\xi)\,d\xi}{\xi_0}\overset{(9.7)}{=}\frac{\int_0^{\xi_0}\frac{du(\xi)}{d\xi}\,d\xi}{\xi_0}=\frac{\int_0^{\xi_0}du(\xi)}{\xi_0}=\frac{u(\xi_0)-u(0)}{\xi_0}\overset{(9.4)}{=}\frac{\Delta L}{L}$$

これも当然の結果である．

例えば，金属の棒では，それを伸び縮みさせている力が或る限界値以下なら，力を取り除けば伸び縮みは無くなって長さがもとに戻る．この性質が弾性である．弾性が維持される範囲内での長さの変化は，もとの長さに較べて一般に極めて小さい．従って，その場合の歪みは，大域的であれ局所的であれ，多くの場合に数学の概念として所謂（いわゆる）**一次の微小量**と看做（みな）せる．材料力学や弾性力学は，基本的に変形がそのように微小であることを前提にして変形と力の関係を論ずる．これを**微小変形理論**と言う．

9.2　1次元物質座標による変形の記述法，時間を含む場合

9.1節では，棒に生じた変化の速さを問題としなかった．ここでは，時間を含む変形の記述法を述べる．先と同じく，1次元物質座標 ξ を書き込んだ棒が，最初，一方の端を1次元外部座標 x の原点に合わせて置いてある．この最初の時刻を $t=0$ とする（**図9.2**のA）．

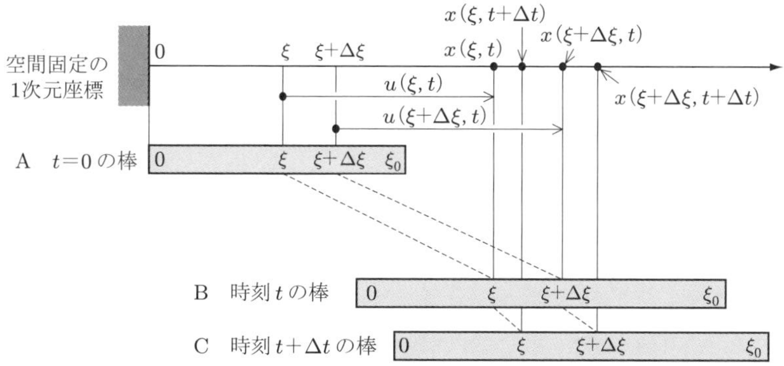

図9.2

棒は，時間の経過とともに長さ方向の伸び縮みを行いつつ1次元の線上を行き来して，或(あ)る時間 t に図のBの位置に見出されたとする．先と同じく棒の ξ 点の位置を外部座標 x で測るが，このたび，x は ξ と t の関数である．

$$x=x(\xi,t)$$

生じた変位も ξ と t の関数である．

$$u(\xi,t)=x(\xi,t)-\xi \tag{9.8}$$

x も u も (ξ,t) の関数である，という認識を加えれば，式(9.5)の（長さの変化）=（新しい長さ）−（もとの長さ）は，

$$\begin{aligned}\Delta(\Delta\xi)&=\{x(\xi+\Delta\xi,t)-x(\xi,t)\}-\Delta\xi\\&=u(\xi+\Delta\xi,t)-u(\xi,t)\end{aligned}$$

となり，式(9.6)または式(9.7)の歪みは，式中の ξ に関する微分が ξ に関する偏微分に替わる．

$$\begin{aligned}\varepsilon(\xi,t)&=\lim_{\Delta\xi\to0}\frac{\Delta(\Delta\xi)}{\Delta\xi}=\lim_{\Delta\xi\to0}\frac{x(\xi+\Delta\xi,t)-x(\xi,t)}{\Delta\xi}-1=\left.\frac{\partial x}{\partial\xi}\right|_{(\xi,t)}-1\\&=\lim_{\Delta\xi\to0}\frac{u(\xi+\Delta\xi,t)-u(\xi,t)}{\Delta\xi}=\left.\frac{\partial u}{\partial\xi}\right|_{(\xi,t)}\end{aligned} \tag{9.9}$$

図9.2のA → Bの事態は，それが時刻 $0\to t$ の間に生じたという認識を伴っている

点を除けば，**図 9.1** の変化前 → 変化後のそれと何も変わらない．但し，時刻 t は最初の $t=0$ から相当経っている可能性があるし，世の中には様々な棒があるので，例えば棒の端に $\xi_0 = 30$ センチとあっても，時刻 t の棒の長さが“約 30 センチ”であることは，もはや保証の限りではない．すなわち，$0 \to t$ の間に生じた変形は一般には微小でなく，ξ 点に生じた式(9.9)の歪みも一般には一次の微小量と看做せない．

さて，事態が図の B からさらに進展して，t に引き続く時刻 $t+\Delta t$ で，図の C の位置に棒が見出されたとする．時刻 $0 \to t+\Delta t$ の間に ξ 点に生じた歪みは，式(9.9)の t を $t+\Delta t$ に転じればよい．

$$\varepsilon(\xi, t+\Delta t) = \left.\frac{\partial x}{\partial \xi}\right|_{(\xi,t+\Delta t)} - 1 = \left.\frac{\partial u}{\partial \xi}\right|_{(\xi,t+\Delta t)}$$

歪みの進行分は，

$$\begin{aligned}
\Delta\varepsilon &= \varepsilon(\xi, t+\Delta t) - \varepsilon(\xi, t) \\
&= \left(\left.\frac{\partial x}{\partial \xi}\right|_{(\xi,t+\Delta t)} - 1\right) - \left(\left.\frac{\partial x}{\partial \xi}\right|_{(\xi,t)} - 1\right) = \left.\frac{\partial x}{\partial \xi}\right|_{(\xi,t+\Delta t)} - \left.\frac{\partial x}{\partial \xi}\right|_{(\xi,t)} \\
&= \left.\frac{\partial u}{\partial \xi}\right|_{(\xi,t+\Delta t)} - \left.\frac{\partial u}{\partial \xi}\right|_{(\xi,t)}
\end{aligned} \tag{9.10}$$

である．**歪みの進行速度**は，

$$\begin{aligned}
\dot{\varepsilon} &= \lim_{\Delta t \to 0} \frac{\Delta\varepsilon}{\Delta t} = \lim_{\Delta t \to 0} \frac{\left.\frac{\partial x}{\partial \xi}\right|_{(\xi,t+\Delta t)} - \left.\frac{\partial x}{\partial \xi}\right|_{(\xi,t)}}{\Delta t} = \frac{\partial}{\partial t}\left(\frac{\partial x}{\partial \xi}\right) = \frac{\partial^2 x}{\partial t \partial \xi} \\
&= \lim_{\Delta t \to 0} \frac{\left.\frac{\partial u}{\partial \xi}\right|_{(\xi,t+\Delta t)} - \left.\frac{\partial u}{\partial \xi}\right|_{(\xi,t)}}{\Delta t} = \frac{\partial}{\partial t}\left(\frac{\partial u}{\partial \xi}\right) = \frac{\partial^2 u}{\partial t \partial \xi}
\end{aligned} \tag{9.11}$$

である．これを**歪み速度**または**歪み率** (rate of strain) と言う．

式(9.10)の $\Delta\varepsilon$ は，$0 \to t$ の間に ξ 点に生じた歪み $\varepsilon(\xi, t)$ の，t から $t+\Delta t$ にかけての増し分である．一方，時刻 t を“その局面における”変化前と捉え，伸び縮みの観測をその都度そこから始めると考えれば，歪みの進行分は微小時間幅 Δt の中で新たに発生した歪みである．微小時間内に発生した歪みなら，**9.1 節**で論じた僅かな変形による一次の微小量としての歪みと変わらない．そのように考えれば，歪み速度は“その局面における”

$$\frac{(\text{長さの微小変化})/(\text{もとの長さ})}{(\text{微小時間幅})}$$

の, (微小時間幅) → 0 の極限である．従って，歪み速度 $\dot{\varepsilon}$ は，

$$\operatorname{div} \boldsymbol{v} = \frac{(\text{体積の微小変化})/(\text{もとの体積})}{(\text{微小時間幅})}$$

$$\text{線膨張率} = \frac{(\text{長さの微小変化})/(\text{もとの長さ})}{(\text{微小温度変化})}$$

などと“同類”である（**7.2 節**）．また，上記 div $\boldsymbol{v}$ 中の“(体積の微小変化)/(もとの体積)”を**体積歪み**と名付ければ，div $\boldsymbol{v}$ を**体積歪み速度**と呼ぶこともできる．

■速度と歪み速度■

微小時間幅 Δt 間に ξ 点が行う微小変位 $\{x(\xi,t+\Delta t)-x(\xi,t)\}$ を Δt で割って，$\Delta t \to 0$ の極限をとったものは，x 軸上で ξ 点が動く速さ $v(\xi,t)$，すなわち，**連続体粒子の速度（流速）**である．

$$v(\xi,t)=\lim_{\Delta t\to 0}\frac{x(\xi,t+\Delta t)-x(\xi,t)}{\Delta t}=\frac{\partial x(\xi,t)}{\partial t}\overset{(9.8)}{=}\frac{\partial}{\partial t}\{u(\xi,t)+\xi\}=\frac{\partial u(\xi,t)}{\partial t}$$

これを使うと，式(9.11)の歪み速度は，

$$\dot{\varepsilon}=\frac{\partial}{\partial t}\left(\frac{\partial x}{\partial \xi}\right)=\frac{\partial}{\partial \xi}\left(\frac{\partial x}{\partial t}\right)=\frac{\partial v}{\partial \xi}$$

すなわち，速度 v の物質座標 ξ に関する偏微分が歪み速度である．

以上が物質座標，変位，歪み，速度，歪み速度（歪み率）の基本的な関係である．

▶注意

$$(9.11)\quad \dot{\varepsilon}=\frac{\partial}{\partial t}\left(\frac{\partial x}{\partial \xi}\right)$$

が歪み速度であるからと言って，$\partial x/\partial \xi$ が歪みなのではない．歪みは $(\partial x/\partial \xi-1)$ である．時間微分されて (-1) が無くなっている．式(9.10)の 2 行目でも二つの (-1) がキャンセルされていた．式(9.2)と較べると，$\partial x/\partial \xi$ は（新しい長さ)/(もとの長さ）に相当するとわかる．

次の認識が重要である．

我々は，連続体の運動と変形を支配する方程式を樹立する道半ばにある．固体を扱う材料力学・弾性力学と空気や水を扱う流体力学の違いは，端的に言って**変形と力の関係の記述において変形の時間要因を考えるか否か**の違いである．材料力学・弾性力学は歪み $(\partial x/\partial \xi)-1=\partial u/\partial \xi$，または $\partial x/\partial \xi$ で語るのに対して，流体力学は歪み速度（歪み率）$\partial\{(\partial x/\partial \xi)-1\}/\partial t=\partial v/\partial \xi$ で語るのである．

例えば，その変形を論ずる何らかの固体構造物に物質座標を設定することは容易であるし，いつでも眼前にそれを見ることができる．一方，流体では，行く河の流れは絶えずしてしかももとの水にあらず，と言われる流れの全（すべ）ての粒子に物質座標を設定して追跡することなど，実際は不可能である．従って，流体力学における物質座標は専（もっぱ）ら理論的な考察に使われる．

9.3 微分の連鎖律

微分の連鎖律は，高校で学んだ合成関数の微分法のベクトル世界への拡張である．**第 10 章**で，3 次元物質座標に不可欠なオイラー微分とラグランジ微分の関係をこれによって展開するので，その準備としてこれを整理しておこう．

図 9.3 の関数連鎖がある．p 次元ベクトル $\boldsymbol{x}$ の関数として q 次元ベクトル $\boldsymbol{y}$ が決まり，その $\boldsymbol{y}$ の関数として r 次元ベクトル $\boldsymbol{z}$ が決まる．すなわち，$\boldsymbol{z}$ は“$\boldsymbol{y}$ を通じて”$\boldsymbol{x}$ の関数である．$\boldsymbol{x}$ が大きく動けば $\boldsymbol{y}$ も大きく動き，つられて $\boldsymbol{z}$ も大きく動く．$\boldsymbol{x}$ がピクリと動けば，$\boldsymbol{y}$ も $\boldsymbol{z}$ もつられてそれぞれピクリ，ピクリと動く．大きく動く分にはどの関数関係も一般には線形ではないが，“ピクリ関係”は以下のように線形である．

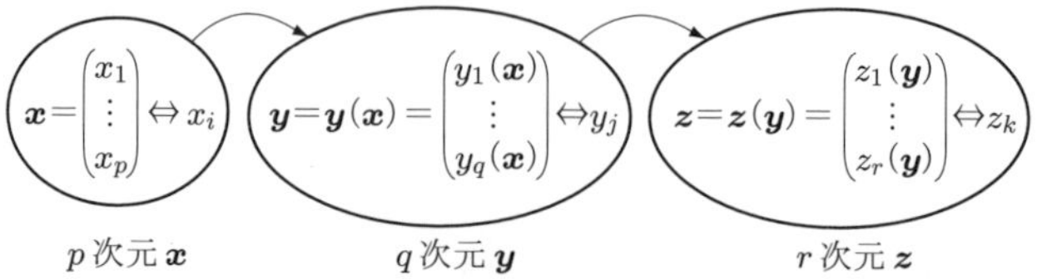

図 9.3

$\boldsymbol{y}$ の成分 y_j $(j=1\sim q)$ の全てが $\boldsymbol{x}={}^t(x_1,\ldots,x_p)$ の関数であるから，$\boldsymbol{x}$ の微小変化（ピクリ変化！）$d\boldsymbol{x}={}^t(dx_1,\ldots,dx_p)$ による $\boldsymbol{y}$ の微小変化 $d\boldsymbol{y}$ は，全微分によって次のようになる．

$$d\boldsymbol{y}=\begin{pmatrix}dy_1\\ \vdots\\ dy_q\end{pmatrix}=\begin{pmatrix}\dfrac{\partial y_1}{\partial x_1}dx_1+\cdots+\dfrac{\partial y_1}{\partial x_p}dx_p\\ \vdots\\ \dfrac{\partial y_q}{\partial x_1}dx_1+\cdots+\dfrac{\partial y_q}{\partial x_p}dx_p\end{pmatrix}$$

$$=\begin{pmatrix}\dfrac{\partial y_1}{\partial x_1}&\cdots&\dfrac{\partial y_1}{\partial x_p}\\ \vdots&\ddots&\vdots\\ \dfrac{\partial y_q}{\partial x_1}&\cdots&\dfrac{\partial y_q}{\partial x_p}\end{pmatrix}\begin{pmatrix}dx_1\\ \vdots\\ dx_p\end{pmatrix}=\boldsymbol{A}\,d\boldsymbol{x} \tag{9.12}$$

（ベクトル）÷（ベクトル）という演算は無いが，“式(9.12)の意味において”という了解のもとに，$q\times p$ 行列 $\boldsymbol{A}$ を，

$$(\boldsymbol{A}=)\quad\begin{pmatrix}\dfrac{\partial y_1}{\partial x_1}&\cdots&\dfrac{\partial y_1}{\partial x_p}\\ \vdots&\ddots&\vdots\\ \dfrac{\partial y_q}{\partial x_1}&\cdots&\dfrac{\partial y_q}{\partial x_p}\end{pmatrix}=\left[\frac{d\boldsymbol{y}}{d\boldsymbol{x}}\right]$$

と書けば，式(9.12)は，

$$\underset{(q\times1)}{d\boldsymbol{y}}=\underset{(q\times p)}{\left[\frac{d\boldsymbol{y}}{d\boldsymbol{x}}\right]}\underset{(p\times1)}{d\boldsymbol{x}}\Leftrightarrow dy_j=\frac{\partial y_j}{\partial x_i}dx_i,\quad j=1\sim q\quad（縮約は\ i=1\sim p\ について）\tag{9.13}$$

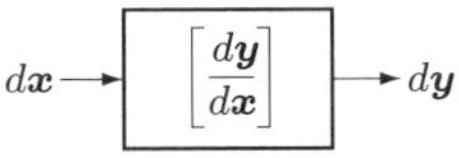

図 9.4

となる．$q \times p$ 行列 $\boldsymbol{A} = [d\boldsymbol{y}/d\boldsymbol{x}]$ の機能は，p 次元微小ベクトル $d\boldsymbol{x}$ から q 次元微小ベクトル $d\boldsymbol{y}$ を作る線形写像である．この機能が所謂**微分**である（**図 9.4**）．

q 次元ベクトル $\boldsymbol{y}$ と r 次元ベクトル $\boldsymbol{z}$ のピクリ関係も同様に，

$$\underset{(r\times 1)}{d\boldsymbol{z}} = \underset{(r\times q)}{\left[\frac{d\boldsymbol{z}}{d\boldsymbol{y}}\right]} \underset{(q\times 1)}{d\boldsymbol{y}} \Leftrightarrow dz_k = \frac{\partial z_k}{\partial y_j} dy_j, \quad k = 1\sim r \quad (\text{縮約は } j = 1\sim q) \tag{9.14}$$

と書けて，$[d\boldsymbol{z}/d\boldsymbol{y}]$ は次の $r \times q$ 行列である．

$$\left[\frac{d\boldsymbol{z}}{d\boldsymbol{y}}\right] = \begin{pmatrix} \dfrac{\partial z_1}{\partial y_1} & \cdots & \dfrac{\partial z_1}{\partial y_q} \\ \vdots & \ddots & \vdots \\ \dfrac{\partial z_r}{\partial y_1} & \cdots & \dfrac{\partial z_r}{\partial y_q} \end{pmatrix}$$

一方，**図 9.3** で $\boldsymbol{y}$ の介在を忘れていれば，$\boldsymbol{x}$ と $\boldsymbol{z}$ のピクリ関係は，

$$\underset{(r\times 1)}{d\boldsymbol{z}} = \underset{(r\times p)}{\left[\frac{d\boldsymbol{z}}{d\boldsymbol{x}}\right]} \underset{(p\times 1)}{d\boldsymbol{x}} \Leftrightarrow dz_k = \frac{\partial z_k}{\partial x_i} dx_i, \quad k = 1\sim r \quad (\text{縮約は } i = 1\sim p) \tag{9.15}$$

である．従って，

$$\left[\frac{d\boldsymbol{z}}{d\boldsymbol{x}}\right] d\boldsymbol{x} \overset{(9.15)}{=} d\boldsymbol{z} \overset{(9.14)}{=} \left[\frac{d\boldsymbol{z}}{d\boldsymbol{y}}\right] d\boldsymbol{y} \overset{(9.13)}{=} \left[\frac{d\boldsymbol{z}}{d\boldsymbol{y}}\right] \left[\frac{d\boldsymbol{y}}{d\boldsymbol{x}}\right] d\boldsymbol{x}$$

となって，微分（という線形写像の行列）について，

$$\underset{(r\times p)}{\left[\frac{d\boldsymbol{z}}{d\boldsymbol{x}}\right]} = \underset{(r\times q)}{\left[\frac{d\boldsymbol{z}}{d\boldsymbol{y}}\right]} \underset{(q\times p)}{\left[\frac{d\boldsymbol{y}}{d\boldsymbol{x}}\right]}$$

$$\Leftrightarrow \frac{\partial z_k}{\partial x_i} = \frac{\partial z_k}{\partial y_j} \frac{\partial y_j}{\partial x_i} \quad k = 1\sim r,\ i = 1\sim p \ (\text{縮約は } j = 1\sim q) \tag{9.16}$$

が成立する．これを**微分の連鎖律**と言う．要するに“二つの線形写像を合成した線形写像の行列はそれぞれの線形写像の行列の積に等しい”というお馴染みの事実を，微分と言う線形写像について表現したのである（**図 9.5**）．

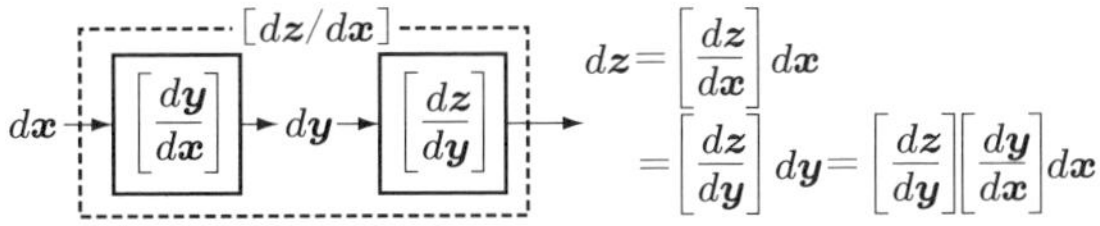

図 9.5

$p=q=r=1$ の場合が，誰もが知る合成関数の微分法，

$$\frac{dz}{dx}=\frac{dz}{dy}\frac{dy}{dx}$$

である．但し，式(9.16)の行列表現では掛け算の順序をひっくり返してはいけない．

$p\geq 2$，$q=r=1$ ならば，**図 9.3** は**図 9.6** のようになる．中間の 1 次元変数 $y=y(\boldsymbol{x})$ を**相似パラメータ**と言う．その形をうまく選ぶと，$\boldsymbol{x}\Leftrightarrow z$ の関係として書かれた偏微分方程式が $y\Leftrightarrow z$ 間の常微分方程式となる可能性がある．その常微分方程式を解いて得られる解を**相似解**と言う．

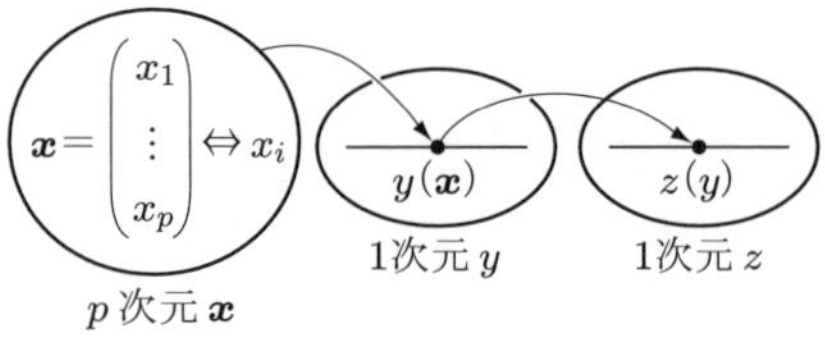

図 9.6

連鎖律・相似解は色々な場面で応用されている．流体力学では，境界層問題のブラジウスの解という有名な理論がある．本書の流れからはやや脇へ外れるが，その構造を明らかにするために二つの大切な応用例を提示しておこう．

波動方程式

f を，1 次元座標 x と時刻 t をそれぞれ第一，第二成分とする 2 次元ベクトル $\boldsymbol{X}={}^t(x,t)$ の関数としての“何らかのスカラー量”とする $(f=f(\boldsymbol{X})=f(x,t))$．特に，$f$ が $\boldsymbol{X}={}^t(x,t)$ で作る中間製品，

$$u(\boldsymbol{X})=u(x,t)=x-at\quad(a\text{ は定数})\tag{9.17}$$

の関数，すなわち $f=f(u)=f\,(x-at)$ であるなら，これを次のように変形できる．

$$\big(f(x,t)=\big)\quad f(x-at)=f\left((x-L)-a\left(t-\frac{L}{a}\right)\right)\quad\left(=f\left(x-L,t-\frac{L}{a}\right)\right)$$

この場合，位置 x，時刻 t での f（最初）が，手前の位置 $(x-L)$，以前の時刻 $(t-L/a)$ の f（最後）に等しく，それは任意の x について成立するから，或る時間での f の x に関する分布が，時間の進行とともに“形を変えずに”速度 a で移動していることになる（**図 9.7**）．このような f を**波動関数**と言う．

関数連鎖は**図 9.8** である．式(9.16)の連鎖律は，

$$\underset{(1\times2)}{\left[\frac{df}{d\boldsymbol{X}}\right]}=\underset{(1\times1)}{\left[\frac{df}{du}\right]}\underset{(1\times2)}{\left[\frac{du}{d\boldsymbol{X}}\right]}\quad\text{または}\quad\left(\frac{\partial f}{\partial x},\frac{\partial f}{\partial t}\right)=\frac{df}{du}\left(\frac{\partial u}{\partial x},\frac{\partial u}{\partial t}\right)\overset{(9.17)}{=}\frac{df}{du}(1,-a)$$

となって，次式を得る．

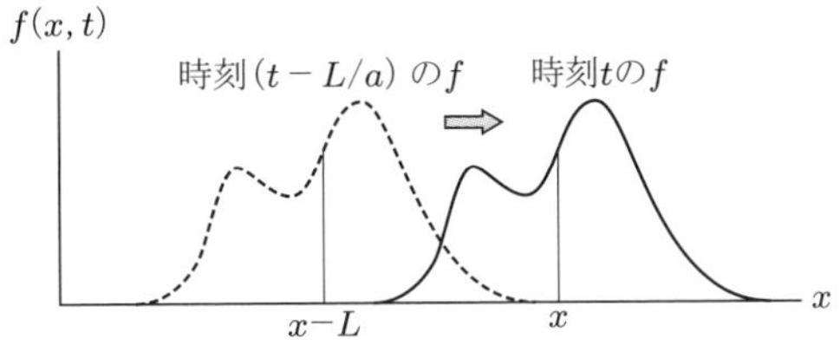

図 9.7

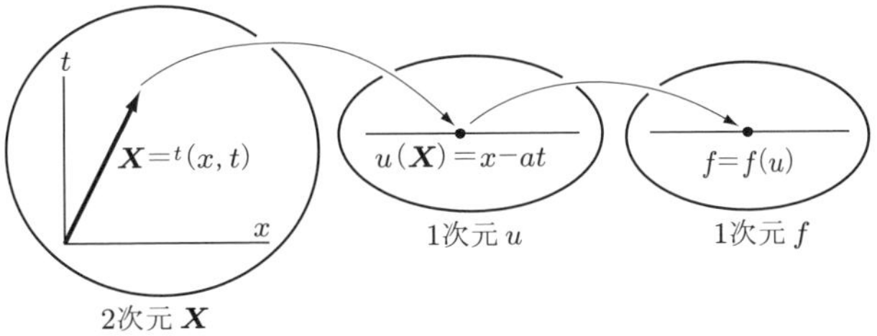

図 9.8

$$\frac{\partial f}{\partial x} = \frac{df}{du} \tag{9.18}$$

$$\frac{\partial f}{\partial t} = -a\frac{df}{du} \tag{9.19}$$

両式は，f が $u = x - at$ の関数であるということだけを条件として導かれたから，u の関数であればどんな $f(u)$ に対しても成立する．同時に両式は，二つの偏導関数 $\partial f/\partial x$, $\partial f/\partial t$ それ自体が，それぞれの右辺によって u だけの関数であることを示しているから，両式の f としてまず $\partial f/\partial x$ 自体を選べば，

$$\left(\frac{\partial^2 f}{\partial x^2} =\right) \quad \frac{\partial}{\partial x}\left(\frac{\partial f}{\partial x}\right) \overset{(9.18)}{=} \frac{d}{du}\left(\frac{\partial f}{\partial x}\right) \overset{(9.19)}{=} -\frac{1}{a}\frac{\partial}{\partial t}\left(\frac{\partial f}{\partial x}\right) \quad \left(= -\frac{1}{a}\frac{\partial^2 f}{\partial t \partial x}\right) \tag{9.20}$$

f として $\partial f/\partial t$ を選べば，

$$\left(\frac{\partial^2 f}{\partial t^2} =\right) \quad \frac{\partial}{\partial t}\left(\frac{\partial f}{\partial t}\right) \overset{(9.19)}{=} -a\frac{d}{du}\left(\frac{\partial f}{\partial t}\right) \overset{(9.18)}{=} -a\frac{\partial}{\partial x}\left(\frac{\partial f}{\partial t}\right) \quad \left(= -a\frac{\partial^2 f}{\partial x \partial t}\right) \tag{9.21}$$

よって，

$$a\frac{\partial^2 f}{\partial x^2} \overset{(9.20)}{=} -\frac{\partial^2 f}{\partial t \partial x} = -\frac{\partial^2 f}{\partial x \partial t} \overset{(9.21)}{=} \frac{1}{a}\frac{\partial^2 f}{\partial t^2} \quad \text{または} \quad \frac{\partial^2 f}{\partial t^2} = a^2\frac{\partial^2 f}{\partial x^2} \tag{9.22}$$

となる．

式(9.22)を**波動方程式**と言う．この場合は，波動という問題設定自体が u の形を決めるので，支配方程式は常微分方程式にならない．

非定常熱伝導問題

これは伝熱学のテーマである．**図 9.9** のように，それぞれ最初の温度が T_1，T_2 $(> T_1)$ である半無限媒体を時間 $t = 0$ で完全に接触させる．それぞれの密度，比熱，熱伝導率を $\{\rho_1, c_1, k_1\}$，$\{\rho_2, c_2, k_2\}$ とする．

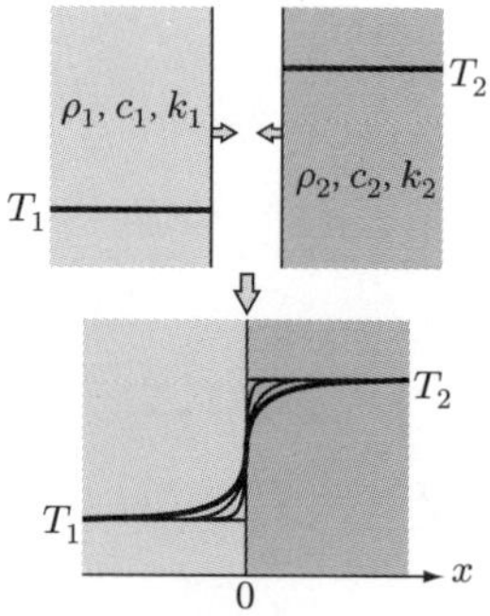

図 9.9

現象を支配するのは 1 次元非定常熱伝導方程式である．

$$\rho c \frac{\partial T}{\partial t} = k \frac{\partial^2 T}{\partial x^2} \tag{9.23}$$

▶ **注意**　この式は，**第 16 章**の末尾で確認する．ここでは所与のものとしておかれたい．$k/\rho c$ を**温度伝導率**または**熱拡散率**と言う．

境界条件は，$T = T(x,t)$ に対して，

$$\left.\begin{aligned} &T(-\infty, t) = T_1 \\ &T(+\infty, t) = T_2 \\ &T(-0, t) = T(+0, t) \\ &\bigl(q(0,t) =\bigr)\ -k_1 \left.\frac{\partial T}{\partial x}\right|_{(-0,t)} = -k_2 \left.\frac{\partial T}{\partial x}\right|_{(+0,t)} \end{aligned}\right\} \tag{9.24}$$

$q(0,t)$ は $x = 0$ における熱流束である．式(9.23)，(9.24)は，無次元温度，

$$\theta(x,t) = \frac{T(x,t) - T_1}{T_2 - T_1}$$

を用いて，

$$\rho c \frac{\partial \theta}{\partial t} = k \frac{\partial^2 \theta}{\partial x^2} \tag{9.23$'$}$$

及び

$$\left.\begin{aligned}&\theta(-\infty,t)=0\\&\theta(+\infty,t)=1\\&\theta(-0,t)=\theta(+0,t)\\&-k_1\frac{\partial\theta}{\partial x}\bigg|_{(-0,t)}=-k_2\frac{\partial\theta}{\partial x}\bigg|_{(+0,t)}\end{aligned}\right\}\tag{9.24$'$}$$

となる．

関数連鎖を**図 9.10** のようにする．

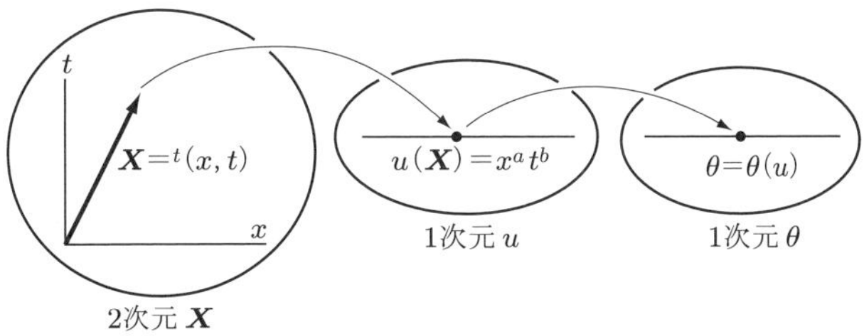

図 9.10

ここでは，波動方程式の場合と違って，$\boldsymbol{X}\Leftrightarrow\theta$ 間の偏微分方程式(9.23)$'$ が $u\Leftrightarrow\theta$ 間の常微分方程式となるように，$u(\boldsymbol{X})=x^a t^b$ の指数 (a,b) を決めようというのである．

式(9.16)の連鎖律は，

$$\underset{(1\times2)}{\left[\frac{d\theta}{d\boldsymbol{X}}\right]}=\underset{(1\times1)}{\left[\frac{d\theta}{du}\right]}\underset{(1\times2)}{\left[\frac{du}{d\boldsymbol{X}}\right]}$$

$$\text{または}\quad\left(\frac{\partial\theta}{\partial x},\frac{\partial\theta}{\partial t}\right)=\frac{d\theta}{du}\left(\frac{\partial u}{\partial x},\frac{\partial u}{\partial t}\right)=\frac{d\theta}{du}(ax^{a-1}t^b,bx^at^{b-1})$$
$$=\frac{d\theta}{du}\left(\frac{a}{x}x^at^b,\frac{b}{t}x^at^b\right)=\frac{d\theta}{du}\left(\frac{au}{x},\frac{bu}{t}\right)$$

となって，次式を得る．

$$\frac{\partial\theta}{\partial x}=\frac{au}{x}\frac{d\theta}{du}\tag{9.25}$$

$$\frac{\partial\theta}{\partial t}=\frac{bu}{t}\frac{d\theta}{du}\tag{9.26}$$

両式は，θ が u の関数であることだけを条件として導かれたから，式(9.25)の θ として u それ自体をとれば，

$$\frac{\partial u}{\partial x}=\frac{au}{x}\frac{du}{du}=\frac{au}{x}\tag{9.27}$$

を得る．また，$d\theta/du$ をとれば，

$$\frac{\partial}{\partial x}\left(\frac{d\theta}{du}\right)=\frac{au}{x}\frac{d}{du}\left(\frac{d\theta}{du}\right)=\frac{au}{x}\frac{d^2\theta}{du^2} \tag{9.28}$$

を得る．その上で式(9.25)を x で偏微分する．

$$\begin{aligned}\frac{\partial^2\theta}{\partial x^2} &= a\frac{\partial}{\partial x}\left(\frac{u}{x}\frac{d\theta}{du}\right)=a\left\{\frac{\partial u}{\partial x}\cdot\frac{1}{x}\frac{d\theta}{du}-\frac{u}{x^2}\frac{d\theta}{du}+\frac{u}{x}\frac{\partial}{\partial x}\left(\frac{d\theta}{du}\right)\right\}\\ &\overset{(9.27)(9.28)}{=} a\left(\frac{au}{x}\cdot\frac{1}{x}\frac{d\theta}{du}-\frac{u}{x^2}\frac{d\theta}{du}+\frac{u}{x}\cdot\frac{au}{x}\frac{d^2\theta}{du^2}\right)=\frac{au}{x^2}\left\{(a-1)\frac{d\theta}{du}+au\frac{d^2\theta}{du^2}\right\}\end{aligned} \tag{9.29}$$

式(9.26)及び式(9.29)を，式(9.23)$'$ に代入すれば，

$$\rho c\frac{bu}{t}\frac{d\theta}{du}=k\frac{au}{x^2}\left\{(a-1)\frac{d\theta}{du}+au\frac{d^2\theta}{du^2}\right\}$$

$$\text{または}\quad b\frac{\rho c}{k}\frac{d\theta}{du}=\frac{a}{x^2/t}\left\{(a-1)\frac{d\theta}{du}+au\frac{d^2\theta}{du^2}\right\}$$

となる．そこで，$(a,b)=(1,-1/2)$ とすれば，$u=x^at^b=x/\sqrt{t}$ または $x^2/t=u^2$ となるから，上式は，

$$-\frac{1}{2}\frac{\rho c}{k}\frac{d\theta}{du}=\frac{1}{u}\frac{d^2\theta}{du^2} \tag{9.23$''$}$$

となって目的の常微分方程式が得られた．境界条件式(9.24)$'$ は $\theta=\theta(u)$ に対して，

$$\left.\begin{aligned}&\theta(-\infty)=0\\&\theta(+\infty)=1\\&\theta(-0)=\theta(+0)\\&-k_1\left.\frac{d\theta}{du}\right|_{-0}=-k_2\left.\frac{d\theta}{du}\right|_{+0}\end{aligned}\right\} \tag{9.24$''$}$$

となる．境界条件の4番目も式(9.25)によればよい．

この微分方程式は，初等的に解くことができる（誤差関数が現れる）．但し，境界条件の扱いに注意．

課題 9.1●　式(9.23)$''$，(9.24)$''$ を解いて，接触面 $x=0$ の温度が，

$$T(0,t)=T_1+\frac{\sqrt{\rho_2c_2k_2}}{\sqrt{\rho_1c_1k_1}+\sqrt{\rho_2c_2k_2}}\cdot(T_2-T_1)$$

となることを示せ．すなわち，接触面の温度は温度伝導率 $k/\rho c$ でなく両物質における物性値の積 ρck で決まる．右手で木の板を，左手で金属板を触ったとき，ともに室温であるはずの双方の温度が異なると感ずるのはこれによる（木の温もり！）．接触面は瞬間的にこの温度になり，以後，時間によらない．つまり，掌（てのひら）か板のどちらかが半無限媒体でないことの影響が現れるまで，一定である．この原理を使って“瞬間体温計”が作れるはず！

課題 9.2 ● 関数 $h = h(x, y, z)$ が,

$$h(\lambda x, \lambda y, \lambda z) = \lambda h(x, y, z)$$

を満たすとき, h を一次の**同次関数**と言う. これについて**オイラーの関係式**,

$$h = x\frac{\partial h}{\partial x} + y\frac{\partial h}{\partial y} + z\frac{\partial h}{\partial z}$$

が成立することを示せ. また, $h(x, y, z) = c(x^3/yz)$ について $\partial h/\partial x$, $\partial h/\partial y$, $\partial h/\partial z$ を求め, これらの偏導関数がオイラーの関係式を満たすことを確かめよ.

第 10 章

物質座標とラグランジ微分

第9章で論じた1次元物質座標の概念を3次元に拡張する．オイラー表現とラグランジ表現の関係については**第7章**で少しだけ触れたが，この章はそれを数学の俎上(そじょう)に載せてきちんと確かめる．例えば，工学部の機械工学科では，材料力学，流体力学，熱力学，機械力学を機械系四大力学と呼んで大層重要なものであるが，とかくこれらは相互の連携を欠いて捉えられている傾向がある．オイラー表現とラグランジ表現の関係をきちんと把握することによって，同じ古典力学の異なる側面としてのそれらの相互関係が理解されるはずである．

10.1 3次元物質座標

デカルト座標 $x_1x_2x_3$ ($\Leftrightarrow x_i$) を設定した生活空間の中に連続体がある．まず，連続体の全粒子に名前を付けよう．名前は，人の子なら太郎や花子，質点系の各質点なら質点 1，質点 2 などとするのだろうが，連続体では次のようにする．

各粒子が時刻 $t=0$ の現在居る点の位置ベクトル $\boldsymbol{x} \Leftrightarrow x_i$ にベクトル $\boldsymbol{\xi} \Leftrightarrow \xi_i$ という記号を与えて，そのままその粒子の名前とする．名前群を，$\boldsymbol{\xi}$ 空間としてとっておく（図 10.1 左）．

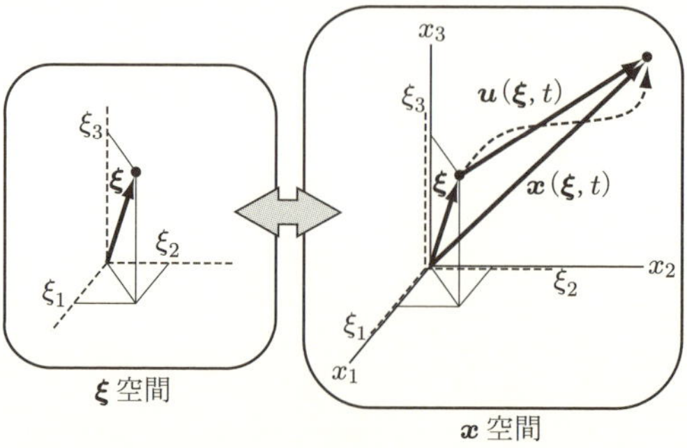

図 10.1

例えば，$\boldsymbol{x} = {}^t(1,1,2)$ の位置の時刻 $t=0$ に赤ら顔の粒子が居たら，これに $\boldsymbol{\xi} = {}^t(1,1,2)$ という名札を付け，以後，この赤ら顔の粒子が $\boldsymbol{x}$ 空間のどこに現れても，これをずっと"粒子 $\boldsymbol{\xi} = {}^t(1,1,2)$"と呼ぶのである．この $\boldsymbol{\xi} \Leftrightarrow \xi_i$ が**3次元物質座標** (3-dimensional material coordinate) である．

太郎でも花子でもなく質点1，質点2でもなく，数直線上に連続的に並ぶ実数を成分とするベクトル $\boldsymbol{\xi}$ を名前に使うのは，まさに我々が粒（つぶ）ならぬ連続体を扱っているからに他ならない．連続体では，太郎や花子に加えて，(太郎 + 花子)/2 や（$\sqrt{2}\times$ 花子）などの粒子が無数に居るのである．

さて，各粒子が時刻 t の進行に従って運動して占める位置を，

$$\boldsymbol{x} = \boldsymbol{x}(\boldsymbol{\xi}, t) \Leftrightarrow \begin{pmatrix} x_1 \\ x_2 \\ x_3 \end{pmatrix} = \begin{pmatrix} x_1(\xi_1, \xi_2, \xi_3, t) \\ x_2(\xi_1, \xi_2, \xi_3, t) \\ x_3(\xi_1, \xi_2, \xi_3, t) \end{pmatrix} \tag{10.1}$$

とする．$\boldsymbol{\xi}$ が太郎なら，式(10.1)は"太郎 $\boldsymbol{\xi}$ が時刻 t に居る位置は $\boldsymbol{x}$ である"と読める．物質座標の定義によって，

$$\boldsymbol{\xi} = \boldsymbol{x}(\boldsymbol{\xi}, 0) \tag{10.2}$$

である．すなわち，太郎が最初に居たところの位置ベクトルが彼の名前である．

t を固定した上で，式(10.1)を $\{\xi_1, \xi_2, \xi_3\}$ について，

$$\boldsymbol{\xi} = \boldsymbol{\xi}(\boldsymbol{x}, t) \Leftrightarrow \begin{pmatrix} \xi_1 \\ \xi_2 \\ \xi_3 \end{pmatrix} = \begin{pmatrix} \xi_1(x_1, x_2, x_3, t) \\ \xi_2(x_1, x_2, x_3, t) \\ \xi_3(x_1, x_2, x_3, t) \end{pmatrix} \tag{10.3}$$

と解けば，これは"位置 $\boldsymbol{x}$，時刻 t に太郎 $\boldsymbol{\xi}$ が居る"と読める．

時刻 t を固定すれば，式(10.1)，(10.3)は互いの逆である．微積分学の教えるところによれば，**図 10.1** 左の点 $\boldsymbol{\xi}$ の近傍（開集合）と，同図右の点 $\boldsymbol{x}(\boldsymbol{\xi}, t)$ の近傍が全単射の，すなわち一対一の関数関係として対応可能であるための必要十分条件は，その点で算定した**関数行列式**（ヤコビ行列式，ヤコビアン）が，有限かつゼロでないことであった．

$$0 < \left| \frac{\partial(x_1, x_2, x_3)}{\partial(\xi_1, \xi_2, \xi_3)} \right| = \left\| \begin{matrix} \dfrac{\partial x_1}{\partial \xi_1} & \dfrac{\partial x_1}{\partial \xi_2} & \dfrac{\partial x_1}{\partial \xi_3} \\ \dfrac{\partial x_2}{\partial \xi_1} & \dfrac{\partial x_2}{\partial \xi_2} & \dfrac{\partial x_2}{\partial \xi_3} \\ \dfrac{\partial x_3}{\partial \xi_1} & \dfrac{\partial x_3}{\partial \xi_2} & \dfrac{\partial x_3}{\partial \xi_3} \end{matrix} \right\| < \infty \tag{10.4}$$

縦線が多いのは"行列式の絶対値"の意味である．但（ただ）し，行列式の値が負になることは，数学的にはあり得るが実際には起こり得ない．式(10.4)を含めて，それらの意味は**第12章**で改めて論ずる．

粒子の**変位ベクトル**を，

$$\boldsymbol{u}(\boldsymbol{\xi},t)=\boldsymbol{x}(\boldsymbol{\xi},t)-\boldsymbol{x}(\boldsymbol{\xi},0)\overset{(10.2)}{=}\boldsymbol{x}(\boldsymbol{\xi},t)-\boldsymbol{\xi}$$
$$\Leftrightarrow u_i(\boldsymbol{\xi},t)=x_i(\boldsymbol{\xi},t)-\xi_i \tag{10.5}$$

とすれば，これは式(9.8)の1次元変位 $u(\xi,t)$ の3次元版である．1次元の場合と同様に，独立変数 $(\boldsymbol{\xi},t)$ に対して，従属変数は変位ベクトル $\boldsymbol{u}$，変位後の位置ベクトル $\boldsymbol{x}$ のどちらでもよい．

式(10.5)を t で微分すれば，粒子の**速度ベクトル** $\boldsymbol{v}$ となる．但し，式(10.5)は独立変数として $\boldsymbol{\xi}$ も含むから，時間微分は時間偏微分である．

$$\frac{\partial\boldsymbol{u}(\boldsymbol{\xi},t)}{\partial t}\overset{(10.5)}{=}\frac{\partial}{\partial t}\{\boldsymbol{x}(\boldsymbol{\xi},t)-\boldsymbol{\xi}\}=\frac{\partial\boldsymbol{x}(\boldsymbol{\xi},t)}{\partial t}=\boldsymbol{v}(\boldsymbol{\xi},t)$$
$$\Leftrightarrow\frac{\partial u_i(\boldsymbol{\xi},t)}{\partial t}=\frac{\partial}{\partial t}\{x_i(\boldsymbol{\xi},t)-\xi_i\}=\frac{\partial x_i(\boldsymbol{\xi},t)}{\partial t}=v_i(\boldsymbol{\xi},t) \tag{10.6}$$

一方，式(10.5)の“$\boldsymbol{\xi}$ に関する微分”，すなわち，

$$\left[\frac{d\boldsymbol{u}}{d\boldsymbol{\xi}}\right]=\left[\frac{d\boldsymbol{x}}{d\boldsymbol{\xi}}\right]-\left[\frac{d\boldsymbol{\xi}}{d\boldsymbol{\xi}}\right]=\left[\frac{d\boldsymbol{x}}{d\boldsymbol{\xi}}\right]-\boldsymbol{I}\quad(\boldsymbol{I}\text{ は単位行列})$$
$$\Leftrightarrow\frac{\partial u_i}{\partial\xi_j}=\frac{\partial x_i}{\partial\xi_j}-\frac{\partial\xi_i}{\partial\xi_j}=\frac{\partial x_i}{\partial\xi_j}-\delta_{ij} \tag{10.7}$$

という 3×3 行列は，**第9章**で論じた1次元歪み（式(9.9)）の3次元版に相当しそうであるが，それは早計である．そのことは**第11章**で明らかとなる．

式(10.1)で $\boldsymbol{\xi}$ を固定して t を動かせば，$\boldsymbol{x}$ 空間内に粒子 $\boldsymbol{\xi}$ の軌跡が描ける．軌跡は，式(10.2)によって $t=0$ で $\boldsymbol{x}=\boldsymbol{\xi}$ を通る．軌跡は，運動方程式，

$$\boldsymbol{F}=m\frac{d^2\boldsymbol{x}(t)}{dt^2} \tag{10.8}$$

を解いて得られる質点の軌跡 $\boldsymbol{x}=\boldsymbol{x}(t)$ と何も変わらない．異なるのは，軌跡に“粒子 $\boldsymbol{\xi}$ の”という区別を示す独立変数 $\boldsymbol{\xi}$ が付いていることだけである．n 個の質点からなる質点系では，p 番質点の質量，位置ベクトル，それに働く力をそれぞれ m_p，$\boldsymbol{x}_p$，$\boldsymbol{F}_p$ として，運動方程式が，

$$\boldsymbol{F}_p=m_p\frac{d^2\boldsymbol{x}_p}{dt^2},\quad p=1,\ldots,n \tag{10.8$'$}$$

となり，これを解けば，空間に n 本の軌跡 $(\boldsymbol{x}_p=\boldsymbol{x}_p(t),\ p=1,\ldots,n)$ が描ける（**図10.2**）．物質座標 $\boldsymbol{\xi}$ は粒子の名前であった．その役割は，式(10.8)$'$ 中で各質点を区別している添え字 p と同じである．

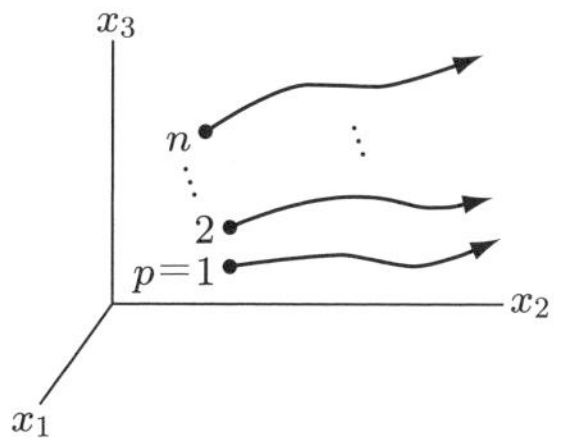

図 10.2

10.2　従属変数のラグランジ表示とオイラー表示

連続体の粒子とは，微小だが小さ過ぎない体積 ΔV 中の粒(つぶ)（原子，分子）の一団だ，ということを思い出した上で，次のことが言える．

> **連続体の粒子は，空間を移動する際に種々の物性 φ を“帯びる”．**

φ は，温度 T，密度 ρ，圧力 p，比エンタルピー h，比エントロピー s のようなスカラーの熱力学的状態量かもしれないし，位置 $\boldsymbol{x}$，速度 $\boldsymbol{v}$，加速度 $\boldsymbol{a}$ などのベクトル量，或いはそれらの第 i 成分 x_i，v_i，a_i であるかもしれない．これらは $(\boldsymbol{\xi}, t)$ の関数であり，同時に $(\boldsymbol{x}, t)$ の関数である．

$$\varphi = \varphi(\boldsymbol{\xi}, t) \tag{10.9}$$

$$\varphi = \varphi(\boldsymbol{x}, t) \tag{10.10}$$

φ が密度なら，式(10.9)は“粒子何某(なにがし)の何時(なんどき)の密度”であり，式(10.10)は“何処(どこ)ぞの何時(なんどき)の密度”である．

連続体の諸量を式(10.9)のように“粒子と時間の関数”として表すやり方を**ラグランジ表示（ラグランジ形式）**，式(10.10)のように“位置と時間の関数”として表すやり方を**オイラー表示（オイラー形式）**と言う．位置ベクトル $\boldsymbol{x}$ は，オイラー表示では独立変数の一部であるが，ラグランジ表示では式(10.1)によってそれ自体従属変数である．

式(10.1)，(10.3)を使えば式(10.9)，(10.10)の両表現は，

$$\varphi(\boldsymbol{x}, t) \overset{(10.1)}{=} \varphi\big(\boldsymbol{x}(\boldsymbol{\xi}, t), t\big) = \varphi(\boldsymbol{\xi}, t) \overset{(10.3)}{=} \varphi\big(\boldsymbol{\xi}(\boldsymbol{x}, t), t\big) = \varphi(\boldsymbol{x}, t) = \cdots \tag{10.11}$$

のように自在に入れ替えることができる．つまり，φ が再び密度だとして何処(どこ)ぞ $(\boldsymbol{x})$ の何時(なんどき)(t) の密度は，その時 (t) そこに居る何某(なにがし)$(\boldsymbol{\xi})$ の密度である．つまり，実際に変換の演算ができるかどうかは別として，**独立変数の読み替えは自由に行ってよい**．

二つの時間微分

式(10.9)，(10.10)の二つの表現に対応して，時間に関する2通りの偏微分が可能である．

従属変数 φ がラグランジ表示されているとき，

$$\left(\frac{\partial}{\partial t}\right)_{\boldsymbol{\xi}\,\text{一定}} \varphi(\boldsymbol{\xi}, t) \tag{10.12}$$

従属変数 φ がオイラー表示されているとき，

$$\left(\frac{\partial}{\partial t}\right)_{\boldsymbol{x}\,\text{一定}} \varphi(\boldsymbol{x}, t) \tag{10.13}$$

今度は φ を温度としよう．仮に，煙の粒子ほどに小さくて軽い温度センサーがあったとしてこれを流れに入れると，センサーは最初に置かれたところの流体粒子とずっと一緒に流れつつ温度を測り続けるだろう．式(10.12)は $\boldsymbol{\xi}$ 一定での時間微分であるから，この温度の時間変化率である．一方，式(10.13)は $\boldsymbol{x}$ 一定での時間微分であるから，流れの中に設置された温度計の出力信号の時間変化率である．式(10.12)の時間微分を**ラグランジ的時間微分**，または単に**ラグランジ微分**，式(10.13)の時間微分を**オイラー的時間微分**または**オイラー微分**と言う．前者は**物質微分** (material derivative)，または**実質微分** (substantial derivative) とも呼ばれ，多くの流体力学の教科書で $D\varphi/Dt$ という記号が与えられている．すなわち，$D\varphi/Dt$ とは，従属変数が $\varphi(\boldsymbol{\xi}, t)$ とラグランジ表示されていることを前提として，

$$\frac{D\varphi}{Dt} = \left(\frac{\partial}{\partial t}\right)_{\boldsymbol{\xi}\,\text{一定}} \varphi(\boldsymbol{\xi}, t) \tag{10.14}$$

のことである．演算子だけを書けば，

$$\frac{D}{Dt} = \left(\frac{\partial}{\partial t}\right)_{\boldsymbol{\xi}\,\text{一定}}$$

ラグランジ的時間微分は，粒子一定のもとでその粒子が帯びている何らかの量の時間微分であるから，質点の力学に言う普通の時間微分，例えば，前掲の式(10.8)，(10.8)′ 中の時間微分のことである．

速　度

式(10.6)の速度ベクトルは，位置ベクトル $\boldsymbol{x}(\boldsymbol{\xi}, t)$ のラグランジ的時間微分である．

$$\boldsymbol{v}(\boldsymbol{\xi}, t) = \left(\frac{\partial}{\partial t}\right)_{\boldsymbol{\xi}\,\text{一定}} \boldsymbol{x}(\boldsymbol{\xi}, t) = \frac{D\boldsymbol{x}}{Dt}$$

$$\Leftrightarrow v_i(\boldsymbol{\xi}, t) = \left(\frac{\partial}{\partial t}\right)_{\boldsymbol{\xi}\,\text{一定}} x_i(\boldsymbol{\xi}, t) = \frac{Dx_i}{Dt} \tag{10.15}$$

式(10.15)は“何某(なにがし)の何時(なんどき)の”速度であるが，式(10.11)の手順でこれを“何処(どこ)その何時(なんどき)の”速度に読み替えてよい．

$$\boldsymbol{v}(\boldsymbol{\xi}, t) = \boldsymbol{v}(\boldsymbol{x}, t) \tag{10.16}$$

オイラー的に“或る点の速度”と言うときでも，速度を認識するには瞬間的に同じ粒子を目で追っているはずだから，速度はもともとラグランジ的なのである．

10.3　微分におけるオイラー表現とラグランジ表現の関係

これまで再三現れた，2 種類の独立変数の組み $(\boldsymbol{\xi}, t)$，$(\boldsymbol{x}, t)$ のそれぞれに $\boldsymbol{X}$，$\boldsymbol{Y}$ という記号を与え，両者を**ラグランジベクトル**，**オイラーベクトル**と呼ぶことにする．

$$\textbf{ラグランジベクトル：}\quad \boldsymbol{X} = {}^t(\boldsymbol{\xi}, t) = \begin{pmatrix} \xi_1 \\ \xi_2 \\ \xi_3 \\ t \end{pmatrix} \tag{10.17}$$

$$\textbf{オイラーベクトル：}\quad \boldsymbol{Y} = {}^t(\boldsymbol{x}, t) = \begin{pmatrix} x_1 \\ x_2 \\ x_3 \\ t \end{pmatrix} \tag{10.18}$$

式(10.9)，(10.10)によって，任意の従属変数 φ は $\boldsymbol{X}$ の関数であり，同時に $\boldsymbol{Y}$ の関数である．一方，式(10.1)によって，$\boldsymbol{Y}$ 中の $\boldsymbol{x}$ の 3 成分は全て $\boldsymbol{X}$ の関数であるから，オイラーベクトル $\boldsymbol{Y}$ 自体がラグランジベクトル $\boldsymbol{X}$ の関数である．

これによって，**第 9 章**で展開した関数連鎖を**図 10.3** のように考えることができる．

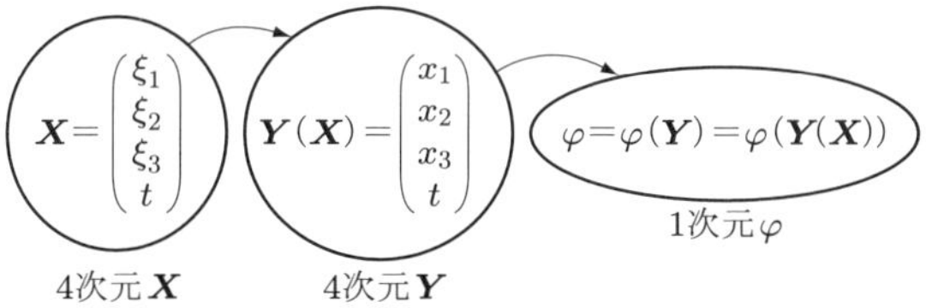

図 10.3

図中の $\boldsymbol{Y} \to \varphi$ が φ のオイラー表現であり，また，$\boldsymbol{Y}$ の介在を忘れて $\boldsymbol{X} \to \varphi$ と見るのが φ のラグランジ表現である．また，前述のように $\boldsymbol{Y}$ 自体が $\boldsymbol{X}$ の関数であるから，$\boldsymbol{X} \to \boldsymbol{Y}$ もラグランジ表現である．

9.3 節で展開した微分の連鎖律は次式である．

$$\underset{(1\times4)}{\left[\frac{d\varphi}{d\boldsymbol{X}}\right]} = \underset{(1\times4)}{\left[\frac{d\varphi}{d\boldsymbol{Y}}\right]}\underset{(4\times4)}{\left[\frac{d\boldsymbol{Y}}{d\boldsymbol{X}}\right]} \tag{10.19}$$

注意を喚起するために独立変数を陽に記して，式(10.19)の三つの行列を書き下す．但し，三つ目では紙数節約のため大切なところだけ独立変数を記す．

$$\left[\frac{d\varphi}{d\boldsymbol{X}}\right] = \left(\frac{\partial\varphi(\boldsymbol{\xi}, t)}{\partial\xi_1}, \frac{\partial\varphi(\boldsymbol{\xi}, t)}{\partial\xi_2}, \frac{\partial\varphi(\boldsymbol{\xi}, t)}{\partial\xi_3}, \frac{\partial\varphi(\boldsymbol{\xi}, t)}{\partial t}\right)$$

$$\overset{(10.14)}{=}\left(\frac{\partial\varphi(\boldsymbol{\xi},t)}{\partial\xi_1},\frac{\partial\varphi(\boldsymbol{\xi},t)}{\partial\xi_2},\frac{\partial\varphi(\boldsymbol{\xi},t)}{\partial\xi_3},\frac{D\varphi(\boldsymbol{\xi},t)}{Dt}\right)$$

$$\left[\frac{d\varphi}{d\boldsymbol{Y}}\right] = \left(\frac{\partial\varphi(\boldsymbol{x},t)}{\partial x_1},\frac{\partial\varphi(\boldsymbol{x},t)}{\partial x_2},\frac{\partial\varphi(\boldsymbol{x},t)}{\partial x_3},\frac{\partial\varphi(\boldsymbol{x},t)}{\partial t}\right)$$

$$\left[\frac{d\boldsymbol{Y}}{d\boldsymbol{X}}\right] = \begin{pmatrix} \frac{\partial x_1}{\partial\xi_1} & \frac{\partial x_1}{\partial\xi_2} & \frac{\partial x_1}{\partial\xi_3} & \frac{\partial x_1(\boldsymbol{\xi},t)}{\partial t} \\ \frac{\partial x_2}{\partial\xi_1} & \frac{\partial x_2}{\partial\xi_2} & \frac{\partial x_2}{\partial\xi_3} & \frac{\partial x_2(\boldsymbol{\xi},t)}{\partial t} \\ \frac{\partial x_3}{\partial\xi_1} & \frac{\partial x_3}{\partial\xi_2} & \frac{\partial x_3}{\partial\xi_3} & \frac{\partial x_3(\boldsymbol{\xi},t)}{\partial t} \\ \frac{\partial t}{\partial\xi_1} & \frac{\partial t}{\partial\xi_2} & \frac{\partial t}{\partial\xi_3} & \frac{\partial t}{\partial t} \end{pmatrix}$$

$$\overset{(10.15)}{=}\begin{pmatrix} \frac{\partial x_1}{\partial\xi_1} & \frac{\partial x_1}{\partial\xi_2} & \frac{\partial x_1}{\partial\xi_3} & v_1(\boldsymbol{\xi},t) \\ \frac{\partial x_2}{\partial\xi_1} & \frac{\partial x_2}{\partial\xi_2} & \frac{\partial x_2}{\partial\xi_3} & v_2(\boldsymbol{\xi},t) \\ \frac{\partial x_3}{\partial\xi_1} & \frac{\partial x_3}{\partial\xi_2} & \frac{\partial x_3}{\partial\xi_3} & v_3(\boldsymbol{\xi},t) \\ 0 & 0 & 0 & 1 \end{pmatrix} \tag{10.20}$$

これによって，式(10.19)は次のようになる．

$$\left(\frac{\partial\varphi}{\partial\xi_1},\frac{\partial\varphi}{\partial\xi_2},\frac{\partial\varphi}{\partial\xi_3},\frac{D\varphi}{Dt}\right)=\left(\frac{\partial\varphi}{\partial x_1},\frac{\partial\varphi}{\partial x_2},\frac{\partial\varphi}{\partial x_3},\frac{\partial\varphi}{\partial t}\right)\begin{pmatrix} \frac{\partial x_1}{\partial\xi_1} & \frac{\partial x_1}{\partial\xi_2} & \frac{\partial x_1}{\partial\xi_3} & v_1 \\ \frac{\partial x_2}{\partial\xi_1} & \frac{\partial x_2}{\partial\xi_2} & \frac{\partial x_2}{\partial\xi_3} & v_2 \\ \frac{\partial x_3}{\partial\xi_1} & \frac{\partial x_3}{\partial\xi_2} & \frac{\partial x_3}{\partial\xi_3} & v_3 \\ 0 & 0 & 0 & 1 \end{pmatrix} \tag{10.21}$$

この式の $(1,1)\sim(1,3)$ 成分は，ラグランジ，オイラー両表現における空間微分の関係である．独立変数を陽に記して書けば，

$$\frac{\partial\varphi(\boldsymbol{\xi},t)}{\partial\xi_i}=\frac{\partial\varphi(\boldsymbol{x},t)}{\partial x_j}\frac{\partial x_j(\boldsymbol{\xi},t)}{\partial\xi_i} \Leftrightarrow \underset{(1\times3)}{\left[\frac{d\varphi}{d\boldsymbol{\xi}}\right]}=\underset{(1\times3)}{\left[\frac{d\varphi}{d\boldsymbol{x}}\right]}\underset{(3\times3)}{\left[\frac{d\boldsymbol{x}}{d\boldsymbol{\xi}}\right]} \tag{10.22}$$

となる．この式で $\varphi\to\xi_k$ とすれば，

$$\left(\frac{\partial\xi_k}{\partial\xi_i}=\right)\quad \delta_{ki}=\frac{\partial\xi_k(\boldsymbol{x},t)}{\partial x_j}\frac{\partial x_j(\boldsymbol{\xi},t)}{\partial\xi_i} \Leftrightarrow \underset{(3\times3)}{\boldsymbol{I}}=\underset{(3\times3)}{\left[\frac{d\boldsymbol{\xi}}{d\boldsymbol{x}}\right]}\underset{(3\times3)}{\left[\frac{d\boldsymbol{x}}{d\boldsymbol{\xi}}\right]} \tag{10.23}$$

となる．すなわち，$[d\boldsymbol{x}/d\boldsymbol{\xi}]$ と $[d\boldsymbol{\xi}/d\boldsymbol{x}]$ は互いに逆行列である．そこで，式(10.22)の行列表示の両辺に右から $[d\boldsymbol{\xi}/d\boldsymbol{x}]$ を掛ければ，

$$\left[\frac{d\varphi}{d\boldsymbol{\xi}}\right]\left[\frac{d\boldsymbol{\xi}}{d\boldsymbol{x}}\right]=\left[\frac{d\varphi}{d\boldsymbol{x}}\right]\left[\frac{d\boldsymbol{x}}{d\boldsymbol{\xi}}\right]\left[\frac{d\boldsymbol{\xi}}{d\boldsymbol{x}}\right]=\left[\frac{d\varphi}{d\boldsymbol{x}}\right]\boldsymbol{I}=\left[\frac{d\varphi}{d\boldsymbol{x}}\right]$$

すなわち，

$$\underset{(1\times3)}{\left[\frac{d\varphi}{d\boldsymbol{x}}\right]}=\underset{(1\times3)}{\left[\frac{d\varphi}{d\boldsymbol{\xi}}\right]}\underset{(3\times3)}{\left[\frac{d\boldsymbol{\xi}}{d\boldsymbol{x}}\right]}\Leftrightarrow\frac{\partial\varphi}{\partial x_i}=\frac{\partial\varphi}{\partial\xi_j}\frac{\partial\xi_j}{\partial x_i}\tag{10.24}$$

を得る．これは式(10.22)の逆関係である．

式(10.21)に戻って，その $(1,4)$ 成分は，

$$\begin{aligned}\frac{D\varphi}{Dt}&=\frac{\partial\varphi}{\partial t}+v_1\frac{\partial\varphi}{\partial x_1}+v_2\frac{\partial\varphi}{\partial x_2}+v_3\frac{\partial\varphi}{\partial x_3}=\frac{\partial\varphi}{\partial t}+v_j\frac{\partial\varphi}{\partial x_j}\\&=\frac{\partial\varphi}{\partial t}+(\boldsymbol{v}\cdot\boldsymbol{\nabla})\,\varphi=\left\{\frac{\partial}{\partial t}+(\boldsymbol{v}\cdot\boldsymbol{\nabla})\right\}\varphi\end{aligned}\tag{10.25}$$

演算子だけを書けば，

$$\frac{D}{Dt}=\frac{\partial}{\partial t}+(\boldsymbol{v}\cdot\boldsymbol{\nabla})\Leftrightarrow\frac{D}{Dt}=\frac{\partial}{\partial t}+v_j\frac{\partial}{\partial x_j}$$

独立変数を陽に記して式(10.25)を再掲すれば，

$$\left(\left(\frac{\partial}{\partial t}\right)_{\xi\,一定}\varphi(\boldsymbol{\xi},t)=\right)\quad\frac{D\varphi(\boldsymbol{\xi},t)}{Dt}=\frac{\partial\varphi(\boldsymbol{x},t)}{\partial t}+v_j(\boldsymbol{x},t)\frac{\partial\varphi(\boldsymbol{x},t)}{\partial x_j}\tag{10.25$'$}$$

となる．本来，速度 $\boldsymbol{v}$ は式(10.20)中に見るようにラグランジ表現 $(\boldsymbol{v}=\boldsymbol{v}(\boldsymbol{\xi},t))$ であるが，式(10.25)$'$ では式(10.16)に従ってオイラー表現 $(\boldsymbol{v}=\boldsymbol{v}(\boldsymbol{x},t))$ に読み替えてある．

左辺は着目した粒子 $\boldsymbol{\xi}$ が経験する従属変数 φ の時間変化率である．右辺は全てオイラー表現であるから，式(10.25)$'$ は，

> **連続体粒子 ξ が流れ流れて行く先々(さきざき)で経験する従属変数の時間変化率を，先々の場と時間の関数で表現したもの，**

である．$\boldsymbol{v}$ は粒子 $\boldsymbol{\xi}$ 自身の速度であり，同時に流れて行った先の場の速度である．

10.4 ボートの喩え

これまで考えてきた“太郎こと粒子 $\boldsymbol{\xi}$”は連続体の粒子そのものであったから，式(10.16)によって式(10.25)右辺中の速度をオイラー表現に切り替えることができた．今度は，連続体中を**勝手に運動する別の粒子**（例えば蝿の次郎！）の経験する変数 φ の時間変化率を考える．粒子は次郎に特定したから，式(10.17)のラグランジベクトル $\boldsymbol{X}$ 中の物質座標 $\boldsymbol{\xi}$ はもはや必要でなく，関数連鎖は**図 10.4** のように簡単になる．

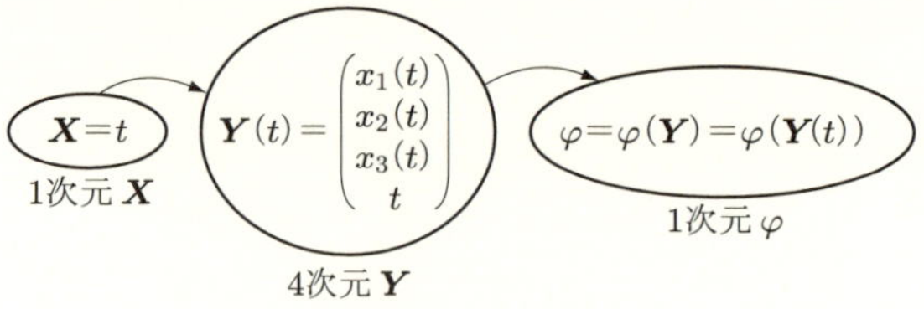

図 10.4

$\boldsymbol{X} = t$ は次郎の“持ち時間”，$\boldsymbol{x}(t)$ はその次郎の行く先，$\boldsymbol{Y}(t) = {}^t(\boldsymbol{x}(t), t)$ はそれに基づくオイラーベクトルである．以下，前節の手順を物質座標 $\boldsymbol{\xi}$ に関わる部分を全て落として辿(たど)ると，式(10.25)の替わりに次式を得る．

$$\frac{d\varphi(t)}{dt} = \frac{\partial\varphi(\boldsymbol{x},t)}{\partial t} + v_j(t)\frac{\partial\varphi(\boldsymbol{x},t)}{\partial x_j} = \frac{\partial\varphi}{\partial t} + (\boldsymbol{v}\cdot\boldsymbol{\nabla})\varphi \tag{10.26}$$

左辺は普通の時間微分である．つまり，物質座標 $\boldsymbol{\xi}$ は無いので，

$$(10.14)\quad \frac{D\varphi}{Dt} = \left(\frac{\partial}{\partial t}\right)_{\boldsymbol{\xi}\,\text{一定}} \varphi(\boldsymbol{\xi}, t)$$

は普通の $d\varphi(t)/dt$ である．速度 $\boldsymbol{v}$ も普通の $\boldsymbol{v} = d\boldsymbol{x}(t)/dt$（次郎の速度）である．かくて，名高い**ボートの喩(たと)え**に至る．

■ボートの喩え■

川の流れの中に 1 本の杭があって，1 艘(そう)のボートが繋(つな)がれている．ボートは非常に小さいが，エンジンと，流れの何らかの量 φ を測るセンサーを備えている．センサーの捉える φ の時間変化率 $d\varphi(t)/dt$ は次の通りである．

(1) ボートが杭に繋がれたままなら，

$$\frac{d\varphi(t)}{dt} = \frac{\partial\varphi(\boldsymbol{x},t)}{\partial t}$$

(2) ロープを解いて流され始めたら，

$$\frac{d\varphi(t)}{dt} = \frac{D\varphi}{Dt} = \frac{\partial\varphi(\boldsymbol{x},t)}{\partial t} + (\boldsymbol{v}\cdot\boldsymbol{\nabla})\varphi(\boldsymbol{x},t)$$

この式の速度 $\boldsymbol{v}$ は，オイラー表現したその場，その時間の流れの速度 $\boldsymbol{v}(\boldsymbol{x},t)$ であるが，それは同時にボート自体の速度である．最後に，

(3) エンジンを起動して独自の速度 $\overline{\boldsymbol{v}}$ で，つまり流れに竿さして動き出したら，

$$\frac{d\varphi(t)}{dt} = \frac{\partial\varphi(\boldsymbol{x},t)}{\partial t} + (\overline{\boldsymbol{v}}\cdot\boldsymbol{\nabla})\varphi(\boldsymbol{x},t)$$

10.5 ラグランジ表現の効能

第9章でも述べたが，流体力学でラグランジ表現が実際に使われることは，無い訳ではないが稀(まれ)である．例えば，球状のガス体が球対称性を保持しつつ膨張する単純な問題なら，ラグランジ表現も使えるかもしれない．この場合は，球の中心から表面に至る1本の線上に並んだ全流体粒子を追跡すれば，他の線上の粒子も同じ動きをすることが保証されている．しかし，そうでない一般の問題で，物質座標 $\boldsymbol{\xi}$ を異(こと)にする無限個の粒子を地の果てまで追いかけることは，不可能なだけでなく実用上も必要でない．気象学であれ流体機械であれ，実用上必要な情報は"位置毎の速度や温度と，それらの時間変化"であり，精度を上げたければ観測点を増やせばよい．ラグランジ表現のご利益(りやく)は，寧(むし)ろ別にある．

連続体の"粒子 $\boldsymbol{\xi}$"とは，物質座標空間の点 $\boldsymbol{\xi}$ に対応する生活空間の点 $\boldsymbol{x} = \boldsymbol{x}(\boldsymbol{\xi}, t)$ の周りの，"微小だが小さ過ぎない"体積 ΔV 中の粒群（原子，分子群）である．ΔV が小さ過ぎないとは"分子間衝突の平均自由行程より遥かに大きい"ほどに小さ過ぎないのであるから，この粒子は，運動中ではあるが，それ自体，熱力学で言う外界と物質の出入りのない，所謂**閉じた系**である（**5.2節**）．従属変数 φ のラグランジ的時間微分，

$$\frac{D\varphi}{Dt} = \left(\frac{\partial}{\partial t}\right)_{\boldsymbol{\xi}\text{一定}} \varphi(\boldsymbol{\xi}, t) \tag{10.14}$$

は，その粒子をどれかに固定した上での時間変化率である．$D\varphi$ が φ の微小変化であることは変わらないから，文字"D"は実は，熱力学的状態量の微小変化を表現するときに使う文字"d"と同じものである．従って，微小変化で表した熱力学の諸法則は全て"d"を"D"に替え，その下に"Dt"を付ければ，自動的にその量のラグランジ的時間変化率となる．例えば，比エンタルピー，比体積，圧力，温度，比エントロピーをそれぞれ h，v，p，T，s とすれば，それらの間に，

$$dh = v\,dp + T\,ds$$

の関係がある（付録の熱力学の関係式配線図の⑰）．これからラグランジ的時間変化率の間の関係，

$$\frac{Dh}{Dt} = v\frac{Dp}{Dt} + T\frac{Ds}{Dt}$$

が直ちに得られ，それぞれのラグランジ微分に式(10.25)を適用すれば，対応する場の表現，すなわちオイラー表現が容易に得られる．

このように，ラグランジ表現を導入することによって，流体力学・材料力学に代表される連続体力学と，世の森羅万象の言わば"世界観"である熱力学とが一瞬にして繋(つな)がるのである．

10.6 加速度

加速度も，速度と同じくもともとラグランジ的な概念である．速度 $\boldsymbol{v}$ は式(10.15)であった．

$$(10.15)\quad \boldsymbol{v}(\boldsymbol{\xi},t)=\left(\frac{\partial}{\partial t}\right)_{\boldsymbol{\xi}\,一定}\boldsymbol{x}(\boldsymbol{\xi},t)=\frac{D\boldsymbol{x}}{Dt}$$

加速度は，これをもう1回ラグランジ的に時間微分する．

$$\boldsymbol{a}(\boldsymbol{\xi},t)=\frac{D\boldsymbol{v}}{Dt}=\frac{D^2\boldsymbol{x}}{Dt^2}=\left(\frac{\partial^2}{\partial t^2}\right)_{\boldsymbol{\xi}\,一定}\boldsymbol{x}(\boldsymbol{\xi},t)$$

$$\Leftrightarrow a_i(\boldsymbol{\xi},t)=\frac{Dv_i}{Dt}=\frac{D^2x_i}{Dt^2}=\left(\frac{\partial^2}{\partial t^2}\right)_{\boldsymbol{\xi}\,一定}x_i(\boldsymbol{\xi},t) \tag{10.27}$$

式(10.25)を用いれば，加速度の**場の表現**，すなわちオイラー表現が得られる．

$$\boldsymbol{a}=\frac{D\boldsymbol{v}}{Dt}=\frac{\partial\boldsymbol{v}}{\partial t}+(\boldsymbol{v}\cdot\boldsymbol{\nabla})\boldsymbol{v}\Leftrightarrow a_i=\frac{Dv_i}{Dt}=\frac{\partial v_i(\boldsymbol{x},t)}{\partial t}+v_j(\boldsymbol{x},t)\frac{\partial v_i(\boldsymbol{x},t)}{\partial x_j} \tag{10.28}$$

時間的に変わらない速度場 $(\partial\boldsymbol{v}(\boldsymbol{x},t)/\partial t=\boldsymbol{0})$ でも，連続体粒子は右辺第二項の加速度を持つのである．

課題 10.1 ● 流れ場の中にヒーターが設置してあって等温面群が形成されている．ヒーターの出力を変化させれば等温面群が動く．すなわち，温度 T_0 の等温面は $T(\boldsymbol{x},t)=T_0$ である．流れの速度を $\boldsymbol{v}$，等温面上で動く何ものかの速度を $\overline{\boldsymbol{v}}$，等温面上の単位法線ベクトルを $\boldsymbol{n}$ とすれば，

$$\frac{DT}{Dt}=\left\{(\boldsymbol{v}-\overline{\boldsymbol{v}})\cdot\boldsymbol{n}\right\}|\boldsymbol{\nabla}T|$$

であることを示せ．

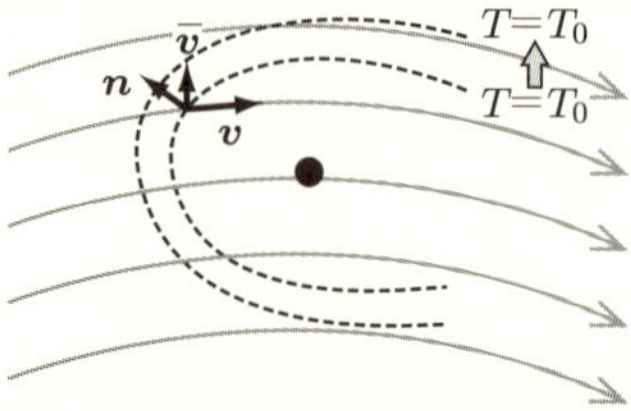

図 10.5

Coffee Break 西川・甲藤論争

日本機械学会誌，2010 年 9 月号，連載講座「学力低下時代の教え方」，第十三回

かつて，伝熱学の世界に西川・甲藤(かっとう)論争なるものがあった．九州大学西川兼康先生と，先年故人となられた東京大学甲藤好郎先生という，伝熱学史に輝く両巨星の論争である．筆者はその場に居た訳ではなく，四十年前の伝熱学の講義の中で当の西川先生からその様子を伺ったのである．

無論，二十歳(はたち)の雛子(ひよっこ)に両大家の深遠な議論の中身など理解できる筈(はず)もない．筆者は単に，少壮にして伝熱学のバイブル『伝熱概論』をものされた甲藤先生のことを，西川先生が，
「甲藤さんは熱力学がわかっとらん」
と仰(おっしゃ)ったのを聞いて驚き，
「これは恐ろしい世界だ」
と縮み上がったのである．肝心の論争の中身については，
「定圧比熱を微分の外に出せる，出せない」
という言葉をぼんやり記憶しただけで，どちらの先生がどちらの立場に立たれていたか，ということすら長く認識していなかった．このたび，本号のテーマであるラグランジ微分に関してそれを思い出し，本連載の執筆を筆者に勧めて下さった京都大学吉田英生先生に問い合わせたところ，
「そのことなら，以前の『伝熱』誌に田川さんが書いていますよ」
と教えて下さって，西川先生が下記（A）論の，甲藤先生が（B）論の立場に立って論争されたことを確認できたのである．「田川さん」は名古屋工業大学の田川正人先生である（『伝熱』2004 年 1 月号，p26: 日本伝熱学会ホームページから自由アクセス可）．

論争は，温度差が大きくて比熱が一定とは看做(みな)せない状況下で，エネルギー方程式の対流項を，

$$\text{(A)} \qquad \rho u c_p \frac{\partial T}{\partial x} + \rho v c_p \frac{\partial T}{\partial y}$$

とすべきか，

$$\text{(B)} \qquad \rho u \frac{\partial (c_p T)}{\partial x} + \rho v \frac{\partial (c_p T)}{\partial y}$$

とすべきか，つまり定圧比熱を空間微分の中に入れるべきか否か，というものであった．

結論を言えば西川先生の（A）論が正しかった．その後甲藤先生は潔く間違いをお認めになった由である．両雄のやりとりは，快男児玉錦三右エ門と角聖双葉山定次のそれにも似て，痛快で清々しい．筆者は，
「昔は時代も人も上等だった」
と思うのである．

ここでそれを取り上げるのは，甲藤先生の瑕瑾(かきん)を蒸し返そうというのではない．

今も昔も，流体力学・伝熱学は基本的にオイラーの見方だけに依拠して教えられている．たとえば，式○○（本書の式(10.28)）の右辺は，ほぼすべての教科書で，空間に固定された微小検査体積からの正味流出運動量の算定に基づいて導かれ，それに Dv/Dt という**記号を与え**

て式○○が得られている．従って，Dv/Dt が実は同じ流体粒子に関する加速度である，というラグランジの見方は教え方から抜け落ちている．筆者もそのようには教わらなかった．

下図は，発散の教え方を論じた図○○（本書の**図 7.4**）の再掲である．

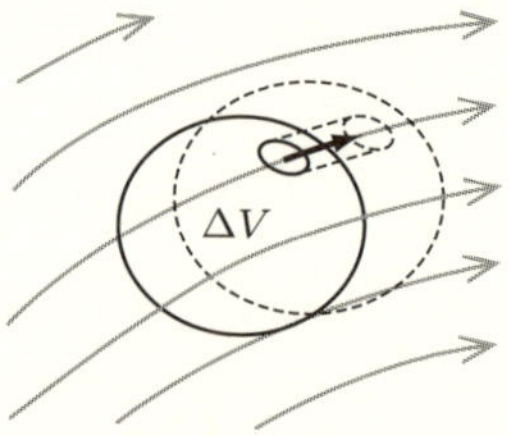

発散は，オイラーの見方なら空間に固定された ΔV の単位体積からの正味体積流出率だが，ラグランジの見方なら“同じ粒子の”単位時間当たりの相対体積変化（体積歪み速度）である．これは以前，触れた（本書の **7.2 節**，**9.2 節**）．同様に，オイラーの見方による ΔV からの単位時間当たり正味流出運動量は，ラグランジの見方では“同じ粒子の保有する”運動量の増加率に他ならない．それを ΔV に働く力に等しいとし，微小体積を足し合わせて有限体積にすれば，水力学の主役である運動量定理になる．

結論から言えば，質点系の力学を教わったばかりの学生には，ラグランジの見方のほうが断然わかりやすい．無論，ラグランジの見方は実用には向かないので，流体力学・伝熱学を基本的にオイラーで教えるのは已(や)むをえないのであるが，少なくとも学生に双方の関係を認識させておくことだけは怠らないほうがよい．それによって，一般力学と熱力学と連続体力学はすべて繋がって知識群が知識の体系となる．

先の（A）は

$$\rho c_p \frac{DT}{Dt}$$

を，（B）は，

$$\rho \frac{D(c_p T)}{Dt}$$

を，2次元・定常の場合にそれぞれ式△△（本書の式(10.25)）によって書き下したものであり，ラグランジ微分は同じ粒子という閉じた系についての時間変化率であったから，問題は，閉じた系について $c_p\,dT$，$d(c_pT)$ という二つの表記の適否を論じればよい．比エンタルピー h の全微分は，等圧過程または理想気体の場合に厳密に $dh = c_p\,dT$ になる（付録の熱力学の関係式配線図の(66)）．つまり，c_p は $d(c_pT)$ において一定であるから微分の外に出たのではなく，初めから微分の外にあった（$dh = c_p\,dT$ ではあるが，$h = c_pT$ ではない）．従って（A）が正しかったのである．つまり，ラグランジ・オイラーの関係の認識があれば，先の（A），（B）の適否の判断はもとの熱力学の概念の適否の判断だけでよかった．

甲藤先生のお考え違いは，オイラーの世界だけで，しかもエンタルピーという示量性量を温度という示強性量に変換して演繹なさった過程のどこかで生じたのではないかと推量する．

巨人の肩に乗る小人(こびと)は巨人より少し遠くまで見える．

第 11 章
回転と変形，その一

角速度ベクトルを用いた回転運動の記述は相対運動にも剛体運動にも現れて，読者はそれを初等力学の初期に学んだはずであるが，筆者の教壇の経験では，そこに少々混乱があるように感じられる．それは，微小回転ベクトルと角速度ベクトルの概念それ自体，初学者が最初に出くわす“抽象的なベクトル”であることに起因する．回転に回転角という大きさと回転軸という方向が備わっているからこれをベクトル視するのだが，それは，慣れ親しんで容易に視認できる位置ベクトルや速度ベクトルとは明らかに異なっていて，頭の中でイメージしなければならない．

最初にそのことを整理したあと，後半で連続体運動の記述法を展開し，その中で速度場の回転ベクトル (rotation) の意味も詳しく論ずる．連続体の運動が併進，剛体回転，変形の重ね合わせであることが理解の鍵である．

11.1 微小回転ベクトル

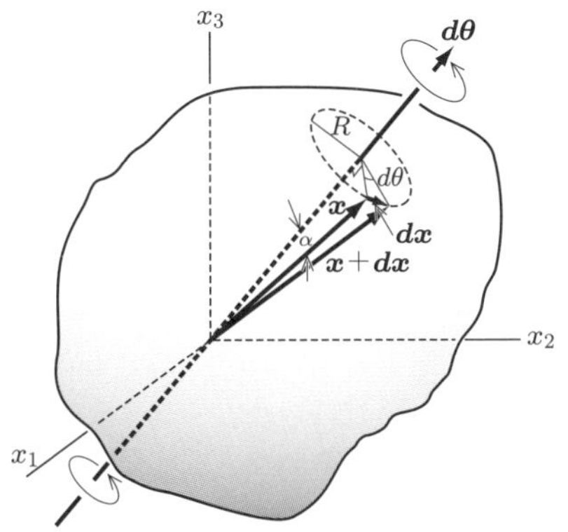

図 11.1

図 11.1 のように，或る物体が各点間の相対位置関係を一切変更することなく，原点を通る或る軸の周りで微小角 $d\theta$ だけ回転するとしよう（$d\theta$ は正とする）．このような回転は，所謂**剛体回転**である．微小回転には“回転角”という大きさと“回転軸”という方向が備わっているから，次の**微小回転ベクトル** $d\boldsymbol{\theta}$ を定義する．

(1) $\boldsymbol{d\theta}$ の大きさ：$|\boldsymbol{d\theta}| = d\theta$

(2) $\boldsymbol{d\theta}$ の方向：回転軸の方向．向きはその回転により右ねじの進む方向

この微小回転によって，位置ベクトル $\boldsymbol{x}$ の点は新たな位置 $\boldsymbol{x} + d\boldsymbol{x}$ に変位する．微小変位ベクトル $d\boldsymbol{x}$ は，$\boldsymbol{d\theta}$ を用いて，

$$d\boldsymbol{x} = \boldsymbol{d\theta} \wedge \boldsymbol{x} \tag{11.1}$$

となる．確認しよう．

回転軸と位置ベクトル $\boldsymbol{x}$ のなす角を α，回転軸から点 $\boldsymbol{x}$ までの最短距離（半径）を R とすれば，$\boldsymbol{d\theta} \wedge \boldsymbol{x}$ の大きさは，

$$|\boldsymbol{d\theta} \wedge \boldsymbol{x}| = |\boldsymbol{d\theta}||\boldsymbol{x}| \sin\alpha = R\,d\theta = |d\boldsymbol{x}|$$

であり，$\boldsymbol{d\theta}$ から $\boldsymbol{x}$ に向かって回した右ねじは確かに $d\boldsymbol{x}$ の方向に進む．

次の注意は見過ごされがちである．

▶**注意**　上のように微小回転をベクトル視できるなら，“微小でない”回転ベクトル $\boldsymbol{\theta}$ も，

(1) $\boldsymbol{\theta}$ の大きさ：$|\boldsymbol{\theta}| = \theta$

(2) $\boldsymbol{\theta}$ の方向：回転軸の方向．向きはその回転により右ねじの進む方向

と定義できそうだが，残念ながらこれは破綻（はたん）する．それは次の理由による．

ベクトルならば，和・差（足し算・引き算）が定義できて交換法則や結合法則が成立しなければならない．例えば，**図 11.2** で x_2 軸周り，x_3 軸周りの $\pi/2$ 回転をベクトルと見立ててそれぞれ $\boldsymbol{\theta}$，$\boldsymbol{\varphi}$ と名付けたとしても，どちらの回転を先にするかによって，x_1 軸上の点 P の行く先が変わってくる．順序を変えて結果が違うとは，交換法則 $\boldsymbol{\theta} + \boldsymbol{\varphi} = \boldsymbol{\varphi} + \boldsymbol{\theta}$ が成り立たないことである．つまり，無限小でない角度の回転に対して回転ベクトルは抑々（そもそも）**定義できない**のであって，回転のベクトル視は初めから回転角が無限小の場合に限られる．言い換えれば，物体の回転をベクトル視できるのは，物体が軸の周りに“ピクリ”と回転する場合に限られる．

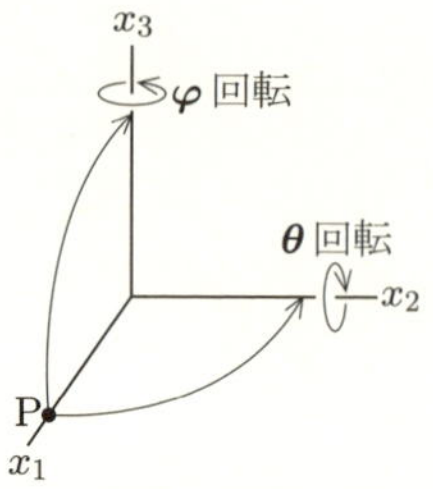

図 11.2

その意味で，定義したベクトル $\boldsymbol{d\theta}$ では，d と θ とを**一体視して太文字**にしてある．もし“$d\boldsymbol{\theta}$”のように d に細文字を，θ に太文字を使うと，“予（あらかじ）め定義されて先に存在している回転ベクトル $\boldsymbol{\theta}$ の微小変化”と誤解される恐れがある．例えば，微小変位ベクトル $d\boldsymbol{x}$ はそのようなものであった．$d\boldsymbol{x}$ は“予め定義されて既に存在する位置ベクトル $\boldsymbol{x}$ の微小変化”であり，それで何も問題は無い．$\boldsymbol{d\theta}$ はそのようなベクトルでないから，d と θ を切り離す可能性を断っておく方がよいのである．

この説明を省いた或る教科書では，微小回転ベクトルを単に $\boldsymbol{\alpha}$ と書き，角速度ベクトル（**11.2 節**）$\boldsymbol{\Omega}$ を，

$$\boldsymbol{\Omega} = \lim_{\Delta t \to 0} \frac{\boldsymbol{\alpha}}{\Delta t}$$

と記しているが，微小量と微小量の比の極限として有限の微分値が定義される，という微分学の慣習表記法に違反していて，間違いではないが“気持ちが悪い”.

次の例題で納得しよう.

例題 11.1●　**図 11.2** の回転角が微小，すなわちそれぞれ $d\theta$，$d\varphi$ であるとき，それらで作る微小回転ベクトル $\boldsymbol{d\theta}$，$\boldsymbol{d\varphi}$ に対しては，和が定義できて交換法則が成り立つことを示せ.

解答◆　**図 11.3** のように，原点に中心を置く半径 1 の球面上の点 $\mathrm{A} = {}^t(1,0,0)$ の動きを考える．$\boldsymbol{d\theta}$ を先に，$\boldsymbol{d\varphi}$ を後に行えば，点は A → B → D の順に変位し，逆に行えば点は A → C → D と変位して結果は同じ D である.

一方，ベクトル和 $\boldsymbol{d\theta} + \boldsymbol{d\varphi}$ の回転を行うことは，初め $\mathrm{A} = {}^t(1,0,0)$ にある点が直接 A → D と変位することに相当し，結果は $\boldsymbol{d\theta}$，$\boldsymbol{d\varphi}$ を続けて行った場合と同じで，順序を変えても同じである.

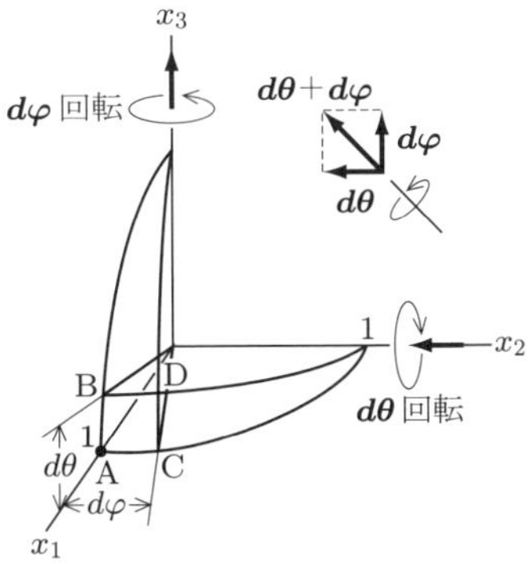

図 11.3　■

11.2　角速度ベクトル

ベクトル $\boldsymbol{d\theta}$ で表される上述の微小回転が微小時間 dt で生ずるとき，**角速度ベクトル** $\boldsymbol{\Omega}$ を次のように定義する.

$$\boldsymbol{\Omega} = \frac{\boldsymbol{d\theta}}{dt} \tag{11.2}$$

（微小ベクトル量）/（微小スカラー量）の極限であるから，$\boldsymbol{\Omega}$ 自体は無限小ベクトル量ではない．大きさと方向は，

(1) $\boldsymbol{\Omega}$ の大きさ：$|\boldsymbol{\Omega}| = \Omega = \left|\frac{\boldsymbol{d\theta}}{dt}\right| = \left|\lim_{\Delta t \to 0} \frac{\Delta\theta}{\Delta t}\right|$　(要するに普通の意味の角速度)

(2) $\boldsymbol{\Omega}$ の方向：$\boldsymbol{d\theta}$ の方向

このとき，この回転による $\boldsymbol{x}$ 点の速度ベクトル $\boldsymbol{v}$ は，式(11.1)を dt で除して，

$$\boldsymbol{v} = \frac{d\boldsymbol{x}}{dt} = \frac{\boldsymbol{d\theta}}{dt} \wedge \boldsymbol{x} = \boldsymbol{\Omega} \wedge \boldsymbol{x} \tag{11.3}$$

となる．

次も指摘しておこう．**図 11.3** で，$\boldsymbol{d\theta}$ 回転を先にやった剛体では**図 11.4** のように x_3 軸も微小角 $d\theta$ だけ回転する．そこで，次段の $\boldsymbol{d\varphi}$ 回転をもとの x_3 軸周りでやるか，新たな x_3 軸（破線）周りでやるかで最終の D の位置が少し違ってくる．しかし，その違いは所謂高次の微小量である．従って，その差は微小時間 dt で割って極限をとるときに消滅し，角速度ベクトルとそれによる速度ベクトルは依然，式(11.2)，(11.3)となる．

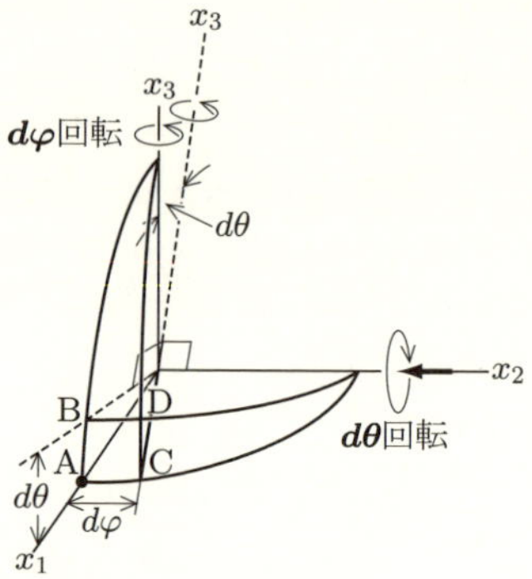

図 11.4

> **課題 11.1●**　**図 11.4** の二つのやり方による D の位置の違いが高次の微小量になることを確認せよ．球面極座標の問題である．

■■ “回転軸”に関する注意■■

上記にも盲点がある．それは，微小回転ベクトルや角速度ベクトルを定義する回転軸を，座標系の原点を通る軸としてしか考えられないことである．次の問いかけにどう答えるべきであろうか．

図 11.5 のように物体が回転しつつ飛んでいる．回転軸はあるならどこか．

飛翔する物体の運動は，どこかに選んだ点の静止系に関する併進運動と，その点を通る軸の周りの回転運動に分解できる（**図 8.26** を参照）．最初の点は勝手に選べるから，回転軸は有ると言えば有る，無いと言えば無い．その点を重心とするのは，**5.1 節**の末尾で論じたように，そうすれば併進と回転の運動方程式を独立に扱えて好都合，というだけのことである．

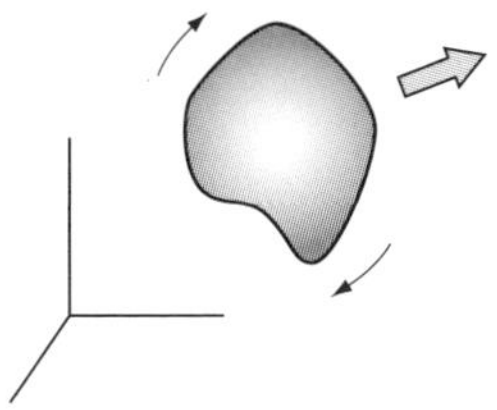

図 11.5

次の例もよい.

月は地球の周りを自転しつつ公転していて，その自転周期と公転周期が一致しているので，いつも“兎(うさぎ)の餅つき面”を地球に向けている．この運動を，**図 11.6** のように地球周りの自転無し公転運動（併進運動）と月自身の回転運動（自転運動）の重ね合わせと考えれば回転軸は月を貫く自転軸であるが，重ね合わせの結果を，右側の破線円のように“地球と月を含む目に見えない大きな剛体の回転”と見れば，回転軸は地球を貫く公転軸である.

つまり，回転しつつ飛翔する物体では，回転軸はどこかと問うこと自体意味が無い．但し，軸は特定できなくとも確かに回転しているので，回転角速度ベクトル $\boldsymbol{\Omega}$ は“ある”．ベクトル解析の言葉で言えば，

角速度ベクトル自体，自由ベクトルであって束縛ベクトルではない．矢印はどこに描いてもよい，

となる.

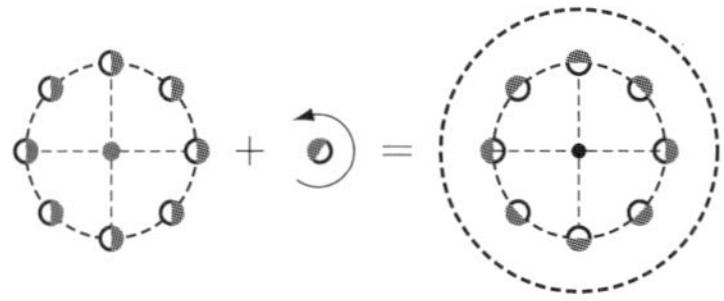

図 11.6

以上によって，任意の軸周りの微小回転ベクトル $\boldsymbol{d\theta}$ は，デカルト基底を $\{\boldsymbol{e}_1, \boldsymbol{e}_2, \boldsymbol{e}_3\}$，各軸それぞれの周りの微小回転角度を $\{d\theta_1, d\theta_2, d\theta_3\}$ として線形和，

$$\boldsymbol{d\theta} = d\theta_1 \boldsymbol{e}_1 + d\theta_2 \boldsymbol{e}_2 + d\theta_3 \boldsymbol{e}_3$$

と表してよく，微小時間 dt で割って極限をとれば，

$$\boldsymbol{\Omega} = \frac{\boldsymbol{d\theta}}{dt} = \frac{d\theta_1}{dt}\boldsymbol{e}_1 + \frac{d\theta_2}{dt}\boldsymbol{e}_2 + \frac{d\theta_3}{dt}\boldsymbol{e}_3 = \Omega_1 \boldsymbol{e}_1 + \Omega_2 \boldsymbol{e}_2 + \Omega_3 \boldsymbol{e}_3$$

となる.

図 11.4 中の二つの微小回転が時間経過とともに生じていると考えれば，以上の説明によって式(11.3)は，倒れる寸前の独楽(こま)のように**回転軸が時間とともに変化する場合にも大(おお)**

威張り（いば）**で使える**．つまり，式(11.3)中の $\boldsymbol{\Omega}$ は，大きさの意味でも方向の意味でも定ベクトルである必要はない．角速度ベクトル $\boldsymbol{\Omega}$ の三つの“成分”とは以上の意味である．

11.3　回転と変形

ベクトル場 $\boldsymbol{v}(\boldsymbol{x})$ について，

$$\boldsymbol{\omega} = \begin{pmatrix} \dfrac{\partial v_3}{\partial x_2} - \dfrac{\partial v_2}{\partial x_3} \\ \dfrac{\partial v_1}{\partial x_3} - \dfrac{\partial v_3}{\partial x_1} \\ \dfrac{\partial v_2}{\partial x_1} - \dfrac{\partial v_1}{\partial x_2} \end{pmatrix} \Leftrightarrow \omega_i = \varepsilon_{ijk} \frac{\partial v_k}{\partial x_j} \tag{11.4}$$

なるベクトルを $\boldsymbol{v}$ の**回転** (rotation) と言い $\mathrm{rot}\,\boldsymbol{v}$ と書くことは **6.7 節**で既に指摘した．$\boldsymbol{\omega}$ の成分は速度勾配からなっているから，その第三成分の様子を**図 11.7** のように x_1x_2 平面に描いてみれば，なにやら回転らしきものに見えるが，それが実は“剛体回転に対応する”ということはこのままではわかりにくい．図で $dv_2 > 0$ と $-dv_1 > 0$ が等しければ剛体回転であり，速度勾配を足して 2 で割れば，確かに角速度ができるが….

この節では，連続体の運動の場で生じている事態をやや詳しく論ずるが，その中で回転ベクトルの意味も明らかとなる．最初はラグランジ表現に拘（こだわ）り，**11.4 節**でそれを一気にオイラー表現に転換する．

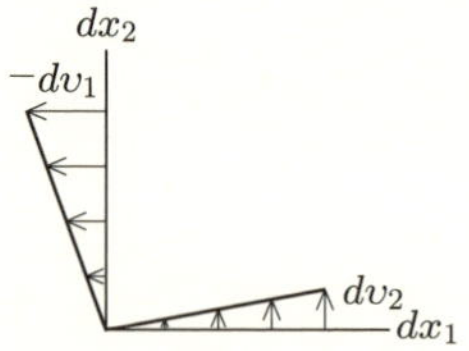

図 11.7

太郎，ひとり旅

物質座標の復習かたがた，**図 11.8** を次のように読んで記号を整理しておこう．

連続体の粒子太郎の名前 $\boldsymbol{\xi}$ は，彼が時刻 $t = 0$ に居たところの位置ベクトルであった．太郎は，もとの位置から旅をして結果的に時刻 t の現在，

$$\boldsymbol{x}(\boldsymbol{\xi}) = \boldsymbol{\xi} + \boldsymbol{u}(\boldsymbol{\xi}) \tag{11.5}$$

に居る．太郎の変位，

$$\boldsymbol{u}(\boldsymbol{\xi}) = \boldsymbol{x}(\boldsymbol{\xi}) - \boldsymbol{\xi} \tag*{(11.5)$'$}$$

は微小であるかもしれない，そうでないかもしれない．

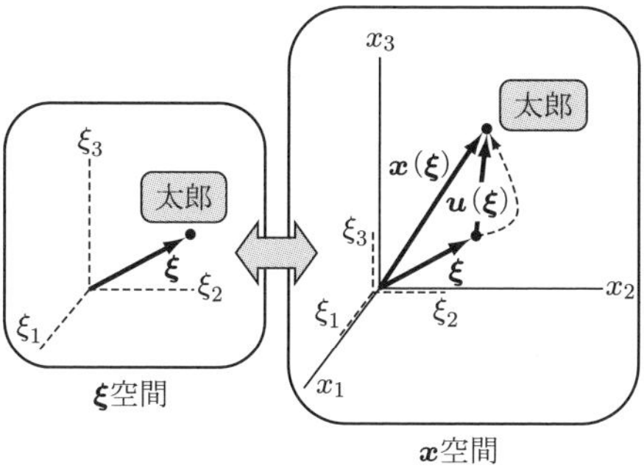

図 11.8

太郎の変位 $\boldsymbol{u}(\boldsymbol{\xi})$ は時刻 $0 \sim t$ の間に生じたのであるが，初めから時間変化まで考えると記号が煩雑になって却(かえ)って混乱するので，取り敢えず式(11.5)と**図 11.8** では，独立変数であるラグランジベクトル $\boldsymbol{X} = (\boldsymbol{\xi}, t)$ 中の "t" を書いていない．つまり，太郎は今のところ "ただ変位した"．時間変化は後に纏(まと)めて考える．

太郎と次郎，ふたり旅

$\boldsymbol{\xi}$ 空間における太郎の "お隣りさん" の次郎 $(\boldsymbol{\xi} + d\boldsymbol{\xi})$ が，太郎とつかず離れず旅をする．次郎の名前 $(\boldsymbol{\xi} + d\boldsymbol{\xi})$ も，彼が最初に居た場所の位置ベクトルである．次郎は，もとの位置から $\boldsymbol{u}(\boldsymbol{\xi} + d\boldsymbol{\xi})$ だけ変位して，現在，

$$\boldsymbol{x}(\boldsymbol{\xi} + d\boldsymbol{\xi}) = (\boldsymbol{\xi} + d\boldsymbol{\xi}) + \boldsymbol{u}(\boldsymbol{\xi} + d\boldsymbol{\xi}) \tag{11.6}$$

に居る（**図 11.9**）．変位の前，太郎・次郎間の位置ベクトルの差は $d\boldsymbol{\xi}$ であったが，変位後の両者は，$\boldsymbol{x}$ 空間に次の微小差ベクトルを形成している．

$$\begin{aligned} d\boldsymbol{x} &= \boldsymbol{x}(\boldsymbol{\xi} + d\boldsymbol{\xi}) - \boldsymbol{x}(\boldsymbol{\xi}) \\ &\overset{(11.5)}{\underset{(11.6)}{=}} \{(\boldsymbol{\xi} + d\boldsymbol{\xi}) + \boldsymbol{u}(\boldsymbol{\xi} + d\boldsymbol{\xi})\} - \{\boldsymbol{\xi} + \boldsymbol{u}(\boldsymbol{\xi})\} \\ &= \boldsymbol{u}(\boldsymbol{\xi} + d\boldsymbol{\xi}) - \boldsymbol{u}(\boldsymbol{\xi}) + d\boldsymbol{\xi} \end{aligned} \tag{11.7}$$

図 11.9 右の $\boldsymbol{x}$ 空間における変位後の太郎と次郎の位置も，"すぐそば" と考えてよい．時刻 t は最初の $t = 0$ から相当経っているかもしれないので，最初にお隣りさんであった太郎と次郎が今でも "すぐそば" とは必ずしも言えないのではないかという疑問が生ずるが，それは構わない．連続体はどこまで拡大しても連続なのであった（**5.2 節**）．つまり，"今もすぐそば" と言うのが憚(はばか)られるなら，もとの $d\boldsymbol{\xi}$ をどこまでも小さく取り直して同じように考えればよい．$\boldsymbol{x} = \boldsymbol{x}(\boldsymbol{\xi}, t)$ が**連続関数**である，とはそういうことである．

さて，**図 11.9** の右上に太郎の変位 $\boldsymbol{u}(\boldsymbol{\xi})$ と次郎の変位 $\boldsymbol{u}(\boldsymbol{\xi} + d\boldsymbol{\xi})$ を同じ始点から描いてある．その差，

$$d\boldsymbol{u} = \boldsymbol{u}(\boldsymbol{\xi} + d\boldsymbol{\xi}) - \boldsymbol{u}(\boldsymbol{\xi}) \tag{11.8}$$

は，太郎に対する次郎の**相対変位**である．以下，この $d\boldsymbol{u}$ と遊ぶ．

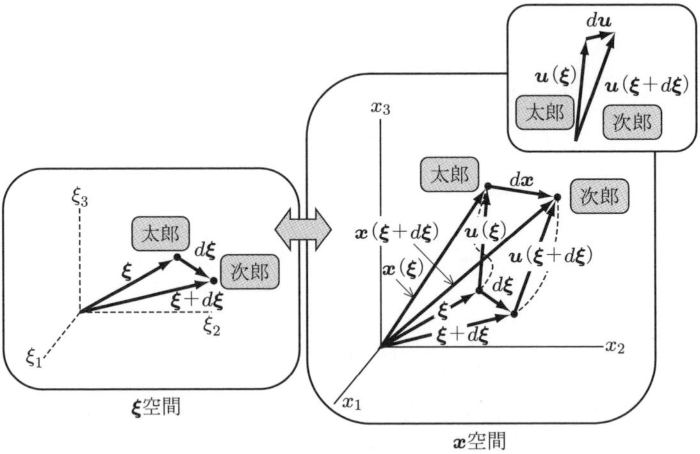

図 11.9

■相対変位の分解，併進と剛体回転■

式(11.8)の $d\boldsymbol{u}$ は，$\boldsymbol{\xi}$ 空間における太郎と次郎の位置の差 $d\boldsymbol{\xi}$ に基づく変位 $\boldsymbol{u}$ の差であるから，全微分によって，

$$d\boldsymbol{u} = \boldsymbol{u}(\boldsymbol{\xi}+d\boldsymbol{\xi}) - \boldsymbol{u}(\boldsymbol{\xi}) = \left[\frac{d\boldsymbol{u}}{d\boldsymbol{\xi}}\right] d\boldsymbol{\xi}$$

$$\Leftrightarrow du_i = u_i(\boldsymbol{\xi}+d\boldsymbol{\xi}) - u_i(\boldsymbol{\xi}) = \frac{\partial u_i}{\partial \xi_j} d\xi_j \tag{11.9}$$

または，

$$\boldsymbol{u}(\boldsymbol{\xi}+d\boldsymbol{\xi}) = \boldsymbol{u}(\boldsymbol{\xi}) + d\boldsymbol{u} = \boldsymbol{u}(\boldsymbol{\xi}) + \left[\frac{d\boldsymbol{u}}{d\boldsymbol{\xi}}\right] d\boldsymbol{\xi} \tag{11.9$'$}$$

が成立する．$[d\boldsymbol{u}/d\boldsymbol{\xi}] \Leftrightarrow \partial u_i/\partial \xi_j$ は，物質座標 $\boldsymbol{\xi}$ の関数としての**変位勾配テンソル**である．これを，対称部 $\boldsymbol{S}$ と交替部 $\boldsymbol{A}$ に分割する（**8.7 節**）．

$$\left[\frac{d\boldsymbol{u}}{d\boldsymbol{\xi}}\right] = \boldsymbol{S} + \boldsymbol{A} = \frac{1}{2}\left(\left[\frac{d\boldsymbol{u}}{d\boldsymbol{\xi}}\right] + {}^t\!\left[\frac{d\boldsymbol{u}}{d\boldsymbol{\xi}}\right]\right) + \frac{1}{2}\left(\left[\frac{d\boldsymbol{u}}{d\boldsymbol{\xi}}\right] - {}^t\!\left[\frac{d\boldsymbol{u}}{d\boldsymbol{\xi}}\right]\right)$$

$$\Leftrightarrow \frac{\partial u_i}{\partial \xi_j} = S_{ij} + A_{ij} = \frac{1}{2}\left(\frac{\partial u_i}{\partial \xi_j} + \frac{\partial u_j}{\partial \xi_i}\right) + \frac{1}{2}\left(\frac{\partial u_i}{\partial \xi_j} - \frac{\partial u_j}{\partial \xi_i}\right) \tag{11.10}$$

このとき，式(11.9)の $d\boldsymbol{u}$ は次式である．

$$d\boldsymbol{u} = \left[\frac{d\boldsymbol{u}}{d\boldsymbol{\xi}}\right] d\boldsymbol{\xi} = (\boldsymbol{S}+\boldsymbol{A})\, d\boldsymbol{\xi} = \boldsymbol{S}\, d\boldsymbol{\xi} + \boldsymbol{A}\, d\boldsymbol{\xi} = d\boldsymbol{u}_S + d\boldsymbol{u}_A$$

$$\Leftrightarrow du_i = \frac{\partial u_i}{\partial \xi_j}\, d\xi_j = (S_{ij} + A_{ij})\, d\xi_j = S_{ij}\, d\xi_j + A_{ik}\, d\xi_k = du_{S,i} + du_{A,i}$$

2階交替テンソルという機能（箱！）の製品ベクトルは，それに付随するベクトルと材料ベクトルのベクトル積であった（**8.5節**）．従って，$d\boldsymbol{u}$ のうち交替部による $d\boldsymbol{u}_A = \boldsymbol{A}\,d\boldsymbol{\xi}$ は，$\boldsymbol{A}$ に付随するベクトルを $\boldsymbol{\Delta\theta} \Leftrightarrow \Delta\theta_j$ として，

$$
\begin{aligned}
&d\boldsymbol{u}_A = \boldsymbol{A}\,d\boldsymbol{\xi} = \boldsymbol{\Delta\theta} \wedge d\boldsymbol{\xi} \\
&\Leftrightarrow du_{A,i} = A_{ik}\,d\xi_k = \frac{1}{2}\left(\frac{\partial u_i}{\partial \xi_k} - \frac{\partial u_k}{\partial \xi_i}\right) d\xi_k = \varepsilon_{ijk}\,\Delta\theta_j\,d\xi_k
\end{aligned}
$$

と書ける．式(8.23)によって $\boldsymbol{\Delta\theta} \Leftrightarrow \Delta\theta_j$ は次式である．

$$
\boldsymbol{\Delta\theta} \Leftrightarrow \Delta\theta_j = -\frac{1}{2}\varepsilon_{jlm}A_{lm} = -\frac{1}{2}\varepsilon_{jlm}\frac{\partial u_l}{\partial \xi_m} = \frac{1}{2}\varepsilon_{jml}\frac{\partial u_l}{\partial \xi_m} = \frac{1}{2}(\mathrm{rot}\,\boldsymbol{u})_j
$$

$$
\text{または}\quad \boldsymbol{\Delta\theta} = \begin{pmatrix} \Delta\theta_1 \\ \Delta\theta_2 \\ \Delta\theta_3 \end{pmatrix} = \frac{1}{2}\,\mathrm{rot}\,\boldsymbol{u} = \frac{1}{2}\begin{pmatrix} \dfrac{\partial u_3}{\partial \xi_2} - \dfrac{\partial u_2}{\partial \xi_3} \\ \dfrac{\partial u_1}{\partial \xi_3} - \dfrac{\partial u_3}{\partial \xi_1} \\ \dfrac{\partial u_2}{\partial \xi_1} - \dfrac{\partial u_1}{\partial \xi_2} \end{pmatrix} \tag{11.11}
$$

すなわち，$\boldsymbol{\Delta\theta}$ は $\boldsymbol{u}$ の"$\boldsymbol{\xi}$ に関する"回転ベクトル $\mathrm{rot}\,\boldsymbol{u}$ の $1/2$ である．

以上によって，式(11.9)′は，

$$
\boldsymbol{u}(\boldsymbol{\xi} + d\boldsymbol{\xi}) = \boldsymbol{u}(\boldsymbol{\xi}) + d\boldsymbol{u}_S + d\boldsymbol{u}_A = \underset{\text{①}}{\boldsymbol{u}(\boldsymbol{\xi})} + \underset{\text{②}}{\boldsymbol{S}\,d\boldsymbol{\xi}} + \underset{\text{③}}{\left(\frac{1}{2}\,\mathrm{rot}\,\boldsymbol{u}\right)} \wedge d\boldsymbol{\xi} \tag{11.12}
$$

となる．次郎の変位 $\boldsymbol{u}(\boldsymbol{\xi} + d\boldsymbol{\xi})$ は三つの部分からなる．まず，右辺で①しか無ければ，

$$
\boldsymbol{u}(\boldsymbol{\xi} + d\boldsymbol{\xi}) = \boldsymbol{u}(\boldsymbol{\xi})
$$

すなわち，次郎は太郎と同じ変位を行った（太郎と併進した！）．③しか無ければ，

$$
\boldsymbol{u}(\boldsymbol{\xi} + d\boldsymbol{\xi}) = \left(\frac{1}{2}\,\mathrm{rot}\,\boldsymbol{u}\right) \wedge d\boldsymbol{\xi}
$$

すなわち，次郎は太郎に対して剛体的に微小回転した．式(11.1)によって，その場合の局所的な微小回転ベクトルが $\boldsymbol{\Delta\theta} = (1/2)\,\mathrm{rot}\,\boldsymbol{u}$ である．最後に，右辺に①，③があって②が無ければ，

$$
\boldsymbol{u}(\boldsymbol{\xi} + d\boldsymbol{\xi}) = \boldsymbol{u}(\boldsymbol{\xi}) + \left(\frac{1}{2}\,\mathrm{rot}\,\boldsymbol{u}\right) \wedge d\boldsymbol{\xi}
$$

すなわち，次郎は太郎と併進し，同時に太郎に対して剛体的に微小回転した．この事態が時間とともに進行すれば**図 11.10** となる．図中，微小円中の矢印が粒子群 $d\boldsymbol{\xi}$ を表し，矢筈(やはず)が太郎，鏃(やじり)の先が次郎である．これが，立ち上る煙草(たばこ)の煙で生じていること！

併進も剛体回転もともに変形を伴わない動きだから，太郎と次郎の周りの連続体に**変形**があれば，それは式(11.12)右辺中②の $d\boldsymbol{u}_S = \boldsymbol{S}\,d\boldsymbol{\xi}$ に含まれるはずである．それを除外している**図 11.10** は，少なくとも太郎と次郎の周りが"固まっている"場合のイメージで

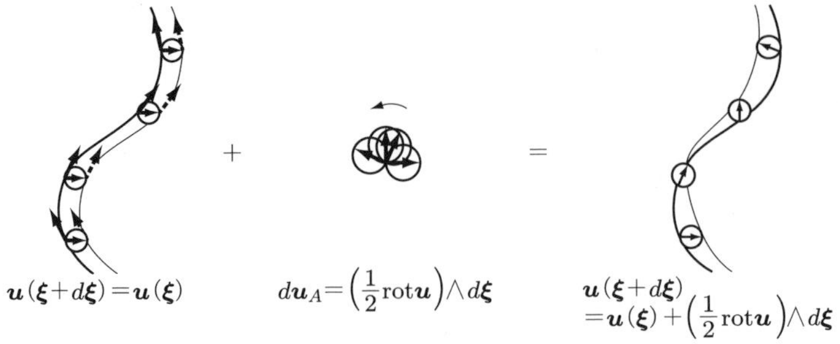

図 11.10

あって，その外側は知らない．

材料力学は併進と剛体回転を除去したところから始まる．従って，材料力学の教科書に回転 (rotation) は出てこない．

太郎，次郎，三郎の三人旅

図 11.11 左のように，太郎 $\boldsymbol{\xi}$，次郎 $\boldsymbol{\xi}+d\boldsymbol{\xi}_A$，三郎 $\boldsymbol{\xi}+d\boldsymbol{\xi}_B$ が $\boldsymbol{\xi}$ 空間で隣接している．微小ベクトル $d\boldsymbol{\xi}_A$，$d\boldsymbol{\xi}_B$ はそれぞれの間の線上に並ぶ粒子群である．それぞれの長さを $|d\boldsymbol{\xi}_A|=ds_A$，$|d\boldsymbol{\xi}_B|=ds_B$，両者のなす角を θ_{AB} とすれば，それらのスカラー積は次式である．

$$H=d\boldsymbol{\xi}_A\cdot d\boldsymbol{\xi}_B=ds_A\,ds_B\cos\theta_{AB} \tag{11.13}$$

図右のように，太郎，次郎，三郎の三者がその間の粒子群を引き連れて，それぞれ変位 $\boldsymbol{u}(\boldsymbol{\xi})$，$\boldsymbol{u}(\boldsymbol{\xi}+d\boldsymbol{\xi}_A)$，$\boldsymbol{u}(\boldsymbol{\xi}+d\boldsymbol{\xi}_B)$ を行った．変位後の位置は，式(11.5)によってそれぞれ，

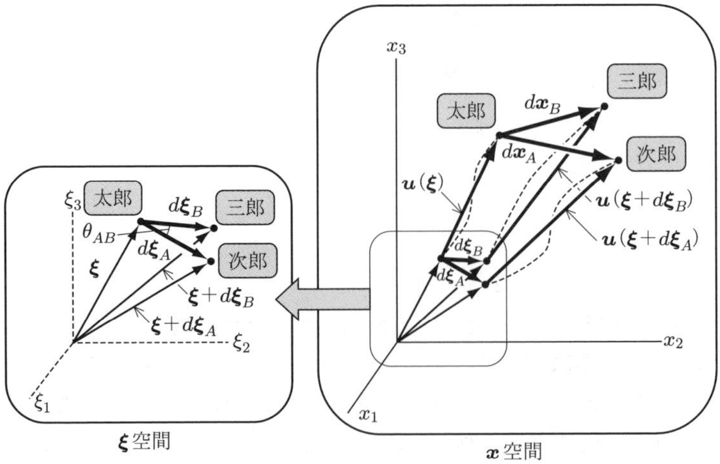

図 11.11

$$\text{太郎}: \boldsymbol{x}(\boldsymbol{\xi}) = \boldsymbol{\xi} + \boldsymbol{u}(\boldsymbol{\xi})$$
$$\text{次郎}: \boldsymbol{x}(\boldsymbol{\xi} + d\boldsymbol{\xi}_A) = (\boldsymbol{\xi} + d\boldsymbol{\xi}_A) + \boldsymbol{u}(\boldsymbol{\xi} + d\boldsymbol{\xi}_A)$$
$$\text{三郎}: \boldsymbol{x}(\boldsymbol{\xi} + d\boldsymbol{\xi}_B) = (\boldsymbol{\xi} + d\boldsymbol{\xi}_B) + \boldsymbol{u}(\boldsymbol{\xi} + d\boldsymbol{\xi}_B)$$

である．変位後の粒子群は，$\boldsymbol{x}$ 空間に次の微小差ベクトルを形成している．

$$\text{太郎→次郎}: d\boldsymbol{x}_A \overset{(11.7)}{=} \{\boldsymbol{u}(\boldsymbol{\xi} + d\boldsymbol{\xi}_A) - \boldsymbol{u}(\boldsymbol{\xi})\} + d\boldsymbol{\xi}_A \overset{(11.9)}{=} \left[\frac{d\boldsymbol{u}}{d\boldsymbol{\xi}}\right] d\boldsymbol{\xi}_A + d\boldsymbol{\xi}_A$$

$$\text{太郎→三郎}: d\boldsymbol{x}_B \overset{(11.7)}{=} \{\boldsymbol{u}(\boldsymbol{\xi} + d\boldsymbol{\xi}_B) - \boldsymbol{u}(\boldsymbol{\xi})\} + d\boldsymbol{\xi}_B \overset{(11.9)}{=} \left[\frac{d\boldsymbol{u}}{d\boldsymbol{\xi}}\right] d\boldsymbol{\xi}_B + d\boldsymbol{\xi}_B$$

それらのスカラー積は次式である．

$$\begin{aligned}
H' &= d\boldsymbol{x}_A \cdot d\boldsymbol{x}_B = \left(\left[\frac{d\boldsymbol{u}}{d\boldsymbol{\xi}}\right] d\boldsymbol{\xi}_A + d\boldsymbol{\xi}_A\right) \cdot \left(\left[\frac{d\boldsymbol{u}}{d\boldsymbol{\xi}}\right] d\boldsymbol{\xi}_B + d\boldsymbol{\xi}_B\right) \\
&= \left(\left[\frac{d\boldsymbol{u}}{d\boldsymbol{\xi}}\right] d\boldsymbol{\xi}_A\right) \cdot \left(\left[\frac{d\boldsymbol{u}}{d\boldsymbol{\xi}}\right] d\boldsymbol{\xi}_B\right) + d\boldsymbol{\xi}_A \cdot \left(\left[\frac{d\boldsymbol{u}}{d\boldsymbol{\xi}}\right] d\boldsymbol{\xi}_B\right) + \left(\left[\frac{d\boldsymbol{u}}{d\boldsymbol{\xi}}\right] d\boldsymbol{\xi}_A\right) \cdot d\boldsymbol{\xi}_B \\
&\quad + d\boldsymbol{\xi}_A \cdot d\boldsymbol{\xi}_B \\
&\overset{(11.13)}{=} \left(\left[\frac{d\boldsymbol{u}}{d\boldsymbol{\xi}}\right] d\boldsymbol{\xi}_A\right) \cdot \left(\left[\frac{d\boldsymbol{u}}{d\boldsymbol{\xi}}\right] d\boldsymbol{\xi}_B\right) + d\boldsymbol{\xi}_A \cdot \left(\left[\frac{d\boldsymbol{u}}{d\boldsymbol{\xi}}\right] d\boldsymbol{\xi}_B\right) + \left(\left[\frac{d\boldsymbol{u}}{d\boldsymbol{\xi}}\right] d\boldsymbol{\xi}_A\right) \cdot d\boldsymbol{\xi}_B + H
\end{aligned}$$

従って，変位の前後のスカラー積の変化を，

$$H' - H = \left(\left[\frac{d\boldsymbol{u}}{d\boldsymbol{\xi}}\right] d\boldsymbol{\xi}_A\right) \cdot \left(\left[\frac{d\boldsymbol{u}}{d\boldsymbol{\xi}}\right] d\boldsymbol{\xi}_B\right) + d\boldsymbol{\xi}_A \cdot \left(\left[\frac{d\boldsymbol{u}}{d\boldsymbol{\xi}}\right] d\boldsymbol{\xi}_B\right) + \left(\left[\frac{d\boldsymbol{u}}{d\boldsymbol{\xi}}\right] d\boldsymbol{\xi}_A\right) \cdot d\boldsymbol{\xi}_B$$

と書くことができる．これを添え字表現しよう．

$$\begin{aligned}
H' - H &= \left(\frac{\partial u_i}{\partial \xi_j} d\xi_{A,j}\right)\left(\frac{\partial u_i}{\partial \xi_k} d\xi_{B,k}\right) + d\xi_{A,j}\left(\frac{\partial u_j}{\partial \xi_k} d\xi_{B,k}\right) + \left(\frac{\partial u_k}{\partial \xi_j} d\xi_{A,j}\right) d\xi_{B,k} \\
&= 2\cdot\frac{1}{2}\left(\frac{\partial u_j}{\partial \xi_k} + \frac{\partial u_k}{\partial \xi_j} + \frac{\partial u_i}{\partial \xi_j}\frac{\partial u_i}{\partial \xi_k}\right) d\xi_{A,j}\, d\xi_{B,k} = 2E_{jk}\, d\xi_{A,j}\, d\xi_{B,k} \\
&= 2\,{}^t(d\boldsymbol{\xi}_A)\boldsymbol{E}(d\boldsymbol{\xi}_B)
\end{aligned} \tag{11.14}$$

ここに現れた 2 階テンソル，

$$\boldsymbol{E} \Leftrightarrow E_{jk} = \frac{1}{2}\left(\frac{\partial u_j}{\partial \xi_k} + \frac{\partial u_k}{\partial \xi_j} + \frac{\partial u_i}{\partial \xi_j}\frac{\partial u_i}{\partial \xi_k}\right) \tag{11.15}$$

を**グリーン・ラグランジの歪みテンソル**と言う．式(11.14)は $\boldsymbol{E}$ による双一次形式である(**図 11.12**)．

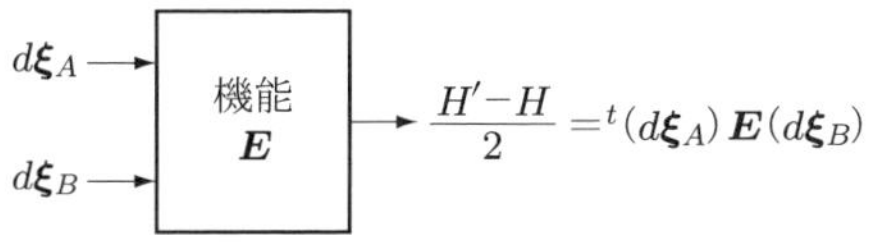

図 11.12

微小変形理論

式(11.15)中の $\partial u_j/\partial \xi_k$ などは，変位勾配テンソル $[d\boldsymbol{u}/d\boldsymbol{\xi}] \Leftrightarrow \partial u_i/\partial \xi_j$ の成分でもある．材料力学では太郎たちが大旅行をしない．すなわち，そこで取り扱われる変位は極めて小さく，その空間的な勾配も小さい．従って，それらの二次の量である同式括弧中の第三項は，前 2 項に比して無視することができ，これを，

$$\boldsymbol{E} \Leftrightarrow E_{jk} \approx \frac{1}{2}\left(\frac{\partial u_j}{\partial \xi_k} + \frac{\partial u_k}{\partial \xi_j}\right) = S_{jk} \Leftrightarrow \boldsymbol{S} = \frac{1}{2}\left(\left[\frac{d\boldsymbol{u}}{d\boldsymbol{\xi}}\right] + {}^t\!\left[\frac{d\boldsymbol{u}}{d\boldsymbol{\xi}}\right]\right)$$

と書いてよい．すなわち，このように近似した $\boldsymbol{E}$ は，式(11.10)の変位勾配テンソルの対称部 $\boldsymbol{S}$ そのものである．$\boldsymbol{E}$ を $\boldsymbol{S}$ で置き換えて展開する理論が**微小変形理論**である．一般には，この $\boldsymbol{S}$ を単に**歪みテンソル**と呼ぶ．$\boldsymbol{S}$ の形を確認しておこう．

$$\begin{aligned}
\boldsymbol{S} &= \frac{1}{2}\left(\left[\frac{d\boldsymbol{u}}{d\boldsymbol{\xi}}\right] + {}^t\!\left[\frac{d\boldsymbol{u}}{d\boldsymbol{\xi}}\right]\right) \overset{(11.5)}{=} \frac{1}{2}\left\{\left[\frac{d(\boldsymbol{x}-\boldsymbol{\xi})}{d\boldsymbol{\xi}}\right] + {}^t\!\left[\frac{d(\boldsymbol{x}-\boldsymbol{\xi})}{d\boldsymbol{\xi}}\right]\right\} \\
&= \frac{1}{2}\left(\left[\frac{d\boldsymbol{x}}{d\boldsymbol{\xi}}\right] + {}^t\!\left[\frac{d\boldsymbol{x}}{d\boldsymbol{\xi}}\right]\right) - \boldsymbol{I} \\
\Leftrightarrow S_{jk} &= \frac{1}{2}\left(\frac{\partial u_j}{\partial \xi_k} + \frac{\partial u_k}{\partial \xi_j}\right) = \frac{1}{2}\left\{\frac{\partial(x_j - \xi_j)}{\partial \xi_k} + \frac{\partial(x_k - \xi_k)}{\partial \xi_j}\right\} \\
&= \frac{1}{2}\left(\frac{\partial x_j}{\partial \xi_k} + \frac{\partial x_k}{\partial \xi_j}\right) - \delta_{jk}
\end{aligned}$$

式中 $[d\boldsymbol{\xi}/d\boldsymbol{\xi}] = \boldsymbol{I}$ は単位行列である．$\boldsymbol{S}$ の最初と最後の表現を書き下すと，

$$\begin{aligned}
\boldsymbol{S} &= \begin{pmatrix}
\dfrac{\partial u_1}{\partial \xi_1} & \dfrac{1}{2}\left(\dfrac{\partial u_1}{\partial \xi_2} + \dfrac{\partial u_2}{\partial \xi_1}\right) & \dfrac{1}{2}\left(\dfrac{\partial u_1}{\partial \xi_3} + \dfrac{\partial u_3}{\partial \xi_1}\right) \\
\dfrac{1}{2}\left(\dfrac{\partial u_2}{\partial \xi_1} + \dfrac{\partial u_1}{\partial \xi_2}\right) & \dfrac{\partial u_2}{\partial \xi_2} & \dfrac{1}{2}\left(\dfrac{\partial u_2}{\partial \xi_3} + \dfrac{\partial u_3}{\partial \xi_2}\right) \\
\dfrac{1}{2}\left(\dfrac{\partial u_3}{\partial \xi_1} + \dfrac{\partial u_1}{\partial \xi_3}\right) & \dfrac{1}{2}\left(\dfrac{\partial u_3}{\partial \xi_2} + \dfrac{\partial u_2}{\partial \xi_3}\right) & \dfrac{\partial u_3}{\partial \xi_3}
\end{pmatrix} \\
&= \begin{pmatrix}
\dfrac{\partial x_1}{\partial \xi_1} - 1 & \dfrac{1}{2}\left(\dfrac{\partial x_1}{\partial \xi_2} + \dfrac{\partial x_2}{\partial \xi_1}\right) & \dfrac{1}{2}\left(\dfrac{\partial x_1}{\partial \xi_3} + \dfrac{\partial x_3}{\partial \xi_1}\right) \\
\dfrac{1}{2}\left(\dfrac{\partial x_2}{\partial \xi_1} + \dfrac{\partial x_1}{\partial \xi_2}\right) & \dfrac{\partial x_2}{\partial \xi_2} - 1 & \dfrac{1}{2}\left(\dfrac{\partial x_2}{\partial \xi_3} + \dfrac{\partial x_3}{\partial \xi_2}\right) \\
\dfrac{1}{2}\left(\dfrac{\partial x_3}{\partial \xi_1} + \dfrac{\partial x_1}{\partial \xi_3}\right) & \dfrac{1}{2}\left(\dfrac{\partial x_3}{\partial \xi_2} + \dfrac{\partial x_2}{\partial \xi_3}\right) & \dfrac{\partial x_3}{\partial \xi_3} - 1
\end{pmatrix} \qquad (11.16)
\end{aligned}$$

$\boldsymbol{S}$ の両表現は，独立変数 $\boldsymbol{\xi}$ に対して従属変数をそれぞれ変位 $\boldsymbol{u}$ とする場合と位置 $\boldsymbol{x}$ とする場合に対応する．

微小変形理論が成立する範囲内では，諸量の変化も微小と考えてよいから，式(11.14)で $H' - H$ を ΔH と，$\boldsymbol{E}$ を $\boldsymbol{S}$ とそれぞれ置き換えてよい．

$$\Delta H = 2S_{jk}\,d\xi_{A,j}\,d\xi_{B,k} = 2\,{}^{t}(d\boldsymbol{\xi}_A)\boldsymbol{S}(d\boldsymbol{\xi}_B)$$

一方，式(11.13)のスカラー積の 2 表現のうち，長さと角度で表した方でその全微分を作れば，

$$\begin{aligned}\Delta H &= \frac{\partial H}{\partial(ds_A)}\,\Delta ds_A + \frac{\partial H}{\partial(ds_B)}\,\Delta ds_B + \frac{\partial H}{\partial\theta_{AB}}\,\Delta\theta_{AB}\\ &= ds_B\cos\theta_{AB}\,\Delta ds_A + ds_A\cos\theta_{AB}\,\Delta ds_B + ds_A\,ds_B(-\sin\theta_{AB})\,\Delta\theta_{AB}\end{aligned}$$

である．二つの ΔH を等置して $(2\,ds_A\,ds_B)$ で割ると次式を得る．

$$\left(\frac{\Delta H}{2\,ds_A\,ds_B} =\right)\quad \frac{1}{2}\left(\frac{\Delta ds_A}{ds_A} + \frac{\Delta ds_B}{ds_B}\right)\cos\theta_{AB} - \frac{\sin\theta_{AB}}{2}\,\Delta\theta_{AB} = S_{jk}\frac{d\xi_{A,j}}{ds_A}\frac{d\xi_{B,k}}{ds_B} \tag{11.17}$$

さらに，

$$n_{A,j} = \frac{d\xi_{A,j}}{ds_A} \Leftrightarrow \boldsymbol{n}_A = \frac{d\boldsymbol{\xi}_A}{ds_A},\quad n_{B,k} = \frac{d\xi_{B,k}}{ds_B} \Leftrightarrow \boldsymbol{n}_B = \frac{d\boldsymbol{\xi}_B}{ds_B}$$

がそれぞれ微小ベクトル $d\boldsymbol{\xi}_A$，$d\boldsymbol{\xi}_B$ 方向の単位ベクトルであるから，式(11.17)は，

$$\frac{1}{2}\left(\frac{\Delta ds_A}{ds_A} + \frac{\Delta ds_B}{ds_B}\right)\cos\theta_{AB} - \frac{\sin\theta_{AB}}{2}\,\Delta\theta_{AB} = S_{jk}n_{A,j}n_{B,k} = {}^{t}\boldsymbol{n}_A\boldsymbol{S}\boldsymbol{n}_B \tag{11.18}$$

となる．

歪みテンソルの対角成分，座標軸方向の伸び縮み

まず，次郎と三郎が同一粒子 $(d\boldsymbol{\xi}_A = d\boldsymbol{\xi}_B = d\boldsymbol{\xi})$ であれば，

$$ds_A = ds_B = ds,\quad \boldsymbol{n}_A = \boldsymbol{n}_B = \boldsymbol{n} = \frac{d\boldsymbol{\xi}}{ds},\quad \theta_{AB} = 0$$

として，式(11.18)は，

$$\frac{\Delta ds}{ds} = S_{jk}n_jn_k = {}^{t}\boldsymbol{n}\boldsymbol{S}\boldsymbol{n} \tag{11.19}$$

となる．左辺は (長さの変化)/(もとの長さ)，すなわち，変化の前後で粒子群 $d\boldsymbol{\xi}$ が蒙(こうむ)った歪みに他ならない．右辺はラグランジ表示された歪みテンソル $\boldsymbol{S}$ による二次形式であり，箱に入れるベクトル $\boldsymbol{n}$ は，歪みを知りたい方向の単位ベクトルである（**図 11.13**）．

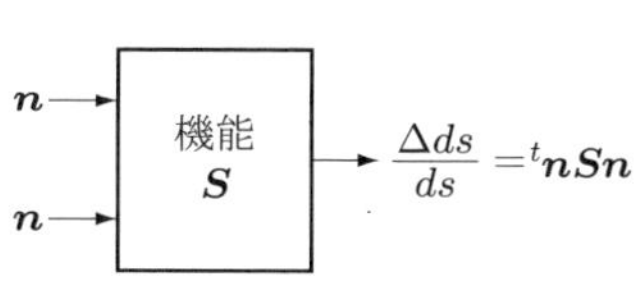

図 11.13

そこで，式(11.19)で $\boldsymbol{n}=\boldsymbol{e}_1={}^t(1,0,0)$ とすれば，$\boldsymbol{\xi}$ 空間で ξ_1 軸方向に並んでいた粒子群が蒙った歪みが得られる．

$$\left(\frac{\Delta ds}{ds}\right)_1 = {}^t\boldsymbol{e}_1\boldsymbol{S}\boldsymbol{e}_1 = {}^t\begin{pmatrix}1\\0\\0\end{pmatrix}\begin{pmatrix}S_{11}&S_{12}&S_{13}\\S_{21}&S_{22}&S_{23}\\S_{31}&S_{32}&S_{33}\end{pmatrix}\begin{pmatrix}1\\0\\0\end{pmatrix}$$
$$= S_{11} \overset{(11.16)}{=} \frac{\partial u_1}{\partial \xi_1} = \frac{\partial x_1}{\partial \xi_1} - 1 \tag{11.20}$$

他の対角成分も同様である．すなわち，歪みテンソル $\boldsymbol{S} \Leftrightarrow S_{ij}$ の対角成分は，各座標軸方向に並んでいた粒子群の，その方向での歪みを表す．このような変形を**伸び縮み変形**と言う．**図 11.14** では，最初，$\xi_3=$ 一定 の平面内にあって，辺を ξ_1 軸，ξ_2 軸に合わせて認識された正方形が，S_{11}，S_{22} によって長方形に変形している．$S_{11}=(\Delta ds/ds)_1>0$ は伸びであり，$S_{22}=(\Delta ds/ds)_2<0$ は縮みである．

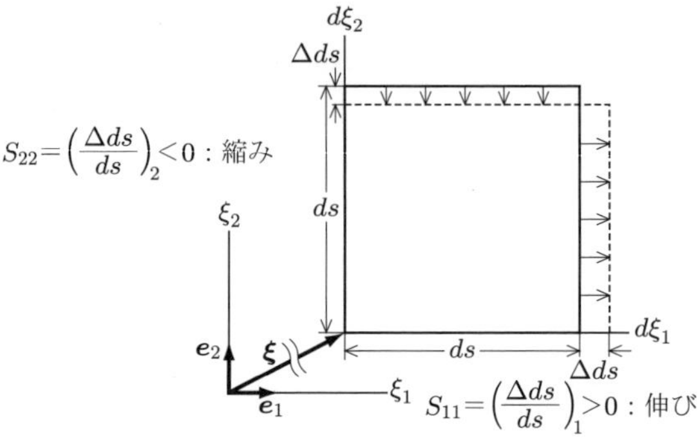

図 11.14

歪みテンソルの非対角成分，剪断変形

式(11.18)に戻る．微小ベクトル $d\boldsymbol{\xi}_A$，$d\boldsymbol{\xi}_B$ が，

$$d\boldsymbol{\xi}_A = ds_A\boldsymbol{n}_A = ds_A\boldsymbol{e}_1 = ds_A\begin{pmatrix}1\\0\\0\end{pmatrix},\quad d\boldsymbol{\xi}_B = ds_B\boldsymbol{n}_B = ds_B\boldsymbol{e}_2 = ds_B\begin{pmatrix}0\\1\\0\end{pmatrix}$$

であるとき，太郎→次郎，太郎→三郎の粒子群は，最初，$\xi_3=$ 一定 の平面内にあってそれぞれ ξ_1 軸，ξ_2 軸に平行であった．このとき，式(11.18)で $\boldsymbol{n}_A=\boldsymbol{e}_1$，$\boldsymbol{n}_B=\boldsymbol{e}_2$，$\theta_{AB}=\pi/2$ とすれば，

$$-\frac{1}{2}\Delta\theta_{AB} = {}^t\boldsymbol{e}_1\boldsymbol{S}\boldsymbol{e}_2 = {}^t\begin{pmatrix}1\\0\\0\end{pmatrix}\begin{pmatrix}S_{11}&S_{12}&S_{13}\\S_{21}&S_{22}&S_{23}\\S_{31}&S_{32}&S_{33}\end{pmatrix}\begin{pmatrix}0\\1\\0\end{pmatrix}$$
$$= S_{12} \overset{(11.16)}{=} \frac{1}{2}\left(\frac{\partial u_1}{\partial \xi_2}+\frac{\partial u_2}{\partial \xi_1}\right) = \frac{1}{2}\left(\frac{\partial x_1}{\partial \xi_2}+\frac{\partial x_2}{\partial \xi_1}\right) \tag{11.21}$$

すなわち，歪みテンソルの非対角成分は，最初，座標軸に合わせて認識されていた正方形が菱形に変形する際の角度変化の 1/2 である（**図 11.15**）．このような変形を**剪断変形**（せんだん）と言う．**図 11.15** では，$\boldsymbol{n}_A$，$\boldsymbol{n}_B$ 間の変化前の角度 $\theta_{AB} = \pi/2$ が，変化後は $\theta'_{AB} = \pi/2 - (\alpha + \beta)$ になり，$\partial u_2/\partial\xi_1 = \tan\alpha \approx \alpha$，$\partial u_1/\partial\xi_2 = \tan\beta \approx \beta$ であるから，

$$S_{12} = \frac{1}{2}\left(\frac{\partial u_1}{\partial\xi_2} + \frac{\partial u_2}{\partial\xi_1}\right) \approx \frac{1}{2}(\beta + \alpha) = -\frac{1}{2}\left[\left\{\frac{\pi}{2} - (\alpha + \beta)\right\} - \frac{\pi}{2}\right]$$
$$= -\frac{1}{2}(\theta'_{AB} - \theta_{AB}) = -\frac{1}{2}\,\Delta\theta_{AB}$$

である．近似記号 “≈” が微小変形理論の意（こころ）である．非対角成分は，直角が鋭角になる変化なら正，直角が鈍角になる変化なら負であり，鋭角に変化している**図 11.15** では，$\Delta\theta_{AB} < 0$，$S_{12} > 0$ である．

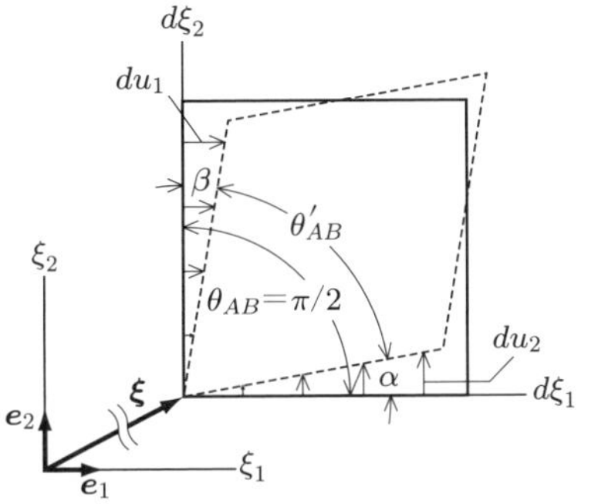

図 11.15

図 11.15 で $\alpha = \beta$ ならば最初の正方形の対角線は変形の前後で回転しない．このとき，$S_{12} \approx (1/2)(\beta + \alpha) = \alpha$ であるが，式(11.11)の微小回転ベクトルの第三成分 $\Delta\theta_3$ は，

$$\left(\frac{1}{2}(\mathrm{rot}\,\boldsymbol{u})_3 =\right) \quad \Delta\theta_3 = \frac{1}{2}\left(\frac{\partial u_2}{\partial\xi_1} - \frac{\partial u_1}{\partial\xi_2}\right) \approx \frac{1}{2}(\alpha - \beta) = 0$$

すなわち，これは回転の無い純粋な剪断変形である．一方，次の**図 11.16** のように $\beta = -\alpha$ ならば $S_{12} = 0$ であり，$\Delta\theta_3$ は，

$$\Delta\theta_3 = \frac{1}{2}(\alpha - \beta) = \frac{1}{2}\{\alpha - (-\alpha)\} = \alpha$$

これは剪断変形の無い純粋な回転，すなわち**剛体回転**である．

一般には，**図 11.17** のように剪断変形と剛体回転が同時におこる．同図で $\alpha + \beta + 2\gamma = \pi/2$ であるから，

$$S_{12} \approx \frac{1}{2}(\alpha + \beta) = -\frac{1}{2}\left(2\gamma - \frac{\pi}{2}\right) = -\frac{1}{2}(\theta'_{AB} - \theta_{AB}) \quad \left(= -\frac{1}{2}\Delta\theta_{AB}\right)$$

対角線の回転角 $\Delta\theta_3$ は，

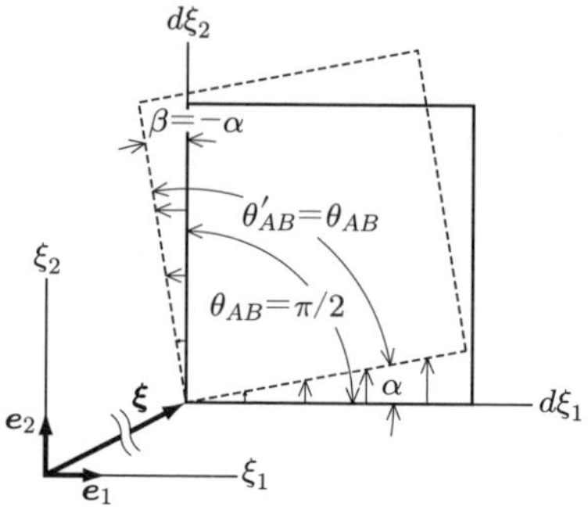

図 11.16

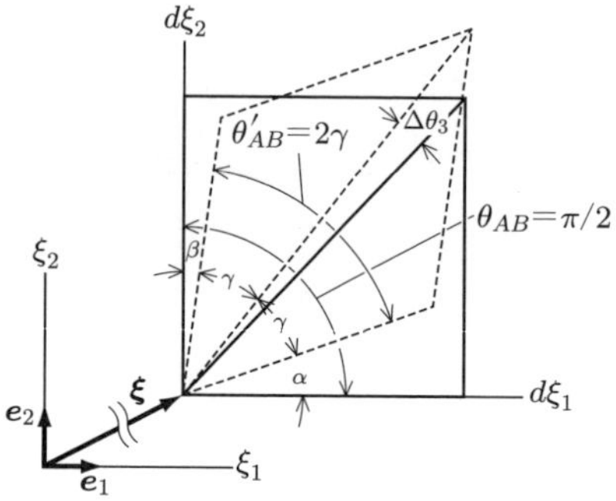

図 11.17

$$\Delta\theta_3 = \alpha + \gamma - \frac{\pi}{4} = \alpha + \frac{(\pi/2)-(\alpha+\beta)}{2} - \frac{\pi}{4} = \frac{\alpha-\beta}{2} \approx \frac{1}{2}\left(\frac{\partial u_2}{\partial \xi_1} - \frac{\partial u_1}{\partial \xi_2}\right)$$

剛体回転は α と β の差の中に隠れていた．確かに**図 11.7** だけでは回転がわかりにくい．

以上で歪みテンソルの正体が明らかとなった．**第 10 章**の式(10.7)は本節の式(11.9)中の $[d\boldsymbol{u}/d\boldsymbol{\xi}]$ であり，それはテンソルの対称・交替部への分解以前のものであった．式(10.7)のところでその解釈を保留するとしたのは，以上のことである．

材料力学の慣習

材料力学・弾性力学では，対象を微小変形理論に限った上で変位前の物質座標 $\boldsymbol{\xi}$ を**基準配置**，変位後の位置座標 $\boldsymbol{x}$ を**現配置**と言い，式(11.16)を，

$$\boldsymbol{S} = \begin{pmatrix} \dfrac{\partial x_1}{\partial \xi_1} - 1 & \dfrac{1}{2}\left(\dfrac{\partial x_1}{\partial \xi_2} + \dfrac{\partial x_2}{\partial \xi_1}\right) & \dfrac{1}{2}\left(\dfrac{\partial x_1}{\partial \xi_3} + \dfrac{\partial x_3}{\partial \xi_1}\right) \\ \dfrac{1}{2}\left(\dfrac{\partial x_2}{\partial \xi_1} + \dfrac{\partial x_1}{\partial \xi_2}\right) & \dfrac{\partial x_2}{\partial \xi_2} - 1 & \dfrac{1}{2}\left(\dfrac{\partial x_2}{\partial \xi_3} + \dfrac{\partial x_3}{\partial \xi_2}\right) \\ \dfrac{1}{2}\left(\dfrac{\partial x_3}{\partial \xi_1} + \dfrac{\partial x_1}{\partial \xi_3}\right) & \dfrac{1}{2}\left(\dfrac{\partial x_3}{\partial \xi_2} + \dfrac{\partial x_2}{\partial \xi_3}\right) & \dfrac{\partial x_3}{\partial \xi_3} - 1 \end{pmatrix}$$

$$
= \begin{pmatrix} \varepsilon_x & \dfrac{\gamma_{xy}}{2} & \dfrac{\gamma_{xz}}{2} \\ \dfrac{\gamma_{yx}}{2} & \varepsilon_y & \dfrac{\gamma_{yz}}{2} \\ \dfrac{\gamma_{zx}}{2} & \dfrac{\gamma_{zy}}{2} & \varepsilon_z \end{pmatrix} \tag{11.22}
$$

と書いて，ε_x，ε_y，ε_z，$\gamma_{xy} = \gamma_{yx}$，$\gamma_{yz} = \gamma_{zy}$，$\gamma_{zx} = \gamma_{xz}$ を**工学歪み**と呼ぶ．$\boldsymbol{S}$ の非対角成分は角度変化の半分であったから，$\gamma_{xy} = \gamma_{yx}$ などはその倍，すなわち角度変化である．現場では角度変化を測ってその半分は測らないから，そう呼ぶのである．

11.4 時間微分からオイラー表現へ

隠れていた独立変数 $\boldsymbol{X} = {}^t(\boldsymbol{\xi}, t)$ 中の t を復活させて，これまでの“変位前”を $t = 0$，“変位後”を時間発展中のひとこま（時刻 t）と看做(みな)す．その上で諸量のラグランジ的時間微分，すなわち，

$$
\frac{D\varphi}{Dt} = \left(\frac{\partial}{\partial t}\right)_{\boldsymbol{\xi}\text{一定}} \varphi(\boldsymbol{\xi}, t)
$$

を行えば，太郎たちに生じている“事態の進行速度”が得られる．

▶**注意** ラグランジ的時間微分は，任意の量 φ について，

$$
\frac{D\varphi}{Dt} = \lim_{\Delta t \to 0} \frac{(\Delta\varphi)_{\boldsymbol{\xi}\text{一定}}}{\Delta t} = \lim_{\Delta t \to 0} \frac{\varphi(\boldsymbol{\xi}, t + \Delta t) - \varphi(\boldsymbol{\xi}, t)}{\Delta t}
$$

を行うことであった．$(\Delta\varphi)_{\boldsymbol{\xi}\text{一定}}$ は，微小時間 Δt 中に太郎 $\boldsymbol{\xi}$ に生じた φ の微小変化である．一方，**9.2 節**でも論じたように，t と $t + \Delta t$ を，変化しつつある事態の“その局面における”変位前と変位後の時刻と考えれば，$(\Delta\varphi)_{\boldsymbol{\xi}\text{一定}}$ は，**11.3 節**で論じた変位前→変位後の事態が全て微小変形理論の範囲内である場合の変化，と考えることができる．

まず，式(11.5)を $\boldsymbol{x}(\boldsymbol{\xi}, t) = \boldsymbol{\xi} + \boldsymbol{u}(\boldsymbol{\xi}, t)$ と見て D/Dt を行えば，

$$
\frac{Dx_i(\boldsymbol{\xi}, t)}{Dt} = \frac{D}{Dt}\{\xi_i + u_i(\boldsymbol{\xi}, t)\} = \frac{Du_i(\boldsymbol{\xi}, t)}{Dt} = v_i(\boldsymbol{\xi}, t)
$$

となる．同様に，式(11.9)から，

$$
\frac{Du_i(\boldsymbol{\xi} + d\boldsymbol{\xi}, t)}{Dt} - \frac{Du_i(\boldsymbol{\xi}, t)}{Dt} = \frac{D}{Dt}\left(\frac{\partial u_i}{\partial \xi_j}\right) d\xi_j \overset{①}{=} \frac{\partial}{\partial \xi_j}\left(\frac{Du_i}{Dt}\right) d\xi_j
$$

$$
\text{または} \quad (dv_i =)\ v_i(\boldsymbol{\xi} + d\boldsymbol{\xi}, t) - v_i(\boldsymbol{\xi}, t) = \frac{\partial v_i}{\partial \xi_j} d\xi_j
$$

$$
\Leftrightarrow (d\boldsymbol{v} =)\ \boldsymbol{v}(\boldsymbol{\xi} + d\boldsymbol{\xi}, t) - \boldsymbol{v}(\boldsymbol{\xi}, t) = \left[\frac{d\boldsymbol{v}}{d\boldsymbol{\xi}}\right] d\boldsymbol{\xi}
$$

が得られる．式中①は偏微分の順序の可換性である．$d\boldsymbol{v}$ は太郎 $(\boldsymbol{\xi})$ と次郎 $(\boldsymbol{\xi} + d\boldsymbol{\xi})$ の速度差であり，それは彼らが居る位置の間の速度差であるから，

$$d\boldsymbol{v} = \boldsymbol{v}(\boldsymbol{x}+d\boldsymbol{x},t) - \boldsymbol{v}(\boldsymbol{x},t) = \left[\frac{d\boldsymbol{v}}{d\boldsymbol{x}}\right] d\boldsymbol{x}$$

$$\Leftrightarrow dv_i = v_i(\boldsymbol{x}+d\boldsymbol{x},t) - v_i(\boldsymbol{x},t) = \frac{\partial v_i}{\partial x_j}\, dx_j$$

$[d\boldsymbol{v}/d\boldsymbol{x}]$ は**速度勾配テンソル**である．

式(11.10)には次式が対応する．

$$\left[\frac{d\boldsymbol{v}}{d\boldsymbol{x}}\right] = \boldsymbol{S} + \boldsymbol{A} = \frac{1}{2}\left(\left[\frac{d\boldsymbol{v}}{d\boldsymbol{x}}\right] + {}^t\!\left[\frac{d\boldsymbol{v}}{d\boldsymbol{x}}\right]\right) + \frac{1}{2}\left(\left[\frac{d\boldsymbol{v}}{d\boldsymbol{x}}\right] - {}^t\!\left[\frac{d\boldsymbol{v}}{d\boldsymbol{x}}\right]\right) \tag{11.23}$$

対称 (symmetric)，交替 (alternative) の意味を強調して，式(11.10)と同じ記号 $\boldsymbol{S}$，$\boldsymbol{A}$ をここでも使っていることに注意．

上式の交替部 $\boldsymbol{A}$ に付随するベクトルは，式(11.11)の微小回転ベクトル $\boldsymbol{\Delta\theta}$ に対応する次式の $\boldsymbol{\Omega}$ である．

$$\boldsymbol{\Omega} = \frac{1}{2}\operatorname{rot}\boldsymbol{v} = \frac{1}{2}\begin{pmatrix} \dfrac{\partial v_3}{\partial x_2} - \dfrac{\partial v_2}{\partial x_3} \\ \dfrac{\partial v_1}{\partial x_3} - \dfrac{\partial v_3}{\partial x_1} \\ \dfrac{\partial v_2}{\partial x_1} - \dfrac{\partial v_1}{\partial x_2} \end{pmatrix}$$

$\boldsymbol{\Omega}$ は $\boldsymbol{v}(\boldsymbol{x},t)$ の回転ベクトル $\boldsymbol{\omega} = \operatorname{rot}\boldsymbol{v}$ の 1/2 であり，その $\boldsymbol{\omega}$ がすなわち前節最初の式(11.4)である．

式(11.12)には，

$$\boldsymbol{v}(\boldsymbol{x}+d\boldsymbol{x},t) = \boldsymbol{v}(\boldsymbol{x},t) + \boldsymbol{S}\,d\boldsymbol{x} + \left(\frac{1}{2}\operatorname{rot}\boldsymbol{v}\right) \wedge d\boldsymbol{x} \tag{11.24}$$

が対応し，式(11.3)によって，$\boldsymbol{\Omega} = (1/2)\operatorname{rot}\boldsymbol{v}$ は隣接する 2 点間の速度差のうちの剛体回転部分の角速度である．**図 11.17** で言えば，対角線の回転角速度が $\Omega_3 = (1/2)(\operatorname{rot}\boldsymbol{v})_3$ である．

次に，**図 11.11** 右の $d\boldsymbol{x}_A$，$d\boldsymbol{x}_B$ は，粒子群 $d\boldsymbol{\xi}_A$，$d\boldsymbol{\xi}_B$ が時刻 t の現在，$\boldsymbol{x}$ 空間内に形成している微小ベクトルである．それらのスカラー積は，$|d\boldsymbol{x}_A| = ds_A$，$|d\boldsymbol{x}_B| = ds_B$，$\theta_{AB}$ = "$d\boldsymbol{x}_A$，$d\boldsymbol{x}_B$ 間の角度"，をいずれも時刻 t の現在の値として，

$$H = d\boldsymbol{x}_A \cdot d\boldsymbol{x}_B = ds_A\, ds_B \cos\theta_{AB} \tag{11.25}$$

である．これに D/Dt を行う．H は，

$$H = d\boldsymbol{x}_A \cdot d\boldsymbol{x}_B = \left(\left[\frac{d\boldsymbol{x}}{d\boldsymbol{\xi}}\right] d\boldsymbol{\xi}_A\right) \cdot \left(\left[\frac{d\boldsymbol{x}}{d\boldsymbol{\xi}}\right] d\boldsymbol{\xi}_B\right) = \left(\frac{\partial x_j}{\partial \xi_i} d\xi_{A,i}\right)\left(\frac{\partial x_j}{\partial \xi_k} d\xi_{B,k}\right)$$

$$= \left(\frac{\partial x_j}{\partial \xi_i}\frac{\partial x_j}{\partial \xi_k}\right) d\xi_{A,i}\, d\xi_{B,k}$$

と書けて，$d\xi_{A,i}$，$d\xi_{B,k}$ は D/Dt の操作に関して定数であるから，

$$
\begin{aligned}
\frac{DH}{Dt} &= \left\{\frac{D}{Dt}\left(\frac{\partial x_j}{\partial \xi_i}\right)\frac{\partial x_j}{\partial \xi_k} + \frac{\partial x_j}{\partial \xi_i}\frac{D}{Dt}\left(\frac{\partial x_j}{\partial \xi_k}\right)\right\} d\xi_{A,i}\, d\xi_{B,k} \\
&\overset{*1}{=} \left\{\frac{\partial}{\partial \xi_i}\left(\frac{Dx_j}{Dt}\right)\frac{\partial x_j}{\partial \xi_k} + \frac{\partial x_j}{\partial \xi_i}\frac{\partial}{\partial \xi_k}\left(\frac{Dx_j}{Dt}\right)\right\} d\xi_{A,i}\, d\xi_{B,k} \\
&= \left(\frac{\partial v_j}{\partial \xi_i}\frac{\partial x_j}{\partial \xi_k} + \frac{\partial x_j}{\partial \xi_i}\frac{\partial v_j}{\partial \xi_k}\right) d\xi_{A,i}\, d\xi_{B,k} \\
&= \left(\frac{\partial v_j}{\partial \xi_i}\, d\xi_{A,i}\right)\left(\frac{\partial x_j}{\partial \xi_k}\, d\xi_{B,k}\right) + \left(\frac{\partial x_j}{\partial \xi_i}\, d\xi_{A,i}\right)\left(\frac{\partial v_j}{\partial \xi_k}\, d\xi_{B,k}\right) \\
&= dv_{A,j}\, dx_{B,j} + dx_{A,j}\, dv_{B,j} = \left(\frac{\partial v_j}{\partial x_k}\, dx_{A,k}\right) dx_{B,j} + dx_{A,j}\left(\frac{\partial v_j}{\partial x_k}\, dx_{B,k}\right) \\
&\overset{*2}{=} \left(\frac{\partial v_k}{\partial x_j}\, dx_{A,j}\right) dx_{B,k} + dx_{A,j}\left(\frac{\partial v_j}{\partial x_k} dx_{B,k}\right) \\
&= 2\left\{\frac{1}{2}\left(\frac{\partial v_j}{\partial x_k} + \frac{\partial v_k}{\partial x_j}\right)\right\} dx_{A,j}\, dx_{B,k} \\
&= 2S_{jk}\, dx_{A,j}\, dx_{B,k} = 2\,{}^t(d\boldsymbol{x}_A)\boldsymbol{S}(d\boldsymbol{x}_B)
\end{aligned}
\tag{11.26}
$$

演算中，$*1$ は偏微分の順序の可換性，$*2$ は第一項中の死んだ添え字の入れ替えである．添え字演算の妙，味わうべし！

式(11.26)の最後は，式(11.23)中の対称部 $\boldsymbol{S}$ による双一次形式である．$\boldsymbol{S}$ を書き下すと，

$$
S_{ij} = \frac{1}{2}\left(\frac{\partial v_i}{\partial x_j} + \frac{\partial v_j}{\partial x_i}\right)
$$

$$
\Leftrightarrow \boldsymbol{S} = \begin{pmatrix}
\dfrac{\partial v_1}{\partial x_1} & \dfrac{1}{2}\left(\dfrac{\partial v_1}{\partial x_2} + \dfrac{\partial v_2}{\partial x_1}\right) & \dfrac{1}{2}\left(\dfrac{\partial v_1}{\partial x_3} + \dfrac{\partial v_3}{\partial x_1}\right) \\
\dfrac{1}{2}\left(\dfrac{\partial v_2}{\partial x_1} + \dfrac{\partial v_1}{\partial x_2}\right) & \dfrac{\partial v_2}{\partial x_2} & \dfrac{1}{2}\left(\dfrac{\partial v_2}{\partial x_3} + \dfrac{\partial v_3}{\partial x_2}\right) \\
\dfrac{1}{2}\left(\dfrac{\partial v_3}{\partial x_1} + \dfrac{\partial v_1}{\partial x_3}\right) & \dfrac{1}{2}\left(\dfrac{\partial v_3}{\partial x_2} + \dfrac{\partial v_2}{\partial x_3}\right) & \dfrac{\partial v_3}{\partial x_3}
\end{pmatrix}
\tag{11.27}
$$

である．$\boldsymbol{x}$ と $\boldsymbol{u}$ はどちらも D/Dt を行えば $\boldsymbol{v}$ になるので，式(11.16)の $\boldsymbol{S}$ のような 2 通りの表現は現れない．

一方，式(11.25)の右辺に D/Dt を行えば，

$$
\begin{aligned}
\frac{DH}{Dt} &= \frac{D(ds_A)}{Dt} ds_B \cos\theta_{AB} + ds_A \frac{D(ds_B)}{Dt}\cos\theta_{AB} + ds_A\, ds_B(-\sin\theta_{AB})\frac{D\theta_{AB}}{Dt} \\
&= \left\{ds_B \frac{D(ds_A)}{Dt} + ds_A \frac{D(ds_B)}{Dt}\right\}\cos\theta_{AB} + ds_A\, ds_B(-\sin\theta_{AB})\frac{D\theta_{AB}}{Dt}
\end{aligned}
\tag{11.28}
$$

となる．式(11.26)，(11.28)を等置して $(2\,ds_A\, ds_B)$ で割ると，

$$\frac{1}{2}\left\{\frac{1}{ds_A}\frac{D(ds_A)}{Dt}+\frac{1}{ds_B}\frac{D(ds_B)}{Dt}\right\}\cos\theta_{AB}-\frac{\sin\theta_{AB}}{2}\frac{D\theta_{AB}}{Dt}=S_{jk}\frac{dx_{A,j}}{ds_A}\frac{dx_{B,k}}{ds_B} \tag{11.29}$$

となる．さらに，

$$n_{A,j}=\frac{dx_{A,j}}{ds_A}\Leftrightarrow \boldsymbol{n}_A=\frac{d\boldsymbol{x}_A}{ds_A},\quad n_{B,k}=\frac{dx_{B,k}}{ds_B}\Leftrightarrow \boldsymbol{n}_B=\frac{d\boldsymbol{x}_B}{ds_B}$$

がそれぞれ微小ベクトル $d\boldsymbol{x}_A$，$d\boldsymbol{x}_B$ 方向の単位ベクトルであるから，式(11.29)は，

$$\frac{1}{2}\left\{\frac{1}{ds_A}\frac{D(ds_A)}{Dt}+\frac{1}{ds_B}\frac{D(ds_B)}{Dt}\right\}\cos\theta_{AB}-\frac{\sin\theta_{AB}}{2}\frac{D\theta_{AB}}{Dt}$$
$$=S_{jk}n_{A,j}n_{B,k}={}^t\boldsymbol{n}_A\boldsymbol{S}\boldsymbol{n}_B \tag{11.30}$$

となる．式(11.29)，(11.30)が，“ラグランジ微分された”式(11.17)，(11.18)である．

▶**注意**　式(11.27)の $\boldsymbol{S}$ には，先のグリーン・ラグランジの歪みテンソル，

$$(11.15)\quad \boldsymbol{E}\Leftrightarrow E_{jk}=\frac{1}{2}\left(\frac{\partial u_j}{\partial\xi_k}+\frac{\partial u_k}{\partial\xi_j}+\frac{\partial u_i}{\partial\xi_j}\frac{\partial u_i}{\partial\xi_k}\right)$$

の第三項に相当する項が初めから無い．第三項は微小変形の場合に無くなるのであったから，本節最初の注意によってそれは無いのである．

以下，式(11.19)に対応して，

$$\frac{1}{ds}\frac{D(ds)}{Dt}={}^t\boldsymbol{n}\boldsymbol{S}\boldsymbol{n}$$

は，単位ベクトル $\boldsymbol{n}$ 方向に並ぶ粒子群がその瞬間に蒙（こうむ）りつつある歪み速度である．その $\boldsymbol{n}$ を $\boldsymbol{e}_1$ とすれば，式(11.20)に対応して，

$$\left(\frac{1}{ds}\frac{D(ds)}{Dt}\right)_1=\frac{\partial v_1}{\partial x_1}=S_{11}$$

が得られる．これは，或る瞬間に $\boldsymbol{e}_1$ 方向に並んでいる粒子群が蒙りつつある**伸び縮み変形の進行速度**，すなわち**図 11.14** の事態の進行速度である．さらに，式(11.21)に対応して，

$$-\frac{1}{2}\frac{D\theta_{AB}}{Dt}=\frac{1}{2}\left(\frac{\partial v_1}{\partial x_2}+\frac{\partial v_2}{\partial x_1}\right)=S_{12}$$

は**図 11.15** の事態の進行速度，すなわち**剪断変形の進行速度**である．無論，**図 11.16** の事態の進行速度は先の角速度 $\boldsymbol{\Omega}=(1/2)\,\mathrm{rot}\,\boldsymbol{v}$ の第三成分である．

式(11.16)のラグランジ表現による $\boldsymbol{S}$ を歪みテンソルと言ったのに対応して，式(11.27)のオイラー表現による $\boldsymbol{S}$ を**歪み速度テンソル（歪み率テンソル）**と称するのである．

第 12 章

回転と変形，その二

この章は，前半でいくつかの例題を提示して，回転の理解を"駄目押し"する．後半では，関数行列式の意味を確認して，後にラグランジ表現とオイラー表現の間で体積積分と面積積分を自由に交換するための準備を行う．

12.1 渦度と鳴門の渦

速度 $\boldsymbol{v}$ の回転 (rotation) $\boldsymbol{\omega} \Leftrightarrow \omega_i = \varepsilon_{ijk}\partial v_k/\partial x_j$ は，**渦度**(うずど) (vorticity) と呼ばれる．渦と言えば鳴門の渦だが，渦度ベクトルの渦と鳴門の渦は如何なる関係にあるのだろうか．時間に依存しない次の二つの回転速度場でこれを示そう．**図 12.1** のように，定数 $\varOmega > 0$ に対して，

$$\boldsymbol{\varOmega} = {}^t(0, 0, \varOmega) \Leftrightarrow \varOmega_i = \varOmega\delta_{3i}, \quad r^2 = x_1^2 + x_2^2, \quad x_1 = r\cos\theta, \quad x_2 = r\sin\theta$$

とする．r は，原点からではなく x_3 軸からの距離である．

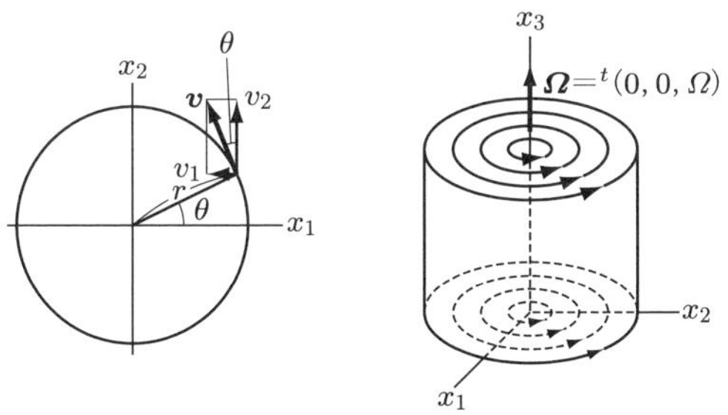

図 12.1

- **速度場 I**

$$\boldsymbol{v}(\boldsymbol{x}) = \begin{pmatrix} v_1 \\ v_2 \\ v_3 \end{pmatrix} = \boldsymbol{\varOmega} \wedge \boldsymbol{x} = \begin{pmatrix} 0 \\ 0 \\ \varOmega \end{pmatrix} \wedge \begin{pmatrix} x_1 \\ x_2 \\ x_3 \end{pmatrix} = \begin{pmatrix} -x_2\varOmega \\ x_1\varOmega \\ 0 \end{pmatrix}$$

$$= r\varOmega \begin{pmatrix} -x_2/r \\ x_1/r \\ 0 \end{pmatrix} = |\boldsymbol{v}| \begin{pmatrix} -\sin\theta \\ \cos\theta \\ 0 \end{pmatrix}$$

$$\Leftrightarrow v_i = \varepsilon_{ijk}\Omega_j x_k, \quad \left(|\boldsymbol{v}| = \sqrt{v_i v_i} = \sqrt{(-x_2\Omega)^2 + (x_1\Omega)^2} = r\Omega\right)$$

- **速度場 II**

$$\boldsymbol{v}(\boldsymbol{x}) = \begin{pmatrix} v_1 \\ v_2 \\ v_3 \end{pmatrix} = \boldsymbol{\Omega}' \wedge \boldsymbol{x} = (e^{-r^2}\boldsymbol{\Omega}) \wedge \boldsymbol{x} = e^{-r^2} r\Omega \begin{pmatrix} -x_2/r \\ x_1/r \\ 0 \end{pmatrix} = |\boldsymbol{v}| \begin{pmatrix} -\sin\theta \\ \cos\theta \\ 0 \end{pmatrix}$$

$$\Leftrightarrow v_i = e^{-r^2}\varepsilon_{ijk}\Omega_j x_k, \quad \left(|\boldsymbol{v}| = e^{-r^2} r\Omega\right)$$

両速度場は第三成分を持たない平面流である．$\boldsymbol{\Omega}$ は定ベクトルであり，速度場 I の $|\boldsymbol{v}|$ は r に比例しているから，場の全体が x_3 軸周りの剛体回転である．

速度場 II も x_3 軸周りの回転だが，$\boldsymbol{\Omega}' = e^{-r^2}\boldsymbol{\Omega}$ の大きさは r を通じて位置の関数であり，$|\boldsymbol{v}|$ は中心付近 ($e^{-r^2} \approx 1$) で速度場 I と同じく r に比例して増加し，やがて e^{-r^2} の効果で減少して，$r \to \infty$ で $|\boldsymbol{v}| \to 0$ となる．すなわち，中心付近は剛体的な回転だが無限遠は静止している（**図 12.2**）．

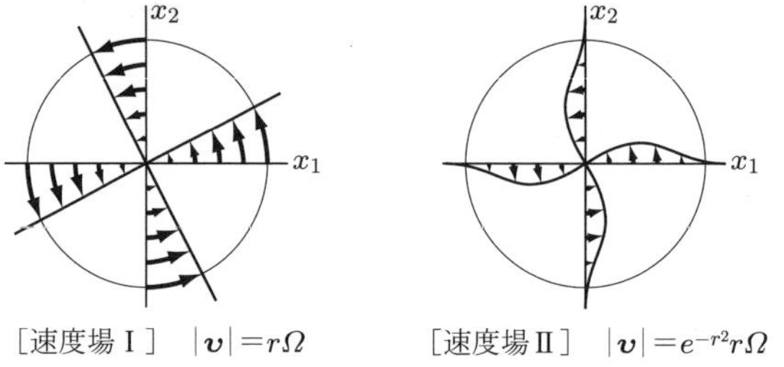

図 12.2

速度場 I の渦度を計算してみると，

$$\boldsymbol{\omega} = \mathrm{rot}\,\boldsymbol{v}$$

$$\Leftrightarrow \omega_i = \varepsilon_{ijk}\frac{\partial v_k}{\partial x_j} = \varepsilon_{ijk}\frac{\partial}{\partial x_j}(\varepsilon_{klm}\Omega_l x_m) \overset{(6.18)}{=} (\delta_{il}\delta_{jm} - \delta_{im}\delta_{jl})\Omega_l \frac{\partial x_m}{\partial x_j}$$

$$= (\delta_{il}\delta_{jm} - \delta_{im}\delta_{jl})\Omega_l \delta_{mj} = 3\Omega_i - \Omega_i = 2\Omega_i \Leftrightarrow 2\boldsymbol{\Omega}$$

これまで，微小回転ベクトルや角速度ベクトルを，**図 12.1** の $\boldsymbol{\Omega}$ のように常に回転軸と一致させて描いてきた．上式によると，剛体回転では流れ場の渦度 $\boldsymbol{\omega}$ が**場所によらず一定**で，角速度 $\boldsymbol{\Omega}$ の 2 倍である．我々は円運動を見ているから，中心軸に近い粒子は小円を描き，遠い粒子は大円を描いてその運動は同じではない．では，渦度がどこも同じとは運動の何が同じなのであろうか．答えは，**第 11 章**の式(11.24)である．

$$(11.24) \quad \boldsymbol{v}(\boldsymbol{x}+d\boldsymbol{x},t) = \underset{①}{\boldsymbol{v}(\boldsymbol{x},t)} + \underset{②}{\boldsymbol{S}\,d\boldsymbol{x}} + \underset{③}{\left(\frac{1}{2}\,\mathrm{rot}\,\boldsymbol{v}\right)} \wedge d\boldsymbol{x}$$

①は左辺との併進運動である．全体が剛体回転しているとき，場所によって運動が異なるのはこの部分である．実際 $\boldsymbol{v}(\boldsymbol{x},t)=\boldsymbol{\Omega}\wedge\boldsymbol{x}$，すなわち，$x_3$ 軸の周りで各点が行う**大域的回転**が $\boldsymbol{x}$ に依存して中心近くで小円，遠くで大円となるのである．

一方，渦度は③に現れている．渦度ベクトルが表す回転運動とは，**点 $\boldsymbol{x}+d\boldsymbol{x}$ に居る粒子（次郎）が点 $\boldsymbol{x}$ の粒子 (太郎) に対して持つ相対速度のうちの剛体回転部分**であった．従って，渦度が場所によらず一定とは，$\boldsymbol{x}+d\boldsymbol{x}$ 点の粒子が $\boldsymbol{x}$ 点の粒子に対して行っている局地的回転がどこも同じ，の意味である（**図 12.3**）．

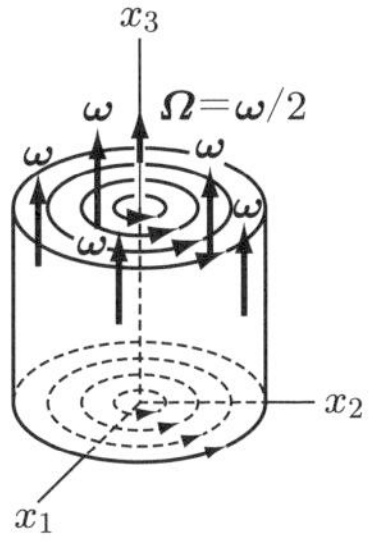

図 12.3

図 12.4 のように，回転剛体の①回転軸上，②軸から少し離れた点，③もう少し離れた点，にそれぞれ微小円を描き，さらに，微小円内に矢印を付けて運動を観察する．全体が剛体回転しているとき，**微小円を載せた各点**は①は動かず，②は小円を描き，③は大円を描くが，目を離さず微小円だけを観察すると，全体の 1 回転の間にどの微小円も同じく 1 回転する．これが渦度ベクトルの表す“渦”の実相である．すなわち渦度ベクトルの渦とは，鳴門の渦に見る大域的回転ではなく，それぞれの点の周りの局地的な回転であり，全体が剛体回転なら大域的回転と局地的回転とが一致するのである．渦度とは**水面（みなも）に浮かぶ花びらの回転**である．

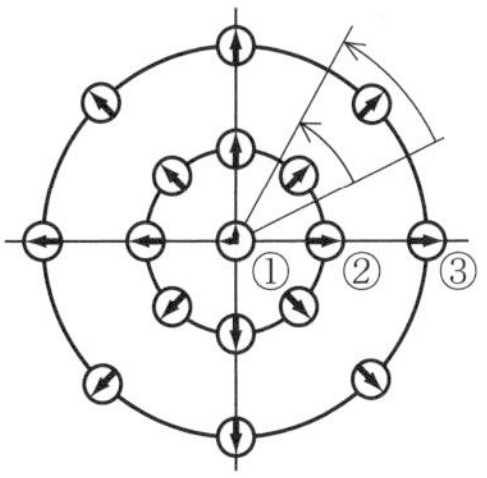

図 12.4

例題 12.1● 速度場Iの剛体回転では速度勾配テンソルの対称部分が無いことを示せ．

解答◆

$$
\begin{aligned}
2S_{ij} &= \frac{\partial v_i}{\partial x_j} + \frac{\partial v_j}{\partial x_i} = \frac{\partial}{\partial x_j}(\varepsilon_{ipq}\Omega_p x_q) + \frac{\partial}{\partial x_i}(\varepsilon_{jmn}\Omega_m x_n) \\
&= \varepsilon_{ipq}\Omega_p\delta_{qj} + \varepsilon_{jmn}\Omega_m\delta_{ni} = \varepsilon_{ipj}\Omega_p + \varepsilon_{jmi}\Omega_m \\
&= \varepsilon_{ipj}\Omega_p + \varepsilon_{ijp}\Omega_p = (\varepsilon_{ipj} - \varepsilon_{ipj})\Omega_p = 0
\end{aligned}
$$

■

例題 12.2● 速度場IIについて，渦度を計算して局所的な回転の様子を明らかにせよ．

解答◆

$$
\begin{aligned}
&\boldsymbol{\omega} = \mathrm{rot}\,\boldsymbol{v} \\
&\Leftrightarrow \omega_i = \varepsilon_{ijk}\frac{\partial v_k}{\partial x_j} = \varepsilon_{ijk}\frac{\partial}{\partial x_j}(\varepsilon_{klm}e^{-r^2}\Omega_l x_m) = \varepsilon_{ijk}\varepsilon_{lmk}\Omega_l\frac{\partial}{\partial x_j}(e^{-r^2}x_m) \\
&\qquad = (\delta_{il}\delta_{jm} - \delta_{im}\delta_{jl})\Omega_l\left(-2re^{-r^2}\frac{\partial r}{\partial x_j}x_m + e^{-r^2}\delta_{mj}\right) \\
&\qquad = e^{-r^2}\left\{-2r\left(\Omega_i\frac{\partial r}{\partial x_m}x_m - \Omega_j\frac{\partial r}{\partial x_j}x_i\right) + 2\Omega_i\right\} \\
&\qquad = 2e^{-r^2}\left(-r\Omega_i\frac{\partial r}{\partial x_m}x_m + r\Omega_j\frac{\partial r}{\partial x_j}x_i + \Omega_i\right)
\end{aligned}
$$

$r^2 = x_1^2 + x_2^2$ によって，$\partial r/\partial x_i \Leftrightarrow \boldsymbol{\nabla} r = {}^t(x_1/r, x_2/r, 0)$ であるから，上式の最終行の括弧内第一項は，

$$
-r\Omega_i\frac{\partial r}{\partial x_m}x_m = -r\Omega_i\left(\frac{x_1}{r}x_1 + \frac{x_2}{r}x_2 + 0\cdot x_3\right) = -r\Omega_i\left(\frac{x_1^2 + x_2^2}{r}\right) = -r^2\Omega_i
$$

同第二項は，$\boldsymbol{\Omega} = {}^t(0, 0, \Omega)$ より，

$$
r\Omega_j\frac{\partial r}{\partial x_j}x_i = r\left(0\cdot\frac{x_1}{r} + 0\cdot\frac{x_2}{r} + \Omega\cdot 0\right)x_i = 0
$$

結局，

$$
\omega_i = 2e^{-r^2}(-r^2\Omega_i + \Omega_i) = 2e^{-r^2}(1 - r^2)\Omega_i \Leftrightarrow \boldsymbol{\omega} = \mathrm{rot}\,\boldsymbol{v} = 2e^{-r^2}(1 - r^2)\boldsymbol{\Omega}
$$

となる．そこで，

$$
r^2 = \chi, \quad f(\chi) = e^{-r^2}(1 - r^2) = e^{-\chi}(1 - \chi)
$$

すなわち，

$$
\boldsymbol{\omega} = \mathrm{rot}\,\boldsymbol{v} = 2f(\chi)\boldsymbol{\Omega}
$$

として $f(\chi)$ の正負，すなわち，$\boldsymbol{\omega} = \mathrm{rot}\,\boldsymbol{v}$ の方向を調べる（**図 12.5**）．

$$
\begin{aligned}
f'(\chi) &= -e^{-\chi}(1 - \chi) - e^{-\chi} = e^{-\chi}(\chi - 2) \\
f''(\chi) &= -e^{-\chi}(\chi - 2) + e^{-\chi} = e^{-\chi}(3 - \chi)
\end{aligned}
$$

$\chi=r^2$	0	$\cdots$	1	$\cdots$	2	$\cdots$	3	$\cdots$	∞
$f''(\chi)$	3	$+$	$2e^{-1}$	$+$	e^{-2}	$+$	0	$-$	0
$f'(\chi)$	-2	$-$	$-e^{-1}$	$-$	0	$+$	e^{-3}	$+$	0
$f(\chi)$	1	↘	0	↘	$-e^{-2}$	↗	$-2e^{-3}$	↗	0
		下に凸		下に凸		下に凸		上に凸	

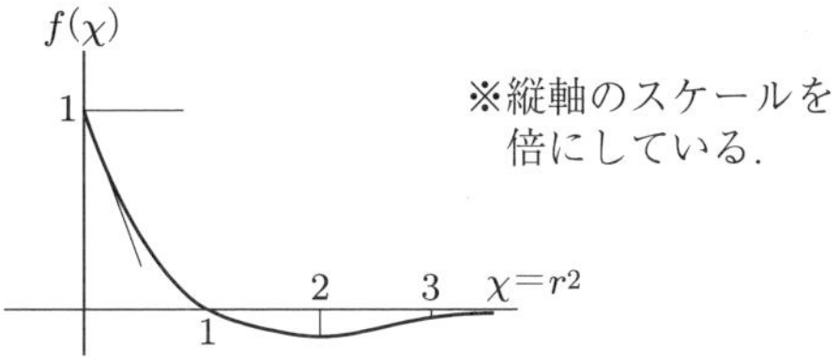

図 12.5

運動の様子は次の通り（**図 12.6**）.

$\chi=r^2<1$ では $f(\chi)>0$ → 中心部の花びらは（上から見て）反時計回り.

$\chi=r^2=1$ では $f(\chi)=0$ → 単位円上の花びらは“回らず，回転する”.

$1<\chi=r^2$ では $f(\chi)<0$ → 外側の花びらは（上から見て）時計回り.

$\chi=r^2=\infty$ では $f(\chi)=0$ → 無限遠点の花びらは“回らず，動かない”.

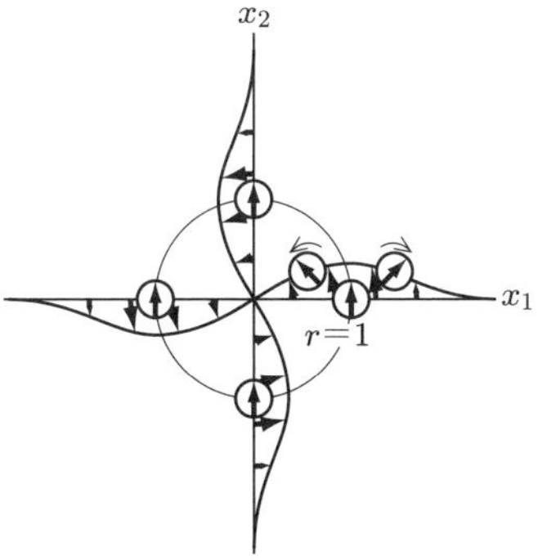

図 12.6 ■

課題 12.1 ● 場の全体が併進と剛体回転の重ね合わせからなる速度場は，

$$\boldsymbol{v}(\boldsymbol{x},t)=\boldsymbol{u}(t)+\boldsymbol{\Omega}(t)\wedge\boldsymbol{x}\Leftrightarrow v_i(\boldsymbol{x},t)=u_i(t)+\varepsilon_{ijk}\Omega_j(t)x_k$$

で表される．併進速度 $\boldsymbol{u}\Leftrightarrow u_i$ と回転角速度 $\boldsymbol{\Omega}\Leftrightarrow\Omega_i$ の時間依存性が許容されていることに注意.

(1) この速度場の歪み速度テンソルがゼロ（$\boldsymbol{S}=\boldsymbol{0}\Leftrightarrow S_{ij}=0$）となることを示せ.

(2) (1) の逆，すなわち $\boldsymbol{S}=\boldsymbol{0}$ ならば，運動は併進と剛体回転の重ね合わせに限ることを示せ（少々難問！）．従って，$\boldsymbol{S} = \boldsymbol{0}$ は，運動が併進と剛体回転のみからなるための必要十分条件である．

12.2 関数行列式，体積要素の関係

10.1 節で触れた関数行列式（ヤコビ行列式，ヤコビアン）の意味を確かめよう．

関数関係，

$$\boldsymbol{x} = \boldsymbol{x}(\boldsymbol{\xi}, t) \Leftrightarrow x_i = x_i(\xi_1, \xi_2, \xi_3, t)$$

$$\boldsymbol{\xi} = \boldsymbol{\xi}(\boldsymbol{x}, t) \Leftrightarrow \xi_i = \xi_i(x_1, x_2, x_3, t)$$

によって，$\boldsymbol{\xi}$ 空間の点の近傍と $\boldsymbol{x}$ 空間の点の近傍が全単射で対応するための必要十分条件は，その点における関数行列式，

$$J(\boldsymbol{\xi}, t) = \frac{\partial(x_1, x_2, x_3)}{\partial(\xi_1, \xi_2, \xi_3)} = \begin{vmatrix} \dfrac{\partial x_1}{\partial \xi_1} & \dfrac{\partial x_1}{\partial \xi_2} & \dfrac{\partial x_1}{\partial \xi_3} \\ \dfrac{\partial x_2}{\partial \xi_1} & \dfrac{\partial x_2}{\partial \xi_2} & \dfrac{\partial x_2}{\partial \xi_3} \\ \dfrac{\partial x_3}{\partial \xi_1} & \dfrac{\partial x_3}{\partial \xi_2} & \dfrac{\partial x_3}{\partial \xi_3} \end{vmatrix} = \det\left[\frac{d\boldsymbol{x}}{d\boldsymbol{\xi}}\right] \tag{12.1}$$

について，

$$0 < \left|J(\boldsymbol{\xi}, t)\right| < \infty \tag{12.2}$$

となることである．式(12.1)の縦線は行列式を表すが，式(12.2)の縦線は絶対値記号である．以下，**12.3 節**で時間変化を考えるまで時間 t は固定しておく．

両空間の微小ベクトル $\Delta\boldsymbol{\xi}$，$\Delta\boldsymbol{x}$ の関係は全微分を用いて，

$$\Delta\boldsymbol{x} = \begin{pmatrix} \Delta x_1 \\ \Delta x_2 \\ \Delta x_3 \end{pmatrix} = \begin{pmatrix} \dfrac{\partial x_1}{\partial \xi_1} & \dfrac{\partial x_1}{\partial \xi_2} & \dfrac{\partial x_1}{\partial \xi_3} \\ \dfrac{\partial x_2}{\partial \xi_1} & \dfrac{\partial x_2}{\partial \xi_2} & \dfrac{\partial x_2}{\partial \xi_3} \\ \dfrac{\partial x_3}{\partial \xi_1} & \dfrac{\partial x_3}{\partial \xi_2} & \dfrac{\partial x_3}{\partial \xi_3} \end{pmatrix} \begin{pmatrix} \Delta \xi_1 \\ \Delta \xi_2 \\ \Delta \xi_3 \end{pmatrix} = \left[\frac{d\boldsymbol{x}}{d\boldsymbol{\xi}}\right] \Delta\boldsymbol{\xi}$$

となる．行列 $[d\boldsymbol{x}/d\boldsymbol{\xi}] \Leftrightarrow \partial x_i/\partial \xi_j$ は，微小ベクトル $\Delta\boldsymbol{\xi}$ から微小ベクトル $\Delta\boldsymbol{x}$ を作る線形の機能（2 階テンソル）である．また，行列を構成する 3 本の縦ベクトルは，三つの単位ベクトル $\{\boldsymbol{e}_1, \boldsymbol{e}_2, \boldsymbol{e}_3\}$ を順に箱に入れたときの 3 本の基準製品ベクトルであったから，機能をそのまま $[d\boldsymbol{x}/d\boldsymbol{\xi}]$ と書くと，

$$\left[\frac{d\boldsymbol{x}}{d\boldsymbol{\xi}}\right](\boldsymbol{e}_1) = \begin{pmatrix} \dfrac{\partial x_1}{\partial \xi_1} \\ \dfrac{\partial x_2}{\partial \xi_1} \\ \dfrac{\partial x_3}{\partial \xi_1} \end{pmatrix}, \quad \left[\frac{d\boldsymbol{x}}{d\boldsymbol{\xi}}\right](\boldsymbol{e}_2) = \begin{pmatrix} \dfrac{\partial x_1}{\partial \xi_2} \\ \dfrac{\partial x_2}{\partial \xi_2} \\ \dfrac{\partial x_3}{\partial \xi_2} \end{pmatrix}, \quad \left[\frac{d\boldsymbol{x}}{d\boldsymbol{\xi}}\right](\boldsymbol{e}_3) = \begin{pmatrix} \dfrac{\partial x_1}{\partial \xi_3} \\ \dfrac{\partial x_2}{\partial \xi_3} \\ \dfrac{\partial x_3}{\partial \xi_3} \end{pmatrix}$$

となる．そこで，箱に入れる微小ベクトル $\Delta\boldsymbol{\xi}$ として $\boldsymbol{\xi}$ 空間の各座標軸に平行な次の 3 本をとる（**図 12.7** 左）．

$$\Delta\boldsymbol{\xi}_{(1)} = \begin{pmatrix} \Delta\xi_1 \\ 0 \\ 0 \end{pmatrix} = \Delta\xi_1\boldsymbol{e}_1, \quad \Delta\boldsymbol{\xi}_{(2)} = \begin{pmatrix} 0 \\ \Delta\xi_2 \\ 0 \end{pmatrix} = \Delta\xi_2\boldsymbol{e}_2,$$

$$\Delta\boldsymbol{\xi}_{(3)} = \begin{pmatrix} 0 \\ 0 \\ \Delta\xi_3 \end{pmatrix} = \Delta\xi_3\boldsymbol{e}_3$$

これらは，$\boldsymbol{\xi}$ 空間内で点 $\boldsymbol{\xi}$ を一つの頂点とする体積 $\Delta V_0 = \Delta\xi_1\Delta\xi_2\Delta\xi_3$ の微小立体を形成している．

一方，それらの写像先である $\boldsymbol{x}$ 空間内の微小ベクトルを $\Delta\boldsymbol{x}_{(1)}$，$\Delta\boldsymbol{x}_{(2)}$，$\Delta\boldsymbol{x}_{(3)}$ とすると，例えば $\Delta\boldsymbol{x}_{(1)}$ は，

$$\Delta\boldsymbol{x}_{(1)} = \left[\frac{d\boldsymbol{x}}{d\boldsymbol{\xi}}\right](\Delta\boldsymbol{\xi}_{(1)}) = \left[\frac{d\boldsymbol{x}}{d\boldsymbol{\xi}}\right](\Delta\xi_1\boldsymbol{e}_1) = \Delta\xi_1\left[\frac{d\boldsymbol{x}}{d\boldsymbol{\xi}}\right](\boldsymbol{e}_1) = \Delta\xi_1\begin{pmatrix} \dfrac{\partial x_1}{\partial \xi_1} \\ \dfrac{\partial x_2}{\partial \xi_1} \\ \dfrac{\partial x_3}{\partial \xi_1} \end{pmatrix}$$

となる．他も同様で，

$$\Delta\boldsymbol{x}_{(2)} = \Delta\xi_2\begin{pmatrix} \dfrac{\partial x_1}{\partial \xi_2} \\ \dfrac{\partial x_2}{\partial \xi_2} \\ \dfrac{\partial x_3}{\partial \xi_2} \end{pmatrix}, \quad \Delta\boldsymbol{x}_{(3)} = \Delta\xi_3\begin{pmatrix} \dfrac{\partial x_1}{\partial \xi_3} \\ \dfrac{\partial x_2}{\partial \xi_3} \\ \dfrac{\partial x_3}{\partial \xi_3} \end{pmatrix}$$

これらの 3 ベクトルは，時刻 t の現在，$\boldsymbol{x}$ 空間内に微小平行六面体を形成しているが，その体積 ΔV は，これらを横に並べて作る行列の行列式（スカラー三重積）であった（**図 12.7** 右）．

$$\Delta V = \left[\Delta \boldsymbol{x}_{(1)} \Delta \boldsymbol{x}_{(2)} \Delta \boldsymbol{x}_{(3)}\right] = \begin{vmatrix} \dfrac{\partial x_1}{\partial \xi_1} & \dfrac{\partial x_1}{\partial \xi_2} & \dfrac{\partial x_1}{\partial \xi_3} \\ \dfrac{\partial x_2}{\partial \xi_1} & \dfrac{\partial x_2}{\partial \xi_2} & \dfrac{\partial x_2}{\partial \xi_3} \\ \dfrac{\partial x_3}{\partial \xi_1} & \dfrac{\partial x_3}{\partial \xi_2} & \dfrac{\partial x_3}{\partial \xi_3} \end{vmatrix} \Delta \xi_1 \Delta \xi_2 \Delta \xi_3 \overset{(12.1)}{=} J\,\Delta V_0 \tag{12.3}$$

結局，次式を得る．

$$J(\boldsymbol{\xi}, t) = \frac{\Delta V}{\Delta V_0} \tag{12.4}$$

すなわち，ヤコビアンとは $\boldsymbol{\xi}$，$\boldsymbol{x}$ **両空間の対応する微小体積の比**である．これがゼロとは，ベクトル $\boldsymbol{\xi}$ が $\boldsymbol{\xi}$ 空間内で自分の周囲をせっせと動いて体積 ΔV_0 をなぞっているのに（スキャンしているのに），相手の $\boldsymbol{x}$ ベクトルが，

(1) 動かないでじっとしている，

(2) 線しかなぞらない，

(3) 面しかなぞらない，

のいずれかのために，$\boldsymbol{x}$ 空間内に有限の微小体積が形成されない，つまり，$\boldsymbol{x}$ ベクトルが仕事をサボっている場合であって，考えている変換は両空間の間で全単射とならない．線形代数の言葉で言えば，上の (1)，(2)，(3) では箱の機能が作る $\boldsymbol{x}$ 空間内の部分空間の次元，すなわち線形写像の行列 $[d\boldsymbol{x}/d\boldsymbol{\xi}]$ の**階数** (rank) が，それぞれ 0，1，2 になっている．また，$J(\boldsymbol{\xi}, t) = \pm\infty$ とは，$\boldsymbol{\xi}$ ベクトルの微小変化に対して $\boldsymbol{x}$ ベクトルが $\boldsymbol{x}$ 空間内で暴走する場合で，この場合も関数は全単射でない．全単射の“まっとうな”変換はこの両極端ではあり得ない．これが式(12.2)の意味である．

両空間の間の変換が“まっとう”である線形写像を，**正則線形写像**と呼ぶのであった．

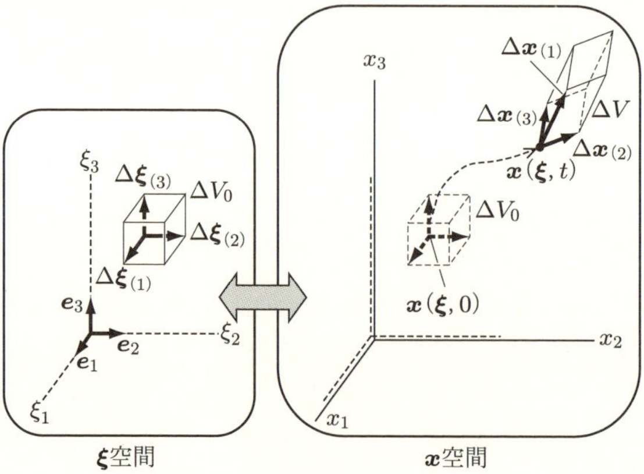

図 12.7

式(12.2)でヤコビアンに絶対値記号が付いているのは，$\boldsymbol{\xi}$ 空間の3本の微小ベクトルが右手系を構成しているのに，対応する $\boldsymbol{x}$ 空間の3本の微小ベクトルが左手系になって式(12.3)の ΔV が $(-1)\times$(体積) になることが“数学的には”あるからである．但し，これは数学的にはあり得ても実際には起こらない．体積 $\Delta V_0 > 0$ がいつのまにか $\Delta V < 0$ になったとすれば，初め ΔV_0 を構成していた連続体粒子が，途中で忽然と消えたことになる $(\Delta V = 0)$．こんなことはあり得ない．

$\boldsymbol{\xi}$ 空間内の微小体積とは，時刻 t の現在 $\boldsymbol{x}$ 空間で見ている連続体粒子が時刻 $t = 0$ で形成していた微小体積であったから，次の認識が重要である．

ラグランジ表示とオイラー表示の間の変換が，“まっとうな”変換であることを保証する有限かつゼロでないヤコビ行列式 $J(\boldsymbol{\xi}, t)$ とは，注目した ξ 点の周りで微小体積を形成する連続体粒子の，今（時刻 t）と初め（時刻 $t = 0$）の体積比である．

この意味でヤコビアンを**膨張比** (dilatation ratio) と呼ぶことがある．無論，収縮の場合もある．

12.3 関数行列式の時間変化

ヤコビアンの時間変化を追ってみよう．式(12.1)を添え字表現すると，

$$J(\boldsymbol{\xi}, t) = \varepsilon_{ijk} \frac{\partial x_1}{\partial \xi_i} \frac{\partial x_2}{\partial \xi_j} \frac{\partial x_3}{\partial \xi_k} \tag{12.5}$$

これをラグランジ的に時間微分する．

$$\frac{DJ}{Dt} = \varepsilon_{ijk} \frac{D}{Dt}\left(\frac{\partial x_1}{\partial \xi_i}\right) \frac{\partial x_2}{\partial \xi_j} \frac{\partial x_3}{\partial \xi_k} + \varepsilon_{ijk} \frac{\partial x_1}{\partial \xi_i} \frac{D}{Dt}\left(\frac{\partial x_2}{\partial \xi_j}\right) \frac{\partial x_3}{\partial \xi_k} + \varepsilon_{ijk} \frac{\partial x_1}{\partial \xi_i} \frac{\partial x_2}{\partial \xi_j} \frac{D}{Dt}\left(\frac{\partial x_3}{\partial \xi_k}\right) \tag{12.6}$$

$\boldsymbol{\xi}$ と t は，ラグランジベクトル $\boldsymbol{X} = {}^t(\boldsymbol{\xi}, t)$ の成分として同格の独立変数であるから，それらに関する偏微分は順序を替えてよい．そこで，右辺第一項中のラグランジ微分は，

$$\frac{D}{Dt}\left(\frac{\partial x_1}{\partial \xi_i}\right) = \frac{\partial}{\partial t}\left(\frac{\partial x_1}{\partial \xi_i}\right) = \frac{\partial}{\partial \xi_i}\left(\frac{\partial x_1}{\partial t}\right) = \frac{\partial v_1(\boldsymbol{\xi}, t)}{\partial \xi_i} \overset{(10.22)}{=} \frac{\partial v_1(\boldsymbol{x}, t)}{\partial x_p} \cdot \frac{\partial x_p(\boldsymbol{\xi}, t)}{\partial \xi_i}$$

である．これによって，式(12.6)の右辺第一項は，

$$\varepsilon_{ijk} \left\{ \frac{\partial v_1(\boldsymbol{x}, t)}{\partial x_p} \frac{\partial x_p}{\partial \xi_i} \right\} \frac{\partial x_2}{\partial \xi_j} \frac{\partial x_3}{\partial \xi_k} = \frac{\partial v_1(\boldsymbol{x}, t)}{\partial x_1} \varepsilon_{ijk} \frac{\partial x_1}{\partial \xi_i} \frac{\partial x_2}{\partial \xi_j} \frac{\partial x_3}{\partial \xi_k} \overset{(12.5)}{=} \frac{\partial v_1(\boldsymbol{x}, t)}{\partial x_1} J$$

p に関する縮約では $p = 1$ の項だけが残ることに注意（他は2行が等しい行列の行列式）．第二項，第三項についても同様の演算ができるから，結局，式(12.6)は，

$$\frac{DJ}{Dt} = \frac{\partial v_1(\boldsymbol{x}, t)}{\partial x_1} J + \frac{\partial v_2(\boldsymbol{x}, t)}{\partial x_2} J + \frac{\partial v_3(\boldsymbol{x}, t)}{\partial x_3} J = \operatorname{div} \boldsymbol{v} \cdot J$$

$$\text{または}\quad \frac{1}{J}\frac{DJ}{Dt} = \operatorname{div}\boldsymbol{v} \tag{12.7}$$

式(12.4)を用いれば，

$$\operatorname{div}\boldsymbol{v} = \frac{1}{(\Delta V/\Delta V_0)}\frac{D(\Delta V/\Delta V_0)}{Dt} = \frac{1}{\Delta V}\frac{D(\Delta V)}{Dt}$$

$$\text{または}\quad \frac{D(\Delta V)}{Dt} = \operatorname{div}\boldsymbol{v}\cdot\Delta V \tag{12.8}$$

これは式(7.6)である．かくて，オイラー的に定義された速度場の発散は，実はラグランジ的な，すなわち"同じ連続体粒子"についての体積の相対時間変化率（体積歪み速度）である，という **7.2 節**と同じ結論に至った．

12.4　連続の式

連続体の密度を ρ とすれば，質量保存の原則より，

$$0 = \frac{D(\rho\,\Delta V)}{Dt} \tag{12.9}$$

である．右辺を，

$$\frac{D(\rho\,\Delta V)}{Dt} = \frac{D\rho}{Dt}\Delta V + \rho\frac{D(\Delta V)}{Dt} \overset{(12.8)}{=} \left(\frac{D\rho}{Dt} + \rho\operatorname{div}\boldsymbol{v}\right)\Delta V$$

と書き直せば，

$$\left.\begin{aligned}
&\frac{D\rho}{Dt} + \rho\operatorname{div}\boldsymbol{v} = 0\\
&\text{または}\quad \frac{\partial\rho}{\partial t} + v_i\frac{\partial\rho}{\partial x_i} + \rho\frac{\partial v_i}{\partial x_i} = \frac{\partial\rho}{\partial t} + \frac{\partial(\rho v_i)}{\partial x_i} = 0\\
&\text{または}\quad \frac{\partial\rho}{\partial t} + \operatorname{div}(\rho\boldsymbol{v}) = 0
\end{aligned}\right\} \tag{12.10}$$

となる．これを**連続の式** (equation of continuity) と言う．色々な表現があるが，もとは式(12.9)である．

非圧縮性流体 $(D\rho/Dt = 0)$ では，

$$\operatorname{div}\boldsymbol{v} = 0$$

となる．これは既に **7.1 節**で示した．$D\rho/Dt = 0$ とは定義によって，

$$\left(\frac{\partial}{\partial t}\right)_{\boldsymbol{\xi}\,\text{一定}}\rho(\boldsymbol{\xi}, t) = 0$$

のこと，すなわち，太郎 $\boldsymbol{\xi}$ は運動中いつまでも自分の密度を保つ．このとき，隣りの次郎も運動中自分の密度を保つであろうが，太郎の密度と次郎の密度が同じとまでは言っていない．これは言わば**弱い意味の非圧縮性**である．これに対して，全ての流体粒子の密度が一定であれば，考えているその場に登場する流体粒子の密度が全て同じであるから，$\rho(\boldsymbol{x}, t) =$ 一定として，式(12.10)よりやはり $\operatorname{div}\boldsymbol{v} = 0$ を得る．これは**強い意味の非圧縮性**である．

どちらの場合にも，速度ベクトルの発散がゼロという同じ結論に至る．言い換えれば，$\mathrm{div}\,\boldsymbol{v}=0$ を宣言したからと言って，どちらの意味の非圧縮性かまで宣言したことにはならない．

▶**注意**　液体はよほど圧力を高くしても密度が変わらない．例えば，フィリピン海溝の底の海水（ほぼ1000気圧）の密度は，海面近くの海水（1気圧）と較べて僅か4%大きいだけである．これに対して，気体の密度は圧力とともに容易に変わる．

一方，流れを考える上では次の認識が重要である．気体は確かに圧力とともに容易に密度を変えるのであるが，密度の有意の変化をもたらすほどの圧力変化そのものが，閉じた容器内では容易に実現できても開放された空間の中には容易に実現されない．有意の密度変化をもたらすほどの圧力変化が現れるのは，**流れの速度が，音の伝わる速さ，所謂音速と同程度かそれ以上になった場合に限られる**．それは次の理由による．

例えば，シリンダー内の気体をピストンで圧縮したあと，他端を開放すれば圧力が下がる．その“圧力が逃げてゆく先端の速度”が音速であり，それは“質量が逃げて行く速さ”よりずっと速い．つまり，初めから他端が開放されているなら，その圧力が逃げる速さより速い速度でピストンを押さなければ圧力は上がらず，密度も上がらない．ピストンヘッドから見れば，流れの“やってくる速さ”が音速と同程度かそれ以上でなければ有意の密度変化はそのあたりに現れない．

音速よりずっと遅い，普通の，言わば日常的な流れでは，気体であっても非圧縮性流体として取り扱って差し支えない．

12.5　面積要素の関係

12.2節では，$\boldsymbol{\xi}$ 空間の体積要素と $\boldsymbol{x}$ 空間の体積要素の比，すなわち同じ流体粒子について初めと今の体積比がヤコビアンであることを示した．これに対して，$\boldsymbol{\xi}$ 空間で認識された面積要素 $\boldsymbol{\Delta S}_0=\boldsymbol{n}_0\Delta S_0$ と，それが移動して $\boldsymbol{x}$ 空間で形成する面積要素 $\boldsymbol{\Delta S}=\boldsymbol{n}\Delta S$ の間には，

$$
{}^t\!\left[\frac{d\boldsymbol{x}}{d\boldsymbol{\xi}}\right](\boldsymbol{\Delta S})=J\boldsymbol{\Delta S}_0 \Leftrightarrow \frac{\partial x_i}{\partial \xi_p}\,n_i\,\Delta S=Jn_{0,p}\,\Delta S_0 \tag{12.11}
$$

の関係がある．$\boldsymbol{n}_0\Leftrightarrow n_{0,p}$，$\boldsymbol{n}\Leftrightarrow n_i$ は，それぞれの面積要素の単位法線ベクトルである．

証明◆　**図12.8**によって，

$$
\boldsymbol{n}\,\Delta S=\Delta\boldsymbol{x}_B\wedge\Delta\boldsymbol{x}_C=\left(\left[\frac{d\boldsymbol{x}}{d\boldsymbol{\xi}}\right]\Delta\boldsymbol{\xi}_B\right)\wedge\left(\left[\frac{d\boldsymbol{x}}{d\boldsymbol{\xi}}\right]\Delta\boldsymbol{\xi}_C\right)
$$

$$
\Leftrightarrow n_i\,\Delta S=\varepsilon_{ijk}\left(\frac{\partial x_j}{\partial \xi_q}\,\Delta\xi_{B,q}\right)\left(\frac{\partial x_k}{\partial \xi_r}\,\Delta\xi_{C,r}\right)
$$

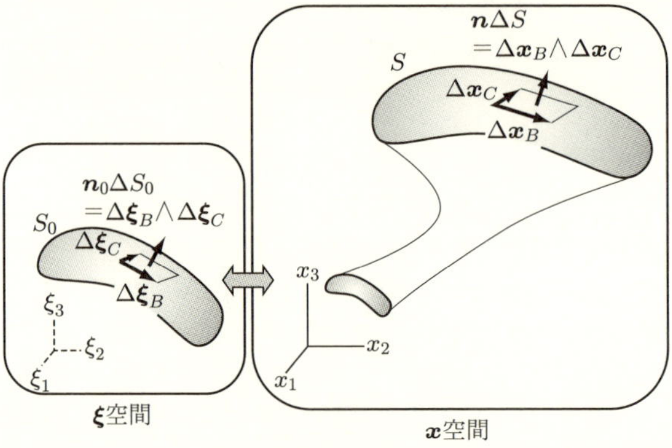

図 12.8

$$
\therefore\quad \frac{\partial x_i}{\partial \xi_p} n_i\,\Delta S = \varepsilon_{ijk}\frac{\partial x_i}{\partial \xi_p}\frac{\partial x_j}{\partial \xi_q}\frac{\partial x_k}{\partial \xi_r}\,\Delta\xi_{B,q}\,\Delta\xi_{C,r} = \begin{vmatrix} \dfrac{\partial x_1}{\partial \xi_p} & \dfrac{\partial x_1}{\partial \xi_q} & \dfrac{\partial x_1}{\partial \xi_r} \\ \dfrac{\partial x_2}{\partial \xi_p} & \dfrac{\partial x_2}{\partial \xi_q} & \dfrac{\partial x_2}{\partial \xi_r} \\ \dfrac{\partial x_3}{\partial \xi_p} & \dfrac{\partial x_3}{\partial \xi_q} & \dfrac{\partial x_3}{\partial \xi_r} \end{vmatrix}\Delta\xi_{B,q}\,\Delta\xi_{C,r}
$$

$$
= \varepsilon_{pqr}\begin{vmatrix} \dfrac{\partial x_1}{\partial \xi_1} & \dfrac{\partial x_1}{\partial \xi_2} & \dfrac{\partial x_1}{\partial \xi_3} \\ \dfrac{\partial x_2}{\partial \xi_1} & \dfrac{\partial x_2}{\partial \xi_2} & \dfrac{\partial x_2}{\partial \xi_3} \\ \dfrac{\partial x_3}{\partial \xi_1} & \dfrac{\partial x_3}{\partial \xi_2} & \dfrac{\partial x_3}{\partial \xi_3} \end{vmatrix}\Delta\xi_{B,q}\,\Delta\xi_{C,r} \overset{(12.1)}{=} J(\varepsilon_{pqr}\,\Delta\xi_{B,q}\,\Delta\xi_{C,r})
$$

$$
= J(\Delta\boldsymbol{\xi}_B\wedge\Delta\boldsymbol{\xi}_C)_p = J(\boldsymbol{n}_0\,\Delta S_0)_p = Jn_{0,p}\,\Delta S_0 \qquad \blacksquare
$$

ついでに，式(12.11)で $\boldsymbol{\xi}$ 空間と $\boldsymbol{x}$ 空間の役割を入れ替えれば，

$$
{}^t\!\left[\frac{d\boldsymbol{\xi}}{d\boldsymbol{x}}\right](\boldsymbol{\Delta S}_0) = \frac{1}{J}\,\boldsymbol{\Delta S} \Leftrightarrow \frac{\partial \xi_i}{\partial x_p}\,n_{0,i}\,\Delta S_0 = \frac{1}{J}n_p\,\Delta S \tag{12.12}
$$

である．式中 $\det[d\boldsymbol{\xi}/d\boldsymbol{x}] = (\det[d\boldsymbol{x}/d\boldsymbol{\xi}])^{-1} = 1/J$ は，式(10.23)の両辺の行列式を作って得られる．

微小面上の“微々小面”の間なら，式(12.11)，(12.12)はそれぞれ，

$$
\frac{\partial x_i}{\partial \xi_p}\,n_i\,d(\Delta S) = Jn_{0,p}\,d(\Delta S_0) \tag{12.13}
$$

$$
\frac{\partial \xi_i}{\partial x_p}\,n_{0,i}\,d(\Delta S_0) = \frac{1}{J}n_p\,d(\Delta S) \tag{12.14}
$$

である．

課題 12.2● 次を示せ．面積要素の時間変化率である．

$$\frac{D}{Dt}(n_j\,\Delta S)=\mathrm{div}\,\boldsymbol{v}\cdot n_j\,\Delta S-\frac{\partial v_i}{\partial x_j}\,n_i\Delta S$$

$$\Leftrightarrow\ \frac{D(\boldsymbol{\Delta S})}{Dt}=(\boldsymbol{\nabla}\cdot\boldsymbol{v})\boldsymbol{\Delta S}-{}^t\left[\frac{d\boldsymbol{v}}{d\boldsymbol{x}}\right](\boldsymbol{\Delta S})$$

Coffee Break　反個性的教育論

月刊「エネルギーレビュー」，2001 年 11 月号

今「個性重視の教育」は黄門様の印籠だ．持ち出されると議論はおしまいでひれ伏すだけ．強烈な個性の大先生方が皆大切と仰（おっしゃ）るので凡百が異を唱えたとて蟷螂（とうろう）の斧だが，言っておこう．先生方の真意は別儀と承知するが，言葉は一人歩きする．

確かに世を変える変革や発明は強烈な個性がもたらす．しかし，社会は「少数の強烈な個性と健全なその他大勢」のバランスのもとでしか発展しない．しかも後者あっての前者だ．西郷も大久保も無名無数の「中西郷」，「小大久保」の海から生まれた．その教育は画一，強制のゴリゴリ訓練だった．嘘だと思うなら大村益次郎，高野長英を輩出した廣瀬淡窓の咸宜（かんぎ）園を大分県日田市に訪ねよ．往時のカリキュラムが保存してある．

筆者は個性を伸ばすことが教育の役割だと思わない．それを揃めとは言わないが，教育は，いずれ玉として輝き出す原石をある確率で含む母集団を造るもの，あるいは個が文字通り個性として躍動を始めたときに不足の無い準備をするものである．

抑々（そもそも）個性は教育で造れるものだろうか．筆者は五十路に入って自分が強烈な個性たりえなかった自覚があるので，問われれば「俺程度なら造ってみせる」と答えるほかは無い．司馬遼太郎は「軍事の天才は教育では造れない」と語っていた．楠，真田，児玉，秋山などは教育でできたものでない，というのだ．それぞれが強烈な個性になるか，単に他と違うだけの消極的個性になるかは神様の領分，つまり確率現象である．

では，教育は受けたが強烈な個性には届かない言わば「優秀な普通の人」はどうなるか．

それは，それぞれの持ち場で務めを果たし，子を育て，文化を継承するよき日本人になるのである．

個性大事といって優秀な普通の人を造る教育を強制だ，画一だと攻撃することは角（つの）を矯（た）めて牛を殺すの類いだ．誰かが言ったとおり個性重視の掛け声は「そんなに頑張らなくていいよ」という甘い囁（ささや）きと一体だ．自主的選択ばかりのカリキュラムを造れば向上心が触発されて学生は自然に個性的になる，などとは幼稚な教育観である．これは，経済における自由競争賛美の空気が傲慢にも教育現場に入り込んできたものだ．

筆者が携わった原子力系学科の改組では，世に迎合するフリをしてその実は強制，画一の教育の質，量を確保することに腐心した．個々の局面で学生の意欲を引き出すスキルの重要さは別儀．

結果は二十年後．無論，強烈な個性の出現を待望する．

第 13 章 応力テンソル

本章は，最初に面積要素ベクトルに関する注意を軽く行ったあと，連続体力学で最も重要な応力テンソルを論ずる．応力も質点の力学には無用のもので，連続体に特有の概念である．それがテンソルとなるのは，面積要素と力という二つのベクトルがそこに関与するからである．

最後に応力テンソルの対称性の証明を提示する．世上行われているその説明にやや不備が認められるので，紙数を費やして厳密な証明を行った．一度納得しておけば二度やる必要は全くないので，“気合を入れて”挑戦されたい．

13.1 改めて面積要素ベクトル

面積要素ベクトルは，**第 4 章**で面積分を導入して以来，既に何度か現れた．**11.1 節**で，回転のベクトル視は回転角が微小である場合に限ることを指摘したが，面積要素ベクトルについても同じようなことが言える．

3 次元空間の中の滑らかな曲面 S 上に大きさ dS の微小面を考える（**図 13.1**）．微小ならばこれを平面と考えてよい（まだ波打っていればもっと小さくせよ！）．このとき，この微小平面の法線方向が定まるので，次のベクトル $\boldsymbol{dS}$ を作って，これを**面積要素ベクトル**と名付ける．

$$\text{“}\boldsymbol{dS}\text{ の大きさ”} = |\boldsymbol{dS}| = dS, \qquad \text{“}\boldsymbol{dS}\text{ の方向”} = dS\text{ の法線方向}$$

法線一つに“向き”は二つあるが，これは，どちらかに決めたら以後気まぐれに変えない，とだけしておけばよい．後述の作用反作用の法則があるので，その決め方が全体の議論に影響を及ぼすことは無い．

$\boldsymbol{dS}$ を指定すれば，微小面の大きさと方向が同時に指定される．法線方向の単位ベクトルを $\boldsymbol{n}$ とすれば，

$$\boldsymbol{dS} = \boldsymbol{n}\,dS$$

である．

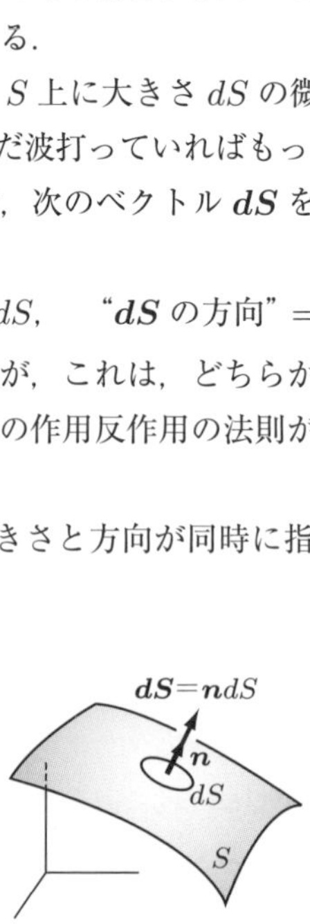

図 13.1

微小でない面積ベクトル $\boldsymbol{S}$ は，S に亘る $\boldsymbol{dS}$ の足し算，すなわち，

$$\boldsymbol{S} = \iint_S \boldsymbol{dS} = \iint_S \boldsymbol{n}\, dS$$

とする他はないが，これがものの役に立たない．以下の例題でこれを考えよう．

例題 13.1 ● 3 次元空間中に**図 13.2** のような四つの三角形からなる微小四面体を考え，各面の外向き単位法線ベクトルを $\boldsymbol{n}_1$，$\boldsymbol{n}_2$，$\boldsymbol{n}_3$，$\boldsymbol{n}_4$，それぞれの面積を dS_1，dS_2，dS_3，dS_4 とすれば，四つの面積要素ベクトルが，

$$\boldsymbol{dS}_i = \boldsymbol{n}_i\, dS_i, \quad i = 1\sim 4 \tag{13.1}$$

と決まる．右辺で i に関する縮約は無い．このとき，

$$\sum_{i=1}^{4} \boldsymbol{dS}_i = \boldsymbol{0} \tag{13.2}$$

を示せ．さらに，任意の 3 次元領域 V（閉じた体積）の表面 S 上の $\boldsymbol{dS}$ について，

$$\iint_S \boldsymbol{dS} = \boldsymbol{0}$$

となることを示せ．

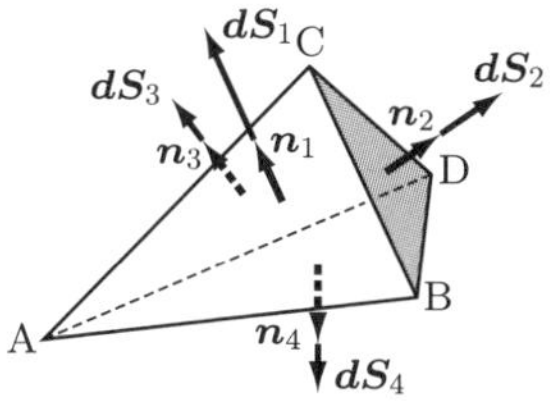

図 13.2

解答 ◆

$$\overrightarrow{\mathrm{AB}} = \boldsymbol{a}, \quad \overrightarrow{\mathrm{AC}} = \boldsymbol{b}, \quad \overrightarrow{\mathrm{AD}} = \boldsymbol{c}$$

とすれば，

$$\overrightarrow{\mathrm{BC}} = \boldsymbol{b} - \boldsymbol{a}, \quad \overrightarrow{\mathrm{BD}} = \boldsymbol{c} - \boldsymbol{a}$$

であるから，

$$\begin{aligned}
\sum_{i=1}^{4} \boldsymbol{dS}_i &= \boldsymbol{dS}_1 + \boldsymbol{dS}_2 + \boldsymbol{dS}_3 + \boldsymbol{dS}_4 \\
&= \frac{1}{2}\boldsymbol{a} \wedge \boldsymbol{b} + \frac{1}{2}(\boldsymbol{c} - \boldsymbol{a}) \wedge (\boldsymbol{b} - \boldsymbol{a}) + \frac{1}{2}\boldsymbol{b} \wedge \boldsymbol{c} + \frac{1}{2}\boldsymbol{c} \wedge \boldsymbol{a} \\
&= \frac{1}{2}(\boldsymbol{a} \wedge \boldsymbol{b} + \boldsymbol{c} \wedge \boldsymbol{b} - \boldsymbol{a} \wedge \boldsymbol{b} - \boldsymbol{c} \wedge \boldsymbol{a} + \boldsymbol{a} \wedge \boldsymbol{a} - \boldsymbol{c} \wedge \boldsymbol{b} + \boldsymbol{c} \wedge \boldsymbol{a}) = \boldsymbol{0}
\end{aligned}$$

次に，任意の閉じた 3 次元領域 V を多くの微小四面体に分割すれば，その各々について

$\sum_{i=1}^{4} \boldsymbol{dS}_i = \boldsymbol{0}$ であるから，全ての微小四面体についてそれらの総和をとっても結果はゼロベクトルである．一方，$\sum_{i=1}^{4} \boldsymbol{dS}_i$ を加える際，隣接四面体からの $\boldsymbol{dS}_i$ 同士は打ち消し合い，接する相手を持たない V の表面 S 上の $\boldsymbol{dS}_i$ だけが残る．すなわち，全ての微小四面体についての $\sum_{i=1}^{4} \boldsymbol{dS}_i$ の総和は S 上の $\boldsymbol{dS}_i$ の総和に等しいから，$\iint_S \boldsymbol{dS} = \boldsymbol{0}$ が成立する．■

図 13.3 で，面 S_1 と対(つい)になって閉じた 3 次元領域を形成する二つの曲面 S_2，S_2' について，

$$\boldsymbol{S}_1 = \iint_{S_1} \boldsymbol{dS}, \quad \boldsymbol{S}_2 = \iint_{S_2} \boldsymbol{dS}, \quad \boldsymbol{S}_2' = \iint_{S_2'} \boldsymbol{dS}$$

が作れるが，例題 13.1 によって，

$$\boldsymbol{S}_1 + \boldsymbol{S}_2 = \boldsymbol{0} \quad \text{または} \quad \boldsymbol{S}_1 = -\boldsymbol{S}_2$$

$$\boldsymbol{S}_1 + \boldsymbol{S}_2' = \boldsymbol{0} \quad \text{または} \quad \boldsymbol{S}_1 = -\boldsymbol{S}_2'$$

となる．S_2，S_2' の形は任意であるから，“微小でない面積ベクトル $\boldsymbol{S}_1$” は，それに対応する面の形を実は何も決めていない．紛れることなく決めているのは，**図 13.3** の切り口の平面だけである．これなら最初の微小面積要素の場合から何も進展していない．微小でない面積ベクトルは，定義するのは勝手だが何の役にも立たない！

微小回転ベクトル $\boldsymbol{d\theta}$ の場合と同じく，面積要素ベクトル $\boldsymbol{dS}$ も $d\boldsymbol{S}$ と書かない方がよい．

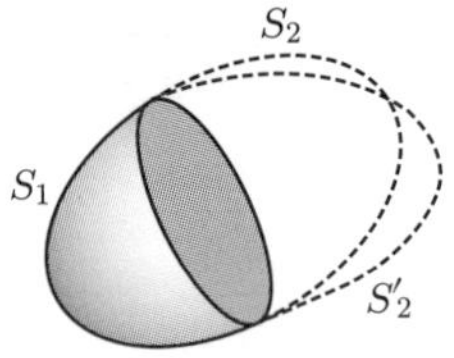

図 13.3

13.2　応力という機能

図 13.4 のように，連続体の中に面積要素 $\boldsymbol{dS} = \boldsymbol{n}\,dS$ をとり，$\boldsymbol{dS}$ で認識される微小面で仮想的に分断された両側のそれぞれを，**表**と**裏**と呼ぶことにする．その決め方は，dS から見て $\boldsymbol{n}$ または $\boldsymbol{dS}$ が指差している方を表，反対側を裏とする．このとき，区切られた連続体の“表側は裏側に”面を介して力を及ぼしている．面積は微小だから力も微小で無論ベクトルである．これを $\boldsymbol{df}$ とする．この，面積要素ベクトル $\boldsymbol{dS}$ から，それで区切られた両側の“表が裏に”及ぼす微小ベクトル $\boldsymbol{df}$ を作る，という機能を例の箱で，

$$\boldsymbol{df} = \boldsymbol{\Sigma}(\boldsymbol{dS}) \tag{13.3}$$

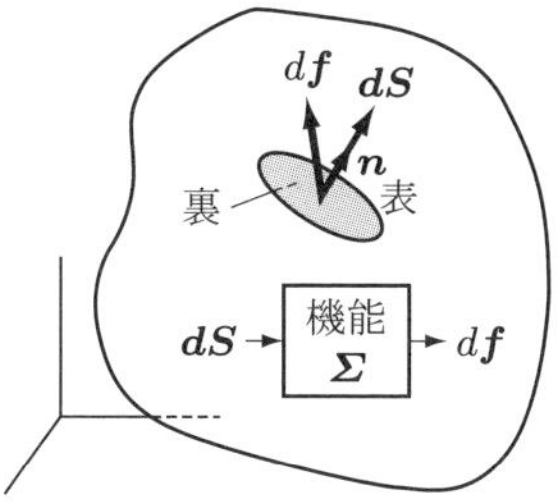

図 13.4

と表す．この機能が**応力** (stress) である．

機能が線形なら応力は**応力テンソル** (stress tensor) である．もしそうならば，この機能はベクトルを入れてベクトルを作るから，2 階のテンソルである．また，df は“表が裏に”だが，反対の“裏が表に”及ぼす力は**作用反作用の法則**から $(-df)$ である．両方を一緒に考えると混乱するので，応力テンソルについては，

① 微小面を考える，

② 面積要素ベクトルで表裏を定める，

③ 応力は**表が裏に**及ぼす力，

と“馬鹿の一つ覚え”にしておいて，表側の受ける力を考える必要のあるときだけ作用反作用の法則を思い出すとよい．

線形性を示さなければならない．

13.3　応力の線形性

スカラー倍に関する線形性

$\boldsymbol{dS}$ のスカラー倍とは，面の法線方向を保って大きさだけを変えたものである (**図 13.5**)．dS は十分に小さく，df はその微小面を介して働く微小な力であるから，方向を変えずに面積を α 倍すれば力も α 倍になる．すなわち式(13.3)に対して，次のようになる．

$$\boldsymbol{\Sigma}(\alpha\, \boldsymbol{dS}) = \alpha\, d\boldsymbol{f} = \alpha \boldsymbol{\Sigma}(\boldsymbol{dS}) \tag{13.4}$$

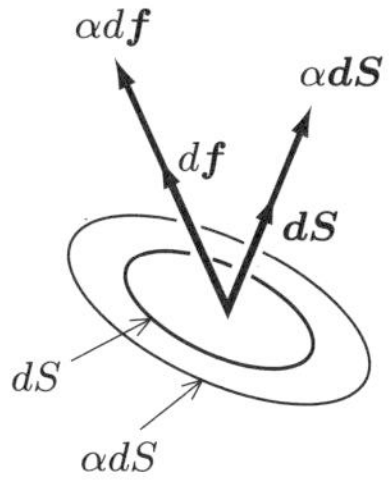

図 13.5

ベクトル和に関する線形性

ベクトル和に関する線形性はちょっと厄介である．というのも，**図 13.6** のように，或る位置で幾何学的にベクトル和を構成する 3 微小面に働く三つの力がベクトル和を構成する，すなわち，

$$\boldsymbol{\Sigma}(\boldsymbol{dS}_1 + \boldsymbol{dS}_2) = \boldsymbol{\Sigma}(\boldsymbol{dS}_1) + \boldsymbol{\Sigma}(\boldsymbol{dS}_2)$$

を示さなければならない．これは自明とは言えないから，きちんと証明する必要がある．以下に示すように，それは数学的要請ではなく物理的要請である．

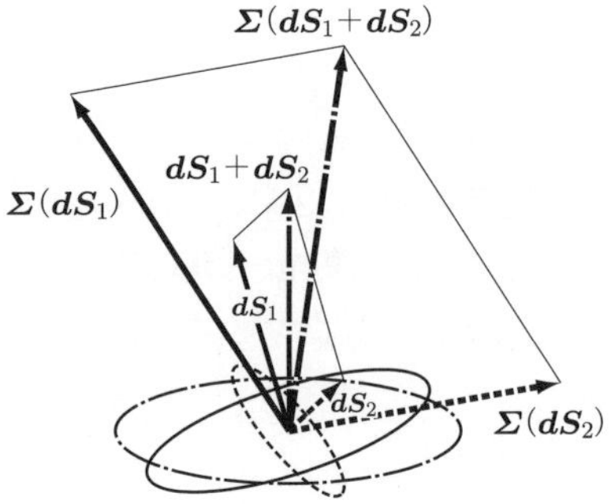

図 13.6

連続体中に先の**図 13.2** と同じ微小四面体を考えて，その運動方程式を作る．四面体には，重力のようにその体積に直接働く**体積力** (volumetric force, body force) と，周囲から面を介して働く**面積力**（**表面力**，surface force）とが作用する．前者は四面体の密度を ρ，体積を dV，単位質量当たりに働く体積力を $\overline{\boldsymbol{f}}$ とすれば，$\rho\, dV \overline{\boldsymbol{f}}$ である．

一方，後者には式(13.3)が適用できる．このとき，“表が裏に”は“周囲が四面体に”であるから，四面体の重心の位置ベクトルを $\boldsymbol{x}$ として運動方程式は次のようになる．

$$\rho\, dV \frac{d^2\boldsymbol{x}}{dt^2} = \rho\, dV \overline{\boldsymbol{f}} + \sum_{i=1}^{4} d\boldsymbol{f}_i = \rho\, dV \overline{\boldsymbol{f}} + \sum_{i=1}^{4} \{\boldsymbol{\Sigma}(\boldsymbol{dS}_i)\}$$

$$\overset{(13.1)}{=} \rho\, dV \overline{\boldsymbol{f}} + \sum_{i=1}^{4} \{\boldsymbol{\Sigma}(\boldsymbol{n}_i\, dS_i)\} \overset{(13.4)}{=} \rho\, dV \overline{\boldsymbol{f}} + \sum_{i=1}^{4} \{dS_i\, \boldsymbol{\Sigma}(\boldsymbol{n}_i)\} \quad (13.5)$$

書き直すと，

$$\rho\, dV \left(\frac{d^2\boldsymbol{x}}{dt^2} - \overline{\boldsymbol{f}} \right) = \sum_{i=1}^{4} \{dS_i\, \boldsymbol{\Sigma}(\boldsymbol{n}_i)\} \quad (13.6)$$

となる．

この式を次のように変形する．四面体を代表する 1 次元の寸法，例えば或る一つの辺の長さを dl とすると，微小体積と四つの微小面積は，

$$dV = \gamma(dl)^3, \quad dS_i = \lambda_i (dl)^2 \ (i = 1 \sim 4)$$

と書けて，形状が相似なら，導入した係数 $\{\gamma, \lambda_1, \lambda_2, \lambda_3, \lambda_4\}$ はいずれも四面体の寸法とは無関係の無次元量である．これらを式(13.6)に代入し，両辺を $(dl)^2$ で割ると，

$$\rho\gamma\, dl\left(\frac{d^2\boldsymbol{x}}{dt^2} - \overline{\boldsymbol{f}}\right) = \sum_{i=1}^{4}\left\{\lambda_i \boldsymbol{\Sigma}(\boldsymbol{n}_i)\right\} \tag{13.7}$$

となる．そこで，$dl \to 0$ として形状の相似性を保ったまま四面体を位置ベクトル $\boldsymbol{x}$ の点に収縮させてみる．

まず，式(13.7)左辺括弧内のベクトルは位置 $\boldsymbol{x}$ におけるその値になるが，これは大きさが無限大のベクトルではあり得ない．従って，左辺は $dl \to 0$ でゼロベクトルに収束する．

一方，右辺中 $\boldsymbol{\Sigma}(\boldsymbol{n}_i)$ は“単位面積当たり”であって，単位面積は四面体の寸法を小さくしても縮みようがないから，**図 13.7** のように，収縮に伴って面の位置だけが $\boldsymbol{x}$ に向かって移動し，収縮の極限では**図 13.6** と同じように単一の点で複数の面を考えることになる．また，λ_i は四面体の寸法とは無関係であったから，式(13.7)の右辺は“$\boldsymbol{\Sigma}(\boldsymbol{n}_i)$ を考える各面が，収縮に伴って $\boldsymbol{x}$ 点に向かって移動すること”を通じてのみ四面体の寸法に依存する．

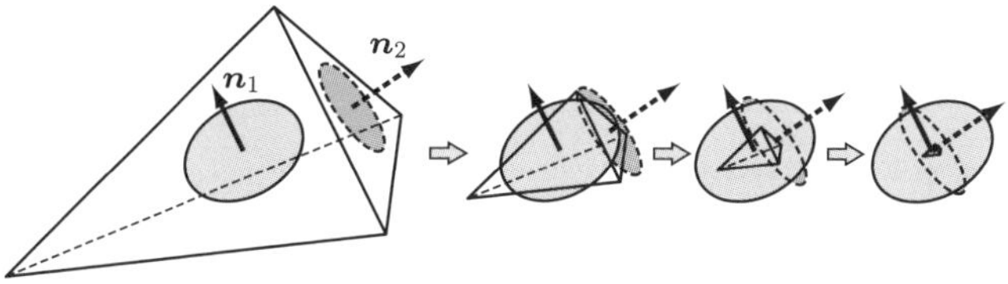

図 13.7

以上によって，式(13.7)は収縮の極限で，

$$\boldsymbol{0} = \sum_{i=1}^{4}\left\{\lambda_i \boldsymbol{\Sigma}(\boldsymbol{n}_i)\right\}$$

となる．そこで，面の大きさを回復させる $(dl)^2$ を両辺に掛ければ，次式が得られる．

$$\begin{aligned}\boldsymbol{0} &= \sum_{i=1}^{4}\left\{(dl)^2\lambda_i \boldsymbol{\Sigma}(\boldsymbol{n}_i)\right\} = \sum_{i=1}^{4}\left\{dS_i \boldsymbol{\Sigma}(\boldsymbol{n}_i)\right\} \\ &\overset{(13.4)}{=} \sum_{i=1}^{4}\left\{\boldsymbol{\Sigma}(dS_i\boldsymbol{n}_i)\right\} = \sum_{i=1}^{4}\left\{\boldsymbol{\Sigma}(d\boldsymbol{S}_i)\right\} = \sum_{i=1}^{4} d\boldsymbol{f}_i\end{aligned} \tag{13.8}$$

この式は，運動方程式(13.5)の中の，

$$\sum_{i=1}^{4} d\boldsymbol{f}_i = \sum_{i=1}^{4}\left\{\boldsymbol{\Sigma}(d\boldsymbol{S}_i)\right\}$$

が初めから要らないと言っているのではないことに注意せよ．面力の和がゼロとは，**図 13.6** のように“同じ点で考えた異なる微小面”について言えることで，**図 13.2** で考えた収縮以

前の四面体の各面に働く力の和がゼロという意味ではない．

式(13.8)より，

$$\boldsymbol{\Sigma}(\boldsymbol{dS}_4) = -\boldsymbol{\Sigma}(\boldsymbol{dS}_1) - \boldsymbol{\Sigma}(\boldsymbol{dS}_2) - \boldsymbol{\Sigma}(\boldsymbol{dS}_3)$$

であるが，例題 13.1 の式(13.2)より，

$$\boldsymbol{dS}_4 = -\boldsymbol{dS}_1 - \boldsymbol{dS}_2 - \boldsymbol{dS}_3$$

であるから，これを左辺に代入すると，

$$\boldsymbol{\Sigma}(-\boldsymbol{dS}_1 - \boldsymbol{dS}_2 - \boldsymbol{dS}_3) = -\boldsymbol{\Sigma}(\boldsymbol{dS}_1) - \boldsymbol{\Sigma}(\boldsymbol{dS}_2) - \boldsymbol{\Sigma}(\boldsymbol{dS}_3)$$

となる．両辺に (-1) を掛けると，スカラー倍の線形性によって，

$$\boldsymbol{\Sigma}(\boldsymbol{dS}_1 + \boldsymbol{dS}_2 + \boldsymbol{dS}_3) = \boldsymbol{\Sigma}(\boldsymbol{dS}_1) + \boldsymbol{\Sigma}(\boldsymbol{dS}_2) + \boldsymbol{\Sigma}(\boldsymbol{dS}_3)$$

となる．どれか一つを抜けば，ベクトル和に関する線形性が得られる．先のスカラー倍の線形性と併せて，

$$\boldsymbol{\Sigma}(\alpha\,\boldsymbol{dS}_1 + \beta\,\boldsymbol{dS}_2) = \alpha\boldsymbol{\Sigma}(\boldsymbol{dS}_1) + \beta\boldsymbol{\Sigma}(\boldsymbol{dS}_2)$$

という完全な線形性が得られる．

かくて，面積要素ベクトル $\boldsymbol{dS}$ から，それが定める微小面の表が裏に及ぼす力 $d\boldsymbol{f}$ を作るという機能 $d\boldsymbol{f} = \boldsymbol{\Sigma}(\boldsymbol{dS})$ は，晴れて 2 階のテンソルである．

13.4 応力テンソルの使い方

単位面積当たりで使う

$\boldsymbol{dS} = \boldsymbol{n}\,dS$ とスカラー倍の線形性より，

$$d\boldsymbol{f} = \boldsymbol{\Sigma}(\boldsymbol{dS}) = \boldsymbol{\Sigma}(\boldsymbol{n}\,dS) = dS\,\boldsymbol{\Sigma}(\boldsymbol{n})$$

であるから，

$$\boldsymbol{\tau} = \frac{d\boldsymbol{f}}{dS} = \boldsymbol{\Sigma}(\boldsymbol{n}) \tag{13.9}$$

とすれば，$\boldsymbol{\tau}$ は**単位面積当たりに働く力**である．すなわち，$\boldsymbol{\Sigma}$ は，力を知りたい面を面積 1 の意味を含めて単位ベクトル $\boldsymbol{n}$ で指定すると，その面の表側が裏側に及ぼす力を与える．

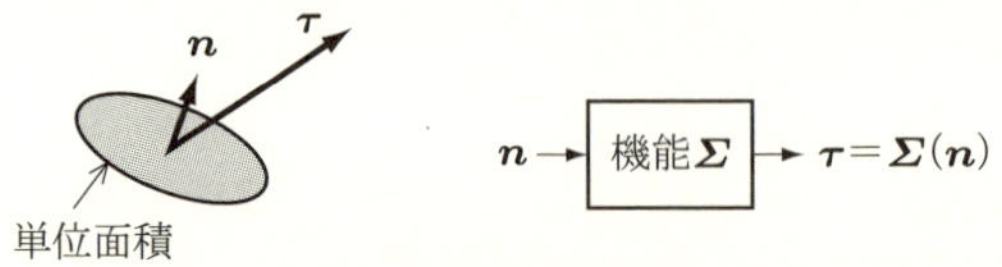

図 13.8

線形性の証明が済んで $\boldsymbol{\Sigma}$ が 2 階テンソルであることは確定しているから，式(13.9)は次のように書ける．

$$\boldsymbol{\tau} = \frac{d\boldsymbol{f}}{dS} = \boldsymbol{\Sigma}(\boldsymbol{n}) = \boldsymbol{\Sigma}\boldsymbol{n} = \begin{pmatrix} \sigma_{11} & \sigma_{12} & \sigma_{13} \\ \sigma_{21} & \sigma_{22} & \sigma_{23} \\ \sigma_{31} & \sigma_{32} & \sigma_{33} \end{pmatrix} \begin{pmatrix} n_1 \\ n_2 \\ n_3 \end{pmatrix} \Leftrightarrow \tau_i = \sigma_{ij} n_j \tag{13.10}$$

例によって，記号 $\boldsymbol{\Sigma}$ は機能と行列の双方に使っている．

（ベクトル）÷（ベクトル）という演算はないが，“式(13.10)の意味において”という了解のもとで，行列 $\boldsymbol{\Sigma}$ を，

$$\boldsymbol{\Sigma} = \begin{pmatrix} \sigma_{11} & \sigma_{12} & \sigma_{13} \\ \sigma_{21} & \sigma_{22} & \sigma_{23} \\ \sigma_{31} & \sigma_{32} & \sigma_{33} \end{pmatrix} = \left[\frac{\boldsymbol{\tau}}{\boldsymbol{n}}\right] = \left[\frac{d\boldsymbol{f}/dS}{\boldsymbol{n}}\right] = \left[\frac{d\boldsymbol{f}}{\boldsymbol{n}\,dS}\right] = \left[\frac{d\boldsymbol{f}}{d\boldsymbol{S}}\right]$$

などと書いてよい．

行列を構成する 3 本の縦ベクトルは，基底 $\{\boldsymbol{e}_1, \boldsymbol{e}_2, \boldsymbol{e}_3\}$ のそれぞれを順に箱に入れたときの 3 本の製品ベクトルであることを，ここでも確認しておこう．

$$\begin{pmatrix} \sigma_{11} \\ \sigma_{21} \\ \sigma_{31} \end{pmatrix} = \boldsymbol{\Sigma}(\boldsymbol{e}_1), \quad \begin{pmatrix} \sigma_{12} \\ \sigma_{22} \\ \sigma_{32} \end{pmatrix} = \boldsymbol{\Sigma}(\boldsymbol{e}_2), \quad \begin{pmatrix} \sigma_{13} \\ \sigma_{23} \\ \sigma_{33} \end{pmatrix} = \boldsymbol{\Sigma}(\boldsymbol{e}_3)$$

各座標軸に垂直な面を**座標面** (coordinate surface) と名付けると，例えば，$\boldsymbol{\Sigma}(\boldsymbol{e}_2)$ は連続体中のそれぞれの点で考えた $\boldsymbol{e}_2$ 座標面の表（$\boldsymbol{e}_2$ 側）が裏（$-\boldsymbol{e}_2$ 側）に及ぼす力であり，$\{\sigma_{12}, \sigma_{22}, \sigma_{32}\}$ はその 3 成分である（**図 13.9**）.

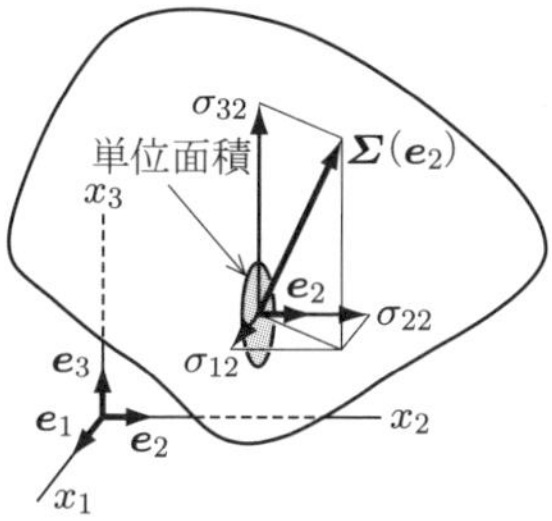

図 13.9

第二の使い方，垂直応力と剪断応力

$(\boldsymbol{m}, \boldsymbol{n})$ をともに単位ベクトルとして，応力テンソルの第二の使い方を確認しよう．二つの使い方の関係を示す **8.3 節**の**図 8.17** を応力テンソルに当て嵌(は)めると**図 13.10** 左になる．

$z = z(\boldsymbol{m}, \boldsymbol{n})$ は $\boldsymbol{\tau} = \boldsymbol{\Sigma n}$ と $\boldsymbol{m}$ のスカラー積，すなわち，$\boldsymbol{\Sigma}$ による双一次形式である．それは，図右のように $\boldsymbol{n}$ **面に働く力** $\boldsymbol{\tau}$ **の** $\boldsymbol{m}$ **方向成分**である．

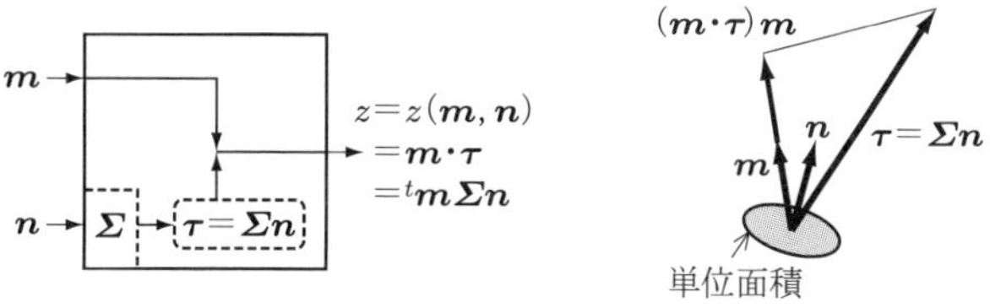

図 13.10

$$z = z(\boldsymbol{m}, \boldsymbol{n}) = \boldsymbol{m} \cdot \boldsymbol{\tau} = {}^t\boldsymbol{m}\boldsymbol{\Sigma}\boldsymbol{n}$$
$$\Leftrightarrow z = m_i \tau_i = m_i(\sigma_{ij} n_j) = m_i n_j \sigma_{ij}$$

$\boldsymbol{m} = \boldsymbol{n}$ であれば二次形式である．

$$z = z'(\boldsymbol{n}) = {}^t\boldsymbol{n}\boldsymbol{\Sigma}\boldsymbol{n} \Leftrightarrow z = n_i \tau_i = n_i n_j \sigma_{ij}$$

すなわち，$z = {}^t\boldsymbol{n}\boldsymbol{\Sigma}\boldsymbol{n}$ $(= \tau_n)$ は **$\boldsymbol{n}$ 面に働く力 $\boldsymbol{\tau}$ の $\boldsymbol{n}$ 方向成分**である．これを**垂直応力** (normal stress) と言う．

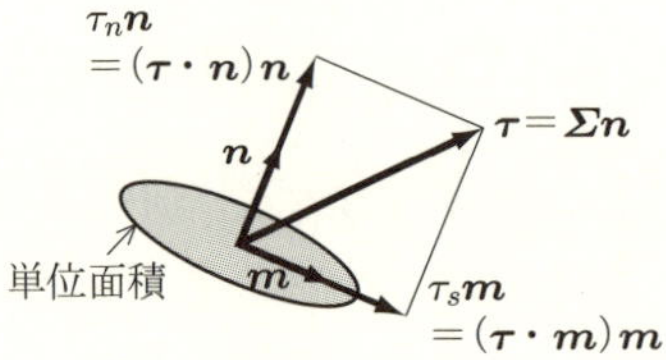

図 13.11

一方，**図 13.11** のように，$\boldsymbol{\tau}$ の $\boldsymbol{n}$ 面上への射影方向に $\boldsymbol{m}$ をとって，

$$\boldsymbol{\tau} = \boldsymbol{\Sigma}\boldsymbol{n} = (\boldsymbol{\tau} \cdot \boldsymbol{n})\boldsymbol{n} + (\boldsymbol{\tau} \cdot \boldsymbol{m})\boldsymbol{m} = \tau_n \boldsymbol{n} + \tau_s \boldsymbol{m}$$

と書けば，$\tau_s = \boldsymbol{\tau} \cdot \boldsymbol{m}$ は $\boldsymbol{\tau} = \boldsymbol{\Sigma}\boldsymbol{n}$ の $\boldsymbol{n}$ 面上への射影成分である．これを**剪断（せんだん）応力** (shear stress) と言う．先の**図 13.9** では，

$$\boldsymbol{\Sigma}(\boldsymbol{e}_2) = \sigma_{22}\boldsymbol{e}_2 + (\sigma_{12}\boldsymbol{e}_1 + \sigma_{32}\boldsymbol{e}_3)$$

であるから，$\sigma_{22}\boldsymbol{e}_2$ が垂直応力，$(\sigma_{12}\boldsymbol{e}_1 + \sigma_{32}\boldsymbol{e}_3)$ が $\tau_s \boldsymbol{m}$ に相当する剪断応力である．すなわち，σ_{12}，σ_{32} は，それぞれ $\boldsymbol{e}_2$ 座標面に働く剪断応力の 1 方向成分，3 方向成分である．

結局，

> **応力テンソル（の行列）Σ の対角成分は各座標面に働く力の垂直成分を表し，非対角成分はそれぞれの座標軸方向の剪断成分を表す．**

押し合い，引き合い

図 13.11 では垂直応力 τ_n が正，すなわち $\boldsymbol{n}$ 面の表は裏に $\boldsymbol{n}$ 方向の力を及ぼしているから，表は裏を引っ張っており，作用反作用の法則から裏も表を引っ張っている．つまり，両側は面を介して互いに引き合っている．τ_n が負なら両側は互いに押し合っている．応力テンソルの行列 $\boldsymbol{\Sigma} \Leftrightarrow \sigma_{ij}$ の対角成分についても同じで，或る対角成分が正ならその座標面の両側は互いに引き合っており，負なら押し合っている．

引き合いか押し合いかは，連続体中の位置だけでなくその位置でどの面を考えるかまでを指定して決まる．例えば，断面が正方形の角柱が，**図 13.12**（a）のように x_2 方向に引っ張られているとする．現象は x_1 方向と x_3 方向で同じとして，同図(b)に x_2x_3 断面を描いてある．角柱内の $\boldsymbol{e}_2$ 座標面（破線）の両側は明らかに互いに引き合っているが，角柱は細くなろうとしているので，同じ位置で考えた $\boldsymbol{e}_3$ 座標面（実線）の両側は押し合っている．剪断応力はいずれの座標面にも働いていない．つまり，非対角成分はない．従って，**図 13.12** の状態で応力テンソルは，

$$\boldsymbol{\Sigma} = \begin{pmatrix} \sigma_{11} & 0 & 0 \\ 0 & \sigma_{22} & 0 \\ 0 & 0 & \sigma_{33} \end{pmatrix}, \quad \sigma_{11} = \sigma_{33} < 0, \quad \sigma_{22} > 0$$

となる．

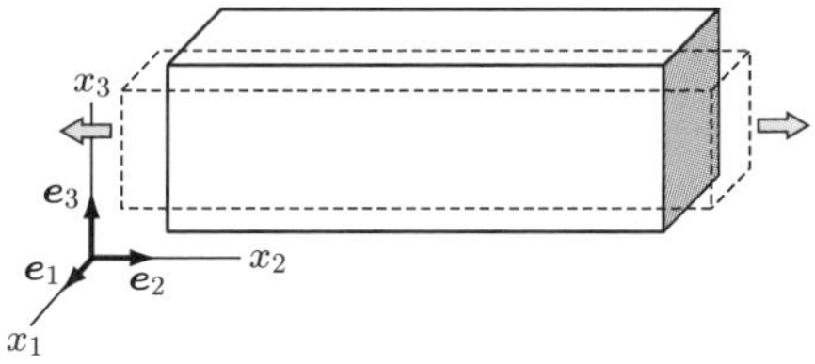

(a)

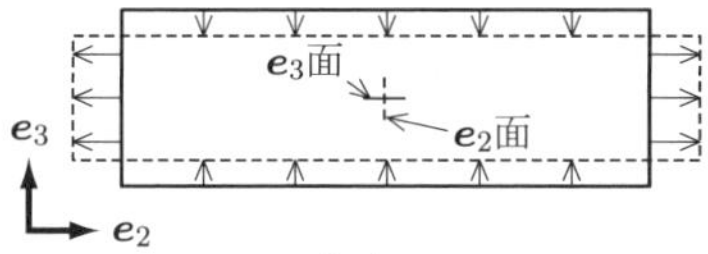

(b)

図 13.12

■テンソル場■

応力状態は一般に連続体の位置と時間に依存するから，$\boldsymbol{\Sigma}$ という機能自体が位置ベクトル $\boldsymbol{x}$ と時間 t の関数である．特に位置の関数であることを強調するとき，これを**応力テンソル場** (stress tensor field) と言う．しかし，$\boldsymbol{\Sigma} = \boldsymbol{\Sigma}(\boldsymbol{x}, t)$ と書くと，箱に入れる独立変数のベクトルと紛らわしいので，機能が位置と時間の関数であることは自明として，$(\boldsymbol{x}, t)$ なる独立変数は書かないことにする．但（ただ）し，対応する行列の成分なら $\boldsymbol{\Sigma} \Leftrightarrow \sigma_{ij}(\boldsymbol{x}, t)$ と独立変数を陽に書いて構わない．独立変数をラグランジベクトルに読み替えて $\boldsymbol{\Sigma} \Leftrightarrow \sigma_{ij}(\boldsymbol{\xi}, t)$ とすることもできる．

13.5 静止流体中の応力テンソルとずれ応力テンソル

気体分子運動論によれば，**図 13.13** の(a)のように，壁の単位面積・単位時間当たりに衝突する気体分子群について衝突前後の垂直方向運動量変化の総和が圧力であった．しかし，圧力は，次のように考えれば“壁が無くとも”圧力である．

分子群の熱運動は基本的に等方的であるから，同図(b)のように，流体中で任意に仮想

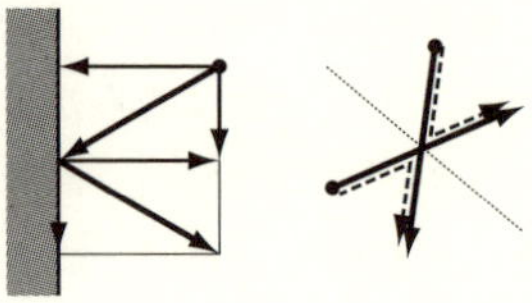

（a）　　　　（b）

図 13.13

した面（点線）を通過する分子に対して，それと面対称の運動をする分子が必ず存在し，結果は，仮想した面を壁と見てそれに衝突・反跳する分子の対（つい）（破線）と同じである．また，これによって圧力は“面をどちらに向けても…”となる．

このように，巨視的に見て静止している流体の中では，任意の単位ベクトル $\boldsymbol{n}$ で指定した面の両側は，$\boldsymbol{n}$ 自身の方向で互いに押し合っている．p を正としてこの事実を，

$$\boldsymbol{\Sigma}(\boldsymbol{n}) = (-p)\boldsymbol{n} \tag{13.11}$$

と書けば，p が所謂**圧力**であって，その単位は“[力/面積] = [N/m^2] = [P]（パスカル）”である．このように，2 階テンソルの製品ベクトルが，材料ベクトル自身のスカラー倍になるとき，そのベクトルをテンソルの**固有ベクトル**，スカラー倍を表す係数をその固有ベクトルに対応する**固有値**と言う（**図 13.14**）．これについては**第 14 章**で改めて考える．

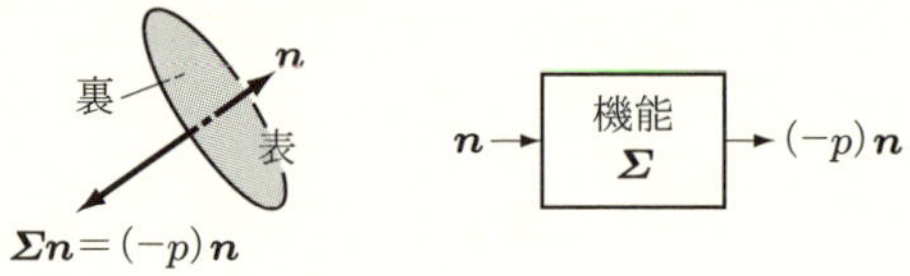

図 13.14

静止流体中では，ベクトル $\boldsymbol{n}$ をどの方向に向けても面の両側の力関係はこのようになるから，その応力テンソルでは汎（あらゆ）るベクトルがその固有ベクトルであり，固有値は圧力に負号を付けたものである．先の**図 13.9** が静止流体中なら，状況は**図 13.15** のようになって，

$$\boldsymbol{\Sigma}(\boldsymbol{e}_2) = \begin{pmatrix} \sigma_{12} \\ \sigma_{22} \\ \sigma_{32} \end{pmatrix} = (-p)\boldsymbol{e}_2 = \begin{pmatrix} 0 \\ -p \\ 0 \end{pmatrix}$$

である．$\boldsymbol{\Sigma}(\boldsymbol{e}_1)$，$\boldsymbol{\Sigma}(\boldsymbol{e}_3)$ も同様で，行列 $\boldsymbol{\Sigma}$ は，

$$\begin{aligned} \boldsymbol{\Sigma} &= \big(\boldsymbol{\Sigma}(\boldsymbol{e}_1), \boldsymbol{\Sigma}(\boldsymbol{e}_2), \boldsymbol{\Sigma}(\boldsymbol{e}_3)\big) \\ &= \begin{pmatrix} \sigma_{11} & \sigma_{12} & \sigma_{13} \\ \sigma_{21} & \sigma_{22} & \sigma_{23} \\ \sigma_{31} & \sigma_{32} & \sigma_{33} \end{pmatrix} = \begin{pmatrix} -p & 0 & 0 \\ 0 & -p & 0 \\ 0 & 0 & -p \end{pmatrix} = (-p)\begin{pmatrix} 1 & 0 & 0 \\ 0 & 1 & 0 \\ 0 & 0 & 1 \end{pmatrix} \\ &\Leftrightarrow \boldsymbol{\Sigma} = -p\boldsymbol{I} \Leftrightarrow \sigma_{ij} = -p\delta_{ij} \end{aligned} \tag{13.12}$$

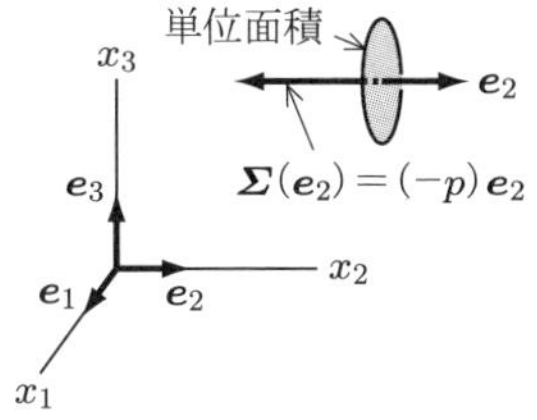

図 13.15

となる．すなわち，静止流体中の応力テンソルの行列は単位行列のスカラー倍である．

流体が運動中であれば，応力状態は式(13.12)の応力テンソルから“ずれてくる”だろう．そこで，運動する流体中の応力テンソル $\boldsymbol{\Sigma} \Leftrightarrow \sigma_{ij}$ を，

$$\sigma_{ij} = -p\delta_{ij} + \sigma'_{ij} \Leftrightarrow \boldsymbol{\Sigma} = -p\boldsymbol{I} + \boldsymbol{\Sigma}' \tag{13.13}$$

と書いて，静止状態からの逸脱分を表す $\boldsymbol{\Sigma}' \Leftrightarrow \sigma'_{ij}$ を，**ずれ応力テンソル** (deviation stress tensor) または**偏差応力テンソル**と呼ぶ．

流体が変形せずにひとかたまりで動いているなら，その応力状態は静止状態と変わらないだろうと予想される．つまり，ずれ応力テンソルは流体が運動の過程で変形することによって生ずるはずである．そこで，ずれ応力テンソルと変形との関係を適切に表現すれば，応力の表現式(13.13)が完成する．これは周知の“ばねの伸び縮みと力の関係”の類(たぐ)いの基本物理法則である．この関係式を**構成方程式** (constitutive equation) と言う．

構成方程式は**第 15 章**の課題とし，次の **13.6 節**で応力テンソルの対称性を示してこのテーマを閉じる．

13.6 応力テンソルの対称性

時刻 t の瞬間に，生活空間の点 $\boldsymbol{x}$ の周りで，各辺が座標軸と平行な微小直方体 $\Delta V = \Delta x_1 \Delta x_2 \Delta x_3$ を形成した粒子群を認識し，点 $\boldsymbol{x}$ 周りのその角運動量変化を考える(**図 13.16**)．連続体は変形しつつ運動しているから，粒子群の形は次の瞬間にはもう直方体ではなく，それらが t 以前にどんな形をしていたかもわからない．あくまで，“その瞬間にそう認識した粒子群”についてその角運動量変化を考えるのである．

密度 ρ も変化の最中であるが，ΔV は微小であるから，少なくとも ΔV 中ではその位置，その時刻の値 $\rho(\boldsymbol{x}, t)$ で一定と考えてよい．従って，$\boldsymbol{x}$ は粒子群 ΔV のその瞬間の重心である．そこで，質点系の重心周りの角運動量方程式，

$$(5.31) \quad \sum_i \boldsymbol{x}_{\mathrm{C}i} \wedge \left(m_i \frac{d^2 \boldsymbol{x}_{\mathrm{C}i}}{dt^2} \right) = \sum_i \boldsymbol{x}_{\mathrm{C}i} \wedge \boldsymbol{F}_i \tag{13.14}$$

を以下の手順で連続体表現に読み替えて，ΔV の粒子群に適用する．

まず，質量と総和は，

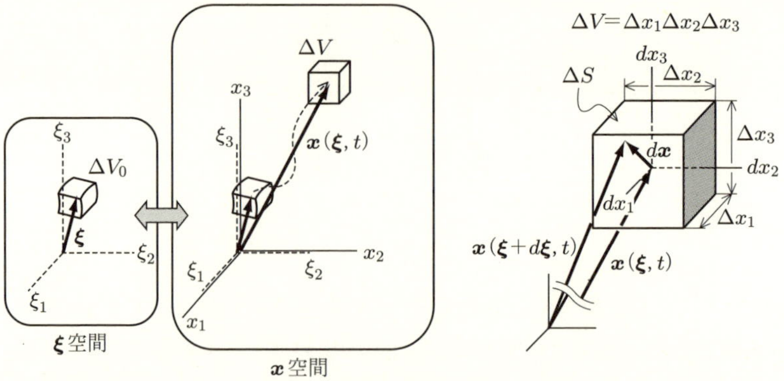

図 13.16

$$m_i \to \rho\, d(\Delta V), \quad \sum_i \to \iiint_{\Delta V} \quad \text{または} \quad \iint_{\Delta S}$$

とすればよい．$d(\Delta V)$ は微小体積 ΔV 中のさらに微小な"微々小体積"である．

重心からの位置ベクトルは，**図 13.16** 右によって，

$$\boldsymbol{x}_{\mathrm{C}i} \to d\boldsymbol{x} \; \big(= \boldsymbol{x}(\boldsymbol{\xi} + d\boldsymbol{\xi}, t) - \boldsymbol{x}(\boldsymbol{\xi}, t)\big)$$

と読み替えればよい．$d\boldsymbol{x}$ は重心から測った位置ベクトルであるが，このあとの積分に際しては，ΔV 内，ΔS 上で流通させる変数，但し大きさの微小なベクトル値変数となる．

$d^2\boldsymbol{x}_{\mathrm{C}i}/dt^2$ は"着目した i 番質点の，重心から見た加速度"であったから，次のラグランジ的 2 階微分になる．

$$\frac{D^2(d\boldsymbol{x})}{Dt^2} = \frac{D^2}{Dt^2}\big\{\boldsymbol{x}(\boldsymbol{\xi} + d\boldsymbol{\xi}, t) - \boldsymbol{x}(\boldsymbol{\xi}, t)\big\} = \boldsymbol{a}\big|_{(\boldsymbol{\xi}+d\boldsymbol{\xi},t)} - \boldsymbol{a}\big|_{(\boldsymbol{\xi},t)} = d\boldsymbol{a}$$

これは，ΔV 内の次郎 $\boldsymbol{\xi} + d\boldsymbol{\xi}$ と重心に居る太郎 $\boldsymbol{\xi}$ の加速度差であるから，

$$d\boldsymbol{a} = \left[\frac{d\boldsymbol{a}}{d\boldsymbol{x}}\right] d\boldsymbol{x} \Leftrightarrow \frac{\partial a_i}{\partial x_j}\, dx_j$$

によって，両者の居る位置の加速度差に読み替えてよい．$[d\boldsymbol{a}/d\boldsymbol{x}]$ は"加速度勾配テンソル"である．

一方，式(13.14)右辺は各質点に働く外力が重心周りに作るトルクの総和であった．質点系を連続体と看做（みな）したので，外力としては体積力と表面力を考えればよい．前者の作るトルクは，$\overline{\boldsymbol{f}}$ を単位質量当たりの体積力として，

$$\iiint_{\Delta V} d\boldsymbol{x} \wedge \big\{\rho \overline{\boldsymbol{f}}(\boldsymbol{x} + d\boldsymbol{x}, t)\big\}\, d(\Delta V)$$

となるが，ΔV が微小であるから，積分の平均値の定理によって $\overline{\boldsymbol{f}}$ を中心位置 $\boldsymbol{x}$ における値で代表させて，これを，

$$\left\{\iiint_{\Delta V} \rho\, d\boldsymbol{x}\, d(\Delta V)\right\} \wedge \overline{\boldsymbol{f}}(\boldsymbol{x}, t)$$

と書けば，$\{\cdots\}$ は重心の定義によってゼロベクトルである（式(5.6)参照）．すなわち，式(13.14)右辺において体積力の作るトルクは考えなくてよい．

一方，表面力の作るトルクは，$\boldsymbol{n}$ を ΔV の表面 ΔS における外向き単位法線ベクトル，$\boldsymbol{\Sigma}(\boldsymbol{n})$ を $\boldsymbol{n}$ 面に働く応力として，

$$\iint_{\Delta S} d\boldsymbol{x} \wedge \boldsymbol{\Sigma}(\boldsymbol{n})\, d(\Delta S)$$

である．

以上によって，ΔV 中の粒子群に適用すべき角運動量方程式(13.14)の連続体表現は，

$$\iiint_{\Delta V} d\boldsymbol{x} \wedge \left(\left[\frac{d\boldsymbol{a}}{d\boldsymbol{x}}\right] d\boldsymbol{x}\right) \rho\, d(\Delta V) = \iint_{\Delta S} d\boldsymbol{x} \wedge \boldsymbol{\Sigma}(\boldsymbol{n})\, d(\Delta S)$$
$$\Leftrightarrow \varepsilon_{ijk}\rho \iiint_{\Delta V} dx_j \frac{\partial a_k}{\partial x_p}\, dx_p\, d(\Delta V) = \varepsilon_{ijk} \iint_{\Delta S} dx_j \sigma_{kp} n_p\, d(\Delta S)$$

となるが，先と同じく ΔV が微小であるから，積分の平均値の定理により左辺において $\partial a_k/\partial x_p$ を中心 $\boldsymbol{x}$ での値で代表させれば，上式は，

$$\left(\varepsilon_{ijk}\rho\frac{\partial a_k}{\partial x_p} H_{jp} =\right) \quad \varepsilon_{ijk}\rho\frac{\partial a_k}{\partial x_p} \iiint_{\Delta V} dx_j\, dx_p\, d(\Delta V)$$
$$= \varepsilon_{ijk} \iint_{\Delta S} dx_j \sigma_{kp} n_p\, d(\Delta S) \tag{13.15}$$

となる．式中 H_{jp} は，

$$H_{jp} = \iiint_{\Delta V} dx_j\, dx_p\, d(\Delta V)$$
$$= \int_{dx_1=-\Delta x_1/2}^{+\Delta x_1/2} \int_{dx_2=-\Delta x_2/2}^{+\Delta x_2/2} \int_{dx_3=-\Delta x_3/2}^{+\Delta x_3/2} (dx_j\, dx_p)\, d(dx_1)\, d(dx_2)\, d(dx_3)$$

である．$j = p$，例えば $(j, p) = (1, 1)$ では，

$$H_{11} = \int_{dx_1=-\Delta x_1/2}^{+\Delta x_1/2} (dx_1)^2\, d(dx_1) \int_{dx_2=-\Delta x_2/2}^{+\Delta x_2/2} d(dx_2) \int_{dx_3=-\Delta x_3/2}^{+\Delta x_3/2} d(dx_3)$$
$$= \left[\frac{1}{3}(dx_1)^3\right]_{-\Delta x_1/2}^{+\Delta x_1/2} [dx_2]_{-\Delta x_2/2}^{+\Delta x_2/2} [dx_3]_{-\Delta x_3/2}^{+\Delta x_3/2} = \frac{1}{12}(\Delta x_1)^3\, \Delta x_2\, \Delta x_3$$
$$= \frac{\Delta V}{12}(\Delta x_1)^2$$

となる．他も同様で，

$$\left.\begin{aligned} H_{11} &= \frac{\Delta V}{12}(\Delta x_1)^2 \\ H_{22} &= \frac{\Delta V}{12}(\Delta x_2)^2 \\ H_{33} &= \frac{\Delta V}{12}(\Delta x_3)^2 \end{aligned}\right\} \tag{13.16}$$

が成立する．一方，$j \neq p$，例えば $(j,p) = (1,2)$ なら，

$$\begin{aligned} H_{12} &= \int_{dx_1=-\Delta x_1/2}^{+\Delta x_1/2} (dx_1)\, d(dx_1) \int_{dx_2=-\Delta x_2/2}^{+\Delta x_2/2} (dx_2)\, d(dx_2) \int_{dx_3=-\Delta x_3/2}^{+\Delta x_3/2} d(dx_3) \\ &= \left[\frac{(dx_1)^2}{2}\right]_{-\Delta x_1/2}^{+\Delta x_1/2} \cdot \left[\frac{(dx_2)^2}{2}\right]_{-\Delta x_2/2}^{+\Delta x_2/2} \cdot \Delta x_3 = 0 \end{aligned}$$

となる．他も同様で，

$$H_{jp} = 0, \quad j \neq p \tag{13.17}$$

である．

以上の準備のもとで，式(13.15)の $i = 3$ の場合，すなわち角運動量の第三成分の変化を考える．左辺は，

$$\begin{aligned} \varepsilon_{3jk}\rho\frac{\partial a_k}{\partial x_p}H_{jp} &= \varepsilon_{312}\rho\frac{\partial a_2}{\partial x_p}H_{1p} + \varepsilon_{321}\rho\frac{\partial a_1}{\partial x_p}H_{2p} = \rho\left(\frac{\partial a_2}{\partial x_1}H_{11} - \frac{\partial a_1}{\partial x_2}H_{22}\right) \\ &\overset{(13.16)}{=} \frac{\rho\,\Delta V}{12}\left\{\frac{\partial a_2}{\partial x_1}(\Delta x_1)^2 - \frac{\partial a_1}{\partial x_2}(\Delta x_2)^2\right\} \end{aligned} \tag{13.18}$$

となる．式中の p に関する縮約では，式(13.17)によって H_{11} と H_{22} だけが残ることに注意.

一方，式(13.15)右辺は $i = 3$ に対して，

$$\begin{aligned} &\varepsilon_{3jk}\iint_{\Delta S} dx_j\sigma_{kp}n_p\, d(\Delta S) \\ &= \varepsilon_{312}\iint_{\Delta S} dx_1\sigma_{2p}n_p\, d(\Delta S) + \varepsilon_{321}\iint_{\Delta S} dx_2\sigma_{1p}n_p\, d(\Delta S) \\ &= \iint_{\Delta S} dx_1\sigma_{2p}n_p\, d(\Delta S) - \iint_{\Delta S} dx_2\sigma_{1p}n_p\, d(\Delta S) \end{aligned} \tag{13.19}$$

となるから，これを丹念に算定する．

ΔS を構成する6面のうち，x_j 軸に垂直な面で x_j の大きな方を ΔS_j^+，x_j の小さな方を ΔS_j^- と書けば，それぞれの面で，①中心座標，②面積，③外向き単位法線ベクトル $\boldsymbol{n}$，④中心位置における dx_1，dx_2 の値，は次の通りである．

	①	②	③	④
ΔS_1^+:	$\left(x_1+\dfrac{\Delta x_1}{2},x_2,x_3\right)$	$\Delta S=\Delta x_2\Delta x_3$	$\boldsymbol{n}=\boldsymbol{e}_1={}^t(1,0,0)$	$dx_1=\dfrac{\Delta x_1}{2},\ dx_2=0$
ΔS_1^-:	$\left(x_1-\dfrac{\Delta x_1}{2},x_2,x_3\right)$	$\Delta S=\Delta x_2\Delta x_3$	$\boldsymbol{n}=-\boldsymbol{e}_1={}^t(-1,0,0)$	$dx_1=\dfrac{-\Delta x_1}{2},\ dx_2=0$
ΔS_2^+:	$\left(x_1,x_2+\dfrac{\Delta x_2}{2},x_3\right)$	$\Delta S=\Delta x_3\Delta x_1$	$\boldsymbol{n}=\boldsymbol{e}_2={}^t(0,1,0)$	$dx_1=0,\ dx_2=\dfrac{\Delta x_2}{2}$
ΔS_2^-:	$\left(x_1,x_2-\dfrac{\Delta x_2}{2},x_3\right)$	$\Delta S=\Delta x_3\Delta x_1$	$\boldsymbol{n}=-\boldsymbol{e}_2={}^t(0,-1,0)$	$dx_1=0,\ dx_2=\dfrac{-\Delta x_2}{2}$

ΔS_3^+，ΔS_3^- 上では，面の中心位置で dx_1，dx_2 がいずれもゼロであるから，式(13.19)の面積分への寄与は無い．

上の③列，④列によって，式(13.19)右辺の第一項は ΔS_1^+，ΔS_1^- 上で $p=1$ だけを，第二項は ΔS_2^+，ΔS_2^- 上で $p=2$ だけを考えればよい．従って，

$$
\begin{aligned}
\text{式(13.19)} = \quad & \left\{\frac{\Delta x_1}{2}\sigma_{21}\left(x_1+\frac{\Delta x_1}{2},x_2,x_3\right)\cdot(+1)\cdot\Delta x_2\,\Delta x_3\right.\\
&\quad\left.+\left(-\frac{\Delta x_1}{2}\right)\sigma_{21}\left(x_1-\frac{\Delta x_1}{2},x_2,x_3\right)\cdot(-1)\cdot\Delta x_2\,\Delta x_3\right\}\\
&-\left\{\frac{\Delta x_2}{2}\sigma_{12}\left(x_1,x_2+\frac{\Delta x_2}{2},x_3\right)\cdot(+1)\cdot\Delta x_3\,\Delta x_1\right.\\
&\quad\left.+\left(-\frac{\Delta x_2}{2}\right)\sigma_{12}\left(x_1,x_2-\frac{\Delta x_2}{2},x_3\right)\cdot(-1)\cdot\Delta x_3\,\Delta x_1\right\}\\
=\ & \frac{\Delta V}{2}\left\{\sigma_{21}\left(x_1+\frac{\Delta x_1}{2},x_2,x_3\right)+\sigma_{21}\left(x_1-\frac{\Delta x_1}{2},x_2,x_3\right)\right.\\
&\quad\left.-\sigma_{12}\left(x_1,x_2+\frac{\Delta x_2}{2},x_3\right)-\sigma_{12}\left(x_1,x_2-\frac{\Delta x_2}{2},x_3\right)\right\}
\end{aligned}
\tag{13.20}
$$

となる．要するに，ΔV を**図 13.17** のように上から見て，

（トルク）＝（腕の長さ）×（力）＝（腕の長さ）×｛（応力）×（面積）｝

の総和を丹念に書いたのである．

式(13.18)，(13.20)によって，$i=3$ に対する式(13.15)は次のようになる．

$$
\begin{aligned}
&\frac{\rho}{12}\left\{\frac{\partial a_2}{\partial x_1}(\Delta x_1)^2-\frac{\partial a_1}{\partial x_2}(\Delta x_2)^2\right\}\\
&=\frac{1}{2}\left\{\sigma_{21}\left(x_1+\frac{\Delta x_1}{2},x_2,x_3\right)+\sigma_{21}\left(x_1-\frac{\Delta x_1}{2},x_2,x_3\right)\right.\\
&\qquad\left.-\sigma_{12}\left(x_1,x_2+\frac{\Delta x_2}{2},x_3\right)-\sigma_{12}\left(x_1,x_2-\frac{\Delta x_2}{2},x_3\right)\right\}
\end{aligned}
$$

相似性を保って $\Delta V\to 0$ の極限をとれば，$\partial a_2/\partial x_1$，$\partial a_1/\partial x_2$ は有限値であるから，

$$0=\sigma_{21}(x_1,x_2,x_3)-\sigma_{12}(x_1,x_2,x_3)$$

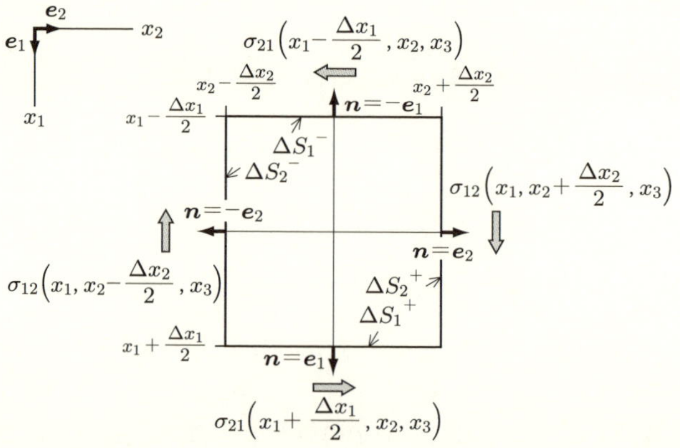

図 13.17

が成立する．

以上を，$i=1,2$ について同じように行えば，

$$\sigma_{ij}=\sigma_{ji} \Leftrightarrow \boldsymbol{\Sigma}={}^t\boldsymbol{\Sigma}$$

すなわち，応力テンソルは対称である．**図 13.10** で言えば，$\boldsymbol{n}$ 面に働く力の $\boldsymbol{m}$ 方向成分は，$\boldsymbol{m}$ 面に働く力の $\boldsymbol{n}$ 方向成分に等しい．これを**コーシーの相反定理** (Cauchy's reciprocal theorem) と言う．

▶**注意**　本節は，式(13.14)すなわち **5.1 節**の式(5.31)によって応力テンソルの対称性を示したが，それは質点系の各質点間に働く内力が中心力であること，すなわち式(5.22)の作用反作用の強法則を前提として導かれたものであった．一方，電磁気現象の関わる或る種の問題ではその強法則が成り立たない．本書はそこに踏み込まないが，電磁流体力学と呼ばれる分野で応力テンソルが対称とならない可能性のあることを，記憶の隅に留めておくべきである．

第14章 正方行列の対角化

次の光景は日常的である．

二年生の或る日の１時限目は線形代数学で，学生諸君はその日，行列の対角化を教わっている．２時限目は材料力学で，その日は材料の変形の記述法を教わっている．しかし，学生諸君はそれらの内容が繋(つな)がっていることに全く気付かない，気付かせられない．何のための対角化か，ということは何も教わらない．

実を言えばこれは筆者の実体験である．あのとき，どちらかの先生がひとこと「こうなんだよ」と言って下さっていれば両科目は有機的に繋がって，あれほどの遠回りはせずに済んだものを，と思う．

と言う訳で本章は，「線形代数学の教科書を引っ張り出して正方行列の対角化を復習して下さい」と読者に告げておしまいなのだが，本書はこれまで，機能としてのテンソルという見方を強調してきたので，以下ではその見方に沿った対角化の考え方を展開することにする．高校数学との繋がりも少々論ずる．

14.1 対角化，その意義

まず，**第11章**の要点を復習しよう．ラグランジ表現による歪みテンソル，

$$(11.16)\quad \boldsymbol{S} = \begin{pmatrix} \dfrac{\partial u_1}{\partial \xi_1} & \dfrac{1}{2}\left(\dfrac{\partial u_1}{\partial \xi_2} + \dfrac{\partial u_2}{\partial \xi_1}\right) & \dfrac{1}{2}\left(\dfrac{\partial u_1}{\partial \xi_3} + \dfrac{\partial u_3}{\partial \xi_1}\right) \\ \dfrac{1}{2}\left(\dfrac{\partial u_2}{\partial \xi_1} + \dfrac{\partial u_1}{\partial \xi_2}\right) & \dfrac{\partial u_2}{\partial \xi_2} & \dfrac{1}{2}\left(\dfrac{\partial u_2}{\partial \xi_3} + \dfrac{\partial u_3}{\partial \xi_2}\right) \\ \dfrac{1}{2}\left(\dfrac{\partial u_3}{\partial \xi_1} + \dfrac{\partial u_1}{\partial \xi_3}\right) & \dfrac{1}{2}\left(\dfrac{\partial u_3}{\partial \xi_2} + \dfrac{\partial u_2}{\partial \xi_3}\right) & \dfrac{\partial u_3}{\partial \xi_3} \end{pmatrix} \tag{14.1}$$

の対角成分は座標軸方向の伸び縮み変形，すなわち直交する座標軸に合わせて描かれた正方形の長方形への変形を，その非対角成分は剪断(せんだん)変形，すなわち同じ正方形の菱形への変形を表すのであった．また，オイラー表現による歪み速度テンソル，

$$\text{(11.27)}\quad \boldsymbol{S} = \begin{pmatrix} \dfrac{\partial v_1}{\partial x_1} & \dfrac{1}{2}\left(\dfrac{\partial v_1}{\partial x_2} + \dfrac{\partial v_2}{\partial x_1}\right) & \dfrac{1}{2}\left(\dfrac{\partial v_1}{\partial x_3} + \dfrac{\partial v_3}{\partial x_1}\right) \\ \dfrac{1}{2}\left(\dfrac{\partial v_2}{\partial x_1} + \dfrac{\partial v_1}{\partial x_2}\right) & \dfrac{\partial v_2}{\partial x_2} & \dfrac{1}{2}\left(\dfrac{\partial v_2}{\partial x_3} + \dfrac{\partial v_3}{\partial x_2}\right) \\ \dfrac{1}{2}\left(\dfrac{\partial v_3}{\partial x_1} + \dfrac{\partial v_1}{\partial x_3}\right) & \dfrac{1}{2}\left(\dfrac{\partial v_3}{\partial x_2} + \dfrac{\partial v_2}{\partial x_3}\right) & \dfrac{\partial v_3}{\partial x_3} \end{pmatrix} \tag{14.2}$$

の各成分は，対応するそれぞれの事象の進行速度を表すのであった．ここでも同じ記号 $\boldsymbol{S}$ を双方に使っている．

ところで，**図 14.1** のように側面に二つの正方形を描いた角柱が長手方向に引っ張られているとする．（A）の正方形は角柱の辺に沿ったデカルト系に合わせて描かれ，（B）は 45 度回転させたデカルト系に合わせて描かれている．明らかに，（A）では伸び縮み変形があって剪断変形は無く，（B）では剪断変形があって伸び縮み変形は無い．

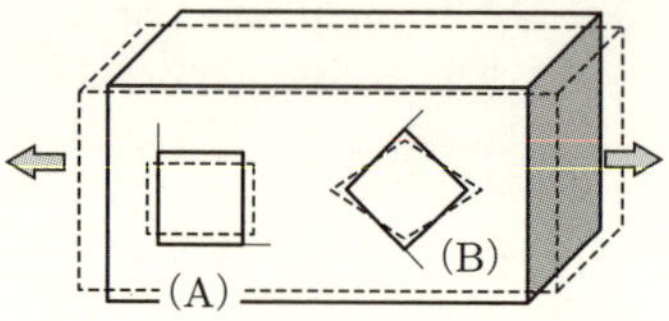

図 14.1

つまり，伸び縮み変形と剪断変形とは，そういう名前の異種の変形があるのではなく，文字通り**同じ事象を角度を変えて見ただけ**なのである．従って，座標系を指定しないで変形の種別を論じても無意味である．

図 14.1 の体系に（B）の座標系を設定する天邪鬼（あまのじゃく）はいないだろうが，幾何形状も力の加わり方も単純でない一般の問題では，デカルト系をどう設定すれば伸び縮み変形だけがあって剪断変形が無いと言えるのか，という問題が“連続体の位置毎に”生ずる．これは，式(14.1)や式(14.2)の行列の**対角化（標準化）**に他ならない．2 階テンソルとは，1 個のベクトルから 1 個のベクトルを作る線形の，または 2 個のベクトルから 1 個のスカラーを作る双一次性の機能（箱！）であり，機能は座標系を超越するが機能の表現は選択する座標系次第，となるのであった（**第 8 章**）．**図 14.2** で言えば，バー無し系 $\{\boldsymbol{e}_1, \boldsymbol{e}_2, \boldsymbol{e}_3\}$ での機能表現である行列 $\boldsymbol{S}$ が式(14.1)，(14.2)のように 9 成分全てを備えているときに（但（ただ）し，対称だから独立な成分は 6 個），バー付き系 $\{\overline{\boldsymbol{e}}_1, \overline{\boldsymbol{e}}_2, \overline{\boldsymbol{e}}_3\}$ をどのように選べば“同じ機能”が，

$$\overline{\boldsymbol{S}} = \begin{pmatrix} \overline{S}_{11} & 0 & 0 \\ 0 & \overline{S}_{22} & 0 \\ 0 & 0 & \overline{S}_{33} \end{pmatrix} \tag{14.3}$$

と対角行列で表されるか，という問題である．

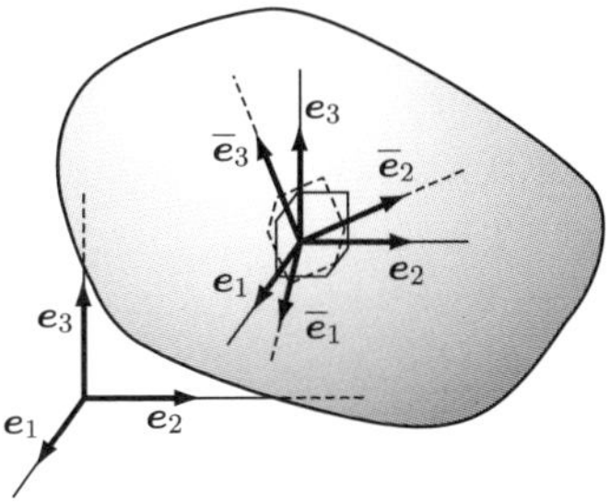

図 14.2

バー無し，バー付き両系での機能表現の関係は，座標系の回転を規定する直交行列 $\boldsymbol{L} \Leftrightarrow l_{ij}$ を用いて一般に，

$$\overline{\boldsymbol{S}} = {}^t\boldsymbol{LSL} = \boldsymbol{L}^{-1}\boldsymbol{SL} \Leftrightarrow \overline{S}_{ij} = l_{pi}l_{qj}S_{pq} \tag{14.4}$$

となるのであった（**8.8 節**）．従って，問題は回転の結果が式(14.3)の対角行列になるような“特定の $\boldsymbol{L}$”を捜すことに帰着する．

まずは，固有値，固有ベクトルの概念から始める．構成方程式への適用を考えれば，考察の対象を 2 階の対称テンソル ($\boldsymbol{S} = {}^t\boldsymbol{S} \Leftrightarrow S_{ij} = S_{ji}$) に限って十分である．

14.2 固有値と固有ベクトル

2 階の対称テンソル $\boldsymbol{S}$ を第一の機能（ベクトルからベクトルを作る）で使おう．或る材料ベクトル $\boldsymbol{\xi}$ については，これを箱に入れたときの製品ベクトルが $\boldsymbol{\xi}$ 自身のスカラー倍になる（**図 14.3**）．このベクトルを**テンソル S の固有ベクトル**と言う．機能の表記をすると，

$$\boldsymbol{S}(\boldsymbol{\xi}) = \lambda\boldsymbol{\xi} \tag{14.5}$$

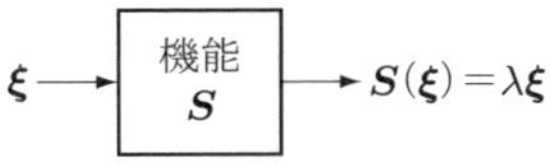

図 14.3

スカラー倍の程度を表す λ を**固有ベクトル ξ に対応する固有値**と言う．逆に**固有値 λ に対応する固有ベクトルが ξ である**と言ってもよい．

すぐ次がわかる．式(14.5)の両辺に別のスカラー c を乗ずると，$\boldsymbol{S}$ は線形だから c を関数記号の中に入れて，

$$c\boldsymbol{S}(\boldsymbol{\xi}) = \underset{①}{\boldsymbol{S}(c\boldsymbol{\xi})} = c(\lambda\boldsymbol{\xi}) = \underset{②}{\lambda(c\boldsymbol{\xi})}$$

となる．①，②によって，$\boldsymbol{\xi}$ が固有値 λ に対応する固有ベクトルなら，$c\boldsymbol{\xi}$ も同じ λ に対応する固有ベクトルである．つまり，固有ベクトルの定義は式(14.5)に違いないが，その定義から長さまで決まる訳ではない．

上で $c=0$ とすれば，ゼロベクトルが式(14.5)を満たすこともわかる．しかし，これは面白くもなんともないので，固有ベクトルとは式(14.5)を満たす**ゼロでないベクトル**とする．

ここまでは座標系を超越した機能としての記述である．以下，或る座標系に入る．入った先をバー無し系 $\{\boldsymbol{e}_1, \boldsymbol{e}_2, \boldsymbol{e}_3\}$ とする．

固有方程式，固有多項式

式(14.5) は，

$$\boldsymbol{S}\boldsymbol{\xi} = \lambda\boldsymbol{\xi} \ (= \lambda\boldsymbol{I}\boldsymbol{\xi}) \Leftrightarrow S_{ij}\xi_j = \lambda\xi_i \ (= \lambda\delta_{ij}\xi_j) \tag{14.6}$$

と書ける．S_{ij}，ξ_i はバー無し系 $\{\boldsymbol{e}_1, \boldsymbol{e}_2, \boldsymbol{e}_3\}$ でのそれぞれの成分である．書き下すと，

$$\begin{pmatrix} S_{11} & S_{12} & S_{13} \\ S_{21} & S_{22} & S_{23} \\ S_{31} & S_{32} & S_{33} \end{pmatrix} \begin{pmatrix} \xi_1 \\ \xi_2 \\ \xi_3 \end{pmatrix} = \lambda \begin{pmatrix} \xi_1 \\ \xi_2 \\ \xi_3 \end{pmatrix} = \lambda \begin{pmatrix} 1 & 0 & 0 \\ 0 & 1 & 0 \\ 0 & 0 & 1 \end{pmatrix} \begin{pmatrix} \xi_1 \\ \xi_2 \\ \xi_3 \end{pmatrix}$$

或いは，左辺側に纏(まと)めて，

$$\begin{pmatrix} S_{11}-\lambda & S_{12} & S_{13} \\ S_{21} & S_{22}-\lambda & S_{23} \\ S_{31} & S_{32} & S_{33}-\lambda \end{pmatrix} \begin{pmatrix} \xi_1 \\ \xi_2 \\ \xi_3 \end{pmatrix} = \begin{pmatrix} 0 \\ 0 \\ 0 \end{pmatrix} \Leftrightarrow (\boldsymbol{S}-\lambda\boldsymbol{I})\boldsymbol{\xi} = \boldsymbol{0} \tag{14.7}$$

この式が $\boldsymbol{\xi}=\boldsymbol{0}$ 以外の解を持つためには，左辺の係数行列の行列式がゼロでなければならない．

$$\det(\boldsymbol{S}-\lambda\boldsymbol{I}) = |\boldsymbol{S}-\lambda\boldsymbol{I}| = \begin{vmatrix} S_{11}-\lambda & S_{12} & S_{13} \\ S_{21} & S_{22}-\lambda & S_{23} \\ S_{31} & S_{32} & S_{33}-\lambda \end{vmatrix} = 0$$

$\det(\boldsymbol{S}-\lambda\boldsymbol{I}) \neq 0$ とすると $(\boldsymbol{S}-\lambda\boldsymbol{I})$ は正則となり，逆行列 $(\boldsymbol{S}-\lambda\boldsymbol{I})^{-1}$ が存在するから，それを左から式(14.7)に掛けて $\boldsymbol{\xi}=\boldsymbol{0}$，つまり“面白くもなんともない事態”になってしまう．言い換えれば，行列 $(\boldsymbol{S}-\lambda\boldsymbol{I})$ の表す線形写像が“まっとう”なら，写像先がゼロベクトルとなる写像元はゼロベクトルに限ってしまうのである．つまり，この場合はまっとうな線形写像は困るので，行列式の値はゼロでなければならない．

行列式を展開して整理すれば λ に関する三次方程式が得られる．

$$\big(|\boldsymbol{S}-\lambda\boldsymbol{I}| =\big) \ \varPsi - \varPhi\lambda + \varTheta\lambda^2 - \lambda^3 = 0 \tag{14.8}$$

式中の三つの係数は次である．

$$\left.\begin{aligned} \varPsi &= S_{11}S_{22}S_{33} + S_{12}S_{23}S_{31} + S_{13}S_{21}S_{32} \\ &\quad - S_{13}S_{22}S_{31} - S_{12}S_{21}S_{33} - S_{11}S_{23}S_{32} \\ &= \varepsilon_{ijk}S_{1i}S_{2j}S_{3k} = \det\boldsymbol{S} \\ \varPhi &= S_{22}S_{33} - S_{23}S_{32} + S_{33}S_{11} - S_{31}S_{13} + S_{11}S_{22} - S_{12}S_{21} \\ &= \frac{1}{2}(S_{ii}S_{jj} - S_{ij}S_{ji}) = \frac{1}{2}\big\{(\mathrm{tr}\,\boldsymbol{S})^2 - \mathrm{tr}\,\boldsymbol{S}^2\big\} \\ \varTheta &= S_{11} + S_{22} + S_{33} = S_{ii} = \mathrm{tr}\,\boldsymbol{S} \end{aligned}\right\} \tag{14.9}$$

式(14.8)を正方行列 $\boldsymbol{S} \Leftrightarrow S_{ij}$ または2階テンソル $\boldsymbol{S}$ の**固有方程式**と言う．その根が固有値である．式(14.8)左辺の λ に関する三次多項式を $\boldsymbol{S}$ の**固有多項式**と言う．

▶**注意** 現在，中学高校の数学では“方程式の根”という語は放逐されて“方程式の解”に統一されている．さして意味のある言論統制とも思えないし，筆者は“根”の字が好きなので無視して使うことにする（根本，根気，根性の根！）．

課題 14.1● $\boldsymbol{X} = \boldsymbol{S} - \lambda \boldsymbol{I}$ $(\Leftrightarrow x_{ij} = S_{ij} - \lambda\delta_{ij})$ の行列式の表現として式(8.21)を使うと，式(14.9)の三つの係数の添え字表現が，具体的な $\{1, 2, 3\}$ の数字を一切使うことなく直接得られる．少しマニアックであるが，やってみると面白い．

■固有多項式の“固有性”と三つの回転不変量■

以上のことは，バー付き系 $\{\overline{\boldsymbol{e}}_1, \overline{\boldsymbol{e}}_2, \overline{\boldsymbol{e}}_3\}$ でも全く同様に成り立つから，$\overline{\boldsymbol{S}} \Leftrightarrow \overline{S}_{ij}$ をバー付き系でのテンソル $\boldsymbol{S}$ の成分として式(14.6)以下を同様に行うと，バー付き系での式(14.8)，(14.9)が得られる．

$$\left(|\overline{\boldsymbol{S}} - \lambda \boldsymbol{I}| =\right) \overline{\varPsi} - \overline{\varPhi}\lambda + \overline{\varTheta}\lambda^2 - \lambda^3 = 0 \tag{14.8$'$}$$

$$\left.\begin{aligned} \overline{\varPsi} &= \det \overline{\boldsymbol{S}} \\ \overline{\varPhi} &= \frac{1}{2}\left\{(\mathrm{tr}\,\overline{\boldsymbol{S}})^2 - \mathrm{tr}\,\overline{\boldsymbol{S}}^2\right\} \\ \overline{\varTheta} &= \mathrm{tr}\,\overline{\boldsymbol{S}} \end{aligned}\right\} \tag{14.9$'$}$$

命題 14.1● 固有多項式（式(14.8)，(14.8)′ の左辺）は，選んだ座標系によらない．つまり，

$$|\overline{\boldsymbol{S}} - \lambda \boldsymbol{I}| = |\boldsymbol{S} - \lambda \boldsymbol{I}|$$

証明◆

$$\begin{aligned} |\overline{\boldsymbol{S}} - \lambda \boldsymbol{I}| &\overset{(14.4)}{=} |\boldsymbol{L}^{-1}\boldsymbol{S}\boldsymbol{L} - \lambda \boldsymbol{L}^{-1}\boldsymbol{L}| = \left|\boldsymbol{L}^{-1}\boldsymbol{S}\boldsymbol{L} - \boldsymbol{L}^{-1}(\lambda\boldsymbol{I})\boldsymbol{L}\right| = \left|\boldsymbol{L}^{-1}(\boldsymbol{S} - \lambda\boldsymbol{I})\boldsymbol{L}\right| \\ &= |\boldsymbol{L}^{-1}||\boldsymbol{S} - \lambda\boldsymbol{I}||\boldsymbol{L}| = |\boldsymbol{L}^{-1}||\boldsymbol{L}||\boldsymbol{S} - \lambda\boldsymbol{I}| \\ &= |\boldsymbol{L}^{-1}\boldsymbol{L}||\boldsymbol{S} - \lambda\boldsymbol{I}| = |\boldsymbol{I}||\boldsymbol{S} - \lambda\boldsymbol{I}| = |\boldsymbol{S} - \lambda\boldsymbol{I}| \end{aligned}$$
■

固有多項式が同じならその係数も同じで，式(14.8)，(14.8)′ について，

$$\varPsi = \overline{\varPsi}, \quad \varPhi = \overline{\varPhi}, \quad \varTheta = \overline{\varTheta}$$

が成立する．これらを2階テンソルの**三つの回転不変量**と言う．第二回転不変量，

$$\varPhi = \frac{1}{2}\left\{(\mathrm{tr}\,\boldsymbol{S})^2 - \mathrm{tr}\,\boldsymbol{S}^2\right\}$$

の中には，第三回転不変量 $\varTheta = \mathrm{tr}\,\boldsymbol{S}$ が含まれているので，$\{\varPsi, \varPhi, \varTheta\}$ の替わりに，$\{\det \boldsymbol{S}, \mathrm{tr}\,\boldsymbol{S}, \mathrm{tr}\,\boldsymbol{S}^2\}$ の三つが独立な回転不変量である，と言ってもよい．

2 階テンソルは座標系を超越した機能であった．固有多項式，固有方程式（固有多項式 = 0)，固有値（固有方程式の根)，三つの回転不変量（固有多項式の係数）のいずれをとっても座標系の回転の影響を受けないことは，まさに“機能の固有性”の現れなのである．

課題 14.2●　三つの回転不変量の“不変性”を，それぞれに対する添え字演算で直接確認せよ．

さて，対称行列 $\boldsymbol{S} \Leftrightarrow S_{ij}$ の成分が全て実数ならこれを**実対称行列**と言う．三次方程式である固有方程式(14.8)は一般に 3 個の根を持つが，それについて次が成り立つ．

命題 14.2●　**実対称行列の固有値は実数**である．すなわち，$\boldsymbol{S} \Leftrightarrow S_{ij}$ が実対称なら固有方程式(14.8)の根は実根である．

証明◆　添え字表現，

$$S_{ij}\xi_j = \lambda\xi_i \quad (\Leftrightarrow \boldsymbol{S}\boldsymbol{\xi} = \lambda\boldsymbol{\xi}) \tag{14.10}$$

の両辺に，ξ_i の複素共役 $\overline{\xi}_i$ を乗ずると，

$$S_{ij}\xi_j\overline{\xi}_i = \lambda\xi_i\overline{\xi}_i \tag{14.11}$$

となる．上付きバーはバー付き系のバーではなく“複素共役”である．

次に式(14.10)そのものの複素共役をとり，結果の両辺に ξ_i を乗ずると，

$$\overline{S}_{ij}\overline{\xi}_j\xi_i = \overline{\lambda}\,\overline{\xi}_i\xi_i \tag{14.12}$$

$\boldsymbol{S}$ は実対称 $(S_{ij} = S_{ij} = S_{ji})$ だから，

$$式(14.12)の左辺 = S_{ji}\overline{\xi}_j\xi_i \overset{*}{=} S_{ij}\overline{\xi}_i\xi_j = S_{ij}\xi_j\overline{\xi}_i = 式(14.11)の左辺$$

となる．式中 $*$ は死んだ添え字 (i, j) の (j, i) への入れ替えである．左辺同士が等しければ右辺同士も等しいので，次式が成り立つ．

$$\lambda\xi_i\overline{\xi}_i = \overline{\lambda}\,\overline{\xi}_i\xi_i$$

$\xi_i\overline{\xi}_i = |\boldsymbol{\xi}|^2$ は固有ベクトルの長さの 2 乗で，固有ベクトルはゼロベクトルでないとしているから，これで両辺を割ると，

$$\lambda = \overline{\lambda}$$

となる．すなわち，実対称行列の固有値は実数である．■

固有値の 3 形態

この命題により，$\boldsymbol{S}$ が実対称なら固有方程式(14.8)の根は実数で，根の形態は次の 3 通りとなる．

（a）異なる 3 実根 λ_1，λ_2，λ_3

$$\varPsi - \varPhi\lambda + \varTheta\lambda^2 - \lambda^3 = -(\lambda - \lambda_1)(\lambda - \lambda_2)(\lambda - \lambda_3) = 0$$

（b）一つの実根 λ_1 と一つの 2 重根 λ_2

$$\varPsi - \varPhi\lambda + \varTheta\lambda^2 - \lambda^3 = -(\lambda - \lambda_1)(\lambda - \lambda_2)^2 = 0$$

（c）一つの 3 重根 λ_1

$$\Psi - \Phi\lambda + \Theta\lambda^2 - \lambda^3 = -(\lambda - \lambda_1)^3 = 0$$

これを**図 14.4** に示す．図中（d）は虚根のある場合だから，命題 14.2 によって無い．

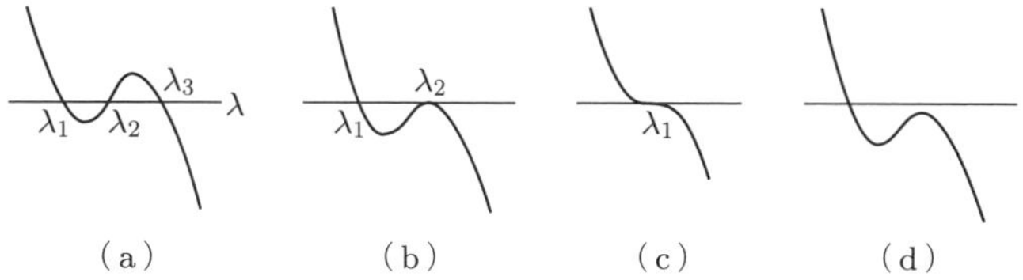

図 14.4

命題 14.3 ● 異なる固有値に対応する固有ベクトルは互いに直交する．

▶**注意**　異なる固有値があるのは**図 14.4** の（a）と（b）の場合のみであるから，この命題は（c）には当て嵌（は）まらない．

証明 ◆　λ_p，λ_q を異なる二つの固有値，$\boldsymbol{\xi}_p \Leftrightarrow \xi_{p,i}$，$\boldsymbol{\xi}_q \Leftrightarrow \xi_{q,i}$ をそれぞれに対応する固有ベクトルとする．式(14.6)により，

$$S_{ij}\xi_{p,j} = \lambda_p\xi_{p,i}$$

$$S_{ij}\xi_{q,j} = \lambda_q\xi_{q,i}$$

第一式に $\xi_{q,i}$ を，第二式に $\xi_{p,i}$ を乗ずると，

$$S_{ij}\xi_{p,j}\xi_{q,i} = \lambda_p\xi_{p,i}\xi_{q,i}$$

$$S_{ij}\xi_{q,j}\xi_{p,i} = \lambda_q\xi_{q,i}\xi_{p,i}$$

$\boldsymbol{S} \Leftrightarrow S_{ij}$ は対称 $(S_{ij} = S_{ji})$ であり死んだ添え字 (i, j) は入れ替えてよいので，両式左辺は等しい．よって辺々引けば，

$$0 = (\lambda_p - \lambda_q)\xi_{p,i}\xi_{q,i}$$

$\lambda_p \neq \lambda_q$ であるから，

$$0 = \xi_{p,i}\xi_{q,i} = \boldsymbol{\xi}_p \cdot \boldsymbol{\xi}_q \Leftrightarrow \boldsymbol{\xi}_p \perp \boldsymbol{\xi}_q$$

■

この命題によって，異なる 3 実根 $\{\lambda_1, \lambda_2, \lambda_3\}$ のそれぞれに対応する 3 本の固有ベクトル $\{\boldsymbol{\xi}_1, \boldsymbol{\xi}_2, \boldsymbol{\xi}_3\}$ を使って，初めに設定したデカルト基底 $\{\boldsymbol{e}_1, \boldsymbol{e}_2, \boldsymbol{e}_3\}$ とは別の直交基底を構成できる．但し，前述のように $\{\boldsymbol{\xi}_1, \boldsymbol{\xi}_2, \boldsymbol{\xi}_3\}$ のそれぞれの長さまでは決まらない．固有ベクトルの方向を**主方向**，それに合わせた座標軸を**主軸**と言う（**図 14.5**）．

固有値の形態が異なる 3 実根でない場合，つまり，**図 14.4** の（b）と（c）のように重根を含んでいる場合に以上のことがどうなるか，という疑問が生ずるが，これについては後（のち）に戻る．

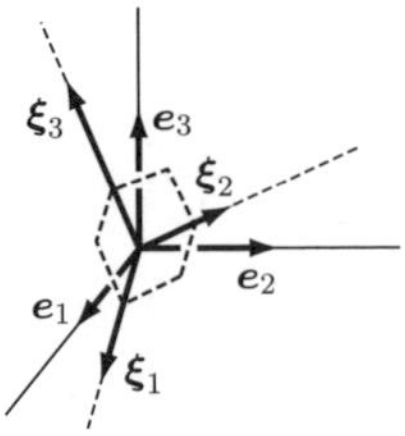

図 14.5

14.3 対角化の実際，2 次元の場合

3 次元問題は絵が描きにくいので 2 次元問題から始める．高校数学の復習を兼ねる．

例題 14.1● 次の方程式，

$$1 = \frac{3}{2}x_1^2 - \sqrt{3}\,x_1x_2 + \frac{5}{2}x_2^2 \tag{14.13}$$

の描く 2 次元図形を調べよ．

解答◆ $-\sqrt{3}\,x_1x_2$ がなければ楕円であるが，この項のためにこのままではわからない．そこで，平面内の任意の点 P の座標を，角度 θ の回転関係にある二つのデカルト系で (x_1, x_2) 及び $(\overline{x}_1, \overline{x}_2)$ とすると，**図 14.6** を参考にして，

$$\left.\begin{aligned} x_1 &= r\cos(\alpha+\theta) = r\cos\alpha\cos\theta - r\sin\alpha\sin\theta = \overline{x}_1\cos\theta - \overline{x}_2\sin\theta \\ x_2 &= r\sin(\alpha+\theta) = r\cos\alpha\sin\theta + r\sin\alpha\cos\theta = \overline{x}_1\sin\theta + \overline{x}_2\cos\theta \end{aligned}\right\} \tag{14.14}$$

となる．これらを式(14.13)に代入して整理すると，

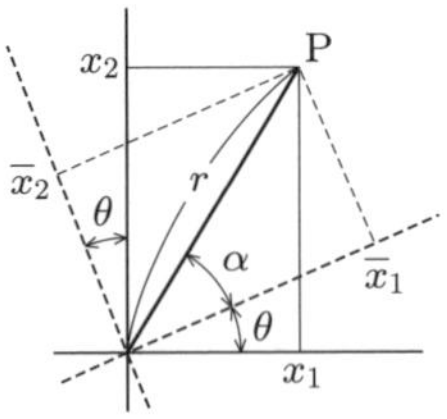

図 14.6

$$\begin{aligned} 1 &= \left(\frac{3}{2}\cos^2\theta - \sqrt{3}\sin\theta\cos\theta + \frac{5}{2}\sin^2\theta\right)\overline{x}_1^2 \\ &\quad + \left(\frac{3}{2}\sin^2\theta + \sqrt{3}\sin\theta\cos\theta + \frac{5}{2}\cos^2\theta\right)\overline{x}_2^2 \\ &\quad + \left(-\sqrt{3}\cos^2\theta + \sqrt{3}\sin^2\theta + 2\cos\theta\sin\theta\right)\overline{x}_1\overline{x}_2 \end{aligned} \tag{14.15}$$

となり，$\overline{x}_1\overline{x}_2$ の係数は，

$$2\sin\theta\cos\theta - \sqrt{3}(2\cos^2\theta - 1) = \sin 2\theta - \sqrt{3}\cos 2\theta = 2\sin\left(2\theta - \frac{\pi}{3}\right) \tag{14.16}$$

であるから，$\theta = \pi/6$ とすれば $\overline{x}_1\overline{x}_2$ の項は消えて，式(14.15)は，

$$\begin{aligned} 1 &= \left(\frac{3}{2}\cdot\frac{3}{4} - \sqrt{3}\,\frac{1}{2}\cdot\frac{\sqrt{3}}{2} + \frac{5}{2}\cdot\frac{1}{4}\right)\overline{x}_1^2 + \left(\frac{3}{2}\cdot\frac{1}{4} + \sqrt{3}\,\frac{1}{2}\cdot\frac{\sqrt{3}}{2} + \frac{5}{2}\cdot\frac{3}{4}\right)\overline{x}_2^2 \\ &= \overline{x}_1^2 + 3\overline{x}_2^2 \end{aligned} \tag{14.17}$$

となる．回転された座標系で見ると，問題の式はやはり楕円であった．長半径は 1，短半径は $1/\sqrt{3}$ である．

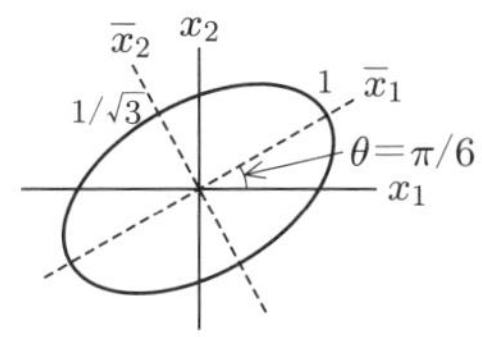

図 14.7

▶**注意**　$\overline{x}_1\overline{x}_2$ の項を消去する回転は $\theta = \pi/6$ に限らない．式(14.16)より，$\theta = \pi/6 \pm n\pi/2$, $n = 0, 1, 2, \ldots$ は全て $\overline{x}_1\overline{x}_2$ の係数を消去する．つまり，長短両軸の方向は決まるが，軸に付す座標名も軸の"向き"にも任意性がある（左手系も可能）．■

行列表記

$$\boldsymbol{x} = \begin{pmatrix} x_1 \\ x_2 \end{pmatrix}, \quad \overline{\boldsymbol{x}} = \begin{pmatrix} \overline{x}_1 \\ \overline{x}_2 \end{pmatrix}, \quad \boldsymbol{L} = \begin{pmatrix} \cos\theta & -\sin\theta \\ \sin\theta & \cos\theta \end{pmatrix}$$

とすれば，式(14.14)は，

$$\begin{pmatrix} x_1 \\ x_2 \end{pmatrix} = \begin{pmatrix} \cos\theta & -\sin\theta \\ \sin\theta & \cos\theta \end{pmatrix} \begin{pmatrix} \overline{x}_1 \\ \overline{x}_2 \end{pmatrix} \quad \text{または} \quad \boldsymbol{x} = \boldsymbol{L}\overline{\boldsymbol{x}} \Leftrightarrow x_i = l_{ij}\overline{x}_j \tag{14.18}$$

であり，与式(14.13)は，

$$\left.\begin{aligned} &1 = (x_1, x_2)\begin{pmatrix} 3/2 & -\sqrt{3}/2 \\ -\sqrt{3}/2 & 5/2 \end{pmatrix}\begin{pmatrix} x_1 \\ x_2 \end{pmatrix} = {}^t\boldsymbol{x}\boldsymbol{S}\boldsymbol{x} \\ &\text{但し，}\boldsymbol{S} = (S_{ij})_2^2 = \begin{pmatrix} 3/2 & -\sqrt{3}/2 \\ -\sqrt{3}/2 & 5/2 \end{pmatrix} \end{aligned}\right\} \tag{14.19}$$

と対称行列の二次形式で書ける．すなわち，求める 2 次元図形は，二次形式 $z = {}^t\boldsymbol{x}\boldsymbol{S}\boldsymbol{x}$ の $z = 1$ の等値線である．式(14.18)の $\boldsymbol{x}$ を式(14.19)に代入すれば，

$$1 = {}^t\boldsymbol{x}\boldsymbol{S}\boldsymbol{x} = {}^t(\boldsymbol{L}\overline{\boldsymbol{x}})\boldsymbol{S}(\boldsymbol{L}\overline{\boldsymbol{x}}) = {}^t\overline{\boldsymbol{x}}({}^t\boldsymbol{L}\boldsymbol{S}\boldsymbol{L})\overline{\boldsymbol{x}} = {}^t\overline{\boldsymbol{x}}\,\overline{\boldsymbol{S}}\,\overline{\boldsymbol{x}} \tag{14.20}$$

となる．従って，$\overline{\boldsymbol{S}} = {}^t\boldsymbol{L}\boldsymbol{S}\boldsymbol{L} = \boldsymbol{L}^{-1}\boldsymbol{S}\boldsymbol{L}$ が，

$$\overline{\boldsymbol{S}} = \begin{pmatrix} \overline{S}_{11} & 0 \\ 0 & \overline{S}_{22} \end{pmatrix}$$

と対角化されるように $\boldsymbol{L}$ を選べば，式(14.20)は，

$$1 = {}^t\overline{\boldsymbol{x}}\,\overline{\boldsymbol{S}}\,\overline{\boldsymbol{x}} = (\overline{x}_1, \overline{x}_2)\begin{pmatrix} \overline{S}_{11} & 0 \\ 0 & \overline{S}_{22} \end{pmatrix}\begin{pmatrix} \overline{x}_1 \\ \overline{x}_2 \end{pmatrix} = \overline{S}_{11}\overline{x}_1^2 + \overline{S}_{22}\overline{x}_2^2$$

となる．こうなれば，$\overline{S}_{11}$，$\overline{S}_{22}$ の大小，正負によって，回転された座標系における図形が円，楕円，双曲線などとわかる仕組みである．実際，先の例では $\theta = \pi/6$ に対して，

$$\overline{\boldsymbol{S}} = \boldsymbol{L}^{-1}\boldsymbol{S}\boldsymbol{L} = {}^t\boldsymbol{L}\boldsymbol{S}\boldsymbol{L} = \begin{pmatrix} \cos\theta & \sin\theta \\ -\sin\theta & \cos\theta \end{pmatrix}\begin{pmatrix} 3/2 & -\sqrt{3}/2 \\ -\sqrt{3}/2 & 5/2 \end{pmatrix}\begin{pmatrix} \cos\theta & -\sin\theta \\ \sin\theta & \cos\theta \end{pmatrix}$$

$$= \begin{pmatrix} \sqrt{3}/2 & 1/2 \\ -1/2 & \sqrt{3}/2 \end{pmatrix}\begin{pmatrix} 3/2 & -\sqrt{3}/2 \\ -\sqrt{3}/2 & 5/2 \end{pmatrix}\begin{pmatrix} \sqrt{3}/2 & -1/2 \\ 1/2 & \sqrt{3}/2 \end{pmatrix} = \begin{pmatrix} 1 & 0 \\ 0 & 3 \end{pmatrix}$$

と対角化されて，楕円の式(14.17)が得られるのである．

14.4　対角化の実際，3次元の場合

座標系の回転を定めるとは，新たな基底 $\{\overline{\boldsymbol{e}}_1, \overline{\boldsymbol{e}}_2, \overline{\boldsymbol{e}}_3\}$ を捜すことであった．

$\boldsymbol{S} \Leftrightarrow S_{ij}$ を対角化する $\{\overline{\boldsymbol{e}}_1, \overline{\boldsymbol{e}}_2, \overline{\boldsymbol{e}}_3\}$ とは

行列 $\boldsymbol{S} \Leftrightarrow S_{ij}$ の決め方を復習する（**図 14.8**）．

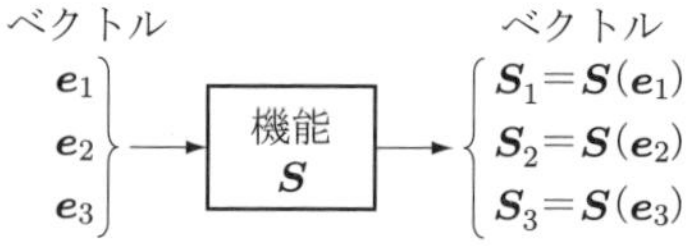

図 14.8

$\boldsymbol{S} \Leftrightarrow S_{ij}$ は，採用した基底 $\{\boldsymbol{e}_1, \boldsymbol{e}_2, \boldsymbol{e}_3\}$ のそれぞれを順に一つずつ，座標系を超越した機能としての箱 $\boldsymbol{S}$ に入れたときの3個の製品ベクトルを，

$$\boldsymbol{S}_1 = \boldsymbol{S}(\boldsymbol{e}_1) = S_{i1}\boldsymbol{e}_i, \quad \boldsymbol{S}_2 = \boldsymbol{S}(\boldsymbol{e}_2) = S_{i2}\boldsymbol{e}_i, \quad \boldsymbol{S}_3 = \boldsymbol{S}(\boldsymbol{e}_3) = S_{i3}\boldsymbol{e}_i$$

と“その基底に関する成分で”表し，それらを縦ベクトルで書いて横に三つ並べたものであった．すなわち，

$$\boldsymbol{S} = (S_{ij})_3^3 = \begin{pmatrix} S_{11} & S_{12} & S_{13} \\ S_{21} & S_{22} & S_{23} \\ S_{31} & S_{32} & S_{33} \end{pmatrix} = (\boldsymbol{S}_1, \boldsymbol{S}_2, \boldsymbol{S}_3) = \big(\boldsymbol{S}(\boldsymbol{e}_1), \boldsymbol{S}(\boldsymbol{e}_2), \boldsymbol{S}(\boldsymbol{e}_3)\big)$$

である．バー付き系でもこれは同じである．

$$\overline{\boldsymbol{S}} = (\overline{S}_{ij})_3^3 = \begin{pmatrix} \overline{S}_{11} & \overline{S}_{12} & \overline{S}_{13} \\ \overline{S}_{21} & \overline{S}_{22} & \overline{S}_{23} \\ \overline{S}_{31} & \overline{S}_{32} & \overline{S}_{33} \end{pmatrix} = (\overline{\boldsymbol{S}}_1, \overline{\boldsymbol{S}}_2, \overline{\boldsymbol{S}}_3) = \big(\boldsymbol{S}(\overline{\boldsymbol{e}}_1), \boldsymbol{S}(\overline{\boldsymbol{e}}_2), \boldsymbol{S}(\overline{\boldsymbol{e}}_3)\big)$$

最後の $\boldsymbol{S}(\overline{\boldsymbol{e}}_1)$ 等の $\boldsymbol{S}$ にバーを付していないのが，“座標系を超越した機能”の意(こころ)である．

そこで，バー付き系で $\overline{\boldsymbol{S}}$ が，

$$\overline{\boldsymbol{S}} = (\overline{S}_{ij})_3^3 = \begin{pmatrix} \overline{S}_{11} & 0 & 0 \\ 0 & \overline{S}_{22} & 0 \\ 0 & 0 & \overline{S}_{33} \end{pmatrix} \tag{14.21}$$

と対角化された，とは，

$$\boldsymbol{S}(\overline{\boldsymbol{e}}_1) = \begin{pmatrix} \overline{S}_{11} \\ 0 \\ 0 \end{pmatrix} = \overline{S}_{11}\begin{pmatrix} 1 \\ 0 \\ 0 \end{pmatrix} = \overline{S}_{11}\overline{\boldsymbol{e}}_1, \quad \boldsymbol{S}(\overline{\boldsymbol{e}}_2) = \begin{pmatrix} 0 \\ \overline{S}_{22} \\ 0 \end{pmatrix} = \overline{S}_{22}\begin{pmatrix} 0 \\ 1 \\ 0 \end{pmatrix} = \overline{S}_{22}\overline{\boldsymbol{e}}_2,$$

$$\boldsymbol{S}(\overline{\boldsymbol{e}}_3) = \begin{pmatrix} 0 \\ 0 \\ \overline{S}_{33} \end{pmatrix} = \overline{S}_{33}\begin{pmatrix} 0 \\ 0 \\ 1 \end{pmatrix} = \overline{S}_{33}\overline{\boldsymbol{e}}_3$$

である．すなわち，捜しているバー付き系 $\{\overline{\boldsymbol{e}}_1, \overline{\boldsymbol{e}}_2, \overline{\boldsymbol{e}}_3\}$ とは**機能としてのテンソル $\boldsymbol{S}$ の固有ベクトルそのもの**であり，対角化された式(14.21)の対角成分 $\{\overline{S}_{11}, \overline{S}_{22}, \overline{S}_{33}\}$ は**各固有ベクトルに対応する固有値**に他ならない．

■対角化の手順■

以上で準備は整った．まず，**図 14.4** の固有方程式の根の形態の(a)，すなわち固有方程式が異なる3実根を有する場合について対角化の手順を示す．$\boldsymbol{S} \Leftrightarrow S_{ij}$ が対角化されずにいる初めの基底を $\{\boldsymbol{e}_1, \boldsymbol{e}_2, \boldsymbol{e}_3\}$，$\boldsymbol{S}$ を対角化する目的の基底を $\{\overline{\boldsymbol{e}}_1, \overline{\boldsymbol{e}}_2, \overline{\boldsymbol{e}}_3\}$ とする．また，$\{\boldsymbol{e}_1, \boldsymbol{e}_2, \boldsymbol{e}_3\}$ は右手系とする．重根が関わる場合については後に戻る．

ステップ I　バー無し系の $\boldsymbol{S} \Leftrightarrow S_{ij}$ から作った固有方程式 $|\boldsymbol{S} - \lambda \boldsymbol{I}| = 0$ を解いて，異なる3実根 $\{\lambda_1, \lambda_2, \lambda_3\}$ を求める．

ステップ II　固有値のそれぞれに対応する固有ベクトルをバー無し系の成分で求める．但し，前述のようにこの段階で固有ベクトルの長さまでは決まらないので，デカルト基底として使うために長さを1に調節する．できたものを $\{\overline{\boldsymbol{e}}_1, \overline{\boldsymbol{e}}_2, \overline{\boldsymbol{e}}_3\}$ とすれば，先の命題 14.3 によって，この組みはそのまま新たなデカルト系の基底として使える．

ステップ III　両系の間の回転を定める仮の直交行列 $\boldsymbol{L}$ を定める．これは次式によればよい．

$$(8.26) \quad \boldsymbol{L} = (l_{ij})_3^3 = \begin{pmatrix} l_{11} & l_{12} & l_{13} \\ l_{21} & l_{22} & l_{23} \\ l_{31} & l_{32} & l_{33} \end{pmatrix}$$

$$= \begin{pmatrix} \cos(\boldsymbol{e}_1, \overline{\boldsymbol{e}}_1) & \cos(\boldsymbol{e}_1, \overline{\boldsymbol{e}}_2) & \cos(\boldsymbol{e}_1, \overline{\boldsymbol{e}}_3) \\ \cos(\boldsymbol{e}_2, \overline{\boldsymbol{e}}_1) & \cos(\boldsymbol{e}_2, \overline{\boldsymbol{e}}_2) & \cos(\boldsymbol{e}_2, \overline{\boldsymbol{e}}_3) \\ \cos(\boldsymbol{e}_3, \overline{\boldsymbol{e}}_1) & \cos(\boldsymbol{e}_3, \overline{\boldsymbol{e}}_2) & \cos(\boldsymbol{e}_3, \overline{\boldsymbol{e}}_3) \end{pmatrix}$$

つまり，ステップ II で作った3本の（長さ1の）固有ベクトルのバー無し系での成分を縦ベクトルで書いて3本横に並べれば，それがそのまま対応する直交行列となる．

ステップ IV　前ステップで作った仮の $\boldsymbol{L}$ の行列式を計算し，それが (-1) になっていれば右手系から左手系を作ってしまったのであるから，$\{\overline{\boldsymbol{e}}_1, \overline{\boldsymbol{e}}_2, \overline{\boldsymbol{e}}_3\}$ の 1 本を反転させるか 2 本の名前を交換する．具体的には，$\boldsymbol{L}$ を構成する 3 本の縦ベクトルのうちの 1 本に (-1) を掛けるか，2 本を入れ替える．これによって，行列式の値が 1 である正の直交行列が得られて，回転は右手系 $\Leftrightarrow$ 右手系となる．

次の例題で実践する．

例題 14.2●　次式で表される 3 次元図形を調べよ．

$$1 = 3x_1^2 + x_2^2 - 2\sqrt{3}\,x_1x_2 + 2x_1x_3 + 2\sqrt{3}\,x_2x_3$$

解答◆　与式は対称行列による二次形式を用いて，

$$1 = (x_1, x_2, x_3)\begin{pmatrix} 3 & -\sqrt{3} & 1 \\ -\sqrt{3} & 1 & \sqrt{3} \\ 1 & \sqrt{3} & 0 \end{pmatrix}\begin{pmatrix} x_1 \\ x_2 \\ x_3 \end{pmatrix} = {}^t\boldsymbol{x}\boldsymbol{S}\boldsymbol{x}, \quad \boldsymbol{S} = \begin{pmatrix} 3 & -\sqrt{3} & 1 \\ -\sqrt{3} & 1 & \sqrt{3} \\ 1 & \sqrt{3} & 0 \end{pmatrix}$$

である．すなわち，求める 3 次元図形は，二次形式 $z = {}^t\boldsymbol{x}\boldsymbol{S}\boldsymbol{x}$ の $z = 1$ の等値面である．

ベクトルの成分変換規則 $\boldsymbol{x} = \boldsymbol{L}\overline{\boldsymbol{x}}$ によって，

$$1 = {}^t(\boldsymbol{L}\overline{\boldsymbol{x}})\boldsymbol{S}(\boldsymbol{L}\overline{\boldsymbol{x}}) = {}^t\overline{\boldsymbol{x}}({}^t\boldsymbol{L}\boldsymbol{S}\boldsymbol{L})\overline{\boldsymbol{x}} = {}^t\overline{\boldsymbol{x}}\,\overline{\boldsymbol{S}}\,\overline{\boldsymbol{x}} \tag{14.22}$$

であるから，$\overline{\boldsymbol{S}} = {}^t\boldsymbol{L}\boldsymbol{S}\boldsymbol{L} = \boldsymbol{L}^{-1}\boldsymbol{S}\boldsymbol{L}$ を対角化する $\boldsymbol{L}$ を捜す．

ステップ I　固有方程式 $|\boldsymbol{S} - \lambda\boldsymbol{I}| = 0$ を解く．

$$|\boldsymbol{S}-\lambda\boldsymbol{I}| = \begin{vmatrix} 3-\lambda & -\sqrt{3} & 1 \\ -\sqrt{3} & 1-\lambda & \sqrt{3} \\ 1 & \sqrt{3} & -\lambda \end{vmatrix} = -\lambda^3+4\lambda^2+4\lambda-16 = -(\lambda-4)(\lambda-2)(\lambda+2)$$

従って，互いに異なる三つの固有値が $\lambda_1 = 4$，$\lambda_2 = 2$，$\lambda_3 = -2$ と求まる．

ステップ II　固有値のそれぞれに対応する固有ベクトルの成分を，バー無し系で求める．紙数の制約から，第一番固有値 $\lambda_1 = 4$ に対してだけ手順を提示する．

定義より，$\lambda_1 = 4$ に対応する固有ベクトル $\boldsymbol{\xi} \Leftrightarrow \xi_i$ に対して，

$$\boldsymbol{S}\boldsymbol{\xi} = 4\boldsymbol{\xi} \quad \text{または} \quad \begin{pmatrix} 3 & -\sqrt{3} & 1 \\ -\sqrt{3} & 1 & \sqrt{3} \\ 1 & \sqrt{3} & 0 \end{pmatrix}\begin{pmatrix} \xi_1 \\ \xi_2 \\ \xi_3 \end{pmatrix} = 4\begin{pmatrix} \xi_1 \\ \xi_2 \\ \xi_3 \end{pmatrix} = \begin{pmatrix} 4 & 0 & 0 \\ 0 & 4 & 0 \\ 0 & 0 & 4 \end{pmatrix}\begin{pmatrix} \xi_1 \\ \xi_2 \\ \xi_3 \end{pmatrix}$$

$$\text{または} \quad \begin{pmatrix} -1 & -\sqrt{3} & 1 \\ -\sqrt{3} & -3 & \sqrt{3} \\ 1 & \sqrt{3} & -4 \end{pmatrix}\begin{pmatrix} \xi_1 \\ \xi_2 \\ \xi_3 \end{pmatrix} = \begin{pmatrix} 0 \\ 0 \\ 0 \end{pmatrix} \tag{14.23}$$

（行列の基本変換）

$$\begin{pmatrix} -1 & -\sqrt{3} & 1 \\ -\sqrt{3} & -3 & \sqrt{3} \\ 1 & \sqrt{3} & -4 \end{pmatrix} \to \begin{pmatrix} -1 & -\sqrt{3} & 1 \\ -1 & -\sqrt{3} & 1 \\ 1 & \sqrt{3} & -4 \end{pmatrix} \to \begin{pmatrix} -1 & -\sqrt{3} & 1 \\ 1 & \sqrt{3} & -4 \end{pmatrix}$$

$$\to \begin{pmatrix} 0 & 0 & -3 \\ 1 & \sqrt{3} & -4 \end{pmatrix} \to \begin{pmatrix} 0 & 0 & 1 \\ 1 & \sqrt{3} & -4 \end{pmatrix} \to \begin{pmatrix} 0 & 0 & 1 \\ 1 & \sqrt{3} & 0 \end{pmatrix}$$

従って，式(14.23)は次式と同値．

$$\begin{pmatrix} 0 & 0 & 1 \\ 1 & \sqrt{3} & 0 \end{pmatrix} \begin{pmatrix} \xi_1 \\ \xi_2 \\ \xi_3 \end{pmatrix} = \begin{pmatrix} 0 \\ 0 \end{pmatrix} \quad \text{または} \quad \xi_3 = 0,\ \xi_1 + \sqrt{3}\,\xi_2 = 0$$

$$\therefore \quad \begin{pmatrix} \xi_1 \\ \xi_2 \\ \xi_3 \end{pmatrix} = \begin{pmatrix} -\sqrt{3}\,\xi_2 \\ \xi_2 \\ 0 \end{pmatrix} = (-\xi_2) \begin{pmatrix} \sqrt{3} \\ -1 \\ 0 \end{pmatrix} = (-\xi_2)\boldsymbol{\eta} \in \langle \boldsymbol{\eta} \rangle \qquad (14.24)$$

$\langle \boldsymbol{\eta} \rangle$ は $\boldsymbol{\eta}$ の張る部分空間，すなわちベクトルの集合（と言っても 1 個だけ）$\{\boldsymbol{\eta}\}$ の線形結合全体の集合である．

固有ベクトル $\boldsymbol{\eta} = {}^t(\sqrt{3}, -1, 0)$ が見つかったから，長さを 1 にする．

$$\frac{\boldsymbol{\eta}}{|\boldsymbol{\eta}|} = \frac{1}{\sqrt{4}}\,{}^t(\sqrt{3}, -1, 0) = {}^t(\sqrt{3}/2, -1/2, 0)$$

結局，第一番固有値 $\lambda_1 = 4$ に対応する長さ 1 の固有ベクトル $\boldsymbol{\xi}_{(4)}$ が，

$$\boldsymbol{\xi}_{(4)} = \begin{pmatrix} \sqrt{3}/2 \\ -1/2 \\ 0 \end{pmatrix}$$

と定まる．同じ手順で，第二番固有値 $\lambda_2 = 2$，第三番固有値 $\lambda_3 = -2$ に対する長さ 1 の固有ベクトルがそれぞれ，

$$\boldsymbol{\xi}_{(2)} = \begin{pmatrix} 1/2\sqrt{2} \\ \sqrt{3}/2\sqrt{2} \\ 1/\sqrt{2} \end{pmatrix}, \quad \boldsymbol{\xi}_{(-2)} = \begin{pmatrix} 1/2\sqrt{2} \\ \sqrt{3}/2\sqrt{2} \\ -1/\sqrt{2} \end{pmatrix}$$

と得られる．

▶**注意** 上は“一つの例”である．主方向の組みは定まっても，それぞれに付す座標名と“向き”には任意性が残る．具体的には，行列の基本変換以下の過程に任意性がある．手順を省略した二つの固有値の場合を実際にやってみて「答えが合わない！」と慌てないように．

ステップ III ステップ II で求めた長さ 1 の固有ベクトルを並べて，仮の直交行列 $\boldsymbol{L}$ を作る．

$$\boldsymbol{L} = \left(\boldsymbol{\xi}_{(4)}, \boldsymbol{\xi}_{(2)}, \boldsymbol{\xi}_{(-2)}\right) = \begin{pmatrix} \sqrt{3}/2 & 1/2\sqrt{2} & 1/2\sqrt{2} \\ -1/2 & \sqrt{3}/2\sqrt{2} & \sqrt{3}/2\sqrt{2} \\ 0 & 1/\sqrt{2} & -1/\sqrt{2} \end{pmatrix}$$

ステップ IV $\det \boldsymbol{L}$ を計算してみると，

$$\det \boldsymbol{L} = -\frac{3}{8} - \frac{1}{8} - \frac{3}{8} - \frac{1}{8} = -1$$

であるから $\{\overline{\boldsymbol{e}}_1, \overline{\boldsymbol{e}}_2, \overline{\boldsymbol{e}}_3\} = \{\boldsymbol{\xi}_{(4)}, \boldsymbol{\xi}_{(2)}, \boldsymbol{\xi}_{(-2)}\}$ は左手系である．$\boldsymbol{\xi}_{(2)}$ と $\boldsymbol{\xi}_{(-2)}$ を入れ替えて，

$$\boldsymbol{L} = \left(\boldsymbol{\xi}_{(4)}, \boldsymbol{\xi}_{(-2)}, \boldsymbol{\xi}_{(2)}\right) = \begin{pmatrix} \sqrt{3}/2 & 1/2\sqrt{2} & 1/2\sqrt{2} \\ -1/2 & \sqrt{3}/2\sqrt{2} & \sqrt{3}/2\sqrt{2} \\ 0 & -1/\sqrt{2} & 1/\sqrt{2} \end{pmatrix}$$

を最終的に求める直交行列とする．■

課題 14.3 ●　上の例題に関して，以下を確かめよ．

(1) $\overline{\boldsymbol{S}} = {}^t\boldsymbol{L}\boldsymbol{S}\boldsymbol{L} = \boldsymbol{L}^{-1}\boldsymbol{S}\boldsymbol{L}$ は対角化されている．

(2) 異なる固有値に対応する固有ベクトルは直交する．

(3) $\boldsymbol{L}^{-1} = {}^t\boldsymbol{L}$ または ${}^t\boldsymbol{L}\boldsymbol{L} = \boldsymbol{I}$

(4) $\det \boldsymbol{L} = 1$

(5) $\det \overline{\boldsymbol{S}} = \det \boldsymbol{S}$

(6) $\mathrm{tr}\, \overline{\boldsymbol{S}} = \mathrm{tr}\, \boldsymbol{S}$

(7) $\mathrm{tr}\, \overline{\boldsymbol{S}}^2 = \mathrm{tr}\, \boldsymbol{S}^2$

さて，対角化された行列のその対角成分は固有値であったから，課題 14.3 の (1) の解答は，

$$\overline{\boldsymbol{S}} = \begin{pmatrix} \overline{S}_{11} & 0 & 0 \\ 0 & \overline{S}_{22} & 0 \\ 0 & 0 & \overline{S}_{33} \end{pmatrix} = \begin{pmatrix} 4 & 0 & 0 \\ 0 & -2 & 0 \\ 0 & 0 & 2 \end{pmatrix}$$

となるはずである．式(14.22)に戻って，

$$1 = {}^t\boldsymbol{x}\boldsymbol{S}\boldsymbol{x} = {}^t\overline{\boldsymbol{x}}\,\overline{\boldsymbol{S}}\,\overline{\boldsymbol{x}} = (\overline{x}_1, \overline{x}_2, \overline{x}_3) \begin{pmatrix} 4 & 0 & 0 \\ 0 & -2 & 0 \\ 0 & 0 & 2 \end{pmatrix} \begin{pmatrix} \overline{x}_1 \\ \overline{x}_2 \\ \overline{x}_3 \end{pmatrix} = 4\overline{x}_1^2 - 2\overline{x}_2^2 + 2\overline{x}_3^2 \tag{14.25}$$

これは一葉双曲面である（$\overline{x}_2 =$ 一定 の切り口は楕円，**図 14.9**）．

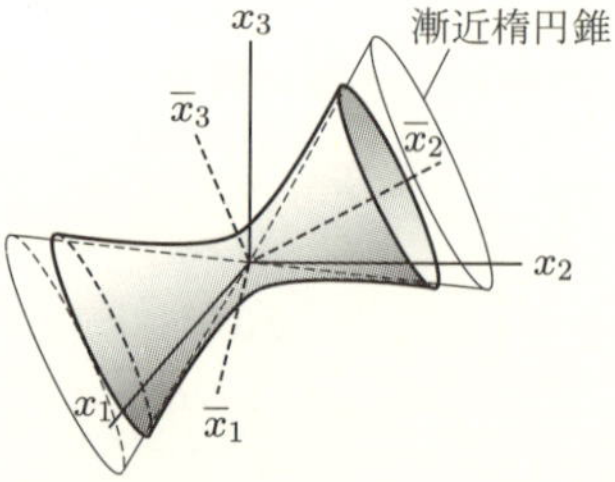

図 14.9

■重根を含む場合■

後回しにする，と初めに述べた重根が含まれる場合を考える．これは，固有方程式 $|\boldsymbol{S}-\lambda\boldsymbol{I}|=0$ が，

（b）一つの実根 λ_1 と一つの 2 重根 λ_2 を持つ場合

$$|\boldsymbol{S}-\lambda\boldsymbol{I}| = \Psi - \Phi\lambda + \Theta\lambda^2 - \lambda^3 = -(\lambda-\lambda_1)(\lambda-\lambda_2)^2 = 0$$

（c）一つの 3 重根 λ_1 を持つ場合

$$|\boldsymbol{S}-\lambda\boldsymbol{I}| = \Psi - \Phi\lambda + \Theta\lambda^2 - \lambda^3 = -(\lambda-\lambda_1)^3 = 0$$

であった．仮にこれらの根はいずれも正，さらに(b)では，例として $\lambda_2 > \lambda_1\ (>0)$ としよう．

対角化されたバー付き系の行列 $\overline{\boldsymbol{S}}$ のその対角成分には固有値が並ぶから，(b)と(c)の場合のそれぞれで対角化された行列 $\overline{\boldsymbol{S}}$ は，

$$\text{(b)}\quad \overline{\boldsymbol{S}} = \begin{pmatrix} \lambda_1 & 0 & 0 \\ 0 & \lambda_2 & 0 \\ 0 & 0 & \lambda_2 \end{pmatrix}, \quad \text{(c)}\quad \overline{\boldsymbol{S}} = \begin{pmatrix} \lambda_1 & 0 & 0 \\ 0 & \lambda_1 & 0 \\ 0 & 0 & \lambda_1 \end{pmatrix}$$

となるはずである．このとき，回転された座標系における図形の式 ${}^t\overline{\boldsymbol{x}}\,\boldsymbol{S}\,\overline{\boldsymbol{x}} = 1$ は，それぞれ，

$$\text{(b)}\quad {}^t\overline{\boldsymbol{x}}\,\boldsymbol{S}\,\overline{\boldsymbol{x}} = \lambda_1\overline{x}_1^2 + \lambda_2\overline{x}_2^2 + \lambda_2\overline{x}_3^2 = \frac{\overline{x}_1^2}{(1/\sqrt{\lambda_1}\,)^2} + \frac{\overline{x}_2^2}{(1/\sqrt{\lambda_2}\,)^2} + \frac{\overline{x}_3^2}{(1/\sqrt{\lambda_2}\,)^2} = 1$$

$$\text{(c)}\quad {}^t\overline{\boldsymbol{x}}\,\boldsymbol{S}\,\overline{\boldsymbol{x}} = \lambda_1\overline{x}_1^2 + \lambda_1\overline{x}_2^2 + \lambda_1\overline{x}_3^2 = 1 \quad \text{または} \quad \overline{x}_1^2 + \overline{x}_2^2 + \overline{x}_3^2 = \left(\frac{1}{\sqrt{\lambda_1}}\right)^2$$

となる．(b)は楕円体面（ラグビーボール），(c)は球面（サッカーボール）である．まず(b)を考える．

$\lambda_2 > \lambda_1\ (>0)$ であるから，ラグビーボールの長軸はこの場合 $\overline{x}_1$ 軸であるが，その $\overline{x}_1$ 軸は先と同じく単根 λ_1 に対応する固有ベクトル $\boldsymbol{\xi}_{(\lambda_1)}$ の方向である．一方，異なる固有値に対応する固有ベクトルは直交するという先の命題 14.3 は，この場合にも当て嵌（は）まるので，重根 $\lambda_2\ (\neq \lambda_1)$ に対応する固有ベクトルはその長軸に直交する．実はこれが全てでこれ以上のことは何もない．つまり，長軸に垂直な面内に描ける汎（あらゆ）るベクトルは重根 λ_2 に対応する固有ベクトルなのである．そこで，単根 λ_1 に対応する固有ベクトル $\boldsymbol{\xi}_{(\lambda_1)}$ の長さを 1 にしてこれを $\overline{\boldsymbol{e}}_1$ としたあと，残りの $\overline{\boldsymbol{e}}_2$，$\overline{\boldsymbol{e}}_3$ は，$\overline{\boldsymbol{e}}_1$ **に垂直な平面内にあって互いに直交して長さが 1** ということだけを条件に，“適当に”作ればよい（後の課題 14.4 の“ヒント”）．$\{\overline{\boldsymbol{e}}_1, \overline{\boldsymbol{e}}_2, \overline{\boldsymbol{e}}_3\}$ のバー無し系の成分を並べて $\boldsymbol{L}$ を作るそれ以降の手順は同じである．

ラグビーボールは長軸に関して軸対称という事実が，固有値 λ_2 が 2 重根であることの反映である．**図 14.10** のように，長軸に垂直な面内で直交する残りの $\overline{\boldsymbol{e}}_2$，$\overline{\boldsymbol{e}}_3$ をどう選んでも，楕円体面の方程式の形が影響されないことは容易に理解できよう．

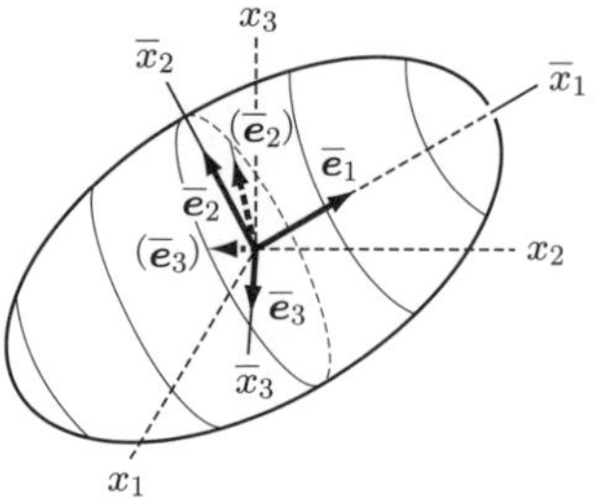

図 14.10

こうなると，(c)のサッカーボールの場合は予想がつく．原点を中心とする球面の方程式は，$\{\overline{\boldsymbol{e}}_1, \overline{\boldsymbol{e}}_2, \overline{\boldsymbol{e}}_3\}$ をどう選んでも変わらない（**図 14.11**）．この場合は，空間の全てのベクトルが，3 重根 λ_1 に対応する固有ベクトルなのである．種を明かせば，これは初めから行列 $\boldsymbol{S}$ が，

$$\boldsymbol{S} = \begin{pmatrix} \lambda_1 & 0 & 0 \\ 0 & \lambda_1 & 0 \\ 0 & 0 & \lambda_1 \end{pmatrix} = \lambda_1 \begin{pmatrix} 1 & 0 & 0 \\ 0 & 1 & 0 \\ 0 & 0 & 1 \end{pmatrix} \Leftrightarrow S_{ij} = \lambda_1 \delta_{ij}$$

と対角化されている場合であって，実は何もすることがない．静止流体中の応力テンソル（**第 13 章**の式(13.12)）はその例である．

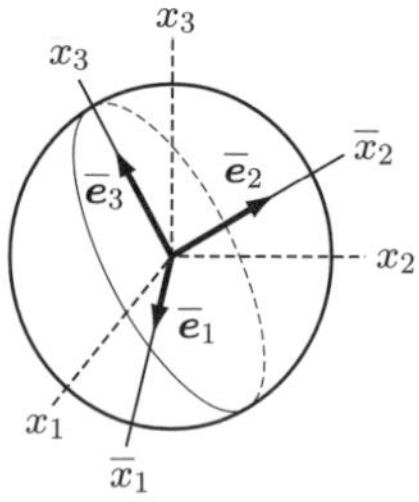

図 14.11

以上のことは，線形代数学で**固有空間の次元**と言われている事柄である．或る固有値に対応する固有空間とは，その固有値に対応する固有ベクトルの全体に，初めに排除したゼロベクトルを復活させて加えた集合のことで，それは，その固有ベクトルが置かれているもとの空間（この場合普通の 3 次元空間）の中の部分空間（部分ベクトル空間）を形成している．さらに，固有方程式の根としてのその固有値の重複度，つまりそれが単根か，2 重根か，3 重根か，は，その固有空間の次元を表している．具体的には，単根に対応する固有空間は，同じ方向（ラグビーボールなら長軸方向）を向いて長さだけが違うベクトルの集合，従って 1 本の直線上に描くことのできるベクトルの集合で，この場合，固有空間の次元は 1 である．2 重根に対応する固有空間とは，或る平面内（先のラグビーボールなら長軸に垂直な平面内）に横たわるベクトル全体の集合で，その次元は 2 である．3 重根の

場合は，空間の全てのベクトルが固有ベクトルで，固有空間の次元は 3 である．この場合は，もとの 3 次元ベクトル空間と固有空間は同じものである．

■等値面 ${}^t\boldsymbol{x}S\boldsymbol{x} = 1$ の見方■

$\boldsymbol{S}$ が歪みテンソルであるとき，$\boldsymbol{x} = |\boldsymbol{x}|\boldsymbol{n}$ とすれば **11.3 節**の式(11.19)によって，

$$
{}^t\boldsymbol{x}\boldsymbol{S}\boldsymbol{x} = {}^t\big(|\boldsymbol{x}|\boldsymbol{n}\big)\boldsymbol{S}\big(|\boldsymbol{x}|\boldsymbol{n}\big) = |\boldsymbol{x}|^2({}^t\boldsymbol{n}\boldsymbol{S}\boldsymbol{n}) = |\boldsymbol{x}|^2 \times (\boldsymbol{n}\text{ 方向の歪み}) = 1
$$

$$
\therefore\quad \boldsymbol{n}\text{ 方向の歪み} = \frac{1}{|\boldsymbol{x}|^2} \tag{14.26}
$$

すなわち，原点から等値面上の点までの距離を $|\boldsymbol{x}|$ として，$1/|\boldsymbol{x}|^2$ がその方向の歪みである．**図 14.10** のラグビーボールなら，長軸方向の歪みは小さく，それに垂直な方向の歪みは大きい．同図は，生活空間で認識されたサッカーボールがラグビーボールに変形したという意味ではない．

原点から等値面に至るベクトル $\boldsymbol{x}$ の方向は連続体の各位置で考えている実際の方向であるが，$\boldsymbol{x}$ の大きさはこの場合 "$1/\sqrt{\text{その方向の歪み}}$" である．つまり，$\boldsymbol{x}$ はそのような "或るベクトル" であって，位置ベクトルそれ自体ではない．$\boldsymbol{x}$ が何ベクトルであるかは，$\boldsymbol{S}$ が何テンソルであるかによる．

式(14.26)の $\boldsymbol{n}$ 方向の歪みは正であるから，その方向の変形は "伸び" である．変形が縮みなら歪みは負であり，そのとき式(14.26)の $|\boldsymbol{x}|$ は虚数である．**図 14.9** 中，原点からの直線が曲面と出会わない漸近楕円錐内側での方向がそれである．固有値が正である**図 14.10**，**図 14.11** では，全ての方向で変形は "伸び" である．

縮み変形も図示するには最初に ${}^t\boldsymbol{x}\boldsymbol{S}\boldsymbol{x} = -1$ とすればよい．そのとき，式(14.25)，式(14.26)はそれぞれ，

$$
1 = -4\overline{x}_1^2 + 2\overline{x}_2^2 - 2\overline{x}_3^2 \tag{14.25$'$}
$$

$$
\boldsymbol{n}\text{ 方向の歪み} = \frac{-1}{|\boldsymbol{x}|^2} \tag{14.26$'$}
$$

となって，図形は二葉双曲面である（描いてみよ）．それは，先の一葉双曲面と漸近楕円錐を共有してその内側に現れ，同じく原点からその二葉双曲面上の点までの距離を $|\boldsymbol{x}|$ として，$1/|\boldsymbol{x}|^2$ がその方向の縮み歪みの大きさである．原点からの直線が無限遠点 ($|\boldsymbol{x}| \to \infty$) で等値面に達する漸近楕円錐面上での方向には，伸びも縮みも無い．

連続体中にゴムボールを仮想してそれを握ってみれば，ボールの中心から見て伸びた方向と縮んだ方向があるだろう．漸近楕円錐は両方向群の境を形成しているのである．

課題 14.4 ●　（固有方程式が重根を含む場合）

実対称行列，

$$\boldsymbol{S} = \begin{pmatrix} 0 & 1 & 1 \\ 1 & 0 & 1 \\ 1 & 1 & 0 \end{pmatrix}$$

を $\overline{\boldsymbol{S}} = {}^t\boldsymbol{L}\boldsymbol{S}\boldsymbol{L} = \boldsymbol{L}^{-1}\boldsymbol{S}\boldsymbol{L}$ によって対角化する直交行列 $\boldsymbol{L}$ を定めよ．また，図形 ${}^t\boldsymbol{x}\boldsymbol{S}\boldsymbol{x} = 1$ を調べ，課題 14.3 の (1)〜(7) も確かめよ．

▶**ヒント**　単根に対して例題 14.2 と同じ手順で $\overline{\boldsymbol{e}}_1$ を決める．2 重根に対しては，先の式(14.24)が ${}^t(\xi_1, \xi_2, \xi_3) \in \langle \boldsymbol{\eta}_1, \boldsymbol{\eta}_2 \rangle$ となるはずである．つまり，固有ベクトルは，ともに $\overline{\boldsymbol{e}}_1$ に垂直で一次独立な 2 ベクトル $\{\boldsymbol{\eta}_1, \boldsymbol{\eta}_2\}$ の線形結合となる．但し，$\{\boldsymbol{\eta}_1, \boldsymbol{\eta}_2\}$ は長さが 1 であることも $\boldsymbol{\eta}_1 \perp \boldsymbol{\eta}_2$ も保証されていないので，一方をとってその長さを 1 にして $\overline{\boldsymbol{e}}_2$ に充て，他は捨てればよい．

或いは，$\overline{\boldsymbol{e}}_2 = {}^t(a, b, c)$ として $|\overline{\boldsymbol{e}}_2| = 1$，$\overline{\boldsymbol{e}}_2 \perp \overline{\boldsymbol{e}}_1$ の 2 条件を課し，不足する条件として $\{a, b, c\}$ のどれか一つに，$\{a, b, c\}$ がいずれも虚数にならないように適当な数値を与えればよい．

$\overline{\boldsymbol{e}}_3$ は $\overline{\boldsymbol{e}}_1 \wedge \overline{\boldsymbol{e}}_2$ で作る．

この手順を一般化したのが**グラム・シュミットの直交化法**である．

▶**参考**　前述のように，単根に対応する $\overline{\boldsymbol{e}}_1$ は軸対称図形の対称軸であるが，この課題のそれは $\overline{\boldsymbol{e}}_1 = {}^t(1/\sqrt{3}, 1/\sqrt{3}, 1/\sqrt{3})$ である，と計算しなくてもわかる人は相当の使い手である．問題の $\boldsymbol{S}$ の形を見れば，求める方向は "3 本のデカルト座標軸から同じ条件にある方向" であろう．それは $\boldsymbol{\xi} = {}^t(1, 1, 1)$ の方向であり，長さを 1 にすれば $\overline{\boldsymbol{e}}_1 = {}^t(1/\sqrt{3}, 1/\sqrt{3}, 1/\sqrt{3})$ となる．

14.5　行列の見方の纏め

3×3 行列 $\boldsymbol{B} \Leftrightarrow b_{ij}$ とは，3 次元ベクトル $\boldsymbol{x}$ から 3 次元ベクトル $\boldsymbol{y}$ を作る線形の機能である．

$$\boldsymbol{y} = \boldsymbol{B}\boldsymbol{x} \Leftrightarrow \begin{pmatrix} y_1 \\ y_2 \\ y_3 \end{pmatrix} = \begin{pmatrix} b_{11} & b_{12} & b_{13} \\ b_{21} & b_{22} & b_{23} \\ b_{31} & b_{32} & b_{33} \end{pmatrix} \begin{pmatrix} x_1 \\ x_2 \\ x_3 \end{pmatrix}$$

$\boldsymbol{B}$ を構成する 3 本の縦ベクトルは，基底 $\{\boldsymbol{e}_1, \boldsymbol{e}_2, \boldsymbol{e}_3\}$ それぞれの写像先である．

$$\boldsymbol{B} = \begin{pmatrix} b_{11} & b_{12} & b_{13} \\ b_{21} & b_{22} & b_{23} \\ b_{31} & b_{32} & b_{33} \end{pmatrix} = \big(\boldsymbol{B}(\boldsymbol{e}_1), \boldsymbol{B}(\boldsymbol{e}_2), \boldsymbol{B}(\boldsymbol{e}_3)\big)$$

その 3 本の組みの中の一次独立な組みの最大個数が $\boldsymbol{B}$ の階数 $(\mathrm{rank}\,\boldsymbol{B})$ である．$\boldsymbol{y}$ は，

$$\boldsymbol{y} = \boldsymbol{B}\boldsymbol{x} = x_1\boldsymbol{B}(\boldsymbol{e}_1) + x_2\boldsymbol{B}(\boldsymbol{e}_2) + x_3\boldsymbol{B}(\boldsymbol{e}_3) \in \big\langle \boldsymbol{B}(\boldsymbol{e}_1), \boldsymbol{B}(\boldsymbol{e}_2), \boldsymbol{B}(\boldsymbol{e}_3) \big\rangle$$

となるから，rank $\boldsymbol{B}$ は機能 $\boldsymbol{B}$ が $\boldsymbol{y}$ 空間に作る部分空間の次元である．rank $\boldsymbol{B} = 3$ なら $\boldsymbol{B}$ は正則 $(\det \boldsymbol{B} \neq 0)$ であり，$\boldsymbol{y}$ 空間内の 3 ベクトル $\{\boldsymbol{B}(\boldsymbol{e}_1), \boldsymbol{B}(\boldsymbol{e}_2), \boldsymbol{B}(\boldsymbol{e}_3)\}$ の形成する平行六面体の体積はゼロでない．

次に，$\boldsymbol{B}$ は，

$$\boldsymbol{B} = \frac{1}{2}(\boldsymbol{B} + {}^t\boldsymbol{B}) + \frac{1}{2}(\boldsymbol{B} - {}^t\boldsymbol{B}) = \boldsymbol{S} + \boldsymbol{A}$$

と対称部，交替部に分割されるから，$\boldsymbol{B}$ の 9 成分を指定することは，$\boldsymbol{S}$ の 6 成分と $\boldsymbol{A}$ の 3 成分を指定することと同値である．交替部 $\boldsymbol{A}$ の 3 成分は，それに付随するベクトルの 3 成分と一意的に対応し，その機能は材料ベクトルとのベクトル積を作ることである．

一方，対称部 $\boldsymbol{S}$ は直交行列 $\boldsymbol{L}$ を用いた相似変換によって，

$$\overline{\boldsymbol{S}} = {}^t\boldsymbol{L}\boldsymbol{S}\boldsymbol{L} = \begin{pmatrix} \overline{S}_{11} & 0 & 0 \\ 0 & \overline{S}_{22} & 0 \\ 0 & 0 & \overline{S}_{33} \end{pmatrix} = \begin{pmatrix} \lambda_1 & 0 & 0 \\ 0 & \lambda_2 & 0 \\ 0 & 0 & \lambda_3 \end{pmatrix}$$

と対角化できる．$\boldsymbol{L}$ を決める独立な数値は 3 個，例えば 3 個のオイラーの角であり，$\boldsymbol{S}$ の 6 成分を指定することは $\boldsymbol{L}$，$\overline{\boldsymbol{S}}$ それぞれ 3 個ずつの数値を指定することと同値である．$\overline{\boldsymbol{S}}$ を指定する 3 個は，

固有値 $\{\lambda_1, \lambda_2, \lambda_3\}$，回転不変量 $\{\varPsi, \varPhi, \varTheta\}$，または $\{\det \boldsymbol{S}, \mathrm{tr}\, \boldsymbol{S}, \mathrm{tr}\, \boldsymbol{S}^2\}$

のいずれの組みでもよい．それらの関係は，

$$\begin{aligned}
\varPsi &= \det \boldsymbol{S} \ (= \det \overline{\boldsymbol{S}}) = \lambda_1\lambda_2\lambda_3 \\
\varPhi &= \frac{1}{2}\{(\mathrm{tr}\, \boldsymbol{S})^2 - \mathrm{tr}\, \boldsymbol{S}^2\} \ \left(= \frac{1}{2}\{(\mathrm{tr}\, \overline{\boldsymbol{S}})^2 - \mathrm{tr}\, \overline{\boldsymbol{S}}^2\}\right) \\
&= \frac{1}{2}\left\{(\lambda_1 + \lambda_2 + \lambda_3)^2 - (\lambda_1^2 + \lambda_2^2 + \lambda_3^2)\right\} = \lambda_1\lambda_2 + \lambda_2\lambda_3 + \lambda_3\lambda_1 \\
\varTheta &= \mathrm{tr}\, \boldsymbol{S} \ (= \mathrm{tr}\, \overline{\boldsymbol{S}}) = \lambda_1 + \lambda_2 + \lambda_3
\end{aligned}$$

である．

$\boldsymbol{B}$ が速度勾配テンソル $[d\boldsymbol{v}/d\boldsymbol{x}]$ なら，対称部 $\boldsymbol{S}$ は歪み速度テンソルである．交替部 $\boldsymbol{A}$ に付随するベクトルは剛体回転の角速度ベクトルであり，それは rot $\boldsymbol{v}$ の 1/2 である．一方，$\boldsymbol{S}$ の固有値 $\{\lambda_1, \lambda_2, \lambda_3\}$ は主軸 $\{\overline{\boldsymbol{e}}_1, \overline{\boldsymbol{e}}_2, \overline{\boldsymbol{e}}_3\}$ のそれぞれの方向の歪み速度であり，それが単根一つと 2 重根一つなら，単根は対応する主軸方向の歪み速度，2 重根はその軸を対称軸とする軸対称歪みの速度である．3 重根一つならそれは球対称歪みの速度である．

$\boldsymbol{B}$ を構成する僅(わず)か 9 個の数字がこれほどの意味を内包しているのである．それが見えているなら，線形代数学は“カラダでわかっている”と言い切ってよい．この先，流体力学も材料力学もカラダでわかるはずである．

第15章 構成方程式

憲法 (constitution) が国家の基本構造の宣言文書である如く，構成方程式 (constitutive equation) は連続体の運動・変形を支配する基本法則である．弾性体のそれは応力と歪みの関係式であり，流体のそれは応力と歪み速度（歪み率）の関係式である．本章は，これまで展開したテンソル理論を駆使して，双方の構成方程式をできるだけ統一的に見通すことを試みる．流体から始める．

15.1 流体の構成方程式

運動する流体中の応力テンソルは，圧力を p として，

$$(13.12)\quad \sigma_{ij} = -p\delta_{ij} + \sigma'_{ij} \Leftrightarrow \boldsymbol{\Sigma} = -p\boldsymbol{I} + \boldsymbol{\Sigma}' \tag{15.1}$$

となるのであった．偏差応力（ずれ応力）$\boldsymbol{\Sigma}'$ は，静止流体中の応力テンソル $(-p\boldsymbol{I})$ からの逸脱分である．

速度場のオイラー表示，

$$(11.24)\quad \boldsymbol{v}(\boldsymbol{x}+d\boldsymbol{x},t) = \underset{①}{\boldsymbol{v}(\boldsymbol{x},t)} + \underset{②}{\boldsymbol{S}\,d\boldsymbol{x}} + \underset{③}{\left(\frac{1}{2}\operatorname{rot}\boldsymbol{v}\right)} \wedge d\boldsymbol{x}$$

によって，或(あ)る点の速度は，隣接点に対する①併進，②変形，③剛体回転の寄与の重ね合わせである．併進と剛体回転はいずれも応力を静止状態から逸脱させないから，$\boldsymbol{\Sigma}'$ を生むのは②の変形である．そこで，$\boldsymbol{\Sigma}'$ を歪み速度 $\boldsymbol{S}$ で表現して式(15.1)に代入すれば，それが流体運動の構成方程式となる．両テンソルはともに対称行列で表されるから，問題は，

$$\boldsymbol{\Sigma}' = \begin{pmatrix} \sigma'_{11} & \sigma'_{12} & \sigma'_{13} \\ \cdots & \sigma'_{22} & \sigma'_{23} \\ \cdots & \cdots & \sigma'_{33} \end{pmatrix} \tag{15.2}$$

の独立な 6 成分のそれぞれを，

$$(11.27)\quad \boldsymbol{S} = \begin{pmatrix} S_{11} & S_{12} & S_{13} \\ \cdots & S_{22} & S_{23} \\ \cdots & \cdots & S_{33} \end{pmatrix}$$

$$= \begin{pmatrix} \dfrac{\partial v_1}{\partial x_1} & \dfrac{1}{2}\left(\dfrac{\partial v_1}{\partial x_2}+\dfrac{\partial v_2}{\partial x_1}\right) & \dfrac{1}{2}\left(\dfrac{\partial v_1}{\partial x_3}+\dfrac{\partial v_3}{\partial x_1}\right) \\ \cdots & \dfrac{\partial v_2}{\partial x_2} & \dfrac{1}{2}\left(\dfrac{\partial v_2}{\partial x_3}+\dfrac{\partial v_3}{\partial x_2}\right) \\ \cdots & \cdots & \dfrac{\partial v_3}{\partial x_3} \end{pmatrix} \tag{15.3}$$

の 6 成分で表現することに帰着する．つまり，6 変数の関数の形を 6 個定めなければならない．これは尋常一様でないので，**第 14 章**の成果を導入する．

■対角化■

$\boldsymbol{\Sigma}'$，$\boldsymbol{S}$ を式(15.2)，(15.3)のように表現しているデカルト基底 $\{\boldsymbol{e}_1, \boldsymbol{e}_2, \boldsymbol{e}_3\}$ を，場所毎のバー付き系 $\{\overline{\boldsymbol{e}}_1, \overline{\boldsymbol{e}}_2, \overline{\boldsymbol{e}}_3\}$ に回転させて，バー付き系でのそれぞれの行列を，

$$\boldsymbol{L}^{-1}\boldsymbol{\Sigma}'\boldsymbol{L} = \overline{\boldsymbol{\Sigma}}' = \begin{pmatrix} \overline{\sigma}'_{11} & 0 & 0 \\ 0 & \overline{\sigma}'_{22} & 0 \\ 0 & 0 & \overline{\sigma}'_{33} \end{pmatrix} \tag{15.4}$$

及び，

$$\boldsymbol{L}^{-1}\boldsymbol{S}\boldsymbol{L} = \overline{\boldsymbol{S}} = \begin{pmatrix} \overline{S}_{11} & 0 & 0 \\ 0 & \overline{S}_{22} & 0 \\ 0 & 0 & \overline{S}_{33} \end{pmatrix} = \begin{pmatrix} \dfrac{\partial \overline{v}_1}{\partial \overline{x}_1} & 0 & 0 \\ 0 & \dfrac{\partial \overline{v}_2}{\partial \overline{x}_2} & 0 \\ 0 & 0 & \dfrac{\partial \overline{v}_3}{\partial \overline{x}_3} \end{pmatrix} \tag{15.5}$$

と対角化する．同じ直交行列 $\boldsymbol{L} \Leftrightarrow l_{ij}$ が双方の対角化に使えることは，数学的要請でなく物理的要請である．すなわち，式(15.4)はバー付き系での偏差応力に**垂直成分はあるが剪断(せんだん)成分は無い**と主張し，式(15.5)はバー付き系での変形に**伸び縮み変形はあるが剪断変形は無い**と主張している．剪断応力の無いところに剪断変形は無いから，両テンソルの主軸は一致する（**図 15.1**）．

式(15.4)，(15.5)によって，6 変数の関数形を 6 個定めるという前述の問題が，

$$\left.\begin{aligned} \overline{\sigma}'_{11} &= \overline{\sigma}'_{11}(\overline{S}_{11}, \overline{S}_{22}, \overline{S}_{33}) = \overline{\sigma}'_{11}\left(\frac{\partial \overline{v}_1}{\partial \overline{x}_1}, \frac{\partial \overline{v}_2}{\partial \overline{x}_2}, \frac{\partial \overline{v}_3}{\partial \overline{x}_3}\right) \\ \overline{\sigma}'_{22} &= \overline{\sigma}'_{22}(\overline{S}_{11}, \overline{S}_{22}, \overline{S}_{33}) = \overline{\sigma}'_{22}\left(\frac{\partial \overline{v}_1}{\partial \overline{x}_1}, \frac{\partial \overline{v}_2}{\partial \overline{x}_2}, \frac{\partial \overline{v}_3}{\partial \overline{x}_3}\right) \\ \overline{\sigma}'_{33} &= \overline{\sigma}'_{33}(\overline{S}_{11}, \overline{S}_{22}, \overline{S}_{33}) = \overline{\sigma}'_{33}\left(\frac{\partial \overline{v}_1}{\partial \overline{x}_1}, \frac{\partial \overline{v}_2}{\partial \overline{x}_2}, \frac{\partial \overline{v}_3}{\partial \overline{x}_3}\right) \end{aligned}\right\} \tag{15.6}$$

のように，3 変数の関数形を 3 個定める問題に簡略化された．これを行う．

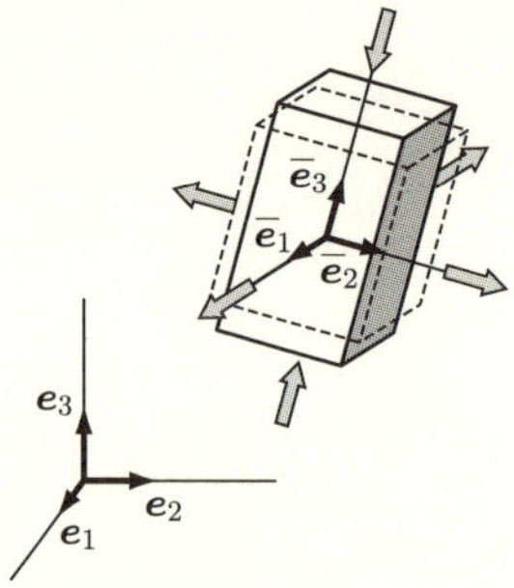

図 15.1

ニュートン流体

式(15.6)の第一式の関数形を，

$$\overline{\sigma}'_{11} = a\frac{\partial \overline{v}_1}{\partial \overline{x}_1} + b\frac{\partial \overline{v}_2}{\partial \overline{x}_2} + c\frac{\partial \overline{v}_3}{\partial \overline{x}_3} + d \tag{15.7}$$

と仮定して次の制約条件を課す．

(1) 同次性

3 方向の伸び縮み運動が全て無ければ偏差応力も無い．従って $d = 0$.

(2) 線形性

偏差応力は歪み速度に全て一次で依存して，$(\partial \overline{v}_1/\partial \overline{x}_1)^2$ や $(\partial \overline{v}_1/\partial \overline{x}_1) \times (\partial \overline{v}_2/\partial \overline{x}_2)$ などの高次項は無い．すなわち，$\overline{\sigma}'_{11}$ は 3 方向の歪み速度の一次の寄与の重ね合わせである．

(3) 等方性

$\overline{\sigma}'_{11}$ は $\overline{e}_1$ 方向の垂直偏差応力であるから，その方向の伸び縮み速度 $(\partial \overline{v}_1/\partial \overline{x}_1)$ は $\overline{\sigma}'_{11}$ を生ずる“主役”である．他の 2 方向の伸び縮み速度 $(\partial \overline{v}_2/\partial \overline{x}_2)$，$(\partial \overline{v}_3/\partial \overline{x}_3)$ もそれなりの寄与をするが，“脇役”である．主役と脇役で $\overline{\sigma}'_{11}$ への寄与が異なるのは当然であるから，係数 a は b，c とは異なる．しかし，二つの脇役方向の間に依怙贔屓(えこひいき)はない．従って $a \neq b = c$.

以上の 3 性質を満たす流体を**ニュートン流体** (Newtonian fluid) と言う．これによって式(15.7)は，

$$\overline{\sigma}'_{11} = a\frac{\partial \overline{v}_1}{\partial \overline{x}_1} + b\frac{\partial \overline{v}_2}{\partial \overline{x}_2} + b\frac{\partial \overline{v}_3}{\partial \overline{x}_3} \tag{15.8}$$

となる．この関数形の作り方自体に方向の依怙贔屓があってはならないので，式(15.6)は，

$$\left.\begin{aligned}
\overline{\sigma}'_{11} &= a\frac{\partial \overline{v}_1}{\partial \overline{x}_1} + b\frac{\partial \overline{v}_2}{\partial \overline{x}_2} + b\frac{\partial \overline{v}_3}{\partial \overline{x}_3} \\
\overline{\sigma}'_{22} &= b\frac{\partial \overline{v}_1}{\partial \overline{x}_1} + a\frac{\partial \overline{v}_2}{\partial \overline{x}_2} + b\frac{\partial \overline{v}_3}{\partial \overline{x}_3} \\
\overline{\sigma}'_{33} &= b\frac{\partial \overline{v}_1}{\partial \overline{x}_1} + b\frac{\partial \overline{v}_2}{\partial \overline{x}_2} + a\frac{\partial \overline{v}_3}{\partial \overline{x}_3}
\end{aligned}\right\}$$

となる．これを次のように変形する．

$$\left.\begin{aligned}
\overline{\sigma}'_{11} &= (a-b)\frac{\partial\overline{v}_1}{\partial\overline{x}_1} + b\left(\frac{\partial\overline{v}_1}{\partial\overline{x}_1} + \frac{\partial\overline{v}_2}{\partial\overline{x}_2} + \frac{\partial\overline{v}_3}{\partial\overline{x}_3}\right) = 2\mu\frac{\partial\overline{v}_1}{\partial\overline{x}_1} + \lambda\overline{\Theta} = 2\mu\overline{S}_{11} + \lambda\overline{\Theta} \\
\overline{\sigma}'_{22} &= (a-b)\frac{\partial\overline{v}_2}{\partial\overline{x}_2} + b\left(\frac{\partial\overline{v}_1}{\partial\overline{x}_1} + \frac{\partial\overline{v}_2}{\partial\overline{x}_2} + \frac{\partial\overline{v}_3}{\partial\overline{x}_3}\right) = 2\mu\frac{\partial\overline{v}_2}{\partial\overline{x}_2} + \lambda\overline{\Theta} = 2\mu\overline{S}_{22} + \lambda\overline{\Theta} \\
\overline{\sigma}'_{33} &= (a-b)\frac{\partial\overline{v}_3}{\partial\overline{x}_3} + b\left(\frac{\partial\overline{v}_1}{\partial\overline{x}_1} + \frac{\partial\overline{v}_2}{\partial\overline{x}_2} + \frac{\partial\overline{v}_3}{\partial\overline{x}_3}\right) = 2\mu\frac{\partial\overline{v}_3}{\partial\overline{x}_3} + \lambda\overline{\Theta} = 2\mu\overline{S}_{33} + \lambda\overline{\Theta}
\end{aligned}\right\} \tag{15.9}$$

$a-b=2\mu$，$b=\lambda$ としてある．式中の $\overline{\Theta}$ は，

$$\begin{aligned}
\overline{\Theta} &= \frac{\partial\overline{v}_1}{\partial\overline{x}_1} + \frac{\partial\overline{v}_2}{\partial\overline{x}_2} + \frac{\partial\overline{v}_3}{\partial\overline{x}_3} = \overline{S}_{ii} = \mathrm{tr}\,\overline{\boldsymbol{S}} = \mathrm{tr}\,\boldsymbol{S} \\
&= \frac{\partial v_1}{\partial x_1} + \frac{\partial v_2}{\partial x_2} + \frac{\partial v_3}{\partial x_3} = \Theta\ (= \mathrm{div}\,\boldsymbol{v})
\end{aligned} \tag{15.10}$$

すなわち，歪み速度テンソル $\boldsymbol{S}$ の第三回転不変量である．

式(15.9)は，非対角成分が全てゼロであることを含めて，二つの行列の間の次の関係式に集約される．

$$\overline{\sigma}'_{ij} = 2\mu\overline{S}_{ij} + \lambda\Theta\delta_{ij} \Leftrightarrow \overline{\boldsymbol{\Sigma}}' = 2\mu\overline{\boldsymbol{S}} + \lambda\Theta\boldsymbol{I} \tag{15.11}$$

非対角成分がゼロであることを含めて，式(15.11)が全ての場合を表現し得ていることを確認せよ．回転不変量 Θ のバーは除いてある．

最後に，式(15.11)の両辺に左右からそれぞれ $\boldsymbol{L}$，$\boldsymbol{L}^{-1}$ を掛けて，もとのバー無し系に戻す．

$$\boldsymbol{L}\overline{\boldsymbol{\Sigma}}'\boldsymbol{L}^{-1} = 2\mu\boldsymbol{L}\overline{\boldsymbol{S}}\boldsymbol{L}^{-1} + \lambda\Theta\boldsymbol{L}\boldsymbol{I}\boldsymbol{L}^{-1} \quad \text{または} \quad \boldsymbol{\Sigma}' = 2\mu\boldsymbol{S} + \lambda\Theta\boldsymbol{I} \tag{15.12}$$

▶**注意**　式(15.11)→式(15.12)は“行列の関係として”バー無し系に戻したのであるが，$\{\overline{\boldsymbol{\Sigma}}', \overline{\boldsymbol{S}}\}$ は対角行列で $\{\boldsymbol{\Sigma}', \boldsymbol{S}\}$ はそうでないという違いはあっても，結果の式(15.12)は式(15.11)と同形である．テンソルとは座標系を超越した機能であった．二つの行列の関係として構築した式(15.11)は，実は“ともに座標系を超越した二つの機能の関係”を構築したのである．従ってバー無し系でも形は変わらない．これもテンソル不変の原則の一つの現れである．

式(15.12)を式(15.1)に代入すれば，

$$\begin{aligned}
&\boldsymbol{\Sigma} = -p\boldsymbol{I} + 2\mu\boldsymbol{S} + \lambda\Theta\boldsymbol{I} \\
&\Leftrightarrow \sigma_{ij} = -p\delta_{ij} + 2\mu S_{ij} + \lambda\Theta\delta_{ij} = -p\delta_{ij} + \mu\left(\frac{\partial v_i}{\partial x_j} + \frac{\partial v_j}{\partial x_i}\right) + \lambda\Theta\delta_{ij}
\end{aligned} \tag{15.13}$$

となる．これが**ニュートン流体の構成方程式**である．$\{a,b\}$ といい $\{\mu,\lambda\}$ といい，線形・等方の構成方程式は二つの定数を含むと言う点が重要である．

以上の演繹から，ニュートン流体でない場合の構成方程式がどうなるか，という問題が想起される．それは，上でないとした歪み速度の高次の項が山ほど現れて大騒ぎになるであ

ろうが，次の**ケイリー・ハミルトンの定理** (Cayley–Hamilton's theorem) が僅(わず)かな光を与える．**非ニュートン流体**に立ち入る余裕は本書に無いが，その僅かな光を次節で示そう．

15.2 ケイリー・ハミルトンの定理の効能

行列 $\boldsymbol{S}$ に対しては，固有方程式，

$$(14.8)\quad \big(|\boldsymbol{S}-\lambda\boldsymbol{I}|=\big)\ \Psi-\Phi\lambda+\Theta\lambda^2-\lambda^3\ (=\Psi\lambda^0-\Phi\lambda^1+\Theta\lambda^2-\lambda^3)=0 \tag{15.14}$$

が成り立つのであった．**ケイリー・ハミルトンの定理**とは，式(15.14)に対して，

$$(\Psi\boldsymbol{S}^0-\Phi\boldsymbol{S}^1+\Theta\boldsymbol{S}^2-\boldsymbol{S}^3=)\ \Psi\boldsymbol{I}-\Phi\boldsymbol{S}+\Theta\boldsymbol{S}^2-\boldsymbol{S}^3=\boldsymbol{0} \tag{15.15}$$

が成り立つことを言う．右辺の $\boldsymbol{0}$ は 3×3 のゼロ行列である．定理の証明は一般的な線形代数学の教科書に見えるから，ここでは省略する．

さて，構成方程式の問題は，詰まるところ行列 $\boldsymbol{S}$ の関数としての行列 $\boldsymbol{\Sigma}$，すなわち，$\boldsymbol{\Sigma}=\boldsymbol{\Sigma}(\boldsymbol{S})$ の関数形を定めることである．一方，連続で滑らかな 1 変数の関数 $y=f(x)$ の関数形がわからないとき，これを，

$$y=f(x)=\sum_{n=0}^{\infty}c_nx^n=c_0x^0+c_1x^1+c_2x^2+\cdots=c_0+c_1x+c_2x^2+\cdots$$

と x の無限級数で表し，係数 $\{c_0,c_1,c_2,\ldots\}$ を能(あた)う限り求めて真の $y=f(x)$ に近づけるという“手”のあることは周知であろう．テイラー展開なら，係数 $\{c_0,c_1,c_2,\ldots\}$ は，

$$c_n=\frac{f^{(n)}(0)}{n!}$$

となるのであった．その顰(ひそ)みに倣(なら)えば，$\boldsymbol{\Sigma}(\boldsymbol{S})$ を，

$$\boldsymbol{\Sigma}(\boldsymbol{S})=\sum_{n=0}^{\infty}c_n\boldsymbol{S}^n=c_0\boldsymbol{S}^0+c_1\boldsymbol{S}^1+c_2\boldsymbol{S}^2+\cdots=c_0\boldsymbol{I}+c_1\boldsymbol{S}+c_2\boldsymbol{S}^2+\cdots \tag{15.16}$$

と“$\boldsymbol{S}$ の無限級数”で表し，係数群 $\{c_0,c_1,c_2,\ldots\}$ を能う限り求めて真の $\boldsymbol{\Sigma}(\boldsymbol{S})$ に近づける，という手が考えられる．

これ自体気の遠くなる作業であるが，ケイリー・ハミルトンの定理が光を与える．すなわち，式(15.15)により，$\boldsymbol{S}^3$ は，

$$\boldsymbol{S}^3=\Psi\boldsymbol{I}-\Phi\boldsymbol{S}+\Theta\boldsymbol{S}^2 \tag{15.15$'$}$$

と $\{\boldsymbol{I},\boldsymbol{S},\boldsymbol{S}^2\}$ だけで表され，$\boldsymbol{S}^4$ は，

$$\begin{aligned}\boldsymbol{S}^4=\boldsymbol{S}\cdot\boldsymbol{S}^3 &\overset{(15.15)'}{=} \boldsymbol{S}\cdot(\Psi\boldsymbol{I}-\Phi\boldsymbol{S}+\Theta\boldsymbol{S}^2)\\ &=\Psi\boldsymbol{S}-\Phi\boldsymbol{S}^2+\Theta\boldsymbol{S}^3 \overset{(15.15)'}{=} \Psi\boldsymbol{S}-\Phi\boldsymbol{S}^2+\Theta(\Psi\boldsymbol{I}-\Phi\boldsymbol{S}+\Theta\boldsymbol{S}^2)\\ &=\Theta\Psi\boldsymbol{I}+(\Psi-\Theta\Phi)\boldsymbol{S}+(-\Phi+\Theta^2)\boldsymbol{S}^2\end{aligned}$$

と，また $\{\boldsymbol{I}, \boldsymbol{S}, \boldsymbol{S}^2\}$ だけで表される．この手順はいつまでも続けることができるから，$\boldsymbol{S}^3$ 以上の高次項は全て $\{\boldsymbol{I}, \boldsymbol{S}, \boldsymbol{S}^2\}$ だけで表すことができて，式(15.16)は，

$$\boldsymbol{\Sigma}(\boldsymbol{S}) = c_0\boldsymbol{I} + c_1\boldsymbol{S} + c_2\boldsymbol{S}^2 \tag{15.17}$$

のように $\boldsymbol{S}^2$ の項で打ち切ってよいことになる．そのとき，係数 $\{c_0, c_1, c_2\}$ は回転不変量 $\{\Psi, \Phi, \Theta\}$ と物性値類だけの関数である．すなわち，構成方程式の構築に際して非線形性が問題となる場合でも，$\boldsymbol{S}^2$ の項までで勝負できる．

15.1 節の成果であるニュートン流体の構成方程式は，

(15.13)　$\boldsymbol{\Sigma} = (-p + \lambda\Theta)\boldsymbol{I} + 2\mu\boldsymbol{S}$

であるから，式(15.17)で $\boldsymbol{S}^2$ の項も消去した形である．$\boldsymbol{I}$ と $\boldsymbol{S}$ の係数は，確かに回転不変量と物性値類だけの関数となっている．

15.3 二つの定数とストークスの仮説

定数 μ

式(15.13)に戻る．**図 15.2** に描かれた流体の速度場，

$$\boldsymbol{v} = \begin{pmatrix} v_1 \\ v_2 \\ v_3 \end{pmatrix} = \begin{pmatrix} v_1(x_2) \\ 0 \\ 0 \end{pmatrix} \tag{15.18}$$

について，式(15.13)で $(i, j) = (1, 2)$ とすれば，

$$\sigma_{12} = 2\mu S_{12} = \mu\left(\frac{\partial v_1}{\partial x_2} + \frac{\partial v_2}{\partial x_1}\right) = \mu\frac{dv_1}{dx_2} \tag{15.19}$$

である．σ_{12} は，$\boldsymbol{e}_2$ 面の表が裏に（**図 15.2** で(A)側が(B)側に）及ぼす力の $\boldsymbol{e}_1$ 方向成分，すなわち剪断応力である．従って，剪断応力は速度勾配（という剪断歪み速度）に比例する．比例定数 μ を**粘性係数** (viscosity) と言い，流体の密度 ρ を用いて $\mu = \rho\nu$ とするとき，ν を**動粘性係数** (kinematic viscosity) と言う．

式(15.18)の速度分布では式(15.10)の Θ がゼロとなるから，式(15.13)で $(i, j) = (1, 1)$, $(2, 2)$ とすれば，

$$\sigma_{11} = -p, \quad \sigma_{22} = -p$$

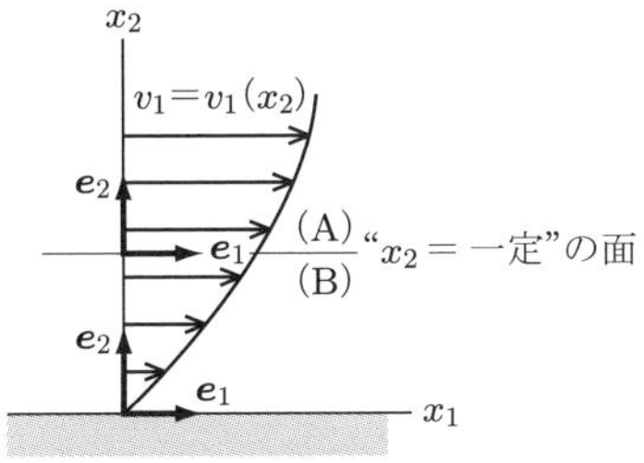

図 15.2

である．例えば，σ_{11} は $\boldsymbol{e}_1$ 面に働く力の $\boldsymbol{e}_1$ 方向成分であった．それは圧力に負号を付けたもの，すなわち“押し合い”である（当然！）．σ_{22} も同じ．流体の垂直応力に“引き合い”は無い．

定数 λ

式(15.13)のもう一つの定数 λ は，**体積粘性係数，第二粘性係数**などと呼ばれ，実は，多くの科学者を悩ませてきた代物である．

まず，明らかに非圧縮性流体（$\Theta = \mathrm{div}\,\boldsymbol{v} = 0$）には現れない．しかし，**12.4 節**で述べたように，気体においてさえ圧縮性は音速に近いかそれ以上の非常に速い流れにしか現れず，我々が日常経験する流れは殆(ほとん)どが非圧縮性の流れである．従って，測定するための流れを実現させること自体が容易でない．仮に実現したとしても，

$$
(15.11)\quad \begin{pmatrix} \overline{\sigma}'_{11} & 0 & 0 \\ 0 & \overline{\sigma}'_{22} & 0 \\ 0 & 0 & \overline{\sigma}'_{33} \end{pmatrix}
= 2\mu \begin{pmatrix} \overline{S}_{11} & 0 & 0 \\ 0 & \overline{S}_{22} & 0 \\ 0 & 0 & \overline{S}_{33} \end{pmatrix} + \lambda(\overline{S}_{11} + \overline{S}_{22} + \overline{S}_{33}) \begin{pmatrix} 1 & 0 & 0 \\ 0 & 1 & 0 \\ 0 & 0 & 1 \end{pmatrix}
$$

からわかるように，主方向を捜し出した上で，$\{\overline{\sigma}'_{11}, \overline{\sigma}'_{22}, \overline{\sigma}'_{33}\}$ のどれか一つに加えて $\{\mu, \overline{S}_{11}, \overline{S}_{22}, \overline{S}_{33}\}$ の全てを測定できなければ，λ を定めるに至らないのである．

もう一つ問題がある．それは式(15.13)中の圧力 p である．圧力 p の導入は，**13.5 節**で流体が静止している際の応力状態を，

$$
(13.11)\quad \boldsymbol{\Sigma}(\boldsymbol{n}) = (-p)\boldsymbol{n}
$$

としたことに端を発している．熱力学的状態量は，流体の巨視的運動の無い所謂(いわゆる)**熱力学的平衡状態**を前提として定義されている．例えば，断熱されて閉じた系を形成する気体に外から仕事を加えれば（例えば攪拌(かくはん)すれば），仕事は内部エネルギーになって温度が上昇するが，最終の温度，圧力は“巨視的運動が収まったあと”測定されるべきものである．また，論じられる状態の変化は“準静的変化”である．

このことを p の導入過程と較べると，流体は静止しているとしたからこの p が熱力学的状態量としての圧力であることは間違いない．ところが運動し，変形し，さらに音速にも達する高速現象となると，p とは果たしていったい何なのかという疑問が生ずるのである．

これに対する答えも“流体粒子”の考え方の中にある．**図 5.6** で“鉛筆の芯の先ほどの大きさ”と表現した流体粒子のスケールは，分子間衝突の平均自由行程よりは遥かに大きいが，巨視的な運動や変形の代表スケールよりは遥かに小さい．とすれば，巨視的な運動・変形に基づく“場のゆがみ”は芯の先ほどの大きさの流体粒子には感知されず，そこでは

依然熱力学的平衡が“その場限りで”維持されていると考えてよい．これを**局所平衡**と言う．すなわち，巨視的な運動が収まっていない運動中の流体にも，熱力学的圧力 p は依然“ある”と考えてよい．

以上を背景に，ストークスは定数 λ の測定が実質的には不可能であるというジレンマを解決する手を思いついた．

■ストークスの仮説■

式(15.13)で $i=j$ と縮約すると，$S_{ii}=\partial v_i/\partial x_i=\Theta$ であるから，

$$\sigma_{ii}=-3p+2\mu\Theta+3\lambda\Theta=-3p+(2\mu+3\lambda)\Theta \tag{15.20}$$

となる．両辺を 3 で割ると，

$$\frac{\sigma_{ii}}{3}=\frac{\sigma_{11}+\sigma_{22}+\sigma_{33}}{3}=-p+\frac{2\mu+3\lambda}{3}\Theta$$

左辺は運動中の流体で考えた，**3 座標軸方向の垂直応力の平均値**である．ストークスが思いついた手とは，これを，局所平衡の結果として流体粒子が帯びているはずの熱力学的圧力に等しい，とするものである．これを認めれば，

$$\frac{\sigma_{ii}}{3}=\frac{\sigma_{11}+\sigma_{22}+\sigma_{33}}{3}=-p \tag{15.21}$$

であるから，

$$2\mu+3\lambda=0 \quad \therefore \quad \lambda=-\frac{2}{3}\mu \tag{15.22}$$

となって，定数を一つ減らすことができた．式(15.21)または式(15.22)を**ストークスの仮説** (Stokes' hypothesis) と言う．

これは「厳密な根拠があるか」と問い詰められれば答えに窮するようなもので，ストークスの仮説というより“ストークスの誤魔化(ごまか)し”ではないか，と言われても仕方がない．実は相当有力な傍証があるのだが，それは次章で披瀝(ひれき)するとして，現段階では次の“言い訳”を提示しておこう．

まず，前述のように局所平衡さえ仮定すれば運動中の流体粒子は確かに熱力学的圧力 p を持ち，それは設定する座標系とは無関係の，従って特定の方向性を持たないスカラー量である．一方，式(15.21)左辺の垂直応力の平均値は $\mathrm{tr}\,\boldsymbol{\Sigma}$ の 1/3，すなわち回転不変量に他ならないから，これも設定する座標系とは無関係のスカラー量である．そうとあらば，局所的に定義された二つのスカラー量の間に一対一の対応があってもよいのではないか，ということである．

しかし実際は，

(1) 第二粘性係数 λ の測定が実際は不可能に近い，というよりも，抑々(そもそも)そのような運動学的な物性値を特定することに本当に意味があるのかさえ，疑わしい，

(2) ストークスの仮説に基づいて予測した高速，圧縮性の種々の流体現象が，そこそこの精度で測定結果と一致し，実用上何も困らない，

という 2 点がこの仮説の“本音の”根拠である．

■■最終の構成方程式■■

式(15.22)を式(15.13)に代入すれば，**ストークスの仮説に基づくニュートン流体の構成方程式**が最終的に次のように定まる．

$$\begin{aligned}
&\boldsymbol{\Sigma} = -p\boldsymbol{I} + 2\mu\boldsymbol{S} - \frac{2}{3}\mu\Theta\boldsymbol{I} \\
&\Leftrightarrow \sigma_{ij} = -p\delta_{ij} + 2\mu S_{ij} - \frac{2}{3}\mu\Theta\delta_{ij} = -p\delta_{ij} + \mu\left(\frac{\partial v_i}{\partial x_j} + \frac{\partial v_j}{\partial x_i}\right) - \frac{2}{3}\mu\Theta\delta_{ij} \\
&\text{但し，}\ \Theta = \frac{\partial v_1}{\partial x_1} + \frac{\partial v_2}{\partial x_2} + \frac{\partial v_3}{\partial x_3} = \mathrm{div}\,\boldsymbol{v} \quad (= \mathrm{tr}\,\boldsymbol{S})
\end{aligned} \tag{15.23}$$

15.4　弾性体の構成方程式

15.1 節では，運動する流体の応力テンソルをオイラー表現による歪み速度テンソルで表現した．一方，材料力学では，多くの場合に材料に掛かる力から歪みを知ることが必要なので，逆の手順を辿（たど）るのが慣例である．すなわち，応力テンソル，

$$\boldsymbol{\Sigma} = \begin{pmatrix} \sigma_{11} & \sigma_{12} & \sigma_{13} \\ \cdots & \sigma_{22} & \sigma_{23} \\ \cdots & \cdots & \sigma_{33} \end{pmatrix} \Leftrightarrow \sigma_{ij}$$

の独立な 6 成分で，ラグランジ表現による歪みテンソル，

$$\boldsymbol{S} = \begin{pmatrix} S_{11} & S_{12} & S_{13} \\ \cdots & S_{22} & S_{23} \\ \cdots & \cdots & S_{33} \end{pmatrix} = \begin{pmatrix} \dfrac{\partial u_1}{\partial \xi_1} & \dfrac{1}{2}\left(\dfrac{\partial u_1}{\partial \xi_2} + \dfrac{\partial u_2}{\partial \xi_1}\right) & \dfrac{1}{2}\left(\dfrac{\partial u_1}{\partial \xi_3} + \dfrac{\partial u_3}{\partial \xi_1}\right) \\ \cdots & \dfrac{\partial u_2}{\partial \xi_2} & \dfrac{1}{2}\left(\dfrac{\partial u_2}{\partial \xi_3} + \dfrac{\partial u_3}{\partial \xi_2}\right) \\ \cdots & \cdots & \dfrac{\partial u_3}{\partial \xi_3} \end{pmatrix}$$

$$\Leftrightarrow S_{ij} = \frac{1}{2}\left(\frac{\partial u_i}{\partial \xi_j} + \frac{\partial u_j}{\partial \xi_i}\right)$$

の独立な 6 成分を表現して，$\boldsymbol{S} = \boldsymbol{S}(\boldsymbol{\Sigma})$ の関数形を定める．ここでも，歪み速度テンソルと歪みテンソルに同じ記号 $\boldsymbol{S}$ を使っている．

▶**注意**　力の一切掛からない弾性体の応力テンソルはゼロである．すなわち，弾性体では式(15.1)の $(-p\boldsymbol{I})$ に相当する項は無く，偏差応力テンソル $\boldsymbol{\Sigma}'$ はそのまま $\boldsymbol{\Sigma}$ である．焼きなましをして残留応力を除去された弾性体が，重力も働かない宇宙の虚空に浮かんでいる場合を考えればその意味は明らかであろう．

先と同じく，バー無し ⇔ バー付き系の回転を規定する直交行列 $\boldsymbol{L} \Leftrightarrow l_{ij}$ を選んで，両テンソルを，

$$\boldsymbol{L}^{-1}\boldsymbol{\Sigma}\boldsymbol{L} = \overline{\boldsymbol{\Sigma}} = \begin{pmatrix} \overline{\sigma}_{11} & 0 & 0 \\ 0 & \overline{\sigma}_{22} & 0 \\ 0 & 0 & \overline{\sigma}_{33} \end{pmatrix}$$

及び，

$$\boldsymbol{L}^{-1}\boldsymbol{S}\boldsymbol{L} = \overline{\boldsymbol{S}} = \begin{pmatrix} \overline{S}_{11} & 0 & 0 \\ 0 & \overline{S}_{22} & 0 \\ 0 & 0 & \overline{S}_{33} \end{pmatrix} = \begin{pmatrix} \dfrac{\partial \overline{u}_1}{\partial \overline{\xi}_1} & 0 & 0 \\ 0 & \dfrac{\partial \overline{u}_2}{\partial \overline{\xi}_2} & 0 \\ 0 & 0 & \dfrac{\partial \overline{u}_3}{\partial \overline{\xi}_3} \end{pmatrix}$$

と対角化すれば，回転された座標系では伸び縮み歪みと垂直応力だけが存在して，問題は 3 変数の関数形を 3 個定めることに帰着する（**図 15.3**）.

$$\left.\begin{aligned} \overline{S}_{11} &= \overline{S}_{11}(\overline{\sigma}_{11}, \overline{\sigma}_{22}, \overline{\sigma}_{33}) \\ \overline{S}_{22} &= \overline{S}_{22}(\overline{\sigma}_{11}, \overline{\sigma}_{22}, \overline{\sigma}_{33}) \\ \overline{S}_{33} &= \overline{S}_{33}(\overline{\sigma}_{11}, \overline{\sigma}_{22}, \overline{\sigma}_{33}) \end{aligned}\right\} \tag{15.24}$$

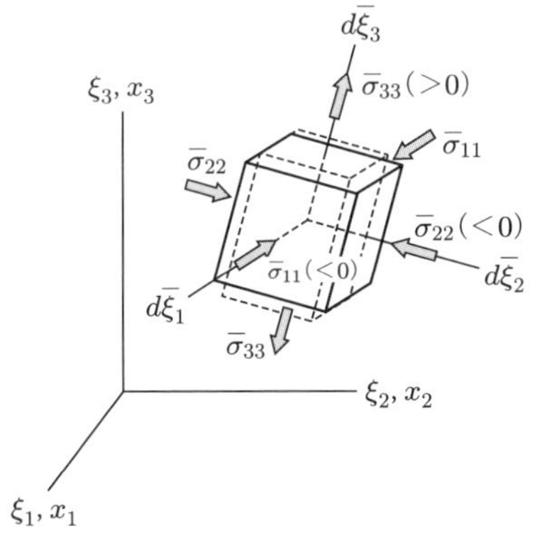

図 15.3

まず，式(15.24)の第一式の関数形を，

$$\overline{S}_{11} = \frac{1}{E}\overline{\sigma}_{11} + \left(-\frac{\nu}{E}\right)\overline{\sigma}_{22} + \left(-\frac{\nu}{E}\right)\overline{\sigma}_{33} \tag{15.25}$$

とする．E を**縦弾性係数** (modulus of longitudinal elasticity) または**ヤング率** (Young's modulus)，ν を**ポアソン比** (Poisson's ratio) と言う．

$\overline{\sigma}_{22}$ と $\overline{\sigma}_{33}$ が無ければ，式(15.25)は $\overline{S}_{11} = (1/E)\overline{\sigma}_{11}$ である．すなわち，$\overline{\boldsymbol{e}}_1$ 方向の伸び縮み歪み $\overline{S}_{11}$ とその方向の垂直応力 $\overline{\sigma}_{11}$ は，“他が無ければ”比例する．$\overline{\sigma}_{11}$ は $\overline{S}_{11}$ を生ずる主役であり，E はその間の比例定数である．

$\overline{\sigma}_{22}$ と $\overline{\sigma}_{33}$ も，それぞれの方向で他が無ければ主役として歪み $\overline{S}_{22} = (1/E)\overline{\sigma}_{22}$，$\overline{S}_{33} = (1/E)\overline{\sigma}_{33}$ を生成するのであるが，それぞれは脇役として，$\overline{\boldsymbol{e}}_1$ 方向の歪み $\overline{S}_{11}$ に対して，その“他が無い場合の歪み”の ν 倍の寄与をすると考えるのである．

式(15.25)右辺の二つの負号は，両脇役が主役方向に対して自身と逆の寄与をすることを表す．すなわち，脇役はその方向で押し合って縮みを生じているなら主役方向へは伸びの寄与を，その方向で引き合って伸びを生じているなら主役方向へは縮みの寄与をする．**図 15.3** で言えば，脇役 $\overline{\sigma}_{22} < 0$（押し合い）は正の $\overline{S}_{11}$（伸び）を，脇役 $\overline{\sigma}_{33} > 0$（引き合い）は負の $\overline{S}_{11}$（縮み）を生じようとしている．主役 $\overline{\sigma}_{11} < 0$（押し合い）は負の $\overline{S}_{11}$（縮み）を生じようとしており，$\overline{S}_{11}$ はこれらの寄与の重ね合わせである．式(15.25)を**一般化されたフックの法則**と称し，周知の“ばねの伸び縮みと力の関係”の 3 次元版である．

式(15.25)に戻って，流体の場合と同じく方向の依怙贔屓を排除すれば，式(15.24)の関数形は，

$$\left.\begin{aligned}\overline{S}_{11} &= \frac{1}{E}\overline{\sigma}_{11} + \left(-\frac{\nu}{E}\right)\overline{\sigma}_{22} + \left(-\frac{\nu}{E}\right)\overline{\sigma}_{33}\\ \overline{S}_{22} &= \left(-\frac{\nu}{E}\right)\overline{\sigma}_{11} + \frac{1}{E}\overline{\sigma}_{22} + \left(-\frac{\nu}{E}\right)\overline{\sigma}_{33}\\ \overline{S}_{33} &= \left(-\frac{\nu}{E}\right)\overline{\sigma}_{11} + \left(-\frac{\nu}{E}\right)\overline{\sigma}_{22} + \frac{1}{E}\overline{\sigma}_{33}\end{aligned}\right\} \tag{15.26}$$

となる．これを，

$$\left.\begin{aligned}\overline{S}_{11} &= \frac{1+\nu}{E}\overline{\sigma}_{11} + \left(-\frac{\nu}{E}\right)(\overline{\sigma}_{11} + \overline{\sigma}_{22} + \overline{\sigma}_{33}) = \frac{1+\nu}{E}\overline{\sigma}_{11} + \left(-\frac{\nu}{E}\right)\overline{\Theta}\\ \overline{S}_{22} &= \frac{1+\nu}{E}\overline{\sigma}_{22} + \left(-\frac{\nu}{E}\right)(\overline{\sigma}_{11} + \overline{\sigma}_{22} + \overline{\sigma}_{33}) = \frac{1+\nu}{E}\overline{\sigma}_{22} + \left(-\frac{\nu}{E}\right)\overline{\Theta}\\ \overline{S}_{33} &= \frac{1+\nu}{E}\overline{\sigma}_{33} + \left(-\frac{\nu}{E}\right)(\overline{\sigma}_{11} + \overline{\sigma}_{22} + \overline{\sigma}_{33}) = \frac{1+\nu}{E}\overline{\sigma}_{33} + \left(-\frac{\nu}{E}\right)\overline{\Theta}\end{aligned}\right\} \tag{15.27}$$

と変形する．この場合の $\overline{\Theta}$ は，

$$\overline{\Theta} = \overline{\sigma}_{11} + \overline{\sigma}_{22} + \overline{\sigma}_{33} = \overline{\sigma}_{ii} = \mathrm{tr}\,\overline{\boldsymbol{\Sigma}} = \mathrm{tr}\,\boldsymbol{\Sigma} = \sigma_{11} + \sigma_{22} + \sigma_{33} = \Theta$$

すなわち，流体の場合の使い方と違って応力テンソルの方の回転不変量である．

式(15.27)は，非対角成分が全てゼロであることを含めて，二つの行列の間の次の関係式に集約される．

$$\overline{S}_{ij} = \frac{1+\nu}{E}\overline{\sigma}_{ij} + \left(-\frac{\nu}{E}\right)\Theta\delta_{ij} \Leftrightarrow \overline{\boldsymbol{S}} = \frac{1+\nu}{E}\overline{\boldsymbol{\Sigma}} + \left(-\frac{\nu}{E}\right)\Theta\boldsymbol{I} \tag{15.28}$$

回転不変量 Θ のバーは除いてある．

先と同様に，式(15.28)は座標系を超越した“二つの機能の関係”であるからバーを除去してよく，構成方程式 $\boldsymbol{S} = \boldsymbol{S}(\boldsymbol{\Sigma})$ は次式となる．

$$\boldsymbol{S} = \frac{1+\nu}{E}\boldsymbol{\Sigma} + \left(-\frac{\nu}{E}\right)\Theta\boldsymbol{I} \Leftrightarrow \left(\frac{1}{2}\left(\frac{\partial u_i}{\partial \xi_j} + \frac{\partial u_j}{\partial \xi_i}\right) =\right)\ S_{ij} = \frac{1+\nu}{E}\sigma_{ij} + \left(-\frac{\nu}{E}\right)\Theta\delta_{ij}$$

$$\Leftrightarrow \begin{pmatrix} S_{11} & S_{12} & S_{13} \\ S_{21} & S_{22} & S_{23} \\ S_{31} & S_{32} & S_{33} \end{pmatrix}$$

$$= \frac{1+\nu}{E}\begin{pmatrix} \sigma_{11} & \sigma_{12} & \sigma_{13} \\ \sigma_{21} & \sigma_{22} & \sigma_{23} \\ \sigma_{31} & \sigma_{32} & \sigma_{33} \end{pmatrix} + \left(-\frac{\nu}{E}\right)(\sigma_{11}+\sigma_{22}+\sigma_{33})\begin{pmatrix} 1 & 0 & 0 \\ 0 & 1 & 0 \\ 0 & 0 & 1 \end{pmatrix} \tag{15.29}$$

材料力学では，歪みテンソルを

$$(11.22) \quad \boldsymbol{S} = \begin{pmatrix} \varepsilon_x & \gamma_{xy}/2 & \gamma_{xz}/2 \\ \gamma_{yx}/2 & \varepsilon_y & \gamma_{yz}/2 \\ \gamma_{zx}/2 & \gamma_{zy}/2 & \varepsilon_z \end{pmatrix}$$

と書いて，ε_x，$\gamma_{xy} = \gamma_{yx}$ などを**工学歪み**と呼ぶのであった．応力テンソルも，

$$\begin{pmatrix} \sigma_{11} & \sigma_{12} & \sigma_{13} \\ \sigma_{21} & \sigma_{22} & \sigma_{23} \\ \sigma_{31} & \sigma_{32} & \sigma_{33} \end{pmatrix} \rightarrow \begin{pmatrix} \sigma_x & \tau_{xy} & \tau_{xz} \\ \tau_{yx} & \sigma_y & \tau_{yz} \\ \tau_{zx} & \tau_{zy} & \sigma_z \end{pmatrix}$$

と書き直せば，式(15.29)は，

$$\left.\begin{aligned} \varepsilon_x &= \frac{1}{E}\sigma_x + \left(-\frac{\nu}{E}\right)(\sigma_y + \sigma_z) \\ \varepsilon_y &= \frac{1}{E}\sigma_y + \left(-\frac{\nu}{E}\right)(\sigma_z + \sigma_x) \\ \varepsilon_z &= \frac{1}{E}\sigma_z + \left(-\frac{\nu}{E}\right)(\sigma_x + \sigma_y) \\ \gamma_{xy} = \gamma_{yx} &= \frac{2(1+\nu)}{E}\tau_{xy} = \frac{2(1+\nu)}{E}\tau_{yx} \\ \gamma_{yz} = \gamma_{zy} &= \frac{2(1+\nu)}{E}\tau_{yz} = \frac{2(1+\nu)}{E}\tau_{zy} \\ \gamma_{zx} = \gamma_{xz} &= \frac{2(1+\nu)}{E}\tau_{zx} = \frac{2(1+\nu)}{E}\tau_{xz} \end{aligned}\right\} \tag{15.29$'$}$$

となる．非対角成分を，

$$\tau_{xy} = G\gamma_{xy}, \quad \tau_{yz} = G\gamma_{yz}, \quad \tau_{zx} = G\gamma_{zx}$$

などと書いて，$G = E/\{2(1+\nu)\}$ を**剪断弾性係数** (modulus of shearing elasticity, shear modulus) 或いは**剛性率** (modulus of rigidity) と呼ぶ．これを式(15.19)と比較すれば，G が流体の場合の粘性係数 μ に対応していることは明らかであろう．

▶**注意** 流体の場合の式(15.13)と同じように，式(15.29)は二つの定数を含む．E はばね定数に相当して正確に測定できるが，脇役の寄与の表現に用いるポアソン比はかなり“大雑把な”定数であり，0.25〜0.3 程度の値が経験的に用いられるのみである．しかし，流体の場合のス

トークスの仮説と同じように，世の中は“そこそこ”それでうまくいっているのである．

逆関係

式(15.26)は，

$$\begin{pmatrix} \overline{S}_{11} \\ \overline{S}_{22} \\ \overline{S}_{33} \end{pmatrix} = \frac{1}{E} \begin{pmatrix} 1 & -\nu & -\nu \\ -\nu & 1 & -\nu \\ -\nu & -\nu & 1 \end{pmatrix} \begin{pmatrix} \overline{\sigma}_{11} \\ \overline{\sigma}_{22} \\ \overline{\sigma}_{33} \end{pmatrix} \tag{15.30}$$

と書けて，その逆は，

$$\begin{pmatrix} \overline{\sigma}_{11} \\ \overline{\sigma}_{22} \\ \overline{\sigma}_{33} \end{pmatrix} = \frac{E}{(1+\nu)(1-2\nu)} \begin{pmatrix} 1-\nu & \nu & \nu \\ \nu & 1-\nu & \nu \\ \nu & \nu & 1-\nu \end{pmatrix} \begin{pmatrix} \overline{S}_{11} \\ \overline{S}_{22} \\ \overline{S}_{33} \end{pmatrix} \tag{15.31}$$

である．これを課題としよう．

課題 15.1 ●　式(15.30)から式(15.31)を求めよ．逆行列の計算である．

式(15.31)の第一成分は，

$$\begin{aligned} \overline{\sigma}_{11} &= \frac{E}{(1+\nu)(1-2\nu)}\{(1-2\nu)\overline{S}_{11} + \nu(\overline{S}_{11} + \overline{S}_{22} + \overline{S}_{33})\} \\ &= \frac{E}{(1+\nu)}\overline{S}_{11} + \frac{\nu E}{(1+\nu)(1-2\nu)}e \end{aligned}$$

と書ける．

$$e = \overline{S}_{11} + \overline{S}_{22} + \overline{S}_{33} = \overline{S}_{ii} = \mathrm{tr}\,\overline{\boldsymbol{S}} = \frac{\partial \overline{u}_i}{\partial \overline{\xi}_i} = \mathrm{tr}\,\boldsymbol{S} = \frac{\partial u_i}{\partial \xi_i}$$

は歪みテンソル $\boldsymbol{S}$ の回転不変量であり，流体の場合の $\Theta = \mathrm{tr}\,\boldsymbol{S} = \partial v_i/\partial x_i$ $(= \mathrm{div}\,\boldsymbol{v})$ に対応する．これは，**9.2 節**で述べた**体積歪み**である．他も同様で，式(15.31)は，

$$\left.\begin{aligned} \overline{\sigma}_{11} &= \frac{E}{(1+\nu)}\overline{S}_{11} + \frac{\nu E}{(1+\nu)(1-2\nu)}e \\ \overline{\sigma}_{22} &= \frac{E}{(1+\nu)}\overline{S}_{22} + \frac{\nu E}{(1+\nu)(1-2\nu)}e \\ \overline{\sigma}_{33} &= \frac{E}{(1+\nu)}\overline{S}_{33} + \frac{\nu E}{(1+\nu)(1-2\nu)}e \end{aligned}\right\}$$

となり，先と同様に，座標系を超越した表現でこれを，

$$\begin{aligned} &\boldsymbol{\Sigma} = \frac{E}{(1+\nu)}\boldsymbol{S} + \frac{\nu E e}{(1+\nu)(1-2\nu)}\boldsymbol{I} = 2\mu\boldsymbol{S} + \lambda e\boldsymbol{I} \\ &\Leftrightarrow \sigma_{ij} = \frac{E}{(1+\nu)}S_{ij} + \frac{\nu E e}{(1+\nu)(1-2\nu)}\delta_{ij} = 2\mu S_{ij} + \lambda e\delta_{ij} \end{aligned} \tag{15.32}$$

と書くことができる．これが，式(15.29)の逆関係 $\boldsymbol{\Sigma} = \boldsymbol{\Sigma}(\boldsymbol{S})$ である．

$$\mu = \frac{E}{2(1+\nu)} \quad (= G), \quad \lambda = \frac{\nu E}{(1+\nu)(1-2\nu)}$$

を**ラメの定数** (Lamé's constant) と言う．$\boldsymbol{\Sigma} = \boldsymbol{\Sigma}(\boldsymbol{S})$ は流体なら“順関係”であるから，式(15.32)を式(15.13)と比較せよ．

式(15.32)を縮約すれば，

$$\sigma_{ii} = 2\mu S_{ii} + 3\lambda e = 2\mu e + 3\lambda e = (2\mu + 3\lambda)e$$

である．これを式(15.20)と比較せよ．弾性体では，流体の場合の圧力項 $(-p\boldsymbol{I})$，すなわち，“歪み速度の無い場合の垂直応力”に相当する“歪みの無い場合の垂直応力”が無いから，これ以上先へは進めない．すなわち，ストークスの仮説に相当する操作を行って二つの定数を一つに減らすことはできない．

Coffee Break 新入生に薦める本，山本七平著『日本的革命の哲学』

九州大学図書館情報，1999 年 3 月

「若者の読むべき百冊」のようなリストは昔からあって「これくらいは読んでおかねば」という強迫観念を学生にそれとなく植付ける．筆者もその昔強迫されて一応挑戦した．しかし，恥ずかしながら当時，大半は読んで理解できなかったし，何より面白いと思わなかった．ゲーテの『ヴィルヘルムマイステル』やロマンロランの『ジャン・クリストフ』などを，これは勉強だ，義務だ，修行だ，と思いつつ読んだが，そのあまりの長さに辟易（へきえき）し，苦痛だったという思い出以外何も残っていない．

同じ外国ものでも少年期には『巌窟王』や『三銃士』や『プルターク』などをそれこそ寝食忘れて読んでいたのに，少し程度が高くなると理解できないのは畢竟（ひっきょう）お前のレベルが低いのだ，と密かに悩んだ．なに，訳が下手なのだ，と気付くのに十年かかった．

件（くだん）の強迫観念も実は出版社の陰謀と知った．バレンタインデーはチョコレート屋の陰謀，にわか信者のクリスマスはケーキ屋の陰謀だ．某老舗（しにせ）文庫の奥付の人を見下した高慢な文章など，思い出すだに胸糞が悪い．『ヴィルヘルムマイステル』と『ジャン・クリストフ』は分類上青春小説と言うそうだ．それなら『宮本武蔵』，『人生劇場』，『青春の門』を先に読んでなお余力があれば読めばよく，厭になったらやめればよい．「若者の読むべき…」の大半は理解できなかったが『ソクラテスの弁明』だけは理解できてなるほどと思った．お前は無知だと知るべきだ，というから自分にぴったりだったのだ．

度し難いものに大学入試の現代国語がある．わかる文章では採点して差がつかないのでわざとわからぬものを選ぶ．読んでわからぬ文を悪文という．入試に採り上げられた作家は読まぬに限る．わかるもの，面白いものを沢山読め．ただし漫画は卒業しろ．漫画を全部否定するのではない．漫画を読んで本を読まぬから言うのだ．なに？，漫画しかわからぬ．一刻も早く退学したまえ．

さて，標記の『日本的革命の哲学』である．読んだのは初版が出てすぐの昭和五十七年で筆者は三十三歳だったから，はたち前後の若者に薦めるに相応（ふさわ）しいかどうか自信はない．しかし，

少なくともそのとき文字通り「目から鱗」が落ちた．筆者のはたちの頃，日本は，特に大学は価値観の混迷の極にあった．もっと早く読んでおけば，とは言うても仕方がない．出来たての初版を読んだのだから．

舞台は年月を遡ること八百年の遥かな昔，鎌倉時代初期の朝幕関係である．そこに承久の乱という大事件が勃発し，北条泰時と明恵上人という二人の興味深い人物が登場する．そんな遠い話をなぜ今，と思うかもしれないが，序文はいきなりこう始まる．

「いったい『象徴天皇制』はだれが創り出したのであろうか．もちろんこれが出来たのは戦後ではなく，明治以前の日本は現在以上に徹底した象徴天皇制であった．」

筆者は五十路も近い今，日本の歴史は汚辱に満ち溢れている，とのみ言いつのる人々とは口も利きたくないでいる．本書のテーマは，日本人は如何にして日本人になったか，である．祖先の営みに共感して救われたい人はこの書を読むべきである．無論，承久の乱という大事件の顚末を，たとえば『龍馬がゆく』を読んで明治維新を知るように読むこともできる．しかし，たとえば三世一身の法や墾田永世私財法など，日本史の時間に覚えさせられた化石のような言葉にすら「ああそうだったのか」と意味を見出すだろう．全編これ「ああそうだったのか」の連続なのだ．

鎌倉武士に一人立ち向かう明恵上人の姿は感動的である．泰時は，上人の助言のもとに，結果的に乱鎮定後の七百年を規定した貞永式目の制定に取り掛かる．今に残る条文は当時の人々の喜び，悲しみを生き生きと写し出している．読者は，人間の実相は今も変わっていない，と気付くだろう．泰時が亡くなった時，鎌倉はその死を悼む民草の葬列がいつまでも続いたという．

著者の山本七平氏は「山本日本学」とも言うべき独特の世界を切り拓いた．なかでも北条泰時の再発見は氏の最大の功績とされる．多くの大学人をして「残念だが大学にこれほどの碩学はいない」と嘆息せしめた超人であったが，平成三年，惜しまれつつ亡くなった．

第 16 章

保存の原理と運動量方程式

大詰めである．本書は，テンソルという深い森に分け入って聊(いささ)かお疲れの読者もおありだろうが，我々は既に頂上近くの緩斜面に歩を進めていて，ゴールはすぐそこである．周りの樹木は丈も低く枝葉も薄く，陽光はたっぷり降り注いで見通しもよい．すなわち，連続体の諸現象をつかさどる各種保存方程式をきちんとした形で提示するための準備は，前章までで殆(ほとん)ど済んでいる．

16.1 ラグランジ表示による運動方程式の導出

時刻 t に位置ベクトル $\boldsymbol{x}$ に居る粒子 $\boldsymbol{\xi}$ の実態は，微小だが小さ過ぎない体積 ΔV 中の粒(つぶ)群（原子・分子群）すなわち，質点系であるから，その運動量 $\boldsymbol{P} = \rho\,\Delta V \boldsymbol{v} = \rho\,\Delta V (D\boldsymbol{x}/Dt)$ は運動量方程式，

$$(5.4) \quad \frac{D\boldsymbol{P}}{Dt} = \boldsymbol{F}$$

に従う（**図 16.1**）．粒子 $\boldsymbol{\xi}$ は運動しつつ変形しているが，その質量 $(\rho\,\Delta V)$ は一定であるから，左辺は，

$$\frac{D\boldsymbol{P}}{Dt} = \frac{D}{Dt}\left(\rho\,\Delta V \frac{D\boldsymbol{x}}{Dt}\right) = \rho\,\Delta V \frac{D^2\boldsymbol{x}}{Dt^2} \tag{16.1}$$

である．一方，粒群を連続体と看做(みな)したので，外力 $\boldsymbol{F}$ としては隣接する連続体が境界 ΔS を介して ΔV に及ぼす面積力（表面力）$\Delta\boldsymbol{F}_S$ と，"遠距離作用" によって直接 ΔV に働く体積力 $\Delta\boldsymbol{F}_V$ を考えればよい（**図 16.2**）．前者は，ΔS 上にとった "微々小面" の大き

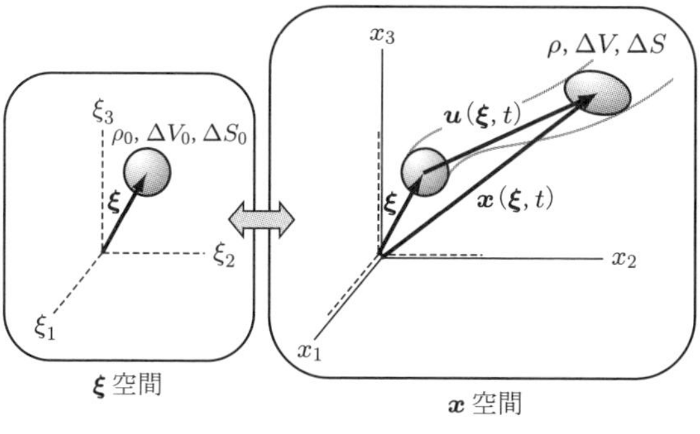

図 16.1

さを$d(\Delta S)$，その位置での外向き単位法線ベクトルを$\boldsymbol{n}$，応力テンソルを$\boldsymbol{\Sigma} \Leftrightarrow \sigma_{ij}$とし，$\boldsymbol{\Sigma}$は“表が裏に…”であったから，

$$\Delta \boldsymbol{F}_S = \iint_{\Delta S} \boldsymbol{\Sigma}(\boldsymbol{n})\, d(\Delta S) = \iint_{\Delta S} \boldsymbol{\Sigma}\boldsymbol{n}\, d(\Delta S)$$

$$\Leftrightarrow \Delta F_{S,i} = \iint_{\Delta S} \sigma_{ij} n_j\, d(\Delta S) \overset{(7.11)}{=} \frac{\partial \sigma_{ij}}{\partial x_j} \Delta V \tag{16.2}$$

である．引用した式(7.11)は微小領域に対するグリーンの定理である．

一方，体積力を，

$$\Delta \boldsymbol{F}_V = \rho\, \Delta V \boldsymbol{f} \Leftrightarrow \Delta F_{V,i} = \rho\, \Delta V f_i \tag{16.3}$$

とすれば，$\boldsymbol{f} \Leftrightarrow f_i$が“単位質量当たり”である．重力であれば，$\boldsymbol{e}_3$を鉛直上向きにとるデカルト系によって$f_i = -g\delta_{3i}$（$g$は重力加速度）である．

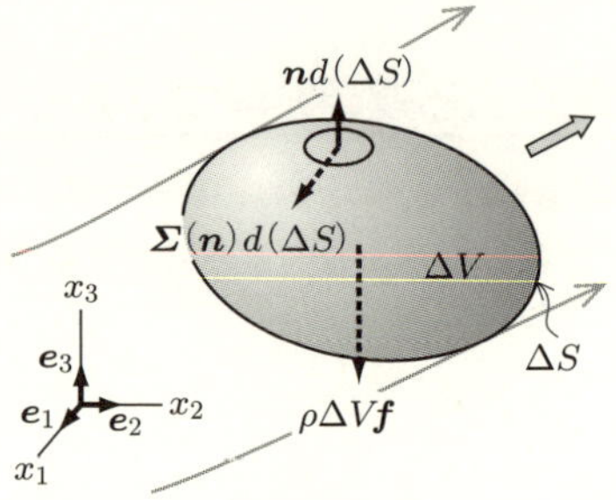

図 16.2

式(16.1)，(16.2)，(16.3)より運動量方程式は，

$$\rho\, \Delta V \frac{D^2 \boldsymbol{x}}{Dt^2} = \Delta \boldsymbol{F}_S + \Delta \boldsymbol{F}_V = \iint_{\Delta S} \boldsymbol{\Sigma}\boldsymbol{n}\, d(\Delta S) + \rho\, \Delta V \boldsymbol{f}$$

$$\Leftrightarrow \rho\, \Delta V \frac{D^2 x_i}{Dt^2} = \frac{\partial \sigma_{ij}}{\partial x_j} \Delta V + \rho\, \Delta V f_i \tag{16.4}$$

となる．ΔVで割れば，

$$\left(\rho \frac{Dv_i}{Dt} =\right) \quad \rho \frac{D^2 x_i}{Dt^2} = \frac{\partial \sigma_{ij}}{\partial x_j} + \rho f_i \tag{16.5}$$

となる．これが**粒子$\boldsymbol{\xi}$の運動量方程式** (momentum equation)，すなわち**運動方程式** (equation of motion) である．$\boldsymbol{\xi}$は，数学の概念としては一応“点”であってそれ自体に大きさはないので，実体的なイメージを失いかけたら，その都度ΔVを掛けて式(16.4)のベクトル表示に戻ればよい．

式(16.5)は左辺がラグランジ表示，右辺がオイラー表示である．式(10.28)によって，左辺の加速度をオイラー表示に替えれば，

$$\left(\rho\frac{Dv_i}{Dt}=\right)\quad \rho\left\{\frac{\partial v_i(\boldsymbol{x},t)}{\partial t}+v_j(\boldsymbol{x},t)\frac{\partial v_i(\boldsymbol{x},t)}{\partial x_j}\right\}=\frac{\partial\sigma_{ij}}{\partial x_j}+\rho f_i$$

となるから，オイラー表示の σ_{ij} を代入すれば，全体がオイラー表示の運動方程式となる．逆に，本来のラグランジ微分の定義の通り，

$$\left(\rho\frac{Dv_i}{Dt}=\right)\quad \rho\frac{\partial^2 x_i(\boldsymbol{\xi},t)}{\partial t^2}=\frac{\partial\sigma_{ij}}{\partial x_j}+\rho f_i \tag{16.6}$$

と書いてラグランジ表示の σ_{ij} を代入すれば，全体がラグランジ表示の式となる．

▶**注意**　ラグランジ表示によって問題を解くとは $\boldsymbol{x}=\boldsymbol{x}(\boldsymbol{\xi},t)$ を定めること，すなわち，独立変数 $\boldsymbol{\xi}$ に対して $\boldsymbol{x}$ は従属変数であるから，式(16.6)右辺第一項に σ_{ij} を従属変数 $\boldsymbol{x}$ で微分する操作が入っていることは甚（はなは）だ面白くない．この点の処理の仕方は次の**第 17 章**で示すことにする．いずれにせよ，流体力学にラグランジ表示を持ち込むと大騒動になることは，想像に難くない．

16.2　オイラー表示に基づく保存の原理

オイラー表示に基づく保存の原理を展開する．デカルト座標を設定した生活空間の中に，任意形状の検査体積 V を考えて固定しておく．V の表面を S とする（**図 16.3**）．

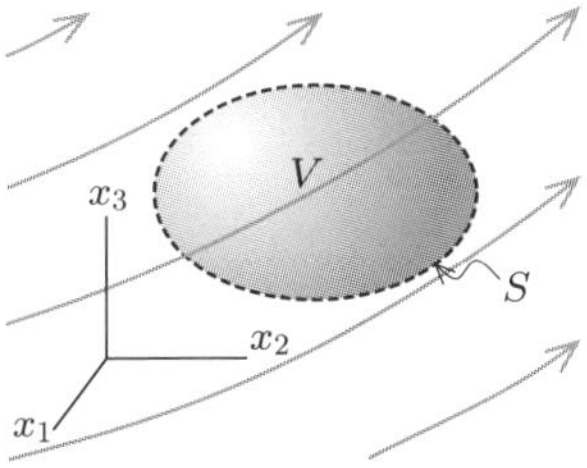

図 16.3

▶**注意**　検査体積を微小領域 ΔV とその表面 ΔS としても，以下の展開は全く同じである．その仕組みは，任意の関数 f について積分の平均値の定理によって，

$$\iiint_{\Delta V} f\,dV = f\,\Delta V$$

であるから，足し合わせれば，

$$\iiint_V f\,dV$$

となるのみ．面積分が現れたら，グリーンの定理（式(7.9)または式(7.11)）によって体積分に変換すればよい．

連続体の帯びる任意の物理量 φ について，連続体の**単位体積当たり**の値を同じ記号 φ で表す．その量の**単位質量当たり**の値を F とすれば φ，F と連続体の密度 ρ の間に，

$$\varphi = \rho F$$

の関係がある．

▶**注意**　以下に示す保存の原理は，**示量性量** (extensive quantity) について記述されなければならない．保存の原理とは要するに足し引き勘定のことである．示量性量とは，隔壁で仕切られた二つの部屋に同じ状態の気体が入っているとして，隔壁を抜いて気体を一つにした結果が足し算になる量のことである．1 kg の気体と 1 kg の気体を合わせれば 2 kg になるが，10°C の気体と 10°C の気体を合わせたところで 20°C にはならない．すなわち，質量は示量性量であるが温度は**示強性量** (intensive quantity) である．エンタルピーやエントロピーは示量性量であるが，比エンタルピーや比エントロピーは示強性量である．

検査体積内に存在する φ の収支関係，すなわち，

(増加分) = (境界を通じて入る分) + (内部で発生する分)

という**保存の原理**を書いたものを，その量の**保存方程式** (conservation equation) と言う．各項は，負であればそれぞれ減少分，出る分，消滅する分である．

保存の原理を“単位時間当たり”で表そう．従属変数類は全てオイラー表示，すなわち，$\varphi = \varphi(\boldsymbol{x}, t)$ だと認識しておくが，必要なときにラグランジ表示 $\varphi = \varphi(\boldsymbol{\xi}, t)$ に読み替えることは自由である（**10.2 節**）．或る瞬間に V 内に存在する φ の総量は，

$$\Phi(t) = \iiint_V \varphi(\boldsymbol{x}, t)\, dV$$

である．φ 自体は単位体積当たりだから示強性量であるが，体積を掛けた $\varphi(\boldsymbol{x}, t)\, dV$ は足し引き勘定の対象となる示量性量である．

単位時間当たりの増加分すなわち**増加率**はその時間微分である．

$$\frac{d\Phi(t)}{dt} = \frac{d}{dt}\iiint_V \varphi(\boldsymbol{x}, t)\, dV = \iiint_V \frac{\partial \varphi(\boldsymbol{x}, t)}{\partial t}\, dV \tag{16.7}$$

■微分，積分の可換性■

式(16.7)では，関数 $\varphi(\boldsymbol{x}, t) = \varphi(x_1, x_2, x_3, t)$ について，ベクトル $\boldsymbol{x} = {}^t(x_1, x_2, x_3)$ の描く“固定領域 V”に亘ってそれを積分する操作と，その結果である t の関数 $\Phi(t)$ を微分する操作とが可換であるという事実が使われている．つまり，空間積分して時間微分した結果は時間微分して空間積分したものに等しい．空間積分領域が固定なら，それが何次元領域であってもこれは成り立つが，領域が時間とともに変動するなら，すなわち，V が“ぶよぶよと”動くならそうはいかない．その場合は，境界 S を $\phi(\boldsymbol{x}, t) = \phi(x_1, x_2, x_3, t) = 0$ のように時間に依存する関数 ϕ の等値面で表してやや面倒な操作となる．一般の多変数関数についてそれに立ち入る余裕はないが，2 変数関数 $\varphi(x, t)$ については有名な**ライプニッツの公式**があるので，その証明を課題としておこう．同公式で，1 次元変数 x に関する積分範囲が $a(t) \le x \le b(t)$ のように時間とともに変動することを許容しているのが，3 次元の場合の“ぶよぶよ”に当たる．

課題 16.1● 2変数関数 $\varphi(x,t)$ の微分，積分に関するライプニッツの公式，

$$\frac{d}{dt}\int_{a(t)}^{b(t)} \varphi(x,t)\,dx = \int_{a(t)}^{b(t)} \frac{\partial \varphi(x,t)}{\partial t}\,dx + \varphi\bigl(b(t),t\bigr)\frac{db}{dt} - \varphi\bigl(a(t),t\bigr)\frac{da}{dt}$$

を証明せよ．境界 a，b が動かなければ右辺第二項，第三項は無いから，式(16.7)と同形である．

▶**ヒント** 時間微分の定義を丹念に書いたあと，微小な積分範囲について積分の平均値の定理を使え．

S 上の微小面積と外向き単位法線ベクトルを，それぞれ dS 及び $\boldsymbol{n}$，従って面積要素ベクトルを $\boldsymbol{dS} = \boldsymbol{n}\,dS$ とする．V から dS を通って単位時間に流出する連続体の体積 dQ は，その点の流速 $\boldsymbol{v}(\boldsymbol{x},t)$ を用いて，

$$dQ = dS \times |\boldsymbol{v}|\cos\theta = \boldsymbol{dS}\cdot\boldsymbol{v} = dS(\boldsymbol{n}\cdot\boldsymbol{v}) = v_j n_j\,dS$$

と書ける．

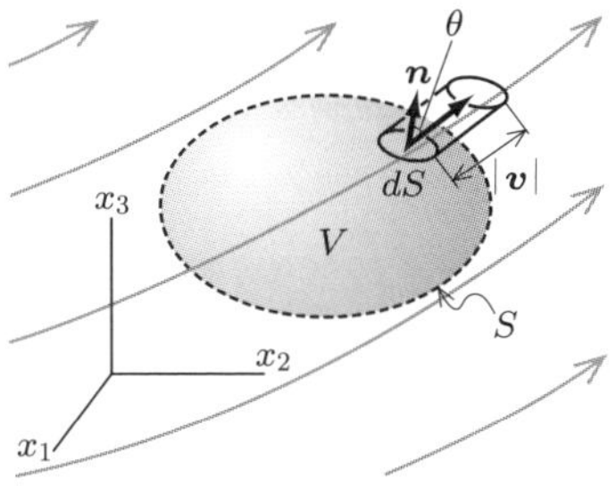

図 16.4

φ は単位体積当たりであったから，“流れに乗って”全表面から単位時間に流出する φ の量は次式である．

$$\left(\int \varphi\,dQ =\right) \quad \iint_S \varphi v_j n_j\,dS = \iiint_V \frac{\partial(\varphi v_j)}{\partial x_j}\,dV \qquad (16.8)$$

式(16.8)に負号を付せば φ の**全流入量**になる．φ がスカラーなら，右辺は，

$$\iiint_V \frac{\partial(\varphi v_j)}{\partial x_j}\,dV = \iiint_V \operatorname{div}(\varphi\boldsymbol{v})\,dV$$

と書いてよい．

連続の式

φ が単位体積当たりの質量，すなわち密度 ρ そのものであるとき，質量の発生は無いから保存の原理は(増加分) = (境界を通じて入る分)，すなわち，

$$\frac{d}{dt}\iiint_V \rho\,dV = \iiint_V \frac{\partial \rho}{\partial t}\,dV = -\iiint_V \mathrm{div}(\rho \boldsymbol{v})\,dV$$

$$\therefore \quad \iiint_V \left\{\frac{\partial \rho}{\partial t} + \mathrm{div}(\rho \boldsymbol{v})\right\} dV = 0$$

となる．任意の V に対してこれが成立するためには，

$$0 = \frac{\partial \rho}{\partial t} + \mathrm{div}(\rho \boldsymbol{v}) = \frac{\partial \rho}{\partial t} + \frac{\partial}{\partial x_j}(\rho v_j) = \left(\frac{\partial \rho}{\partial t} + v_j\frac{\partial \rho}{\partial x_j}\right) + \rho\frac{\partial v_j}{\partial x_j}$$

$$\text{または}\quad \frac{D\rho}{Dt} + \rho\,\mathrm{div}\,\boldsymbol{v} = 0 \tag{16.9}$$

これは連続の式(12.10)である．

■運動量方程式■

φ を，単位体積の連続体の持つ x_i 方向の運動量 ρv_i とする．φ の流出量が同じく式(16.8)で与えられ，V に働く表面力と体積力がいずれも V 内に存在する運動量の増加をもたらすから，$\varphi = \rho v_i$ に対する保存の原理は次式である．

$$\left(\frac{d}{dt}\iiint_V \rho v_i\,dV = \right)\quad \iiint_V \frac{\partial(\rho v_i)}{\partial t}\,dV$$

$$= -\iiint_V \frac{\partial}{\partial x_j}(\rho v_i v_j)\,dV + \iint_S \sigma_{ij} n_j\,dS + \iiint_V \rho f_i\,dV$$

$$= -\iiint_V \frac{\partial}{\partial x_j}(\rho v_i v_j)\,dV + \iiint_V \frac{\partial \sigma_{ij}}{\partial x_j}\,dV + \iiint_V \rho f_i\,dV \tag{16.10}$$

同じく V は任意であるから，

$$\frac{\partial(\rho v_i)}{\partial t} + \frac{\partial(\rho v_i v_j)}{\partial x_j} = \frac{\partial \sigma_{ij}}{\partial x_j} + \rho f_i \tag{16.11}$$

が得られる．このままでも立派な運動量方程式であるが，左辺は，

$$\rho\left(\frac{\partial v_i}{\partial t} + v_j\frac{\partial v_i}{\partial x_j}\right) + v_i\left\{\frac{\partial \rho}{\partial t} + \frac{\partial(\rho v_j)}{\partial x_j}\right\} \overset{(16.9)}{=} \rho\left(\frac{\partial v_i}{\partial t} + v_j\frac{\partial v_i}{\partial x_j}\right) = \rho\frac{Dv_i}{Dt} \tag{16.12}$$

と書き直せるから，式(16.11)は，

$$\rho\frac{Dv_i}{Dt} = \frac{\partial \sigma_{ij}}{\partial x_j} + \rho f_i$$

となる．当然ながらこれは式(16.5)である．

▶**参考**　運動(量)方程式の左辺は所謂(いわゆる)**慣性項**である．そのオイラー表現は式(16.11)左辺，式(16.12)のいずれでもよいのであるが，これを数値計算に掛ける場合には，どれを採用するかによって誤差の蓄積に微妙な差を生ずる．要するに，$m(d\boldsymbol{v}/dt)$ と $d(m\boldsymbol{v})/dt$ の違いである．

慣性項中の空間微分の項は**対流輸送項** (convective transport term) と呼ばれる．その起源は式(16.10)の右辺第一項，遡(さかのぼ)れば式(16.8)であるから，名称の由来は明らかであろう．

16.3 全エネルギーの保存

連続体の持つ運動エネルギーと内部エネルギーの和を**全エネルギー** (total energy) と言う．但し，質点系について **5.1 節**で，

$$
\text{(5.17)}\quad (\text{全エネルギー}) = \Big\{K_{\mathrm{C}}(\text{重心の運動エネルギー}) + V(\text{外力のポテンシャル})\Big\} + \Big\{K_{\mathrm{M}}(\text{重心周りの運動エネルギー}) + U(\text{内力のポテンシャル})\Big\}
$$

としたが，ここで言う全エネルギーは上式中 V(外力のポテンシャル) 以外の部分，すなわち重心の運動エネルギーと 2 行目の内部エネルギーの和である．

単位体積当たりの全エネルギーを $\varphi = \rho\varepsilon_T$ とすれば，単位質量当たりが ε_T である．例によって式(16.8)に負号を付けて流入分とすれば，全エネルギーに対する保存の原理は次のようになる．

$$
\begin{aligned}
\left(\frac{d}{dt}\iiint_V \rho\varepsilon_T\,dV =\right)\iiint_V \frac{\partial}{\partial t}(\rho\varepsilon_T)\,dV = -\iiint_V \frac{\partial}{\partial x_j}(\rho\varepsilon_T v_j)\,dV \\
+ \underset{\text{(I)}}{(V\text{ の表面 }S\text{ で応力のする仕事})} \\
+ \underset{\text{(II)}}{(V\text{ の内部で体積力のする仕事})} \\
+ \underset{\text{(III)}}{(\text{熱伝導により }V\text{ 内に入る熱})} \\
+ \underset{\text{(IV)}}{(\text{外部要因による }V\text{ 内での発熱})}
\end{aligned}
\tag{16.13}
$$

右辺を各項毎に定式化する．単位時間当たりの仕事は$\{$(力ベクトル)$\cdot$(変位ベクトル)$\}$/(時間) で，(変位ベクトル)/(時間) が速度ベクトルであるから，

$$
\text{(I)} = \iint_S \boldsymbol{v}\cdot\big\{\boldsymbol{\Sigma}(\boldsymbol{n})\,dS\big\} = \iint_S v_i\sigma_{ij}n_j\,dS = \iiint_V \frac{\partial}{\partial x_j}(\sigma_{ij}v_i)\,dV
$$

$$
\text{(II)} = \iiint_V \boldsymbol{v}\cdot(\rho\boldsymbol{f}\,dV) = \iiint_V \rho v_i f_i\,dV
$$

となる．

熱伝導，熱流束ベクトル，フーリエの法則

熱エネルギーの移動を考える．流れに乗って運ばれる分は，式(16.13)右辺第一項で考慮済みであるから，ここでは静止した連続体中の熱の移動を考えてそれを重ね合わせればよい．

連続体中に温度の不均一があれば，高温側から低温側へ，すなわち温度勾配ベクトル $\boldsymbol{\nabla}T \Leftrightarrow \partial T/\partial x_i$ と逆の方向に熱の流れを生ずる．これを**熱伝導** (thermal conduction, heat conduction) と言う．熱の流れの方向に垂直な単位面積を単位時間に通過する熱量は，その方向の温度勾配の大きさに比例する．これを**フーリエの法則** (Fourier's law) と言う．"熱の流れる方向"をその方向とし，"その方向に垂直な単位面積を単位時間に通過する熱量"をその大きさとするベクトル $\boldsymbol{q}$ を，**熱流束ベクトル** (heat flux vector) と呼ぶ．$|\boldsymbol{q}|$ の次元は $[\mathrm{W/m^2}]$ である．フーリエの法則は次のように書ける．

$$\boldsymbol{q} = -k\boldsymbol{\nabla}T \Leftrightarrow q_j = -k\frac{\partial T}{\partial x_j} \tag{16.14}$$

二つのベクトルの間のスカラーの比例定数 k $[\mathrm{W/(m\cdot K)}]$ を，**熱伝導率** (thermal conductivity) と呼ぶ．

V 上の単位表面積を通って単位時間に外側から V 内部へ流れ込む熱量は，熱流束ベクトル $\boldsymbol{q}$ の内向き法線方向成分，

$$\boldsymbol{q}\cdot(-\boldsymbol{n}) = -q_j n_j \overset{(16.14)}{=} k\frac{\partial T}{\partial x_j}n_j$$

であるから，式(16.13)の項（III）は，

$$(\mathrm{III}) = \iint_S \boldsymbol{q}\cdot(-\boldsymbol{n})\,dS = \iint_S k\frac{\partial T}{\partial x_j}n_j\,dS = \iiint_V \frac{\partial}{\partial x_j}\left(k\frac{\partial T}{\partial x_j}\right)dV$$

となる．最後に，外部要因による発熱項（IV）を，

$$(\mathrm{IV}) = \iiint_V S\,dV$$

とする．$S = S(\boldsymbol{x}, t)$ $[\mathrm{W/m^3}]$ は単位体積当たりの発熱源の分布，すなわち "Source" の意味で使っていて V の表面 (Surface) ではない．

以上を併せて，式(16.13)は，

$$\begin{aligned}
&\iiint_V \frac{\partial}{\partial t}(\rho\varepsilon_T)\,dV \\
&= -\iiint_V \frac{\partial}{\partial x_j}(\rho\varepsilon_T v_j)\,dV + \iiint_V \frac{\partial}{\partial x_j}(\sigma_{ij}v_i)\,dV + \iiint_V \rho v_i f_i\,dV \\
&\quad + \iiint_V \frac{\partial}{\partial x_j}\left(k\frac{\partial T}{\partial x_j}\right)dV + \iiint_V S\,dV \\
&\therefore\ \ \frac{\partial}{\partial t}(\rho\varepsilon_T) + \frac{\partial}{\partial x_j}(\rho\varepsilon_T v_j) = \frac{\partial}{\partial x_j}\left(k\frac{\partial T}{\partial x_j}\right) + \frac{\partial}{\partial x_j}(\sigma_{ij}v_i) + \rho v_i f_i + S
\end{aligned}$$

となる．再び連続の式を使って，

$$\begin{aligned}
\text{左辺} &= \rho\left(\frac{\partial\varepsilon_T}{\partial t} + v_j\frac{\partial\varepsilon_T}{\partial x_j}\right) + \varepsilon_T\left\{\frac{\partial\rho}{\partial t} + \frac{\partial}{\partial x_j}(\rho v_j)\right\} \\
&\overset{(16.9)}{=} \rho\left(\frac{\partial\varepsilon_T}{\partial t} + v_j\frac{\partial\varepsilon_T}{\partial x_j}\right) = \rho\frac{D\varepsilon_T}{Dt}
\end{aligned}$$

であるから，全エネルギー ε_T の保存方程式は最終的に，

$$\rho \frac{D\varepsilon_T}{Dt} = \frac{\partial}{\partial x_j}\left(k \frac{\partial T}{\partial x_j}\right) + \frac{\partial}{\partial x_j}(\sigma_{ij} v_i) + \rho v_i f_i + S \tag{16.15}$$

となる.

16.4 ナヴィエ・ストークスの方程式

これまでの成果を流体運動について整理しよう．この節での引用のために式番号を付け直す.

歪み速度テンソル：

$$(11.27) \quad S_{ij} = \frac{1}{2}\left(\frac{\partial v_i}{\partial x_j} + \frac{\partial v_j}{\partial x_i}\right) \quad (S_{ii} = \operatorname{tr} \boldsymbol{S} = \Theta = \operatorname{div} \boldsymbol{v}) \tag{16.16}$$

連続の式：

$$(12.10) \quad \frac{D\rho}{Dt} + \rho \operatorname{div} \boldsymbol{v} \left(= \frac{D\rho}{Dt} + \rho\Theta\right) = 0 \tag{16.17}$$

ストークスの仮説に基づくニュートン流体の構成方程式：

$$(15.23) \quad \boldsymbol{\Sigma} = -p\boldsymbol{I} + 2\mu\boldsymbol{S} - \frac{2}{3}\mu\Theta\boldsymbol{I}$$

$$\Leftrightarrow \sigma_{ij} = -p\delta_{ij} + 2\mu S_{ij} - \frac{2}{3}\mu\Theta\delta_{ij} = -p\delta_{ij} + \mu\left(\frac{\partial v_i}{\partial x_j} + \frac{\partial v_j}{\partial x_i}\right) - \frac{2}{3}\mu\Theta\delta_{ij} \tag{16.18}$$

運動(量)方程式：

$$(16.5) \quad \rho \frac{Dv_i}{Dt} = \frac{\partial \sigma_{ij}}{\partial x_j} + \rho f_i \tag{16.19}$$

全エネルギーの式：

$$(16.15) \quad \rho \frac{D\varepsilon_T}{Dt} = \frac{\partial}{\partial x_j}\left(k \frac{\partial T}{\partial x_j}\right) + \frac{\partial}{\partial x_j}(\sigma_{ij} v_j) + \rho v_i f_i + S \tag{16.20}$$

16.1 節で述べたように，粒子 $\boldsymbol{\xi}$ の体積 ΔV を乗ずれば諸式の実体的なイメージが復活する．例えば，式(16.20)左辺は “$\rho\,\Delta V =$ 一定” によって，

$$\rho\,\Delta V \frac{D\varepsilon_T}{Dt} = \frac{D(\rho\,\Delta V \varepsilon_T)}{Dt}$$

となり，ε_T は “単位質量当たり” であったから，これは粒子 $\boldsymbol{\xi}$ の全エネルギーの時間変化率である.

運動量方程式(16.19)の σ_{ij} に構成方程式(16.18)を代入すると，ニュートン流体に対する運動量方程式，所謂(いわゆる)**ナヴィエ・ストークスの方程式** (Navier–Stokes' equation) が得られる.

$$\rho \frac{Dv_i}{Dt} = \frac{\partial}{\partial x_j}\left(-p\delta_{ij} + 2\mu S_{ij} - \frac{2}{3}\mu\Theta\delta_{ij}\right) + \rho f_i$$

$$\overset{(16.16)}{=} -\frac{\partial p}{\partial x_i} + \frac{\partial}{\partial x_j}\left\{\mu\left(\frac{\partial v_i}{\partial x_j} + \frac{\partial v_j}{\partial x_i}\right)\right\} - \frac{\partial}{\partial x_i}\left(\frac{2}{3}\mu\Theta\right) + \rho f_i \quad (16.21)$$

16.5 エネルギーの形態とその収支関係

考察のために，式(16.20)の右辺各項に番号を付して再掲する．

$$(16.20)\quad \rho\frac{D\varepsilon_T}{Dt} = \underset{①}{\frac{\partial}{\partial x_j}\left(k\frac{\partial T}{\partial x_j}\right)} + \underset{②}{\frac{\partial}{\partial x_j}(\sigma_{ij}v_j)} + \underset{③}{\rho v_i f_i} + \underset{④}{S}$$

運動量方程式(16.19)に速度成分 v_i を掛ければ，流体の**運動エネルギー**の保存方程式が得られる．$(v_i v_i/2)$ が“単位質量当たり”である．

$$\left(\rho v_i\frac{Dv_i}{Dt} =\right)\quad \rho\frac{D}{Dt}\left(\frac{v_i v_i}{2}\right) = v_i\frac{\partial \sigma_{ij}}{\partial x_j} + \rho v_i f_i = \underset{②}{\frac{\partial}{\partial x_j}(\sigma_{ij}v_i)} - \underset{⑤}{\sigma_{ij}\frac{\partial v_i}{\partial x_j}} + \underset{③}{\rho v_i f_i} \quad (16.22)$$

■内部エネルギー■

全エネルギーは内部エネルギーと運動エネルギーの和であった．単位質量当たりでこれを $\varepsilon_T = u + v_i v_i/2$ と書けば，u が**比内部エネルギー**である．式(16.20)から式(16.22)を引けば，u の保存方程式が得られる．

$$\rho\frac{Du}{Dt} = \underset{①}{\frac{\partial}{\partial x_j}\left(k\frac{\partial T}{\partial x_j}\right)} + \underset{⑤}{\sigma_{ij}\frac{\partial v_i}{\partial x_j}} + \underset{④}{S} \quad (16.23)$$

以上，三つのエネルギー方程式各項の意味を個々に調べれば，運動中の流体で生じているエネルギーの流れを理解することができる．

■外界とのやり取りの項■

まず③と④について．③の外力のする仕事 $\rho v_i f_i$ は，運動エネルギー式(16.22)に現れて内部エネルギー式(16.23)には現れない．流れ落ちる滝の水が重力で加速されて運動エネルギーを獲得するのが一例である．

一方，外部要因による発熱項④は，内部エネルギー式(16.23)に現れて運動エネルギー式(16.22)には現れない．一例は，大気中の炭酸ガス分子が地表から宇宙空間へ逃げる途中の熱輻射線（ふくしゃ）（赤外線）を吸収してその場の空気を暖める現象（地球温暖化！）である．この場合，輻射エネルギー流束を $\boldsymbol{q}_R$ とすれば $S = -\operatorname{div}\boldsymbol{q}_R$，すなわち輻射エネルギーの減少分だけ流体が内部エネルギーを得る．

■二つの輸送項■

式(16.20)の二つの項，

$$
① \ \frac{\partial}{\partial x_j}\left(k\frac{\partial T}{\partial x_j}\right), \quad ② \ \frac{\partial}{\partial x_j}(\sigma_{ij}v_i)
$$

は，いずれもそれぞれの括弧内のベクトルの発散であり，①が内部エネルギー式(16.23)中に，②が運動エネルギー式(16.22)中に現れている．

①は，熱伝導による熱流束ベクトルを $\boldsymbol{q} = -k\boldsymbol{\nabla}T$ として $-\operatorname{div}\boldsymbol{q}$ である．ΔV を掛ければ，

$$
\frac{\partial}{\partial x_j}\left(k\frac{\partial T}{\partial x_j}\right)\Delta V = \iint_{\Delta S} k\frac{\partial T}{\partial x_j}n_j\,d(\Delta S) = \iint_{\Delta S} \boldsymbol{q}\cdot(-\boldsymbol{n})\,d(\Delta S)
$$

であるから，これは式(16.13)右辺（III）項の微小領域版，すなわち熱伝導による ΔV 内への入熱である．熱伝導は高温域から低温域に熱が拡散する現象であるから，項①をエネルギー方程式の**拡散輸送項** (diffusive transport term) と呼ぶ．

一方，②に ΔV を乗ずれば，

$$
\frac{\partial}{\partial x_j}(\sigma_{ij}v_i)\,\Delta V = \iint_{\Delta S} \sigma_{ij}n_jv_i\,d(\Delta S) = \iint_{\Delta S} \{\boldsymbol{\Sigma}(\boldsymbol{n})\cdot\boldsymbol{v}\}\,d(\Delta S)
$$

となる．これは式(16.13)右辺（I）項の微小領域版，すなわち応力が ΔV にする仕事である．これを**応力輸送項** (stress transport term) と呼ぶ．項①，②を通じて“輸送”とは，熱は熱のまま，力学エネルギー（仕事または運動エネルギー）は力学エネルギーのまま周囲とやり取りをする，の含意である．

輸送の意味は次によっても明らかである．**図 16.5** のように，固体壁 S で囲まれて閉空間 V を満たしている流体について，項②を V の全域に亘って積分すると，グリーンの定理，及び固体壁上で流速ゼロという事実によって，

$$
\iiint_V \frac{\partial}{\partial x_j}(\sigma_{ij}v_i)\,dV = \iint_S \sigma_{ij}v_in_j\,dS = 0
$$

となる．すなわち，項②は式(16.20)，(16.22)中でそれぞれの位置に応じた値を持つが，それを全空間で積分するとゼロになる．言い換えれば，或る場所で正ならそれを相殺する負の場所が必ずある．得した者が居れば必ず損した者が居る．つまり，これはそのエネルギー種の空間的な配置換えであって真の生成・消滅ではないから，領域全体の収支には影響がないのである．同様の議論は，項①を断熱壁で囲まれた閉空間で積分しても成立する．

ラグランジ的時間微分 D/Dt をオイラー表現した際の空間微分の項を**対流輸送項**と呼ぶことは **16.2 節**で指摘した．

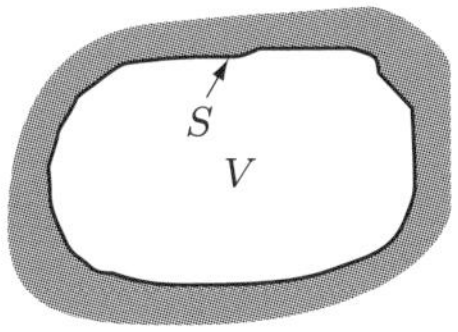

図 16.5

$\sigma_{ij}(\partial v_i/\partial x_j)$ について

⑤の $\sigma_{ij}(\partial v_i/\partial x_j)$ という項は，運動エネルギー式(16.22)と内部エネルギー式(16.23)で符号を転じて現れ，全エネルギー式(16.20)中には現れない．これは，輸送項とは対照的に，運動エネルギーと内部エネルギーという異種エネルギー間のやり取りである．まず，項の変形を行おう．

$$\begin{aligned}
\sigma_{ij}\frac{\partial v_i}{\partial x_j} &\overset{(16.18)}{=} \left(-p\delta_{ij}+2\mu S_{ij}-\frac{2}{3}\mu\Theta\delta_{ij}\right)\frac{\partial v_i}{\partial x_j} \\
&= -p\frac{\partial v_j}{\partial x_j}+2\mu S_{ij}\frac{\partial v_i}{\partial x_j}-\frac{2}{3}\mu\Theta\frac{\partial v_j}{\partial x_j} \\
&\overset{*}{=} -p\Theta+\mu\left(S_{ij}\frac{\partial v_i}{\partial x_j}+S_{ij}\frac{\partial v_j}{\partial x_i}\right)-\frac{2}{3}\mu\Theta^2 \\
&= -p\Theta+2\mu S_{ij}S_{ij}-\frac{2}{3}\mu\Theta^2=-p\Theta+\mu\left(2S_{ij}S_{ij}-\frac{2}{3}\Theta^2\right) \\
&= -p\Theta+\mu\Phi
\end{aligned} \tag{16.24}$$

式中 $*$ では，$\boldsymbol{S}$ の対称性と死んだ添え字の入れ替えが使われている．また，

$$\Phi=2S_{ij}S_{ij}-\frac{2}{3}\Theta^2 \tag{16.25}$$

としてある．項⑤を式(16.24)で置き換えた上で，改めて式(16.22)，(16.23)を並べて書くと，

$$\text{運動エネルギー：}\quad \rho\frac{D}{Dt}\left(\frac{v_iv_i}{2}\right)=\frac{\partial}{\partial x_j}(\sigma_{ij}v_i)+p\Theta-\mu\Phi+\rho v_if_i \qquad (16.22)'$$

$$\text{内部エネルギー：}\quad \rho\frac{Du}{Dt}=\boldsymbol{\nabla}\cdot(k\boldsymbol{\nabla}T)-p\Theta+\mu\Phi+S \qquad (16.23)'$$

当然ながら，両式を加えれば全エネルギーの式(16.20)に戻る．

可逆断熱変化の項，$p\Theta$

流体の比体積を v とする．$\rho=1/v$ より，

$$\Theta \overset{(16.17)}{=} -\frac{1}{\rho}\frac{D\rho}{Dt}=-v\frac{D}{Dt}\left(\frac{1}{v}\right)=(-v)\left(-\frac{1}{v^2}\right)\frac{Dv}{Dt}=\frac{1}{v}\frac{Dv}{Dt}=\rho\frac{Dv}{Dt}$$

$$\therefore\quad p\Theta=\rho p\frac{Dv}{Dt}$$

熱力学によれば，Dv が正（膨張）のとき，$p\,Dv$ は系が外界に対してする単位質量当たりの仕事（膨張仕事）であった．これに密度 ρ を掛け微小時間 Dt で割ってあるから，$p\Theta$ (>0) は単位体積当たりの膨張仕事率である．これが運動エネルギー式(16.22)′ 右辺ではプラス，内部エネルギー式(16.23)′ 右辺ではマイナスの符号で現れているので，項 $p\Theta$ は，($Dv>0$ のとき）粒子 $\boldsymbol{\xi}$ という閉じた系が自己の内部エネルギーを消費して運動エネル

ギーを獲得する過程である．その運動エネルギーは，項②を通じて周囲という外界に対して膨張仕事を行うのである．この過程自体には“周囲との熱の授受”の意味は無いから，この膨張仕事は所謂（いわゆる）**断熱膨張仕事**である．収縮（$Dv < 0$）ならば断熱圧縮であり，粒子 $\boldsymbol{\xi}$ は周囲流体から圧縮仕事を受けて内部エネルギーが増加する．

結局，$p\Theta$ は，（運動エネルギー）⇔（内部エネルギー）の双方向の授受，所謂**可逆仕事**を表している．当然ながら，非圧縮性流体（$\Theta = 0$）にこの項は現れない．水車は水で回るが，蒸気タービンは水では回らない（膨張しないから！）．

■不可逆変化（流体摩擦）の項，$\mu\Phi$ ■

式(16.25)の Φ は，以下のように正である．

$\Phi \geq 0$ の証明◆　直交行列 $\boldsymbol{L}$ を選んでバー付き系の $\boldsymbol{S}$ を，

$$\overline{\boldsymbol{S}} = {}^t\boldsymbol{L}\boldsymbol{S}\boldsymbol{L} = \begin{pmatrix} a & 0 & 0 \\ 0 & b & 0 \\ 0 & 0 & c \end{pmatrix}$$

と対角化すれば，

$$\overline{\boldsymbol{S}}^2 = \begin{pmatrix} a & 0 & 0 \\ 0 & b & 0 \\ 0 & 0 & c \end{pmatrix}\begin{pmatrix} a & 0 & 0 \\ 0 & b & 0 \\ 0 & 0 & c \end{pmatrix} = \begin{pmatrix} a^2 & 0 & 0 \\ 0 & b^2 & 0 \\ 0 & 0 & c^2 \end{pmatrix}$$

である．一方，$\boldsymbol{S}$ は対称であるから式(16.25)は，

$$\Phi = 2S_{ij}S_{ij} - \frac{2}{3}\Theta^2 = 2S_{ij}S_{ji} - \frac{2}{3}S_{ii}S_{jj} = 2\cdot \mathrm{tr}\,\boldsymbol{S}^2 - \frac{2}{3}(\mathrm{tr}\,\boldsymbol{S})^2$$

となるが，$\mathrm{tr}\,\boldsymbol{S}$ も $\mathrm{tr}\,\boldsymbol{S}^2$ も回転不変量であるから，Φ は対角化された座標系で評価してよい．従って，

$$\begin{aligned}\Phi = \overline{\Phi} &= 2\cdot \mathrm{tr}\,\overline{\boldsymbol{S}}^2 - \frac{2}{3}(\mathrm{tr}\,\overline{\boldsymbol{S}})^2 = 2(a^2+b^2+c^2) - \frac{2}{3}(a+b+c)^2 \\ &= \frac{2}{3}(3a^2+3b^2+3c^2-a^2-b^2-c^2-2ab-2bc-2ca) \\ &= \frac{2}{3}(2a^2+2b^2+2c^2-2ab-2bc-2ca) = \frac{2}{3}\left\{(a-b)^2+(b-c)^2+(c-a)^2\right\} \geq 0\end{aligned}$$

■

これによって項 $\mu\Phi$ は，式(16.22)$'$ の運動エネルギーに対しては常にマイナス（損失）の寄与を，式(16.23)$'$ の内部エネルギーに対しては常にプラス（利得）の寄与をしている．これは，運動エネルギーから内部エネルギー（熱）への一方的な移行，所謂**流体摩擦による運動エネルギーの不可逆損失**に他ならない．Φ を**散逸関数** (dissipation function) と言う．車や電車が停止するときは，自身の運動エネルギーを，ブレーキディスクやブレーキライニングの固体摩擦を通じて熱に変えて周囲環境に散逸させている．一方，大気圏に再突入するスペースシャトルでは固体摩擦によるブレーキは使いようがないから，自身の持つ

膨大な運動エネルギーは，直接周囲流体との相互作用を通じて捨てる他はない．それは，先の可逆断熱変化の項（断熱圧縮の項）$p\Theta$ と流体摩擦の項 $\mu\Phi$ を通じて行われるのである．

スペースシャトルの開発は，ひたすらこれら二つの項との闘いであった．何もしなければ，隕石同様，地上に着く前に燃え尽きる．

■ストークスの仮説の傍証■

前述の $\Phi \geq 0$ の証明は，式(16.25)中の Θ^2 の係数が $(-2/3)$ でなければ成立しない．粘性という流体の物性が巨視的に見て運動エネルギーの散逸を支配することは疑いがないから，これはストークスの仮説が合理的であることの有力な傍証である．振り返って同仮説は，**15.1 節**で，S を対角化した座標系における構成方程式の形を，

$$(15.8)\quad \overline{\sigma}'_{11} = a\frac{\partial \overline{v}_1}{\partial \overline{x}_1} + b\frac{\partial \overline{v}_2}{\partial \overline{x}_2} + b\frac{\partial \overline{v}_3}{\partial \overline{x}_3}$$

としたことに端を発している．従って，ストークスの仮説は“この形を認める限り”完全に合理的であると断じてよい．上式の形自体については，筆者，これを否定する如何なる積極的な論拠も持ちあわせないと言う他は無い．

■図解，エネルギー収支■

以上の成果によって，全エネルギー，運動エネルギー，内部エネルギー間の収支を，式(16.20)，(16.22)，(16.23)の右辺各項の関係として，**図 16.6** のように表すことができる．同図で，内部エネルギーと運動エネルギーを分けている左右の区分は空間的な場所の区分ではない．その起源は，質点系の全運動エネルギーを，全質量を担うと仮想した重心の運動と重心周りの蠢(うごめ)き運動とに分割したことであった（式(5.16)，(5.17)）．また，それぞれの両矢印で表された項①，②は，グリーンの定理によって“周囲の全体との”やりとりである．

16.6　温度場の式

内部エネルギー式は，実際には温度を用いた表現で使われるので，ここで書き換えておこう．

■等容比熱と温度を用いた表現■

付録の熱力学の関係式配線図中㊷によって，内部エネルギー u の全微分は，

$$du = c_v\,dT + \left\{T\left(\frac{\partial p}{\partial T}\right)_v - p\right\}dv \quad (c_v \text{ は等容比熱})$$

であるから，式(16.23)′ は，

$$\rho c_v\frac{DT}{Dt} + \rho\left\{T\left(\frac{\partial p}{\partial T}\right)_v - p\right\}\frac{Dv}{Dt} = \nabla\cdot(k\nabla T) - p\Theta + \mu\Phi + S \qquad (16.26)$$

となる．これが，等容比熱と温度を用いた内部エネルギー式である．

理想気体 $(pv = RT)$ ならば左辺中の $\{\cdots\} = 0$ であるから，

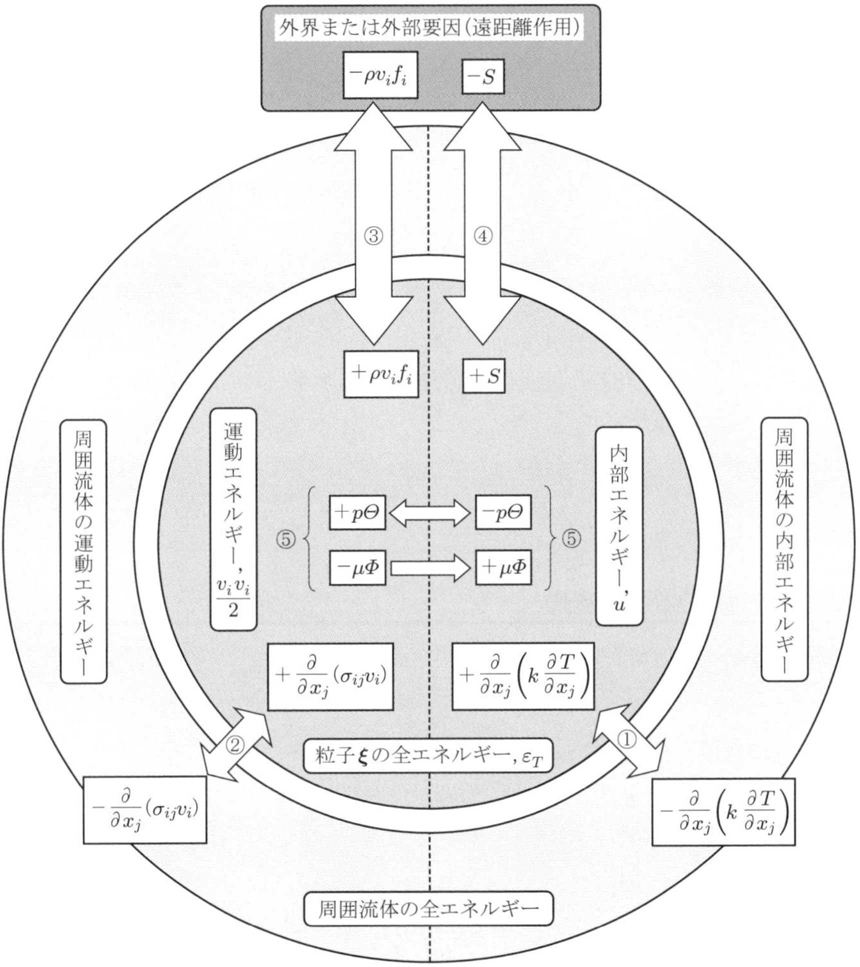

図 16.6

$$\rho c_v \frac{DT}{Dt} = \boldsymbol{\nabla}\cdot(k\boldsymbol{\nabla}T) - p\Theta + \mu\Phi + S$$

となる．

等圧比熱と温度を用いた表現

エンタルピーの定義（配線図の⑯）と $v = 1/\rho$ により，

$$du = dh - p\,dv - v\,dp = dh - p\,d(1/\rho) - v\,dp = dh + \frac{p}{\rho^2}d\rho - v\,dp$$

であるから，

$$\rho\frac{Du}{Dt} = \rho\frac{Dh}{Dt} + \frac{p}{\rho}\frac{D\rho}{Dt} - (\rho v)\frac{Dp}{Dt} \overset{(16.17)}{=} \rho\frac{Dh}{Dt} + p(-\Theta) - \frac{Dp}{Dt}$$
$$\overset{*}{=} \rho c_p\frac{DT}{Dt} - \rho\left\{T\left(\frac{\partial v}{\partial T}\right)_p - v\right\}\frac{Dp}{Dt} - p\Theta - \frac{Dp}{Dt}$$
$$= \rho c_p\frac{DT}{Dt} - \rho T\left(\frac{\partial v}{\partial T}\right)_p\frac{Dp}{Dt} - p\Theta \quad (c_p \text{ は等圧比熱})$$

となる（式中 $*$ は配線図の㊻）．これを式(16.23)′ の右辺と等置すれば，

$$\rho c_p\frac{DT}{Dt} = \boldsymbol{\nabla}\cdot(k\boldsymbol{\nabla}T) + \left\{\rho T\left(\frac{\partial v}{\partial T}\right)_p\right\}\frac{Dp}{Dt} + \mu\Phi + S \tag{16.27}$$

が得られる．これが等圧比熱と温度を用いた内部エネルギー式である．理想気体ならば右辺中 $\{\cdots\} = 1$ であるから，

$$\rho c_p\frac{DT}{Dt} = \boldsymbol{\nabla}\cdot(k\boldsymbol{\nabla}T) + \frac{Dp}{Dt} + \mu\Phi + S$$

となる．

16.7　方程式体系の鳥瞰

以上で済んだ．もう一度並べて眺めよう．

連続の式：

(16.17)　$$\frac{D\rho}{Dt} + \rho\,\mathrm{div}\,\boldsymbol{v} = 0$$

但し，$\dfrac{D}{Dt} = \dfrac{\partial}{\partial t} + v_j\dfrac{\partial}{\partial x_j}$，　$\mathrm{div}\,\boldsymbol{v} = \dfrac{\partial v_j}{\partial x_j}$

ナヴィエ・ストークスの式：

(16.21)　$$\rho\frac{Dv_i}{Dt} = -\frac{\partial p}{\partial x_i} + \frac{\partial}{\partial x_j}\left\{\mu\left(\frac{\partial v_i}{\partial x_j} + \frac{\partial v_j}{\partial x_i}\right)\right\} - \frac{\partial}{\partial x_i}\left(\frac{2}{3}\mu\Theta\right) + \rho f_i$$

但し，$\Theta = \mathrm{div}\,\boldsymbol{v}$

温度場の式（式(16.26)，(16.27)のどちらでもよいが）：

(16.27)　$$\rho c_p\frac{DT}{Dt} = \boldsymbol{\nabla}\cdot(k\boldsymbol{\nabla}T) + \left\{\rho T\left(\frac{\partial v}{\partial T}\right)_p\right\}\frac{Dp}{Dt} + \mu\Phi + S$$

但し，Φ は式(16.25)の散逸関数

以上，3式のスカラー式としての数は5個，未知数の数は $\{v_1, v_2, v_3, p, v, T\}$ の6個である（$\rho = 1/v$）．不足する1個は状態方程式，

$$f(p, v, T) = 0$$

である．

必要な物性値は，粘性係数 μ，熱伝導率 k，等圧比熱 c_p または等容比熱 c_v の三つである．両比熱の関係は，一般的には熱力学の関係式配線図の㊽，㊿，51などであり，理想気体なら同図の52である．さらに，理想気体の両比熱は，61によって温度のみの関数である．

外力 $\boldsymbol{f}(\boldsymbol{x},t) \Leftrightarrow f_i$ と発熱分布 $S = S(\boldsymbol{x},t)$ は所与の条件である．

μ，k は一定値と看做せるならば，それぞれ式(16.21)，(16.27)中で微分の外に出してよい．一方，式(16.26)，(16.27)左辺中の両比熱は，一定か可変かによらず初めから微分の外にある．

以上の方程式体系を全ての基礎として，実学としての流体工学，熱工学の世界が無限に広がる．

問題に応じた簡略化

方程式体系は問題に応じて簡略化される．

(1) $\partial/\partial t = 0$ とすれば時間的に変わらない流れ（定常流）の方程式である．

(2) 速度 $\boldsymbol{v}$ をゼロとすれば静止した流体，所謂静水力学の方程式である．

(3) 密度 ρ または比体積 v を一定とすれば非圧縮性流体の方程式である．“$\rho=$ 一定”は状態方程式の“なれの果て”である．

(4) 粘性係数 μ をゼロとすれば完全流体の方程式である．

(5) $\partial/\partial x_3 = 0$ 及び $v_3 = 0$ とすれば 2 次元流の方程式である．

課題 16.2●　方程式体系を“削ぎに削いで”，例題 7.2 中の，

$$(7.12)\quad p = p(\boldsymbol{x}) = p(x_1, x_2, x_3) = p_a + \rho g(H - x_3)$$

を確かめよ．

課題 16.3●　方程式体系を“削ぎに削いで”，**9.3 節**の，

$$(9.23)\quad \rho c \frac{\partial T}{\partial t} = k \frac{\partial^2 T}{\partial x^2}$$

を確かめよ．熱力学の関係式配線図を用いて，固体の場合に両比熱 c_p，c_v の区別が無くなることも確かめよ．

課題 16.4●　比エントロピー s の保存方程式，

$$\rho \frac{Ds}{Dt} = \frac{1}{T}\left\{\boldsymbol{\nabla}\cdot(k\boldsymbol{\nabla}T) + \mu\Phi + S\right\}$$

を導け．**図 16.6** によって結果を解釈せよ．

第 17 章 音速

最終章である．これまで，材料力学と流体力学を連続体という共通の視点で見通すための数学的手法を展開してきた．今や，両科目はその基礎の上に堅牢に築くことができるはずである．

最終章のテーマとして音速を論ずる．音速は，流体と弾性体に共通な“微小圧力擾乱の伝播（でんぱ）速度”であるから，本書の結びに相応（ふさわ）しかろう．寛（くつろ）いで読んでいただければよい．

17.1 初等のやり方による弾性体中の音速

断面積 A の一様な弾性体の棒の一端が壁に固定されている．この棒に長さ方向の力が加えられたときの微小変形を，ラグランジの見方で論ずる（**図 17.1**）．微小でない変形は流体力学の領分に入り，基本的にオイラーの見方で扱われるのである．**11.3 節**で述べたグリーン・ラグランジの歪みテンソル（式(11.15)）は，実際には殆（ほとん）ど出番がない．

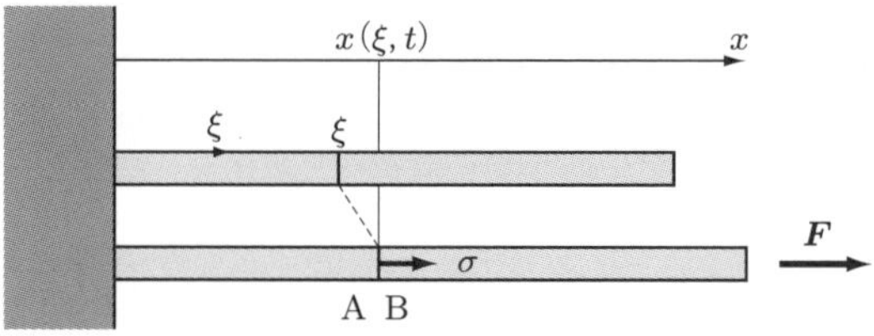

図 17.1

力が掛からないときの棒の密度を ρ_0 とする．変形は微小であるから，断面積 A は力が加えられても変化せず，密度だけが変化するものとする $(\rho = \rho(\xi, t))$.

物質座標 ξ の点が時刻 t に存在する位置の 1 次元外部座標を，

$$x = x(\xi, t)$$

とすると，時刻 t における ξ 点の局所歪みは，

$$(9.9) \quad \varepsilon(\xi, t) = \frac{\partial x(\xi, t)}{\partial \xi} - 1$$

である．従って，縦弾性係数（ヤング率）を E として ξ 断面における応力は，

$$\sigma(\xi, t) = E\varepsilon(\xi, t) = E\left\{\frac{\partial x(\xi, t)}{\partial \xi} - 1\right\} \tag{17.1}$$

である．σ は，**図 17.1** のように棒を ξ 面で左右に分割して考えるとき，“ξ の大きな方（表，B 側）が ξ の小さな方（裏，A 側）に及ぼす単位面積当たりの力”であったから，力の方向，すなわち上式の正負を含めて B 側は A 側に，

$$f(\xi,t) = A\sigma(\xi,t) = AE\left\{\frac{\partial x(\xi,t)}{\partial \xi} - 1\right\} \tag{17.2}$$

の力を及ぼしている．

次に，棒の隣接する 2 点 $(\xi, \xi + \Delta\xi)$ 間の部分（**図 17.2** の B 部）の運動方程式を作る．その質量 ΔM は変形の前後で変わらないから，

$$(\Delta M =)\quad A\rho_0\,\Delta\xi = A\rho(\xi,t)\bigl\{x(\xi+\Delta\xi,t) - x(\xi,t)\bigr\} = A\rho(\xi,t)\frac{\partial x(\xi,t)}{\partial \xi}\,\Delta\xi \tag{17.3}$$

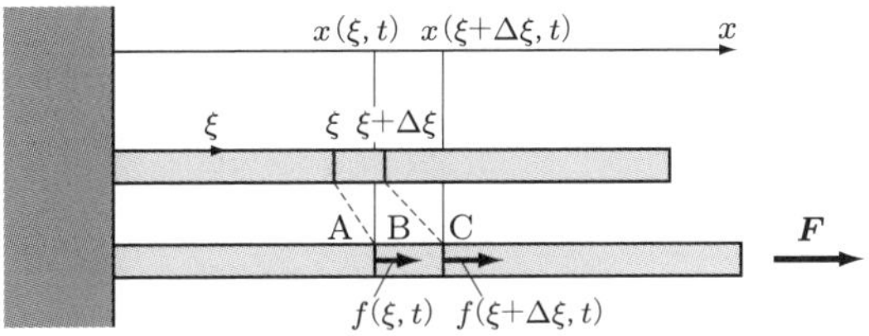

図 17.2

σ または f は，図の BC の境界では“C が B に及ぼす力”，AB の境界では“B が A に及ぼす力”であるから，後者に作用反作用の法則を適用して B 部の運動方程式は次である．

$$\Delta M\frac{\partial^2 x(\xi,t)}{\partial t^2} = f(\xi+\Delta\xi,t) - f(\xi,t) = \frac{\partial f}{\partial \xi}\,\Delta\xi$$

$$\text{または}\quad A\rho_0\,\Delta\xi\frac{\partial^2 x(\xi,t)}{\partial t^2} = \frac{\partial f}{\partial \xi}\,\Delta\xi \overset{(17.2)}{=} AE\frac{\partial^2 x(\xi,t)}{\partial \xi^2}\,\Delta\xi$$

従って，

$$\frac{\partial^2 x(\xi,t)}{\partial t^2} = \frac{E}{\rho_0}\frac{\partial^2 x(\xi,t)}{\partial \xi^2}\quad\left(= a^2\frac{\partial^2 x(\xi,t)}{\partial \xi^2}\right) \tag{17.4}$$

これは波動方程式である（**9.3 節**，式(9.22)）．波動の伝播速度 a は，

$$a = \sqrt{\frac{E}{\rho_0}} \tag{17.5}$$

となる．踏切で聞く列車の接近音はこの速度でレールを伝わって来る．また，地震の縦波（P 波）の伝播速度もこれである．

式(17.5)を次のように変形する．

$$a^2 = \frac{E}{\rho_0} \overset{(17.1)}{=} \frac{1}{\rho_0} \cdot \frac{\sigma(\xi,t)}{\dfrac{\partial x(\xi,t)}{\partial \xi} - 1} \overset{(17.3)}{=} \frac{1}{\rho_0} \cdot \frac{\sigma(\xi,t)}{\dfrac{\rho_0}{\rho(\xi,t)} - 1} = -\frac{\rho(\xi,t)}{\rho_0} \cdot \frac{\sigma(\xi,t)}{\rho(\xi,t) - \rho_0} \tag{17.6}$$

そこで，

$$\sigma(\xi,t) = \sigma(\xi,t) - 0 = \sigma(\xi,t) - \sigma(\xi,0) = \Delta\sigma \quad \text{（応力の微小変化）}$$

$$\rho(\xi,t) - \rho_0 = \Delta\rho \quad \text{（密度の微小変化）}$$

と看做(みな)し，$\rho(\xi,t)/\rho_0 \approx 1$ と近似すれば，式(17.6)を，

$$a^2 = -\frac{\Delta\sigma}{\Delta\rho}$$

と書くことができる．$\rho(\xi,t)/\rho_0 \approx 1$ とは近似できても，(微小変化)/(微小変化) は有限値であることに注意せよ．微分概念の基本である．

変形が完全弾性的ならば，すなわち，弾性エネルギーの熱エネルギーへの散逸を伴わないならば，この変化を等エントロピー変化と看做せるから，上式を，

$$a^2 = \left\{\frac{\partial(-\sigma)}{\partial\rho}\right\}_s \tag{17.7}$$

と書いてよい．負号を中に入れたのは，後(のち)に応力を圧力と対比させるためである．すなわち，押し合い ($\sigma < 0$) のとき，$(-\sigma)$ で正になるようにしてある．

棒の比体積を $v\ (= 1/\rho)$ とすれば，

$$\begin{aligned} a^2 &= \left\{\frac{\partial(-\sigma)}{\partial v}\right\}_s \left(\frac{\partial v}{\partial \rho}\right)_s = \left\{\frac{\partial(-\sigma)}{\partial v}\right\}_s \left\{\frac{\partial(1/\rho)}{\partial \rho}\right\}_s \\ &= -\frac{1}{\rho^2}\left\{\frac{\partial(-\sigma)}{\partial v}\right\}_s = -v^2\left\{\frac{\partial(-\sigma)}{\partial v}\right\}_s \end{aligned} \tag{17.8}$$

となる．

17.2 これまでの成果から同じ結果を

以上は材料力学講義の導入部あたりの流儀に沿っていて，特段の難しさは無い．そこで，本書で展開してきた完全に一般的な方程式体系から同じ結果を導いてみる．

運動方程式は次である．

$$(16.6) \quad \left(\rho\frac{D^2 x_i}{Dt^2} =\right) \quad \rho\frac{\partial^2 x_i}{\partial t^2} = \frac{\partial \sigma_{ij}}{\partial x_j} + \rho f_i \tag{17.9}$$

“粒子 $\boldsymbol{\xi}$ の実体” を伴ったもとの形は，上式に ΔV を乗じ，式(7.11)のグリーンの定理によって次式である．

$$\rho\,\Delta V \frac{\partial^2 x_i}{\partial t^2} = \frac{\partial \sigma_{ij}}{\partial x_j}\,\Delta V + \rho\,\Delta V f_i = \underset{①}{\iint_{\Delta S} \sigma_{ij} n_j\, d(\Delta S)} + \rho\,\Delta V f_i$$

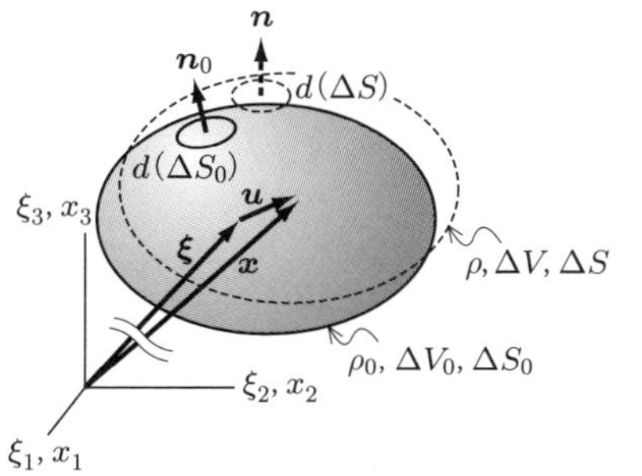

図 17.3

$$\Leftrightarrow \rho\,\Delta V\frac{\partial^2 \boldsymbol{x}}{\partial t^2} = \underbrace{\iint_{\Delta S}\boldsymbol{\Sigma}(\boldsymbol{n})\,d(\Delta S)}_{①} + \rho\,\Delta V\boldsymbol{f} \tag{17.10}$$

材料力学では $\boldsymbol{\xi} \Leftrightarrow \xi_i$ を基準配置（変位前の物質座標），$\boldsymbol{x} \Leftrightarrow x_i$ を現配置（変位後の位置座標）と呼ぶのであった（**図 17.3**）．式(17.9)右辺中の縮約を伴う偏微分演算 $\partial\cdots_j/\partial x_j$ は，実は，式(17.10)の対応する項①によって，**粒子 $\boldsymbol{\xi}$ が周囲から受ける力の合力（足し算）を現配置で勘定する操作**に相当する．ばねに掛かる力は伸び縮みした状態で勘定するのであるから，これは自然な表現である．しかし，**16.1 節**末尾で述べたように，ラグランジ表現では $\boldsymbol{\xi} \Leftrightarrow \xi_i$ が独立変数で $\boldsymbol{x} \Leftrightarrow x_i$ は従属変数であるから，従属変数による偏微分が式中にあることは面白くない．それは，当該項を以下のように基準配置における足し算，すなわち，$\boldsymbol{\xi}$ 空間における面積分に置き換えて解決する．

項①は，

$$\iint_{\Delta S}\sigma_{ij}n_j\,d(\Delta S) \overset{(12.14)}{=} \iint_{\Delta S_0}\sigma_{ij}J\frac{\partial \xi_k}{\partial x_j}n_{0,k}\,d(\Delta S_0) \overset{(7.11)}{=} \frac{\partial}{\partial \xi_k}\left(\sigma_{ij}J\frac{\partial \xi_k}{\partial x_j}\right)\Delta V_0$$

である．引用した式(12.14)は $\boldsymbol{\xi}$ 空間 $\Leftrightarrow$ $\boldsymbol{x}$ 空間 の面積要素の関係であり，式(7.11)は $\boldsymbol{\xi}$ 空間中での微小領域に適用されたグリーンの定理である．

これによって式(17.10)は，

$$\rho\,\Delta V\frac{\partial^2 x_i}{\partial t_2} = \frac{\partial}{\partial \xi_k}\left(\sigma_{ij}J\frac{\partial \xi_k}{\partial x_j}\right)\Delta V_0 + \rho\,\Delta V f_i$$

となるが，変化の前後で質量は不変，すなわち $\rho_0\Delta V_0 = \rho\Delta V$ であるから，上式は，

$$\rho_0\frac{\partial^2 x_i}{\partial t^2} = \frac{\partial}{\partial \xi_k}\left(\sigma_{ij}J\frac{\partial \xi_k}{\partial x_j}\right) + \rho_0 f_i \tag{17.11}$$

となる．これでもまだ右辺括弧内に $\partial/\partial x_j$ の操作が残っているが，式(8.22)によって，$[d\boldsymbol{x}/d\boldsymbol{\xi}]$ の逆行列 $[d\boldsymbol{\xi}/d\boldsymbol{x}]$ の (k,j) 成分は，

$$\frac{\partial \xi_k}{\partial x_j} = \frac{1}{2J}\varepsilon_{rlk}\varepsilon_{pqj}\frac{\partial x_p}{\partial \xi_r}\frac{\partial x_q}{\partial \xi_l}$$

であるから，式(17.11)は，

$$\rho_0 \frac{\partial^2 x_i}{\partial t^2} = \frac{1}{2}\frac{\partial}{\partial \xi_k}\left(\sigma_{ij}\varepsilon_{rlk}\varepsilon_{pqj}\frac{\partial x_p}{\partial \xi_r}\frac{\partial x_q}{\partial \xi_l}\right) + \rho_0 f_i \tag{17.12}$$

となる．これで解決した．

式(17.12)の生きた添え字は i 一つだが，右辺には縮約が六つもあって卒倒しそうになる．しかし，Eddington のイプシロンは，

$$\varepsilon_{123} = \varepsilon_{312} = \varepsilon_{231} = 1, \quad \varepsilon_{321} = \varepsilon_{213} = \varepsilon_{132} = -1$$

以外はゼロだから，前節の 1 次元問題では意外に簡単である．

1 次元微小変形問題

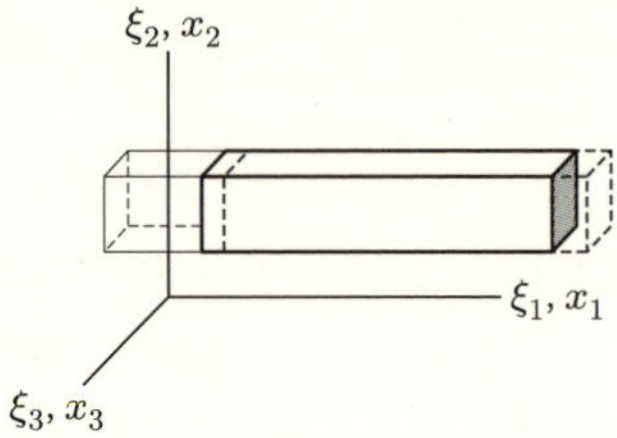

図 17.4

図 17.4 の 1 次元微小変形問題を考える．変形の前後で，(x_2, x_3) は (ξ_2, ξ_3) から変わらないとすれば，現配置と基準配置の関係は，

$$(x_1, x_2, x_3) = \bigl(x_1(\xi_1, t), \xi_2, \xi_3\bigr) \tag{17.13}$$

である．このとき，

$$\left.\begin{aligned} &\frac{\partial x_i}{\partial \xi_j} \Leftrightarrow \left[\frac{d\boldsymbol{x}}{d\boldsymbol{\xi}}\right] = \begin{pmatrix} \frac{\partial x_1}{\partial \xi_1} & \frac{\partial x_1}{\partial \xi_2} & \frac{\partial x_1}{\partial \xi_3} \\ \frac{\partial x_2}{\partial \xi_1} & \frac{\partial x_2}{\partial \xi_2} & \frac{\partial x_2}{\partial \xi_3} \\ \frac{\partial x_3}{\partial \xi_1} & \frac{\partial x_3}{\partial \xi_2} & \frac{\partial x_3}{\partial \xi_3} \end{pmatrix} = \begin{pmatrix} \frac{\partial x_1}{\partial \xi_1} & 0 & 0 \\ 0 & 1 & 0 \\ 0 & 0 & 1 \end{pmatrix} \\ &\frac{\partial x_m}{\partial \xi_m} = \mathrm{tr}\left[\frac{d\boldsymbol{x}}{d\boldsymbol{\xi}}\right] = \frac{\partial x_1}{\partial \xi_1} + 2 \end{aligned}\right\} \tag{17.14}$$

である．

微小変形理論に基づく応力テンソルは，**15.4 節**で論じた構成方程式である．

$$(15.32) \quad \boldsymbol{\Sigma} = \frac{E}{1+\nu}\boldsymbol{S} + \frac{\nu E e}{(1+\nu)(1-2\nu)}\boldsymbol{I} = 2\mu\boldsymbol{S} + \lambda e\boldsymbol{I}$$

$$\Leftrightarrow \sigma_{ij} = \frac{E}{1+\nu}S_{ij} + \frac{\nu E e}{(1+\nu)(1-2\nu)}\delta_{ij} = 2\mu S_{ij} + \lambda e \delta_{ij}$$

$\boldsymbol{S} \Leftrightarrow S_{ij}$ は歪みテンソル，$e = \partial u_m/\partial \xi_m = \mathrm{tr}\,\boldsymbol{S}$ は体積歪み，$\{\mu, \lambda\}$ はラメの定数であった．

上式を丹念に書き下す．$\boldsymbol{x} = \boldsymbol{\xi} + \boldsymbol{u} \Leftrightarrow x_i = \xi_i + u_i$ と式(17.14)によって，

$$\begin{aligned}
\sigma_{ij} &= 2\mu \cdot \frac{1}{2}\left(\frac{\partial u_i}{\partial \xi_j} + \frac{\partial u_j}{\partial \xi_i}\right) + \lambda \frac{\partial u_m}{\partial \xi_m}\delta_{ij} \\
&= \mu\left\{\frac{\partial (x_i - \xi_i)}{\partial \xi_j} + \frac{\partial (x_j - \xi_j)}{\partial \xi_i}\right\} + \lambda \frac{\partial (x_m - \xi_m)}{\partial \xi_m}\delta_{ij} \\
&= \mu\left(\frac{\partial x_i}{\partial \xi_j} + \frac{\partial x_j}{\partial \xi_i} - 2\delta_{ij}\right) + \lambda\left(\frac{\partial x_m}{\partial \xi_m} - 3\right)\delta_{ij} \\
&\overset{(17.14)}{=} \mu\left(\frac{\partial x_i}{\partial \xi_j} + \frac{\partial x_j}{\partial \xi_i} - 2\delta_{ij}\right) + \lambda\left(\frac{\partial x_1}{\partial \xi_1} - 1\right)\delta_{ij}
\end{aligned}$$

となる．$i = 1$ では，

$$\begin{aligned}
&\sigma_{1j} = \mu\left(\frac{\partial x_1}{\partial \xi_j} + \frac{\partial x_j}{\partial \xi_1} - 2\delta_{1j}\right) + \lambda\left(\frac{\partial x_1}{\partial \xi_1} - 1\right)\delta_{1j} \\
&\Leftrightarrow \begin{pmatrix} \sigma_{11} \\ \sigma_{12} \\ \sigma_{13} \end{pmatrix} = \begin{pmatrix} \mu\left(\frac{\partial x_1}{\partial \xi_1} + \frac{\partial x_1}{\partial \xi_1} - 2\right) + \lambda\left(\frac{\partial x_1}{\partial \xi_1} - 1\right) \\ \mu\left(\frac{\partial x_1}{\partial \xi_2} + \frac{\partial x_2}{\partial \xi_1}\right) \\ \mu\left(\frac{\partial x_1}{\partial \xi_3} + \frac{\partial x_3}{\partial \xi_1}\right) \end{pmatrix} \\
&\qquad\qquad \overset{(17.13)}{=} \begin{pmatrix} (2\mu + \lambda)\left(\frac{\partial x_1}{\partial \xi_1} - 1\right) \\ 0 \\ 0 \end{pmatrix}
\end{aligned} \tag{17.15}$$

である．従って，式(17.12)右辺中の j に関する縮約は，$j = 1$ の場合だけが残って，

$$\begin{aligned}
\rho_0 \frac{\partial^2 x_1}{\partial t^2} &= \frac{1}{2}\frac{\partial}{\partial \xi_k}\left(\sigma_{11}\varepsilon_{rlk}\varepsilon_{pq1}\frac{\partial x_p}{\partial \xi_r}\frac{\partial x_q}{\partial \xi_l}\right) + \rho_0 f_1 \\
&= \frac{1}{2}\frac{\partial}{\partial \xi_k}\left\{\sigma_{11}\varepsilon_{rlk}\left(\varepsilon_{231}\frac{\partial x_2}{\partial \xi_r}\frac{\partial x_3}{\partial \xi_l} + \varepsilon_{321}\frac{\partial x_3}{\partial \xi_r}\frac{\partial x_2}{\partial \xi_l}\right)\right\} + \rho_0 f_1 \\
&\overset{(17.13)}{=} \frac{1}{2}\frac{\partial}{\partial \xi_k}\left\{\sigma_{11}\left(\varepsilon_{rlk}\frac{\partial \xi_2}{\partial \xi_r}\frac{\partial \xi_3}{\partial \xi_l} - \varepsilon_{rlk}\frac{\partial \xi_3}{\partial \xi_r}\frac{\partial \xi_2}{\partial \xi_l}\right)\right\} + \rho_0 f_1 \\
&= \frac{1}{2}\frac{\partial}{\partial \xi_k}\left\{\sigma_{11}\left(\varepsilon_{23k}\frac{\partial \xi_2}{\partial \xi_2}\frac{\partial \xi_3}{\partial \xi_3} - \varepsilon_{32k}\frac{\partial \xi_3}{\partial \xi_3}\frac{\partial \xi_2}{\partial \xi_2}\right)\right\} + \rho_0 f_1
\end{aligned}$$

$$
\begin{aligned}
&= \frac{1}{2}\frac{\partial}{\partial \xi_1}\{\sigma_{11}(\varepsilon_{231}\cdot 1\cdot 1 - \varepsilon_{321}\cdot 1\cdot 1)\} + \rho_0 f_1 \\
&= \frac{\partial \sigma_{11}}{\partial \xi_1} + \rho_0 f_1 \\
&\overset{(17.15)}{=} \frac{\partial}{\partial \xi_1}\left\{(2\mu+\lambda)\left(\frac{\partial x_1}{\partial \xi_1} - 1\right)\right\} + \rho_0 f_1
\end{aligned}
$$

となる．$\{\mu, \lambda\}$ をもとのヤング率とポアソン比 $\{E, \nu\}$ の表現に戻して，

$$
\begin{aligned}
\rho_0 \frac{\partial^2 x_1}{\partial t^2} &= \frac{\partial}{\partial \xi_1}\left\{\left(\frac{E}{1+\nu} + \frac{\nu E}{(1+\nu)(1-2\nu)}\right)\left(\frac{\partial x_1}{\partial \xi_1} - 1\right)\right\} + \rho_0 f_1 \\
&= \frac{\partial}{\partial \xi_1}\left\{\frac{E(1-\nu)}{(1+\nu)(1-2\nu)}\left(\frac{\partial x_1}{\partial \xi_1} - 1\right)\right\} + \rho_0 f_1
\end{aligned}
$$

となる．$\{E, \nu\}$ が一定なら，

$$
\rho_0 \frac{\partial^2 x_1}{\partial t^2} = \frac{E(1-\nu)}{(1+\nu)(1-2\nu)}\frac{\partial^2 x_1}{\partial \xi_1^2} + \rho_0 f_1
$$

である．外力が無いとし，さらに，ポアソン比 ν をゼロとすれば，

$$
\frac{\partial^2 x_1}{\partial t^2} = \frac{E}{\rho_0}\frac{\partial^2 x_1}{\partial \xi_1^2}
$$

となる．

かくて，式(17.4)に達した．

▶**注意**　前の **17.1 節**の初等のやり方では棒の断面積 A を一定とし，本節でも，現配置のうち (x_2, x_3) はそれぞれ基準配置 (ξ_2, ξ_3) から変わらないとした．現実には伸ばして細くならない棒は無いので，本当に伸ばして細くならないなら，それを担保する応力 σ_{22}，σ_{33} が無ければならない．初等のやり方では初めからそのことを考慮していないので，本節の厳密なやり方をそれと合わせるには，ポアソン比を無理矢理ゼロにして主役と脇役の連携を断ち切る他はないのである．

17.3　流体中の音速

図 17.5 のように，流体中を伝播する音波を，その前後で圧力，密度，流速がそれぞれ p，ρ，a から $p+\Delta p$，$\rho+\Delta\rho$，$a+\Delta a$ に不連続に変化する平面波と看做し，波面の位置から現象を見る．衝撃波面をイメージすればよい．

波面を垂直に貫く断面積 1 の検査体積を図中のようにとる．質量保存則は次式である．

$$
\Delta(\rho a) = 0 \quad \text{または} \quad \rho\,\Delta a + a\,\Delta\rho = 0 \tag{17.16}
$$

次に，検査体積から単位時間に流出する正味の流れ方向運動量（運動量の発生分）は，同

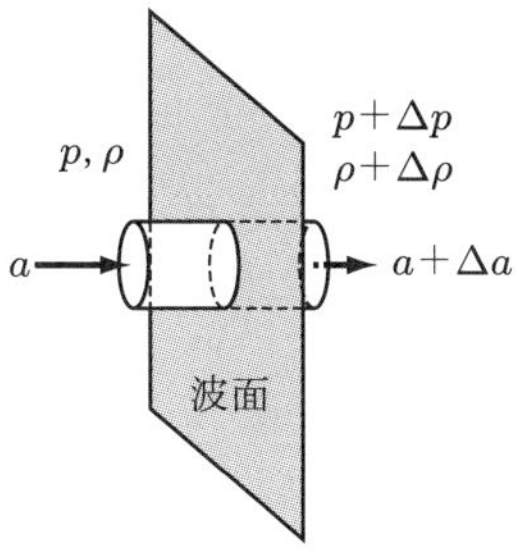

図 17.5

じ体積に働く流れ方向の力の正味の値に等しい．但し，粘性の影響を無視する．

$$\bigl\{(\rho+\Delta\rho)(a+\Delta a)\bigr\}(a+\Delta a)-(\rho a)a=p-(p+\Delta p)$$

左辺を展開する．二次の微小項を省略し，式(17.16)を二度使う．

$$\Bigl\{\rho a+\overset{(17.16)}{\cancel{(\rho\,\Delta a+a\,\Delta\rho)}}+\cancel{\Delta\rho\,\Delta a}\Bigr\}(a+\Delta a)-\rho a^2=-\Delta p$$

または　$\rho a(a+\Delta a)-\rho a^2=a\rho\,\Delta a\overset{(17.16)}{=}-a^2\Delta\rho=-\Delta p$

よって，$a^2=\Delta p/\Delta\rho$ であるが，粘性を無視しているので変化は等エントロピー的と看做してよく，

$$a^2=\left(\frac{\partial p}{\partial\rho}\right)_s \tag{17.17}$$

となる．比体積 v $(=1/\rho)$ を用いれば，

$$a^2=\left(\frac{\partial p}{\partial v}\right)_s\left(\frac{\partial v}{\partial\rho}\right)_s=\left(\frac{\partial p}{\partial v}\right)_s\left\{\frac{\partial(1/\rho)}{\partial\rho}\right\}_s=-\frac{1}{\rho^2}\left(\frac{\partial p}{\partial v}\right)_s=-v^2\left(\frac{\partial p}{\partial v}\right)_s \tag{17.18}$$

となる．この音速を**等エントロピー音速**と呼ぶ．実際の音速との差は極めて小さい．

式(17.18)の p は無論正である．流体運動の垂直応力には押し合いしかないのであった．式(17.17)，(17.18)を弾性体の場合の式(17.7)，(17.8)と比較せよ．

次に，気体の比エントロピー s の全微分は，s を温度 T と比体積 v で $s=s(T,v)$ と表した場合と，温度 T と圧力 p で $s=s(T,p)$ と表した場合で，それぞれ，

$$\left.\begin{aligned} ds&=\frac{c_v}{T}\,dT+\left(\frac{\partial p}{\partial T}\right)_v dv\\ ds&=\frac{c_p}{T}\,dT-\left(\frac{\partial v}{\partial T}\right)_p dp\end{aligned}\right\}$$

である（付録の熱力学の関係式配線図の㊷，㊸）．等エントロピー変化では両式左辺がいずれもゼロであるから，

$$\left.\begin{aligned}\left(\frac{\partial T}{\partial v}\right)_s &= -\frac{T}{c_v}\left(\frac{\partial p}{\partial T}\right)_v \\ \left(\frac{\partial T}{\partial p}\right)_s &= \frac{T}{c_p}\left(\frac{\partial v}{\partial T}\right)_p\end{aligned}\right\} \tag{17.19}$$

とすることができる．このとき，式(17.18)は，

$$a^2 = -v^2\left(\frac{\partial p}{\partial v}\right)_s \overset{*}{=} -v^2\frac{\left(\frac{\partial T}{\partial v}\right)_s}{\left(\frac{\partial T}{\partial p}\right)_s} \overset{(17.19)}{=} v^2\frac{\frac{T}{c_v}\left(\frac{\partial p}{\partial T}\right)_v}{\frac{T}{c_p}\left(\frac{\partial v}{\partial T}\right)_p} = v^2\kappa\frac{\left(\frac{\partial p}{\partial T}\right)_v}{\left(\frac{\partial v}{\partial T}\right)_p} \tag{17.20}$$

となる．式中 $*$ は配線図の⑥，$\kappa = c_p/c_v$ は比熱比である．理想気体では，状態方程式が $p = RT/v$ または $v = RT/p$ であるから，式(17.20)は，

$$a^2 = v^2\kappa\cdot\frac{R/v}{R/p} = \kappa pv = \kappa RT$$

となる．従って，理想気体の等エントロピー音速は，

$$a = \sqrt{\kappa RT}$$

となって温度のみの関数である．

分子の熱運動の平均運動エネルギーは，ボルツマン定数 k_{B} を用いて絶対温度と次の関係にあるのであった．

$$\overline{\frac{1}{2}m|\boldsymbol{v}|^2} = \frac{3}{2}k_{\mathrm{B}}T$$

m は分子1個の質量，$\boldsymbol{v}$ は熱運動の速度である，音速が $\sqrt{T}$ に比例することは，圧力擾乱(じょうらん)が熱運動と分子間衝突で伝えられることの正確な反映である．

課題 17.1●　弾性体の音速でそうしたように，初等のやり方による上記の音速を，完全な連続の式とナヴィエ・ストークスの方程式のセットを“削ぎに削いで”導いてみよ．

付録　熱力学の関係式配線図

熱力学の諸式は厳然と屹立(きつりつ)する演繹(えんえき)の体系であり，理工系の徒は誰もが自在に使いこなさなければならないが，それを全部覚えていることはなかなかに難しい．次々ページの熱力学の配線図は，自身の記憶力の乏しさに辟易(へきえき)した若き日の筆者が，諸式の導出過程を１枚に纏(まと)めて机の前に貼っていたものであり，随分役に立った．例えば，専門書を読んでいて現れた式が一般関係式だったか，理想気体固有の式であったのかなどの疑念が生じても，図の矢印を逆に辿(たど)って容易に確認することができる．活用して頂きたい．

図中，アミ掛けは数学公式または熱力学上の概念の定義である．従って，そこから出る矢印はあるがそこに入る矢印は無い．それらは以下である．

① $\{X, Y, Z\}$ を任意の熱力学的状態量として一般の状態方程式
⑥ 微分の連鎖律（合成関数の微分法）
⑩ 偏微分の順序の可換性
⑫ 熱力学の第一法則
⑬ エントロピーの定義（熱力学の第二法則の一表現）
⑯ エンタルピーの定義
⑲ ヘルムホルツの自由エネルギーの定義
㉒ ギブズの自由エネルギーの定義
㉚ 等圧膨張率，等容圧縮率，等温膨張率の定義
㉜ 理想気体の状態方程式
㉞ 等容比熱の定義
㉟ 等圧比熱の定義
(55) 比熱比
(70) ファンデルワールス気体の状態方程式
(72) ジュール・トムソン係数
(75) ビリアル気体の状態方程式

エントロピーの定義は，ギブズの関係式に基づく高度の概念ではなく，入熱量と絶対温度による初等のやり方によっている．エネルギー類の単位は全て kg 当たり，すなわち“比○○”である．従って，気体定数 R も一般気体定数ではなく“気体毎の”気体定数，すなわち一般気体定数と分子量をそれぞれ $\boldsymbol{R}$，M として $R = \boldsymbol{R}/M$ である．

他の関係式は，全て以上からの導出による．㉕，㉖，㉗，㉘はマクスウェルの式と呼ばれている．㊺と(58)，㊼と(59)は，それぞれ違う道筋を辿って達する同じ結論である．

記号と単位は次の通り．

a：ファンデルワールス気体の状態方程式中の定数 $[\mathrm{J \cdot m^3/kg^2}]$

b：同上 [m^3/kg]

A：ヘルムホルツの（比）自由エネルギー [J/kg]

B：ビリアル気体の状態方程式中の定数 [m^3/kg]

c_v：等容比熱 [J/(kg·K)]

c_p：等圧比熱 [J/(kg·K)]

G：ギブズの（比）自由エネルギー [J/kg]

h：比エンタルピー [J/kg]

p：圧力 [Pa]

q：熱量 [J/kg]

R：気体定数 [J/(kg·K)]

s：比エントロピー [J/(kg·K)]

T：絶対温度 [K]

u：比内部エネルギー [J/kg]

v：比体積 [m^3/kg]

（ギリシャ文字）

α：等圧膨張率 [K^{-1}]

β：等容圧縮率 [K^{-1}]

γ：等温膨張率 [K^{-1}]

κ：比熱比，無次元

μ：ジュール・トムソン係数 [K/Pa]

■熱力学の関係式配線図■

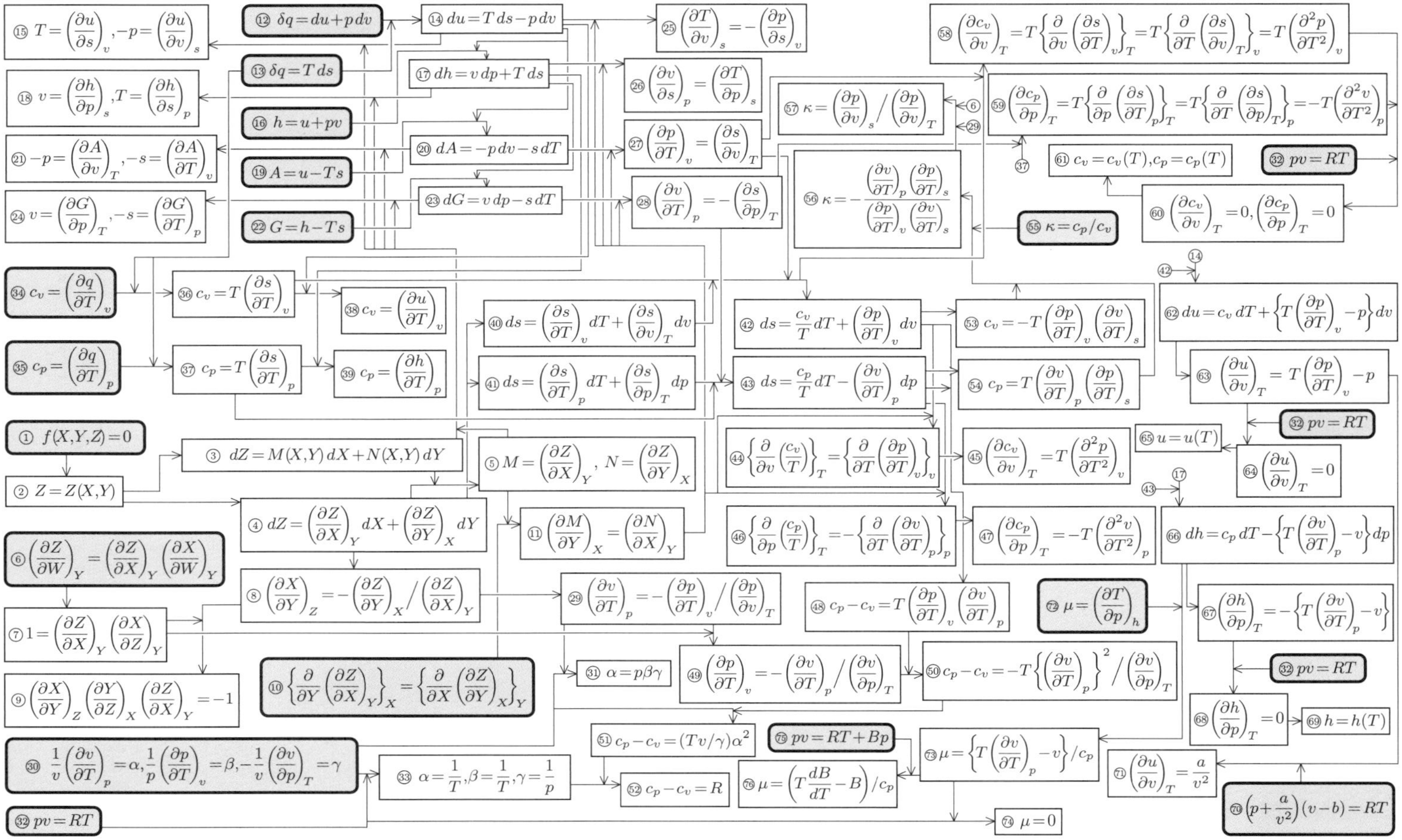

① $f(X,Y,Z)=0$
② $Z=Z(X,Y)$
③ $dZ=M(X,Y)\,dX+N(X,Y)\,dY$
④ $dZ=\left(\frac{\partial Z}{\partial X}\right)_Y dX+\left(\frac{\partial Z}{\partial Y}\right)_X dY$
⑤ $M=\left(\frac{\partial Z}{\partial X}\right)_Y,\ N=\left(\frac{\partial Z}{\partial Y}\right)_X$
⑥ $\left(\frac{\partial Z}{\partial W}\right)_Y=\left(\frac{\partial Z}{\partial X}\right)_Y\left(\frac{\partial X}{\partial W}\right)_Y$
⑦ $1=\left(\frac{\partial Z}{\partial X}\right)_Y\left(\frac{\partial X}{\partial Z}\right)_Y$
⑧ $\left(\frac{\partial X}{\partial Y}\right)_Z=-\left(\frac{\partial Z}{\partial Y}\right)_X\Big/\left(\frac{\partial Z}{\partial X}\right)_Y$
⑨ $\left(\frac{\partial X}{\partial Y}\right)_Z\left(\frac{\partial Y}{\partial Z}\right)_X\left(\frac{\partial Z}{\partial X}\right)_Y=-1$
⑩ $\left\{\frac{\partial}{\partial Y}\left(\frac{\partial Z}{\partial X}\right)_Y\right\}_X=\left\{\frac{\partial}{\partial X}\left(\frac{\partial Z}{\partial Y}\right)_X\right\}_Y$
⑪ $\left(\frac{\partial M}{\partial Y}\right)_X=\left(\frac{\partial N}{\partial X}\right)_Y$
⑫ $\delta q=du+p\,dv$
⑬ $\delta q=T\,ds$
⑭ $du=T\,ds-p\,dv$
⑮ $T=\left(\frac{\partial u}{\partial s}\right)_v,-p=\left(\frac{\partial u}{\partial v}\right)_s$
⑯ $h=u+pv$
⑰ $dh=v\,dp+T\,ds$
⑱ $v=\left(\frac{\partial h}{\partial p}\right)_s,T=\left(\frac{\partial h}{\partial s}\right)_p$
⑲ $A=u-Ts$
⑳ $dA=-p\,dv-s\,dT$
㉑ $-p=\left(\frac{\partial A}{\partial v}\right)_T,-s=\left(\frac{\partial A}{\partial T}\right)_v$
㉒ $G=h-Ts$
㉓ $dG=v\,dp-s\,dT$
㉔ $v=\left(\frac{\partial G}{\partial p}\right)_T,-s=\left(\frac{\partial G}{\partial T}\right)_p$
㉕ $\left(\frac{\partial T}{\partial v}\right)_s=-\left(\frac{\partial p}{\partial s}\right)_v$
㉖ $\left(\frac{\partial v}{\partial s}\right)_p=\left(\frac{\partial T}{\partial p}\right)_s$
㉗ $\left(\frac{\partial p}{\partial T}\right)_v=\left(\frac{\partial s}{\partial v}\right)_T$
㉘ $\left(\frac{\partial v}{\partial T}\right)_p=-\left(\frac{\partial s}{\partial p}\right)_T$
㉙ $\left(\frac{\partial v}{\partial T}\right)_p=-\left(\frac{\partial p}{\partial T}\right)_v\Big/\left(\frac{\partial p}{\partial v}\right)_T$
㉚ $\frac{1}{v}\left(\frac{\partial v}{\partial T}\right)_p=\alpha,\frac{1}{p}\left(\frac{\partial p}{\partial T}\right)_v=\beta,-\frac{1}{v}\left(\frac{\partial v}{\partial p}\right)_T=\gamma$
㉛ $\alpha=p\beta\gamma$
㉜ $pv=RT$
㉝ $\alpha=\frac{1}{T},\beta=\frac{1}{T},\gamma=\frac{1}{p}$
㉞ $c_v=\left(\frac{\partial q}{\partial T}\right)_v$
㉟ $c_p=\left(\frac{\partial q}{\partial T}\right)_p$
㊱ $c_v=T\left(\frac{\partial s}{\partial T}\right)_v$
㊲ $c_p=T\left(\frac{\partial s}{\partial T}\right)_p$
㊳ $c_v=\left(\frac{\partial u}{\partial T}\right)_v$
㊴ $c_p=\left(\frac{\partial h}{\partial T}\right)_p$
㊵ $ds=\left(\frac{\partial s}{\partial T}\right)_v dT+\left(\frac{\partial s}{\partial v}\right)_T dv$
㊶ $ds=\left(\frac{\partial s}{\partial T}\right)_p dT+\left(\frac{\partial s}{\partial p}\right)_T dp$
㊷ $ds=\frac{c_v}{T}dT+\left(\frac{\partial p}{\partial T}\right)_v dv$
㊸ $ds=\frac{c_p}{T}dT-\left(\frac{\partial v}{\partial T}\right)_p dp$
㊹ $\left\{\frac{\partial}{\partial v}\left(\frac{c_v}{T}\right)\right\}_T=\left\{\frac{\partial}{\partial T}\left(\frac{\partial p}{\partial T}\right)_v\right\}_v$
㊺ $\left(\frac{\partial c_v}{\partial v}\right)_T=T\left(\frac{\partial^2 p}{\partial T^2}\right)_v$
㊻ $\left\{\frac{\partial}{\partial p}\left(\frac{c_p}{T}\right)\right\}_T=-\left\{\frac{\partial}{\partial T}\left(\frac{\partial v}{\partial T}\right)_p\right\}_p$
㊼ $\left(\frac{\partial c_p}{\partial p}\right)_T=-T\left(\frac{\partial^2 v}{\partial T^2}\right)_p$
㊽ $c_p-c_v=T\left(\frac{\partial p}{\partial T}\right)_v\left(\frac{\partial v}{\partial T}\right)_p$
㊾ $\left(\frac{\partial p}{\partial T}\right)_v=-\left(\frac{\partial v}{\partial T}\right)_p\Big/\left(\frac{\partial v}{\partial p}\right)_T$
㊿ $c_p-c_v=-T\left\{\left(\frac{\partial v}{\partial T}\right)_p\right\}^2\Big/\left(\frac{\partial v}{\partial p}\right)_T$
51 $c_p-c_v=(Tv/\gamma)\alpha^2$
52 $c_p-c_v=R$
53 $c_v=-T\left(\frac{\partial p}{\partial T}\right)_v\left(\frac{\partial v}{\partial T}\right)_s$
54 $c_p=T\left(\frac{\partial v}{\partial T}\right)_p\left(\frac{\partial p}{\partial T}\right)_s$
55 $\kappa=c_p/c_v$
56 $\kappa=-\dfrac{\left(\frac{\partial v}{\partial T}\right)_p\left(\frac{\partial p}{\partial T}\right)_s}{\left(\frac{\partial p}{\partial T}\right)_v\left(\frac{\partial v}{\partial T}\right)_s}$
57 $\kappa=\left(\frac{\partial p}{\partial v}\right)_s\Big/\left(\frac{\partial p}{\partial v}\right)_T$
58 $\left(\frac{\partial c_v}{\partial v}\right)_T=T\left\{\frac{\partial}{\partial v}\left(\frac{\partial s}{\partial T}\right)_v\right\}_T=T\left\{\frac{\partial}{\partial T}\left(\frac{\partial s}{\partial v}\right)_T\right\}_v=T\left(\frac{\partial^2 p}{\partial T^2}\right)_v$
59 $\left(\frac{\partial c_p}{\partial p}\right)_T=T\left\{\frac{\partial}{\partial p}\left(\frac{\partial s}{\partial T}\right)_p\right\}_T=T\left\{\frac{\partial}{\partial T}\left(\frac{\partial s}{\partial p}\right)_T\right\}_p=-T\left(\frac{\partial^2 v}{\partial T^2}\right)_p$
60 $\left(\frac{\partial c_v}{\partial v}\right)_T=0,\left(\frac{\partial c_p}{\partial p}\right)_T=0$
61 $c_v=c_v(T),c_p=c_p(T)$
62 $du=c_v\,dT+\left\{T\left(\frac{\partial p}{\partial T}\right)_v-p\right\}dv$
63 $\left(\frac{\partial u}{\partial v}\right)_T=T\left(\frac{\partial p}{\partial T}\right)_v-p$
64 $\left(\frac{\partial u}{\partial v}\right)_T=0$
65 $u=u(T)$
66 $dh=c_p\,dT-\left\{T\left(\frac{\partial v}{\partial T}\right)_p-v\right\}dp$
67 $\left(\frac{\partial h}{\partial p}\right)_T=-\left\{T\left(\frac{\partial v}{\partial T}\right)_p-v\right\}$
68 $\left(\frac{\partial h}{\partial p}\right)_T=0$
69 $h=h(T)$
70 $\left(p+\frac{a}{v^2}\right)(v-b)=RT$
71 $\left(\frac{\partial u}{\partial v}\right)_T=\frac{a}{v^2}$
72 $\mu=\left(\frac{\partial T}{\partial p}\right)_h$
73 $\mu=\left\{T\left(\frac{\partial v}{\partial T}\right)_p-v\right\}/c_p$
74 $\mu=0$
75 $pv=RT+Bp$
76 $\mu=\left(T\frac{dB}{dT}-B\right)/c_p$

課題解答例

第 6 章

課題 6.1 ● (1) × 右辺で添え字 i が三重になっている．
(2) × 生きた添え字が左辺では j，右辺では i で一致していない．
(3) 生きた添え字は j である．$\boldsymbol{y} = \boldsymbol{A}\boldsymbol{x}$.
(4) 生きた添え字は i である．$\boldsymbol{y} = (\mathrm{tr}\,\boldsymbol{A})\boldsymbol{x}$
(5) × 生きた添え字が左辺では i，右辺では j で一致していない．
(6) 生きた添え字は j であり，右辺の死んだ添え字 i が隣り合っていないから，$\boldsymbol{y} = {}^t\!\boldsymbol{A}\boldsymbol{x}$.
(7) (6) の右辺の掛け算の順序を入れ替えただけであるから，$\boldsymbol{y} = {}^t\!\boldsymbol{A}\boldsymbol{x}$.
(8) 生きた添え字は i である．$\boldsymbol{y} = (\mathrm{tr}\,\boldsymbol{A})\boldsymbol{x}$.
(9) × 右辺で添え字 i が三重になり，左辺の生きた添え字 j が右辺に無い．
(10) × 生きた添え字が左辺では i，右辺では j で一致していない．
(11) 生きた添え字は j である．$y_j = a_{ji}x_i$ と並べ替えて，$\boldsymbol{y} = \boldsymbol{A}\boldsymbol{x}$.

課題 6.2 ● 2 乗の項（x_1^2 など）の係数を対角線上に，クロス項（x_1x_2 など）の係数を“半分ずつ”対応する場所にそれぞれ並べて対称行列 $\boldsymbol{A}$ を作って，${}^t\boldsymbol{x}\boldsymbol{A}\boldsymbol{x}$ とすればよい．

$$(1)\quad 3x_1^2 - 6x_1x_2 + 2x_2^2 = (x_1, x_2)\begin{pmatrix} 3 & -3 \\ -3 & 2 \end{pmatrix}\begin{pmatrix} x_1 \\ x_2 \end{pmatrix}$$

$$= {}^t\!\begin{pmatrix} x_1 \\ x_2 \end{pmatrix}\begin{pmatrix} 3 & -3 \\ -3 & 2 \end{pmatrix}\begin{pmatrix} x_1 \\ x_2 \end{pmatrix} = {}^t\boldsymbol{x}\boldsymbol{A}\boldsymbol{x}$$

（以下同じ）

$$(2)\quad {}^t\boldsymbol{x}\boldsymbol{A}\boldsymbol{x} = {}^t\!\begin{pmatrix} x_1 \\ x_2 \\ x_3 \end{pmatrix}\begin{pmatrix} 1 & 1 & 2 \\ 1 & 2 & -2 \\ 2 & -2 & -3 \end{pmatrix}\begin{pmatrix} x_1 \\ x_2 \\ x_3 \end{pmatrix}$$

$$(3)\quad {}^t\boldsymbol{x}\boldsymbol{A}\boldsymbol{x} = {}^t\!\begin{pmatrix} x_1 \\ x_2 \\ x_3 \end{pmatrix}\begin{pmatrix} 2 & 1 & -1 \\ 1 & -5 & 3 \\ -1 & 3 & 0 \end{pmatrix}\begin{pmatrix} x_1 \\ x_2 \\ x_3 \end{pmatrix}$$

$$(4)\quad {}^t\boldsymbol{x}\boldsymbol{A}\boldsymbol{x} = {}^t\!\begin{pmatrix} x_1 \\ x_2 \\ x_3 \\ x_4 \end{pmatrix}\begin{pmatrix} 3 & 1 & -3 & 0 \\ 1 & -1 & 2 & 0 \\ -3 & 2 & 1 & -1 \\ 0 & 0 & -1 & -2 \end{pmatrix}\begin{pmatrix} x_1 \\ x_2 \\ x_3 \\ x_4 \end{pmatrix}$$

$$(5)\quad {}^t\boldsymbol{x}\boldsymbol{A}\boldsymbol{x} = {}^t\!\begin{pmatrix} x_1 \\ x_2 \\ x_3 \\ x_4 \end{pmatrix}\begin{pmatrix} 0 & 1/2 & 1/2 & 1/2 \\ 1/2 & 0 & 1/2 & 1/2 \\ 1/2 & 1/2 & 0 & 1/2 \\ 1/2 & 1/2 & 1/2 & 0 \end{pmatrix}\begin{pmatrix} x_1 \\ x_2 \\ x_3 \\ x_4 \end{pmatrix}$$

課題 6.3 ● (1) $\boldsymbol{\nabla}$ に $\partial/\partial x_i$ を対応させて，

$$\boldsymbol{\nabla}(af + bg) \Leftrightarrow \frac{\partial(af + bg)}{\partial x_i} = a\frac{\partial f}{\partial x_i} + b\frac{\partial g}{\partial x_i} \Leftrightarrow a\boldsymbol{\nabla}f + b\boldsymbol{\nabla}g$$

▶**注意**　式中 2 箇所の対応記号（⇔）を，

$$\nabla(af+bg)=\frac{\partial(af+bg)}{\partial x_i}=a\frac{\partial f}{\partial x_i}+b\frac{\partial g}{\partial x_i}=a\nabla f+b\nabla g$$

のように等号を用いて書いてはいけない．$\partial(af+bg)/\partial x_i$ は，勾配ベクトル $\nabla(af+bg)$ に"対応"はするが，それ自体は"その i 成分"というスカラーである．

(2)　$\nabla(fg)\Leftrightarrow\dfrac{\partial(fg)}{\partial x_i}=f\dfrac{\partial g}{\partial x_i}+g\dfrac{\partial f}{\partial x_i}\Leftrightarrow f\nabla g+g\nabla f$

(3)　$\mathrm{div}(f\boldsymbol{v})=\dfrac{\partial(fv_i)}{\partial x_i}=f\dfrac{\partial v_i}{\partial x_i}+\dfrac{\partial f}{\partial x_i}v_i=f\,\mathrm{div}\,\boldsymbol{v}+\nabla f\cdot\boldsymbol{v}$

▶**注意**　ここは等号（=）で結ぶべきである．

課題 6.4 ●　$r^2=x_ix_i$ を x_j で偏微分すると，

$$\frac{\partial r^2}{\partial x_j}=2r\frac{\partial r}{\partial x_j}=\frac{\partial(x_ix_i)}{\partial x_j}=x_i\frac{\partial x_i}{\partial x_j}+\frac{\partial x_i}{\partial x_j}x_i=2x_i\delta_{ij}=2x_j$$

$$\therefore\quad\frac{\partial r}{\partial x_j}=\frac{x_j}{r}\Leftrightarrow\nabla r=\frac{\boldsymbol{x}}{r}=\boldsymbol{n}\quad(\boldsymbol{x}\text{ 方向の単位ベクトル})$$

▶**注意**　$r^2=x_ix_i$ を"x_i で"偏微分して，$\partial r^2/\partial x_i=\partial(x_ix_i)/\partial x_i$ とやってはいけない．添え字 i は既に死んでいる．

∇r の方向は等 r 面（半径 r の球面）に垂直で r の増える方向，すなわち $\boldsymbol{x}$ の方向，大きさはその方向での r の増加率，すなわち 1 である（**図 A 6.4**）．

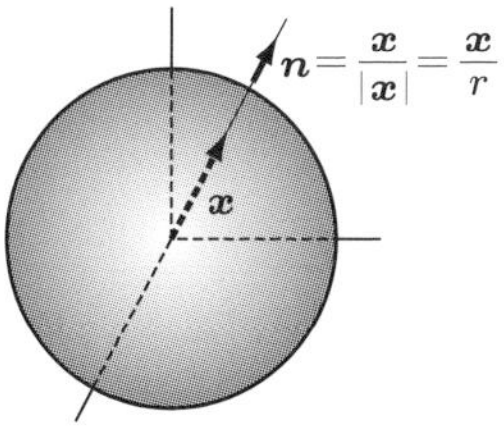

図 A 6.4

課題 6.5 ●　(1) $\boldsymbol{AB}=\boldsymbol{C}$ なら $a_{ik}b_{kj}=c_{ij}$ であるから，

$${}^t\boldsymbol{A}\boldsymbol{B}=\boldsymbol{C}\Leftrightarrow a_{ki}b_{kj}=c_{ij}$$

(2) $\boldsymbol{A}={}^t\boldsymbol{B}\boldsymbol{D}\Leftrightarrow a_{ij}=b_{ki}d_{kj}$ とすれば，

$$z={}^t\boldsymbol{x}\,{}^t\boldsymbol{B}\boldsymbol{D}\boldsymbol{y}={}^t\boldsymbol{x}({}^t\boldsymbol{B}\boldsymbol{D})\boldsymbol{y}={}^t\boldsymbol{x}\boldsymbol{A}\boldsymbol{y}=x_ia_{ij}y_j=x_ib_{ki}d_{kj}y_j$$

(3) $\boldsymbol{D}=\boldsymbol{ABC}$ なら $d_{ij}=a_{ip}b_{pq}c_{qj}$ であるが，二つの転置記号を反映して，

$$\boldsymbol{D}=\boldsymbol{A}\,{}^t\boldsymbol{B}\,{}^t\boldsymbol{C}\Leftrightarrow d_{ij}=a_{ip}b_{qp}c_{jq}$$

よって，

$$z=\mathrm{tr}\,\boldsymbol{D}=d_{ii}=\mathrm{tr}(\boldsymbol{A}\,{}^t\boldsymbol{B}\,{}^t\boldsymbol{C})=a_{ip}b_{qp}c_{iq}$$

(4) $a_{ip}b_{jp} \overset{*}{=} b_{jp}a_{ip} = c_{qq}d_{ji} \Leftrightarrow \boldsymbol{B}\,{}^t\!\boldsymbol{A} = (\mathrm{tr}\,\boldsymbol{C})\boldsymbol{D}$　または　$\boldsymbol{A}\,{}^t\!\boldsymbol{B} = (\mathrm{tr}\,\boldsymbol{C})\,{}^t\!\boldsymbol{D}$

$*$は掛け算の順序を並べ替えただけ．並べ替えてみれば，生きた添え字は左右両辺とも“jが先，iが後”．

(5)
$$x_j f_{ij} \overset{*}{=} f_{ij}x_j = \lambda x_i = \lambda\delta_{ij}x_j \Leftrightarrow \boldsymbol{F}\boldsymbol{x} = \lambda\boldsymbol{x} = \lambda\boldsymbol{I}\boldsymbol{x}$$

但し，$f_{ij} \Leftrightarrow \boldsymbol{F}$，　$\delta_{ij} \Leftrightarrow \boldsymbol{I}$

ここでも，$*$は単なる掛け算の順序の並べ替え．

(6) $b_{ik} = a_{ij}a_{jk} \Leftrightarrow \boldsymbol{B} = \boldsymbol{A}\boldsymbol{A}$ とすれば，

$$b_{ii}\ (= \mathrm{tr}\,\boldsymbol{B}) = a_{ij}a_{ji}\ \big(= \mathrm{tr}(\boldsymbol{A}\boldsymbol{A})\big)$$

従って，

$$\Phi = \frac{1}{2}(a_{ii}a_{jj} - a_{ij}a_{ji}) = \frac{1}{2}\big\{\mathrm{tr}\,\boldsymbol{A}\cdot\mathrm{tr}\,\boldsymbol{A} - \mathrm{tr}(\boldsymbol{A}\boldsymbol{A})\big\} = \frac{1}{2}\big\{(\mathrm{tr}\,\boldsymbol{A})^2 - \mathrm{tr}\,\boldsymbol{A}^2\big\}$$

課題 6.6 ●

$$\boldsymbol{\nabla} f \Leftrightarrow \frac{\partial f(r)}{\partial x_i} = \frac{df(r)}{dr}\frac{\partial r}{\partial x_i} \overset{(6.7)}{=} \frac{df}{dr}\cdot\frac{x_i}{r} \Leftrightarrow \frac{df}{dr}\cdot\frac{\boldsymbol{x}}{r}\quad (= f'(r)\boldsymbol{n})$$

f が半径 r のみの関数なら等 f 面は等 r 面，すなわち球面．$\boldsymbol{\nabla} f$ の方向はそれに垂直，すなわち位置ベクトル $\boldsymbol{x}$ の方向．$\boldsymbol{\nabla} f$ の大きさは $f'(r)$．

課題 6.7 ●　$\boldsymbol{E} \Leftrightarrow E_i = \dfrac{q}{4\pi\varepsilon_0}\left(\dfrac{x_i}{r^3}\right)$ より，

$$\frac{1}{(q/4\pi\varepsilon_0)}\mathrm{div}\,\boldsymbol{E} = \frac{1}{(q/4\pi\varepsilon_0)}\frac{\partial E_i}{\partial x_i} = \frac{\partial}{\partial x_i}\left(\frac{x_i}{r^3}\right) = \frac{1}{r^6}\left(\frac{\partial x_i}{\partial x_i}r^3 - x_i\cdot 3r^2\frac{\partial r}{\partial x_i}\right)$$
$$\overset{(6.7)}{=} \frac{1}{r^6}\left(\delta_{ii}r^3 - x_i\cdot 3r^2\cdot\frac{x_i}{r}\right) = \frac{1}{r^6}(3r^3 - x_ix_i\cdot 3r) = 0$$

課題 6.8 ●　課題を図示すると**図 A 6.8** のようになる．

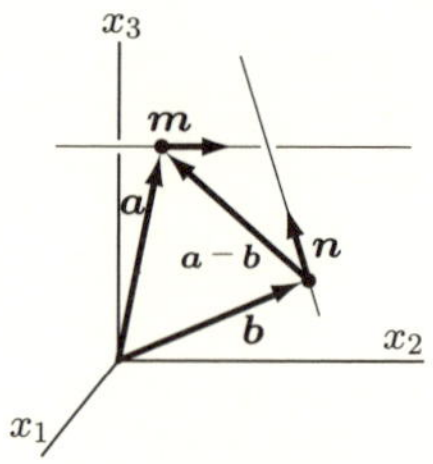

図 A 6.8

2 直線が交わる $\Leftrightarrow \{\boldsymbol{a}-\boldsymbol{b}, \boldsymbol{m}, \boldsymbol{n}\}$ が共面 $\Leftrightarrow \{\boldsymbol{a}-\boldsymbol{b}, \boldsymbol{m}, \boldsymbol{n}\}$ が一次従属 $\Leftrightarrow \{\boldsymbol{a}-\boldsymbol{b}, \boldsymbol{m}, \boldsymbol{n}\}$ を同じ始点から描いてできる平行六面体の体積がゼロ $\Leftrightarrow (\boldsymbol{a}-\boldsymbol{b})\cdot(\boldsymbol{m}\wedge\boldsymbol{n}) = [(\boldsymbol{a}-\boldsymbol{b})\boldsymbol{m}\boldsymbol{n}] = 0 \Leftrightarrow [\boldsymbol{a}\boldsymbol{m}\boldsymbol{n}] = [\boldsymbol{b}\boldsymbol{m}\boldsymbol{n}]$

次に，交差点の位置ベクトル $\boldsymbol{x}_0$ を与えるパラメータ $\{s, t\}$ を，それぞれ $\{s_0, t_0\}$ とすれば，

$$\boldsymbol{x}_0 = \boldsymbol{a} + s_0\boldsymbol{m} = \boldsymbol{b} + t_0\boldsymbol{n} \tag{A.1}$$

スカラー積 $\boldsymbol{x}_0\cdot\boldsymbol{m}$，$\boldsymbol{x}_0\cdot\boldsymbol{n}$ を作る．

$$(\boldsymbol{x}_0\cdot\boldsymbol{m}=)\quad(\boldsymbol{a}\cdot\boldsymbol{m})+s_0=(\boldsymbol{b}\cdot\boldsymbol{m})+t_0(\boldsymbol{m}\cdot\boldsymbol{n})$$
$$(\boldsymbol{x}_0\cdot\boldsymbol{n}=)\quad(\boldsymbol{a}\cdot\boldsymbol{n})+s_0(\boldsymbol{m}\cdot\boldsymbol{n})=(\boldsymbol{b}\cdot\boldsymbol{n})+t_0$$

或いは,

$$\begin{pmatrix}-1 & \boldsymbol{m}\cdot\boldsymbol{n}\\ -(\boldsymbol{m}\cdot\boldsymbol{n}) & 1\end{pmatrix}\begin{pmatrix}s_0\\ t_0\end{pmatrix}=\begin{pmatrix}(\boldsymbol{a}-\boldsymbol{b})\cdot\boldsymbol{m}\\ (\boldsymbol{a}-\boldsymbol{b})\cdot\boldsymbol{n}\end{pmatrix}$$

この連立方程式を解いて,

$$s_0=\frac{(\boldsymbol{a}-\boldsymbol{b})\cdot\{\boldsymbol{m}-(\boldsymbol{m}\cdot\boldsymbol{n})\boldsymbol{n}\}}{(\boldsymbol{m}\cdot\boldsymbol{n})^2-1},\quad t_0=\frac{(\boldsymbol{b}-\boldsymbol{a})\cdot\{\boldsymbol{n}-(\boldsymbol{m}\cdot\boldsymbol{n})\boldsymbol{m}\}}{(\boldsymbol{m}\cdot\boldsymbol{n})^2-1}$$

s_0 を式(A.1)に代入して,

$$\boldsymbol{x}_0=\boldsymbol{a}+\frac{(\boldsymbol{a}-\boldsymbol{b})\cdot\{\boldsymbol{m}-(\boldsymbol{m}\cdot\boldsymbol{n})\boldsymbol{n}\}}{(\boldsymbol{m}\cdot\boldsymbol{n})^2-1}\boldsymbol{m}$$

課題 6.9 ●

$$[\boldsymbol{e}_i\boldsymbol{e}_j\boldsymbol{e}_k]=\boldsymbol{e}_i\cdot\boldsymbol{e}_j\wedge\boldsymbol{e}_k\overset{(6.11)}{=}\varepsilon_{pqr}(\boldsymbol{e}_i)_p(\boldsymbol{e}_j)_q(\boldsymbol{e}_k)_r\overset{(6.3)}{=}\varepsilon_{pqr}\delta_{ip}\delta_{jq}\delta_{kr}=\varepsilon_{ijk}$$

または,

$$[\boldsymbol{e}_i\boldsymbol{e}_j\boldsymbol{e}_k]=\boldsymbol{e}_i\cdot\boldsymbol{e}_j\wedge\boldsymbol{e}_k\overset{(6.9)}{=}\boldsymbol{e}_i\cdot(\varepsilon_{pjk}\boldsymbol{e}_p)=\varepsilon_{pjk}(\boldsymbol{e}_i\cdot\boldsymbol{e}_p)\overset{(6.2)}{=}\varepsilon_{pjk}\delta_{ip}=\varepsilon_{ijk}$$

課題 6.10 ●　列の互換を"何度か"行って (i,j,k) を $(1,2,3)$ に戻せば，その"何度か"の偶奇が ε_{ijk} である．従って,

$$\begin{vmatrix}u_{1i} & u_{1j} & u_{1k}\\ u_{2i} & u_{2j} & u_{2k}\\ u_{3i} & u_{3j} & u_{3k}\end{vmatrix}=\varepsilon_{ijk}\begin{vmatrix}u_{11} & u_{12} & u_{13}\\ u_{21} & u_{22} & u_{23}\\ u_{31} & u_{32} & u_{33}\end{vmatrix}$$

課題 6.11 ●　(1) $\boldsymbol{u}={}^t(u_1,u_2,0)$，$\boldsymbol{v}={}^t(v_1,v_2,0)$ に対して，**図 A 6.11**(a)より,

$$S=|\boldsymbol{u}\wedge\boldsymbol{v}|=\left|\begin{pmatrix}u_1\\u_2\\0\end{pmatrix}\wedge\begin{pmatrix}v_1\\v_2\\0\end{pmatrix}\right|=\left|\begin{pmatrix}0\\0\\u_1v_2-v_1u_2\end{pmatrix}\right|=u_1v_2-v_1u_2$$
$$=\det\boldsymbol{A}$$

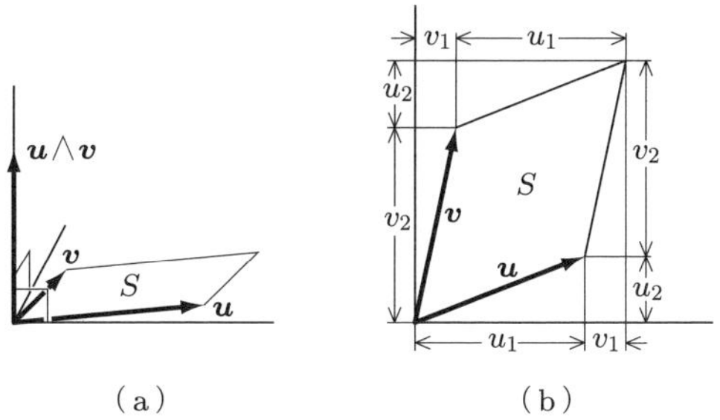

図 A 6.11

(2) 図 **A 6.11**(b)より，

$$S=(u_1+v_1)(u_2+v_2)-2v_1u_2-2\cdot\frac{1}{2}u_1u_2-2\cdot\frac{1}{2}v_1v_2=u_1v_2-v_1u_2=\det\boldsymbol{A}$$

課題 6.12 ● 右辺から始める．

$$\frac{1}{2}\varepsilon_{ijk}\boldsymbol{e}_j\wedge\boldsymbol{e}_k\overset{(6.9)}{=}\frac{1}{2}\varepsilon_{ijk}(\varepsilon_{pjk}\boldsymbol{e}_p)\overset{(6.19)}{=}\frac{1}{2}\cdot 2\delta_{ip}\boldsymbol{e}_p=\boldsymbol{e}_i$$

課題 6.13 ●

(1)
$$\begin{aligned}(\boldsymbol{A}\wedge\boldsymbol{B})\cdot(\boldsymbol{C}\wedge\boldsymbol{D})&=(\boldsymbol{A}\wedge\boldsymbol{B})_i(\boldsymbol{C}\wedge\boldsymbol{D})_i=(\varepsilon_{ijk}a_jb_k)(\varepsilon_{ipq}c_pd_q)\\&\overset{(6.18)}{=}(\delta_{jp}\delta_{kq}-\delta_{jq}\delta_{kp})a_jb_kc_pd_q=a_pb_qc_pd_q-a_qb_pc_pd_q\\&=(a_pc_p)(b_qd_q)-(b_pc_p)(a_qd_q)=(\boldsymbol{A}\cdot\boldsymbol{C})(\boldsymbol{B}\cdot\boldsymbol{D})-(\boldsymbol{B}\cdot\boldsymbol{C})(\boldsymbol{A}\cdot\boldsymbol{D})\end{aligned}$$

(2) (1) で $\boldsymbol{C}\to\boldsymbol{A}$，$\boldsymbol{D}\to\boldsymbol{B}$ と転ずれば，

$$(\boldsymbol{A}\wedge\boldsymbol{B})\cdot(\boldsymbol{A}\wedge\boldsymbol{B})=(\boldsymbol{A}\cdot\boldsymbol{A})(\boldsymbol{B}\cdot\boldsymbol{B})-(\boldsymbol{B}\cdot\boldsymbol{A})(\boldsymbol{A}\cdot\boldsymbol{B})=|\boldsymbol{A}|^2|\boldsymbol{B}|^2-(\boldsymbol{A}\cdot\boldsymbol{B})^2$$

$$\therefore\quad(\boldsymbol{A}\wedge\boldsymbol{B})\cdot(\boldsymbol{A}\wedge\boldsymbol{B})+(\boldsymbol{A}\cdot\boldsymbol{B})^2=|\boldsymbol{A}|^2|\boldsymbol{B}|^2$$

（別解）

$$\begin{aligned}(\boldsymbol{A}\wedge\boldsymbol{B})\cdot(\boldsymbol{A}\wedge\boldsymbol{B})+(\boldsymbol{A}\cdot\boldsymbol{B})^2&=|\boldsymbol{A}\wedge\boldsymbol{B}|^2+\big(|\boldsymbol{A}||\boldsymbol{B}|\cos\theta\big)^2\\&=\big(|\boldsymbol{A}||\boldsymbol{B}|\sin\theta\big)^2+\big(|\boldsymbol{A}||\boldsymbol{B}|\cos\theta\big)^2=|\boldsymbol{A}|^2|\boldsymbol{B}|^2\end{aligned}$$

（θ は $\boldsymbol{A}$ と $\boldsymbol{B}$ の成す角）

(3)
$$\begin{aligned}\big\{\boldsymbol{A}\wedge(\boldsymbol{B}\wedge\boldsymbol{C})\big\}_i=\varepsilon_{ijk}(\boldsymbol{A})_j(\boldsymbol{B}\wedge\boldsymbol{C})_k&\overset{(6.10)}{=}\varepsilon_{ijk}a_j\varepsilon_{kpq}b_pc_q\\&\overset{(6.18)}{=}(\delta_{ip}\delta_{jq}-\delta_{iq}\delta_{jp})a_jb_pc_q=a_qb_ic_q-a_pb_pc_i\\&=(a_qc_q)b_i-(a_pb_p)c_i=\big\{(\boldsymbol{A}\cdot\boldsymbol{C})\boldsymbol{B}-(\boldsymbol{A}\cdot\boldsymbol{B})\boldsymbol{C}\big\}_i\end{aligned}$$

$$\therefore\quad\boldsymbol{A}\wedge(\boldsymbol{B}\wedge\boldsymbol{C})=(\boldsymbol{A}\cdot\boldsymbol{C})\boldsymbol{B}-(\boldsymbol{A}\cdot\boldsymbol{B})\boldsymbol{C}$$

$\boldsymbol{A}\to\boldsymbol{e}$，$\boldsymbol{C}\to\boldsymbol{e}$ と転ずれば，

$$\boldsymbol{e}\wedge(\boldsymbol{B}\wedge\boldsymbol{e})=(\boldsymbol{e}\cdot\boldsymbol{e})\boldsymbol{B}-(\boldsymbol{e}\cdot\boldsymbol{B})\boldsymbol{e}=\boldsymbol{B}-(\boldsymbol{e}\cdot\boldsymbol{B})\boldsymbol{e}$$

または　$\boldsymbol{B}=(\boldsymbol{e}\cdot\boldsymbol{B})\boldsymbol{e}+\boldsymbol{e}\wedge(\boldsymbol{B}\wedge\boldsymbol{e})=(\boldsymbol{e}\cdot\boldsymbol{B})\boldsymbol{e}+(\boldsymbol{e}\wedge\boldsymbol{B})\wedge\boldsymbol{e}$

任意のベクトル $\boldsymbol{B}$ は，任意の方向（$\boldsymbol{e}$ の方向）と，それに直角な方向の成分に分解できる（図 **A 6.13**）．$\boldsymbol{e}\cdot\boldsymbol{B}=|\boldsymbol{B}|\cos\theta$ 及び $|(\boldsymbol{e}\wedge\boldsymbol{B})\wedge\boldsymbol{e}|=|\boldsymbol{e}\wedge\boldsymbol{B}|=|\boldsymbol{B}|\sin\theta$ に注意．

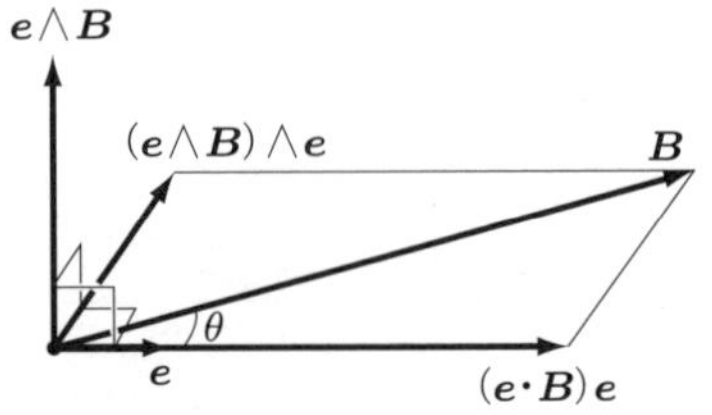

図 **A 6.13**

(4) （公式の証明）

(3) の $\boldsymbol{A}\wedge(\boldsymbol{B}\wedge\boldsymbol{C})=(\boldsymbol{A}\cdot\boldsymbol{C})\boldsymbol{B}-(\boldsymbol{A}\cdot\boldsymbol{B})\boldsymbol{C}$ において，$\boldsymbol{A}\to\boldsymbol{C}\wedge\boldsymbol{D}$，$\boldsymbol{C}\to\boldsymbol{A}$ と転ずれば，

$$(\boldsymbol{C}\wedge\boldsymbol{D})\wedge(\boldsymbol{B}\wedge\boldsymbol{A})=(\boldsymbol{C}\wedge\boldsymbol{D}\cdot\boldsymbol{A})\boldsymbol{B}-(\boldsymbol{C}\wedge\boldsymbol{D}\cdot\boldsymbol{B})\boldsymbol{A}$$

$$\text{または}\quad(\boldsymbol{A}\wedge\boldsymbol{B})\wedge(\boldsymbol{C}\wedge\boldsymbol{D})=[\boldsymbol{CDA}]\boldsymbol{B}-[\boldsymbol{CDB}]\boldsymbol{A}$$

同じく，$\boldsymbol{A}\to\boldsymbol{A}\wedge\boldsymbol{B}$，$\boldsymbol{B}\to\boldsymbol{C}$，$\boldsymbol{C}\to\boldsymbol{D}$ と転ずれば，

$$(\boldsymbol{A}\wedge\boldsymbol{B})\wedge(\boldsymbol{C}\wedge\boldsymbol{D})=(\boldsymbol{A}\wedge\boldsymbol{B}\cdot\boldsymbol{D})\boldsymbol{C}-(\boldsymbol{A}\wedge\boldsymbol{B}\cdot\boldsymbol{C})\boldsymbol{D}=[\boldsymbol{ABD}]\boldsymbol{C}-[\boldsymbol{ABC}]\boldsymbol{D}$$

よって，

$$\big((\boldsymbol{A}\wedge\boldsymbol{B})\wedge(\boldsymbol{C}\wedge\boldsymbol{D})=\big)\quad[\boldsymbol{CDA}]\boldsymbol{B}-[\boldsymbol{CDB}]\boldsymbol{A}=[\boldsymbol{ABD}]\boldsymbol{C}-[\boldsymbol{ABC}]\boldsymbol{D}$$

（クラーメルの公式）

上式を，

$$\begin{aligned}[\boldsymbol{ABC}]\boldsymbol{D}&=[\boldsymbol{CDB}]\boldsymbol{A}-[\boldsymbol{CDA}]\boldsymbol{B}+[\boldsymbol{ABD}]\boldsymbol{C}\\&=[\boldsymbol{DBC}]\boldsymbol{A}+[\boldsymbol{ADC}]\boldsymbol{B}+[\boldsymbol{ABD}]\boldsymbol{C}\end{aligned}$$

と整理して，両辺を $[\boldsymbol{ABC}]\neq 0$ で割れば，

$$\boldsymbol{D}=\frac{[\boldsymbol{DBC}]}{[\boldsymbol{ABC}]}\boldsymbol{A}+\frac{[\boldsymbol{ADC}]}{[\boldsymbol{ABC}]}\boldsymbol{B}+\frac{[\boldsymbol{ABD}]}{[\boldsymbol{ABC}]}\boldsymbol{C}\tag{A.2}$$

一方，連立一次方程式

$$\left.\begin{aligned}a_1x+b_1y+c_1z=d_1\\a_2x+b_2y+c_2z=d_2\\a_3x+b_3y+c_3z=d_3\end{aligned}\right\}\quad\text{または}\quad x\begin{pmatrix}a_1\\a_2\\a_3\end{pmatrix}+y\begin{pmatrix}b_1\\b_2\\b_3\end{pmatrix}+z\begin{pmatrix}c_1\\c_2\\c_3\end{pmatrix}=\begin{pmatrix}d_1\\d_2\\d_3\end{pmatrix}$$

は，

$$\boldsymbol{A}=\begin{pmatrix}a_1\\a_2\\a_3\end{pmatrix},\quad\boldsymbol{B}=\begin{pmatrix}b_1\\b_2\\b_3\end{pmatrix},\quad\boldsymbol{C}=\begin{pmatrix}c_1\\c_2\\c_3\end{pmatrix},\quad\boldsymbol{D}=\begin{pmatrix}d_1\\d_2\\d_3\end{pmatrix}$$

によって，

$$x\boldsymbol{A}+y\boldsymbol{B}+z\boldsymbol{C}=\boldsymbol{D}\tag{A.3}$$

と書ける．式(A.2)，(A.3)の $\boldsymbol{D}$ を等置すれば，

$$\left(\frac{[\boldsymbol{DBC}]}{[\boldsymbol{ABC}]}-x\right)\boldsymbol{A}+\left(\frac{[\boldsymbol{ADC}]}{[\boldsymbol{ABC}]}-y\right)\boldsymbol{B}+\left(\frac{[\boldsymbol{ABD}]}{[\boldsymbol{ABC}]}-z\right)\boldsymbol{C}=\boldsymbol{0}$$

$\{\boldsymbol{A},\boldsymbol{B},\boldsymbol{C}\}$ は一次独立 ($[\boldsymbol{ABC}]\neq 0$) であるから，3 ベクトルの線形結合の係数がゼロ，すなわち，

$$x=\frac{[\boldsymbol{DBC}]}{[\boldsymbol{ABC}]}=\frac{\begin{vmatrix}d_1&b_1&c_1\\d_2&b_2&c_2\\d_3&b_3&c_3\end{vmatrix}}{\begin{vmatrix}a_1&b_1&c_1\\a_2&b_2&c_2\\a_3&b_3&c_3\end{vmatrix}},\quad y=\frac{[\boldsymbol{ADC}]}{[\boldsymbol{ABC}]}=\frac{\begin{vmatrix}a_1&d_1&c_1\\a_2&d_2&c_2\\a_3&d_3&c_3\end{vmatrix}}{\begin{vmatrix}a_1&b_1&c_1\\a_2&b_2&c_2\\a_3&b_3&c_3\end{vmatrix}},$$

$$z = \frac{[\boldsymbol{ABD}]}{[\boldsymbol{ABC}]} = \frac{\begin{vmatrix} a_1 & b_1 & d_1 \\ a_2 & b_2 & d_2 \\ a_3 & b_3 & d_3 \end{vmatrix}}{\begin{vmatrix} a_1 & b_1 & c_1 \\ a_2 & b_2 & c_2 \\ a_3 & b_3 & c_3 \end{vmatrix}}$$

これがクラーメルの公式である．

(5)　$$(\mathrm{rot}\,\mathrm{grad}\,f)_i = \underbrace{\varepsilon_{ijk}\frac{\partial}{\partial x_j}\left(\frac{\partial f}{\partial x_k}\right)}_{①} \overset{*1}{=} \varepsilon_{ikj}\frac{\partial}{\partial x_k}\left(\frac{\partial f}{\partial x_j}\right) \overset{*2}{=} -\varepsilon_{ijk}\frac{\partial}{\partial x_k}\left(\frac{\partial f}{\partial x_j}\right)$$
$$\overset{*3}{=} \underbrace{-\varepsilon_{ijk}\frac{\partial}{\partial x_j}\left(\frac{\partial f}{\partial x_k}\right)}_{②}$$

$*1$ は死んだ添え字 (j,k) を (k,j) に入れ替え．$*2$ は $\varepsilon_{ikj} = -\varepsilon_{ijk}$，$*3$ は偏微分の順序の交換である．①，②を較べて，

$$(\mathrm{rot}\,\mathrm{grad}\,f)_i = 0 \quad \therefore \quad \mathrm{rot}\,\mathrm{grad}\,f = \boldsymbol{0}$$

(6)　$$\mathrm{div}\,\mathrm{rot}\,\boldsymbol{A} = \frac{\partial}{\partial x_i}(\mathrm{rot}\,\boldsymbol{A})_i = \frac{\partial}{\partial x_i}\left(\varepsilon_{ijk}\frac{\partial a_k}{\partial x_j}\right) = \varepsilon_{ijk}\frac{\partial}{\partial x_i}\left(\frac{\partial a_k}{\partial x_j}\right)$$
$$= \varepsilon_{jik}\frac{\partial}{\partial x_j}\left(\frac{\partial a_k}{\partial x_i}\right) = -\varepsilon_{ijk}\frac{\partial}{\partial x_j}\left(\frac{\partial a_k}{\partial x_i}\right) = -\frac{\partial}{\partial x_i}\left(\varepsilon_{ijk}\frac{\partial a_k}{\partial x_j}\right)$$
$$= -\,\mathrm{div}\,\mathrm{rot}\,\boldsymbol{A}$$

$$\therefore \quad \mathrm{div}\,\mathrm{rot}\,\boldsymbol{A} = 0$$

(7)　$$\left\{\mathrm{rot}(f\boldsymbol{A})\right\}_i = \varepsilon_{ijk}\frac{\partial}{\partial x_j}(f\boldsymbol{A})_k = \varepsilon_{ijk}\frac{\partial}{\partial x_j}(fa_k) = \varepsilon_{ijk}\left(f\frac{\partial a_k}{\partial x_j} + a_k\frac{\partial f}{\partial x_j}\right)$$
$$= f\left(\varepsilon_{ijk}\frac{\partial a_k}{\partial x_j}\right) - \varepsilon_{ikj}a_k\frac{\partial f}{\partial x_j} = (f\,\mathrm{rot}\,\boldsymbol{A} - \boldsymbol{A}\wedge\boldsymbol{\nabla}f)_i$$

$$\therefore \quad \mathrm{rot}(f\boldsymbol{A}) = f\,\mathrm{rot}\,\boldsymbol{A} - \boldsymbol{A}\wedge(\mathrm{grad}\,f)$$

(8)　$$\mathrm{div}(\boldsymbol{A}\wedge\boldsymbol{B}) = \frac{\partial}{\partial x_i}(\boldsymbol{A}\wedge\boldsymbol{B})_i = \frac{\partial}{\partial x_i}(\varepsilon_{ijk}a_jb_k) = \varepsilon_{ijk}\left(b_k\frac{\partial a_j}{\partial x_i} + a_j\frac{\partial b_k}{\partial x_i}\right)$$
$$= b_k\left(\varepsilon_{kij}\frac{\partial a_j}{\partial x_i}\right) - a_j\left(\varepsilon_{jik}\frac{\partial b_k}{\partial x_i}\right) = \boldsymbol{B}\cdot\mathrm{rot}\,\boldsymbol{A} - \boldsymbol{A}\cdot\mathrm{rot}\,\boldsymbol{B}$$

(9)　$$\left\{\mathrm{rot}(\boldsymbol{A}\wedge\boldsymbol{B})\right\}_i = \varepsilon_{ijk}\frac{\partial}{\partial x_j}(\varepsilon_{kpq}a_pb_q) \overset{(6.18)}{=} (\delta_{ip}\delta_{jq} - \delta_{iq}\delta_{jp})\left(a_p\frac{\partial b_q}{\partial x_j} + b_q\frac{\partial a_p}{\partial x_j}\right)$$
$$= a_i\frac{\partial b_j}{\partial x_j} + b_j\frac{\partial a_i}{\partial x_j} - a_j\frac{\partial b_i}{\partial x_j} - b_i\frac{\partial a_j}{\partial x_j}$$
$$= \frac{\partial b_j}{\partial x_j}a_i - \frac{\partial a_j}{\partial x_j}b_i + \left(b_j\frac{\partial}{\partial x_j}\right)a_i - \left(a_j\frac{\partial}{\partial x_j}\right)b_i$$
$$= \left\{(\boldsymbol{\nabla}\cdot\boldsymbol{B})\boldsymbol{A} - (\boldsymbol{\nabla}\cdot\boldsymbol{A})\boldsymbol{B} + (\boldsymbol{B}\cdot\boldsymbol{\nabla})\boldsymbol{A} - (\boldsymbol{A}\cdot\boldsymbol{\nabla})\boldsymbol{B}\right\}_i$$

$$\therefore \quad \mathrm{rot}(\boldsymbol{A}\wedge\boldsymbol{B}) = (\boldsymbol{\nabla}\cdot\boldsymbol{B})\boldsymbol{A} - (\boldsymbol{\nabla}\cdot\boldsymbol{A})\boldsymbol{B} + (\boldsymbol{B}\cdot\boldsymbol{\nabla})\boldsymbol{A} - (\boldsymbol{A}\cdot\boldsymbol{\nabla})\boldsymbol{B}$$

課題 6.14 ●

(1) $$\nabla\cdot(r^n\boldsymbol{x}) = \frac{\partial}{\partial x_i}(r^n x_i) = nr^{n-1}\frac{\partial r}{\partial x_i}x_i + r^n\frac{\partial x_i}{\partial x_i} \overset{(6.7)(6.8)}{=} nr^{n-1}\frac{x_i}{r}x_i + r^n\delta_{ii}$$
$$= nr^{n-1}\frac{r^2}{r} + 3r^n = (n+3)r^n$$

(2) $$\left\{\nabla\wedge(r^n\boldsymbol{x})\right\}_i = \varepsilon_{ijk}\frac{\partial}{\partial x_j}(r^n x_k) = \varepsilon_{ijk}\left(nr^{n-1}\frac{\partial r}{\partial x_j}x_k + r^n\frac{\partial x_k}{\partial x_j}\right)$$
$$\overset{(6.7)(6.8)}{=} \varepsilon_{ijk}\left(nr^{n-1}\frac{x_j}{r}x_k + r^n\delta_{kj}\right) = nr^{n-2}(\boldsymbol{x}\wedge\boldsymbol{x})_i + \varepsilon_{ijj}r^n = 0$$

第 7 章

課題 7.1 ●

(1) 式(6.7)を駆使して丁寧に微分する.

$$\triangle f = \nabla\cdot\nabla f = \frac{\partial}{\partial x_i}\left(\frac{\partial f}{\partial x_i}\right) = \frac{\partial}{\partial x_i}\left(\frac{df}{dr}\frac{\partial r}{\partial x_i}\right) = \frac{\partial}{\partial x_i}\left(\frac{df}{dr}\cdot\frac{x_i}{r}\right)$$
$$= \frac{d}{dr}\left(\frac{df}{dr}\right)\frac{\partial r}{\partial x_i}\cdot\frac{x_i}{r} + \frac{df}{dr}\cdot\frac{d}{dr}\left(\frac{1}{r}\right)\frac{\partial r}{\partial x_i}\cdot x_i + \frac{df}{dr}\cdot\frac{1}{r}\cdot\frac{\partial x_i}{\partial x_i}$$
$$= \frac{d^2 f}{dr^2}\frac{x_i}{r}\cdot\frac{x_i}{r} - \frac{df}{dr}\cdot\frac{1}{r^2}\frac{x_i}{r}\cdot x_i + \frac{df}{dr}\cdot\frac{\delta_{ii}}{r} = \frac{d^2 f}{dr^2}\frac{r^2}{r^2} - \frac{df}{dr}\cdot\frac{r^2}{r^3} + \frac{df}{dr}\cdot\frac{3}{r} = \frac{d^2 f}{dr^2} + \frac{2}{r}\frac{df}{dr}$$

(2) $$(\mathrm{rot}\,\mathrm{rot}\,\boldsymbol{A})_i = \varepsilon_{ijk}\frac{\partial}{\partial x_j}(\mathrm{rot}\,\boldsymbol{A})_k = \varepsilon_{ijk}\frac{\partial}{\partial x_j}\left(\varepsilon_{kpq}\frac{\partial a_q}{\partial x_p}\right)$$
$$\overset{(6.18)}{=} (\delta_{ip}\delta_{jq} - \delta_{iq}\delta_{jp})\frac{\partial^2 a_q}{\partial x_j\partial x_p} = \frac{\partial^2 a_j}{\partial x_j\partial x_i} - \frac{\partial^2 a_i}{\partial x_p\partial x_p}$$
$$= \frac{\partial}{\partial x_i}\left(\frac{\partial a_j}{\partial x_j}\right) - \left(\frac{\partial^2}{\partial x_p\partial x_p}\right)a_i = \left\{\mathrm{grad}\,\mathrm{div}\,\boldsymbol{A} - (\nabla\cdot\nabla)\boldsymbol{A}\right\}_i$$
$$\therefore\quad \mathrm{rot}\,\mathrm{rot}\,\boldsymbol{A} = \mathrm{grad}\,\mathrm{div}\,\boldsymbol{A} - (\nabla\cdot\nabla)\boldsymbol{A}$$

課題 7.2 ●　式(7.9)において，$F \to \varepsilon_{kij}a_j$ とすれば，

$$\iiint_V \varepsilon_{kij}\frac{\partial a_j}{\partial x_i}\,dV = \iint_S \varepsilon_{kij}a_j n_i\,dS = \iint_S \varepsilon_{kij}n_i a_j\,dS$$
$$\Leftrightarrow \iiint_V \mathrm{rot}\,\boldsymbol{a}\,dV = \iint_S \boldsymbol{n}\wedge\boldsymbol{a}\,dS$$

課題 7.3 ●　**（高校のやり方）**

単位接線ベクトル $\boldsymbol{t} = {}^t(t_1, t_2)$ について，

$$d\boldsymbol{x} = \boldsymbol{t}\,ds \Leftrightarrow \begin{pmatrix} dx_1 \\ dx_2 \end{pmatrix} = \begin{pmatrix} t_1\,ds \\ t_2\,ds \end{pmatrix}$$

である.

図 A 7.3(a)のように，C の x_1 座標が $x_{1,\mathrm{A}} \leq x_1 \leq x_{1,\mathrm{B}}$ にあって，両端に対応する C 上の点を A，B とする．C を，A から B に至る C_{I} と B から A に至る C_{II} に分割し，A から B まで C_{II} を逆に辿る経路を $(-C_{\mathrm{II}})$ とすれば，

$$S = -\int_{\mathrm{A}\to C_{\mathrm{I}}\to\mathrm{B}} x_2\,dx_1 + \int_{\mathrm{A}\to(-C_{\mathrm{II}})\to\mathrm{B}} x_2\,dx_1$$
$$= -\left(\int_{\mathrm{A}\to C_{\mathrm{I}}\to\mathrm{B}} x_2\,dx_1 + \int_{\mathrm{B}\to C_{\mathrm{II}}\to\mathrm{A}} x_2\,dx_1\right) = -\oint_C x_2\,dx_1 = -\oint_C x_2 t_1 ds$$

これが２番目の表現である．同じ考えで図（b）について，

$$S = \int_{\mathrm{A}\to C_{\mathrm{I}}\to\mathrm{B}} x_1\,dx_2 - \int_{\mathrm{A}\to(-C_{\mathrm{II}})\to\mathrm{B}} x_1\,dx_2$$
$$= \int_{\mathrm{A}\to C_{\mathrm{I}}\to\mathrm{B}} x_1\,dx_2 + \int_{\mathrm{B}\to C_{\mathrm{II}}\to\mathrm{A}} x_1\,dx_2 = \oint_C x_1\,dx_2 = \oint_C x_1 t_2\,ds$$

これが最初の表現である．両表現を足して２で割れば３番目の表現を得る．

（ベクトル解析のやり方）

問題を，図（c）のように $\boldsymbol{x} = {}^t(x_1, x_2, 0)$，$\boldsymbol{t} = {}^t(t_1, t_2, 0)$ と３次元視すれば，

$$dS = \frac{1}{2}(\boldsymbol{x}\wedge d\boldsymbol{x})_3 = \frac{1}{2}\bigl\{\boldsymbol{x}\wedge(\boldsymbol{t}\,ds)\bigr\}_3 = \frac{1}{2}\bigl\{\boldsymbol{x}\wedge(\boldsymbol{t}\,ds)\bigr\}\cdot\boldsymbol{e}_3$$
$$= \frac{1}{2}\left\{\begin{pmatrix} x_1 \\ x_2 \\ 0 \end{pmatrix}\wedge\begin{pmatrix} t_1 \\ t_2 \\ 0 \end{pmatrix}\right\}\cdot\begin{pmatrix} 0 \\ 0 \\ 1 \end{pmatrix} ds = \frac{1}{2}(x_1 t_2 - x_2 t_1)\,ds$$
$$\therefore\quad S = \frac{1}{2}\oint_C (x_1 t_2 - x_2 t_1)\,ds$$

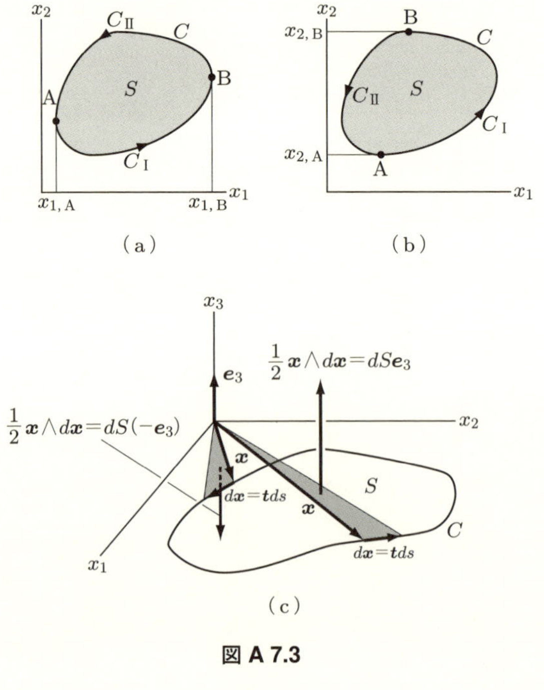

図 A 7.3

課題 7.4 ● C 上の点の位置ベクトル $\boldsymbol{x}$ と，その点で C に沿う微小変位ベクトル $d\boldsymbol{x} = \boldsymbol{t}\,ds$ は，**図 A 7.4**(a)のように 3 次元空間中に面積 dS の極細三角形を形成する．その三角形の面に垂直で大きさ dS の面積要素ベクトル $\boldsymbol{dS}$ は，極細三角形の単位法線ベクトルを $\boldsymbol{n}$ として，

$$(\boldsymbol{dS} =)\quad \boldsymbol{n}\,dS = \frac{1}{2}\boldsymbol{x}\wedge d\boldsymbol{x} \tag{A.4}$$

である．dS の x_1x_2 面への投影を dS_3 とすれば，図(b)を参照して，

$$dS_3 = dS\cos\theta = dSn_3 = dS(\boldsymbol{n}\cdot\boldsymbol{e}_3) = (\boldsymbol{n}\,dS)\cdot\boldsymbol{e}_3$$

n_3 は $\boldsymbol{n}$ の第三成分である．式(A.4)と $\boldsymbol{e}_3$ のスカラー積を作れば，

$$\begin{aligned}
dS_3 &= (\boldsymbol{n}\,dS)\cdot\boldsymbol{e}_3 = \frac{1}{2}\boldsymbol{x}\wedge d\boldsymbol{x}\cdot\boldsymbol{e}_3 = \frac{1}{2}\boldsymbol{x}\wedge(\boldsymbol{t}\,ds)\cdot\boldsymbol{e}_3 \\
&= \frac{1}{2}\left\{\begin{pmatrix} x_1 \\ x_2 \\ x_3 \end{pmatrix}\wedge\begin{pmatrix} t_1 \\ t_2 \\ t_3 \end{pmatrix}\right\}\cdot\begin{pmatrix} 0 \\ 0 \\ 1 \end{pmatrix} ds \\
&= \frac{1}{2}\begin{pmatrix} \cdots \\ \cdots \\ x_1t_2 - x_2t_1 \end{pmatrix}\cdot\begin{pmatrix} 0 \\ 0 \\ 1 \end{pmatrix} ds = \frac{1}{2}(x_1t_2 - x_2t_1)\,ds
\end{aligned}$$

$$\therefore\quad S_3 = \int dS_3 = \frac{1}{2}\oint_C (x_1t_2 - x_2t_1)\,ds$$

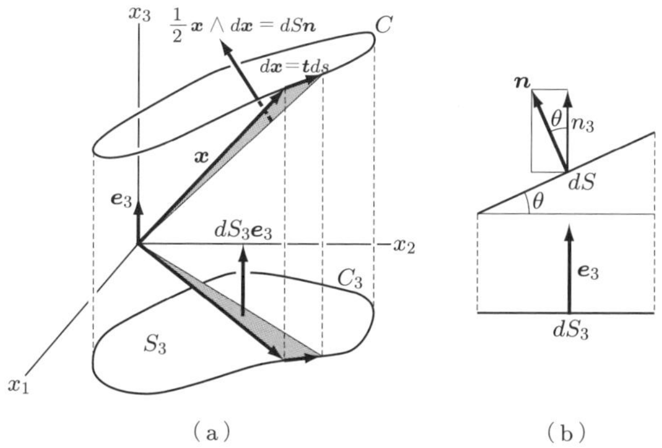

図 A 7.4

課題 7.5 ● **図 A 7.5** のような，無限小厚さ δ の “煎餅(せんべい)体積” にガウスの定理を適用する．$\boldsymbol{a}(\boldsymbol{x}) = {}^t(a_1(x_1,x_2), a_2(x_1,x_2), 0)$ に対して，

$$\mathrm{div}\,\boldsymbol{a} = \frac{\partial a_1}{\partial x_1} + \frac{\partial a_2}{\partial x_2},\quad dV = \delta\,dS,\quad dS_3 = \delta\,ds$$

であるから，ガウスの定理，

$$\iiint_V \mathrm{div}\,\boldsymbol{a}\,dV = \iint_S \boldsymbol{a}\cdot\boldsymbol{n}\,dS$$

において，

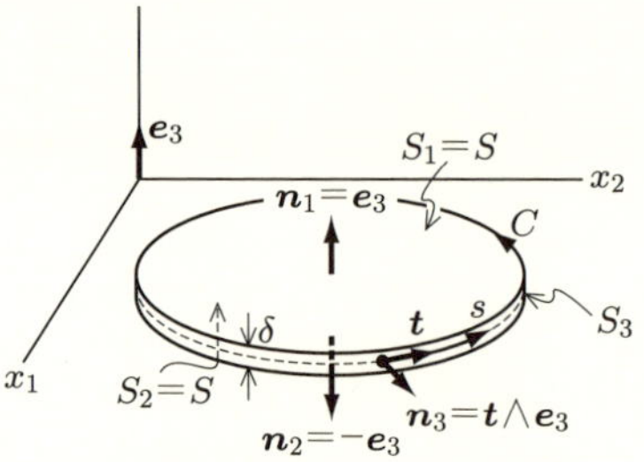

図 A 7.5

$$\text{左辺} = \iiint_V \left(\frac{\partial a_1}{\partial x_1} + \frac{\partial a_2}{\partial x_2}\right) \delta\, dS = \delta \iint_S \left(\frac{\partial a_1}{\partial x_1} + \frac{\partial a_2}{\partial x_2}\right) dS$$

である．右辺においては，

$$S_1\,\text{上}：\boldsymbol{n} = \boldsymbol{n}_1 = \boldsymbol{e}_3 = {}^t(0,0,1) \quad \therefore \quad \boldsymbol{a}\cdot\boldsymbol{n} = 0$$

$$S_2\,\text{上}：\boldsymbol{n} = \boldsymbol{n}_2 = -\boldsymbol{e}_3 = {}^t(0,0,-1) \quad \therefore \quad \boldsymbol{a}\cdot\boldsymbol{n} = 0$$

$$S_3\,\text{上}：\boldsymbol{n} = \boldsymbol{n}_3 = \boldsymbol{t}\wedge\boldsymbol{e}_3 = \begin{pmatrix} t_1 \\ t_2 \\ 0 \end{pmatrix} \wedge \begin{pmatrix} 0 \\ 0 \\ 1 \end{pmatrix} = \begin{pmatrix} t_2 \\ -t_1 \\ 0 \end{pmatrix} \quad \therefore \quad \boldsymbol{a}\cdot\boldsymbol{n} = a_1 t_2 - a_2 t_1$$

であるから，

$$\text{右辺} = \oint_C (a_1 t_2 - a_2 t_1)\delta\, ds = \delta \oint_C (a_1 t_2 - a_2 t_1)\, ds.$$

よって，

$$\iint_S \left(\frac{\partial a_1}{\partial x_1} + \frac{\partial a_2}{\partial x_2}\right) dS = \oint_C (a_1 t_2 - a_2 t_1)\, ds.$$

$\boldsymbol{a}(\boldsymbol{x}) = {}^t(a_1, a_2, 0) = {}^t(x_1, x_2, 0)$ であれば，

$$\iint_S \left(\frac{\partial a_1}{\partial x_1} + \frac{\partial a_2}{\partial x_2}\right) dS = 2\iint_S dS = 2S = \oint_C (x_1 t_2 - x_2 t_1)\, ds$$

$$\therefore \quad S = \frac{1}{2}\oint_C (x_1 t_2 - x_2 t_1)\, ds$$

課題 7.6 ●　課題 7.2 の結果，

$$\iint_S \boldsymbol{n}\wedge\boldsymbol{a}\, dS = \iiint_V \operatorname{rot}\boldsymbol{a}\, dV \tag{A.5}$$

を**図 A 7.5** の“煎餅体積”に適用する．$\boldsymbol{a}(\boldsymbol{x}) = {}^t(a_1(x_1,x_2), a_2(x_1,x_2), 0)$ であれば，右辺において，

$$\operatorname{rot}\boldsymbol{a} = {}^t\!\left(\frac{\partial a_3}{\partial x_2} - \frac{\partial a_2}{\partial x_3},\ \frac{\partial a_1}{\partial x_3} - \frac{\partial a_3}{\partial x_1},\ \frac{\partial a_2}{\partial x_1} - \frac{\partial a_1}{\partial x_2}\right) = {}^t\!\left(0,\ 0,\ \frac{\partial a_2}{\partial x_1} - \frac{\partial a_1}{\partial x_2}\right)$$

である．左辺では各面上で，

$$S_1 \text{ 上}：\boldsymbol{n} = {}^t(0,0,1) \quad \therefore \quad \boldsymbol{n}\wedge\boldsymbol{a} = \begin{pmatrix} 0 \\ 0 \\ 1 \end{pmatrix} \wedge \begin{pmatrix} a_1 \\ a_2 \\ 0 \end{pmatrix} = \begin{pmatrix} -a_2 \\ a_1 \\ 0 \end{pmatrix}$$

$$S_2 \text{ 上}：\boldsymbol{n} = {}^t(0,0,-1) \quad \therefore \quad \boldsymbol{n}\wedge\boldsymbol{a} = \begin{pmatrix} 0 \\ 0 \\ -1 \end{pmatrix} \wedge \begin{pmatrix} a_1 \\ a_2 \\ 0 \end{pmatrix} = \begin{pmatrix} a_2 \\ -a_1 \\ 0 \end{pmatrix}$$

$$S_3 \text{ 上}：\boldsymbol{n} = {}^t(t_2,-t_1,0) \quad \therefore \quad \boldsymbol{n}\wedge\boldsymbol{a} = \begin{pmatrix} t_2 \\ -t_1 \\ 0 \end{pmatrix} \wedge \begin{pmatrix} a_1 \\ a_2 \\ 0 \end{pmatrix} = \begin{pmatrix} 0 \\ 0 \\ a_1t_1 + a_2t_2 \end{pmatrix}$$

よって，式(A.5)の第三成分は $dV = \delta\, dS$，$dS = \delta\, ds$ によって，

$$\oint_C (a_1t_1 + a_2t_2)\delta\, ds = \iint_S \left(\frac{\partial a_2}{\partial x_1} - \frac{\partial a_1}{\partial x_2}\right)\delta\, dS$$

$$\therefore \quad \oint_C (a_1t_1 + a_2t_2)\, ds = \iint_S \left(\frac{\partial a_2}{\partial x_1} - \frac{\partial a_1}{\partial x_2}\right) dS$$

ストークスの定理によれば，

$$\oint_C \boldsymbol{a}\cdot\boldsymbol{t}\, ds = \oint_C (a_1t_1 + a_2t_2)\, ds = \iint_S \mathrm{rot}\,\boldsymbol{a}\cdot\boldsymbol{n}\, dS = \iint_S \left(\frac{\partial a_2}{\partial x_1} - \frac{\partial a_1}{\partial x_2}\right) dS$$

課題 7.7 ●　ガウスの定理によって，

$$\iiint_V \frac{\partial^2 f}{\partial x_i \partial x_i}\, dV = \iint_S \frac{\partial f}{\partial x_i} n_i\, dS = \iint_S \nabla f\cdot\boldsymbol{n}\, dS$$
$$\overset{*}{=} \iint_S \{f'(r)\boldsymbol{n}\}\cdot\boldsymbol{n}\, dS = \iint_S f'(r)\, dS = 4\pi a^2 f'(a)$$

式中 $*$ は課題 6.6 の結果である．

第 8 章

課題 8.1 ●　$H \Leftrightarrow h_{ijk} = f_{ij}g_k$ は，三つのベクトル $\{\boldsymbol{x}, \boldsymbol{y}, \boldsymbol{z}\}$ から一つのスカラー $h = fg = (x_iy_jf_{ij})(z_kg_k)$ を作るテンソル，すなわち，2 階テンソル F と 1 階テンソル G のテンソル積である（**図 A 8.1**）．

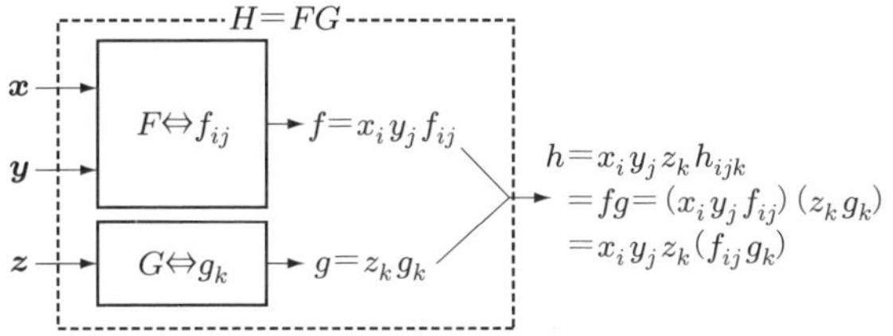

図 A 8.1

課題 8.2 ●

$$
\begin{aligned}
a_{ij} &\overset{(8.18)}{=} -\varepsilon_{ijk}\Omega_k \overset{(8.23)}{=} -\varepsilon_{ijk}\left(-\frac{1}{2}\varepsilon_{kpq}b_{pq}\right) \\
&\overset{(6.18)}{=} \frac{1}{2}(\delta_{ip}\delta_{jq}-\delta_{iq}\delta_{jp})b_{pq} = \frac{1}{2}(b_{ij}-b_{ji})
\end{aligned}
$$

課題 8.3 ●　**図 A 8.3** のように，その周りで回転させる軸を 3 軸，2 軸，3 軸の順にとる慣習を y 規約と呼ぶ．それぞれの回転を表す直交行列を，

（a）$\{\boldsymbol{e}_1,\boldsymbol{e}_2,\boldsymbol{e}_3\}\to\varphi$ 回転 $\to\{\hat{\boldsymbol{e}}_1,\hat{\boldsymbol{e}}_2,\hat{\boldsymbol{e}}_3\}$：直交行列 $\boldsymbol{L}_\varphi$

（b）$\{\hat{\boldsymbol{e}}_1,\hat{\boldsymbol{e}}_2,\hat{\boldsymbol{e}}_3\}\to\theta$ 回転 $\to\{\tilde{\boldsymbol{e}}_1,\tilde{\boldsymbol{e}}_2,\tilde{\boldsymbol{e}}_3\}$：直交行列 $\boldsymbol{L}_\theta$

（c）$\{\tilde{\boldsymbol{e}}_1,\tilde{\boldsymbol{e}}_2,\tilde{\boldsymbol{e}}_3\}\to\psi$ 回転 $\to\{\overline{\boldsymbol{e}}_1,\overline{\boldsymbol{e}}_2,\overline{\boldsymbol{e}}_3\}$：直交行列 $\boldsymbol{L}_\psi$

とする．角度の組み $\{\varphi,\theta,\psi\}$ がオイラーの角である．それぞれの基底を縦に並べた 3×1 行列を，

$$
\boldsymbol{E}={}^t(\boldsymbol{e}_1,\boldsymbol{e}_2,\boldsymbol{e}_3),\quad \hat{\boldsymbol{E}}={}^t(\hat{\boldsymbol{e}}_1,\hat{\boldsymbol{e}}_2,\hat{\boldsymbol{e}}_3),\quad \tilde{\boldsymbol{E}}={}^t(\tilde{\boldsymbol{e}}_1,\tilde{\boldsymbol{e}}_2,\tilde{\boldsymbol{e}}_3),\quad \overline{\boldsymbol{E}}={}^t(\overline{\boldsymbol{e}}_1,\overline{\boldsymbol{e}}_2,\overline{\boldsymbol{e}}_3)
$$

とすれば，式(8.28)によって $\boldsymbol{E}=\boldsymbol{L}_\varphi\hat{\boldsymbol{E}}=\boldsymbol{L}_\varphi\boldsymbol{L}_\theta\tilde{\boldsymbol{E}}=\boldsymbol{L}_\varphi\boldsymbol{L}_\theta\boldsymbol{L}_\psi\overline{\boldsymbol{E}}$ であるから，$\boldsymbol{E}=\boldsymbol{L}\overline{\boldsymbol{E}}$ とすれば $\boldsymbol{L}=\boldsymbol{L}_\varphi\boldsymbol{L}_\theta\boldsymbol{L}_\psi$ である．式(8.26)によってそれぞれの直交行列は，

$$
\boldsymbol{L}_\varphi=\begin{pmatrix}\cos(\boldsymbol{e}_1,\hat{\boldsymbol{e}}_1) & \cos(\boldsymbol{e}_1,\hat{\boldsymbol{e}}_2) & \cos(\boldsymbol{e}_1,\hat{\boldsymbol{e}}_3)\\ \cos(\boldsymbol{e}_2,\hat{\boldsymbol{e}}_1) & \cos(\boldsymbol{e}_2,\hat{\boldsymbol{e}}_2) & \cos(\boldsymbol{e}_2,\hat{\boldsymbol{e}}_3)\\ \cos(\boldsymbol{e}_3,\hat{\boldsymbol{e}}_1) & \cos(\boldsymbol{e}_3,\hat{\boldsymbol{e}}_2) & \cos(\boldsymbol{e}_3,\hat{\boldsymbol{e}}_3)\end{pmatrix}=\begin{pmatrix}\cos\varphi & -\sin\varphi & 0\\ \sin\varphi & \cos\varphi & 0\\ 0 & 0 & 1\end{pmatrix}
$$

$$
\boldsymbol{L}_\theta=\begin{pmatrix}\cos(\hat{\boldsymbol{e}}_1,\tilde{\boldsymbol{e}}_1) & \cos(\hat{\boldsymbol{e}}_1,\tilde{\boldsymbol{e}}_2) & \cos(\hat{\boldsymbol{e}}_1,\tilde{\boldsymbol{e}}_3)\\ \cos(\hat{\boldsymbol{e}}_2,\tilde{\boldsymbol{e}}_1) & \cos(\hat{\boldsymbol{e}}_2,\tilde{\boldsymbol{e}}_2) & \cos(\hat{\boldsymbol{e}}_2,\tilde{\boldsymbol{e}}_3)\\ \cos(\hat{\boldsymbol{e}}_3,\tilde{\boldsymbol{e}}_1) & \cos(\hat{\boldsymbol{e}}_3,\tilde{\boldsymbol{e}}_2) & \cos(\hat{\boldsymbol{e}}_3,\tilde{\boldsymbol{e}}_3)\end{pmatrix}=\begin{pmatrix}\cos\theta & 0 & \sin\theta\\ 0 & 1 & 0\\ -\sin\theta & 0 & \cos\theta\end{pmatrix}
$$

$$
\boldsymbol{L}_\psi=\begin{pmatrix}\cos(\tilde{\boldsymbol{e}}_1,\overline{\boldsymbol{e}}_1) & \cos(\tilde{\boldsymbol{e}}_1,\overline{\boldsymbol{e}}_2) & \cos(\tilde{\boldsymbol{e}}_1,\overline{\boldsymbol{e}}_3)\\ \cos(\tilde{\boldsymbol{e}}_2,\overline{\boldsymbol{e}}_1) & \cos(\tilde{\boldsymbol{e}}_2,\overline{\boldsymbol{e}}_2) & \cos(\tilde{\boldsymbol{e}}_2,\overline{\boldsymbol{e}}_3)\\ \cos(\tilde{\boldsymbol{e}}_3,\overline{\boldsymbol{e}}_1) & \cos(\tilde{\boldsymbol{e}}_3,\overline{\boldsymbol{e}}_2) & \cos(\tilde{\boldsymbol{e}}_3,\overline{\boldsymbol{e}}_3)\end{pmatrix}=\begin{pmatrix}\cos\psi & -\sin\psi & 0\\ \sin\psi & \cos\psi & 0\\ 0 & 0 & 1\end{pmatrix}
$$

従って，

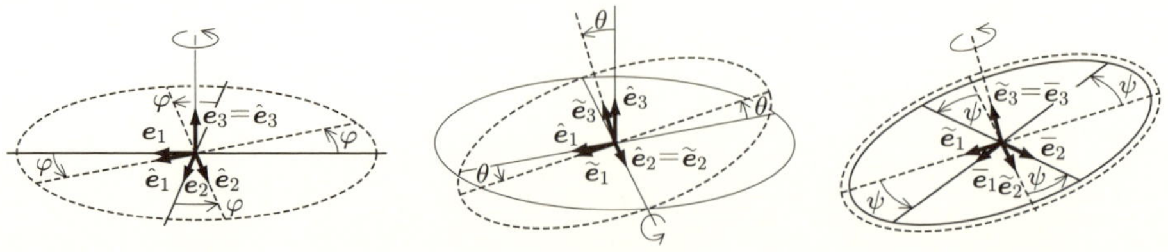

（a）φ 回転　（b）θ 回転　（c）ψ 回転

図 A 8.3

$$\boldsymbol{L} = \boldsymbol{L}_\varphi \boldsymbol{L}_\theta \boldsymbol{L}_\psi = \begin{pmatrix} \cos\varphi & -\sin\varphi & 0 \\ \sin\varphi & \cos\varphi & 0 \\ 0 & 0 & 1 \end{pmatrix} \begin{pmatrix} \cos\theta & 0 & \sin\theta \\ 0 & 1 & 0 \\ -\sin\theta & 0 & \cos\theta \end{pmatrix} \begin{pmatrix} \cos\psi & -\sin\psi & 0 \\ \sin\psi & \cos\psi & 0 \\ 0 & 0 & 1 \end{pmatrix}$$

$$= \begin{pmatrix} \cos\varphi\cos\theta\cos\psi - \sin\varphi\sin\psi & -\cos\varphi\cos\theta\sin\psi - \sin\varphi\cos\psi & \cos\varphi\sin\theta \\ \sin\varphi\cos\theta\cos\psi + \cos\varphi\sin\psi & -\sin\varphi\cos\theta\sin\psi + \cos\varphi\cos\psi & \sin\varphi\sin\theta \\ -\sin\theta\cos\psi & \sin\theta\sin\psi & \cos\theta \end{pmatrix}$$

逆関係は $\overline{\boldsymbol{E}} = \boldsymbol{L}^{-1}\boldsymbol{E} = {}^t\boldsymbol{L}\boldsymbol{E}$ であるから，$\boldsymbol{L}^{-1}$ は上の $\boldsymbol{L}$ を転置させればよい．

課題 8.4 ● 2 階テンソルの第一の定義 $\boldsymbol{y} = \boldsymbol{F}(\boldsymbol{x}) = \boldsymbol{F}\boldsymbol{x}$ は，バー付き系，バー無し系のそれぞれで，

$$\boldsymbol{y} = \boldsymbol{F}\boldsymbol{x} \tag{A.6}$$

$$\overline{\boldsymbol{y}} = \overline{\boldsymbol{F}}\,\overline{\boldsymbol{x}} \tag{A.7}$$

と書かれ，$\boldsymbol{x}$，$\boldsymbol{y}$ の変換規則は式(8.32)である．

$$\boldsymbol{y} = \boldsymbol{L}\overline{\boldsymbol{y}} \tag{A.8}$$

$$\boldsymbol{x} = \boldsymbol{L}\overline{\boldsymbol{x}} \tag{A.9}$$

である．従って，

$$\boldsymbol{L}\overline{\boldsymbol{F}}\,\overline{\boldsymbol{x}} \overset{\text{(A.7)}}{=} \boldsymbol{L}\overline{\boldsymbol{y}} \overset{\text{(A.8)}}{=} \boldsymbol{y} \overset{\text{(A.6)}}{=} \boldsymbol{F}\boldsymbol{x} \overset{\text{(A.9)}}{=} \boldsymbol{F}\boldsymbol{L}\overline{\boldsymbol{x}} \quad \therefore \quad \boldsymbol{L}\overline{\boldsymbol{F}} = \boldsymbol{F}\boldsymbol{L}$$

これに $\boldsymbol{L}^{-1} = {}^t\boldsymbol{L}$ を左から掛ければ，

$$\boldsymbol{L}^{-1}\boldsymbol{L}\overline{\boldsymbol{F}} = \boldsymbol{L}^{-1}\boldsymbol{F}\boldsymbol{L} \quad \therefore \quad \overline{\boldsymbol{F}} = \boldsymbol{L}^{-1}\boldsymbol{F}\boldsymbol{L} \; (= {}^t\boldsymbol{L}\boldsymbol{F}\boldsymbol{L})$$

右から掛ければ，

$$\boldsymbol{L}\overline{\boldsymbol{F}}\boldsymbol{L}^{-1} = \boldsymbol{F}\boldsymbol{L}\boldsymbol{L}^{-1} \quad \therefore \quad \boldsymbol{F} = \boldsymbol{L}\overline{\boldsymbol{F}}\boldsymbol{L}^{-1} \; (= \boldsymbol{L}\overline{\boldsymbol{F}}\,{}^t\boldsymbol{L})$$

課題 8.5 ● テンソル積 $K = FG$ のバー無し，バー付き両系での成分はそれぞれ $k_{pq} = f_p g_q$，$\overline{k}_{ij} = \overline{f}_i \overline{g}_j$ である．$\boldsymbol{f} \Leftrightarrow f_i$，$\boldsymbol{g} \Leftrightarrow g_j$ はともにベクトル，すなわち，1 階のテンソルであるからそれらの成分変換規則は，

$$\overline{f}_i = l_{pi} f_p, \quad \overline{g}_j = l_{qj} g_q$$

である．従って，

$$\overline{k}_{ij} = \overline{f}_i \overline{g}_j = (l_{pi} f_p)(l_{qj} g_q) = l_{pi} l_{qj} (f_p g_q) = l_{pi} l_{qj} k_{pq}$$

これは 2 階テンソルの成分変換規則であるから，テンソル積 $K = FG$ は確かに 2 階のテンソルである．

課題 8.6 ● 機能 $F \Leftrightarrow f_{ijk}$ による 3 個のベクトル $\boldsymbol{x}$，$\boldsymbol{y}$，$\boldsymbol{z}$ のスカラーの製品は座標系によらないから，

$$x_i y_j z_k f_{ijk} = \overline{x}_p \overline{y}_q \overline{z}_r \overline{f}_{pqr}$$

3 個のベクトルの成分変換規則は $x_i = l_{ip}\overline{x}_p$，$y_j = l_{jq}\overline{y}_q$，$z_k = l_{kr}\overline{z}_r$ であるから，

$$(\text{左辺}) = (l_{ip}\overline{x}_p)(l_{jq}\overline{y}_q)(l_{kr}\overline{z}_r) f_{ijk} = l_{ip} l_{jq} l_{kr} (\overline{x}_p \overline{y}_q \overline{z}_r f_{ijk}) = (\text{右辺}) = \overline{x}_p \overline{y}_q \overline{z}_r \overline{f}_{pqr}$$

$$\therefore \quad \overline{f}_{pqr} = l_{ip} l_{jq} l_{kr} f_{ijk}$$

両辺に $l_{lp} l_{mq} l_{nr}$ を掛ければ，逆が求まる．

$$
\begin{aligned}
l_{lp}l_{mq}l_{nr}\overline{f}_{pqr} &= (l_{lp}l_{mq}l_{nr})l_{ip}l_{jq}l_{kr}f_{ijk} = (l_{lp}l_{ip})(l_{mq}l_{jq})(l_{nr}l_{kr})f_{ijk} \\
&\overset{(8.30)}{=} \delta_{li}\delta_{mj}\delta_{nk}f_{ijk} = f_{lmn}
\end{aligned}
$$

$$
\therefore\ \ f_{lmn} = l_{lp}l_{mq}l_{nr}\overline{f}_{pqr}
$$

課題 8.7 ●　(1) $F \Leftrightarrow f_{ij}$，$G \Leftrightarrow g_k$ をそれぞれ 2 階，1 階のテンソルとし，$H = FG \Leftrightarrow h_{ijk} = f_{ij}g_k$ をそれらのテンソル積とすれば，F，G の成分変換規則より，

$$
\overline{f}_{pq} = l_{ip}l_{jq}f_{ij}, \quad \overline{g}_r = l_{kr}g_k
$$

このとき，

$$
\overline{h}_{pqr} = \overline{f}_{pq}\overline{g}_r = (l_{ip}l_{jq}f_{ij})\,(l_{kr}g_k) = l_{ip}l_{jq}l_{kr}\,(f_{ij}g_k) = l_{ip}l_{jq}l_{kr}h_{ijk}
$$

これは 3 階テンソルの成分変換規則であるから，テンソル積 $H = FG$ は確かに 3 階テンソルである．

(2) 例として，4 階テンソル $F \Leftrightarrow f_{ijkl}$ において $l = j$ と縮約したものを g_{ik} とする．すなわち，

$$
g_{ik} = f_{ijkj}
$$

4 階テンソル F の成分変換規則，

$$
\overline{f}_{pqrs} = l_{ip}l_{jq}l_{kr}l_{ls}f_{ijkl}
$$

において，$s = q$ と縮約すると，

$$
\begin{aligned}
(\overline{g}_{pr} =)\ \overline{f}_{pqrq} &= l_{ip}l_{jq}l_{kr}l_{lq}f_{ijkl} = l_{ip}l_{kr}(l_{jq}l_{lq})f_{ijkl} \overset{(8.30)}{=} l_{ip}l_{kr}\delta_{jl}f_{ijkl} \\
&= l_{ip}l_{kr}f_{ijkj} = l_{ip}l_{kr}g_{ik}
\end{aligned}
$$

これは 2 階テンソルの成分変換規則である．従って，$G \Leftrightarrow g_{ik} = f_{ijkj}$ は確かに 2 階のテンソルである．他の組み合わせの縮約についても同様に示せる．

課題 8.8 ●　クロネッカーのデルタについて．

$$
\begin{aligned}
\overline{\delta}_{ij} &= \frac{\partial \overline{x}_i}{\partial \overline{x}_j} = \frac{\partial}{\partial \overline{x}_j}(l_{pi}x_p) = l_{pi}\frac{\partial x_p}{\partial \overline{x}_j} = l_{pi}\frac{\partial x_p}{\partial x_q}\frac{\partial x_q}{\partial \overline{x}_j} = l_{pi}\delta_{pq}\frac{\partial}{\partial \overline{x}_j}(l_{qr}\overline{x}_r) \\
&= l_{pi}l_{qr}\delta_{pq}\frac{\partial \overline{x}_r}{\partial \overline{x}_j} = l_{pi}l_{qr}\delta_{pq}\overline{\delta}_{rj} = l_{pi}l_{qj}\delta_{pq} \quad (= \delta_{ij})
\end{aligned}
$$

または別解：

$$
\overline{\delta}_{ij} \overset{(6.2)}{=} \overline{\boldsymbol{e}}_i\cdot\overline{\boldsymbol{e}}_j \overset{(8.27)}{=} (l_{pi}\boldsymbol{e}_p)\cdot(l_{qj}\boldsymbol{e}_q) = l_{pi}l_{qj}(\boldsymbol{e}_p\cdot\boldsymbol{e}_q) \overset{(6.2)}{=} l_{pi}l_{qj}\delta_{pq}
$$

Eddington のイプシロンについて．

$$
\overline{\varepsilon}_{ijk} \overset{*}{=} [\overline{\boldsymbol{e}}_i\overline{\boldsymbol{e}}_j\overline{\boldsymbol{e}}_k] \overset{(8.27)}{=} \big[(l_{pi}\boldsymbol{e}_p)(l_{qj}\boldsymbol{e}_q)(l_{rk}\boldsymbol{e}_r)\big] = l_{pi}l_{qj}l_{rk}[\boldsymbol{e}_p\boldsymbol{e}_q\boldsymbol{e}_r] \overset{*}{=} l_{pi}l_{qj}l_{rk}\varepsilon_{pqr}
$$

式中，$*$ は課題 6.9．

課題 8.9 ●

(a) $\boldsymbol{L} = \begin{pmatrix} -1 & 0 & 0 \\ 0 & -1 & 0 \\ 0 & 0 & -1 \end{pmatrix}$，$\det \boldsymbol{L} = -1$　　(b) $\boldsymbol{L} = \begin{pmatrix} 0 & -1 & 0 \\ 0 & 0 & -1 \\ -1 & 0 & 0 \end{pmatrix}$，$\det \boldsymbol{L} = -1$

（c）$\boldsymbol{L} = \begin{pmatrix} 0 & 1 & 0 \\ 0 & 0 & 1 \\ 1 & 0 & 0 \end{pmatrix}$, $\det \boldsymbol{L} = 1$　　（d）$\boldsymbol{L} = \begin{pmatrix} 0 & -1/\sqrt{2} & 1/\sqrt{2} \\ 0 & 1/\sqrt{2} & 1/\sqrt{2} \\ 1 & 0 & 0 \end{pmatrix}$, $\det \boldsymbol{L} = -1$

第 9 章

課題 9.1 ●　支配方程式と境界条件は，

$$(9.23)'' \quad -\frac{1}{2}\frac{\rho c}{k}\frac{d\theta}{du} = \frac{1}{u}\frac{d^2\theta}{du^2} \tag{A.10}$$

$$(9.24)'' \quad \begin{cases} \theta(-\infty) = 0 & \text{(A.11)} \\ \theta(+\infty) = 1 & \text{(A.12)} \\ \theta(-0) = \theta(+0) & \text{(A.13)} \\ -k_1 \left.\dfrac{d\theta}{du}\right|_{-0} = -k_2 \left.\dfrac{d\theta}{du}\right|_{+0} & \text{(A.14)} \end{cases}$$

である．$F(u) = d\theta/du$ とすれば，式(A.10)は，

$$-\frac{1}{2}\frac{\rho c}{k}F = \frac{1}{u}\frac{dF}{du} \quad \text{または} \quad -\frac{1}{2}\frac{\rho c}{k}u\,du = \frac{dF}{F} \tag{A.15}$$

である．

（領域 1（左側，$u < 0$）での積分）

式(A.15)を $u\ (< 0) \to -0$ で積分する．

$$-\frac{1}{2}\frac{\rho_1 c_1}{k_1}\int_u^{-0} u\,du = \int_{F(u)}^{F(-0)} \frac{dF}{F} \quad \text{または} \quad -\frac{1}{2}\frac{\rho_1 c_1}{k_1}\left[\frac{u^2}{2}\right]_u^{-0} = \big[\ln F\big]_{F(u)}^{F(-0)}$$

$$\text{または} \quad \frac{1}{2}\frac{\rho_1 c_1}{k_1}\cdot\frac{u^2}{2} = \ln F(-0) - \ln F(u) = \ln\frac{F(-0)}{F(u)} = \ln\frac{d\theta/du|_{-0}}{d\theta/du}$$

$$\therefore \quad \frac{d\theta(u)}{du} = \left.\frac{d\theta(u)}{du}\right|_{-0} \exp\left(-\frac{1}{4}\frac{\rho_1 c_1}{k_1}u^2\right) \tag{A.16}$$

そこで，

$$\eta = \frac{1}{2}\sqrt{\frac{\rho_1 c_1}{k_1}}\cdot u$$

とすれば，

$$\frac{d\theta(u)}{du} = \frac{d\theta(\eta)}{d\eta}\frac{d\eta}{du} = \frac{d\theta(\eta)}{d\eta}\cdot\frac{1}{2}\sqrt{\frac{\rho_1 c_1}{k_1}} \tag{A.17}$$

であるから，式(A.16)は，

$$\frac{d\theta(\eta)}{d\eta} = \left.\frac{d\theta(\eta)}{d\eta}\right|_{-0} \exp(-\eta^2)$$

となる．これを $-\infty \to \eta\ (< 0)$ で積分する．

$$\theta(\eta) - \theta(-\infty) \overset{\text{(A.11)}}{=} \theta(\eta) = \left.\frac{d\theta}{d\eta}\right|_{-0} \int_{-\infty}^{\eta} e^{-\eta^2}\,d\eta$$

$\eta = -0$ とすれば,

$$\theta(-0) = \left.\frac{d\theta}{d\eta}\right|_{-0} \int_{-\infty}^{0} e^{-\eta^2}\,d\eta = \left.\frac{d\theta}{d\eta}\right|_{-0} \int_{0}^{+\infty} e^{-\eta^2}\,d\eta = \frac{\sqrt{\pi}}{2}\left.\frac{d\theta}{d\eta}\right|_{-0}$$

$$\overset{(A.17)}{=} \frac{\sqrt{\pi}}{2}\cdot 2\sqrt{\frac{k_1}{\rho_1 c_1}}\left.\frac{d\theta(u)}{du}\right|_{-0} = \sqrt{\pi}\sqrt{\frac{k_1}{\rho_1 c_1}}\left.\frac{d\theta(u)}{du}\right|_{-0}$$

$$\text{または}\quad k_1\left.\frac{d\theta(u)}{du}\right|_{-0} = \frac{1}{\sqrt{\pi}}\sqrt{\rho_1 c_1 k_1}\cdot\theta(-0) \tag{A.18}$$

(領域 2（右側, $0 < u$）での積分)

式(A.15)を $+0 \to u$ で積分する.

$$-\frac{1}{2}\frac{\rho_2 c_2}{k_2}\int_{+0}^{u} u\,du = \int_{F(+0)}^{F(u)} \frac{dF}{F} \quad \text{または} \quad -\frac{1}{2}\frac{\rho_2 c_2}{k_2}\left[\frac{u^2}{2}\right]_{+0}^{u} = \left[\ln F\right]_{F(+0)}^{F(u)}$$

$$\text{または}\quad -\frac{1}{2}\frac{\rho_2 c_2}{k_2}\cdot\frac{u^2}{2} = \ln F(u) - \ln F(+0) = \ln\frac{F(u)}{F(+0)} = \ln\frac{d\theta/du}{d\theta/du|_{+0}}$$

$$\therefore\quad \frac{d\theta(u)}{du} = \left.\frac{d\theta(u)}{du}\right|_{+0}\exp\left(-\frac{1}{4}\frac{\rho_2 c_2}{k_2}u^2\right) \tag{A.19}$$

そこで,

$$\eta = \frac{1}{2}\sqrt{\frac{\rho_2 c_2}{k_2}}\cdot u$$

とすれば,

$$\frac{d\theta(u)}{du} = \frac{d\theta(\eta)}{d\eta}\frac{d\eta}{du} = \frac{d\theta(\eta)}{d\eta}\cdot\frac{1}{2}\sqrt{\frac{\rho_2 c_2}{k_2}} \tag{A.20}$$

であるから, 式(A.19)は,

$$\frac{d\theta(\eta)}{d\eta} = \left.\frac{d\theta(\eta)}{d\eta}\right|_{+0}\exp(-\eta^2)$$

これを $(0 <)\ \eta \to +\infty$ で積分する.

$$\theta(+\infty) - \theta(\eta) \overset{(A.12)}{=} 1 - \theta(\eta) = \left.\frac{d\theta}{d\eta}\right|_{+0}\int_{\eta}^{+\infty} e^{-\eta^2}\,d\eta$$

$\eta = +0$ とすれば,

$$1 - \theta(+0) = \left.\frac{d\theta}{d\eta}\right|_{+0}\int_{0}^{+\infty} e^{-\eta^2}\,d\eta = \frac{\sqrt{\pi}}{2}\left.\frac{d\theta}{d\eta}\right|_{+0}$$

$$\overset{(A.20)}{=} \frac{\sqrt{\pi}}{2}\cdot 2\sqrt{\frac{k_2}{\rho_2 c_2}}\left.\frac{d\theta(u)}{du}\right|_{+0} = \sqrt{\pi}\sqrt{\frac{k_2}{\rho_2 c_2}}\left.\frac{d\theta(u)}{du}\right|_{+0}$$

$$\text{または}\quad k_2\left.\frac{d\theta(u)}{du}\right|_{+0} = \frac{1}{\sqrt{\pi}}\sqrt{\rho_2 c_2 k_2}\cdot\{1 - \theta(+0)\} \tag{A.21}$$

式(A.14), (A.18), (A.21)によって,

$$\sqrt{\rho_1 c_1 k_1}\cdot\theta(-0) = \sqrt{\rho_2 c_2 k_2}\cdot\{1 - \theta(+0)\}$$

式(A.13)によって，$\theta(-0)=\theta(+0)=\theta(0)$ であるから，

$$\sqrt{\rho_1c_1k_1}\cdot\theta(0)=\sqrt{\rho_2c_2k_2}\cdot\{1-\theta(0)\}=\sqrt{\rho_2c_2k_2}-\sqrt{\rho_2c_2k_2}\cdot\theta(0)$$

または　$$\left(\frac{T(0,t)-T_1}{T_2-T_1}=\right)\ \theta(0)=\frac{\sqrt{\rho_2c_2k_2}}{\sqrt{\rho_1c_1k_1}+\sqrt{\rho_2c_2k_2}}$$

$$\therefore\quad T(0,t)=T_1+\frac{\sqrt{\rho_2c_2k_2}}{\sqrt{\rho_1c_1k_1}+\sqrt{\rho_2c_2k_2}}(T_2-T_1)$$

課題 9.2 ●　$\boldsymbol{X}={}^t(x,y,z,\lambda)$ を 4 次元ベクトル，$\boldsymbol{Y}(\boldsymbol{X})={}^t(\lambda x,\lambda y,\lambda z)={}^t(\alpha,\beta,\gamma)$ を 3 次元ベクトルとし，与式を，

$$h=\lambda h(\underset{①}{x,y,z})=h(\lambda x,\lambda y,\lambda z)=h(\underset{②}{\alpha,\beta,\gamma}) \tag{A.22}$$

と書けば，①は $h=h(\boldsymbol{X})$，②は $h=h(\boldsymbol{Y})$ であるから，次の関数連鎖図が描ける．

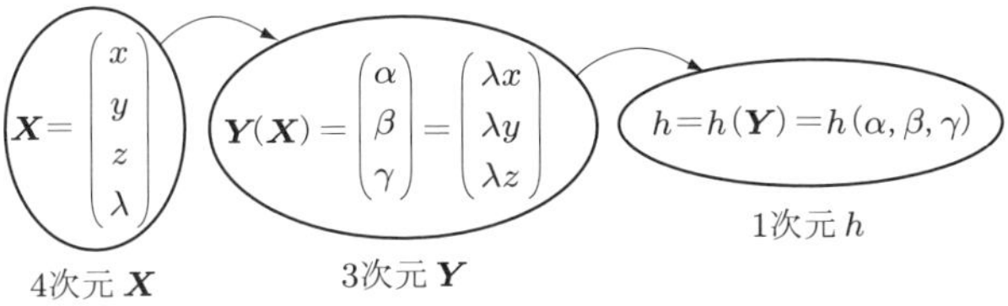

図 A 9.2

微分の連鎖律は，

$$\underset{(1\times4)}{\left[\frac{dh}{d\boldsymbol{X}}\right]}=\underset{(1\times3)}{\left[\frac{dh}{d\boldsymbol{Y}}\right]}\underset{(3\times4)}{\left[\frac{d\boldsymbol{Y}}{d\boldsymbol{X}}\right]}$$

$$\Leftrightarrow\left(\frac{\partial h}{\partial x},\frac{\partial h}{\partial y},\frac{\partial h}{\partial z},\frac{\partial h}{\partial \lambda}\right)=\left(\frac{\partial h}{\partial \alpha},\frac{\partial h}{\partial \beta},\frac{\partial h}{\partial \gamma}\right)\begin{pmatrix}\frac{\partial\alpha}{\partial x}&\frac{\partial\alpha}{\partial y}&\frac{\partial\alpha}{\partial z}&\frac{\partial\alpha}{\partial \lambda}\\ \frac{\partial\beta}{\partial x}&\frac{\partial\beta}{\partial y}&\frac{\partial\beta}{\partial z}&\frac{\partial\beta}{\partial \lambda}\\ \frac{\partial\gamma}{\partial x}&\frac{\partial\gamma}{\partial y}&\frac{\partial\gamma}{\partial z}&\frac{\partial\gamma}{\partial \lambda}\end{pmatrix}$$

であるから，式(A.22)によって，

$$\left(\lambda\frac{\partial h}{\partial x},\lambda\frac{\partial h}{\partial y},\lambda\frac{\partial h}{\partial z},h\right)=\left(\frac{\partial h}{\partial \alpha},\frac{\partial h}{\partial \beta},\frac{\partial h}{\partial \gamma}\right)\begin{pmatrix}\lambda&0&0&x\\0&\lambda&0&y\\0&0&\lambda&z\end{pmatrix}$$

従って，次の 4 式を得る．

$$\frac{\partial h}{\partial x}=\frac{\partial h}{\partial \alpha},\quad\frac{\partial h}{\partial y}=\frac{\partial h}{\partial \beta},\quad\frac{\partial h}{\partial z}=\frac{\partial h}{\partial \gamma},\quad h=x\frac{\partial h}{\partial \alpha}+y\frac{\partial h}{\partial \beta}+z\frac{\partial h}{\partial \gamma}$$

前 3 式によって，第四式は，

$$h=x\frac{\partial h}{\partial x}+y\frac{\partial h}{\partial y}+z\frac{\partial h}{\partial z}$$

となる．

次に，$h(x,y,z)=c(x^3/yz)$ が一次の同次関数であることは明らかである．このとき，

$$\frac{\partial h}{\partial x}=3c\frac{x^2}{yz},\quad \frac{\partial h}{\partial y}=-c\frac{x^3}{y^2z},\quad \frac{\partial h}{\partial z}=-c\frac{x^3}{yz^2}$$

であるから，

$$x\frac{\partial h}{\partial x}+y\frac{\partial h}{\partial y}+z\frac{\partial h}{\partial z}=3c\frac{x^3}{yz}-c\frac{x^3}{yz}-c\frac{x^3}{yz}=c\frac{x^3}{yz}=h$$

第 10 章

課題 10.1 ●　$T=T_0$ が心地よいからと言って，その等温面と一緒でなければ動かないと決めた“ものぐさ次郎”の経験する温度変化は，式(10.26)によって，

$$\frac{dT}{dt}=\frac{\partial T}{\partial t}+(\overline{\boldsymbol{v}}\cdot\boldsymbol{\nabla})T=0$$

である．このとき，

$$\frac{DT}{Dt}=\frac{\partial T}{\partial t}+(\boldsymbol{v}\cdot\boldsymbol{\nabla})T=-(\overline{\boldsymbol{v}}\cdot\boldsymbol{\nabla})T+(\boldsymbol{v}\cdot\boldsymbol{\nabla})T=\left\{(\boldsymbol{v}-\overline{\boldsymbol{v}})\cdot\boldsymbol{\nabla}\right\}T=\left\{(\boldsymbol{v}-\overline{\boldsymbol{v}})\cdot\boldsymbol{n}\right\}|\boldsymbol{\nabla}T|.$$

第 11 章

課題 11.1 ●　**図 A 11.1** を参照して，(a) 2 軸周りの θ 回転→旧 3 軸周りの φ 回転による点 D，(b) 2 軸周りの θ 回転→新 3 軸周りの φ 回転による点 D′，のデカルト座標はそれぞれ，

$$\text{D}:\begin{pmatrix}x_1\\x_2\\x_3\end{pmatrix}=\begin{pmatrix}\cos\theta\cos\varphi\\\cos\theta\sin\varphi\\\sin\theta\end{pmatrix}\qquad \text{D}':\begin{pmatrix}x_1\\x_2\\x_3\end{pmatrix}=\begin{pmatrix}\cos\varphi\cos\theta\\\sin\varphi\\\cos\varphi\sin\theta\end{pmatrix}$$

であるから，回転角が同じなら二通りの回転による両点の距離は，

$$\overline{\text{DD}'}=\sqrt{\sin^2\varphi(\cos\theta-1)^2+\sin^2\theta(\cos\varphi-1)^2}$$

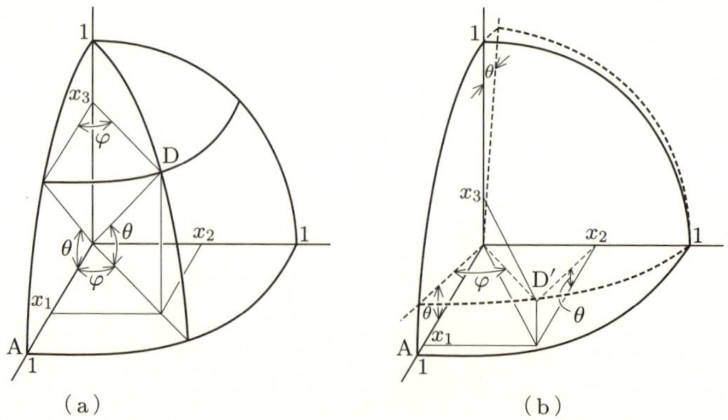

図 A 11.1

である．回転角が $\{d\theta, d\varphi\}$ と微小であるとき，テイラー展開，

$$\sin d\varphi = d\varphi - \frac{(d\varphi)^3}{6} + \cdots, \quad \cos d\varphi = 1 - \frac{(d\varphi)^2}{2} + \cdots$$
$$\sin d\theta = d\theta - \frac{(d\theta)^3}{6} + \cdots, \quad \cos d\theta = 1 - \frac{(d\theta)^2}{2} + \cdots$$

において，一次の微小量までをとれば，

$$\overline{\mathrm{DD}'} \approx \sqrt{(d\varphi)^2 \cdot 0 + (d\theta)^2 \cdot 0} = 0$$

二次の微小量までなら，

$$\begin{aligned}\overline{\mathrm{DD}'} &\approx \sqrt{(d\varphi)^2\left\{-\frac{(d\theta)^2}{2}\right\}^2 + (d\theta)^2\left\{-\frac{(d\varphi)^2}{2}\right\}^2} \\ &= \frac{1}{2}\, d\theta\, d\varphi \sqrt{(d\theta)^2 + (d\varphi)^2}\end{aligned}$$

第 12 章

課題 12.1 ●

(1)
$$\begin{aligned}2S_{ij} &= \frac{\partial v_i}{\partial x_j} + \frac{\partial v_j}{\partial x_i} \\ &= \frac{\partial}{\partial x_j}\{u_i(t) + \varepsilon_{ipq}\Omega_p(t)x_q\} + \frac{\partial}{\partial x_i}\{u_j(t) + \varepsilon_{jpq}\Omega_p(t)x_q\} \\ &= \varepsilon_{ipq}\Omega_p(t)\delta_{jq} + \varepsilon_{jpq}\Omega_p(t)\delta_{iq} = \varepsilon_{ipj}\Omega_p(t) + \varepsilon_{jpi}\Omega_p(t) \\ &= -\varepsilon_{ijp}\Omega_p(t) + \varepsilon_{ijp}\Omega_p(t) = 0\end{aligned}$$

(2) $\boldsymbol{S} = \boldsymbol{0}$ を書き下す．

$$\boldsymbol{S} = \begin{pmatrix} \dfrac{\partial v_1}{\partial x_1} & \dfrac{1}{2}\left(\dfrac{\partial v_1}{\partial x_2} + \dfrac{\partial v_2}{\partial x_1}\right) & \dfrac{1}{2}\left(\dfrac{\partial v_1}{\partial x_3} + \dfrac{\partial v_3}{\partial x_1}\right) \\ \dfrac{1}{2}\left(\dfrac{\partial v_2}{\partial x_1} + \dfrac{\partial v_1}{\partial x_2}\right) & \dfrac{\partial v_2}{\partial x_2} & \dfrac{1}{2}\left(\dfrac{\partial v_2}{\partial x_3} + \dfrac{\partial v_3}{\partial x_2}\right) \\ \dfrac{1}{2}\left(\dfrac{\partial v_3}{\partial x_1} + \dfrac{\partial v_1}{\partial x_3}\right) & \dfrac{1}{2}\left(\dfrac{\partial v_3}{\partial x_2} + \dfrac{\partial v_2}{\partial x_3}\right) & \dfrac{\partial v_3}{\partial x_3} \end{pmatrix} = \begin{pmatrix} 0 & 0 & 0 \\ 0 & 0 & 0 \\ 0 & 0 & 0 \end{pmatrix}$$

三つの対角成分より直ちに次がわかる．

$$v_1 = v_1(x_2, x_3, t), \quad v_2 = v_2(x_3, x_1, t), \quad v_3 = v_3(x_1, x_2, t)$$

以下，速度が時間にも依存することは自明として，しばらく t を陽には書かないことにする．これから現れる様々な積分定数についても同様．

“$\boldsymbol{S}$ の $(2,3)$ 成分 $=$ $(3,2)$ 成分” は次式である．

$$\frac{\partial v_2(x_3, x_1)}{\partial x_3} + \frac{\partial v_3(x_1, x_2)}{\partial x_2} = 0 \quad \text{または} \quad \frac{\partial v_2(x_3, x_1)}{\partial x_3} = -\frac{\partial v_3(x_1, x_2)}{\partial x_2} \tag{A.23}$$

これを x_3 で積分する．

$$v_2(x_3, x_1) = -\int \frac{\partial v_3(x_1, x_2)}{\partial x_2}\, dx_3 = -\frac{\partial v_3(x_1, x_2)}{\partial x_2} x_3 + B_2(x_1) \tag{A.24}$$

積分定数 B_2 について．式(A.24)を x_3 で偏微分して式(A.23)にならなければならないから，B_2 が x_3 に依存する可能性はない．また，式(A.24)最左辺から，抑々（そもそも） v_2 には x_2 依存性がないから，B_2 にも x_2 依存性はない．しかし，B_2 が x_1 の関数である可能性は残るのである．

さらに，式(A.24)中の $\partial v_3(x_1, x_2)/\partial x_2$ は一般には (x_1, x_2) の関数であるが，同じく最左辺の v_2 に x_2 依存性が無いから，$\partial v_3(x_1, x_2)/\partial x_2$ は実は x_1 だけの関数である．従って，これを，

$$\frac{\partial v_3(x_1, x_2)}{\partial x_2} = f_1(x_1) \tag{A.25}$$

とする．そうすれば，式(A.24)は，

$$v_2(x_3, x_1) = -f_1(x_1)\cdot x_3 + B_2(x_1) \tag{A.26}$$

と書け，さらに式(A.25)を x_2 で積分すれば，

$$v_3(x_1, x_2) = f_1(x_1)\cdot x_2 + R_3(x_1) \tag{A.27}$$

となる．同じく，式(A.27)を x_2 で偏微分して式(A.25)になればよいので，積分定数 R_3 の x_1 依存性は残る．

結局，“$\boldsymbol{S}$ の $(2,3)$ 成分 $=$ $(3,2)$ 成分”から式(A.26)と式(A.27)が得られた．同様にして $\boldsymbol{S}$ の“$(3,1)$ 成分 $=$ $(1,3)$ 成分”と“$(1,2)$ 成分 $=$ $(2,1)$ 成分”からそれぞれ，

$$v_3(x_1, x_2) = -f_2(x_2)\cdot x_1 + B_3(x_2) \quad 及び \quad v_1(x_2, x_3) = f_2(x_2)\cdot x_3 + R_1(x_2)$$
$$v_1(x_2, x_3) = -f_3(x_3)\cdot x_2 + B_1(x_3) \quad 及び \quad v_2(x_3, x_1) = f_3(x_3)\cdot x_1 + R_2(x_3)$$

が得られる（添え字をくるくる回せばよい）．全部を並べると，

$$\left.\begin{array}{l} v_1(x_2, x_3) = f_2(x_2)\cdot x_3 + R_1(x_2) = -f_3(x_3)\cdot x_2 + B_1(x_3) \\ v_2(x_3, x_1) = f_3(x_3)\cdot x_1 + R_2(x_3) = -f_1(x_1)\cdot x_3 + B_2(x_1) \\ v_3(x_1, x_2) = f_1(x_1)\cdot x_2 + R_3(x_1) = -f_2(x_2)\cdot x_1 + B_3(x_2) \end{array}\right\} \tag{A.28}$$

この式(A.28)の最初を x_3 で偏微分する．偏微分と常微分の違いに注意．

$$\left(\frac{\partial v_1(x_2, x_3)}{\partial x_3} =\right) \quad f_2(x_2) = -\frac{df_3(x_3)}{dx_3}x_2 + \frac{dB_1(x_3)}{dx_3} \tag{A.29}$$

これをさらに x_2 で偏微分する．

$$\left(\frac{\partial^2 v_1(x_2, x_3)}{\partial x_2 \partial x_3} =\right) \quad \frac{df_2(x_2)}{dx_2} = -\frac{df_3(x_3)}{dx_3}$$

x_2 だけの関数 $df_2(x_2)/dx_2$ と x_3 だけの関数 $-df_3(x_3)/dx_3$ が恒等的に等しければ，それは定数に限る．それを α_1 とすれば，

$$\frac{df_2(x_2)}{dx_2} = -\frac{df_3(x_3)}{dx_3} = \alpha_1$$
$$\therefore \quad f_2(x_2) = \alpha_1 x_2 + \mathit{\Omega}_2, \quad f_3(x_3) = -\alpha_1 x_3 + \tilde{\mathit{\Omega}}_3 \tag{A.30}$$

$\mathit{\Omega}_2$，$\tilde{\mathit{\Omega}}_3$ も定数である．同様にして式(A.28)第二式より，

$$\left(\frac{\partial v_2(x_3, x_1)}{\partial x_1} =\right) \quad f_3(x_3) = -\frac{df_1(x_1)}{dx_1}x_3 + \frac{dB_2(x_1)}{dx_1} \tag{A.31}$$

$$\left(\frac{\partial^2 v_2(x_3, x_1)}{\partial x_3 \partial x_1} =\right) \quad \frac{df_3(x_3)}{dx_3} = -\frac{df_1(x_1)}{dx_1}$$

$$\frac{df_3(x_3)}{dx_3} = -\frac{df_1(x_1)}{dx_1} = \alpha_2$$

$$\therefore \quad f_3(x_3) = \alpha_2 x_3 + \Omega_3, \quad f_1(x_1) = -\alpha_2 x_1 + \tilde{\Omega}_1 \tag{A.32}$$

式(A.28)の第三式より，

$$\left(\frac{\partial v_3(x_1,x_2)}{\partial x_2} =\right) \quad f_1(x_1) = -\frac{df_2(x_2)}{dx_2}x_1 + \frac{dB_3(x_2)}{dx_2} \tag{A.33}$$

$$\left(\frac{\partial^2 v_3(x_1,x_2)}{\partial x_1 \partial x_2} =\right) \quad \frac{df_1(x_1)}{dx_1} = -\frac{df_2(x_2)}{dx_2}$$

$$\frac{df_1(x_1)}{dx_1} = -\frac{df_2(x_2)}{dx_2} = \alpha_3$$

$$\therefore \quad f_1(x_1) = \alpha_3 x_1 + \Omega_1, \quad f_2(x_2) = -\alpha_3 x_2 + \tilde{\Omega}_2 \tag{A.34}$$

式(A.30)，(A.32)，(A.34)を並べると，

$$f_1(x_1) = \alpha_3 x_1 + \Omega_1 = -\alpha_2 x_1 + \tilde{\Omega}_1 \quad \therefore \quad \alpha_3 = -\alpha_2, \quad \Omega_1 = \tilde{\Omega}_1$$
$$f_2(x_2) = \alpha_1 x_2 + \Omega_2 = -\alpha_3 x_2 + \tilde{\Omega}_2 \quad \therefore \quad \alpha_1 = -\alpha_3, \quad \Omega_2 = \tilde{\Omega}_2$$
$$f_3(x_3) = \alpha_2 x_3 + \Omega_3 = -\alpha_1 x_3 + \tilde{\Omega}_3 \quad \therefore \quad \alpha_2 = -\alpha_1, \quad \Omega_3 = \tilde{\Omega}_3$$

結局，$\alpha_1 = \alpha_2 = \alpha_3 = 0$ となって，三つの関数は，

$$\left.\begin{aligned} f_1(x_1) &= \Omega_1 \\ f_2(x_2) &= \Omega_2 \\ f_3(x_3) &= \Omega_3 \end{aligned}\right\} \tag{A.35}$$

と，いずれも定数となる．これらによって，式(A.29)，(A.31)，(A.33)はそれぞれ，

$$\left.\begin{aligned} &(\text{A.29}) \quad \Omega_2 = \frac{dB_1(x_3)}{dx_3} \quad \therefore \quad B_1(x_3) = \Omega_2 x_3 + u_1 \\ &(\text{A.31}) \quad \Omega_3 = \frac{dB_2(x_1)}{dx_1} \quad \therefore \quad B_2(x_1) = \Omega_3 x_1 + u_2 \\ &(\text{A.33}) \quad \Omega_1 = \frac{dB_3(x_2)}{dx_2} \quad \therefore \quad B_3(x_2) = \Omega_1 x_2 + u_3 \end{aligned}\right\} \tag{A.36}$$

u_1，u_2，u_3 も定数である．式(A.35)，(A.36)によって式(A.28)の後の方を書き直せば，

$$\left.\begin{aligned} v_1(x_2,x_3) &= -\Omega_3 x_2 + \Omega_2 x_3 + u_1 \\ v_2(x_3,x_1) &= -\Omega_1 x_3 + \Omega_3 x_1 + u_2 \\ v_3(x_1,x_2) &= -\Omega_2 x_1 + \Omega_1 x_2 + u_3 \end{aligned}\right\}$$

$$\text{または} \quad \begin{pmatrix} v_1 \\ v_2 \\ v_3 \end{pmatrix} = \begin{pmatrix} u_1 \\ u_2 \\ u_3 \end{pmatrix} + \begin{pmatrix} \Omega_1 \\ \Omega_2 \\ \Omega_3 \end{pmatrix} \wedge \begin{pmatrix} x_1 \\ x_2 \\ x_3 \end{pmatrix}$$

$\boldsymbol{v} \Leftrightarrow v_i$，$\boldsymbol{u} \Leftrightarrow u_i$，$\boldsymbol{\Omega} \Leftrightarrow \Omega_i$ とし，隠れていた定数ベクトルの時間依存性を陽に書けば，

$$\boldsymbol{v}(\boldsymbol{x},t) = \boldsymbol{u}(t) + \boldsymbol{\Omega}(t) \wedge \boldsymbol{x} \Leftrightarrow v_i(\boldsymbol{x},t) = u_i(t) + \varepsilon_{ijk}\Omega_j(t)x_k$$

まことに，理系は億劫(おっくう)さとの闘いである．

課題 12.2 ●

$$(12.11)\quad \frac{\partial x_i}{\partial \xi_p} n_i \Delta S = J n_{0,p} \Delta S_0$$

に D/Dt を行う．まず，左辺から，

$$\frac{D}{Dt}\left(\frac{\partial x_i}{\partial \xi_p}\right) n_i \Delta S + \frac{\partial x_i}{\partial \xi_p}\frac{D}{Dt}(n_i \Delta S) = \frac{\partial}{\partial \xi_p}\left(\frac{Dx_i}{Dt}\right) n_i \Delta S + \frac{\partial x_i}{\partial \xi_p}\frac{D}{Dt}(n_i \Delta S)$$
$$= \frac{\partial v_i}{\partial \xi_p} n_i \Delta S + \frac{\partial x_i}{\partial \xi_p}\frac{D}{Dt}(n_i \Delta S) \qquad \text{(A.37)}$$

一方右辺では，$n_{0,p}\Delta S_0$ が D/Dt（$\boldsymbol{\xi}$ 一定での時間微分）に対して定数であるから，

$$\frac{DJ}{Dt} n_{0,p} \Delta S_0 \overset{(12.7)}{=} J \operatorname{div} \boldsymbol{v} \cdot n_{0,p} \Delta S_0 \qquad \text{(A.38)}$$

式(A.37)，(A.38)より，

$$\frac{\partial x_i}{\partial \xi_p}\frac{D}{Dt}(n_i \Delta S) = J \operatorname{div} \boldsymbol{v} \cdot n_{0,p} \Delta S_0 - \frac{\partial v_i}{\partial \xi_p} n_i \Delta S.$$

この式の両辺に $\partial \xi_p / \partial x_j$ を掛ける．左辺では，

$$\frac{\partial x_i}{\partial \xi_p}\frac{\partial \xi_p}{\partial x_j}\frac{D}{Dt}(n_i \Delta S) \overset{(10.24)}{=} \frac{\partial x_i}{\partial x_j}\frac{D}{Dt}(n_i \Delta S) = \delta_{ij}\frac{D}{Dt}(n_i \Delta S) = \frac{D}{Dt}(n_j \Delta S)$$
$$\text{(A.39)}$$

右辺では，

$$\frac{\partial \xi_p}{\partial x_j} J \operatorname{div} \boldsymbol{v} \cdot n_{0,p} \Delta S_0 - \frac{\partial v_i}{\partial \xi_p}\frac{\partial \xi_p}{\partial x_j} n_i \Delta S \overset{(12.12)(10.24)}{=} \operatorname{div} \boldsymbol{v} \cdot n_j \Delta S - \frac{\partial v_i}{\partial x_j} n_i \Delta S \qquad \text{(A.40)}$$

式(A.39)，(A.40)より，

$$\frac{D}{Dt}(n_j \Delta S) = \operatorname{div} \boldsymbol{v} \cdot n_j \Delta S - \frac{\partial v_i}{\partial x_j} n_i \Delta S.$$

第 14 章

課題 14.1 ●　$\boldsymbol{X} = \boldsymbol{S} - \lambda \boldsymbol{I} \Leftrightarrow x_{ij} = S_{ij} - \lambda \delta_{ij}$ に対して，

$$|\boldsymbol{S} - \lambda \boldsymbol{I}| = \det \boldsymbol{X} = \frac{1}{6}\varepsilon_{pqr}\varepsilon_{ijk} x_{pi} x_{qj} x_{rk}$$
$$= \frac{1}{6}\varepsilon_{pqr}\varepsilon_{ijk}(S_{pi} - \lambda\delta_{pi})(S_{qj} - \lambda\delta_{qj})(S_{rk} - \lambda\delta_{rk})$$
$$= \frac{1}{6}\varepsilon_{pqr}\varepsilon_{ijk}\bigl\{S_{pi}S_{qj}S_{rk} - \lambda(\delta_{pi}S_{qj}S_{rk} + \delta_{qj}S_{rk}S_{pi} + \delta_{rk}S_{pi}S_{qj})$$
$$+ \lambda^2(\delta_{qj}\delta_{rk}S_{pi} + \delta_{rk}\delta_{pi}S_{qj} + \delta_{pi}\delta_{qj}S_{rk}) - \lambda^3\delta_{pi}\delta_{qj}\delta_{rk}\bigr\}$$

$|\boldsymbol{S} - \lambda \boldsymbol{I}| = \Psi - \Phi\lambda + \Theta\lambda^2 - \lambda^3 = 0$ における定数項は，

$$\Psi = \frac{1}{6}\varepsilon_{pqr}\varepsilon_{ijk} S_{pi} S_{qj} S_{rk} \overset{(8.21)}{=} \det \boldsymbol{S}$$

$-\lambda$ の係数は，

$$\Phi \;=\; \frac{1}{6}\varepsilon_{pqr}\varepsilon_{ijk}(\delta_{pi}S_{qj}S_{rk} + \delta_{qj}S_{rk}S_{pi} + \delta_{rk}S_{pi}S_{qj})$$

$$
\begin{aligned}
&= \frac{1}{6}(\varepsilon_{iqr}\varepsilon_{ijk}S_{qj}S_{rk} + \varepsilon_{pjr}\varepsilon_{ijk}S_{rk}S_{pi} + \varepsilon_{pqk}\varepsilon_{ijk}S_{pi}S_{qj}) \\
&\overset{(6.18)}{=} \frac{1}{6}\left\{(\delta_{qj}\delta_{rk} - \delta_{qk}\delta_{rj})S_{qj}S_{rk} + (\delta_{rk}\delta_{pi} - \delta_{ri}\delta_{pk})S_{rk}S_{pi} + (\delta_{pi}\delta_{qj} - \delta_{pj}\delta_{qi})S_{pi}S_{qj}\right\} \\
&= \frac{1}{6}(S_{jj}S_{kk} - S_{kj}S_{jk} + S_{kk}S_{ii} - S_{ik}S_{ki} + S_{ii}S_{jj} - S_{ji}S_{ij}) \\
&= \frac{1}{2}(S_{ii}S_{jj} - S_{ij}S_{ji}) = \frac{1}{2}\left\{(\mathrm{tr}\,\boldsymbol{S})^2 - \mathrm{tr}\,\boldsymbol{S}^2\right\}
\end{aligned}
$$

λ^2 の係数は,

$$
\begin{aligned}
\Theta &= \frac{1}{6}(\varepsilon_{pqr}\varepsilon_{ijk}\delta_{qj}\delta_{rk}S_{pi} + \varepsilon_{pqr}\varepsilon_{ijk}\delta_{rk}\delta_{pi}S_{qj} + \varepsilon_{pqr}\varepsilon_{ijk}\delta_{pi}\delta_{qj}S_{rk}) \\
&= \frac{1}{6}(\varepsilon_{pjk}\varepsilon_{ijk}S_{pi} + \varepsilon_{iqk}\varepsilon_{ijk}S_{qj} + \varepsilon_{ijr}\varepsilon_{ijk}S_{rk}) \\
&\overset{(6.19)}{=} \frac{1}{6}(2\cdot\delta_{pi}S_{pi} + 2\cdot\delta_{qj}S_{qj} + 2\cdot\delta_{rk}S_{rk}) = \frac{1}{3}(S_{ii} + S_{jj} + S_{kk}) = S_{ii} = \mathrm{tr}\,\boldsymbol{S}
\end{aligned}
$$

となる．ついでに，$-\lambda^3$ の係数は,

$$
\frac{1}{6}\varepsilon_{pqr}\varepsilon_{ijk}\delta_{pi}\delta_{qj}\delta_{rk} = \frac{1}{6}\varepsilon_{ijk}\varepsilon_{ijk} \overset{(6.20)}{=} \frac{1}{6}\cdot 6 = 1.
$$

課題 14.2 ●

$$
\begin{aligned}
\overline{\Psi} &= \frac{1}{6}\overline{\varepsilon}_{pqr}\overline{\varepsilon}_{ijk}\overline{S}_{pi}\overline{S}_{qj}\overline{S}_{rk} \\
&= \frac{1}{6}(l_{lp}l_{mq}l_{nr}\varepsilon_{lmn})(l_{ai}l_{bj}l_{ck}\varepsilon_{abc})(l_{sp}l_{ti}S_{st})(l_{uq}l_{vj}S_{uv})(l_{er}l_{fk}S_{ef}) \\
&= \frac{1}{6}(l_{lp}l_{sp})(l_{mq}l_{uq})(l_{nr}l_{er})(l_{ai}l_{ti})(l_{bj}l_{vj})(l_{ck}l_{fk})\varepsilon_{lmn}\varepsilon_{abc}S_{st}S_{uv}S_{ef} \\
&= \frac{1}{6}\delta_{ls}\delta_{mu}\delta_{ne}\delta_{at}\delta_{bv}\delta_{cf}\varepsilon_{lmn}\varepsilon_{abc}S_{st}S_{uv}S_{ef} \\
&= \frac{1}{6}\varepsilon_{sue}\varepsilon_{tvf}S_{st}S_{uv}S_{ef} = \Psi
\end{aligned}
$$

$$
\overline{\Theta} = \overline{S}_{ii} = l_{pi}l_{qi}S_{pq} = \delta_{pq}S_{pq} = S_{pp} = \Theta \quad \therefore\ \ \overline{S}_{ii}\overline{S}_{jj} = S_{pp}S_{qq}
$$

$$
\overline{S}_{ij}\overline{S}_{ji} = (l_{pi}l_{rj}S_{pr})(l_{qj}l_{ki}S_{qk}) = (l_{pi}l_{ki})(l_{rj}l_{qj})S_{pr}S_{qk} = \delta_{pk}\delta_{rq}S_{pr}S_{qk} = S_{pq}S_{qp}
$$

$$
\therefore\ \ \overline{\Phi} = \frac{1}{2}(\overline{S}_{ii}\overline{S}_{jj} - \overline{S}_{ij}\overline{S}_{ji}) = \frac{1}{2}(S_{pp}S_{qq} - S_{pq}S_{qp}) = \Phi
$$

課題 14.3 ●　容易であるから省略.

課題 14.4 ●　固有方程式は,

$$
|\boldsymbol{S} - \lambda\boldsymbol{I}| = \begin{vmatrix} -\lambda & 1 & 1 \\ 1 & -\lambda & 1 \\ 1 & 1 & -\lambda \end{vmatrix} = -\lambda^3 + 3\lambda + 2 = -(\lambda - 2)(\lambda + 1)^2 = 0.
$$

$\therefore\ \ \lambda = 2$（単根），$\lambda = -1$（重根）

- 固有値 $\lambda = 2$（単根）に対する固有ベクトルを $\boldsymbol{\xi}_{(2)} = {}^t(\xi_1, \xi_2, \xi_3)$ とすれば,

$$\boldsymbol{S}\boldsymbol{\xi}_{(2)} = 2\boldsymbol{\xi}_{(2)} \quad \text{または} \quad \begin{pmatrix} 0 & 1 & 1 \\ 1 & 0 & 1 \\ 1 & 1 & 0 \end{pmatrix} \begin{pmatrix} \xi_1 \\ \xi_2 \\ \xi_3 \end{pmatrix} = 2 \begin{pmatrix} \xi_1 \\ \xi_2 \\ \xi_3 \end{pmatrix}$$

$$\text{または} \quad \begin{pmatrix} -2 & 1 & 1 \\ 1 & -2 & 1 \\ 1 & 1 & -2 \end{pmatrix} \begin{pmatrix} \xi_1 \\ \xi_2 \\ \xi_3 \end{pmatrix} = \begin{pmatrix} 0 \\ 0 \\ 0 \end{pmatrix} \tag{A.41}$$

（行列の基本変換）

$$\begin{pmatrix} -2 & 1 & 1 \\ 1 & -2 & 1 \\ 1 & 1 & -2 \end{pmatrix} \to \begin{pmatrix} 0 & -3 & 3 \\ 0 & -3 & 3 \\ 1 & 1 & -2 \end{pmatrix} \to \begin{pmatrix} 0 & -1 & 1 \\ 1 & 1 & -2 \end{pmatrix} \to \begin{pmatrix} 0 & -1 & 1 \\ 1 & 0 & -1 \end{pmatrix}$$

よって式(A.41)は次と同値.

$$\begin{pmatrix} 0 & -1 & 1 \\ 1 & 0 & -1 \end{pmatrix} \begin{pmatrix} \xi_1 \\ \xi_2 \\ \xi_3 \end{pmatrix} = \begin{pmatrix} 0 \\ 0 \end{pmatrix}$$

$$\therefore \quad -\xi_2 + \xi_3 = 0, \quad \xi_1 - \xi_3 = 0 \quad \therefore \quad \begin{pmatrix} \xi_1 \\ \xi_2 \\ \xi_3 \end{pmatrix} = \begin{pmatrix} \xi_3 \\ \xi_3 \\ \xi_3 \end{pmatrix} = \xi_3 \begin{pmatrix} 1 \\ 1 \\ 1 \end{pmatrix} = \xi_3 \boldsymbol{\eta}_{(2)}$$

固有ベクトル $\boldsymbol{\eta}_{(2)}$ の長さを 1 にする.

$$\frac{\boldsymbol{\eta}_{(2)}}{|\boldsymbol{\eta}_{(2)}|} = \frac{1}{\sqrt{3}} \begin{pmatrix} 1 \\ 1 \\ 1 \end{pmatrix} = \begin{pmatrix} 1/\sqrt{3} \\ 1/\sqrt{3} \\ 1/\sqrt{3} \end{pmatrix}, \quad \text{これを } \overline{\boldsymbol{e}}_1 \text{ とする.}$$

● 固有値 $\lambda = -1$（重根）に対する固有ベクトルを $\boldsymbol{\xi}_{(-1)} = {}^t(\xi_1, \xi_2, \xi_3)$ とすれば,

$$\boldsymbol{S}\boldsymbol{\xi}_{(-1)} = (-1)\boldsymbol{\xi}_{(-1)} \quad \text{または} \quad \begin{pmatrix} 0 & 1 & 1 \\ 1 & 0 & 1 \\ 1 & 1 & 0 \end{pmatrix} \begin{pmatrix} \xi_1 \\ \xi_2 \\ \xi_3 \end{pmatrix} = - \begin{pmatrix} \xi_1 \\ \xi_2 \\ \xi_3 \end{pmatrix}$$

$$\text{または} \quad \begin{pmatrix} 1 & 1 & 1 \\ 1 & 1 & 1 \\ 1 & 1 & 1 \end{pmatrix} \begin{pmatrix} \xi_1 \\ \xi_2 \\ \xi_3 \end{pmatrix} = \begin{pmatrix} 0 \\ 0 \\ 0 \end{pmatrix} \tag{A.42}$$

明らかに式(A.42)は, $\xi_1 + \xi_2 + \xi_3 = 0$ と同値.

$$\therefore \quad \begin{pmatrix} \xi_1 \\ \xi_2 \\ \xi_3 \end{pmatrix} = \begin{pmatrix} \xi_1 \\ \xi_2 \\ -\xi_1 - \xi_2 \end{pmatrix} = \xi_1 \begin{pmatrix} 1 \\ 0 \\ -1 \end{pmatrix} + \xi_2 \begin{pmatrix} 0 \\ 1 \\ -1 \end{pmatrix} = \xi_1 \boldsymbol{\eta}_{(-1),1} + \xi_2 \boldsymbol{\eta}_{(-1),2}$$

固有ベクトル $\boldsymbol{\eta}_{(-1),1} = {}^t(1, 0, -1)$ を選び, その長さを 1 にする.

$$\frac{\boldsymbol{\eta}_{(-1),1}}{|\boldsymbol{\eta}_{(-1),1}|} = \frac{1}{\sqrt{2}} \begin{pmatrix} 1 \\ 0 \\ -1 \end{pmatrix} = \begin{pmatrix} 1/\sqrt{2} \\ 0 \\ -1/\sqrt{2} \end{pmatrix}, \quad \text{これを } \overline{\boldsymbol{e}}_2 \text{ とする.}$$

3 本目は, $\overline{\boldsymbol{e}}_3 = \overline{\boldsymbol{e}}_1 \wedge \overline{\boldsymbol{e}}_2$ で作る.

$$\overline{\boldsymbol{e}}_3 = \begin{pmatrix} 1/\sqrt{3} \\ 1/\sqrt{3} \\ 1/\sqrt{3} \end{pmatrix} \wedge \begin{pmatrix} 1/\sqrt{2} \\ 0 \\ -1/\sqrt{2} \end{pmatrix} = \begin{pmatrix} -1/\sqrt{6} \\ 2/\sqrt{6} \\ -1/\sqrt{6} \end{pmatrix}$$

$\{\overline{\boldsymbol{e}}_1, \overline{\boldsymbol{e}}_2, \overline{\boldsymbol{e}}_3\}$ を並べて直交行列 $\boldsymbol{L}$ を作る.

$$\boldsymbol{L} = (\overline{\boldsymbol{e}}_1, \overline{\boldsymbol{e}}_2, \overline{\boldsymbol{e}}_3) = \begin{pmatrix} 1/\sqrt{3} & 1/\sqrt{2} & -1/\sqrt{6} \\ 1/\sqrt{3} & 0 & 2/\sqrt{6} \\ 1/\sqrt{3} & -1/\sqrt{2} & -1/\sqrt{6} \end{pmatrix}$$

課題 14.3 の (1)〜(7) の確認は容易であるから省略する．3 次元図形 $1 = {}^t\overline{\boldsymbol{x}}\,\overline{\boldsymbol{S}}\,\overline{\boldsymbol{x}} = 2\overline{x}_1^2 - \overline{x}_2^2 - \overline{x}_3^2$ は，二葉双曲面である.

第 15 章

課題 15.1

$$\boldsymbol{A} = \begin{pmatrix} 1 & -\nu & -\nu \\ -\nu & 1 & -\nu \\ -\nu & -\nu & 1 \end{pmatrix}$$

に対して，

$$\det \boldsymbol{A} = 1 - \nu^3 - \nu^3 - \nu^2 - \nu^2 - \nu^2 = 1 - 2\nu^3 - 3\nu^2 = (1-2\nu)(1+\nu)^2.$$

余因子の計算：

$$\Delta_{11} = \begin{vmatrix} 1 & 0 & 0 \\ 0 & 1 & -\nu \\ 0 & -\nu & 1 \end{vmatrix} = 1 - \nu^2, \quad \Delta_{22} = \begin{vmatrix} 1 & 0 & -\nu \\ 0 & 1 & 0 \\ -\nu & 0 & 1 \end{vmatrix} = 1 - \nu^2$$

$$\Delta_{33} = \begin{vmatrix} 1 & -\nu & 0 \\ -\nu & 1 & 0 \\ 0 & 0 & 1 \end{vmatrix} = 1 - \nu^2$$

$$\Delta_{12} = \Delta_{21} = \begin{vmatrix} 0 & 1 & 0 \\ -\nu & 0 & -\nu \\ -\nu & 0 & 1 \end{vmatrix} = \nu(\nu+1)$$

$$\Delta_{13} = \Delta_{31} = \begin{vmatrix} 0 & 0 & 1 \\ -\nu & 1 & 0 \\ -\nu & -\nu & 0 \end{vmatrix} = \nu(\nu+1)$$

$$\Delta_{23} = \Delta_{32} = \begin{vmatrix} 1 & -\nu & 0 \\ 0 & 0 & 1 \\ -\nu & -\nu & 0 \end{vmatrix} = \nu(\nu+1)$$

余因子行列：

$$\Delta = (\Delta_{ij})_3^3 = \begin{pmatrix} 1-\nu^2 & \nu(\nu+1) & \nu(\nu+1) \\ \nu(\nu+1) & 1-\nu^2 & \nu(\nu+1) \\ \nu(\nu+1) & \nu(\nu+1) & 1-\nu^2 \end{pmatrix}$$

よって，

$$\boldsymbol{A}^{-1} = \frac{1}{\det \boldsymbol{A}}\,{}^t\Delta = \frac{1}{(1-2\nu)(1+\nu)^2}\begin{pmatrix} 1-\nu^2 & \nu(\nu+1) & \nu(\nu+1) \\ \nu(\nu+1) & 1-\nu^2 & \nu(\nu+1) \\ \nu(\nu+1) & \nu(\nu+1) & 1-\nu^2 \end{pmatrix}$$

$$= \frac{1}{(1-2\nu)(1+\nu)}\begin{pmatrix} 1-\nu & \nu & \nu \\ \nu & 1-\nu & \nu \\ \nu & \nu & 1-\nu \end{pmatrix}$$

式(15.30)の両辺に左から $E\boldsymbol{A}^{-1}$ を掛ければ，式(15.31)が得られる．

第 16 章

課題 16.1 ●

$$\int_{a(t)}^{b(t)} \varphi(x,t)\,dx = f(t)$$

に対して，

$$\begin{aligned}
\frac{df(t)}{dt} &= \lim_{\Delta t\to 0} \frac{f(t+\Delta t)-f(t)}{\Delta t} \\
&= \lim_{\Delta t\to 0} \frac{1}{\Delta t}\left\{\int_{a(t+\Delta t)}^{b(t+\Delta t)} \varphi(x,t+\Delta t)\,dx - \int_{a(t)}^{b(t)} \varphi(x,t)\,dx\right\} \\
&= \lim_{\Delta t\to 0} \frac{1}{\Delta t}\left\{\int_{a(t)+\frac{da}{dt}\Delta t}^{b(t)+\frac{db}{dt}\Delta t} \varphi(x,t+\Delta t)\,dx - \int_{a(t)}^{b(t)} \varphi(x,t)\,dx\right\} \\
&= \lim_{\Delta t\to 0} \frac{1}{\Delta t}\left\{\int_{a(t)}^{b(t)} \varphi(x,t+\Delta t)\,dx + \int_{b(t)}^{b(t)+\frac{db}{dt}\Delta t} \varphi(x,t+\Delta t)\,dx \right. \\
&\qquad\qquad \left. - \int_{a(t)}^{a(t)+\frac{da}{dt}\Delta t} \varphi(x,t+\Delta t)\,dx - \int_{a(t)}^{b(t)} \varphi(x,t)\,dx\right\} \\
&= \lim_{\Delta t\to 0} \frac{1}{\Delta t}\int_{a(t)}^{b(t)} \left\{\varphi(x,t+\Delta t)-\varphi(x,t)\right\}dx \\
&\quad \left.\begin{aligned} &+ \lim_{\Delta t\to 0}\left\{\frac{1}{\Delta t}\cdot\frac{db}{dt}\,\Delta t\cdot\varphi\left(b(t)+\theta_1\frac{db}{dt}\,\Delta t, t+\Delta t\right)\right\} \\ &- \lim_{\Delta t\to 0}\left\{\frac{1}{\Delta t}\cdot\frac{da}{dt}\,\Delta t\cdot\varphi\left(a(t)+\theta_2\frac{da}{dt}\,\Delta t, t+\Delta t\right)\right\} \end{aligned}\right\} \begin{pmatrix}\text{積分の平均値の定理} \\ 0 \le {}^\exists\theta_1,\ {}^\exists\theta_2 \le 1\end{pmatrix} \\
&= \lim_{\Delta t\to 0}\int_{a(t)}^{b(t)} \frac{\varphi(x,t+\Delta t)-\varphi(x,t)}{\Delta t}\,dx + \varphi\bigl(b(t),t\bigr)\frac{db}{dt} - \varphi\bigl(a(t),t\bigr)\frac{da}{dt} \\
&= \int_{a(t)}^{b(t)} \frac{\partial\varphi(x,t)}{\partial t}\,dx + \varphi\bigl(b(t),t\bigr)\frac{db}{dt} - \varphi\bigl(a(t),t\bigr)\frac{da}{dt}
\end{aligned}$$

課題 16.2 ●

$$(16.21)\quad \rho\frac{Dv_i}{Dt} = \rho\left(\frac{\partial v_i}{\partial t} + v_j\frac{\partial v_i}{\partial x_j}\right)$$

$$= -\frac{\partial p}{\partial x_i} + \frac{\partial}{\partial x_j}\left\{\mu\left(\frac{\partial v_i}{\partial x_j} + \frac{\partial v_j}{\partial x_i}\right)\right\} - \frac{\partial}{\partial x_i}\left(\frac{2}{3}\mu\frac{\partial v_j}{\partial x_j}\right) + \rho f_i$$

において，$\boldsymbol{v} = \boldsymbol{0}$，$f_i = -g\delta_{i3}$ とおけば，

$$0 = -\frac{\partial p}{\partial x_i} - \rho g\delta_{i3}$$

すなわち，

$$\frac{\partial p}{\partial x_1} = 0, \quad \frac{\partial p}{\partial x_2} = 0, \quad \frac{\partial p}{\partial x_3} = -\rho g$$

$\rho =$ 一定，$x_3 = H$ で $p = p_a$ とすれば，

$$p(\boldsymbol{x}, t) = p_a + \rho g(H - x_3)$$

課題 16.3 ●

$$\text{(16.27)} \quad \rho c_p\frac{DT}{Dt} = \rho c_p\left(\frac{\partial T}{\partial t} + v_j\frac{\partial T}{\partial x_j}\right) = \frac{\partial}{\partial x_j}\left(k\frac{\partial T}{\partial x_j}\right) + \left\{\rho T\left(\frac{\partial v}{\partial T}\right)_p\right\}\frac{Dp}{Dt} + \mu\Phi + S$$

において，$\boldsymbol{v} = \boldsymbol{0}$，$k =$ 一定，$v =$ 一定，$S = 0$，$x_1 = x$，$\partial/\partial x_2 = 0$，$\partial/\partial x_3 = 0$ とすれば，

$$\rho c_p\frac{\partial T}{\partial t} = k\frac{\partial^2 T}{\partial x^2}.$$

速度勾配からなる Φ もゼロである．

熱力学の関係式配線図の㊽によって，$v =$ 一定 なら $c_p = c_v = c$ であるから，

$$\rho c\frac{\partial T}{\partial t} = k\frac{\partial^2 T}{\partial x^2}$$

課題 16.4 ●　熱力学の関係式配線図の⑭によって，

$$\rho T\frac{Ds}{Dt} = \rho\frac{Du}{Dt} + \rho p\frac{Dv}{Dt} \overset{(16.23)'}{=} \boldsymbol{\nabla}\cdot(k\boldsymbol{\nabla}T) - p\Theta + \mu\Phi + S + \rho p\frac{D(1/\rho)}{Dt}$$

$$= \boldsymbol{\nabla}\cdot(k\boldsymbol{\nabla}T) - p\Theta + \mu\Phi + S - \frac{p}{\rho}\frac{D\rho}{Dt} \overset{(16.17)}{=} \boldsymbol{\nabla}\cdot(k\boldsymbol{\nabla}T) - p\Theta + \mu\Phi + S - \frac{p}{\rho}(-\rho\Theta)$$

$$= \boldsymbol{\nabla}\cdot(k\boldsymbol{\nabla}T) + \mu\Phi + S$$

$$\therefore \quad \rho\frac{Ds}{Dt} = \frac{1}{T}\left\{\boldsymbol{\nabla}\cdot(k\boldsymbol{\nabla}T) + \mu\Phi + S\right\}$$

これは，連続体の運動の場における熱力学の第二法則の表現である．

第 17 章

課題 17.1 ●　検査体積 V の表面 S は，**図 A 17.1** のように入口面 $S_{\mathrm{A}} = 1$，出口面 $S_{\mathrm{B}} = 1$，側面 S_{C} からなる．それぞれの面における外向き単位法線ベクトル $\boldsymbol{n} = {}^t(n_1, n_2, n_3)$ は，

S_{A} 上：$\boldsymbol{n}_{\mathrm{A}} = {}^t(-1, 0, 0)$

S_{B} 上：$\boldsymbol{n}_{\mathrm{B}} = {}^t(1, 0, 0)$

S_{C} 上：$\boldsymbol{n}_{\mathrm{C}} = {}^t(0, n_2, n_3)$

である．連続の式，

$$0 = \frac{D\rho}{Dt} + \rho\,\mathrm{div}\,\boldsymbol{v} = \frac{\partial\rho}{\partial t} + v_k\frac{\partial\rho}{\partial x_k} + \rho\frac{\partial v_k}{\partial x_k} = \frac{\partial\rho}{\partial t} + \frac{\partial(\rho v_k)}{\partial x_k}$$

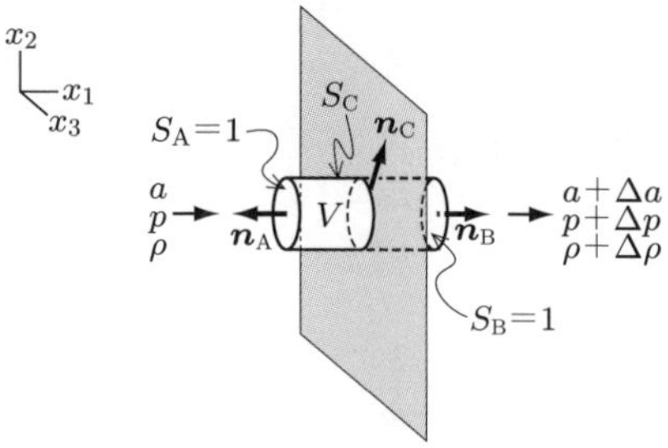

図 A 17.1

において，$\partial/\partial t$，$\partial/\partial x_2$，$\partial/\partial x_3$ をゼロとすれば，

$$\frac{\partial(\rho v_1)}{\partial x_1}=0 \tag{A.43}$$

となる．これに ΔV を掛けて積分し，その結果にグリーンの定理を適用すれば，

$$0=\iiint_V \frac{\partial(\rho v_1)}{\partial x_1}\,dV=\iint_S \rho v_1 n_1\,dS=\left(\iint_{S_A}+\iint_{S_B}+\iint_{S_C}\right)\rho v_1 n_1\,dS$$

$$=\rho a(-1)\cdot 1+\{\rho a+\Delta(\rho a)\}\cdot 1\cdot 1=\Delta(\rho a) \tag{A.44}$$

$$\text{または}\quad 0=\rho\,\Delta a+a\,\Delta\rho \tag{A.45}$$

これは式(17.16)である．同様に，ナヴィエ・ストークスの式，

$$\left(\rho\frac{Dv_i}{Dt}=\right)\quad \rho\left(\frac{\partial v_i}{\partial t}+v_k\frac{\partial v_i}{\partial x_k}\right)$$

$$=-\frac{\partial p}{\partial x_i}+\frac{\partial}{\partial x_j}\left\{\mu\left(\frac{\partial v_i}{\partial x_j}+\frac{\partial v_j}{\partial x_i}\right)\right\}-\frac{\partial}{\partial x_i}\left(\frac{2}{3}\mu\Theta\right)+\rho f_i$$

において粘性係数 μ，外力 f_i，$\partial/\partial t$，$\partial/\partial x_2$，$\partial/\partial x_3$ をいずれもゼロとすれば，

$$\rho v_1\frac{\partial v_1}{\partial x_1}\overset{\text{(A.43)}}{=}\frac{\partial\{(\rho v_1)v_1\}}{\partial x_1}=-\frac{\partial p}{\partial x_1}.$$

先と同様に，両辺ともに積分してグリーンの定理を適用すれば，

$$\iint_S\{(\rho v_1)v_1\}n_1\,dS=-\iint_S p n_1\,dS$$

であるから，

$$\left(\iint_{S_A}+\iint_{S_B}+\iint_{S_C}\right)\{(\rho v_1)v_1\}n_1\,dS=-\left(\iint_{S_A}+\iint_{S_B}+\iint_{S_C}\right)p n_1\,dS$$

$$\text{または}\quad (\rho a)a\cdot(-1)\cdot 1+\left[(\rho a)a+\Delta\{(\rho a)a\}\right]\cdot 1\cdot 1=-\{p\cdot(-1)\cdot 1+(p+\Delta p)\cdot 1\cdot 1\}$$

$$\text{または}\quad \Delta\{(\rho a)a\}\overset{\text{(A.44)}}{=}(\rho a)\Delta a\overset{\text{(A.45)}}{=}(\rho a)\left(-\frac{a}{\rho}\Delta\rho\right)=-\Delta p$$

$$\text{または}\quad a^2=\frac{\Delta p}{\Delta\rho}.$$

粘性を無視しているので，$a^2=(\partial p/\partial\rho)_s$．これは式(17.17)である．

索　引

■さ　行■

■た　行■

■な　行■

■は　行■

■ま　行■

■や 行■

■ら 行■

著 者 略 歴

清水　昭比古（しみず・あきひこ）

1974 年　九州大学工学部応用原子核工学科　卒業
1979 年　九州大学大学院工学研究科応用原子核工学専攻博士後期課程
　　　　単位修得退学，九州大学助手
1981 年　工学博士（九州大学）
1982 年　九州大学助教授
1994 年　九州大学教授
2010 年　退職　九州大学名誉教授
2012 年　日本機械学会教育賞受賞
2013 年　文部科学大臣表彰（科学技術賞，理解増進部門）受賞

編集担当　千先治樹（森北出版）
編集責任　石田昇司（森北出版）
組　　版　プレイン
印　　刷　ワコー
製　　本　ブックアート

連続体力学の話法
―流体力学，材料力学の前に―

2012 年　9 月　3 日　第 1 版第 1 刷発行
2023 年 10 月 16 日　第 1 版第 6 刷発行

著　　者　清水昭比古
発 行 者　森北博巳
発 行 所　**森北出版株式会社**
東京都千代田区富士見 1-4-11（〒102-0071）
電話 03-3265-8341 ／ FAX 03-3264-8709
https://www.morikita.co.jp/
日本書籍出版協会・自然科学書協会　会員
JCOPY ＜（一社）出版者著作権管理機構 委託出版物＞

落丁・乱丁本はお取替えいたします.

Printed in Japan ／ ISBN978-4-627-94791-7

MEMO